U0309926

山东地方史文库（第二辑）

韩寓群 主编

山东科学技术史

傅海伦 编著

山东人民出版社

大口尊

大汶口文化时期的八角星纹彩陶豆

回纹彩陶豆

大汶口文化时期的白陶

瓦纹罍

文曲星睢臨
世代近君王
義水星
其家多富貴
華華有名揚
喜逢武曲星
其家有餘榮
官金星
五音田財進
世代顯美名
得遇廉貞星
官事退園林
劫火星
劫財身孤寡
横禍不佳逢

鲁班尺

鲁班
公元前507-前444
手艺高强的工艺巧匠,杰出的
创造发明家。

鲁班

墨子

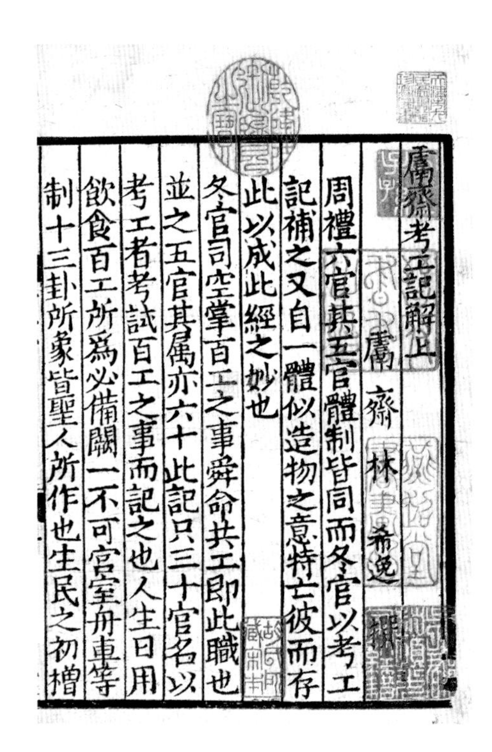

鬳齋考工記解上

鬳齋林希逸撰

周禮六官共五官體制皆同而冬官以考工記補之又自一體似造物之意特亡彼而存此以成此經之妙也

冬官司空掌百工之事舜命共工即此職也並之五官其屬亦六十此記只三十官名以考工者考試百工之事而記之也人生日用飲食百工所爲必備闕一不可宮室舟車等制十三卦所象皆聖人所作也生民之初撍

考工记

王叔和

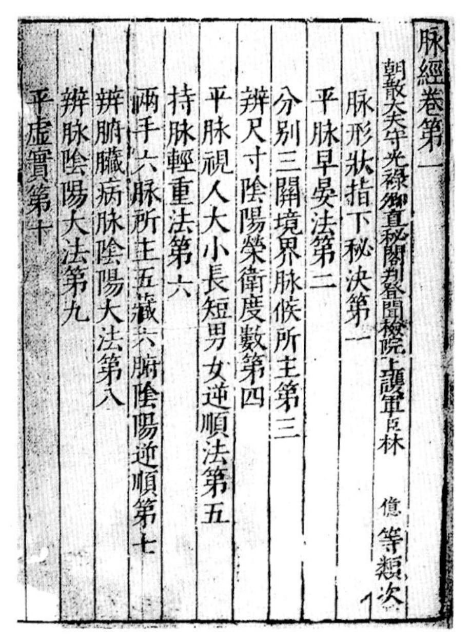

脉經卷第一

朝散大夫守光祿卿直祕閣判登聞檢院上護軍臣林億等類次

脉形狀指下秘決第一

平脉早晏法第二

分别三關境界脉候所主第三

辨尺寸陰陽榮衛度數第四

平脉視人大小長短男女逆順法第五

持脉輕重法第六

兩手六脉所主五藏六腑陰陽逆順第七

辨腑臟病脉陰陽大法第八

辨脉陰陽大法第九

平虚實第十

脉经

青铜器上的70多字铭文

东汉画像石桔槔图

汉代的铜井（济宁）

刘洪

大晨與日合伏順十六日百七十四萬二
三百二十三分行星二度三百二十三萬四
千六百七分而晨見東方在日後後上舊順前漫字
疾日行五十八分之十一五十八日行十一
度更順遲日行九分五十八日行九度留不
行二十五日而旋逆日行七分之一八十四
日退十二度復留二十五日而順日行五十
八分之九五十八日行九度順疾日行十一
分五十八日行十一度在日前夕伏西方十
六日百七十四萬二千三百二十三分行星
二度三百二十三萬四千六百七分而與日
合凡一終三百九十八日三百四十八萬四
千六百四十六分行星三十三度二百五十
萬九千九百五十六分

贾思勰
(约540年左右)益都(今寿光)人，农学家，著有《齐民要术》，而知名于后世。
JIA SIXIE
Magistrate and agronomist active around 540 A.D.Works include *Important Art for the People's Welfare*.

贾思勰像

齊民要術卷一　後魏高陽太守賈思勰撰
耕田第一
收種第二
種穀第三
耕田第一
周書曰神農之時天雨粟神農遂耕而種之作陶冶斤斧爲耒耜鉏耨以墾草莽然後五穀興助百果藏實世本曰倕作耒耜倕神農之臣也呂氏春秋曰耜博六寸爾雅曰斪斸謂之定犍爲舍人曰斪斸鉏也一名定纂文曰養苗之道鉏不如耨耨不如剗剗柄長三尺刃廣二寸以剗地除草許慎說文曰耒手耕曲木也耜耒端木也斸斫也齊謂之鎡基一曰斤柄

齐民要术

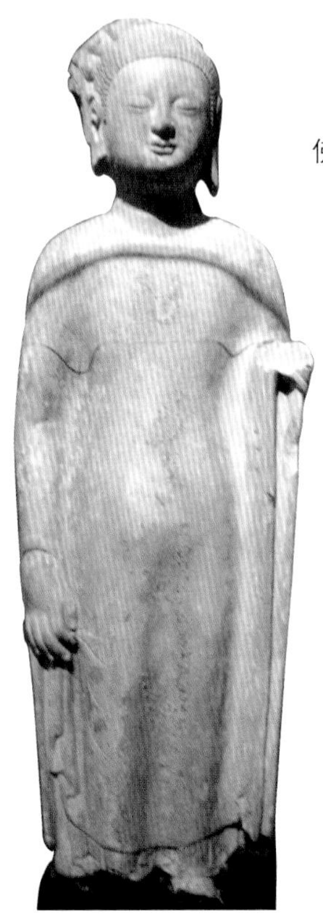

佛像

佛像

贴金彩绘背屏三尊像

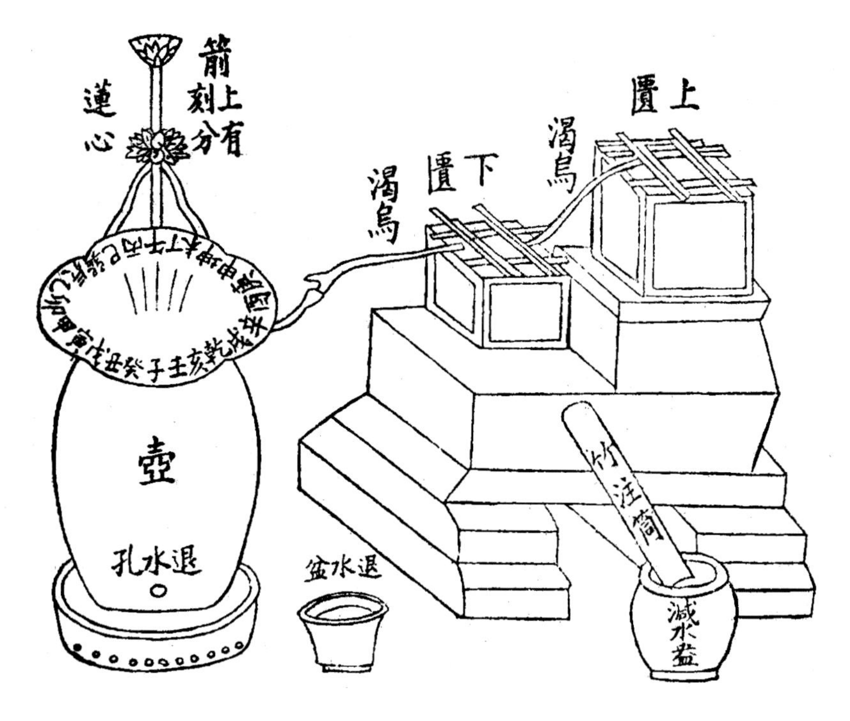

宋代燕肃所设计的漏刻

元代王祯发明的转轮排字法示意图

明代鲁绣花鸟

明代鲁绣作品《荷花鸳鸯》图轴

咸丰《滨州志》有关滨州木棉生产及纺织的记载

濱人結婚壻家先婚期以錢與女家使爲妝奩謂之
鋪地錢
地產木棉種者十八九婦女皆勤於織紡男則抱而
貿於市鄉閭比戶杼軸之聲相聞令人思唐魏之
風焉
立春先一日迎春鄉人或扮雜戲先至東郊候官府
行禮畢仍前行先至州署候官府回閱於公堂乃
散
上元或剔錢作跨街燈其設燈謎者爲虎臺城鄉扮

有关纺织的记载

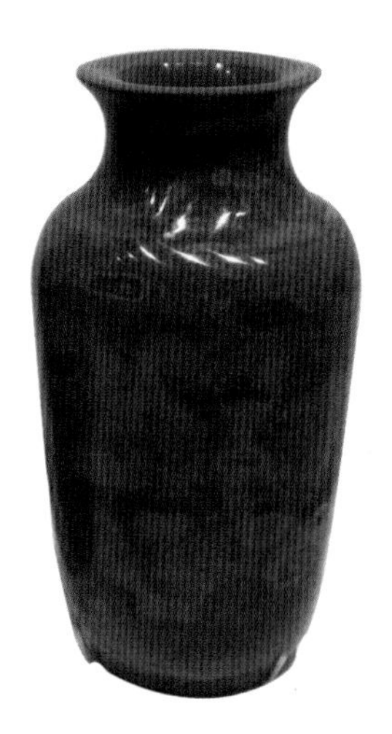

鸡肝石料瓶

《山东地方史文库》总序

《山东地方史文库》历经三年多努力，终于正式付梓，这是一件可喜可贺的事情。

山东是中华文明的发源地之一。根据考古发现，距今四五十万年前，我们的祖先就在今山东沂源一带劳动、生息、繁衍，过着原始社会的生活。大约在四五千年前的虞舜时代，相当于考古学上的龙山文化后期，山东地区即已进入了人类的文明时代。山东历史悠久，文化灿烂，名人辈出。在这里曾产生许多伟大的思想家、政治家、军事家、科学家、发明家、文学家和艺术家，其中最著名的有：思想家和教育家孔子，思想家墨子、孟子、庄子、荀子，政治家管仲、晏婴、诸葛亮、房玄龄、刘晏，军事家孙武、吴起、孙膑、戚继光，科学家和发明家扁鹊、鲁班、氾胜之、贾思勰、燕肃、王祯，文学家和艺术家王羲之、刘勰、颜真卿、李清照、辛弃疾、蒲松龄、孔尚任，以及中国共产党山东党组织的创始人王尽美、邓恩铭等，其余多如璀璨明星，不可胜数。这些先贤们的思想和业绩都已载入史册，成为中国优秀传统文化的一个重要组成部分。时至今日，仍具有广泛而深远的影响。

山东的历史，是一部丰富多彩的历史，是一部灿烂辉煌的历史。山东人民在历史上所创造的物质文明和精神文明值得后人去发掘、探讨、借鉴和发扬光大。自上世纪80年代以来，在中共山东省委、省政府的大力支持下，省内从事社会科学研究工作的专家学者在山东地方史的研究方面做了许多卓有成效的工作，编写出版了包括《山东通史》在内的一批研究地方史的著作，为后人探讨和研究山东历史奠定了很好的基础。

新编《山东地方史文库》，包括新增订的《山东通史》和初步计划编写的10部《山东专史》。《山东通史》从纵的方面记述山东自远古至近现代的历史发展进程，包括山东社会形态的变化、重大历史事件、重要典章制度和重要历史人物的传记；《山东专史》则是从横的方面研究山东历代政治、经济、军事、文化、教育、科技、社会风俗、中外交往等方方面面的历史。采取这样纵横交错、互为补充的研究方法，可以让人们更加全面和系统地了解和认识山东历史，更能领悟到我们的先人所创造的博大精深的思想、灿烂辉煌的文化以及多姿多彩的社会生活，也可以从中总结和吸取先辈们给我们留下的宝贵而丰富的经验教训。毛泽东同志曾说过："历史的经验值得注意。"邓小平同志也说："历史上成功的经验是宝贵财富，错误的经验、失败的经验，也是宝贵财富。"他还有一句名言："总结历史，是为了开辟未来。"研究和学习山东的历史，可以使我们更加深入认识山东的昨天，更好地把握今天，从而创造出更加美好的明天。

盛世修史，是我国的一个优良传统。多年来，中共山东省委、省政府在党中央领导下，以邓小平理论和"三个代表"重要思想为指导，深入贯彻落实科学发展观，带领山东人民沿着中国特色社会主义道路奋发前进，无论是在发展经济还是提高人民群众的生活水平上，都取得了突出的成就，进入了山东历史上发展最好、较快的又一个历史时期。《山东地方史文库》的编写出版，不仅继承和弘扬了山东悠久而丰厚的历史文化，而且有助于我们吸取前人的经验和智慧，为社会主义和谐社会建设提供有益的历史借鉴。

编写《山东地方史文库》的动议酝酿于2006年3月，当时担任省长的我意识到自己有义不容辞的责任。这个想法得到了山东师范大学以及省内从事山东地方史研究的专家教授的热烈响应和支持，尤其是安作璋教授，不顾年事已高，担任《文库》学术顾问，尽心竭力做了大量的组织工作、领导工作，山东师范大学的领导同志以及山东地方史研究所为此《文库》的编纂作出了很大贡献。作为主编，我感谢来自省内有关高等学校、科研院所的各位主编、作者和出版社的编辑同志为编写出版这一套高质量、高品位的《山东地方史文库》付出的辛勤劳动，感谢省党史委、史志办等有关部门领导的大力支持和帮助。《文库》的编写出版，仅是一个良好的开端，希望同志们在此基础上总结经验，再接再厉，为今后编写好出版好《文库》中的其他各类专史继续努力。

是为序。

韩寓群

2009 年 7 月

序

山东自古号称“齐鲁文明礼仪之邦”，历史悠久，文化灿烂。在这块雄踞陆海、美丽而富饶的祖国大地上，曾培育出许多伟大的思想家、科学家、发明家、政治家、军事家、文学家和艺术家。他们以博大精深的思想和智慧，与广大劳动人民一起共同创造了大量造福于人类的精神财富和物质财富，推动了生产力的发展和社会的进步，从而构成了山东历史丰厚而富有特色的内容，谱写了山东历史绚丽多彩的篇章。

本次编写出版的《山东专史》系列，为《山东地方史文库》的第二辑，包括《山东政治史》、《山东经济史》、《山东军事史》、《山东思想文化史》、《山东科学技术史》、《山东教育史》、《山东文学史》、《山东社会风俗史》、《山东移民史》、《山东对外交往史》等10部著作，较全面地研究和反映了山东古代至新中国成立前的政治、经济、军事、思想、科技、教育、文学、风俗、移民、外交等领域发展、变化的历程。《山东专史》系列和已出版的《山东通史》一样，在编写思路和结构上都采取纵横相结合的方法，不同的是，《山东通史》以纵带横，纵中有横；《山东专史》系列则是以横带纵，横中有纵。如果说《山东通史》是从纵的方面系统地探讨山东历史各个领域的发展演变，《山东专史》系列则是从横的方面对山东历史不同领域进行重点的研究，也可以说《山东专史》系列是对《山东通史》中一些重要领域的细化和补充，这两部著作相得益彰、交相辉映，比较系统全面地体现了《山东地方史文库》丰富的内容及厚重的文化积淀。

《山东专史》系列各卷的作者，均是山东省高校和科研机构中多年从事有关领域研究的教授、研究员等专家学者，他们在山东历史的研究方面均有较高的理论水平、丰富的资料积累和写作经验，因此对其撰写的书稿都能做到比较深入的研究。每卷作者在撰稿中都注意吸取当今学术界最新研究成果，并在此基础上，力求有所创新；对有争议的问题则采取了比较客观的立场和实事求是的态度。10部专史大都具有资料翔实、内容丰富、思路清晰、系统条理、文字流畅、深入浅出等优点；另附有与文中内容相关的多种图表，以便于读者更好地阅读和理解。

近年来，山东学者对于山东历史的研究取得了长足进步，先后推出了《山东通史》、《齐鲁文化通史》、《济南通史》、《齐鲁历史文化丛书》、《山东革命文化丛书》、《山东当代文化丛书》、《齐鲁诸子名家志》、《山左名贤遗书》、《齐鲁文化经典文库》、《山东文献集成》等多部大型系列著作（省直各部门、各地市县的研究成果尚未包括在内），表明了山东地方史的研究已走在全国各省地方史研究的前列，对于研究山东、宣传山东、存史资政育人起到了重要作用。本次《山东地方史文库》中10部《山东专史》的出版，对山东地方史研究来说，无论从深度还是广度上看，都有新的开拓，也是山东省文化建设工程的又一项重大成果。对于当前和今后建设社会主义和谐山东，推进山东社会主义政治文明、精神文明、物质文明、生态文明建设，都具有重要的现实意义。

我衷心希望参加编写的作者和出版社的同志们，在老省长、《山东地方史文库》总主编韩寓群同志的领导和山东师范大学校领导的支持下，善始善终地继续做好《山东专史》系列第三辑、第四辑的编写和出版工作，并预祝这项艰巨而光荣的历史任务圆满成功。

安作璋

2011年5月

目　录

上编

山东古代科学技术史

山东，古称齐鲁之邦，地处黄河下游，东临黄、渤海，是中华民族文明的摇篮之一。山东历史悠久，历来是中国农业、手工业、科学、文化比较发达的地区。

齐鲁文化成为中国代表性的文化之一。先秦时期的齐鲁大地，就是中国的思想、文化中心，文人荟萃。管子、晏子、孔子、孙子、墨子、孟子、荀子，都生活在这里，成为思想家成长和施展才能的广阔天地。这些思想家达到了古代文明的巅峰。邹鲁之乡，还是孔孟之道的发祥地。秦汉之后，齐鲁文化余胤不断，在中国传统文化中占有重要的地位。

山东还是中华民族科技文化的发祥地之一，山东古代科学技术曾取得辉煌的成就。勤劳、勇敢、智慧的齐鲁儿女，在几千年的繁衍生息中，创造了光辉灿烂的科技文化，为中华民族的发展作出了重大贡献。在山东科学技术发展历史上，春秋战国是一个飞跃时期，汉代取得了长足发展，元明达到鼎盛时期。山东科学技术有其自身发展的规律，但也离不开齐鲁文化的作用和影响。在广袤的齐鲁大地上，不仅涌现出许许多多叱咤风云的政治家、军事家，才华横溢的思想家、文学家，同时还造就了一批永垂青史的科学家。生活在齐鲁大地的科学家们与这里的众多思想家一样，也曾登上了古代文明的巅峰。

第一章 先秦时期的山东科学技术

一、先秦时期山东科学技术概论

山东历史悠久，古代为齐鲁之地，地理位置优越，在黄河下游、京杭大运河的中北段。山东的河流分属黄河、海河、淮河流域或独流入海。西部、北部是黄河冲积而成的鲁西北平原区，是华北大平原的一部分。由于中原地区的环境条件优于北方的大漠、西部的崇山和南方的卑湿之地，加上东边是难以跨越的大海，于是人口向此聚集，文化在此兴盛。勤劳聪慧的先民们创造了丰富灿烂的东方文明。据考古发现，最早的山东人是距今四五十万年以前的"沂源人"。1981 年在山东沂源县骑子鞍山东山麓的一个石灰岩裂隙中发现了"沂源猿人"化石。这是至今为止，在山东发现的年代最早的古人类化石，也是整个黄河中下游平原最早的古人类化石。据专家考证，"沂源猿人"与"北京猿人"同期或稍晚一点，即四五十万年以前的直立人。这里发现的沂源猿人遗址属于旧石器时代，具体位置是在沂河的上游，它有力证明了在沂源这片层峦叠嶂、河流纵横的古老土地上，山东最早的古人类，也可以说是最早的山东人就在这里刀耕火种，繁衍、生息，创造了山东地区远古的文明。

继"沂源人"之后，山东旧石器时代文化遗址的发现，进一步证明了山东人的祖先经历了极其漫长的、艰难的发展历程。2004 年 6 月发现的北桃花坪新石器时代早期遗址，是山东省境内迄今发现的最早的新石器时代人类活动文化遗迹。2007 年 4 月，在山东省沂源县张家坡镇桃花坪村扁扁洞，考古专家发现了距今 9000 多年的新石器时代的早期遗址。扁扁洞遗址属于新石器时代早期，位置在沂河的下游支流上，这两种文明说明这里就是古人类生存和繁衍的摇篮。

山东古代科学技术有着悠久的历史文化渊源。早在石器时代，山东地区就开始有了原始技术和科学知识的萌芽。新石器时期距今大约7000—4000年间，山东文化大致可分为北辛文化、大汶口文化和龙山文化三个前后相续的阶段，科学技术是其中重要的组成部分。考古工作者从发现的古遗址中采集到了一些刮削器、石片、石核以及野猪、野马、野驴等哺乳动物的化石。例如，在山东省沂源县张家坡镇桃花坪村扁扁洞遗址的发掘中，考古工作者不仅发现了顶骨、忱骨、牙齿等人类化石，还发现了一些陶器及粮食加工工具磨盘、磨棒等石器，该遗址完整保存了厚厚的三层文化堆积，其中一个文化层保留了大量人类活动的迹象，有灶面、火的烧结面、灰坑、活动面等。有关专家称，此处遗址的发掘为研究北方地区农业起源以及新石器时代的文化提供了不可多得的材料。这些遗址发现的资料说明，在"沂源人"之后，山东人又获取了巨大的进步：不仅体质上发生了重大变化，改变了猿人的特征，跨入了新人（智人）阶段，而且打制石器的技术大大提高了，新石器时代已使用石奔、石族（石箭头）、石斧等模制石器，从而大大提高了人们的生存技能和生产、生活能力。同时，随着进入新石器时代后生产力的大大提高，人类由食物的采集者变为了食物的生产者。采集、狩猎是一种居无定所的流浪生活，而种植、畜牧则是一种定居生活，因此古村落也就此诞生。

中国传说中父系氏族社会后期部落联盟领袖是舜。舜，也称虞舜，黄帝的八世孙，历来与尧并称，为传说中的圣王。孟子认为舜是东夷人。《孟子·离娄下》："舜生于诸冯，迁于负夏，卒于鸣条，东夷之人也。"清乾隆《诸城县志》载："县人物以舜为冠，古迹以诸冯为首"。证明山东诸城是虞舜的故乡。

大舜[1]

①大舜：约公元前2000年前，龙山文化时代华夏之王虞舜，生于诸冯（诸城），耕于历山（济南），渔于雷泽（菏泽）。经万民拥戴，尧禅与王位。

先秦时期是山东古代第一个科学技术鼎盛时期，各个方面的科学技术都有了进步和发展。在龙山文化时期，石犁、人工烧制石灰、土坯墙、凿井技术、铜器铸造乃至城堡的出现，说明龙山文化时期黄河中游一带已在生产力、生产关系方面都有了意义重大的变化。农业、畜牧业和手工业的发达，促进了劳动分工的发展，提高了生产力。

夏、商、西周时期（约前21世纪—前770年），山东地区已由石器时代进入青铜器时代，由原始社会进入奴隶社会。这时期的社会分工也开始有了体力劳动和脑力劳动的分工。这对技术和科学知识的积累起了重要作用，成为山东科学技术发展史上的重要阶段。其主要特点是农业、青铜、陶瓷等生产技术比原始社会有了很大的提高。手工业生产规模和工艺技术水平，已达到了相当高度；与人们生产、生活有密切关系的天文学、数学、物候观测等虽处于经验的积累、整理阶段，但已有了初步的发展。

春秋战国时期，山东地区由奴隶社会进入封建社会，由青铜器时代进入铁器时代。这一时期，山东科学技术有了飞跃发展，出现了百家争鸣的局面。铁制工具已广泛应用于农业，农业生产技术得到快速发展，生铁冶炼技术、铸铁柔化技术和碳素钢技术达到了相当高的水平，这时期也是山东手工业生产技术发展的重要时期，制酒、制酱、制醋等加工生产已逐步发展起来，如酿酒业已极为发达，并且积累了相当丰富的经验。在粮食加工方面已发明了石磨，使粮食加工有了有效的粉碎工具。公元前318年左右，齐国创建著名的“稷下书院”，各派学者经常聚集于此，探讨学术问题。齐国宰相、杰出的科学家管仲及其后人所著《管子》一书，既是当时手工业生产技术规范的标志，也是中国古代的一部百科全书。其内容包括农业、水利、矿业、医学等所有自然科学知识。《管子》和鲁国人墨翟始创的《墨经》一起成为中国古代经验科学的标志，是当时人们把生产实践中取得的丰富经验加以抽象概括的重要成果。

从总体上看，先秦时期的山东早期的科学技术多是对自然现象和生产经验的直观总结，基本属于经验科学的范畴。从夏到西周时期，科学开始从生产技术中分化出来，科学技术虽还处于比较低级阶段，但它为以后的农学、医学、天文学、数学和建筑、纺织等学科的发展准备了重要条件。战国时期出现了“百家争鸣”的局面，是这一时期科学技术发展的显著特点之一。

先秦时期的科学技术，反映了我们祖先的聪明才智与辉煌成就，是山东文化的瑰宝。

（一）先秦时期山东的农业与畜牧业

1. 山东早期的农业与畜牧业

山东省是中国古代农业重要发源地之一，早期就有发达的农业。山东原始农业生产活动可以追溯到7000多年前的新石器时代早期。人们把旧石器时代向新石器时代过渡的这个阶段称之为“农业革命”。

1987年夏，山东省文物考古研究所对章丘西河遗址进行了抢救性发掘。该遗址除了少量大汶口、龙山和唐宋时期的遗存之外，主要部分属于后李文化（距今8500—7500年左右）。石器有磨制和打制，包括石磨盘、石磨棒、石斧、石凿等。骨器有骨锥、骨镖、骨匕、骨镞等。这一遗址的发现和发掘，为在济南地区追寻新石器文化的起源和农业的发生，具有极为重要的意义。

石磨盘石磨棒（后李文化，章丘市小荆山遗址出土，济南市考古研究所提供）

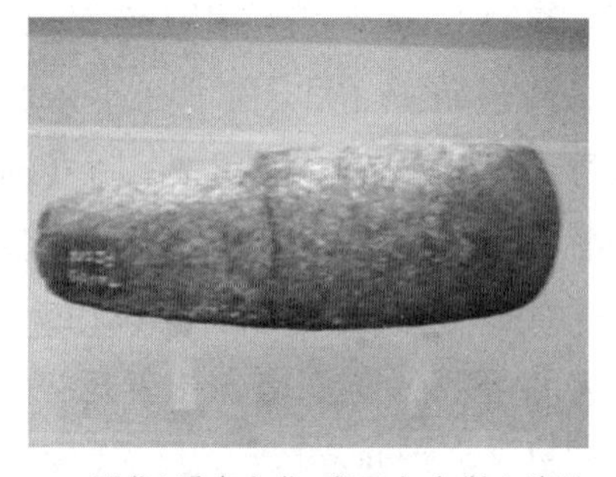
石斧（后李文化，章丘市小荆山遗址出土，济南市考古研究所提供）

石磨盘石磨棒（后李文化，章丘市小荆山遗址出土，济南市考古研究所提供）

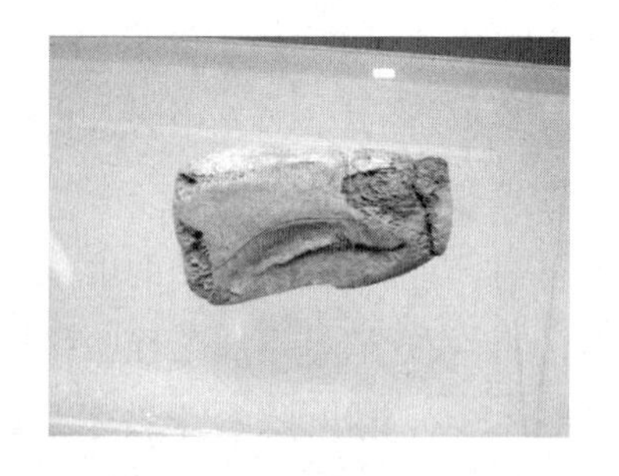
骨镞（后李文化，章丘市小荆山遗址出土，济南市考古研究所提供）

距今7300—6100年之间的北辛文化，孕育了东方最早的农耕文明。北辛文化时期已开始农耕与劳作，饲养家畜，产生了原始农业，并形成以农业为主的经济特点。首先，北辛文化时期，生产工具一般都进行打制或磨制，并出现了新的分工，特别是生产器具的种类有了较大的增加。北辛遗址出土了配套齐全的农耕工具，如斧、镰、磨棒、凿、石铲、鹿角锄、陶器等，表明主要分布于泰沂山系南、北两侧一带，除胶东半岛以外的山东省大部分地区已有了简单的生产工具。石铲、鹿角锄主要用于翻地，尖状角器用于播种，蚌镰用于收割，石磨盘、石磨棒用于脱粒，这些生产工具的系统使用不仅大大提高了农耕技术，而且对研究当时的农业生产状况起到了很重要的作用。其次，在农作物栽培方面，据考古发现，在滕县北辛文化等多处遗址中即有炭化粟的发现；在长岛县北庄遗址中即有黍的出土。南屯岭遗址北辛文化层中发现的黍是山东迄今为止发现最早的黍遗存，黍多为长鼓圆形，胚区近正三角形。由于黍和粟都具有耐旱、耐瘠、耐盐碱、耐贮藏等特点，因而黍和粟是山东古代最早种植的粮食作物，距今已有7000多年的历史。

距今约6300—4600年之间的大汶口文化，延续时间约2000年左右，以泰山地区为中心，东起黄海之滨，西到鲁西平原东部，北至渤海南岸，南及今江苏淮北一带。大汶口文化遗存包括山东中南部的泰安、济宁等地区的大汶口文化遗址。经过发掘的有滕州岗上、曲阜西夏侯、邹城野店、兖州王因等遗址。大汶口遗址作为母系氏族社会向父系氏族社会转变的典型，为母系社会向父系社会转变，私有制的产生，原始公社制社会瓦解提供了生动的写照。大汶口文化时期以农业经济为主，从生产工具上说，这时期的生产工具比北辛文化又进步得多。这时期人们制造使用的工具种类和数量增多，磨制技术日益精致，有了穿孔、装柄的复合农具。有砍伐树木用的石斧，有除草用的石铲，有中耕用的鹿角鹤咀锄，有收割用的骨镰、蟠镰、牙镰等。从墓葬中出土的石器中可以看出，有椭圆形的斧，穿孔斧，穿孔铲；石器、骨器等都磨制很精致，棱角清晰，刃口锋利，通体光亮。石器的穿孔技术也很高，采用琢穿和管穿两种方法。

从生产作物上说，主要种植粟。粟在大汶口文化时期山东及其邻近地区的墓葬中已多有发现，如发现约370颗有密集而明显的碳化小颗粒，经浮选处理，个体清晰，经鉴定是粟的碳化颗粒和稻米类。稻米纹理清晰，有的仍残留有稻壳。在大汶口文化晚期的胶县三里河遗址中,发现了窖穴中遗留的一立方米的朽粟①,说明当时粮食生产已有相当的贮存,生活用器和农产品贮藏用器也都有了一定的发展;广饶傅家遗址和枣庄建新遗址也曾发现粟炭化籽粒遗存。日照市岚山区虎山镇徐家村大汶口遗址也出土了黍,其形态尺寸与南屯岭北辛文化遗址出土的黍的形态尺寸十分相近。这时期已经开始了水稻与粟类作物兼营的农业生产。到了大汶口文化晚期,粟类作物仍是主要的农作物,同时也少量种植稻类作物。从地理位置上说,山东素有"膏壤千里"的美誉。这里地处黄淮海平原东部地区,河底的淤泥堆积于低洼之地,所以这里的土壤肥沃,加之黄河、淮河之水可以灌溉农田,为这里种植的农作物生长和收获提供了优越的条件。再从畜牧生产上说,大汶口文化出土的畜禽遗骨发现,当时已有鸡、犬、猪、牛、羊等家畜、家禽的驯养,并已掌握猪的繁殖技术,说明原始农业已经脱离了火耕阶段。养猪历史可谓悠久,最早的距今约9000年,7000—6000年前家猪的饲养已有较大发展。古代猪的饲养是人们拥有财富的象征,故常常被作为随葬品埋入坟墓,如泰安等地的新石器时代的墓葬中就发现了家猪遗骨。大汶口墓地有三分之一以上的墓葬中发现有猪骨,其中43座墓中发现了96个猪头,最多的一座竟达14个,反映了原始农业和家畜饲养业已有很大发展。

山东沂源出土的新石器时代的石斧

穿孔玉斧
(新石器时代大汶口文化的出土物。长17.8厘米,厚0.9厘米,刃宽7.2厘米,孔径1.2厘米。1959年山东泰安大汶口遗址墓葬出土,现藏山东省博物馆)

距今约4600—4000年之间的龙山文化时期,农业和畜牧业生产有了进一步发展。龙山文化因1928年首先在山东省章丘龙山镇城子崖发现而得名,泛指中国黄河中、下游地区约新石器时代晚期的一类文化遗存。至今已发现的山东龙山文化的遗址大约有二三百处之多。其中有代表性的典型遗

①《中国大百科全书·考古卷》,"大汶口文化"条。

址除章丘龙山镇外,还有日照的两城镇、东海峪,潍坊的姚官庄、鲁家口,胶州的三里河,诸城的呈子,泗水尹家城等遗址。龙山文化是由大汶口文化直接发展而来的,它是山东史前文化或新石器时代文化的鼎盛时期。龙山文化时期,生产工具在大汶口文化的基础上,又获得了更进一步的发展,反映耕作方式有了明显的进步。这时期,不仅复合工具增加并普遍使用,农具的制作也更加精致实用,如石斧、石铲、石凿等磨制得更加精致,石铲更为扁薄宽大,精工磨制,又出现了新的穿孔的收割工具石镰、石刀等,还有小型铜制工具。石镰、石刀均穿双孔。双孔系靠近背部。刀形有长条形、长方形、半月形等。还利用大蚌壳磨制各种蚌具,如蚌刀、蚌镰等。尤其是石镞的制作,不仅磨制精致,而且数量非常之多。更重要的是,龙山文化时期已出现了铜制的生产工具,它标志着史前时期东夷族生产工具的一大变革①。据山东大学刘敦愿教授介绍,20 世纪 30 年代,山东省日照县两城镇的中医刘述祊先生得到了同埋一坑的 5 件玉器,三孔铲即其中的一件,于 1957 年入藏故宫博物院。此玉铲制造精致,宽大而薄,器面上看不出砍砸使用痕迹,推测为龙山文化时期的玉礼器或祭祀器珍品。铲为梯形,玉料淡黄色中带绿色。片状,宽端有刃,刃自两面磨出,稍有崩裂,窄端中部有一孔,旁有二孔。铲的表面光滑,造型规整,边线平直,表现出较好的加工技术。

玉三孔铲

在畜牧生产方面,龙山文化时期的章丘龙山镇城子崖遗址,出土有大批兽骨,其中有马的遗骸,表明这时已有马的驯养,大约有四五千年的历史。古代所称的"六畜"——马、牛、羊、鸡、犬、豕(猪),早在新石器时代已基本被人们饲养。

此时作物种类和家畜品种虽无多大变化,农具却有明显的进步。翻地农具已规范化为梯形或有肩石铲,后者实为商代青铜铲的祖型。收割用农具主要是石质或蚌质等。龙山文化阶段,稻类作物的种植规模和面积增大了,而粟类作物仍然是一种主要的农作物。根据日照两城镇遗址的浮选结

①孙祚民:《山东通史》(上卷),山东人民出版社 1992 年版,第 22 页。

果，进入龙山文化时期，日照地区以稻和粟为主的农业生产得到了迅速的发展，而稻可能比粟占有更重要的地位。

以下是山东早期种植的主要农作物：

（1）稻谷。在作物种植方面，在龙山文化时期的栖霞县杨家圈遗址中，已发现稻壳及稻壳印痕，表明当时已开始种植稻谷。1995 年 10 月，在滕州市姜屯镇庄里西遗址发现了属龙山文化时期保存甚好的 280 余粒炭化稻米，经考古学家鉴定，确认是当时人工栽培的粳稻米粒，距今约 4000 年左右。

（2）大豆。大豆在古代称做“菽”。山东是我国大豆的原产地之一，根据出土文物和文字记载，我国种植大豆的历史约有四五千年了。公元前 5 世纪的《墨子》一书中写道：“耕稼树艺。农菽，粟。是以菽，粟多而足乎食。”在许多新石器时代的遗址中发现过大豆的残留印痕。

（3）小麦。根据历史文献记载和最新考古发现，山东地区是我国小麦早期种植和传播过程中的一个重要区域。山东种植小麦约有 4000 多年的历史，有的认为更早些。有学者据此提出山东地区的莱人首先培育了小麦。

（4）粟。粟也是古老的栽培作物之一，喜温暖，耐旱，对土壤要求不严，适应性强，可春播和夏播，因此特别适合在我国黄河流域种植。粟去壳称做小米，在山东等省区的新石器时代遗址中，曾发现炭粒。距今约有四五千年的历史。

（5）蔬菜。山东品种资源丰富，是我国蔬菜的重要产地之一。

2. 夏商西周时期的山东农业与畜牧业

夏商西周时期，出现了阶级，并产生了奴隶制国家。奴隶制社会的经济以农业为主，这时期农具种类增多，已出现了青铜农具，据出土文物考查，铸铜器具源于商代，铁制农具始于东周。而且开始出现中耕除草等专用农具，如耒、耜、铲、锸（类似今日的铁锹）。《易・系辞》云：“神农氏作，斫木为耜，揉木为耒。”东汉的许慎把耒、耜说成是同一种农具，“耒，手耕曲木也”。徐中舒先生在《耒耜考》一文中，力辨众谬，指出“耒与耜为两种不同的农具，耒下歧头，耜下一刃，耒为仿效树枝式的农具，耜为仿效木棒式的农具”。这时还有起土和锄草的农具——镬。《释名》云：“镬，大钼（锄）也。”镬的形状作长条形，厚体窄刃，长宽约为三比一以上，侧视做长等腰三角形，有单面刃或双面刃，有銎，直柄前曲，纳于銎中。此外，还有钱（类似现在的铁铲）、镈（bó）等中耕除草农具，还有镰、铚(zhì，古代一种短的镰刀)等收获农具，还有杵(chǔ)臼、碌碡等加工农具。《周礼·考工记》云："匠人为沟洫，耜广五寸，三耜为耦，一耦之伐，广尺深尺谓之圳。"

夏代(约前21世纪—前16世纪)，重视开沟挖渠，引水灌溉，以促进农业生产的发展，大禹采取疏导方法治理洪水成功，其主要活动区域在兖州一带。此时兖州、青州是比较发达的农业区。这时期已有用谷物制酒的记载，说明农业生产量有了提高。

商代(前16世纪—前11世纪)，商代在农业生产中使用的农具，目前考古学界一般认为仍以石、骨及蚌制铲、斧、镰、刀等为主，偶尔也发现一些铜锸、铜铲等青铜工具。也有学者认为商代大量使用"耒"、"耜"等青铜农具，青铜镬在商代早期开始出现，它在商周时期也可作木工工具，但这种木工工具与农业生产密切相关，故应属农具类。随着铜铲、铜镰、铜刀、铜斧等成为重要的农业生产工具，说明这一时期，农具有了明显进步，标志着农具已发展到一个用金属制造的新的历史时期。

商代的耕作方式有了新的改善，如采取"协田"耕作方式，即三人协力共耕，并施以深耕细作。有的研究者根据甲骨文"犁"字推测，估计商代可能已经出现了牛耕。农田灌溉系统也比较完备，出现了灌溉用具。

山东在商代已能种植黍、稷、粟、麦、秕、稻、菽等多种农作物。商代的农作物见之于甲骨文的有黍、稷、麦等。《尚书·盘庚》说："若农(指农田耕作者)服田力啬，乃亦有秋(指秋收)。"意即劳动者在田地上辛勤耕种，就可以获得秋收，说明当时人们已经认识到努力耕作和秋收的关系。甲骨文还有蚕、桑、丝等字。1966年，在山东益都(今青州市)苏埠屯的殷代大墓里，发现了形态逼真的玉蚕。商代的奴隶主贵族都嗜酒成风，到了末年酗酒竟到了不可收拾的地步，以致周人灭商以后专门发布了禁止饮酒的命令。酒是粮食酿制的，主要原料是黍、稷等谷物，这也是当时农业较为发达的旁证。林木蔬果的生产也是农业生产的一个重要组成部分。

西周时期(约公元前11世纪—前771年)，井田制是基本土地制度。这时期的生产技术有了进一步提高，农具有了明显的进步，已有金属制作的农具用于垦土、锄草和收割，青铜农具比商代明显增多，大大提高了生产效率。在耕作方式上，耦耕代替了协田，即二人一组，一拉一扶，多人耕作，所谓“十千维耦”。这时期的耕作技术已经积累了一定的经验，并开始使用绿肥，制造堆肥，防治农作物害虫，使大片荒地开垦为良田，大大提高了农业产量。垄作技术的出现，也是西周时期的一种创造，很可能是历史的早期同洪涝灾害的斗争中自然形成的，直到现在仍在生产中运用。西周时期，农作物品种增加，园艺栽培已开始萌芽，古时的园艺叫园圃，但当时经营的园艺作物还不是很多，从《诗经》等一些古籍的记载来看，记述的蔬菜约有25种、果树约有16种。山东随着蚕丝和麻类纺织业的发展，至周代齐鲁已是“千里桑麻”，表明这时蚕丝生产已初具规模。山东种植大麻的历史约有5000年之久。

此外，夏商西周时期，畜禽饲养已产生圈养，甲骨文中常在一些家畜的形象外面加上圈舍的符号，诸如厩、牢、宰、庠、家等字，可以说明马、牛、羊、猪等家畜已有圈养的习惯。商代的畜牧业也十分兴盛，饲养的“六畜”数量十分惊人，并被广泛应用于农业生产和日常生活。西周时期，家畜阉割技术的出现，是这一时期的又一重大创造。《易经》中已有“豮(fén)豕之牙吉”的记载，即是说，阉割过的猪，性情变得温顺，虽有牙也不为害。这表明在3000年前家畜阉割术已经发明。

3. 春秋战国时期山东的农业与畜牧业

春秋战国时期(前770—前221年)，是农业大发展的重要时期。主要表现为以下四个方面：

一是铁器开始应用于农业生产，特别是铁农具和牛耕的发明，成为农业突出进步的主要标志。齐国故城就有多处冶铁遗址。这时期出土的铁农具种类很多，有铁犁铧、铁镢、铁锸、铁锄、铁铲、铁镰、铁掏(tao)刀等。齐国可能是较早使用铁器的一个地区。《管子·海王》载管仲的话说，“今铁官之数曰：一女必有一针一刀，若其事立。耕者必有一耒一耜一铫，若其事立。行服连轺辇者必有一斤一锯一锥一凿，若其事立。不尔而成事者，天下无有”。说明铁器已很普遍，种类也很多。另据《管子·轻重乙》载齐桓公的话说，“衡谓寡人曰：一农之事必有一耜、一铫、一镰、一鎒、一椎、一铚，然后成为农。一车必有一斤、一锯、一釭、一钻、一凿、一銶、一轲，然后成为车。一女必有一刀、一椎、一箴、一钵，然后成为女。请以令断山木，鼓山铁，是以毋籍而用足”。《海王》、《轻重乙》等篇均被认为是战国时期的著作，所以上述引文反映了当时农业、手工业生产工具普遍使用铁器的情况。其中最重要的是铁犁铧的出现。铁犁铧也取代了青铜犁铧，山东等地都有战国的铁犁铧出土，说明犁耕已在中原地区广泛使用。但出土的多数是V字形铧冠，宽度在20厘米以上，比商代铜犁大得多。它是套在犁铧前端使用的，以便磨损后及时更换，减少损失。

随着铁犁的出现，牛耕技术出现，又发展到牛耕普遍推广，同时创造了牛穿鼻的使牛技术。山东是最早使用牛耕的地区，从人耕变为牛耕，是古代农业生产技术由原始农业向传统农业过渡的一次革命。铁犁、牛耕技术的推广应用，说明战国的耕犁已比商周时期进步得多，大大提高了耕地能力，为精耕细作创造了条件，因此，山东自古就有精耕细作的优良传统。农田连作制和精耕细作的传统已初步形成。与农业生产密切相关的土壤、肥料、生物等方面，也积累了比较丰富的经验。因此，这时期的粮食获得了较高产量。

二是土地利用率和果蔬种类、产量显著提高。古代农民很早就注意到"土宜"，对土壤逐步加深了认识，大约写成于战国时期的《禹贡》里面，列举了当时九州的各种类型的土壤和主要农作物。书中把青州（今山东东部）的土壤叫做"海滨广斥"，所指大概是海滨地区的盐渍土，这都同实际情况相符合。春秋战国时期的《管子》一书里面，有一篇《地员》，把土壤分类同地下水位高低以及宜于何种作物和植物都联系了起来。春秋战国时期，在不断创制和改革各种农具的同时，开始施用肥料，发展水利灌溉，推行用地与养地相结合，使土地利用率和产量显著提高。这一时期，培育的果蔬种类与品种也逐渐增多，当时食用的蔬菜至少已有40多种，其中人工栽培的有瓜、瓠、韭、葱、蒜、芹、姜等十多种。战国时期的《管子・山权数篇》中说："民之通于蚕桑，使蚕不疾病者，皆置之黄金一斤，直食八石，谨听其言，而藏之官，使师旅之事无所与。"这是说，群众中有精通蚕桑技术、能养好蚕、使蚕不遭病害的，请他介绍经验，并给予黄金和免除兵役的奖励。到了公元前5世纪的《墨子》一书中，已记载："耕稼、树艺、聚菽粟，是以菽粟多而民足乎食。"据文字记载，春秋战国时代，宁阳就开始种姜。宁阳姜性喜阴凉潮湿，怕旱涝，姜畦必须草墙遮挡。立夏前后下种，入伏抠老姜、追肥，立秋拔遮荫、追肥、起垄，霜降收获。民间有"冬吃萝卜夏吃姜，不劳医生开药方”和“冬有生姜,不怕风霜”之说。

三是在畜牧饲养技术上也大有进步,如配种、繁殖方面已积累了适时配种、保护幼畜的经验。春秋战国时期,由于战争及生产的需要,养马业得到较大的发展,对马的饲养管理也有了一定的经验,还出现了相畜术,它是鉴定家畜的一项重要技术。在兽医方面,针刺、火烙、按摩、热灸等兽医治疗技术已有较广泛的应用。近年还在山东临沂银雀山西汉前期古墓中发现《相狗经》竹简残片,都说明了古代相畜技术的发展和对家畜选种的重视。

四是引汶灌溉,重视修筑河道、堤防等农田水利建设。春秋战国时期,大规模水利工程的兴修,反映了工程设计和施工技术的进步。《春秋》载有“汶阳之田”、“龟阴之田”之说。即今平阴、肥城、泰安沿汶水一带,已有了引汶灌溉的史迹。并记有“齐侯乃归所侵鲁之郓、汶阳、龟阴之田以谢过”。杜预曰:“太山博县北有龟山。”索隐左传“郓、欢及龟阴之田”,则三田皆在汶阳也。正义郓,今郓州郓城县,在兖州龚丘县东北54里。故谢城在龚丘县东70里。齐归侵鲁龟阴之田以谢鲁,鲁筑城于此,以旌孔子之功,因名谢城。龟山,在泰山之阳,汶河北岸。《岱史》:“泰山博县(旧县)北有龟山。”龟山在博县北15里。龟山的北面,就是“龟阴之田”,《春秋》鲁定公十年归还的“龟阴之田”就是这个地方。齐国还修建堤防,增加了水利设施。《汉书·沟洫志》载有“堤防之作,起于战国”,说明战国时期河道开始有了堤防。例如战国时,最著名的堤防是齐和赵、魏在黄河两岸修建的堤防。由于当时齐与赵魏两国以黄河为界,齐国地势低下,黄河泛滥时齐遭灾严重,所以齐国首先在离开黄河25里的地方修了一条堤防,自此“河水东抵齐隄,则西迄赵魏”,使泛滥的河水冲向赵魏两国。《管子·度地篇》载有筑堤方法:“令甲士作堤大水之旁,大其下,小其上,随水而行。地有不生草者,必为之囊。大者为之堤,小者为之防。夹水四周(“周”原误作“道”),禾稼不伤。岁埤增之,树以荆棘,以固其地。杂之以柏杨,以备决水,民得其饶,是谓流膏。”这是一段有韵的经验之谈,被假托为管仲所说的。很明显这是春秋战国期间齐国沿黄河筑堤的经验。

齐国地处青州,土质膏肥,田为上下等。自然条件优越,是春秋战国齐国富强的因素之一。齐国执政者为巩固其统治,进行封建兼并,推行农战政策，以适应富国强兵的需要。当时有诸多农战之策的具体描述。例如，“民事农则田垦，田垦则粟多，粟多则国富，国富则兵强，兵强则战胜，战胜则地广”（《管子·治国》）。“缮农具，当器械，耕农当攻战，推引铫、耨当剑戟，被蓑以当铠襦，菹笠以当盾橹，故耕器备具则战器备，农事习则攻战巧矣。”（《管子·禁藏》）到春秋初年，齐人已普遍重视在耕作前先对农田进行规划整治的方法。《考工记·匠人为沟洫》中介绍沟洫水利设施，有关于“耦耕”的原始资料：“耜广五寸，二耜为耦，一耦之伐，广尺深尺，谓之甽。”其中还有关于“井田制”排灌系统的原始资料：“九夫为井，井间广四尺，深四尺，谓之沟。方十里为成，成间广八尺，深八尺，谓之洫。方百里为同，同间广二寻，深二仞，谓之浍。”此外，《诗·齐风·南山》云：“蓺麻如之何？衡从其亩。娶妻如之何？必告父母。”郑玄注云：“蓺，树也。树麻者必先耕治其田，然后树之，以言人君娶妻，必先议于父母。”这说明春秋时东方齐国对农田的整治已被视为理所当然的事。

由于采取了一系列有利于发展农业和保护农业的政策，齐国农作物的产量大大提高。《汉书·食货志》载战国时粮食亩产，“今一夫挟五口，治田百亩，岁收一石半”。这里的亩是一百方步为一亩的周亩，平均亩产为一石半，是正常年份一般耕作的中等产量。到战国中期粮食产量有了增加，“中年亩二石，一夫为粟，二百石”（《管子·治国》）。另据考古发现的银雀山汉墓出土竹简《田法》说：“岁收：中田小亩亩廿斗……上田亩廿七斗，下田亩十三斗。”这是按上、中、下三等田地计算亩产量的。《田法》反映的是战国时齐国地区的情况。从《田法》上述记载可知，齐地，中等田地亩收20斗即亩收2石；上田亩收27斗，即亩收2.7石；下田亩收13斗。粮食产量增多，这是国富民强的重要标志。

鲁人有重农思想的传统。鲁国地处内陆，宜于农桑，更使得它的农业生产获得了较大发展。鲁国承继了周人重视农业的文化传统，心态中积淀成了以农为本的心理特征和思维方式。春秋时鲁国也是一个农业生产很发达的国家。铁制农具的广泛使用、水利设施的大力兴修、耕地面积的不断扩大，都是这一时期农业进步的重要表现。这时期黄淮平原的农业开发超过河北平原，是当时主要粮产地。《左传》记隐公元年，“冬，京师来告饥，公为之请籴于宋、卫、齐、郑，礼也”。其间则尤以东部泗水流域的鲁国最为发达。鲁僖公时已将农田和牧地划分得很清楚。《诗·鲁颂·駉》:“駉駉牡马,在坰之野。”《诗》序云:“駉,颂僖公也。僖公能遵伯禽之法,俭以足用,宽以爱民,务农重谷。牧于坰野,鲁人尊之。”郑玄注:“坰,远野也。邑外曰郊,郊外曰野,野外曰林,林外曰坰。”孔颖达疏说,这首诗歌是颂鲁僖公“务勤农业,贵重田谷,牧其马于坰远之野,使不害民田”。鲁国为了保护已开辟的农田,将牧地迁至距农田很远的地方。① 更为重要的是,鲁国最早承认封建土地制度,从而最早发展了封建的生产关系。春秋齐国管仲变法,鲁国实行“初税亩”,促使土地国有制向私有制转变。井田制是我国奴隶社会的土地国有制度,开始于商,盛行于西周。到了春秋时期,由于铁器和牛耕的使用以及耕作技术的提高,出现了“私田”,随着“私田”的增多,春秋时井田制逐渐瓦解。鲁宣公十五年(前594年)实行了“初税亩”,即废除了奴隶制所有制的“籍田法”,不论公田、私田,一律按照土地的面积征税,从而承认了土地的私有,促进了农业生产的积极性。春秋后期的鲁国等先后承认了私田主人对土地的所有权,可见井田制瓦解的根本原因是生产力的发展。“初税亩”虽然仅仅三个字,却含有极其重大的社会变革的历史意义。它表明中国的地主阶级第一次登上了舞台,第一次被合法承认。“桓管改革”后的“均田分力”与“相地衰征”政策仍是建立在土地国有的基础之上的,而鲁国初税亩的实施等于承认了土地的私有。桓管改革后的农业税收征收的前提是农户租用了属于国家的土地,税收还带有“地租”的性质;而“初税亩”则是在认可了土地私有的前提下,凭借国家政治权力向土地所有者征收的税赋。也就是说,“初税亩”更接近于现代的税收。所以大多数研究者倾向于把鲁国的“初税亩”作为我国农业税征收的起点。“初税亩”的实施对鲁国经济实力及国力的增强起到了一定的积极作用。之后,鲁国还先后推出过“作丘甲”、“用田赋”等税收政策,各诸侯国争相效仿。例如,鲁成公元年(前590年)“作丘甲”,鲁哀公十二年(前483年)“用田赋”也大致反映了在土地制度转变过程中赋税制度的相应改革。鲁国是一个农业大国,也是虫灾多发的地区。鲁国虫害主要有螽、蜚、螟、蜮、蝝5种,有史料记载的共计16次。鲁国虫灾多发生在夏、秋时节,常与旱灾伴生,虫灾频发引起了

①邹逸麟:《先秦两汉时期黄淮海平原的农业开发与地域特征》,载《历史地理》第11辑,上海人民出版社1993年版。

饥荒。

（二）先秦时期山东早期的商业

山东农业、畜牧业的发展，带来了商品生产的发展和商业的繁荣。随着农业技术水平的提高，粮食作物的产量大量增加。在发掘的龙山文化遗址中，几乎都有比较规整的贮藏物品的窖穴及瓮、缸等大型陶质容器，表明当时的粮食已有较多的剩余。富余的粮食被存储在仓库中，以备灾荒和欠收之年所用，也促进了商业市场的发展，这样就使人们不仅可以在较大的相对稳定的居住环境中定居下来，而且大量的劳动力被解放出来，从事手工业劳动、工艺品的制作和远途贸易，从而促进了工商业的发展。随着更多的人脱离农业生产，由此产生了一些新的行业，比如制陶技术、黄金和铜器加工等。商代手工业生产的发展，比农业更为突出。其中，青铜冶炼技术和青铜器制造工艺的高度发展，更集中反映了当时手工业技术水平和时代的特点。当时，工商业经营的范围已相当广泛，农民的家庭手工业也成为农民经济收入的重要组成部分，主要有纺织、编织草鞋、结网等，产品主要是满足自家需要，剩余部分也被当做商品出售。

齐国发达的工商业主要源于其悠久的历史传统和当时社会实际的紧密结合。发达的丝织业是齐国工商业的杰出代表。《汉书・地理志》云："太公以齐地负海舄卤，少五谷而人民寡。"因为没有耕种的资源资本，所以实行"通工商之业，便渔盐之利"的富民强国之术，推行"因其俗，简其礼"的方针。随着农产品、商业产品交换的频繁，商人阶层活跃起来。一类是小商品经营者，是伴随着农业和手工业社会分工的，他们从农业生产中脱离出来，以本小利薄为理念，最终走向生活富裕之路。《韩非子・说林上》载：鲁国有一家夫妇两人，丈夫擅长编织草鞋，妻子擅长纺织缟绸（做帽子用），打算搬家到越国去。有人劝他们不要去，因为越人赤足披发，履和缟都没有用，假如搬去，生活必然穷困。从这个例子可以看到，这些手工业者有自己的住宅，有一定的生产资料，进行独立的手工业劳动，把产品拿到市场上出卖，用以谋生。这自然是和过去"工商食官"的奴隶工匠不同的。另一类则是富商大贾，他们握有巨大的财富，"万乘之国必有万金之贾，千乘之国必有千乘之贾"（《管子・轻重甲》）。这些大商人主要经营粮食、食盐、铁器致富，他们操纵着市场,获取高额利润,过着豪华的生活。因为他们经营的商业资本雄厚,商人阶层的实际地位得以提高,商人的社会影响不断增强,成为当时社会中的一股重要力量。

商品经济的发展,引起了货币的变化,铸造的铜币和黄金得到了广泛流通,在商品经济中起着重要作用。齐国的刀币种类较多,主要有“三字刀”、“四字刀”和“六字刀”,都因其文字不同而叫不同的名称,如“齐之法化”称为“四字刀”。而“齐之法化”基本上是战国时期的铸币,在当时有重要作用和影响。随着铸币的使用和流通,铸币权也被国君进一步控制。同时,金属铸币的广泛流通和逐渐统一,也促进了商业的繁荣。

(三)先秦时期山东的手工业技术

手工业的发展,同人们的生活密切相关,涉及行业较多。早在新石器时期,山东人民就在许多方面有所创造,推动了社会前进。代表济南地区“后李文化”的西河、小荆山两遗址开启了8500年前这座古城的历史文明,之后的北辛文化、大汶口文化、龙山文化、岳山文化以及商文化,从一件件熠熠生辉的青铜器、陶瓷器,巧夺天工的彩绘雕塑,再到古朴沉雄的石刻精品,流派纷呈的书画艺术,令身在这片神奇土地上的今人叹为观止。在北辛时期,山东已出现磨光石器,如铲、刀、磨盘、磨棒、斧、凿等,已掌握了陶器技术和制作工艺。大汶口文化时期已能纺织麻布、制作各种颜色的陶器和轮制白陶与蛋壳陶,手工业开始和农业分离。从夏代到商代,手工业技术进一步发展。商代以青铜冶炼著称于世,冶炼技术相当纯熟。所造酒器、礼器,造型美观,工艺精湛。商代的手工业还有玉器、骨器、陶器、皮革、营造、舟车、造酒等业。西周时期,山东的手工艺术的发展主要表现在齐、鲁、莒、滕等国的实用艺术品的进步上。春秋战国时期是山东手工业生产技术发展较盛时期,手工业有车工业、冶炼铸造业、皮革业、印染业、雕琢业、制陶业等。私营大手工业,主要经营盐、铁,“采铁石鼓铸煮盐,一家聚众或至千余人”(《盐铁论·复古》)说的就是此事;个体小手工业,主要有车工、陶工、木工、编织、结网等。

1. 制陶工艺技术

从“神农耕而作陶”、“舜陶于河滨”到“宁封子为黄帝陶正”、“女娲抟土造人”，这些古代的制陶传说，为陶器的起源蒙上了一层神秘的面纱。陶器的产生，显著地改变了人类的生活方式。陶器既成为人们广泛使用的生活资料，也成为古代最广泛而普及的大宗文物。章丘西河8500多年前陶器的出土，开辟了济南地区陶器史的新纪元。

后李文化时期，因首次发掘淄博地区古文化遗址——临淄区齐陵镇后李官庄“后李遗址”而得名。其分布范围在泰沂山系的北侧，经过正式发掘的有临淄后李，潍坊前埠下，张店彭家庄，章丘小荆山、西河，邹平孙家、西南村，长清月庄等。据考古工作者对出土的淄博市临淄区后李遗址陶器进行考证，生活在这一地区的先民在距今约8000年前已开始制作陶器。其早期产品均为夹砂陶，器类单调，均以手制。陶器多红褐、灰褐色，火候不高，制作工艺为泥条盘筑、泥片贴塑，器表多素面，流行附加堆纹、压印纹等，器形以圆底器为主，亦有少量平底器和矮圈足器。

陶匜（yí）（后李文化，章丘市小荆山遗址出土，济南市考古研究所提供）

陶盆（后李文化，章丘市小荆山遗址出土，济南市考古研究所提供）

北辛文化时期，山东人已会制作陶器。从出土的陶器来看，其工艺较为原始，陶质有夹沙陶和泥质陶两种，纹饰有附加堆纹、划纹、指甲印纹等。这时期人们已掌握了慢轮修整工艺，能做通高0.5米、口径0.6米的大鼎，还会制作钵、壶等类的陶器。

陶鼎（北辛文化，章丘市马彭村北遗址出土，济南市考古研究所提供）

白陶空足鬶(大汶口文化,山东莒县大朱村出土)

白陶背水壶(盛水器,大汶口文化,山东泰安大汶口出土,中国历史博物馆藏)

红陶折腹鼎

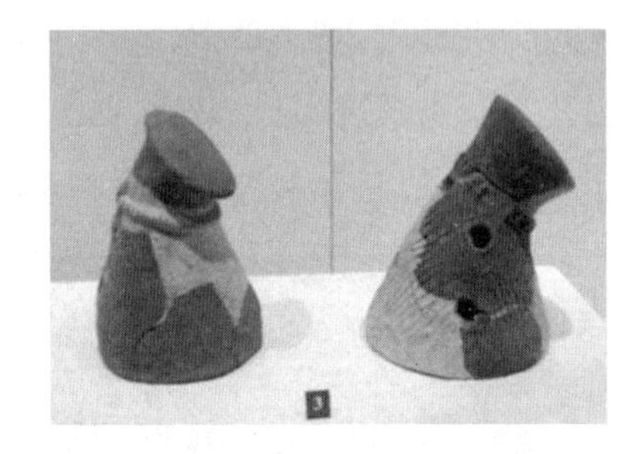

猪嘴形陶支座

(北辛文化,1978 年泰安大汶口遗址出土)

到了大汶口文化时期,制陶技术在北辛文化时期的基础上又进一步提高。这时期手工业和农业开始分离,制作陶器虽然仍以手工为主,但在工序中已开始使用慢轮进行修整加工,如鼎和罐类陶器,对于一些小型的陶器制作,也开始由快轮完成。这时期已能制造红、灰、黑、白等颜色的陶器。轮制的陶器造型精美别致,如实足鬶、背壶和篡形器、折腹鼎、背壶、单耳杯、尊形

1959 年山东莒县陵阳河出土的陶文,前 4300—前 1900 年,大汶口文化

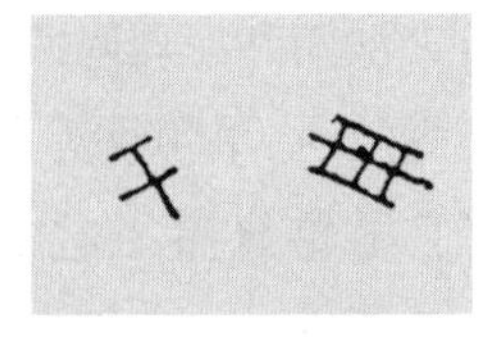

1959 年山东宁阳堡头村出土的陶文,前 4300—前 1900 年,大汶口文化[①]

①《文物》1974 年,第 1 期。

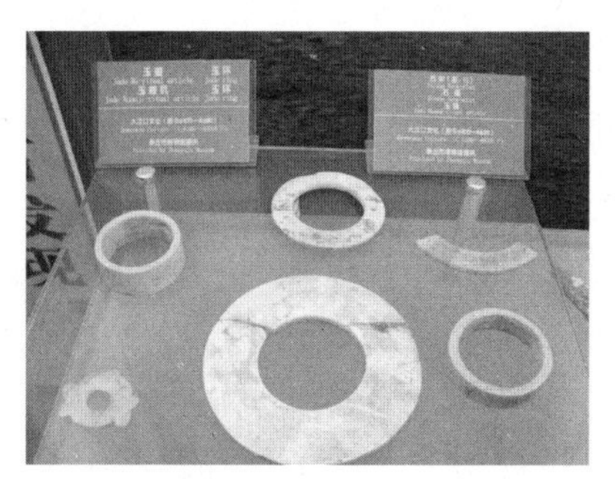

玉璧、玉璇玑、玉环、石钏(chuāng)等(大汶口文化,章丘市博物馆提供)

鹿角锄、陶猪(大汶口文化,章丘市博物馆提供)

鹿角锄、陶猪、玉铲、石斧、石纺轮、石凿(大汶口文化,章丘市博物馆提供)

玉铲、石斧、石纺轮、石凿(大汶口文化,章丘市博物馆提供)

八角星纹彩陶豆(盛器,大汶口文化,1974年泰安大汶口遗址出土,高29,口径26厘米)

陶塑狗形鬶类器(大汶口文化,泰安大汶口遗址出土)

器等。彩陶制作很流行。到了大汶口文化晚期,陶器的制作已有重大进步,这时期的陶器以灰黑陶为主,磨光黑陶占有一定比例,并出现了一种白色或黄色的细砂硬质陶。灰陶、红陶、黑陶、白陶和少量的彩陶,已出现了篮纹,如篮纹鼎等。器形有袋足鬶、三足盉、宽肩壶、筒形豆、罐形鼎、钵形鼎、深腹罐、高柄豆等。高柄杯和白陶器是大汶口文化中最具特征的陶器。其主要特点表现在陶器器形上，以釜形鼎、大镂孔编织纹高柄豆、背壶、筒形杯、盉、尊形器、圈足瓶、袋足鬶、带耳杯等较有代表性，还有罐、瓮、盆、豆等。陶器制作方法更加考究，开始在大口的尊上腹部刻上陶文，共约数十种个体。例如，大汶口文化遗存是赵家庄遗址的新发现，在胶州市和青岛地区也是发现比较早的考古学文化遗存。其中，发现的大口尊刻划符号，证明赵家庄遗址在大汶口文化时期是比较重要的中心聚落。赵家庄遗址位于胶州市里岔镇赵家庄村南，出土的完整或可复原遗物约800件，其中陶器约600件，器形规整，制作精致，主要种类有鼎、罐、盆、杯、壶、蛋壳陶杯、盘等。相当数量的鼎口部有流，腹部带把手或耳，如杯、壶、盆类等。这些特征与周围三里河、丹土、两城镇遗址同时期陶器相比，具有一定的地域特色，说明该地区有自己的陶器产业。石器约150件，有斧、锛、铲、镰、刀、锤、凿、杵、纺轮、球、磨棒等，其中作为收割工具的单孔或双孔石刀数量最多。山东胶州三里河遗址也具有代表性，主要分布于山东潍坊地区和日照等地。经过发掘的遗址有日照东海峪、安丘景芝镇、诸城呈子等遗址。陶器以釜、罐形鼎、鬶、单耳长颈壶、双耳长颈壶、细长瓶、大口折肩尊、单耳杯、高柄杯、折腹钵等具有代表性，背壶、豆、筒形杯较少。淄博地区陶器生产较前也有新的发展，生产范围扩大，主要分布在今张店、临淄、淄川境内，迄今已发现此时期的遗址30余处，其早期产品多为红陶，中晚期为灰陶、白陶及彩陶，在使用原料、成型、烧成等方面，先人们已积累了丰富经验。黑陶和白陶是大汶口文化中晚期制陶业中出现的两个新品种，反映了当时制陶工艺的显著进步。例如，大汶口文化山东泰安大汶口出土白陶背水壶，高19.3厘米，口径9.7厘米，此壶为细白陶，侈口、粗颈、圆肩、深腹，肩部有双耳，为大汶口文化中期的制品。其制作工艺精致，打磨光滑。口颈较大，成漏斗状，易于注水、倒水。深腹适宜较多地蓄水，“耳”用于拴系绳带背用。此器的基本形为两个重叠的倒三角形。两侧轮廓线条为凹形弧形，从而构成了器形的轻巧特征。这时的陶器已用快转陶车来制造。制陶业的发达，还体现在制造出许多仿动物造型的陶质工艺美术品，兽形提梁器是中国工艺美术史上的精品，三里河出土的猪形、狗形和龟形的容器等也反映出这一部落制陶业的兴旺发达，说明当时的工艺技术已相当成熟。

龙山文化时期的制陶技术,已达到相当成熟的阶段。这时期,陶器制作已分布比较广泛,今已发现此时期的人类遗址十余处。这时期的陶器以透黑的砂质陶和漆黑光亮的细泥陶占绝大多数。陶器制作技术,普遍采用轮制。器物造型极规整、优美。器胎薄而均匀,陶色纯正,表里透黑,火候高。典型器物有曲腹盆形鼎(其中一种鼎足为上宽下窄、中间有竖堆纹扁梯形,另一种即俗称“鬼脸式”鼎足)①。龙山黑陶是龙山文化的代表,距今已有4600多年的历史,是黄河中下游原始文化的杰作,因1928年首次发现于章丘市龙山镇而得名。龙山黑陶的主要特征是质地坚硬,做工细腻,造型美观,黑如漆,薄如纸,声如磬,亮如镜,举世闻名。胶东在龙山文化时期的遗址、遗存证实,莱文化时期的胶东制陶业在山东腹地大汶口文化的影响下,其制作的陶器不仅赶超了大汶口时期的陶器制作水平,而且开始引领中华制陶业之先。胶莱平原和胶东地区在龙山文化时期都属于莱夷文化,胶莱平原上的潍坊姚官庄遗址、诸城呈子遗址和胶东长岛砣矶大口遗址、栖霞杨家圈二期遗址均出土了几乎完全相同的蛋壳黑陶。山东省博物馆现收藏的陶套杯就是蛋壳陶中的佼佼者,它不仅表明当时已有酒具,而且是原始制陶工业的杰作。陶套杯制作精致,造型小巧,外壳漆黑黝亮,纹饰和造型的配合极为精美,器壁厚度仅0.2毫米至0.5毫米,薄如蛋壳,被誉为“蛋壳陶”。高柄蛋壳陶是龙山文化工艺技术水平达到鼎盛时期的一种代表性器物,说明4000多年前,我们祖先的制陶手工业已达到相当高的水平。山东淄博地区制陶业在前代基础上已发展到相当水平。陶器制作成为氏族部落的一种专业劳动。普遍采用快轮成型,产品以黑陶、灰陶为主,种类很多。其中,黑又亮的薄壁陶最著名,产地分布较广,今临淄、张店、淄川、周村、桓台、博山、沂源区县共有产地60余处。以临淄区桐林——田旺遗址,张店区马尚镇冢子坡,周村区周村镇爱国村,萌水镇水磨头村,贾黄乡商家村,淄川区太河村,博山区石马等遗址出土的陶器最有代表性。产品以黑陶为主,也有少量灰陶、红陶等。其中漆黑光亮、器壁厚度仅为0.5毫米至1毫米的“蛋壳陶”,为史前淄博制陶工艺的杰出代表。除此以外,还烧制出了素面

①孙祚民:《山东通史》(上卷),山东人民出版社1992年版,第18页。

白陶、彩陶，出现了在陶器上刻划文字符号的做法，陶器的器类除以生活器皿为主外，还烧制有礼器和酒器，从而证明当时的制陶作坊内部已经有了专业分工。常见的器型有甗、鼎、鬲、杯、罐、盘、盆、鬶、豆等，陶塑也较常见，多为动物造型，开创了陶塑美术制陶的先河。

黑陶器盖（龙山文化，山东省考古研究所提供）

黑陶罍（音：雷）、鸟喙（音：会）

足鼎（龙山文化，山东省考古研究所提供）

文字的产生和使用是文明社会的重要标志，作为记录和传达语言的工具，文字最早的形式是在新石器时代陶器器壁上较为原始的刻画符号。

2004年，在山东省潍坊地区昌乐县古遗址上集中出土的100多块兽甲骨上所刻的600多个符号，结构和布局有一定的规律可循。这些甲骨，产生于距今约4500年的新石器时代，多为记事的辞骨，与安阳殷墟出土的甲骨文有明显不同，是一种早于商代甲骨文体的类似鸟虫篆书体的图画文字。专家认为出自古东夷人之手，早于殷墟甲骨文，是中国文字史上的一个重大发现。

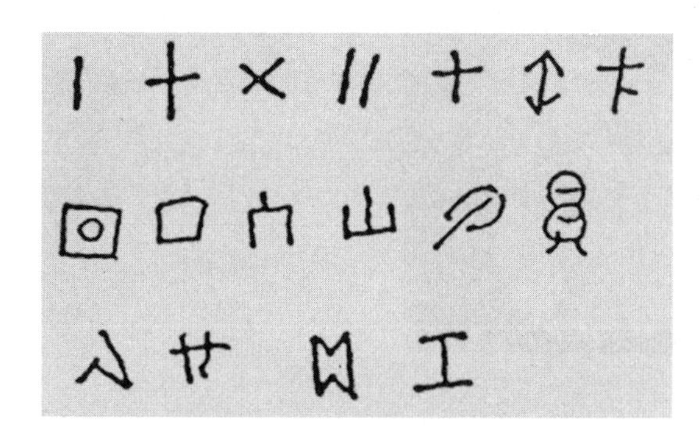

山东城子崖1930—1931年出土，公元前2500—前2000年龙山文化(《城子崖》1934年)

邹平丁公龙山文化陶片上的陶文①

在众多的史前考古资料中，发现于莒县陵阳河大汶口文化遗址和邹平县丁公龙山文化城址的陶器刻纹尤其受到了研究者的高度重视。

著名的山东莒县陵阳河大汶口文化遗址于1957年被发现，当时出土了外部刻有图形的陶器，采集到三件刻画图像陶文的大口尊(简称陶文)。1960年，这些陶文公布于世后，轰动了中外考古、古文字、历史、天文、美术等学界，许多学者认为这是迄今所见中国最早的文字。在山东莒县陵阳河遗址出土的陶尊、单字有十几种之多。它的结构和我国古代甲骨文、青铜器铭刻上的象形文字十分相近。在此后的1979—1983年期间，又在陵阳河、大朱家村、杭头等三处大汶口文化遗址相继进行科学发掘，又出土了一批陶文。至此，莒县已有三处遗址出土陶文，共发现20余个单字。目前学界比

①《文物天地》1993年第2期。

山东昌乐县古遗址出土的“昌乐骨刻文”，早于殷墟甲骨文

山东莒县大汶口文化遗址发掘中的带有图形的陶器——大口陶尊，上刻有各种图案，有些特殊的符号已被释为原始图形文字

较一致的结论是：莒县陵阳河遗址发现的陶尊文字是现行汉字的初型或远祖，是我国最早的文字，其成型时期属大汶口文化中晚期，距今5000年左右，比甲骨文尚早1500余年。

距今约4000—3500年之间的岳石文化，以平度市大泽山镇东岳石村遗址命名。它与龙山文化分布范围大致相同，1959年发现。遗址南北长约70米，东西宽约200米，出土了大量石器、陶器、骨器和蚌器。由于东岳石遗址中出土的遗物有独特的造型和风格，故被考古界称为“岳石文化”，并进一步被证实为是东夷族所创造的一种古老文化，为研究东夷文化的发展和去向，进而全面认识和复原夏代文化，探索商文化的来源提供了重要的资料。岳石文化以灰色为主，黑色也占一定比例，还出现了子母口三足罐和舟形器等龙山文化没有的新型陶器；岳石文化里最常见的袋足肥大的“素面甗”与龙山后期开始出现的“甗”，其形制也很不相同。1972年，山东烟台牟平城南照格庄遗址被发现，该遗址距今约3900—3600年，填补了山东史前文化的一个空缺，被学术界定位为岳石文化照格庄类型，也是夏代东夷部落文化的重要一脉，在我国史前文化的分类上具有重要的意义。该遗址发现的青铜锥，表明岳石文化时期已经出现青铜器文明。2008年4月，烟台市和牟平区博物馆对照格庄遗址北部边缘进行了抢救性发掘，揭露面积6000平方米，发现了岳石文化时期的古窑、房址、灰坑，并清理出完整的围壕。此次发掘出土的陶器多为轮制，主要为陶甗、陶鼎、陶罐、陶尊、陶碗、陶盒、陶豆和器盖等岳石文化的典型器物，并出土了一定数量的石器，包括半月石刀、石锛、石斧、石铲、石凿等。

陶钵

陶罐

（岳石文化，山东省考古研究所提供）

陶甗

大陶罐

（岳石文化，济宁泗水天齐庙遗址出土）

陶盖豆和陶莲花盘豆
（战国，临淄乙烯厂区出土）

夏朝是我国历史上建立的第一个奴隶制国家。根据淄博地区已发现的“岳石文化”考证，这一时期的陶器生产仍很发达，主要集中在临淄、桓台、淄川、沂源、周村境内。

商代制陶手工业与夏代相比有较大发展，商代出现了原始瓷器，成为国内最早的瓷器产地之一，并为以后历代相继创制出铅釉陶、青釉瓷、黑釉瓷、白瓷等奠定了基础。例如，比较发达的淄博地区以烧制泥质灰陶和夹砂灰陶为主，主要分布在临淄、张店、淄川、桓台、周村等地，从商代到西周大约900年的时间里,淄博的制陶工艺显著进步,并烧出釉陶器。西周初年,武王封姜尚为齐国君,都治临淄。齐国对制陶手工业颇为重视,专门设有主管制陶手工业的官吏——陶正,管理陶器生产,临淄附近出现了规模较大的制陶作坊。齐国制陶业较前发达,始制白釉陶器及砖、瓦等建筑用陶。临淄齐故城博物馆在发掘齐景公殉马坑下西周墓时,出土了两件青釉瓷豆,这是淄博地区目前发现最早的原始瓷器,说明淄博地区早在西周时期已发明并使用了原始瓷器,这在淄博陶瓷史研究中具有重要的价值。淄博瓷器的生产组织形式,则出现了官营和民营制陶作坊。

绳纹鬲(商代,济南市历城区博物馆提供)

玉琮、玉鱼形璜、玉璧、玉蚕、玉兔(西周,济南市济阳县刘台子西周墓出土,济南市济阳县博物馆提供)

春秋战国时期,制陶业繁荣。陶器生产不仅大量制造生活器皿,而且开始转向砖、瓦、下水管道、建筑陶等,出现了用灰陶制做的量器和随葬用的彩绘陶、陶俑及动物雕塑等。春秋时期(前770—前476年),淄博地区各地仍以生产鬲、鬶、盆、豆、盂等日用灰陶器和瓦、水管道等建筑陶为主,制陶业中出现了产品分工。战国时期(前475—前221年),淄博地区制陶业开始形成作坊集中的手工业生产,许多私营作坊出现,产品由日用生活品扩大到明器、陶制工具。随着城邑建设的扩大,建筑陶制造空前发展。

2. 纺织技术

山东纤维资源丰富,纺织历史悠久。从出土龙山文化和大汶口文化晚期遗址的陶制纺轮、骨针以及陶器残片上的麻布纹迹,说明远在新石器时代已广泛使用丝麻原料纺纱织布。

从考古发掘的资料来看,北辛文化时期已发现了纺织的工具,除大量的骨针、骨锥之外，还发现了纺线用的纺轮和纺织工具梭形器。据此，我们认为，很可能从北辛文化起东夷人就已经产生了纺织业。当然，由于北辛文化时期纺织业的实物痕迹，至今尚未发现，目前还只能作为一种推论。①

在大汶口文化中期以后，社会已经从母系氏族公社阶段发展到父系氏族公社阶段了。由于社会分工不同，男子已成为社会生产特别是农业生产的主要担当者，而妇女则从事纺织等家内劳动。这时期的随葬石铲、石斧、石锛等生产工具的主要是男性，而随葬纺轮的则主要是女性。

大汶口文化墓葬出土的石质和陶质纺轮及布纹印痕，表明当时已有纺织业的手工技术。例如，泰安大汶口文化墓葬，出土纺轮 31 件，其中石质 26 件，陶质 5 件，出土于 20 座墓中，约占 133 座墓葬总数的 15%，说明当时纺织生产的普遍性。出土骨针 20 件，长的达 18.2 厘米，粗者 7 毫米，最细者只有 1 毫米，针鼻只能穿过细线，粗细和现在的缝衣针相当，足见当时骨针制作之精细。②

另外，在大汶口出土的一些骨梭和布纹陶钵等器物中，都有精细的布纹，从中可以看出当时的纺织技术之高。陶器装饰以镂刻和编织纹最具特色。常见的纹饰则有锥刺纹、附加堆纹、弦纹、划纹和篮纹。彩陶不多，彩陶上以黑彩和红彩绘平行线纹、弦纹、叶纹、花瓣纹、八角星纹等几何图案为主。例如，大汶口出土的筒形杯（标本 64:15）底部印有粗布纹，背壶（标本 17:3）底部印有细密的布纹。③ 曲阜南兴埠大汶口文化遗址，出土甑箅（T8⑦:23）和甑（T1⑦:2）的底部也印有细布纹，每平方厘米的经纬线各在 7—8 根左右。④ 而邹县野店大汶口文化遗址出土的布纹，其经纬的密度同南兴埠出土的布纹密度完全相同。⑤ 胶东长岛县大钦岛北村三条沟大汶口文化遗址，出土陶罐底部印有的布纹是每平方厘米为 8×11 根，经稀纬密。⑥ 据此，可以初步断定，大汶口文化时期的细布纹密度一般在每平方厘米 7—8 根左右，个别地方已达到 8×11 根，这可能就是大汶口文化时期纺

①孙祚民：《山东通史》（上卷），山东人民出版社 1992 年版，第 28 页。
②同上，第 29 页。
③山东省文物管理处、济南市博物馆编：《大汶口——新石器时代墓葬发掘报告》，文物出版社 1974 年版，第 72 页。
④山东省文物考古研究所：《山东曲阜南兴埠遗址的发掘》，《考古》1984 年第 12 期。
⑤山东省博物馆、山东省文物考古研究所：《邹县野店》，文物出版社 1985 年版，第 43 页。
⑥北京大学考古实习队等：《山东长岛县史前遗址》，《史前研究》1983 年创刊号，第 127 页。

织业的最高水平。根据上述考古分析,我们完全可以有理由认为,大汶口文化的居民已在纺线、织布、穿衣了。至少从这个时候起,东夷人的纺织业正式产生了。①

龙山文化时期,在纺织品工具的革新方面实现了跨越式的发展。在各地龙山文化的遗址里,发现了不少陶制的纺轮。纺轮的制作工艺精巧,其形状各异,有的如馒头状,有的像圆板,中间都有个小孔。这种纺轮有些像今天农村妇女使用的打线锤,是纺车的最早形态。当时人们用苎麻作原料,在纺轮上穿个木棒,就可以把麻纤维捻成细线。在城子崖遗址里,曾经发现织布用的骨梭,两端有尖,尖处各有一个小孔。在山东省滕县岗上村遗址里,曾经发现一件陶罐,底上印有麻布纹。从布纹看来,这是一种平纹麻布,每平方厘米有7根到8根经线和纬线,由此也可以看出当时纺织手工业的发展水平。至于细而长的骨针,在各遗址里都有发现。那是当时缝兽皮和缝麻布衣不可缺少的工具。陶纺轮、石纺轮是纺线用的,骨针、骨锥则是缝制衣物的工具。山东胶莱平原及胶东地区的纺织业也有了很大进步。潍坊鲁家口遗址、姚官庄遗址,胶县三里河遗址,均出土了大量的纺织工具,而且“纺织工具(主要是纺轮)在出土生产工具或陶器中所占比例较大,反映了该时期纺织业有相当的普遍性”。岳石文化时期,胶东的平度东岳石遗址、牟平照格庄遗址也出土了许多纺织工具。而且牟平照格庄遗址还出土了完整的“三棱铜锥”,表明了胶东地区在岳石文化时期在学习和引入陶制纺织工具,掌握了龙山文化时期胶莱平原的纺织技术的同时,瞄准了当时更为先进的青铜制纺织工具。由于改善了纺织工具,胶东地区纺织业有了更大的进步。

种桑、养蚕、缫丝已兴起。从《诗经》三百篇来看,春秋前期以前,在今山东西南部的曹、鲁,都有蚕桑事业。夏代,掌握了原始的抽丝织绸技艺。到了商代,纺织业进一步发展,不仅大量使用了陶制纺轮和骨针,而且生产出多种丝麻织物,满足了人们生产和生活的需要。在商代,山东的养蚕业已十分发达,商代后期(前11世纪),山东蚕丝和巢麻已闻名全国。关于山东的养蚕地区,国内有“青州蚕源说”。1966年春天,山东青州市(原益都县)

①孙祚民:《山东通史》(上卷),山东人民出版社1992年版,第29页。

苏埠屯商代墓葬中出土精美青铜器的同时，也出土了几件晶莹剔透的玉蚕。后来在1985年5月，在山东济阳刘台西周墓中也出土了一批玉蚕，这批大小不一的玉蚕儿，分布在墓主人身边，共计有22个之多，因此，一些专家学者认为这些都证明古青州是蚕的故乡。

西周时期手工业中，纺织业尤为发达，齐都临淄为当时的纺织中心。官纺织作坊里即分织、染、练。

公元前7世纪，山东成为全国丝织品的生产中心。胶东半岛植柞养蚕的历史更是由来已久，胶东地区多山区丘陵，发展蚕丝业得天独厚，《尚书·禹贡》记"莱夷作牧，厥匪檿丝"，说的就是要老百姓缴纳蚕丝作贡赋。苏注云："丝惟出东莱，以织缯，坚韧异常，莱人谓之山茧。"檿丝即柞蚕丝，说明莱文化时期胶东先民就已经掌握了制作高档丝绸的技术了。《管子·轻重丁》也载："昔莱人善染，练茈之于莱，纯缁，绱绶之于莱，亦纯锱也。其于周十金。"意思是说，以前的莱人就擅长染色工艺，紫色的绢、紫青色的丝绦价格比周地要便宜十倍。这说明了胶东先民在学习外来的文化的同时，能够结合自身地域特点，发挥地域优势，使土地相对贫瘠的山区及丘陵地区发挥了作用，又推动了纺织业的发展，而且蚕丝的质地上乘，为丝绸极品。由此可见，最晚在商末周初，胶东的蚕丝业、染织业就有一定的规模和很高的印染技术了。

春秋战国时期，山东的蚕桑事业和纺织技术有了新的发展，已有家庭手工丝织业，丝麻纺织已有较高水平。山东的齐、鲁两国，齐国阿（今山东阳谷东）地所产的缟尤其著名，鲁国出产的缟也是全国有名的。例如，山东周村丝绸闻名遐迩，周村也素有"丝绸之乡"之称。《左传》鲁成公二年（前589年）载："楚侵及阳桥，孟孙请往，赂之以执斫、执针、织纴，皆百人。"其中织纴，即春秋时鲁国官手工业中专门从事纺织的工匠。王华庆、庄明君先生在《古青州，丝绸之路的源头》中研究认为，青州既是桑的原产地，又是野蚕的故乡，为后来桑蚕丝织的发展提供了优越的先决条件，这一地区在植桑、养蚕、缫丝、织丝方面积累了许多宝贵经验。但由于北方的土壤等诸多方面的原因，在战国前的夏、商、周古墓葬中保存下来的蚕、丝及丝织品实物极少。

所幸的是，考古人员仍发现在山东许多地区出土的商周青铜器上，黏附着许多绢帛等丝织品的纹饰痕迹。齐涛先生在《丝绸之路探源》中说:“到商周时代,山东蚕桑业空前发达,遥居全国之首”。青州苏埠屯出土的青铜器上的确也黏附着许多丝织品的经纬纹理。

战国时,齐国统治者对桑蚕丝织业也给予诸多优惠政策。例如桑农可以得到贷款,以补桑农生产资金的不足,在鼓励桑农的同时,大力提倡种植桑树,要求百姓在住宅四周,只准种植桑树,促进养蚕业发展,如果种植其他树木,则以妨害养蚕为由加以禁止。可见,普及桑树的种植到了一定的程度。齐国的丝织业成就辉煌,其出产的薄质罗纨绮缟和精美刺绣都畅销各地。齐国已成为纺织技术的中心,有“冠带衣履天下”之称。对此,古籍史书多有记载。《史记・货殖列传》有专门记述称,齐地能织作水纨绮绣纯丽之物。《考工记》云“齐鲁千里桑”并不夸张。秦国宰相李斯《谏逐客书》提到各地输入秦国的名贵特产,就有“阿缟(齐国东阿所产)之衣,锦绣之饰。”。《周礼・考工记》对春秋末(前5世纪)齐国练丝、练帛、染色、手绘、刺绣工艺以及织物色彩和纹样等都作了较为详细的记述。在《礼记・杂记》和《礼记・王制》中对当时织物的标准有严格的规定。如《尚书》中《禹贡》上规定的贡品有兖州“厥贡漆丝”、徐州的“峄阳孤桐”和青州的“厥篚檿丝”。1976年,临淄“郎家庄二号”东周殉人墓中出土的由两块综版织机织成的丝织品,包括提花织锦、手纹绢、丝编织物和刺绣残片,其刺绣绢地织物表面平整光滑,看不出明显的结构空隙。齐国东部盛产紫草,“齐桓公好服紫,一国尽服紫”。当时山东人民不仅会染紫,而且精于一般的练和染。《列女传・鲁季敬姜传》中有对鲁机(织机)结构的完整描述。《战国策・齐策》有这样的记载:“下宫糅罗纨、曳绮縠,而十不得以为缘。”縠比绡、纨还要细薄,与纱同类,现在的绉纱即古代的縠。因为它轻而薄,所以古人用雾形容它。“曳绮縠”、“糅罗纨”,说明当时纺织技术水平相当高明以及织物品种丰富多彩。① 总之,汉代以前,古齐国的桑蚕丝织业一直是兴旺发达的,居于全国的领先地位,为我国丝织业的发展作出了重大贡献。

3. 青铜制造及冶金技术

大汶口文化的石器、玉器、骨角牙器和进行镶嵌的手工业已很兴盛,出

①山东省科学技术委员会编:《山东省科学技术志》,山东大学出版社1990年版,第490页。

土的玉钺、花瓣纹象牙筒、透雕象牙梳等，制作精致，工艺水平很高。

我国古代对铜锌合金（即黄铜）的冶炼和使用约可上推到龙山文化时期。① 山东在龙山文化时期，已有铜器的出现。山东冶铜技术发展较早，牟平区照格庄遗址位于牟平城南、照格庄村西，1972 年春被发现。在牟平照格庄遗址中曾发掘出土的一段铜锥，是世界历史上较早的金属器，曾在国际上引起轰动。② 不仅如此，在胶县三里河龙山文化层出土文物中发现的两件黄铜锥形器，经鉴定为黄铜，内含有铁、铅、硫等杂质，是用木炭还原的方法得到的，证明青岛地区千年前即具有冶铜的技术。三里河龙山文化发现铜器并非孤例，在山东地区其他龙山文化及中原龙山文化中多次发现铜渣和小件铜器。诸城呈子遗址发现铜片，栖霞杨家圈遗址的龙山文化层和灰坑中发现残铜条一件和一些铜渣，长岛县北长山岛店子遗址的灰坑中发现铜片，临沂大范庄遗址出土铜工具，日照市尧王城遗址出土有铜渣。龙山文化出土的黄铜距今 4000 年左右，它表明至少在龙山文化中晚期，山东就有了铜器的制作技术，这是当时社会生产力发展水平的重要标志。

青铜觚（商代，济南市历城区大辛庄出土）

夏代已能冶炼较好的青铜。胶东地区早在夏王朝时期就已经进入青铜器时代。关于青铜器的制作过程，资料中较少记载。根据对实物的考查和分析，估计冶铸过程大体可以分为选料、配料、制范、冶炼、浇铸、打磨修饰等几个工序。经过修饰打磨以后，一件青铜器就算完工了。由于当时的青铜比较贵重，主要用于制造兵器和礼器，至商代才开始用于制造农具。

到了商代，劳动工具不仅种类繁多，而且制造技术明显提高。中原地区的青铜铸造业突飞猛进，并对周边地区产生了积极影响。青铜铸造由此在

①山内淑人等：《古利器の化学的研究》，《东方学报》京都第 11 册。

②1979 年冬，中国社科院考古研究所和北京大学等单位联合对照格庄遗址进行局部发掘，确定该遗址距今约 3900—3600 年。

山东蓬勃发展，不仅手工业以青铜冶炼著称于世，而且冶炼技术已达到相当纯熟的程度。例如，山东莱芜有着3000多年的冶炼史。山东至迟在商代冶铸青铜器，在冶铸青铜器上，商代的劳动者已经掌握了较高的技术，能够冶炼出合金。商代前期，除铜器的冶铸外，金属冶炼的进步和发展，还表现在对稀有金属金子的冶炼上。冶炼金子，熔点高，工艺复杂。金质饰物的出土，说明早在商初，人们已能制作精细的金质艺术品。

进入西周时期，青铜的冶炼铸造技术仍占有重要的位置，齐、鲁两国都有自己的铜器作坊。典籍中记载有齐国的“齐刀”，铸造精美，主要流通在齐国也就是今天的山东半岛地区。齐刀比较厚重，以厚大精美而著称，基本形制是尖首、弧背、凹刃，刀的末端有圆环，面、背有文字或饰纹。齐国人著《考工记》中记载着青铜冶炼的六种工艺配方。鲁国人炼铁采用“炉橐”鼓风的技术载入《墨子》一书。青铜器大多数是兵器、礼器和生活用品。当时的实用艺术品不仅有铜器，还有漆器。其艺术水平很高。临淄郎家庄一号春秋战国墓出土的精致的漆器图案，有着很高的艺术价值，很好地反映了山东漆器装饰艺术水平之高超。山东发现的商周青铜器，既反映了明显的时代特征，也保存了浓郁的地方特色。青州苏埠屯、滕州官桥镇前掌大村以及济南大辛庄、济阳刘台子等几个大型遗址和墓葬中，都出土了造型各异、纹样繁缛的商周时代的青铜重器，有觚、爵、觯、斝、鼎、鬲、甗、尊、簋、盘等青铜残片和钺、戈、镞、斧、锛等青铜器，以及陶器、玉器等。就铜器纹饰而言，山东出土的商周青铜器都有一个相同的主题纹样，那就是以各类幻化了的动物 头部为蓝本而刻画出来的兽面纹，俗称“饕餮纹”。这种纹样被装饰在器

铜斝

铜簋

（商代青铜器件，青州苏埠屯出土）

物主要部位,并被鸟纹等其他纹样所围绕,呈现出一种狰狞的美。据研究,这种纹样兼具装饰与宗教双重意义,起着“沟通天地”、“交通人神”的媒介作用。

春秋战国时期,铜器上的装饰艺术很高。有专家研究指出,战国时代的青铜器,是沿着人文化和世俗化的趋势向前发展。宗教束缚的解除,使现实生活和人间趣味越来越多地进入青铜器的造型和装饰领域,造型由凝重归于灵巧实用,纹饰由诡秘抽象转向活泼写实。临淄商王墓地出土的这批精美铜器很好地说明了这一点。再如,鲁故城乙组战国墓(M3)出土的一件错金银铜杖首(M3:42),形体构思奇特,造型生动优美,通体镶嵌金银片,铸造精良,堪称古代金属细工工艺的杰作。[①] 与战国时代活跃的思想氛围相适应,这时期的铜器还流行镶嵌技术和错金银工艺,临淄商王墓地出土的牺尊、长清岗辛出土的铜豆和曲阜发现的铜仗首等,代表了当时嵌错工艺的最高水平。

龙首鋬(音:盼)簋(音:轨)(春秋,济南市长清区博物馆提供)

4. 冶铁技术

春秋时期,山东人不仅青铜冶炼技术达到了更高的水平,而且从青铜冶炼中学会了冶铁,已掌握了开采铁矿和使用“炉橐”鼓风冶铁的技术。例如,莱芜在春秋时期已经掌握了炼铁技术。莱芜出土的西汉前期的24件农具,具有麻口铁组织结构。滕县宏道院东汉画像石上的炼铁炉,形象地反映了炼铁生产的壮观景象。《国语·齐鲁》关于“美金以铸剑、戟,试诸狗马;恶金以铸锄夷斤周,试诸壤土”的记载和《管子》关于“农者必有一耒一耜一铫”的记载,说明山东不仅是最早使用铁器的地区之一,而且可以证明战国时期山东的冶铁技术达到了相当高的水平。

战国时期,炼铁已成为重要的手工业部门,各诸侯国都已有重要的冶铁手工业地点。齐国可能是较早使用铁器的地区之一。一方面,春秋中期,齐

①山东省文物考古研究所等:《曲阜鲁国故城》,齐鲁书社1982年版,第156页。

灵公时期的《叔夷钟》铭文记载“造或徒四千”之句。“或”，当是“铁”字的初文，由此可推断，估计齐灵公时已有专门从事采铁冶炼的手工业者4000人，可见当时齐国冶铁规模已相当大。此外，春秋晚期，《管子·轻重乙》和《管子·海王》中都记录了大量使用铁器的内容，且整体关联，互为映照。《管子·海王篇》说齐国“耕者必有一耒一耜一铫”，《管子·轻重乙》载齐桓公的话，“衡谓寡人曰：一农之事必有一耜、一铫、一镰、一鎒、一椎、一铚，然后成为农。一车必有一斤、一锯、一釭、一钻、一凿、一銶、一轲，然后成为车”。由于《管子》多取材于齐国的档案，其中所反映的大概是春秋时的实际情形，因此，那时铁制农具在齐国已经得到相当广泛的使用。近年在临淄故城中发现了冶铁作坊6处，其中最大一处面积约40多万平方米。此外，山东陆续出土的战国时期的犁、锄、镰、剑等器物，证明战国时期山东的冶铁技术已达到了相当高的水平。

另一方面，齐国的国都临淄（今山东临淄北）作为一个重要的冶铁手工业地点，当时的冶铁技术已经达到了较高水平。据说，吴王阖闾铸造“干将”、“莫邪”两把宝剑时，曾使用“童女童男三百人鼓蒙装炭”，然后，“金铁刀濡，遂以成剑”。战国时，齐国出现了铸铁柔化、快炼钢以及淬火工艺，冶铁作坊的规模很大。齐国通行的主要是刀币，《管子·国蓄》载，先王“以珠玉为上币，以黄金为中币，以刀布为下币”；《管子·山权》曰，“汤以庄山之金铸币”，“禹以历山之金铸币”。凡此种种，足见齐地为刀形货币的发祥地和主要流通地区。币上铸有“齐夻（法）化（货）”或者“齐建都帮造夻（法）化”的铭文，一看就知道应该是齐国都城临淄铸造的，重量都在50克左右。“夻化”，读作“大刀”。临淄的宫城内就有铸造这种“齐夻（法）化”刀币的作坊。也有“节墨之夻（法）化”一种，这应当是即墨（山东平度东南）所铸。另有“齐建邦（长）去（法）化”一种，较为少见，亦当为临淄所铸。战国末期，齐国受秦货币影响，铸行了一种圜钱，其形扁平而圆，中有方孔，有“賹六化”、“賹四化”、“賹二化”、“賹化”四种，当为賹（今山东寿光西南益城）所铸。这说明齐国货币在铸造、流通和管理方面十分严谨、考究。

（四）先秦时期山东的医药科学技术

中医传统医药学，在山东始于新石器时代。距今约7000多年的北辛文化时期，山东人开始用骨针治病。此后进入大汶口文化和龙山文化时期，已将砭石（药石、石针）用于医疗，针刺疗法几乎遍及山东全境。《帝王世纪》有东夷人首领伏羲氏制作九针的记载，与滕县出土的北辛文化时期的骨针相契合，可见山东是针刺疗法的主要发源地。

大约在5500—4100年前，生活在泰沂山脉直至胶东半岛的氏族部落，流行以锥形砭石治病祛痛，并以陶制器具“鼎烹而食，煮水而饮”，结束了“茹毛饮血”的生活。他们“奉匜沃盥”，梳发去垢，讲卫生的习好相沿成俗。从沂水、莒县、费县、肥城等地出土的文物证实，公元前2500年的新石器时代，民间还用石刀治疗疾病，并有了煎药器具、汤药醴醪和盥洗用的陶器卫生用具。

商代，山东开始试探用草药治疗疾病的方法。相传商初莘氏（生活在今曹县、聊城一带）大臣汤左相伊尹，发明了用多种草药煮制汤液治病的方法，开中国药型汤剂之端。他撰《汤液》数十卷，也是中药汤剂最早的著作。

山东中医基础理论，产生于春秋战国时期。春秋时期，已有关于麻风、疟疾等病的记载。春秋战国时期，巫术和医术逐渐分离，中国传统医学有了很大的发展，在山东，中医学开始摆脱巫术而独立发展。同时，山东中医临床内科也始于春秋战国时期，《周礼·天官序官》中记有“疾医”一职，即专司内科之医官。当时齐国、鲁国均设此职。

先秦时期的卫生保健也有较大的进展，这可以从当时的公共卫生工程得到证实。在殷墟遗址和商代遗址的考古发掘中，均发现了用以排除积水的地下陶水管。齐国的故城临淄探明有纵横十条交通干道，均配备有完整的排水系统，设计精巧、规模宏大，为世界古城排水系统所罕见。

战国时期，山东开始有医书问世，由经验医学上升为理论。齐人扁鹊是其中最杰出的代表人物。扁鹊为齐国卢邑（今山东济南长清县）医秦越人，著有《扁鹊内经》、《扁鹊外经》，为中国史载最早的医籍，秦越人亦为史载师授徒承之最早者。他首导脉学，反对用巫术治病，主张剔除巫术，创“望、闻、问、切”四诊法，成为中医的传统诊断方法。他曾采药炼丹于鹊山，并创制了针灸、汤药、蒸熨刀、按摩等治疗工具和方法。相传他也是中医解剖学的创始人，为中医留下了宝贵的实践经验和医学理论，被称为“治疾之圣”。

（五）先秦时期山东的天文历法

山东的天文学渊源已久。陵阳河、大汶口出土的灰陶上，刻有图形表示的太阳、云气、山冈，这是4500年前山东先民祭日出的证明。

4000多年前，我国的东夷族劳动人民已初步掌握了季节概念。东夷族在长期农业生产实践的基础上，经过长期对太阳的观察，终于发明了用山头纪历的原始历法。山东这一地区，地理上的主要特点就是地处我国东部沿海，是山地丘陵地带。原始人最早纪历就是以“日”、“月”，一升一落为一天。在山地里远望“日”、“月”出（升）入（落）就好像是从东面山的后面升出来，又到西面山的背后落下似的。由于日、月在一年中，春夏秋冬，并非固定在一个地点（山头），它要逐渐地南移和北移。山东省日照市天台山中有汤谷，是东夷人祖先羲和祭祀太阳神的圣地，是东方太阳崇拜和太阳文化的发源地，也是东夷人祭祀先祖的圣地。天台山上仍留有人们祭祀的太阳神石、太阳神陵及其他太阳崇拜遗迹，山下则埋藏着6000—4000年前东方最大的都城尧王城遗址。莒县凌阳河以及天台山下尧王城遗址出土的“日火山”和“日火”陶文以及陶器上出现的大量太阳纹，都充分证明日照地区东夷先民的太阳崇拜传统。“祭日活动，解放之初，莒地依然流行”。王树明研究认为，根据陶文和文献记载可知，大汶口文化时期的东夷人已初步掌握了一年四季的节气。不仅如此，史前时期的东夷人还可能掌握了一年分12个月。①

2500年前，山东就有了日全食记录。儒家经典中有大量古代天文学的记载。

《春秋繁露》载，舜“长于天文”。可能是舜进一步完善了东夷人的原始天文历法。②

夏朝已使用简单的历法。春秋战国时期，天文学已从定性的描述向着定量化的目标前进。战国时期山东出现了专门研究天文的著作。齐人甘德成为山东早期著名的天文学家，在天文观测、天象记录、宇宙认识等方面有许多创造，对中国独立发展的古代天文学作出了重要贡献。他精密地记下

---

①孙祚民：《山东通史》（上卷），山东人民出版社1992年版，第35页。
②同上，第44页。

黄道附近恒星118座551颗星及其距北极度数，用以观测金、木、水、火、土五星的运行，所著《星经》与魏人石申的《天文》合编成《甘石星经》。鲁国的天文学家观测到37次日食，其中有33次已证明是可靠的，并测定了冬至、夏至的日期；公元前613年7月，他们观测到一颗彗星扫过北斗，为世界上关于哈雷彗星最早的记录。

（六）先秦时期山东的算学

1. 早期的数字和几何图案

考古发现，许多器物的设计应用了大量的数字和几何图案。例如，临淄郎家庄一号春秋战国墓出土的精致的漆器图案，图案中有各种几何学的图案，展示了早期数学的广泛应用，有着很高的艺术价值。据发掘报告称，漆器图案的题材有几何形和写实两类。几何形图案有方形或长方形的、斜长方形的，浪花纹、叶状去纹、波状勾连纹、交错三角形、简化雷纹的，由斜、直线和锯齿纹组成的带状图案的，以及单线锯齿纹的等。写实性图案的主题是一个圆形之内画屋宇、人物或三个对称的兽。这些图案构图严正规矩，用笔一丝不苟，线条纯熟流畅，描写自然神态生动，充分显示出画工精湛的艺术造诣。①

2. 早期的数学工具——算筹与规、矩

中国传统数学以计算为主，取得了十分辉煌的成就。其中十进位置值制记数法、筹算和珠算在数学发展中所起的作用和显示出来的优越性，在世界数学史上也是值得称道的。

（1）计算工具——算筹

算筹即用于计算的小竹棍，它是中国人创造的计算工具。珠算产生以前，我们的祖先用算筹来计算。算筹又称筹、策、算子等。算筹起源于何时，已难征考。“算”和“筹”二字出现在春秋战国时期的著作（如《仪礼》、《孙子》、《老子》、《法经》、《管子》、《荀子》等）中。因此，最迟在春秋末年，算筹的使用已相当普遍，书中多有记载，如“孟子持筹而算之”（《十发》），《老子》说：“善数不用筹策”等。在这以前，当已经历了相当长的时间。

---

①山东省博物馆：《临淄郎家庄一号东周殉人墓》，《考古学报》1977年第1期。

算筹常用竹制成，也有用木、骨或石做的，近年来出土的算筹用骨制成。据《汉书·律历志》记载，算筹“用竹，径一分，长六寸”，分别合今0.23厘米、13.8厘米。1978年，山东省莱西县小沽河东岸岱墅村东的汉墓中出土了漆器六博具，包括博具盒、棋盘、棋子、算筹。算筹系银质，共30枚。算筹长22厘米，宽0.5厘米，厚0.2厘米，具有很高的价值。

（2）算筹记数依据十进位置值制

先秦典籍中有“隶首作数”、“结绳记事”、“刻木记事”的记载，说明人们从判别事物的多寡中逐渐认识了数。中国古代的计数，据《易·系辞》记载：“上古结绳而治，后世圣人易之以书契”。

从有文字记载开始，我国的记数法就遵循十进制。殷代的甲骨文（前14世纪—前11世纪）和西周的钟鼎文都有一、二、三、四、五、六、七、八、九、十、百、千、万等13个记数单字，在殷墟出土的甲骨文卜辞中出现最大的数字为“三万”，十万以内的自然数的记数用合文书写，其中已经蕴含有十进位置值制的萌芽。

（3）规、矩

在中国出土的新石器时代的陶器大多为圆形或其他规则形状，陶器上有各种几何图案，通常还有三个着地点，都是早期几何知识的萌芽。我们祖先最早使用的数学工具是规和矩。规就是圆规，用来画圆；矩就是丁字尺或直角三角板，用来画方。

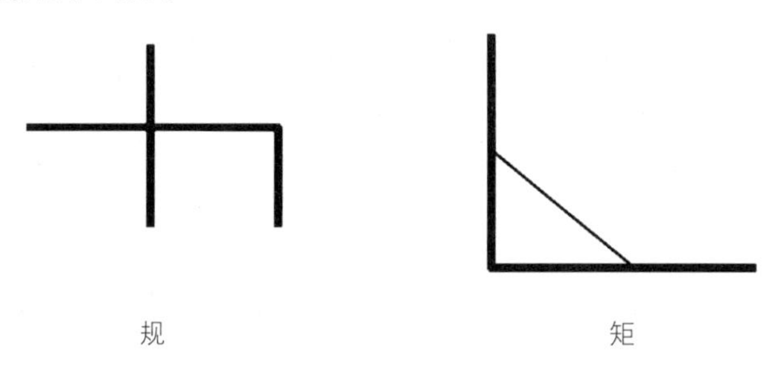

规　　　　矩

规、矩是我国十分优越的两种测绘工具。规和矩起源于何时，尚有待研究。大禹治水时，便“左准绳”、“右规矩”。规、矩、准、绳是我们祖先最早使用的数学工具。在我国最早的文字甲骨文中，已有了规、矩这两个字，其中的规字，就很像手执圆规画圆的样子。相传女娲的兄长伏羲创造了画圆的“规”、画方的“矩”。在山东省嘉祥县武梁祠古代建筑的石室造像中，依稀可见伏羲执矩、女娲执规的模样。

山东省嘉祥县武梁祠画像砖伏羲女娲执规、矩图(采自《中国古代数学简史》)

图中有两位古代神话中我们远古祖先的形象,一位叫伏羲,一位叫女娲。伏羲手中的物体就是规,它呈两脚状,与现在的圆规相似;女娲手中的物体叫做矩,它呈直角拐尺形。规和矩都是木工最重要的工具,是我国古代劳动人民的卓越创造和财富。中国的测量术长期发达,得益于此。

(七) 先秦时期山东早期建筑业的兴起

山东古代建筑科学技术,是随着古代建筑业和建材业的兴起、发展而不断进步的。7300 年前,山东境内东方夷人,“筑土构木,以为宫室”,结束了穴居野处生活。北辛文化时期已出现了土台式和土坯错缝砌墙式建筑房屋的技术,直到今天仍为人们所采用。

大汶口文化时期,山东已有半地穴式房屋建筑。在济南附近城子崖发现的长方形板筑城墙,有烧制耐火土石灰、陶器等,是国内最早的城市雏形。龙山文化时期,山东已能建造几种式样的房屋,如出现了土台式和土坯式错缝砌墙式建筑房屋技术。在龙山文化遗存中,主要分布在发掘区的中、东部,分居址区、窖藏区、埋葬区、垃圾倾倒区以及农作区。遗迹主要有与房屋建筑基址有关的柱洞、柱坑、长沟、窖穴、灰坑、水坑、水沟和墓葬等。发掘共清理遗迹单位近 500 个,其中房址 1 座,木构架水井 1 口,灰坑、窖穴约 230 个,墓葬 62 座,水沟近百条。

砺碴堌遗址距今约 5500 年,是胶东半岛发现较大的一处贝丘遗址,根据遗址中出土的大量红烧土块证明,当时的建筑已达到一定的水平,遗址中出土的器物，保存完整，造型优美，其他地方少见，极具文物价值。2007 年 4 月的再次发掘首次发现了岳石文化的窑址，其保存的完好度和密集度在全国同时期考古发掘中尚属罕见，填补了国内岳石文化窑址资料的空白。

山东兖州市西南的王固遗址属大汶口文化，遗址周围地势平坦，中心部位高出周围平地 1.5 米，有房址十余座，窖穴和灰坑近百所，墓葬八百余座，是一个不小的农业聚落。①

西周初期，鲁国都城奄（今曲阜）、齐国都城临淄（今临淄），选址注意建筑卫生，地下有排水系统。

春秋战国时期，已发展出初步的都城规划规范，并且有了对建筑物群体的规划设计，能用文字把设计的标准加以记载。山东的城市规划设计中体现出严格按照封建礼制进行的特点，能建造结构复杂的宫室和城垣，已能用陶土烧制宫城地下排水管道。考古发掘绘制的鲁国故城城市平面图，其城区规划分为作坊区、墓葬区、居住区及宫殿建筑群等，布局相当科学合理。鲁国故都曲阜、齐国故都临淄等的规划与建设，集中体现了这一时期建筑科学与技术的发展水平。沂南汉墓的石刻中，保存着完整的祠庙设计图，布局严谨、做工精良。

齐国的建筑制陶不仅独具特色，而且也很发达，这是城市出现后随之产生的新兴制陶业。常见的建筑构件有瓦当、板瓦、筒瓦、铺地砖、下水管道、建筑用砖等，反映了齐国建筑业的发达和城市建筑的规模状况。春秋战国时期的建筑设计已有多种，自鲁班发明和改进木工工具后，木结构建筑迅速兴起。

（八）先秦时期山东其他的科学技术与发明

1. 早期化学方面的知识

远在上古时代，山东先民就掌握了许多利用化学变化的生产工艺。战国时期齐国政治家、军事家管仲（？—前 645 年）的著作《管子》记载了

①中国社会科学院考古研究所山东工作队、济宁地区文化局：《山东兖州王固新石器时代遗址发掘简报》，载《考古》1979 年第 1 期。

当时山东人民在生产、生活方面有关化学知识的应用。例如,《管子·水地》认为水是一切生命现象的源泉,说它是“万物之本原也,诸生之宗室也,美恶,贤不肖,愚俊之所产也”,还说“地者,万物之本原,诸生之根菀”,说明土壤中的化学物质通过植物的吸收、转化和水的溶解、积淀,影响人类的健康。

2. 早期物理学方面的知识

在物理学方面,山东至迟在春秋战国时期就有物理学的相关原理及其应用。《管子》、《墨子》、《荀子》等著作,都记载了一些物理现象和实验观察。《管子》中《地数》篇记述的“上有磁石者,其下有铜金”是关于磁石的最早记载。墨翟及其学生所著《墨子》一书中给出了时间、空间、运动和力的含义,论述了杠杆、斜面、滑轮、轮轴、浮力等,阐述了小孔成像、光的反射以及平面镜、凹面镜和凸面镜的成像,提出了物质的最小单位是“端”(即原子或粒子)的朴素原子论观点,其时间与古希腊原子论产生的时间大致相同。《考工记》(亦称《周礼·考工记》)为齐国人所撰,成于约公元前400年,书中记载了惯性、斜面运动、抛体轨道、滚动摩擦、浮力,以及钟、鼓等的造型与响度、频率、音色的关系。

3. 早期地学方面的知识

据山东发掘的古文化遗址和石崖刻记的原始图腾等记载,早在远古时代,人类在生产、生活的实践中,就开始了解、熟悉和积累对周围自然环境的地学知识。1960年在山东莒县大汶口出土的距今约4500年的陶器上发现有几个图像文字,其中一个是由太阳、云气和山冈组成。目前,学术界对这一图形主要有两种解释:一种解释为,上部代表太阳,中间代表云气,下部代表山,象征山上的云气承托着早晨初升的太阳;还有一种解释为,上部代表太阳,中间代表火,下部代表山,是古人在山上燔柴祭祀仪式的生动写照。这一图形是对自然现象非常直观的记录,充分反映了古人对自然的崇拜,说明当时人们已对某些地理现象有一定的观察和认识,并会用图形的方式来表达了。《管子》一书的《地员》、《地度》、《地数》等篇目是杰出的地学论文。《地员篇》论述了地势、地形、土壤、水文,并以“五土配五音”,《考工记》中《度地》、《地图》、《地员》记载地理、地图、土壤。此外,山东航运历史悠久,远在新石器大汶口—龙山文化时期,土著东夷人就有先进的造船和远洋航运的史迹。从《管子·地图篇》中可知,管仲对地图在军事活动中的作用有深入的研究。

4. 早期矿物学方面的知识

东周(前645年)时期,山东境内即已发现了矿产。据史籍记载,山东冶金矿山开采始于春秋时期,从这时期已开始有经验型认矿、找矿和采矿的记载。章鸿剑《石雅》篇记:"齐桓、断山木、鼓山铁,是可以毋籍而足"。为了保证铁器原材料的供应,齐国十分重视矿产的开采,都城临淄就是重要的冶铁工业基地,冶铁工艺已有重大发展。位于今淄博市的金岭镇铁矿春秋时代即为齐国的主要矿山。在《管子·地数》中即已记载有认矿、找矿、采矿等地质知识,总结出地上找矿标志与地下埋藏分布的规律,至今仍留有古矿坑和冶炼废渣等遗迹。"攻金之工:筑、冶、凫、栗、段、铫"(《考工记》),从中可以看出,从筑炉到选矿、冶炼、浇铸、锻打等都有一定的工序。"冶石为铁,用橐煽火,动为之鼓"(《左传正义》),炼炉有橐来鼓风提高炉温。《史记》、《山海经》也有泰山(今泰安市)产金的记述。但2000多年来一直采取原始的开采方法。

5. 几项重要的技术发明

(1)煮盐技术

公元前26世纪,山东人即发明了从海水中取盐的方法,为人们生活和健康作出一大贡献。大汶口文化时期,已能以海水煮盐。《尚书·禹贡》中载有"青州贡盐",说明至少在夏代,山东已经用盐调味。传说中将自己的儿子蒸熟了献给齐王吃的易牙,实际上是当时善于调味的烹饪大师。当时的鲁菜已经相当讲究科学、注意卫生,还追求刀工和调料的艺术性,已到日臻精美的地步。赵守祥在《浅论寿光在中国远古文明史上的地位》中指出,2003年至2005年,山东省文化厅组织考古队对寿光北部双王城水库工程范围内进行考古勘探,发现了商周时期的盐业生产遗址39处和烧制盔形器的陶窑群,考古专家惊叹寿光双王城"制盐遗存分布如此密集,制盐规模如此之大,这在我省乃至全国都属于首次发现"。2007年6月11日的《寿光日报》报道对双王城制盐遗址第5次勘探发掘,北京大学考古学专家燕京生参加完本次发掘后指出:"寿光制盐遗址规模之大,分布之密集,保存之完好,在全国非常罕见。这是目前世界上发现的商周时期最大的制盐遗址”。传说在商周制盐遗址中的古“盐城”遗址即秦寿光城旧址，这从一个侧面说明寿光作为东夷族最东端和中心居地，在中国远古文明史上具有重要意义。春秋战国时期，齐国煮盐业非常发达，渔盐之利，曾是齐桓公称霸的物质基础。海盐的产量比较多，流通范围比较广，当时河东的盐池称为盬（《说文解字》“盬”字解说），已被视为“国之宝”（《左传》成公六年）。到战国时代，齐、燕两国的海盐煮造业更加发达，所谓“齐有渠展之盐，燕有辽东之煮”（《管子·地数篇》）。山东半岛经济开发较早，公元前8世纪的春秋时代，渔盐业已逐步发展。另外，《地数》中记载，人的饮食是“无盐则肿”，这是关于“缺碘人体会浮肿”的最早病理学记载。

（2）礼器工艺技术

夏商时期的工具、兵器种类繁多，酒器、礼器工艺精湛。此外，人们还掌握了舟车、皮革、营造、造酒等技术。《考工记》记述了春秋末年齐国30多项手工生产设计规范及制造工艺等技术，包括对车舆、宫室、兵器以及礼乐诸器等的制作技术作了详细记载。1973年，在牟平矫家长治村桥下河套中，出土了春秋时期的打击乐器钮钟，此钟造型奇特美观，质朴典雅，纹路神秘莫测，尤以其形体之大，居目前胶东半岛出土的钮钟之首。

（3）曲尺及木工技术

据说，春秋时期鲁国人公输般（鲁班）发明了石磨、碾、曲尺及木匠用的工具如墨斗等，流传至今。这些工具的使用，降低了劳动强度，提高了劳动生产率。在民间鲁班被尊为土木工匠的祖师。

（4）取水机械——桔槔

桔槔始见于《墨子·备城门》，作“颉皋”①。是一种利用杠杆原理的取水机械。桔槔的构造运用了杠杆原理，取水时可一按而下，木桶盛满水后，杠杆的前端由重点变为力点，借助安置于后端的重物，只用较少的力上提，水桶就上来了。桔槔一直是我国北方地区比较常见的提水机械。

春秋战国时经济比较发达的鲁国是使用桔槔的主要地区之一。鲁国的太师金借桔槔阐发为人之道。其中对桔槔的概括：“独不见桔槔乎？引之则俯，舍之则仰。”②

---

①《墨子·备城门》卷十四，诸子集成本，第313页。
②清·王先谦：《庄子集解》卷四，诸子集成本，第91页。

山东嘉祥东汉画像石上的桔槔取水图

(5)酿酒技术

山东菏泽巨野县是中华文明的发祥地之一。这里古为大野泽,地下水系好,多涌泉,清澈甘甜。大汶口文化时期,就有东夷人部落在此农耕渔猎、饮酒自娱之记载。《尚书·酒诰》论:"酒之兴,肇自上皇,成之狄女。"史称"上皇伏羲氏,生于大野泽,喜醇酿,是中华先民第一位载入史册的男性始祖",因此有7000年前仪狄造酒、5000年文明史饱含着酒文化之说。景芝自古称酒乡,以盛产高粱大曲酒闻名于世,是中国高粱烧酒的发源地之一。1957年在该镇出土的蛋壳黑陶高柄酒杯(今藏于中国历史博物馆)就是大汶口文化时期的珍贵文物。

山东苍山县西南部的兰陵镇生产的兰陵美酒,历史悠久,源远流长。据史料记载,兰陵美酒始酿于商代,商代甲骨文武丁卜辞就有"鬯(cháng)其酒"的字样,"鬯"是商代用黑黍米酿造的好酒,为兰陵美酒之源头,这是兰陵美酒的最早见证,迄今已有3000多年的历史。两汉时期,山东兰陵美酒已成贡品。

二、扁鹊与早期医学科技的兴起

(一)扁鹊简介

扁鹊(前407—前310年),战国时代名医。姓秦,名越人,齐国渤海卢(今山东省长清县)人,关于他的出生地,《史记》说他为渤海郡郑人,唐司马贞《索隐》曰:"渤海无郑县,当作鄚县。"尽管对扁鹊的里籍存在争议,但有一点是比较明确的,即扁鹊是齐人毫无疑问。后来的《战国策·秦策》高诱注和《汉书·高帝纪》韦昭注都继承了扁鹊是卢人的说法(齐地卢即指现今山东济南市长清一带)。扁鹊,传说是黄帝时代的名医。《禽经》中有“灵鹊兆喜”的说法。按照古人的传说,因为医生治病救人,走到哪里,就为那里带去安康,如同翩翩飞翔的喜鹊,而古代“翩”一般通用写作“扁”。所以,古人把那些医术高超、医德高尚的医生称做“扁鹊”。所以,扁鹊成为古代医术高超者的一个通用名词。

扁鹊画像

扁鹊生于七雄并立的战国时代,当时呈现晋、楚、齐、越对峙局面,各国正由奴隶制向封建制转变,新兴地主阶级夺权、兼并斗争空前激烈。战争与死难带来民生日蹙,疾病猖獗。每当瘟疫到来,造成大量人口死亡,呈现一片恐怖的景象。眼看瘟疫日益蔓延,扁鹊十分痛心,于是下决心为更多的百姓治病,以减轻他们的痛苦。扁鹊年轻时虚心好学,刻苦钻研医术。扁鹊学医于长桑君。长桑君是战国时的神医,生平履贯未详,精于医道,集有医书、医方甚多。《史记·扁鹊仓公列传》上记载了医术高明的长桑君收扁鹊为徒的经过:扁鹊年轻的时候,曾在一家旅店里做过管理人员。有一天店里进来一位老者,扁鹊见老者气度不凡,非寻常人也,于是很小心谨慎地招待。这老者就是民间高医长桑君,他见扁鹊憨厚老实,又十分聪明,便有意传授医术于他。长桑君利用闲暇时间点拨扁鹊,扁鹊用心默记,一有机会就向长桑君请教医学方面的问题。通过长时间的观察,长桑君发现扁鹊不但品德端正、待人真诚,而且肯动脑筋、善于思考,还不盲从成见,对问题有独到见解,记忆力也非常好,是位可塑之才。若对其再加以很好的诱导,将来他一定能成为一位高明的医生。于是长桑君有意收他为传人。经过十多年的考察,才唤扁鹊到一个无人之地,郑重告诉他:“我看你天性善良忠厚,人又聪慧稳重,大度能容,会体谅人情,气血沉稳异常,是良医大家的佳材,故千里寻徒到此。可惜,因有法缘耽搁,晚来几年,你年龄多长了几岁,误了些时光。也是天意如此。叫你受蒙童之育,是来不及了。只好三分药力,三分人力,四分本性,助你天地元功了。”说完,长桑君从怀里取出一个小药葫芦交给扁鹊说:“用未沾及地面的水服用此药三十日,就可以看见隐秘之物了。”然后取出全部秘方书籍授予扁鹊,突然就不见了。扁鹊恭敬地望空拜了三拜,依照他的话服药三十日后,不仅能够看见人的五脏六腑,而且能看见墙另一边的人。于是扁鹊视病尽见五脏症结,遂以精通医术闻名当世。

扁鹊一方面刻苦钻研医术,善于汲取前代、民间经验,逐步掌握了多种治疗方法,积累了丰富的医疗实践经验;另一方面,扁鹊把积累的医疗实践经验,用于平民百姓医治,开创了中医临床各科。他经常周游列国,到各地行医,足迹遍及现在的山东、河北、山西、河南、陕西等省的广大地域。“切脉、望色、听声、写形、言病之所在”,扁鹊应用这种方法周游列国给人治病,治愈了许多疑难病症,为广大人民解除了痛苦。扁鹊在行医活动中,把中国传统的哲学思想与诊治疾病相结合。一次在为魏文王治病时,魏文王问:“你们兄弟三人,都精通医术,到底哪一位医术最好呢?”扁鹊回答:“我兄长最好,中兄次之,我最差。”魏文王听后大吃一惊,又忙问道:“你的名气最大,为何说你的长兄医术最高呢?”扁鹊惭愧地说:“我扁鹊治病,是治病于病情严重时;中兄治病于病情初起之时;而长兄治病,是治病于病情发作之前。由于一般人不知道长兄事先能铲除病因,所以觉得他水平一般,但在医学专家来看,他水平是最高的。”扁鹊一番话,说得魏文王连连点头。

扁鹊擅长各科,治病时又能从人民的实际出发,不为名利,做到随俗而变,所以深受劳动人民的欢迎。在赵国时,他听说当地患妇女病的人比较多,即为“带下医”(妇科医生);他到了周国时,发现当地老年人患耳聋、目昏、肢体麻痹等病比较多,即为“耳目痹医”(五官科医生);他入秦国咸阳一带,得知小儿发病率比较高,即为“小儿医”(儿科医生),医名甚著。由于扁鹊医术高明、学识渊博,走南闯北、治病救人,为百姓治好了许多疾病,在劳动人民中间享有很高的声誉,赵国人民送他“扁鹊”称号。

扁鹊对内科、外科、妇科、儿科、五官科等有精深研究,文献记载他曾应用砭刺、针灸、按摩、汤液、熨贴等法治疗各种疾病。在《史记·扁鹊仓公列传》、《战国策·秦二》里载有他的传记和病案,并推崇他为脉学的倡导者。

扁鹊不仅医术高超，而且还著有医书。扁鹊生前曾把自己丰富的医疗经验加以总结。据《汉书·艺文志》载，当时冠名扁鹊的著作有《扁鹊内经》9卷、《扁鹊外经》12卷。西汉名医淳于意说他曾从老师处接受过“黄帝扁鹊之脉书”。这些著作今已亡佚，但从出土和传世的医书中仍能看到其影响。

由于扁鹊医术精湛，关心群众的疾苦，开创了民间医学，并坚决反对巫术，因此受到人民的爱戴，但是，却遭到专为统治阶级服务的官医、巫医的嫉妒和仇恨。为了弘扬医学和医德，不屈服于小人，他不惜豁出自己的生命。扁鹊曾两次入秦。扁鹊晚年到秦国咸阳，这是扁鹊最后到达的地方。司马迁在《史记·扁鹊仓公列传》交代了扁鹊的死因：“秦太医令李醯自知伎不如扁鹊也，使人刺杀之。”另据《战国策》记载，正值盛年的秦武王本来要出征韩国的，可突然面部就长了一个肿瘤。吃了太医李醯（hǎi）的药，也不见好转，并且更加严重。秦武王听说扁鹊医术很高，就想请扁鹊给他治病。扁鹊仔细观察肿瘤后说：“无妨，很简单，我用砭弹手术即可除掉的！”身居太医令的李醯不能治好秦武王的病，却对扁鹊的成就和声誉非常忌妒，他号召一班文武大臣赶忙出来劝阻，不怀好意地对秦武王说：“大王此疾长在近眼之处，让扁鹊治疗未必能治好，弄不好反而会有使你耳变聋、眼变瞎的危险。”扁鹊摇摇头，收拾了药石器械，转身欲走，秦武王急忙起身，一把拉住了扁鹊：“寡人同意手术！”不久秦武王病愈。病愈的秦武王再一次把扁鹊召进了咸阳宫，想让他留在秦国。扁鹊却摇摇头说：“大王，民间的百姓更需要我，我是属于天下人的！”扁鹊在又一次医好了武王的举鼎伤骨之后，准备带着弟子子仪、佚妹夫妇离开秦国。太医令李醯自知医术不如扁鹊，对扁鹊怀恨在心，派了两个刺客想刺杀扁鹊，却被扁鹊的弟子发觉，暂时躲过一劫。扁鹊只得离开秦国，他们沿着骊山北面的小路走，李醯派杀手扮成猎户的样子，半路上劫杀了扁鹊。① 一代名医死于非命，令人叹息！

---

①另一种说法认为，武王把这话告诉了扁鹊，说不让扁鹊治病了。扁鹊听了非常生气，把治病的砭石（针）一丢，说：“君王同懂医术的人商量治病，又同不懂医道的人一道讨论，干扰治疗，就凭这，可以了解到秦国的内政。你与有知识的人共事可以得天下、治天下，与无知之辈同谋，将会失去天下。”扁鹊的话批评了秦武王，也得罪了一些近臣。李醯知道后，担心扁鹊日后超过他，便在武王面前极力阻挠，称扁鹊不过是“草莽游医”，武王半信半疑，但没有打消重用扁鹊的念头。李醯决定除掉扁鹊，最终在半路上劫杀了扁鹊。

扁鹊虽然被杀害了,但是他对祖国医学的重大贡献是不可磨灭的。两千多年来,他一直为人们所怀念和敬仰。在山东、河南,河北、陕西等地,到处都有人为他建墓、立碑、修庙。西汉时期,历史学家司马迁为他立传,这是我国现存的第一篇为医学家所作的传记。山东省济南北郊鹊山西麓有扁鹊墓,相传扁鹊曾在这里炼丹,死后葬于此,故名"鹊山"。墓前石碑署"春秋卢医扁鹊墓",并有清乾隆十八年(1753 年)重整字样,保存较好。因为扁鹊的家乡就在古卢国,也就是现在的长清区境内,所以,扁鹊又称卢医。扁鹊墓不是孤立的,这个地方曾经还有座鹊山寺,寺里还有一座扁鹊祠,里面供奉着神医扁鹊。相传扁鹊是四月二十八日诞生的,人们在他的家乡建造起"药王庙",专门供祠他。每年四月二十八日这天,大家都举行盛大的纪念仪式。同时,也祈求他保佑人们无病无痛、延年益寿。

可以说,扁鹊在中国医学上取得了卓越成就,他以自己精湛的医术奠定了祖国传统医学诊断法的基础,为我国古代医学的发展作出了杰出的贡献。扁鹊高超的医术和高尚的思想品德,博得广大劳动群众的爱戴和尊敬,被奉为"神医扁鹊"。司马迁称赞他说:"扁鹊言医,守数精明,为方者宗。后世修(循)序,弗能易也。"在医学界,也历来把扁鹊尊称他为"医学祖师"、"中国传统医学的鼻祖",也有后人说他是"中国的医圣"、"古代医学的奠基者。"

(二)扁鹊医学之道

扁鹊继承和发展了《内经》的医学思想,取得了巨大的医学成就,他被认为是中医理论的奠基人,对中医药学的发展有着特殊的贡献。他的思想和实践闪烁着朴素的唯物主义光辉。

1. "六不治"

在《史记》中,司马迁叙述了扁鹊治病有"六不治"的观点,可作为扁鹊看病行医有六不治原则。(1)扁鹊说,骄恣不论于理,病不能治也。即不治那些骄傲任性,蛮不讲理依仗权势人。(2)扁鹊说,轻身重财,病不能治也。即"不治"那些贪图钱财,不顾性命的人。(3)扁鹊说,衣着不知增减,饮食不知节制,不适合身体需要的,病不能治也。即"不治"那些衣着不知增减,饮食无常、生活不知节制,游乐不止控制的人。(4)扁鹊说,阴阳并,脏气不定病不能治也。即"不治"那些病深不早求医，五脏功能失调，血气过度偏胜的人。（5）扁鹊说，身虚太弱病不能治也。即"不治"那些身体极度虚弱，不能承受药力，不能服药的人。（6）扁鹊说信巫不信医，病不能治也。即"不治"那些相信小道，迷信偏方和巫术而不相信医道的人。

扁鹊"六不治"的治病观点，涉及人的生理卫生、心理、品行和社会公德等方面，而不是将医学和医术看成孤立的现象，既讲医术，又注重品行，至今仍具有现实意义。同时，扁鹊敢于同巫术展开针锋相对的斗争，用自己高超的医术和显著的疗效不断揭露巫祝的虚妄，为使医学摆脱巫术的羁绊，走上科学发展的道路，作出了积极的贡献。

2. "望"、"闻"、"问"、"切"四诊法

扁鹊在总结前人医疗经验的基础上创造总结出望（看气色）、闻（听声音）、问（问病情）、切（按脉搏）的诊断疾病的方法，是我国传统医学体系中最基本最重要的方法，已成为中医学的学术鼎峙和标志。在这四诊法中，扁鹊尤擅长望诊和切诊。他每次给人看病，很注意观察病人形色，闻听病人发出的各种声音，详细询问病人的感受，同时仔细地切脉，尽可能全面了解病人的病情，作出准确诊断。当时，扁鹊的望诊和切脉技术高超，名扬天下。《史记・扁鹊仓公列传》中记述了以下与之有关的两个医案：

（1）扁鹊用脉诊的方法诊断赵子简的病。《史记・扁鹊仓公列传》载：

当晋昭公时，诸大夫强而公族弱，赵简子为大夫，专国事。简子疾，五日不知人，大夫皆惧，于是召扁鹊。扁鹊入视病，出，董安于问扁鹊，扁鹊曰："血脉治也，而何怪！昔秦穆公尝如此，七日而寤。"寤之日，告公孙支与子舆曰："我之帝所甚乐。吾所以久者，适有所学也。"帝告我："晋国且大乱，五世不安。其后将霸，未老而死。霸者之子且令而国男女无别。"公孙支书而藏之，秦策于是出。夫献公之乱，文公之霸，而襄公败秦师于殽而归纵淫，此子之所闻。今主君之病与之同，不出三日必间，间必有言也。

居二日半，简子寤，语诸大夫曰："我之帝所甚乐，与百神游于钧天，广乐九奏万舞，不类三代之乐，其声动心。有一熊欲援我，帝命我射之，中熊，熊死。有罴来，我又射之，中罴，罴死。帝甚喜，赐我二笥，皆

有副。吾见儿在帝侧,帝属我一翟犬,曰:'及而子之壮也以赐之。'帝告我:'晋国且世衰,七世而亡。嬴姓将大败周人于范魁之西,而亦不能有也。'"董安于受言,书而藏之。以扁鹊言告简子,简子赐扁鹊田四万亩。

这里真实地记叙了扁鹊到晋国(今山西、河北、河南一带),正碰到了晋国卿相赵简子由于"专国事",而积劳成疾,"五日不知人,大夫皆惧"的严重病情。扁鹊通过切脉,掌握病情后,从房里出来,对尾随着焦急探问病情的人说:"病人的脉搏照常跳动,你不必大惊小怪!不出三日,他就会康复的。"果然过了两天半,赵简子就醒过来了,准确地用切脉诊病是扁鹊的首创。著名历史学家司马迁高度赞扬说:"至今天下言脉者,由扁鹊也。"近代历史学家范文澜也说:扁鹊"是切脉治病的创始人"。

(2)扁鹊用望诊法治病。其"治未病"的医学思想具体体现在齐桓公医案中。《史记·扁鹊仓公列传》载:

扁鹊过齐,齐桓侯客之。入朝见,曰:"君有疾在腠理,不治将深。"桓侯曰:"寡人无疾。"扁鹊出,桓侯谓左右曰:"医之好利也,欲以不疾者为功。"后五日,扁鹊复见,曰:"君有疾在血脉,不治恐深。"桓侯曰:"寡人无疾。"扁鹊出,桓侯不悦。后五日,扁鹊复见,曰:"君有疾在肠胃间,不治将深。"桓侯不应。后五日,扁鹊复见,望见桓侯而退走。桓侯使人问其故,扁鹊曰:"疾之居腠理也,汤熨之所及也;其在血脉,针石之所及也;其在肠胃,酒醪之所及也;其在骨髓,虽司命无奈之何。今在骨髓,臣是以无请也。"后五日,桓侯体病,使人召扁鹊,扁鹊已逃去,桓侯遂死。

《扁鹊仓公列传》是著名医学家扁鹊和淳于意(曾任齐太仓令,故又称仓公)的合传,这段文字通过扁鹊四次"望色"知疾的描写,反映了扁鹊能够预知疾病的发展和转归,提出疾病早发现早治疗的观点。从这个故事可以看出,扁鹊在望诊方面造诣极高,他能诊病于始发之时,注意到早期发现和早期治疗的重要性,防微杜渐,体现了扁鹊预防疾病"上工治未病"的思想,符合现代医学的分级预防观点,这是难能可贵的;同时也反映了齐桓侯讳疾忌医的错误。扁鹊三次参见，桓侯均不以为然，置若罔闻，一是不承认或不知道自己有病；二是怀疑医生的真诚和医德。事情的结果是桓侯一命呜呼。成语“讳疾忌医”就出于这段故事。这个故事告诉人们，对于自身的疾病以及社会上的一切坏事，都不能讳疾忌医，而应防微杜渐，正视问题，及早采取措施，予以妥善地解决。否则，等到病入膏肓，酿成大祸之后，将会无药可救。

3. 砭刺、针灸、按摩、汤液、熨帖

扁鹊精通砭刺、针灸、按摩、汤液、熨帖、手术、吹耳、导引等治疗方法，而且能针对不同的病情，采用综合疗法。

“砭”（biān）字，《说文解字》云“以石刺病也”。砭石是远古时期的先民在长期与自然和疾病作斗争的过程中发现的一种可以用来治病的石头。砭术疗法在西汉前盛行，东汉以后失传。《史记·扁鹊仓公列传》中记载了战国时期名医扁鹊“厉针砥石，取三阳五会”，治疗虢太子尸阙的著名病案。据《战国策·韩三》记载：痈肿为外科病，扁鹊行医民间，患痈肿者求治于扁鹊，扁鹊未必使其去官医“疡医”那里诊治而被拒之门外，有可能为之处方捡药，或为其砭刺治疗。近来在山东烟台一祖传砭石世家中发现了这种古代砭刺法，称为“砭仓疗法”，在治疗血液病等方面显示出较好的疗效。

《史记·扁鹊仓公列传》中就记载针灸法，包括针法与灸法两种治疗手段，这是史学上的最早记录。例如，扁鹊用针灸法结合熨法、汤剂治好虢太子的故事：

扁鹊过虢。虢太子死，扁鹊至虢宫门下，问中庶子喜方者曰：“太子何病，国中治穰过于众事？”中庶子曰：“太子病血气不时，交错而不得泄，暴发于外，则为中害。精神不能止邪气，邪气蓄积而不得泄，是以阳缓而阴急，故暴蹶而死。”扁鹊曰：“其死何如时？”曰：“鸡鸣至今。”曰：“收乎？”曰：“未也，其死未能半日也。”“言臣齐勃海秦越人也，家在于郑，未尝得望精光侍谒于前也。闻太子不幸而死，臣能生之。”中庶子曰：“先生得无诞之乎？何以言太子可生也！臣闻上古之时，医有俞跗，治病不以汤液醴洒，针石挢引、案杌毒熨，一拨见病之应。因五脏之输，乃割皮解肌，诀脉结筋，搦髓脑，揲荒爪幕，湔浣肠胃，漱涤五脏，练精易形。先生之方能若是，则太子可生也；不能若是而欲生之，曾不可以告咳婴之儿。”终日，扁鹊仰天叹曰：“夫子之为方也，若以管窥天，以郄视文。越人之为方也，不待切脉望色听声写形，言病之所在。闻病之阳，论得其阴；闻病之阴，论得其阳。病应见于大表，不出千里，决者至众，不可曲止也。子以吾言为不诚，试入诊太子，当闻其耳鸣而鼻张，循其两股以至于阴，当尚温也。”

中庶子闻扁鹊言，目眩然而不瞚，舌挢然而不下，乃以扁鹊言入报虢君。虢君闻之大惊，出见扁鹊于中阙，曰：“窃闻高义之日久矣，然未尝得拜谒于前也。先生过小国，幸而举之，偏国寡臣幸甚。有先生则活，无先生则弃捐填沟壑，长终而不得反。”言末卒，因嘘唏服臆，魂精泄横，流涕长潸，忽忽承睫，悲不能自止，容貌变更。扁鹊曰：“若太子病，所谓‘尸蹶’者也。夫以阳入阴中，动胃缠缘，中经维络，别下于三焦、膀胱，是以阳脉下遂，阴脉上争，会气闭而不通，阴上而阳内行，下内鼓而不起，上外绝而不为使，上有绝阳之络，下有破阴之纽，破阴绝阳，色废脉乱，故形静如死状。太子未死也。夫以阳入阴支兰藏者生，以阴入阳支兰藏者死。凡此数事，皆五藏蹷中之时暴作也。良工取之，拙者疑殆。”

扁鹊乃使弟子子阳厉针砥石，以取外三阳五会。有间，太子苏。乃使子豹为五分之熨，以八减之齐和煮之，以更熨两胁下。太子起坐。更适阴阳，但服汤二旬而复故。故天下尽以扁鹊为能生死人。扁鹊曰：“越人非能生死人也，此自当生者，越人能使之起耳。”

这里记叙了扁鹊和弟子子阳、子豹等人路过虢国，听说虢国的太子“死了”，正准备入殓，扁鹊又向周围的人详细询问了太子的病症，觉得可疑，连忙赶到王宫，根据多年的经验，对“尸体”仔细检查，切诊发现脉搏还在轻轻跳动，耳朵里有声音而鼻翼扇动，两股内侧还有温度，断定是“尸蹶”（类似现今的休克、假死）之症。扁鹊就信心百倍地对中庶子说能治好公子的病，快去通报，然而受到冷嘲热讽，但扁鹊高超诊断医术的一席话又让中庶子大为折服，只得进去通报了。虢君得知消息，赶快出来接见扁鹊，表达对扁鹊的大为赞赏，扁鹊立刻为病危的公子施行针灸，他叫弟子子阳磨制针石，在太子头顶中央凹陷处的百会穴扎了一针,然后再进行热敷。过了一会儿,太子就苏醒过来。接着扁鹊叫弟子子豹在太子两胁下做药熨疗法。不久,太子就能坐起来。再服了20天的汤药,虢太子就完全恢复了健康。虢君感动地说:"有先生则活,无先生则捐弃沟壑,长终而不得反!"扁鹊救活太子的消息遂"名闻天下"。从此以后,天下人都知道扁鹊有"起死回生"之术。对此扁鹊却解释说:"并不是我使死人复生,我只不过把生命垂危的人挽救过来罢了。"扁鹊和弟子子阳、子豹等综合应用多种疗法,成为中国医学史上进行辨证论治和施行全身综合治疗的奠基人。

4. 广收门徒

扁鹊还打破历来医疗技术被官医把持、垄断,专门为少数贵族服务的局面,广收徒弟,还主张收女徒弟。扁鹊一辈子收徒无数,书上有记载的就有子阳、子豹、子仪、子同、子明、子仪、子游、子越等12人。扁鹊常带着他的得意弟子周游四方,为平民百姓治病。如他教弟子子阳制作治病用的针,教子豹使用熨帖技术;他又教子同学习制药,子明学习针灸,子游学习按摩,子仪学习养神怡气,子越学习接骨推拿技术。扁鹊门下的弟子还有很多,这些弟子后来都成了名医。

扁鹊医学学术长期延传,扁鹊的医学著作有多种流传后世。例如,西汉仓公就从他的老师那里接受了不少"扁鹊之脉书",《汉书·艺文志》载有《扁鹊内经》及《扁鹊外经》;扁鹊的针灸临床实践,亦有一定的学术价值及临床意义,占有重要的史学地位。扁鹊除了具有高超的医疗技术外,还仁爱至诚,普济众生,施惠人间,始终坚持"六不治"的医疗原则,体现了高尚的医德和反对迷信巫术的唯物主义思想。扁鹊不仅成为我国医道医德的万世师表,为中华民族千古传颂,而且在世界上也独领风骚,对人类后世医学影响极大。扁鹊和与其年代相近、被尊崇为西方医学之父的古希腊医学家希波克拉底相媲美,并享誉世界医坛。

三、甘德及其对早期天文学的贡献

(一)甘德简介

甘德,生卒年不详,齐国人,约生活于公元前4世纪中期。战国时期天文学家,中国天文学的先驱之一,也是世界上最古老星表的编制者和木卫二的最早发现者。

甘德画像(山东省博物馆提供)

甘德的天文学成就主要是在齐完成,所以他应是齐国学者。关于甘德的籍贯,有不同记载。先有司马迁在《史记·天宝书》记载:"昔之传天数者……在齐,甘公;……魏,石申。"这时是说甘德是齐国人。裴骃《集解》引徐广曰:"或曰甘公名德也,本是鲁人。"甘德本是鲁人,在齐为官或游学,故云"在齐"。而张守节《正义》则称:"《七录》云:楚人。"之所以有该"楚人说",是因为鲁国后为楚地。

甘德的活动年代正值齐威王、宣王的强盛时期。当时思想活跃,诸子百家,各抒己见。而当时的齐国是科学与文化交流的中心,各家学者云集齐国稷下,展开百家争鸣,甘德即是百家中的一个杰出代表。

(二)甘德在天文学方面的主要贡献

甘德具有丰富的科学思想,他善于天象观测,又精于计算,特别是在天文学方面有独特贡献。甘德著有《岁星经》、《天文星占》八卷等,这些著作的内容多已失传,在唐代的《开元占经》中还保存一些片断,南宋晁公武的《郡斋读书志》的书目中保存了它的梗概,从中可以窥知甘德在恒星区划命名、行星观测与研究等方面有所贡献。

1.《甘石星经》

历史上将甘德与另一位天文学家石申并提①。他和石申等人都建立了各不相同的全天恒星区划命名系统,其方法是依次给出某星官的名称与星数,再指出该星官与另一星官的相对位置,从而对全天恒星的分布、位置等予以定性的描述。他们制定的黄道附近恒星的位置及其与北极的距离,是世界上最早的恒星表,代表了当时最高的天文学水平。甘德著《天文星占》八卷,石申著《天文》八卷,后世又称为《甘氏星经》、《石氏星经》,合称《甘

---

①石申是魏国人,晚于甘德,著有《浑天图》,为先秦浑天思想的代表作。甘德著有《天文星占》八卷、《甘氏四七法》一卷。二人同为先秦杰出的天文学家,故人们把二人合举并称。

石星经》。这是现存世界上最早的天文学著作之一。后人把甘德和石申测定恒星的记录称之为《甘石星表》，它是世界上最早的恒星表。石申在《天文》中已经列出了140多颗星的星表，这比希腊天文学家伊巴谷在公元前2世纪测编的欧洲第一个恒星表还早约200年。

2. 甘氏岁星法

《开元占经》载有甘氏岁星法，据《史记·天官书》知石、甘氏有"五星法"。岁星纪年法，原是石、甘氏"五星法"之一，即木星法。马王堆帛书《五星占》载有秦汉之际金、木、土三星位置及会合周期，也是这种"五星法"的延续。甘氏岁星法即甘氏四七法。为什么叫"四七法"？"四七法"是天文学上岁星纪年法的一种，所谓"四七"，就是以二十八星宿来测量日月等天体运动方位的方法。《甘石四七法》所列的二十八宿由于原书散佚，只能从其他史籍所载去认识。据《开元占经·岁星占》、《史记·天官书》和《律书》记载，二十八宿的方位和星名是东方七宿：角、亢、氐、房、心、尾、箕；北方七宿：斗、牛、女、虚、危、室、壁；西方七星：奎、娄、胃、昴、毕、觜、参；南方七星：井、鬼、柳、星、张、翼、轸。干支纪年法是和汉太初以后的岁星纪年法相衔接的。史书中关于岁星纪年法的记载，可以分为两种类型。《淮南子·天文训》、《史记·天官书》、《春秋纬》所载纪年法和《汉书·天文志》所载石、甘岁星纪年法及《开元占经》所载甘氏岁星法等，大体上都属于同一类型。十二岁名与岁星所在辰、次及二十八宿的关系基本相同。这些战国岁星纪年法随着各国使用的岁首而不同。

3. 甘氏的岁星纪年法

在历法方面，甘氏的岁星纪年法独树一帜，尤其是以12年为周期的治、乱、丰、欠、水、旱等预报方法。甘氏岁星法的特点是不用太岁、太阴和岁阴名称，而用摄提格称之。摄提格是战国时期至秦汉时期的一种星岁纪年中的年名。该法假想有一颗速度与岁星（木星）视运动平均速度（12年1周天）相同而方向相反的天体，称为"太岁"，以它的位置纪年。当木星位于丑位时，太岁即位于寅位，该年就称为"摄提格"，也简称"摄提"。如屈原《离骚》："摄提贞于孟陬兮……"即说他生于摄提格年。后来这种纪年法发展为干支纪年法，摄提格年就改称寅年。有人称甘德是中国天文学的先驱，的确如此，甘德的天文学贡献，与其他各家相比，在战国时代是最大的。

4. 甘德对星体的观测与研究

甘德精密地记录了黄道附近500多颗恒星的位置及与北极的距离，编写恒星图和星表，即把测量出的恒星的位置标明在图上，并用科学方法确定每颗星的方位。据《玉海》引《赣象新书》说甘德测定的恒星有118座、511个："甘德中官星五十九座，共二百一星，平道至谒者；外官三十九座，共二百九星，天门至青上；紫薇恒星二十座，共一百一星。共计一百一十八座，五百一十一星。"甘氏对恒星的发现，因为原著已佚，无法考证。不过，从这个数字看，甘德在没有精密仪器可用，基本上仅肉眼观测的情况下，有如此发现，已经是够惊人的了。据说，甘德制作的恒星表是世界上最古老的。

甘德对行星运动的研究与发现取得了划时代的成就。他通过长期的观测和定量的研究，尤其对金、木、水、火、土五星的运行，有独到发现。《汉书·天文志》说：古历五星之推，亡逆行者。至甘氏石氏(星)经，以荧惑(火星)太白(金星)为有逆行。甘德还指出，甘德指出"去而复还为勾"，"再勾为巳"，把行星从顺行到逆行、再到顺行的视运动轨迹十分形象地描述为"巳"字形。他建立了行星回合周期(接连两次晨见东方的时间间距)的概念。

甘德在公元前364年用肉眼观测到了木星最亮的三号卫星(简称"木卫三"，是木星的第七颗卫星)，比伽利略1609年发明了天文望远镜之后才发现木星卫星早了近2000年。国内专家建议把木星的第七颗卫星——"木卫三"命名为"中国甘德卫星"或者"甘德卫星"，用以纪念中国伟大的天文学家甘德在天文学方面所作出的重要贡献。

甘德通过科学观察基本掌握了水星的运行规律。他推算出水星的会合周期是136日，比实际数值115.9日误差了20.1日。这个误差虽大，但甘氏已初步认识了水星运动的状态和见伏行程的四个阶段，这为后世对水星位置的科学计算奠定了基础。

甘德还首先发现了火星的逆行现象，推算出火星的周期为1.9年(实为1.88年)，火星行度周期为410度780日，已接近于实际日期。

甘德对彗星也有观测记录。《开元占经》卷八十五记："《甘氏》曰：扫星见东北，名曰天棓。"有学者指出，甘德称彗星为"天棓"，当因其状似棓(连枷)。子弹库楚帛书有"天棓将作伤"句，对彗星的称呼与《甘氏》相合。

虽然甘德的这些定量描述还比较粗疏，但它们却为后世传统的行星位置计算法奠定了基石。在西方，古希腊天文学家依巴谷（Hipparchus，前190—前125年），约在公元前2世纪编制过星表，在他之前还有阿里斯提尔（Aristille）和提莫恰里斯（Timocharis）也编制过星表，但都不早于公元前3世纪。可见，甘德和石申的星表是世界最古老的星表之一。

四、管仲、《管子》及其科技成就

（一）生平简历

管仲（约前723—前645年）名夷吾，又名敬仲，字仲，出生于颍上（今安徽颍上县）。春秋时期齐国著名的政治家、军事家。

管仲像

管仲祖先是姬姓的后代，与周王室同宗。父亲管庄是齐国的大夫。管仲少时父亲去世，家境贫困，因此，管仲不得不过早地挑起家庭重担。为了谋生，管仲做过当时被认为是微贱的商人。他到过许多地方，接触过各式各样的人，见过许多世面，从而积累了丰富的社会经验。早年时，管仲与鲍叔牙交为好友，两人来往不断，在长期交往中，他们两人结下了深情厚谊，管仲多次占鲍叔牙的便宜，就有小人说管仲坏话，而鲍叔牙一笑置之，不为所动，对管仲知人知心。管仲几次想当官，但都没有成功。后来管仲与鲍叔牙合伙经商后从军，到齐国同为公室侍臣。公元前674年，齐僖公驾崩，留下三个儿子：太子诸儿、公子纠和小白。太子诸儿即位，是为齐襄公。太子诸儿虽然居长即位，但品质卑劣，齐国前途令国中老臣深为忧虑。当时，管仲和鲍叔牙分别辅佐公子纠和公子小白。齐襄公十二年（前686年），齐国动乱，公孙无知杀死齐襄王，自立为君。一年后，公孙无知又被杀，齐国一时无君。逃亡在外的公子纠和小白，都力争尽快赶回国内夺取君位。管仲为使公子纠当上国君，埋伏中途射杀小白，结果箭射在小白的铜制衣带钩上。小白装死，在鲍叔牙的协助下抢先回国，登上君位。他就是历史上有名的齐桓公。桓公即位，设法杀死了公子纠，也要杀死射了自己一箭的仇敌管仲。鲍叔牙极力劝阻，指出管仲是天下奇才，英明盖世，才能超众。鲍叔牙进一步谏请齐桓公释掉旧怨，化仇为友，并指出当时管仲射国君，是因为公子纠命令他干的，现在如果赦免其罪而委以重任，他一定会像忠于公子纠一样为齐国效忠。桓公接受了建议，接管仲回国。当齐桓公亲自到郊外迎接管仲，二人同车入城时，“百姓观者如堵，无不骇然”。后来有人进谗言，中伤管仲，齐桓公不信，加以驳斥。不久，桓公重用管仲为齐国上卿（即丞相），被称为“春秋第一相”。桓公对管仲更加信任，尊为“仲父”，说“管夷吾举于士”，并明确“国有大政先告仲父，次及寡人，有所施行，一凭仲父裁决”。这样，使得管仲能够施展他的聪明才华，做出一番事业。管仲辅佐齐桓公 40 年。在主持国政期间，他励精图治，倡导“尊王攘夷”，大力推行旨在富国强兵、治国求霸等一系列的改革政策，使齐国国力大振，齐桓公因此“九合诸侯，一匡天下”，最后成就了霸业。管仲为齐桓公创立霸业立下了不朽的功勋。

管仲虽然为齐桓公创立霸业立下了不朽的功勋，但他非常谦虚谨慎。周襄王姬郑五年（前 647 年），周襄王的弟弟叔带勾结戎人进攻京城，王室内乱，十分危急。齐桓公派管仲帮助襄王平息内乱。管仲完成得很好，获得周王赞赏。周襄王为了表示尊重霸主的臣下，准备用上卿礼仪设宴为管仲庆功，但管仲没有接受。最后他接受了下卿礼仪的待遇。

管仲所以有所作为，虽然与齐桓公的豁达大度、知人善任、用人不疑紧密相连，但鲍叔牙宽以待人的精神也深深地感动了管仲。而且，鲍叔牙克服重重困难，把管仲引荐给齐桓公，筑坛拜相，自己却甘愿位居其下，也让管仲动容。管仲晚年感叹道：“吾始困时，尝与鲍叔贾，分财利多自与，鲍叔不以我为贪，知我贫也。吾尝为鲍叔谋事而更穷困，鲍叔不以我为愚，知时有利不利也。吾尝三仕三见逐于君，鲍叔不以我为不肖，知我不遭时也。吾尝三战三走，鲍叔不以我为怯，知我有老母也。公子纠败，召忽死之，吾幽囚受辱，鲍叔不以我为无耻，知我不羞小节而耻功名不显于天下也。生我者父母，知我者鲍子也。”

管仲去世后，葬于临淄（今淄博市临淄区）牛山北麓，这就是著名的管仲墓。管仲纪念馆以管仲墓为依托，以《管子》思想为基础，以管仲的生平为脉络，通过多种艺术手段，在展现天下第一相辉煌一生的同时，全面展示了博大精深的《管子》思想并综合展示了宰相文化及历代名相对社会的贡献。

（二）主要学术思想

管仲的著作，收入《国语·齐语》和《汉书·艺文志》。管仲思想中有不少可贵的地方。随着社会分工的发展，管仲第一次提出了按照人们的职业把人口分为“士、农、工、商”四大社会集团，主张士、农、工、商四民不能“杂处”，应按其职业分别集中居住。这样，既可使他们“少而习焉，其心安焉，不见异物而迁焉”，做到“士之子恒为士”，“农之子恒为农”，“工之子恒为工”，“商之子恒为商”，各行各业世代因袭相传，又可使“其父兄之教不肃而成，其子弟之学不劳而能”，业务上精益求精，这对后世影响很大。

一是发展经济，利国富民。管仲注重经济，反对空谈主义，主张改革以富国强兵。他说：“国多财则远者来，地辟举则民留处，仓廪实而知礼节，衣食足而知荣辱。”他认为国家能否安定，人民能否守法，都与经济是否发展密切相关。他主张发展盐铁业，铸造货币，发展渔业，由国家铸造钱币调节物价，推动商品流通；鼓励商民与境外的贸易。齐国的经济得到很大发展。

二是私有化，藏富于民。他废除了齐国仍保留的公田制，按土地分等征税，禁止贵族掠夺私产；他主张尊重民意，说“顺民心为本”，“政之兴，在顺民心；政之所废，在逆民心”。管仲的思想对后代影响很大。

三是大力推行强兵政策。管仲认为兵在精不在多，强调寓兵于农，把行政上的保甲制度同军队组织紧密结合起来。他力主在全国划分政区，组织军事编制。他提出将士乡按5家为轨，10轨为里，4里为连，10连为乡的军事编制进行组织，每家出1人当兵，出200人为卒，由连长率领；出2000人为旅，举乡良人率领；5乡一帅，出万人为军，1军为1万人，由5乡之帅率领。全国15士乡，共组建三军，桓公率中军，上卿国氏、高氏各率一军。他从而创立了全民皆兵、军民结合的军事体制。每年春秋通过狩猎训练军队，提高军队的战斗力，在管理上达到“如臂使指”的效果。

四是建立法治，确立人才选拔制度。他主张国家法治。全国无论贵贱都要守法，赏罚功过都要以法办事。他认为国家治理的好与坏，根本在于能否以法治国。为此，他主持了一系列政治和经济改革，设官吏管理，并重视人才，他主张“士经三次审选”，可为“上卿之助”（助理），避免人才流失。

五是提出“尊王攘夷”的外交政策。所谓“尊王”，就是拥护周王室。那时,西周王室衰微,造成列国互相争战。首先举起尊王的旗帜,就能借周天子之命,名正言顺地得到盟主的地位。所谓“攘夷”,是指当时我国北方的狄人和戎人借中原各国争战之机内侵,对各国造成严重威胁,领头伐夷就能得到各国的拥戴。管仲联合北方邻国,抵抗山戎族南侵。这一外交战略也获得成功。

六是与俗同好恶。管仲说:“俗之所欲,因而予之;俗之所否,因而丢之。”他明白“饱暖生淫逸”是无法回避的事实,就大胆创立公娼制度,以适应商业往来的需要。

管仲改革的实质,是废除奴隶制,向封建制过渡。管仲改革成效显著,齐国由此国力大振。管仲是一位大政治家、思想家,在历史上有过巨大贡献。儒家学派创始人孔子对他的赞誉是“管仲相桓公,霸诸侯,一匡天下,民到于今受其赐。微(非)管仲,吾其被发左衽矣”(见《论语·宪问》)。这里孔子说要是没有管仲,我们都会披散头发,左开衣襟,成为蛮人统治下的老百姓了。这是对管仲的极好评价。司马光说:“管仲镂簋朱纮,山节藻棁,孔子鄙其小器。”(《训俭示康》)司马迁《管晏列传》说:“天下不多管仲之贤而多鲍叔能知人也。”“管仲世所谓贤臣,然孔子小之。岂以为周道衰微,桓公既贤,而不勉之至王,乃称霸哉?语曰:将顺其美,匡救其恶,故上下能相亲也。岂管仲之谓乎?”当然,管仲是春秋时代的历史人物,所以他也有历史局限。如管仲在改革中主要是代表统治阶级利益,其思想有纵容、软弱的方面,为齐桓公创立了霸业而加重了人民的负担等。

(三)《管子》的科技成就

《管子》是我国春秋战国时代诸子百家中一部非常重要的作品。该书托名管仲,但其实并非管仲本人所著,而且也不是一个人一时之作,它是汇集了从春秋到秦汉各家学说的一部论文集。现在版本的《管子》是在西汉时由刘向编定的,原有86篇,后来佚失10篇,现只有76篇,内容分为八类:《经言》9篇,《外言》8篇,《内言》7篇,《短语》17篇,《区言》5篇,《杂篇》10篇,《管子解》4篇,《管子轻重》16篇。《管子》虽非管仲新著,却是以管仲的思想及管仲相齐的历史资料为主干的,绝大部分是管仲及管仲学派思想的记录与反映,包含着对管仲军事思想的继承和发展,在中国古代科技史、古代军事思想史上占有重要地位。近年来,也有学者认为,《管子》中包含有管仲亲著的文章,计有《牧民》、《形势》、《权修》、《乘马》等20多篇。

《管子》内容庞杂、博大精深。该书记载了春秋末至秦汉时期包括哲学、政治、天文、舆地、数学、经济、农业和军事等许多方面,还涉及法家、儒家、道家、名家、兵家和农家等各家的思想。其中《轻重》等篇,是古代典籍中不多见的经济文作,对生产、分配、交易、消费、财政等均有论述。例如,它对价格及价格调节思想的论述系统而全面,尤其对于谷物(粮食)价格的调节和保护有着十分独到的见解和认识。《管子》还在保存丰富的史料方面作出了很大贡献,是研究我国先秦农业、科技、经济、军事、文化的珍贵资料,具有很高的史学价值。

管子的科技思想十分丰富,内容博大精深,后世的著作多有阐述。这里仅说明其数学、天文学方面的成果。《管子》中的数学知识基本上属于实用数学。其数学、天文学方面的成就主要在以下几个方面:

1. 七法之"计数"

在《管子·七法》中,治国治军有"则、象、法、化、决塞、心术、计数"七法。在这里,"象"和"数"同时出现,但象数在春秋初期仍是两个松散联系的概念。到春秋末期,象与数的概念联系比较密切,在《周易·系辞传》中提到"极数定象",已初步出现象数理论。而且,专门有了"计数",明确地把数学看做他法治理论的一个组成部分。《管子》称:"不明于计数而欲举大事,犹无舟楫而欲经于水险。"这里"计数"更是成就任何一件大事所必不可少的方法和手段。"法"也与数学有关,即一种计量标准。在《管子·七法》中就提出:"尺寸也,绳墨也,规矩也,衡石也,斗斛也,角量也,谓之法。"《管子·禁藏》中又说:"法者天下之仪也,所以决疑而明是非也,百姓所悬命也。"认为法是衡量一切的尺度,是判断是非的标准,是决定百姓命运的东西。

2. 度量衡及换算方法

《管子》有大量的有关长度、面积和体积度量的资料和计算。许多地方涉及了度量衡及换算方法。书中的长度单位有里、步、丈、尺、寸、制、匹、仞、施等;体积单位有鼓、石、斗、豆、升、釜、钟、区等;面积单位有步、亩、顷、方、里等;重量单位有钧、斤、镒等。书中还叙述了多种单位的换算。《管子》

云:“高田十石,间田五石,庸田三石。”管子所云,反映了当为春秋时期的齐国的现状。也就是说,当时齐国的最高亩产可以达到每亩十石。

《管子》在谈到土地种植的分配时有“十分之二”、“十分之四”、“十分之五”、“十分之六”、“十分之七”等分数。在《管子·海王》一书中记载管子为齐桓公解释什么是正盐策的对话。在记载里,既有整数,也有分数及运算,还涉及一些大的数字。如,“半”即$\frac{1}{2}$,“少半”为$\frac{1}{3}$。

3. 管子最早的三分损益法

《管子·地员》为管仲所作,其中有中国最早采用“三分损益法”来计算音律的方法。文中载:“凡将起五音几首,先主一而三之,四开以合九九,以是生黄钟小素之首,以成宫。三分而益之以一,为百有八,为徵。不无有三分而去其乘,适足,以是生商。有三分,而复于其所,以是成羽。有三分,去其乘,适足,以是成角。”这里讲的声学法正是所谓的“三分损益法”。

该方法是以一条被定为基音的弦(或管)的长度为标准,把它三等分,然后再去一分,或加一分,就有了不同的长度,由此产生不同的振动频率而形成不同的音高。依此类推,直到在弦(或管)上得出此基音略高一倍或略低一倍的音为止①,这是相当科学的。从数学意义上说,“三分损益法”相当于$1 \times 3^4 = 9 \times 9 = 81$。有学者通过这个例子,指出当时已有了指数的初步概念。

《管子》一书中记载了宫、商、角、徵、羽五音的准确资料,相当于现代音乐的C、D、E、G、A五个音阶。《管子》所用研究五音的实体是弦,因其三分损益法只计算了五声,后世的《吕氏春秋》计算了十二律,较管子详细,应该说《吕览》是在《地员篇》基础上的发展。因此可以说在乐律研究中,三分损益法在公元前7世纪已被管子掌握,它是我国最早的乐律计算的独特方法。

4. 数学运算

《管子》书中涉及的数学运算主要有:整数加减法、乘法、正反比问题和分数。《管子》等典籍中有大量九九歌诀的片段,书中就能找到“三九二十七”、“六八四十八”、“四八三十二”、“六六三十六”等句子,说明《管子》最早保存了九九乘法歌诀。

---

①杜石然等:《中国科学技术史稿》下册,科学出版社1982年版,第158—159页。

5.《管子·幼官》二十四节气和三十时节

《管子·巨乘马》以齐桓公与管仲对话的形式论述说：

桓公问管子曰："请问乘马。"管子对曰："国无储在令。"桓公曰："何谓国无储在令?"管子对曰："一农之量壤百亩也，春事二十五日之内。"桓公曰："何谓春事二十五日之内?"管子对曰："日至六十日而阳冻释，七十五日而阴冻释。阴冻释而秇稷，百日不秇稷，故春事二十五日之内耳也。"

日至即冬至，冬至后60日，相当于先秦时期的惊蛰节，冬至后75日，相当于先秦时期的雨水节。按15天为单位计算，15天正好是一个节气。这里很可能已经用二十四节气来计算农时和指导生产了。

除了二十四节气外，还有过三十时节，见于《管子》一书中的《幼官》和《幼官图》。《管子》中《幼官》、《四时》、《五行》、《轻重己》四篇的阴阳五行图式，标志着阴阳五行合流的初步实现。阴阳与五行的合流是稷下学者力求更全面、更精确地认识和把握世界的努力结果，反映了古代不同地域、不同类型的文化大发展、大交流、大冲突直至大融合的漫长、艰难而又壮观的过程。

五、《考工记》与手工业技术的兴起

《考工记》是中国现存最早的关于手工艺的专著，俗谓春秋战国时期之官书，该书从多方面反映了先秦科学技术的发展状况和先进水平以及人们对生产过程规范化的一些设想和周王朝的一些典章制度。《考工记》在我国科学和工程技术发展史上占有重要地位，其内容的丰富，某些部分叙述的完整性和科学性，在当时是独一无二的。

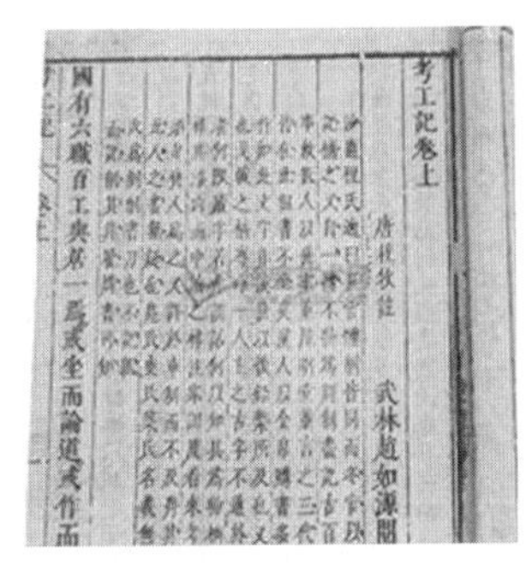
考工記卷上

唐杜牧注　武林趙如源閱

國有六職百工與居一焉或坐而論道或作而

《考工记》书影

（一）《考工记》的成书

关于《考工记》的作者和成书年代，长期以来学术界有不同看法。根据郭沫若考证，《考工记》的作者是齐国人，因为书中用的是齐国度量衡、齐国地名和齐国方言。目前多数学者认为，《考工记》是齐国官书（齐国政府制定的指导、监督和考核官府手工业、工匠劳动制度的书），作者为齐稷下学宫的学者。对此，许多先贤早有认识。宋人林希逸在《考工记解》中说："《考工记》须是齐人为之，盖言语似《谷梁》，必先秦古书也。"清儒江永在《周礼疑义举要》中亦说："《考工记》，东周后齐人所作也……盖齐鲁间精物理善工事而工文辞者为之。"该书主体内容编纂于春秋末至战国初，部分内容补于战国中晚期。全文虽仅7100多字，但内容丰富。《考工记》是《周礼》的一部分。《周礼》原名《周官》，由"天官"、"地官"、"春官"、"夏官"、"秋官"、"冬官"六篇组成。西汉时，"冬官"篇佚缺，河间献王刘德便取《考工记》补入，作为《冬官》篇，得以流传至今。所以，《考工记》又称《周礼·冬官考工记》。东汉经学家郑玄注解《周礼》，最早注解《考工记》，后收入清《四库全书》、清《十三经注疏》。

（二）《考工记》的主要内容

《考工记》是我国古代比较全面地反映整个手工业技术的极为重要的专著。

1. 作为"百工之事"的《考工记》

今本《考工记》全文分上下两卷，内容为"百工之事"，叙述"百工之事"的缘由及特征。它主要记载了先秦时期官府手工业的器物制作规范和制造工艺，阐述了一些重要的设计思想和设计原则和方法。

《考工记》开宗明义提到："国有六职。"——国家有六种职业：王公、士大夫、百工、商人、农夫、妇功。"百工"就是"审曲而执，以饬五材，以辨民器"的人们，即能够审察金、木、皮、玉、土等五材的曲直而且直接制作各种器物的人们。什么是"工"呢？书中言道："知者创物，巧者述之，守之世，谓之工。"这是说：用智慧知识创造出物件的构思，用技巧制作表述出来，还能继承前人于当世的人才，是工匠。所以"百工之事，皆圣人之作也"。比如锤炼青铜和铁做出锋刃，凝土做出陶器，制车造船，这些都是圣人做出的事。

在此反映了高度重视工商业的齐国国情。嗣后,《考工记》以主要篇幅分别叙述古代官营手工业及私营家庭手工业的主要工种、作法及规制,内容涉及先秦时代的制车、兵器、礼器、钟磬、练染、建筑、水利等手工业技术,还涉及天文、生物、数学、物理、化学等自然科学知识。书中具体记述了木工、金工、皮革工、染色工、玉工、陶工等6大类的30个工种,其中6种内容已失传,仅存名目。后来又衍生出一种,实存25个工种的内容,其中涉及了当时的一些制作技术和科技审美观念。

攻木之工七(制车篇):轮、舆、弓、庐、匠、车、梓。轮人为轮、轮人为盖、舆人为车、弓人为弓、庐人为庐器、匠人建国、匠人营国、匠人为沟洫、车人之事、车人为耒、车人为车、辀人为辀、梓人为笋虡、梓人为饮器、梓人为侯。在这一部分,《考工记》首先介绍了单辕双轮马车的总体设计,并在"轮人"、"舆人"、"辀人"条中记有三个工种合作制造一辆兵车,三者有明确的分工,并详述了车的四种主要部件"轮、盖、舆、辕"的材料的选择及连接方法,特别是车轮的制造工艺对不同用途的车辆的特点和检验方法,详细指明了各部件的作用和要求以及要求加工质量的原因,记录了一系列的检验手段。其中,对车的关键部件——轮子提出了十项制作工艺准则,从中可以看出兵车的制造工艺水平及原理已达到相当高的水平。在这方面涉及了摩擦力、质量、快慢、惯性等现象。同时为了检查车轮的质量分布,把它放在水中利用沉浮情况量之,说明已应用了浮力知识。

攻金之工六(铜器铸造篇):筑、冶、凫、栗、段、桃。筑氏为削、冶氏为杀矢、凫氏为钟、栗氏为量、桃氏为剑。书中提出了"金有六齐(剂)",即六种不同成分的金锡配分比例以及它们的不同用途:

六分其金而锡占一分(即铜占6/7,锡占1/7,含锡量16.7%),这是制造钟鼎类铜和锡的重要比例;

五分其金而锡占一分(含锡量20%),这是制造斧头类等工具的重量比;

四分其金而锡占一分(含锡量25%),这是制造戈戟类等兵器的重量比;

三分其金而锡占一分(含锡量33.3%),这是制造刀剑类兵器的重量比;

五分其金而锡占二分（含锡量40%），这是制造削杀矢类兵器或远射兵器的重量比；

金锡各半（含锡量50%），这是制造鉴（铜镜）、阳燧（可以对着太阳聚光取火）类器物的重量比。

《考工记》谈冶铸青铜合金时，曾说：在铜和锡的“黑浊之气”完后，接着就有“黄白之气”；在“黄白之气”完后，接着就有“青白之气”；在“青白之气”完后，就有“青气”出来，到这时才可以铸器。这也是合乎冶金的学理的。“金柔锡柔，合两柔则为刚”，铜和锡都是柔软的，但二者合起来则成为刚硬的。以上六种配比的青铜的含锡量的结果不同，铜器铸造后的硬度就不同。根据测定，锡的含量越高，硬度越大，也更脆，而以含锡量17%至20%最为坚利。由此可以看出，当时人们已经深知，由于含锡量不同，青铜合金的性能发生了变化，因而在实践中总结出了这套配方比例规则，以适应铸造各种青铜兵器的需要。例如刀剑类兵器、削杀矢类兵器要求有较高的硬度，含锡量应该较高；斧头类、戈戟类等青铜器要求有一定的韧性，含锡量自然较低一些。《考工记》中的“六齐”保证了青铜兵器的质量，对铸造其他青铜器也具有普遍的指导意义。书中所记载的观察冶铜时的火焰以确定冶炼进程（即借助冶炼时烟气的不同颜色来判断被冶炼的铜料中杂质挥发的情况）的操作方法，一直被认为是行之有效的工艺方法。

攻皮之工五（弓矢兵器、皮革护甲类制造篇）：函、鲍、韗、韦、裘。函人为甲、鲍人之事、韗人为皋陶。书中通过对各种不同用途的弓箭结构的比较分析，探讨了飞行物体的重心、形状与重力、空气阻力之间的关系。例如，箭在疾风中保持一定的弹道的技术问题。在箭的飞行要求中，为了使箭稳定地飞行，提出了若干对箭杆、箭羽的要求，字里行间反映出已涉及空气动力学知识。

设色之工五（画缋、染羽、练丝制作篇）：画、缋、锺、筐、㡛。画缋之事、钟氏染羽、㡛氏湅丝。所记载的丝麻毛纱或织物的多次浸染套色法，直到近代还在我国的染色手工业方面应用。

刮摩之工五（各类玉石器、雕刻、器乐制造篇）：玉、楖、雕、矢、磬。玉人之事、磬氏为磬、矢人为矢。记述了当时盛行的钟、鼓、磬等乐器的制作技术，还明确指出钟声的来源是由于钟的振动所致，钟声的频率高低、音品则与钟的厚薄、形状、大小以及合金成分等有关。在铸钟、制鼓的工艺中，涉及了声学中有关物体振动、音调知识及音调与振动物体的几何关系。

搏埴之工二（甗、簋、筍虡饮器、侯及庐器等制造篇）：陶、瓬。陶人为甗、瓬人为簋。在冶炼技术的记述中，涉及了热学的燃烧知识及测温技术等。

《考工记》阐述“矢人”、“匠人”、“车人”、“弓人”、“陶人”和“旊人”之工事的篇章。如制作车辆，就划分为负责作车身的“车人”，负责造轮子的“轮人”，负责制车厢的“舆人”和负责制造车辕的“辀人”等。这种生产专门化的分工，说明当时手工业的水平和规模已达到相当可观的程度。再如，弩是战国时最重要的远距离攻击武器，关于以漆直接用于造弓的记载见于《考工记·弓人篇》：“弓人为弓。取六材必以其时。六材既聚，巧者和之。”（六材为：干、角、筋、胶、丝、漆）制作弓弩之所以用漆，主要是因为“漆也者，以为受霜露也”。弓矢作为常用武器，士兵携带其奔走疆场，四时晨暮，难免有风霜雨露，故在弓矢上髹漆以防霜露之侵蚀，对材质有保护作用。

2.《考工记》中的数学知识

《考工记》中有不少数学的知识。其中，大量的数学知识和思想方法散布于书中的手工业的器物制作规范和制造工艺之中。

（1）分数

《考工记》中已有简单的分数概念。特别是在冶金、制车、制弓及各种器具制造的记载中，大量使用了分数，而且有了分数运算。如《考工记·六齐》中记载：“六分其金而锡居一，谓之钟鼎之齐；五分其金而锡居一，谓之斧斤之齐；四分其金而锡居一，谓之戈戟之齐；三分其金而锡居一，谓之大刃之齐；五分其金而锡居二，谓之削杀矢之齐；金、锡半，谓之鉴燧之齐。”青铜冶炼中，锡铜不同比例可制作不同的兵器，这里使用了大量的比例（分数）及其运算。

（2）简单勾股定理的实例

《考工记》中记载了勾股定理应用的最早实例。《冶氏》中说：“冶氏为杀矢……戟广寸有半，内三之，胡四之，援五之，倨句中矩。”意即：如果三角形的三边比例是 3∶4∶5 的话，那么 5 的对角等于 90°。可见《考工记》的作者是懂得勾股定理的。

(3)角度与度量

书中记载了角度。当时在制造各种农具、车辆、兵器、乐器的工作中,常常会遇到不同部位有不同角度的要求,这就需要进行角度的测定,于是就形成了角的概念和衡量角度大小的一些单位。《考工记》把角称为“倨句”(jù gōu),用现在的语言,倨就是钝,句就是锐。用“倨句”表示角就像通常的语言中用“多少”来表示量一样。一个直角在《考工记》中称为“倨句中矩”或简称“一矩”。

《考工记》中含有大量先秦标准量器和度量衡的史料,对研究古代数学史具有很高的价值。例如,《考工记·栗氏为量》载:“栗氏为量,改煎金锡则不耗,不耗然后权之,权之然后准之,准之然后量之。量之以为鬴,深尺,内方尺而圆其外,其实一鬴。其臀一寸,其实一豆。其耳三寸,其实一升。重一钧,其声中黄钟之宫。概而不税。其铭曰:时文思索,允臻其极。嘉量既成,以观四国。永启厥后,兹器维则。”这段话,简要地叙述了这种量器的制作工艺过程、形制、规格、尺寸、容积等。

3.《考工记》中的物理学知识

《考工记》中的物理学知识和原理很多。例如,在力学实验方面,对于测定固体比重的方法,《考工记》中就记载了用水浮法来进行定性的估测。《考工记》中“舆人为车”就记载了水平仪的雏形。到了北魏,水平仪已被配置在较精密的仪器上,如用铁铸成的浑天仪底板上设有“十字水平”,以校准仪器水平。

(1)《考工记》中关于车、马的动力学原理

《考工记》在“国有六职”、“车人为车”、“轮人”、“骑人”等条都曾涉及力学方面的重要原理。这方面的论述是较多的,有的论述甚至相当精辟。

例如,《考工记·国有六职》中说:“凡察车之道,欲其朴属而微至。不朴属,无以为完久也;不微至,无以为戚速也。”“微至”,即指轮和地面的接触面积小;“戚速”,即转动快;“不微至,无以为戚速也”,就是说如果轮地接触面积不够小,车轮的转速就不够快;要提高轮的转速,就要尽量减少车轮与地的接触面积。这里提出了滚动物体(车轮)的滚动速度与滚动物接触面积的多少的关系,认为接触面小则滚动快。怎样才能做到接触面积小呢?《轮人》说:“取诸圜也。”即将车轮做得正圆。这是有关滚动摩擦理论的萌

芽。接着,《考工记·国有六职》又论述到轮子大小对拉力(牛或马)的影响时,其中说到:“轮已崇,则人不能登也;轮已庳,则于马终古登阤也。”这里包含现代理论力学中的滚动摩擦理论,也是我国古代关于滚动摩擦与轮径关系的最早记载。轮太矮,马就老在上坡一样。拉小轮车所需的力大于拉大轮车所需的力,所以马就十分费力,好比常处于爬坡状态一样。从现在力学知识看,当轮太低时,辕与地面成一角度,马除了要克服运动阻力外,要承受部分重力,因此马总像上坡一样费劲。这是实践中对斜面受力的一种极好的分析。

《考工记·车人为车》中说:“行泽者欲短毂,行山者欲长毂。短毂则利,长毂则安。行泽者反輮,行山者仄輮,反輮则易,仄輮则完。”这里的“泽”指平坦的泥地。泥地行车比较平稳,强度应当不成问题,应着重考虑减少摩擦,轮毂宜短;而当车行山路时,为防车辆颠簸损坏,轮毂宜长,以保证足够的强度。还说:“凡为轮,行泽者欲杼;行山者欲侔。”这里的“杼”指的是薄,它是说整个车轮(包括毂轮)都应当薄些;而“侔”指的是整齐、均匀,似乎应理解为加工制作都应较为精确,当然也包含有尺寸较厚之意。在明朝王圻之《三才图会》中,也有类似的话:“行泽者欲短毂,则利转。”这些经验的总结是符合力学原理的。

《考工记》最早作出了关于物体惯性的论述。在《考工记·辀人为辀》中记述了辀(曲辕)的形制和工艺技术要求,通过(牛车)直辕的缺点和(马车)曲辕的优点之对比,进一步强调了采用弯曲适度的曲辕的必要性。其中说:“劝登马力,马力既竭,辀尤能一取焉。”意思是说,马拉车的时候,马不再施力于车,但车还能向前跑一段路。这里指出了物体的一种基本属性——惯性,这也是世界上对惯性现象的最早论述。

在论述如何检验轮子各部分是否做得均匀时,《考工记·轮人》中说:“揉辐必齐,平沈必均。”又说:“水之,以眡(视)其平沈之均也。”就是说,车轮制成后,放入水中测量它们的浮沉程度是否一致。只有浮沉程度一致,各条车辐的质量才算均匀。这里水之,即浸入水中,如果“平沈”即浮沉相同,则轮子各部分必定是均匀的,就符合制作轮子的要求了。这是浮力原理在制造轮子中的应用。

(2)《考工记》中关于箭、弓的物理学原理

《考工记》在“弓人”、“矢人”等条也有不少涉及这方面的论述。

《考工记》中说：“矢人为矢，镞矢，参分。茀矢，参分一在前，二在后。兵矢、田矢，五分二在前，三在后。杀矢，七分三在前，四在后。参分其长，而杀其一。五分其长，而羽其一。以其笴厚为之羽深。水之，以辨其阴阳，夹其（箭干）阴阳，以设其比。夹其比（箭括），以设其羽。参分其羽，以设其刃，则虽有疾风，亦弗之能惮矣。”这是我国古代以沉浮法来确定物体的质量分布，把箭羽作为负反馈控制装置的最早记载。这是说要根据测定的箭杆阴面和阳面，来装置箭杆末端的“比”；按照“比”的装置情况，在周围装配羽毛；根据装配羽毛长度的1/3来装配有锋刃的箭头。若此，发射时即使遇到大风，箭仍能稳定地向前飞行。箭羽大概是最早发明的负反馈控制设置之一。“按照空气动力学知识，不难说明箭羽的负反馈作用。当箭飞速前进时，如因侧风干扰，使头部偏向左方（或右方）；箭矢由于惯性，仍沿原先的方向前进，于是迎面而来的空气阻力有了垂直于箭羽的分力，此分力反过来使箭羽向左（或向右），箭镞随之向右（或向左）转，抵消了侧风对方向性的影响。这是说垂直的箭羽有横向稳定的作用。垂直箭羽与水平箭羽的配合，使箭能够保持良好的方向性、准确地飞向目标。”①有关空气动力学的知识，在《考工记》中有多处记载。

《考工记》在“弓人”条也有不少涉及这方面的论述。例如，《考工记》说：“弓人为弓，取六材必以其时，六材既聚，巧者和之。干也者，以为远也；角也者，以为疾也；筋也者，以为深也；胶也者，以为和也；丝也者，以为固也；漆也者，以为受霜露也。”

(3)《考工记》中关于钟、鼓的声学原理

《考工记》中也有关于钟、鼓的声学原理的不少记载和论述。《考工记》在“凫氏为钟”条、“磬人为磬”条等中，都从定性方面对发声理论作出了精辟的论述。它不但描述了钟体各部分的名称及其在钟体上的具体位置和钟体各部分的比例，而且还具体言及了钟壁的厚薄、钟口的大小和钟体的长短与音响效果的关系。

《考工记·凫氏》中说：

---

①闻人军：《考工记导读》，巴蜀书社1987年版，第43—44页。

凫氏为钟，两栾谓之铣，铣间谓之于，于上谓之鼓，鼓上谓之钲，钲上谓之舞，舞上谓之甬，甬上谓之衡，钟县谓之旋，旋虫谓之干，钟带谓之篆，篆间谓之枚，枚谓之景，于上之攠谓之隧。十分其铣，去二以为钲。以其钲为之铣间，去二分以为之鼓间。以其鼓间为之舞修，去二分以为舞广。以其钲之长为之甬长，以其甬长为之围。参分其围，去一以为衡围。参分其甬长，二在上，一在下，以设其旋。薄厚之所震动，清浊之所由出，侈弇之所由兴，有说。钟已厚则石，已薄则播，侈则柞，弇则郁，长甬则震。是故大钟十分其鼓间，以其一为之厚；小钟十分其钲间，以其一为之厚。钟大而短，则其声疾而短闻；钟小而长，则其声舒而远闻。为遂，六分其厚，以其一为之深，而圜之。

对于以上的记载，“钲、铣、鼓、舞、于、枚”，皆为钟之部位名称；“篆、隧”则为钟体上的造饰。以上的意思是说：钟的厚薄，关系到声音的震动。这是钟声清浊的由来，这也和钟口的宽狭有关。钟太厚则声音大而向外（柞）；钟口狭则声音不舒扬（郁），柄（甬）太长则震动太大（震）。意思是说薄钟和厚钟的振动是声音清浊的来源，这里清浊指的是音调的高低。我们现在知道，音调的高低由振动的次数决定，而振动情况与发声物体的厚薄有关。但是中国古代工匠在公元前3世纪就已经发现了这个道理，并投诸实践。

闻人军先生研究认为，我国古代口头传习的声学知识是异常丰富的，在《考工记》中，留下了关于钟、磬、鼓三种乐器的声学特性的宝贵记载。以往的注释者提到《考工记》中的声学知识时，常以笼统的概括代替具体的分析。为此，他曾撰文《〈考工记〉中声学知识的数理诠释》，力求通过数理分析得出比较明晰、直观的阐释。① 他还曾用物理声学的方法证明《凫氏》节对编钟特性的分析符合现代声学原理。② 而对于“钟大而短，则其声疾而短闻；钟小而长，则其声舒而远闻”，这里明确指出了钟的结构和发声响度及传声距离的关系。众所周知，钟大而短，振幅小，致使声音的响度小，因而传声的距离就短；反之，钟小而长，振幅大，致使响度大，就能远闻。这是体现

①闻人军：《〈考工记〉中声学知识的数理诠释》，《浙江大学学报》（理学版），1982年第4期。
②闻人军：《考工记导读》，巴蜀书社1987年版，第53页。

有关板类振动的声学规律的最早论述之一。杜石然等认为:“这些从长期制作乐器的过程中总结出来的声学问题的定性描述,远远超出了为乐器规定某种尺寸等的技术规范的意义,它已经为人们较自觉地对钟鼓的形状或厚薄作适当调整,使之达到预想的要求,提供了理论上的依据。”①

《考工记》在“韗人为皋陶”条也有关于物理声学方法类似的记述。例如,“磬氏为磬”条说,“已上则摩其旁,已下则摩其专(端)”。这里谈到校正石磬发声的办法。因为石磬如果短而厚,发声就清,音调就高;如果广而薄,发音就浊,音调就低。因此检验磬的发声时,如果音调太高(“已上”),校正办法是磨它的两旁,使其变薄,振动次数减少,声音就正常了;反之,如果石制的磐体发声太低(“已下”),校正办法是磨它的两端,使磐体相对变厚,因而提高振动次数,声音就正常了。这种校正办法就是依据实践中得到的声学知识来制定的。这是我国古代打击乐器发声理论的较早记载。

此外,《考工记》“韗人”有关于制鼓工艺的专门记载,但没有谈到鼓架、鼓座的问题。“梓人”讲到了编钟、编磬悬架的制作,也没有讲到鼓架、鼓座的制作问题。此外,从《考工记》记述制钟、制鼓的文字中可以看出中国古代工匠对声音的音品、响度等概念也有一定认识。

《周礼·考工记》“梓人”条:

> 梓人为笋虡:天下之大兽五:脂者,膏者,臝者,羽者,鳞者。宗庙之事,脂者、膏者以为牲,臝者、羽者、鳞者以为笋虡。外骨、内骨,却行、仄行,连行、纡行,以脰鸣者,以注鸣者,以旁鸣者,以翼鸣者,以股鸣者,以胸鸣者,谓之小虫之属,以为雕琢。
>
> 厚唇弇口,出目短耳,大胷燿后,大体短脰:若是者谓之臝属,恒有力而不能走,其声大而宏。有力而不能走,则于任重宜;大声而宏,则于钟宜。若是者以为钟虡,是故击其所县而由其虡鸣。锐喙决吻,数目顧脰,小体骞腹:若是者谓之羽属,恒无力而轻,其声清阳而远闻。无力而轻,则于任轻宜,其声清阳而远闻,于磬宜。若是者以为磬虡,故击其所县而由其虡鸣。小首而长,抟身而鸿,若是者谓之鳞属,以为笋。

①杜石然等:《中国科学技术史稿》上册,科学出版社1982年版,第113页。

郑玄注："注鸣，精列属。""乐器所悬，横曰笋，植曰虡。""羸者，谓虎豹貔螭为兽浅毛者之属；羽，鸟属；鳞，龙蛇之属。"按《考工记》所载，虎豹之类的浅毛兽（相对于牛、羊、豕之类的深毛兽而言），适合雕做编钟的立柱，鸟类适合做编磬的横梁。试验之以出土文物，观其是否相合。作为悬挂乐器的支架来说，钟架、磬架的制作原理应该是适用于鼓架的。《考工记》关于钟磬笋虡的记载是比较可靠的，基本符合当时的实际。

（4）《考工记》中的热学知识

《考工记》中也有一些热学知识的记载，其中涉及不少热工学方面的科学技术和原理。据《考工记》记载，在铸铜与锡时，随温度的升高，火焰的颜色先后变为暗红色、橙色、黄色、白色、青色，然后才可以浇铸。在《考工记》中记载了人们已经用颜色来判断被加热金属的温度。文中说："凡铸金之状，金（铜）与锡，黑浊之气竭，黄白次之。黄白之气竭，青白次之。青白之气竭，青气次之。然后可铸也。"这里，指出了冶炼金属时加热后先呈暗红色，温度渐高，依次是呈橙色、黄色、白色，最后是青色。这是因为金属里含有碳、钠一类的杂质，不同物质有不同的汽化点，所以可以根据汽化物质的颜色作为判断火候或温度高低的标准，最后达到"炉火纯青"的程度，就可以浇铸了。这个从实践中总结出来的区别冶炼金属程度的实际知识，传至今日，仍为冶炼工人所利用；这种方法同样也应用于制陶工业。从现代科学分析，不同物质有不同的汽化点，因此从火焰的颜色可以判断所汽化的物质，从而判断温度的高低。对同一种物质，随着温度的升高，其颜色也先后有所变化。这些记载就反映出我国古代已能利用热学知识，根据各种金属的不同特性，掌握不同的温度，冶炼出性质和用途各异的合金。

《考工记》中还记载了利用凹球面镜对日聚焦取火。《周礼·冬官考工记》载：

> 玉人之事：镇圭尺有二寸，天子守之：命圭九寸，谓之桓圭，公守之；命圭七寸，谓之信圭，侯守之；命圭七寸，谓之躬圭，伯守之。天子执冒，四寸，以朝诸侯。

《考工记》又云："琰圭九寸而缫，以象德。"郑注："琬，犹圜也，王使之瑞疪也。""缫，籍也。"《考工记》又云："琰圭九寸，判规，以除慝，以易行。"郑

注:“凡圭,琰上半寸。琰圭,琰半以上,又半为瑑饰。”

这里,“圭”是古代一种礼器,一般为长条形,多以玉或石做成。“圭”镜是“小人常有四镜”之一,可以其成像状况说明道家之道。此外,《周礼·秋官》有挈壶氏,掌管“夫燧取明火于日,以鉴诸取明水于月”。《考工记》说:“金锡半,谓之鉴燧之齐。”郑玄注:“鉴燧,取火水于日月之器也。”夫燧也称阳燧,鉴诸也称方诸。这说明,当时已创造出能够取火于日的青铜凹面镜。

4.《考工记》中的天文学知识

齐文化中,天文学知识是相当丰富的。在天文学方面,“辀人为辀”条谈到了二十八星和四象,且明确地提到了其中一些星的名称。其中有关于七星像鹑火的记载,大约是相当于公元前1200年左右的天象。

《周礼·冬官考工记第六》载:

> 良辀环灂,自伏兔不至轨,七寸,轨中有灂,谓之国辀。轸之方也,以象地也;盖之圜也,以象天也;轮辐三十,以象日月也;盖弓二十有八,以象星也;龙旂九斿,以象大火也;鸟七斿,以象鹑火也;熊旗六斿,以象伐也;龟蛇四斿,以象营室也;弧旌枉矢,以象弧也。攻金之工,筑氏执下齐,冶氏执上齐,凫氏为声,栗氏为量,段氏为镈器,桃氏为刃。金有六齐:六分其金而锡居一,谓之钟鼎之齐;五分其金而锡居一,谓之斧斤之齐;四分其金而锡居一,谓之戈戟之齐;参分其金而锡居一,谓之大刃之齐;五分其金而锡居二,谓之削杀矢之齐;金锡半,谓之鉴燧之齐。

以上引文部分从天文学知识出发,以原始系统思想概括车箱、车盖、车轮等的设计。它以“盖弓二十有八”,象征二十八宿,提到“大火”、“鹑火”、“伐”、“营室”以及“弧”等古星宿名,对前四星还有每宿星数的暗示,一般认为,这是我国古代关于二十八星最早的较为明确的记载,对于研究二十八宿的起源与演变有相当的参考价值。《周礼·春官·冯相氏》、《周礼·秋官·哲簇氏》虽也提到过二十八星,但都不曾明确地提到星名和四象。

5.《考工记》中金属铸造、印染技术的知识

在金属冶铸方面。《考工记》“梓人为筍虡”节,从雕刻装饰的造型艺术观点出发,讨论与筍虡(乐器悬架)的制作有关的问题。在工艺美术家看来,这是一篇论述古代装饰和雕刻问题的理论文章。“攻金之工·六齐”条

谈到了不同使用性能的器物应使用不同成分的合金,说:"六分其金而锡居一,谓之钟鼎之齐;五分其金而锡居一,谓之斧斤之齐……"这是世界上最早的合金规律。"㮚氏为量"条谈到了合金熔炼过程中,如何依据火焰和烟气颜色来辨别熔炼进程,这是世界上关于观察熔炼火候的最早记载。

在丝绸漂涑和印染技术方面。"㡛氏涑丝"条谈到了"涑帛,以栏(楝)为灰,渥淳其帛","明日,沃而盝之,昼暴诸日"等丝绸漂涑操作,这是我国古代关于灰水脱胶、日光脱胶漂白的最早记载。"钟氏染羽"条谈到了"以朱湛、丹秫、三月而炽之,淳而渍之。三入为纁,五入为緅,七入为缁"的染色工艺,这是我国古代关于媒染剂染色的最早记载。这些记载在世界上也是较早的。

《考工记》有关于皮革手工业技术方面的记载。除一般皮革器用牛皮、羊皮以外,甲(武装)有用犀皮、兕皮以及鲛鱼皮制的。人们制作皮革器,先把皮革椎击坚硬,刮除皮里面的不洁物,然后裁割并钻小孔加以缝制。缝的线要藏在皮革里,使其不易损坏;皮革稍加洗濯,使其成茶白色;并且要搽上油脂,使其柔滑。这都说明当时皮革手工业的技术已比较先进。

6.《考工记》中建筑学的知识

《考工记》提出了我国城市特别是都城的基本规划思想和城市格局,是我们了解和研究建筑学设计艺术的珍贵文献。其中涉及宫城设计的《匠人建国》和《匠人营国》两节,是现存最早的城市建筑及其规划的史籍之一。

《考工记·匠人建国》专述建设城邑和观察日影、辨别方向的测量问题,记述了测定"日出之景"与"日入之景"的方法,其中涉及求水平、定方位的建筑测量技术:"匠人建国,水地以县,置槷以县,眡以景,为规,识日出之景与日入之景,昼参诸日中之景,夜考之极星,以正朝夕。"这里用"水地以县(悬)"的方法求水平,以观测日影或北极星的方位来确定方向。

《考工记·匠人营国》追述周王朝营都建邑的制度,涉及营建都城的规模、设计技术、度量标准、颜色搭配、设施功能等,反映出中国早期的王城布局和都城设计制度。

匠人营国,方九里,旁三门。国中九经九纬,经涂九轨,左祖右社,面朝后市,市朝一夫。夏后氏世室,堂修二七,广四修一,五室,三四步,四三尺，九阶，四旁两夹窻，白盛，门堂三之二，室三之一。殷人重屋，堂修七寻，堂崇三尺，四阿重屋。周人明堂，度九尺之筵，东西九筵，南北七筵，堂崇一筵，五室，凡室二筵。室中度以几，堂上度以筵，宫中度以寻，野度以步，涂度以轨，庙门容大扃七个，闱门容小扃三个，路门不容乘车之五个，应门二彻三个。内有九室，九嫔居之。外有九室，九卿朝焉。九分其国，以为九分，九卿治之。王宫门阿之制五雉，宫隅之制七雉，城隅之制九雉，经涂九轨，环涂七轨，野涂五轨。门阿之制，以为都城之制。宫隅之制，以为诸侯之城制。环涂以为诸侯经涂，野涂以为都经涂。

这里着重记述了王城宫城的规划制度，分述夏后氏“世室”、殷人“四阿重屋”和周人“明堂”的建筑设计。所谓“营国”，即是建城，通俗地解释为：都城九里见方，每边辟三门，纵横各九条道路，南北道路宽九条车轨，东面为祖庙，西面为社稷坛，前面是朝廷宫室，后面是市场与居民区。宫城有一条主轴线，延伸于郭外，三门三朝沿此线布置，逐步深入导向王居。宫城是规划的核心，道路是动脉。城内道路将王城分成供各阶层居住的闾里、交易的集市、大卿官署和宫廷区。《考工记》记述了西周的城邑等级，将城邑分为天子的王城、诸侯的国都和宗室与卿大夫的都城三个级别，规定王城的城墙高九雉（每雉为一丈，共高九丈），诸侯城楼高七雉，而都城城楼只能高五雉。三个等级的城邑的道路宽度也有规定，王城的经涂（南北向道路）宽九轨（九辆车的宽度），诸侯城的经涂按王城环涂（环城的道路）之制，宽九轨，都城道路宽五轨。书中还记载了王城的几项具体营建制度，如朝市的规模、宫门、城墙、道路的规格等。文中“室中度以几，堂上度以筵，宫中度以寻，野度以步，涂度以轨”，即是说，室中用几来度量，堂上用筵来度量，宫中用寻来度量，野地用步来度量，道路用车轨来度量。这里实质上提出了当时建筑业中惯用的长度单位。此外，书中还规定了礼制营建制度：用王宫门阿建制的高度，作为公和王子弟大都之城四角浮思高度的标准；用王宫宫墙四角“浮思”建制的高度，作为诸侯都城四角“浮思”高度的标准；用王都环城大道的宽度，作为诸侯都城中南北大道宽度的标准；用王畿野地大道的宽度，作为公和王子弟大都城中南北大道宽度的标准，反映了当时等第分明、不得僭越的建筑标准要求。这些建筑学理论一直影响着中国古代城市的建设，很多大都城特别是政治性都城都是依据“匠人营国，方九里，旁三门。国中九经九纬，经纬九轨。左祖右社，面朝后市，市朝一夫”理论修建的。其中最典型的案例是唐朝的长安和北京城(元代和明清时期)，清晰的街坊结构和笔直的街道以及城墙和城门，无不反映了《周礼·考工记》中“礼”的思想。

此外，《考工记·匠人为沟洫》介绍沟洫水利设施与其他建筑技术：

> 匠人为沟洫，耜广五寸，二耜为耦一耦之伐，广尺深尺，谓之甽；田首倍之，广二尺，深二尺，谓之遂九夫为井，井间广四尺，深四尺，谓之沟方十里为成，成间广八尺，深八尺，谓之洫；方百里为同，同间广二寻，深二仞，谓之浍。专达于川，各载其名。凡天下之地埶，两山之间，必有川焉，大川之上，必有涂焉。凡沟逆地防谓之不行。水属不理孙，谓之不行。梢沟三十里，而广倍。凡行奠水，磬折以参伍。欲为渊，购句于矩。凡沟必因水埶，防必因地埶。善沟者。水漱之；善防者，水淫之。凡为防，广与崇方，其閷参分去一，大防外閷，凡沟防，必一日先深之以为式，里为式，然后可以傅众力。凡任索约，大汲其版，谓之无任。葺屋参分，瓦屋四分，囷、窌、仓、城，逆墙六分，堂涂十有二分，窦，其崇三尺，墙厚三尺，崇三之。

这里先有沟渠的“遂”，也有“洫”和“浍”的最早记载和设计要求，又有疏导停积水的技术和筑堤防的技术以及开渠筑堤工作量的标准和计算方法。同时还涉及圆仓、地窖、方仓、城墙等厚度与墙高的设计比例。书中总结了当时的水利技术经验，介绍了几种水利建筑的特殊设计：“梢沟三十里，而广倍”，“凡行奠水，磬折以参(叁)伍”。

总之，《考工记》中富有中国古代建筑独具一格的特点及其背后蕴含的丰富的设计思想。《考工记》具有重要的价值，不仅对我国古代都城规划有着深远的影响，甚至当代的很多城市规划中仍可见到它的影子。

(三)《考工记》的历史地位

《考工记》是我国古代科学手工艺技术的巨著，是集中国先秦物理知识在工艺技术上应用之大成,内容遍及百工技艺,堪称百工之源,可称为"百工之事",在我国乃至世界科学技术史上具有举足轻重的地位和价值,对后世的手工艺制作、简单机械、礼乐器具、制陶、制车、兵械护甲、建筑与水利、度量衡、织染刺绣、农业机械、建筑等有很大的影响并起了很大的推动作用。《考工记》还是我国古代一部著名的工艺文献,蕴含着丰富的工艺美学思想,以前多从科技成就方面进行探索,鲜见其工艺美学思想研究成果。几乎每一门类的技术,《考工记》不仅涉及其中的设计规范、制造工艺,并且阐述其科学原理,因而在我国古代设计艺术理论与设计艺术作品中占有十分重要的地位,产生了深远的影响。它的工艺美学思想成就成为《考工记》经久不衰和富有生命力的主要原因。《考工记》是研究我国古代科学技术的重要文献,在先秦古籍中独树一帜,具有极高的学术价值。《考工记》一书自被汉代人发掘出来,并被并入《周礼》后,一直受到世人推崇,历代知识分子多以之作为必读之物,在国内外都产生过许多积极的影响。因该书文字古奥艰深,且有一些错简、漏简,故历代学者对它进行了许多注释,尤以元、明、清三代为盛。在元明时期,这种专门的注释本便近 20 种,其中大家比较熟悉的有徐光启《考工记解》(2 卷)等。明版珍贵古籍《考工记》全书 2 卷,(唐)杜牧注,(明)陈深注,明万历间刻本,现藏于国家图书馆。

基于《考工记》在学术研究上的重要影响,英国著名学者、科学史家李约瑟博士(Joseph Needham, 1900—1995 年)在其巨著《中国科学技术史》中指出,《考工记》是"研究中国古代技术史的最重要的文献"。已故科学史家钱宝琮先生也曾经指出:"研究吾国技术史,应该上抓《考工记》,下抓《天工开物》。"①朱光潜先生则认为《考工记》是"研究中国美学史的重要资料"(见《中国古代美学简介》)。中国科学院院士、原中国科学技术大学副校长钱临照先生(1906—1999 年)称"考工记乃我先秦之百科全书"②,代表了科技史界的主流看法。无疑,《考工记》对于我国的古代科技史及古代艺术史的研究具有重要的参考价值。《考工记》亦传到了日本和西方,现在它已受到更多外国学者的重视。

---

①闻人军:《考工记导读》,巴蜀书社 1987 年版。
②《考工记导读》1996 年第二版题字。

六、墨子与《墨经》中的自然科学

（一）墨子简介

墨子（约前468—前376年），名翟。关于墨子的故里，一般认为墨子出生于“小邾国”（鲁国的附属国之一，现今山东滕州附近）。墨子是中国先秦墨家学派的创始人，是春秋战国时代继孔子（前551—前479年）之后杰出的政治家、思想家、科学家、机械制造家、哲学家。

墨子像

墨子出生于公元前5世纪的鲁国。① 一方面，鲁国是齐鲁文化的发祥地，邹鲁在东周就是文化最发达的地方。《淮南子》说，墨子少年时代曾经“学儒者之业，受孔子之术”，在齐鲁文化的熏陶下，养成了知书达理、勤奋好学的习惯。另一方面，墨子自称“今翟上无君上之事，下无耕农之难”，似属当时的“士”阶层，但他又承认自己是“贱人”。墨子的父母可能是以木工为谋生手段的手工业者，社会地位十分低下。他从小承袭了木工制作技术，当过工匠或小手工业主，具有相当丰富的生产工艺技能。所以墨子当是工匠出身，“墨”的原意是使用绳墨之木匠。墨子还被人称为“布衣之士”。

---

①清代孙诒让作《墨子间诂》，在附文《墨子传略》中第一次提出墨子为鲁国人。其主要依据为：《墨子·贵义》“墨子自鲁即齐”；《墨子·鲁问》“以迎墨子于鲁”；《吕氏春秋·爱类》“公输般为云梯，欲以攻宋，墨子闻之，自鲁往”。“鲁人说”的主要支持者还有梁启超、钱穆、胡适等主要墨学研究者。

墨子一生的活动、事迹、思想和科技成就，集中体现在《墨子》一书中。原书15卷71篇，现存15卷53篇，有18篇已散佚。墨子崇尚知识，重视人才。他在《墨子》“经上篇”中说，“生，刑（形）与知处也”，“知，材也”。也就是说，人的生命力在于形体与知识的统一，求取知识是人的本能。他以此作为人生的奋斗目标。墨子“日夜不休，以自苦为极”，工作勤奋，经得住繁重的劳累。他对自己的要求始终十分严格，无论环境有多么艰苦，他都始终孜孜不倦，刻苦求学，登攀不止，坚定不移地走自己的路，坚持不懈地在逆境中求索。墨子博学精业，具有广博的知识，最终成为大思想家和科学家。据《墨子・贵义》记载，有一次墨子南游到卫国去，车中装载的书很多。弦唐子见了很奇怪，问道：“老师您曾教导公尚过说：‘书不过用来衡量是非曲直罢了。’现在您装载这么多书，有什么用处呢？”墨子说：“过去周公旦早晨读一百篇书，晚上见七十士。所以周公旦辅助天子，他的美善传到了今天。我上没有承担国君授予的职事，下没有耕种的艰难，我如何敢抛弃这些书！我听说：天下万事万物殊途同归，流传的时候确实会出现差错。但是由于人们听到的不能一致，书就多起来了。现在像公尚过那样的人，心对于事理已达到了洞察精微。对于殊途同归的天下事物，已知道切要合理之处，因此就不用书教育了。你为什么要奇怪呢？”由此可见墨子对读书的喜好与勤奋。

墨子生活的社会动荡不安。当时，战争频繁，统治阶级奢靡，人民生活痛苦不堪。他又处于社会的下层，因此很了解人民大众的疾苦和要求。墨子不仅仅是一名劳动者，更立足于自身的社会角色，创立了一个独特的思想派别。墨子曾提出“兼爱”、“非攻”等观点，指出战争的灾难在于“贼虐万民”，严重违背了兼爱互利原则，因此他反对战争，主张“非攻”。他的“非乐论”也是在东周后期奴隶制到封建制的转变时期提出来的。墨子认为儒家所主张的礼乐烦琐扰民，厚葬浪费财物，使百姓贫困，而长时间的服丧也有伤身体，妨碍生计。他站在下层民众的立场，针对统治者的奢靡生活，还提出力行节约，反对浪费的主张，其主要内容是节用，节葬。墨子认为“尚贤”（任人唯贤）是为政之本，这种平等思想直接冲击宗法世袭制。在《墨子》一书中，他一再强调要“兴天下之利，除天下之害”。在墨子看来，行义必需，侠义弥足珍贵。《墨子・贵义》载：“子墨子自鲁即齐，过故人，谓子墨子曰：‘今天下莫为义，子独自苦而为义，子不若已。’子墨子曰：‘今有人于此，有子十人,一人耕而九人处,则耕者不可以不益急矣。何故?则食者众而耕者寡也。今天下莫为义,则子如劝我者也,何故止我?'"墨子以吃饭的人多而耕种的人少相比,论说他行义的道理:现在天下没有人行义,你应该勉励我行义,为什么还制止我呢?

墨子抛弃儒学,进而创立了墨家学说,他把自己创立的墨家学派不但建设成为一个宣扬自己学说的学术派别,而且建设成为一个为实现自己的政治主张而奋斗的政治组织,成了儒家的反对派。墨子在学习中,常把学到的知识与实践相对照,写出了《非儒》、《非乐》、《节葬》、《节用》等名篇。墨家有《墨子》一书传世,《墨子》内容广博,包括了政治、军事、哲学、伦理、逻辑、科技等方面,是研究墨子及其后学的重要史料。有关《墨子》一书的作者和真伪问题,在学术界颇有不同看法。一种是三项分类法,把《墨子》全书分为《墨经》、《墨论》、《杂篇》三类:《墨经》类有《亲士》、《修身》、《非儒》、《经》上下、《经说》上下、《大取》、《小取》,因为这些篇没有"子墨子曰"字样,所以认为是墨子自著;《墨论》从《所染》到《非命》共28篇,认为是墨子弟子所记;《杂篇》从《耕柱》到《杂守》共16篇,记载了墨子的言行,与前两类体例不同,当是后期墨家学派的东西。另一种是五组分类法,其中,第三组是《经上》、《经下》、《经说上》、《经说下》、《大取》、《小取》共6篇,又称《墨经》或《墨辩》,有的认为是墨子所作,多数学者认为是后期墨家的作品。《汉书·艺文志》著录《墨子》有71篇,后亡佚18篇,故《墨子》一书现存的有53篇,其中第40篇《经上》、第41篇《经下》、第42篇《经说上》、第43篇《经说下》这四篇是中国古代哲学、自然科学和社会科学的宝典,书中以讨论人的认识论问题为主,对光学、力学、逻辑学和几何学等方面的问题,都试图从理论上进行探讨。墨学在当时影响很大,是先秦和儒家相对立的最大的一个学派,并称为"孔墨显学",韩非子说:"世之显学,儒墨也。"孟子也说:"杨朱、墨翟之言盈天下,天下之言不归杨,则归墨。"而经过汉代董仲舒的"罢黜百家,独尊儒术",墨学由显学逐渐变为绝学。西晋鲁胜、乐壹曾为《墨子》一书作过注释,可惜已经散失。清代学者因治经而兼及诸子,于是卢文弨、孙星衍、毕沅等又都为《墨子》作校注。现在的通行本有孙诒让的《墨子间诂》,以及《诸子集成》所收录的版本。

墨子还参加过一些政治活动。他曾仕于宋,为大夫。"墨子无暖席",

墨子毕生奔走于宋国、鲁国、齐国、卫国、楚国等许多地方，在他周游列国的活动中，广收弟子，积极宣扬自己的学说。相传他曾止楚攻宋，实施兼爱、非攻的主张，这是墨子政治观点和道德观念形成的共同基本核心思想。《墨子》书中记载：子墨子南游使卫，子墨子北之齐。他宣讲"蓄士"以备守御。墨子听说楚国将要攻打宋国，就从鲁国千里迢迢，十天十夜赶到楚国都城，加以阻止。他和楚贵族鲁阳文君相友善。楚惠王晚年，墨子曾向惠王上书，拒绝楚王赐地而去。除止楚攻宋外，墨子还曾劝止鲁阳文君攻伐郑国（都城在今河南新郑），劝止齐（今山东北部，都城在今淄博东北的临淄）王攻伐鲁国。他曾经多次到齐国来，劝谏齐国君臣放弃对鲁国的战争。据《墨子·鲁问》记载：齐将伐鲁，子墨子谓项子牛曰："伐鲁，齐之大过也。昔者，吴王东伐越，栖诸会稽，西伐楚，葆昭王于随。北伐齐，取国子以归于吴。诸侯报其雠，百姓苦其劳，而弗为用，是以国为虚戾，身为刑戮也。"这里，墨子用吴王到处攻伐结果亡国灭身和智伯贸然攻伐结果自取灭亡的例子，告诫项子牛不要随意侵犯小国，否则会使齐国疲敝，自己也没有好下场。并说："故大国之攻小国也，是交相贼也，过必反于国。"墨子还曾更有智慧性和趣味性地劝谏齐太王（一般认为就是田齐太公田和），使得田和不得不心悦诚服。又据载，越王邀墨子做官，并许以五百里封地。墨子谓公尚过曰："子观越王之志何若？意越王将听吾言，用我道，则翟将往，量腹而食，度身而衣，自比于群臣，奚能以封为哉？"他凭借"听吾言，用我道"，而不计较封地与爵禄，目的是为了实现他的政治抱负和主张。

以墨子代表形成的墨家，与先秦诸子不同。墨家有严密的纪律，所有的成员必须绝对服从"巨子"的指挥。据说"墨子服役者百八十人，皆可使赴火蹈刃，死不旋踵"。墨家是一个劳动—技术型战斗团体，它所代表的主要是隶属于社会下层的小生产者的利益，具有一定的人民性。因此墨家反对剥削，崇尚劳动，提出"赖其力者生，不赖其力者不生"，"不与劳动"的，就不能"获其实"。在长期的实践中，墨家形成了自己的理论体系，如墨者七律，有的又叫墨者十律，但都是《墨经》的一部分思想，而且后来扩展到了手工业者，并从简单的思想扩展到《墨家六经》这样复杂的逻辑结构，在认识论、逻辑学、科学与哲学方面成就颇丰。墨辩派起于惠、庄以及孟子、诡辩盛行之际，约至荀、韩之际始告终结。墨子逝后，墨家分成三派，有相里氏之墨、相夫氏之墨、邓陵氏之墨，三派所传的学说也不尽相同。

墨子是一个百科全书式的“平民圣人”，被称为“科圣”。墨子有弟子300人，其中较为有名的有禽滑厘、县子硕、公尚过、随巢子、胡非子等。墨徒受到不少君主的信用和看重，“后学显荣于天下者不可胜数”。当时人称活动于齐、鲁、宋等地的墨徒为东方之墨者，称活动于楚、越者为南方之墨者。墨子老年隐居于鲁山县熊背乡黑隐寺并卒葬于此，现存有土掉沟、黑隐寺、坑布崖、墨子城等古迹，供人们瞻仰。

山东滕州市城区东部风景秀丽的荆河西畔建有墨子纪念馆。该馆始建于1993年，建筑设计新颖，风格独特，既有传统民族特色，又有鲜明时代气息，是集学术研讨、图书资料收藏、科技教育、参观游览于一体的综合性多功能的园林式建筑群体。它由东、西、北三部分组成，东院为墨子纪念馆，主要有墨子生平事迹展厅、科技军事成果展厅、研究成果展厅、王玉玺八体书古今名人评墨子书法展室、国际学术会堂、墨子像、《墨子》原著碑等。西院为中国墨子学会、山东大学滕州市墨子国际研究中心、山东墨子基金会办公区，建有目夷亭和名人题词碑廊。北部为图书资料楼，收藏国内外墨学研究图书资料。墨子纪念场馆是鲁南大地上的一颗明珠，成为一道研究、宣传、学习、展示中华民族优秀传统文化的风景线。

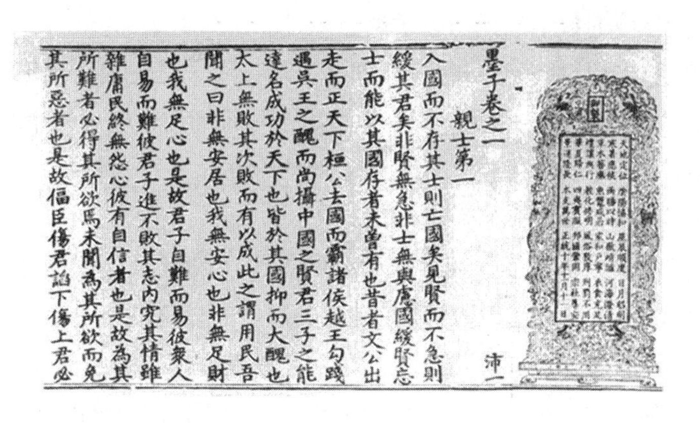

墨子卷之一
親士第一
入國而不存其士則亡國矣見賢而不急則緩其君矣非賢無急非士無與慮國緩賢忘士而能以其國存者未曾有也昔者文公出走而正天下桓公去國而霸諸侯越王句踐遇吳王之醜而尚攝中國之賢君三子之能達名成功於天下也皆於其國抑而大醜也太上無敗其次敗而有以成此之謂用民吾聞之曰非無安居也我無安心也非無足財也我無足心也是故君子自難而易彼衆人自易而難彼君子進不敗其志內究其情雖雜庸民終無怨心彼有自信者也是故為其所難者必得其所欲焉未聞為其所欲而免其所惡者也是故偪臣傷君諂下傷上君必

《墨子》书影

（二）墨子与《墨经》中的科学思想

战国时代，各诸侯国相继完成了向封建制度的过渡。思想界、学术界诸子林立，百家争鸣，学术思想十分活跃。这一时期形成的诸子百家，为科学文化的发展创造了良好的条件,影响极大。在春秋战国时期的诸子百家中,只有墨子和墨家对于科学技术最为重视。在长期的生产实践中,墨子和墨家掌握了丰富的哲学和自然科学知识,并有高度凝练的概括,形成一个独立的学派。

墨子的科学思想是墨子思想的核心内容之一,这与他主张的和平、兼爱、“非攻”是一致的。墨子本身不但是一位手艺高明的匠师,他还深入到科学领域之中,墨翟和他的弟子们以刻苦耐劳、注重实践、勇敢智慧著称。因此,他们的著作中留下了许多自然科学知识。墨家更多地反映了下层手工业者的利益,在思想上倡导唯物主义的自然观、经验主义的认识论,总结并系统传授自然科学,墨家重实际、重劳动、重智慧、重创造,在科学技术方面取得了一系列重要的成果,在宇宙观、认识论、逻辑学、数学、物理学、心理学、军工学等方面均有建树。刘文忠先生认为“墨子是科技救国的先驱”。墨子的科技是应用科学,是防守卫国的科学,是抵抗侵略的科学,是“非攻”的科学。用今天的话说,就是国防战备科学。墨子做了一系列的科学研究和科学实验工作,取得了许多重大的成就。《墨子》一书中的《墨经》是诸子百家中阐述自然科学理论和学说最丰富的著作,包括光学、力学、逻辑学、几何学等各方面问题。

1.《墨经》的数学知识与数学思想

《墨子》的数学园地生机盎然,朝气蓬勃。墨子是中国历史上第一个从理性高度对待数学问题的科学家,他给出了一系列数学概念的命题和定义,这些命题和定义都具有高度的抽象性和严密性。

(1)《墨经》中的几何学

《墨经》是以墨翟为首的墨家学派的著作。《墨经》讨论的几何概念可以看做数学理论研究在中国的最初尝试,该书的显著特色是试图把形式逻辑用于几何研究。在这一点上,它同欧几里得(Euclid,约前330—前275年)的《几何原本》相似,一些几何定义也与《几何原本》中的定义等价。

《墨经》注重抽象性和思辨性,以逻辑学作为其论说的工具,《墨经》中的逻辑思想十分丰富,其中数学中有一条重要记载:“小故,有之不必然,无之必不然。大故,有之必然。”用现代语言说,大故是“充分条件”,而小故则是“必要条件”。《墨经》中讨论的无限分割以及对“大故”与“小故”的区分等逻辑思想，在哲学史和数学史上都是十分重要的事件。

（2）《墨经》中的无限分割思想

《墨经》中也讨论了分割物体的问题，但墨家反对物质的无限可分，例如“端”的概念，就是通过无限分割，而最终分到一个无可再分的“端”。墨家认为无限分割的结果终究会达到一个不可再割的端，是一种“实无限思想”。墨家提出的“端”是不占有空间的，是物体不可再分的最小单位的实无限思想，与古希腊的原子论相类似。

在研究线的过程中，墨家明确给出了“有穷”及“无穷”的定义：

《经》：“穷，或有前不容尺。”

《经说》：“穷：或不容尺，有穷；莫不容尺，无穷也。”

即用一个尺度去量一个区域，若能达到距边缘不足一尺度的程度，叫有穷；若永远都是能容得下这个尺度，叫无穷。

《墨经》中还有“无穷不害兼，说在盈否”的命题，数学史家郭书春先生给出一种解释，大意是：一个含有无穷多个部分的整体，只要一个部分都不缺，就不会影响这个整体。按照这个解释，在圆不可割状态下与之重合的无穷多边形，被分解为无穷多个小三角形求和，是完全可以理解的，也是自然的。《墨经》中的无限分割思想为中国后来的数学家刘徽所继承，成为刘徽的无穷小分割和极限思想的先导，对中国古代数学的发展作出了重要的贡献。

（3）《墨经》中的分数

在《墨经》书中记载的分数大都是由于分配而引起的。《墨经》在讲到食盐的分配时分别用简单的术语“少半”、“大半”称呼$\frac{1}{3}$和$\frac{2}{3}$，“半”表示为$\frac{1}{2}$，这些都是当时的分数专用名词。这种表示法也被刘徽继承和发展。

当人们谈到中国古代“数学的主流是朝着代数学的方向发展”，而“从未发展过理论几何学”时，李约瑟说“中国的数学也不是没有理论几何学的某种萌芽”，“包含着这些幼芽的命题见于《墨经》”。可惜的是，墨家并未发展成为我国思想文化的主流。随着墨家的衰落，墨家数学理论在形成体系之前便夭折了。

2.《墨经》中的物理学知识和物理学原理

《墨经》这部古代著作以不同程度涉及物理学的力学、光学、声学等几乎所有分支，描述了不少物理学的现象，给出了诸多物理概念的定义，总结出了一些重要的物理学定理，并有不少重大的科学发现，在物理学发展史上具有重要的价值。

(1)光学八条

《墨经》探讨了光与影的关系，它细致地观察了运动物体影像的变化规律。其中最丰富的就是记载在《经下》与《经说下》中的光学知识各为八条，被称为"《墨子》光学八条"。《墨子》光学八条构成了墨家完备的光学体系。这里不仅首次十分明确地提出了光的直线传播的概念，而且对小孔成像也同时作了成功的和比较细致的阐述。书中深入细致地研究了光的性质，有世界光学史上最早的光学记录，如光影关系等，正确解释了影动和影不动的原因。书中利用光的直线传播这一性质，讨论了光源、物体、投影三者之间的关系，也有平面镜、凹面镜和凸面镜成像的详细观察和研究。关于其译文，因断句、通假字等，后人提出了多种解释，现依方孝博先生逐条解释如下①：

《经下》："景不徙，说在改为。"

《经说下》："景，光至，景亡；若在，尽古息。"

此条说明光、景(影)的关系。物体或光源移动，阴影不移动；旧影不断消亡，新影不断生成。光源照射到的地方，阴影消失；物体和光源不动，阴影也永远停息。

《经下》："景二，说在重。"

《经说下》："景，二光夹一光，一光者景也。"

此条仍说明光、影关系。物体受两处光源照射，便有两个阴影。两处光源同时照射，仅有一处光源照到的地方，就会产生阴影。

《经下》："景到，在午有端与景长，说在端。"

《经说下》："景，光之人，煦若射。下者之人也高，高者之人也下。足蔽下光，故成景于上；首蔽上光，故成景于下。在远近有端与于光，故景库内也。"

①参见方孝博：《墨经中的数学和物理学》，中国社会科学出版社1983年版。

此条说明小孔成像的现象和原理。光线射入小孔，物体在小孔后所成的像是倒置的。像的倒置和清晰度决定于屏中的小孔光线穿过小孔后，人头上的光线自上而下，人足下的光线自下而上，所以小孔后壁上所成的人像首足倒置。光线的直射和屏上有或远或近的小孔，这是小孔后面的壁上产生倒像的原因。

《经下》："景迎日，说在转。"

《经说下》："景，日之光反烛人，则景在日与人之间。"

此条说明光的反射现象。阴影迎着太阳，原因在于光的反射。日光被反射，反射出的光照射人，这时，人影则在人与太阳之间。

《经下》："景之小大，说在柂正远近。"

《经说下》："景，木柂，景短大；木正，景长小。光小于木，则景大于木。非独小也，远近。"

此条说明物体阴影大小的原因。同一物体的影子有大有小，因为物体的放置时斜时正，与光源的距离有远有近。木斜放，阴影短而粗；木正放，阴影长而细。光源低于木，则阴影大于木。光源不仅仅有低于木这种情形，还有与木或远或近这类情形。

《经下》："临鉴而立，景到，多而若少，说在寡区。"

《经说下》："正鉴，景多寡、貌能、白黑、远近、柂正异于光。鉴景当俱，就去亦当俱，俱用北。鉴者之臭于鉴无所不鉴。景之臭无数，而必过正。故同处，其体俱，然鉴分。"

此条说明凹面镜、凸面镜成像的特点。人面对凹面镜，所成的像是倒置的；人面对凸面镜，所成的像缩小了，这是因为镜比人小（这个观点是错误的）。临镜而立，物体像的大小、貌态、明暗、远近、倒正和物体本身不相同。镜前之物在镜内成像，镜和像同时存在；物体在镜前作接近或远离镜面的运动，像亦作运动，二者方向相反。镜前的人的容貌形态都在镜里反映出来。镜里像的容貌多种多样，和镜前人的真实容貌有差别。磨制粗糙的镜面，各个部分的曲率不同，一个物体在同一镜中会形成几个不同的像。

《经下》："鉴洼，景一小而易，一大而正说在中之外、内。"

《经说下》："鉴，中之内，鉴者近中，则所鉴大，景亦大；远中，则所鉴，景亦小，而必正；起于中缘正而长其直也。中之外，鉴者近中，则所鉴大，景亦大;远中,则所鉴小,景亦小,而必易;合于中而长其直也。"

此条说明凹面镜成像时物与像的关系。凹面镜成像,像有时缩小而倒置,有时放大而正立,原因在于物体有时在焦点之外,有时在焦点之内。物体在焦点与镜面之间(即焦点之内、中之内),如果靠近焦点,从焦点这个角度看,它比较大,成像也大;如果远离焦点,从焦点这个角度看,它比较小,成像也小。但是,这两种情形下的像都是正立的。物体在焦点之外,如果靠近焦点,从焦点这个角度看,它比较大,成像也大;如果远离焦点,从焦点这个角度看,它比较小,成像也小。不过,这两种情况下的像都是倒立的。

《经下》:"鉴团景一。"

《经说下》:"鉴,鉴者近,则所鉴大,景亦大;其远,所鉴小,景亦小,而必正。景过正,故招。"

此条说明凸面镜成像原理。物体无论与镜面的距离是远是近,在镜后所成的均是正立、缩小的虚像。物体离镜面近,从镜面来看,比较大,成像也大;物体离镜面远,从镜面来看,比较小,成像也小;成像不管大小,均是正立的。如果物体离镜面太远,所成之像即反其正常,变得招摇不定。

总之,《墨经》在光的直线传播的基础上分析光的反射、阴影的产生,实验小孔成像和凹面镜、凸面镜成像,并尝试着作出理论上的解释。墨子对平面镜、凹面镜、凸面镜等进行了相当系统的研究,得出了几何光学的一系列基本原理。在光学史上,墨子是第一个进行光学实验并对几何光学进行系统研究的科学家。尤其可贵的是,上述光学试验记录和近代光学实验的结果基本相符,这不能说不是奇迹。李约瑟在《中国科学技术史》物理卷中所说,墨子关于光学的研究,"比我们所知的希腊的为早","印度亦不能比拟"。

(2)力学的相关原理

《墨经》中有很多讲的是力学知识和原理。《墨经》的力学记载涉及力的定义、合力与一力的关系、物体重心等力学原理。反映了静力学和动力学的现象和规律。

关于机械运动。《墨经》提出了机械运动的定义:"动,域徙也。"意思是说,机械运动的本质是物体位置的移动,这与现代的说法一致。

关于力。墨子已经完成了对力的界定:

《经上》:"力,刑(形)之所以奋也。"

《经说上》:"力:重之谓也。下举重,奋也。"

墨子认为天地万物始于有,有就是有"形"。"奋"的含义是"动",是"震动之状"。此条说明"力"。若以现代的科学的语言来表述,这句话大概可以理解为,力是物体由静止到运动以及运动状态发生变化的原因。"下"就是指这样一种向下的运动,"重"就是"重力"。物体在受到重力的时候自然下落,产生了加速度,也就是"奋"。力的方向和加速度的方向是一致的。物体有重力,重力是物体下落的原因。如果这一范畴赋予新意义,相当于"能量",而形则相当于"质量"。总之,宇宙之间,纷纭万象,总可归结为物与力的统一。对此,墨子举例予以说明,说好比把重物由下向上举,就是由于有力的作用方能做到。

关于合力。《经下》:"合与一,或复、否,说在拒。"

此条说明合力。合力与其中任何一力方向不同,受到"一力"的抵抗,或者受影响,或者不受影响(即是说,"一力"较大,则受影响;"一力"较小,则不受影响)。

关于重心。《经下》:"负而不挠,说在胜。"

此条说明物体重心。负重而不倾斜,因为承受得住(重物在重心上)。《经说下》有进一步的解释:"负,衡木加重焉而不挠,极胜重也。右校交绳,无加焉而挠,极不胜重也。"

关于浮力。《墨经》中还提到浮力的原理:

《经下》:"荆之大,其沈浅也,说在具。"

《经说下》:"沈,荆之具也,则沈浅,非荆浅也,若易五之一。"

这里"荆"应作"刑","刑"与"形"通,意思是浮着的"形体"、"物体";"说在具"的"具"通"俱",意思是"平衡";"沈",沉义,指浮体浸入液体的部分。这段文字是说,漂浮在水上的物体,形体很大,但浸入水中的部分却比较小,是因为达到了平衡的缘故;是浸入的部分和整个浮体起平衡作用的;是浸入水中的那部分浅,而不是整个物体矮浅。就是说,浸入部分虽浅,但也能和整个浮体平衡。由此可以看出,墨子既看到了物体有受浮力的一面,又看到了物体还有受重力的另一面。浮力是竖直向上的,重力是竖直向下的。重力即物体的重量。物体的沉浮就取决于这两个力的互相作用。不仅如此，对于浮力的认识，《墨经》中已指出物体所受的浮力是因为水被物体排开的关系，这是书中对浮力原理的朴素直观的认识，这同后来希腊学者阿基米德所建立的浮力原理是相符的。

（3）杠杆的原理

《墨经》一书最早记载了墨家实验研究杠杆原理的做法。《经说下》："招负衡木，加重焉而不挠，极胜重也。右校交绳，无加焉而挠，极不胜重也。不胜重也，横加重于其一旁，必捶，权重相若也。相衡则本短标长，两加焉重相若，则标必下，标得权也。"其中，"招负衡木，加重焉而不挠，极胜重也。右校交绳，无加焉而挠，极不胜重也"是对"桔槔"制造原理的说明。意思是说：在横杆的一端加上重物而不致发生偏转（"挠"），那一定是预先固定有石块的一端（即"极"）的转矩足以胜任重物一端的转矩。此时如果把支点（"交绳"）移近"极"端，即不必另加重物也可以使杠杆偏转，这时是"极"的转矩不能胜任重物的转矩。下一条是专门从杠杆原理讨论天平与杆秤的，《墨经》把秤的支点到重物一端的距离称做"本"（今天通常称"重臂"），把支点到权一端的距离称做"标"（今天称"力臂"）。这段文字上半是说天平的，意思是：天平横梁的一臂加重物，另一臂必得加砝码（"必捶"），两者必须等重，才能平衡。下半是说杆秤的，意思是说：杆秤的提纽到重物的一臂（"本"）比较短，提纽到秤锤的臂（"标"）比较长，如果两边等重，秤锤一边必下落。到了周代，史佚发明了杠杆和滑车的混合体——辘轳。

这两条对杠杆的平衡条件说得很全面：有等臂的，有不等臂的；有改变两端重力使它转动的，也有改变两端长度使它转动的。这个结论先于阿基米德发现的杠杆平衡条件，而且在3000多年以前就应用杠杆来捣谷、汲水，并制出精密的测量质量的天平和杆秤。这样的记载，在世界物理学史上都是非常有价值的。

（4）滑轮装置的机械原理

《墨经》对机械运动提出了正确的定义，即运动就是物体的变化，并且讨论了平动、转动等不同形式的机械运动。《墨经》中既有滑轮、轮轴、桔槔、辘轳等的发明过程中发展起来的力学知识，又论述了滑轮、轮轴及滑轮装置的机械原理。《墨经》在《经下》和《经说下》中有关于滑轮装置的应用以及升降物的机械原理的记载。中心轴固定不动的滑轮叫定滑轮，是变形的等臂杠杆，不省力但可以改变力的方向。中心轴跟重物一起移动的滑轮叫动滑轮，是变形的不等臂杠杆，能省一半力，但不改变力的方向。在《经下》有："契与技板，说在薄。"依据孙诒让辨析，此句应为"絜与收仮，说在权"。《墨经》把向上提举重物的力称做"挈"（qí），把自由往下降落称做"收"，把整个滑轮机械称做"绳制"。《墨经》中说：以"绳制"举重，"挈"的力和"收"的力方向相反。《经说下》进一步解释：

挈有力也，引无力也，不正。所挈之止于施也，绳制挈之也，若以锥刺之。挈，长重者下，短轻者上。上者愈得，下下者愈亡。绳下直，权重相若，则正矣。收，上者愈丧，下者愈得。上者权重尽，则遂挈。

两轮高，两轮为輲，车梯也，重其前，弦其前，载弦其前，载弦其軲，而悬重于其前，是梯，挈且挈则行。凡重，上弗挈，下弗收，旁弗劾，则下直。拖，或害之也。流，梯者不得流，直也。今也废尺于平地，重不下，无踦也。若夫绳之引軲也，是犹自舟中引横也。倚倍拒坚，䠛倚焉则不正。

柱，并（𢒉）石絫石耳。夹寝者，法也。方石去地尺，关石于其下，悬丝于其上，使适至方石。不下，柱也。胶丝去石，挈也。丝绝，引也。

这里说明了滑轮这种机械构件和装置原理以及应用的基本方法。其中，"挈，长重者下，短轻者上"揭示了一种重要原理："绳制"一边，绳比较长，物比较重，物体就越来越往下降；在另一边，绳比较短，物比较轻，物体就越来越被提举向上。又说："绳下直，权重相若，则正矣。"即如果绳子垂直，绳两端的重物相等，"绳制"就平衡不动。如果这时"绳制"不平衡，那么所提的物体一定是在斜面上，而不是自由悬吊在空中。

（5）声学原理

在声学方面，墨家的突出成就是把固体传声和声音共鸣在军事上进行了巧妙的运用。在中国古代，有人通过挖掘地道的方法向城内发起进攻，为了判辨敌方是否采用这一手段，就得使人侦察。在《墨子·备穴》篇中记述了在当时人们为防御敌人攻城，设计了一种地下声源探测装置。具体的方法是，当敌军挖坑道攻城时，守军就在城内沿城墙根每隔一定距离挖上一口井,挖到地下水位以下约两尺为止,然后在井下放置一个容量七八十升的陶瓮,瓮口蒙上皮革,作为地下共鸣箱。让听觉灵敏的人伏在瓮口仔细听,当有敌人挖坑道攻城时,就可以根据陶瓮响声的大小来确定敌人的方向位置,以便出兵迎击。另一种方法是在城墙根的一个深坑里同时埋设两个稍有距离的坛子,根据这两个坛子的响度差来判断敌人所在方向。

墨家设计的这两种类型地下声源的定向装置,描述了物体的共振和声音的共鸣现象,其原理是利用空气柱的共鸣做侦破敌军挖洞攻城的方法。如《墨经》云:"令陶者为罂,空四十斗以上,固(顺)之以薄革,置井中,使聪耳伏罂而听之,审知穴之所在,凿穴迎之。"后代还一直沿用这种方法。

这里《墨经》记载的"罂"相当于"听话筒",敌人的地道相当于"发话筒",而连接地道与罂里的泥土相当于"线"。不仅如此,"听瓮"装置与当今有线电话也相似,如果把"听瓮"装置说成是电话的始祖,应当是可以使人接受的。

(6)物理模拟试验

由于墨子对理性思辨和实践的重视,加上开放式和兴趣式教学,墨家许多成员对科学技术的研究和实践产生兴趣,他们从自然的观察和日常技艺的操作入手,做了大量的物理实验。如《墨经》中有中国科学史上第一次小孔光学成像的实验,《墨经》还记有凹镜、凸镜等物理实验,通过对平面镜、凹面镜和凸面镜的实验研究,发现平面镜、凹面镜、凸面镜与成像大小的关系、像的正倒与位置关系,这与现代物理学研究的物像位置和大小与镜面曲率之间的关系相符合。《墨经》还记载了滑轮实验。

朱传棨先生在《论"鲁班巧人"之巧及其意义》中指出:鲁班与墨子一样,十分注重对制造出来的器物进行模拟试验,检验器物能否达到设计的预期效果。墨子与鲁班关于"云梯"的效用之演练,就是一次很典型的模拟试验。《墨子·公输》记载了墨子"止楚攻宋"的过程,就是建立在墨子与鲁班关于"云梯"效用的模拟试验之上。《墨子·公输》记载:

> 公输般为楚造云梯之械,成,将以攻宋。子墨子闻之,起于鲁,行十日十夜而至于郢,见公输般。公输般曰:"夫子何命焉为?"子墨子曰:"北方有侮臣者,愿借子杀之。"公输般不说。子墨子曰:"请献十金。"

公输般曰："吾义固不杀人。"子墨子起，再拜曰："请说之。吾从北方闻子为梯，将以攻宋。宋何罪之有？荆国有余于地，而不足于民；杀所不足，而争所有余，不可谓智。宋无罪而攻之，不可谓仁。知而不争，不可为忠。争而不得，不可谓强。义不杀少而杀众，不可谓知类。"公输般服。子墨子曰："然，胡不已乎？"公输般曰："不可。吾既已言之王矣。"子墨子曰："胡不见我于王？"公输般曰："诺。"

子墨子见王，曰："今有人于此，舍其文轩，邻有敝舆，而欲窃之；舍其锦绣，邻有短褐，而欲窃之；舍其粱肉，邻有糠糟，而欲窃之。此为何若人？"王曰："必为窃疾矣。"子墨子曰："荆之地，方五千里；宋之地，方五百里——此犹文轩之于敝舆也。荆有云梦，犀兕麋鹿满之，江汉之鱼鳖鼋鼍为天下富；宋所谓无雉兔鲋鱼者也——此犹粱肉之于糠糟也。荆有长松、文梓、楩、楠，宋无长木——此犹锦绣之于短褐也。臣以王吏之攻宋也，为与此同类。"王曰："善哉。虽然，公输般为我为云梯，必取宋。"

于是见公输般。子墨子解带为城，以牒为械。公输般九设攻城之机变，子墨子九拒之。公输般之攻械尽，子墨子之守圉有余。公输般绌，而曰："吾知所以距子矣，吾不言。"子墨子亦曰："吾知子所以距我，吾不言。"楚王问其故，子墨子曰："公输子之意，不过欲杀臣。杀臣，宋莫能守，可攻也。然臣之弟子禽滑厘等三百人已持臣守圉之器，在宋城上而待楚寇矣。虽杀臣，不能绝也。"楚王曰："善哉。吾请不攻宋矣。"

朱传棨先生认为，《墨子·公输》记载的这段墨子与公输盘和楚王的对话，既有哲学层面的意义，更有科学技术史层面的重要意义，因为公输盘和墨子实施的攻防演示，具有对科技器物进行模拟试验的典范意义。因此，鲁班不仅有高超的工艺技能，制造出"加轻以利"的器物，而且开创了对新制造的器物进行模拟试验的先河。这在中国古代科学技术发展史上具有重要意义①。

当然，那时候的实验是零散的、定性的，定量的实验还比较少，没有形成

①参见朱传棨：《论"鲁班巧人"之巧及其意义》，载《墨子研究论丛》（八），齐鲁书社 2009 年版。

理论系统。

3. 机械制造

墨子是一个精通机械制造的大家。墨子几乎谙熟了当时各种机械和工程建筑的制造技术,也论述了当时各种器械的功能,并有不少创造。在《墨经》一书中的《备城门》、《备水》、《备穴》、《备蛾》、《迎敌祠》、《杂守》等篇中,他详细地介绍和阐述了城门的悬门结构,城门和城内外各种防御设施的构造,弩、桔槔和各种攻守器械的制造工艺,以及水道和地道的构筑技术。他所论及的这些器械和设施,在这部分材料里,涉及有关力学、声学、光学、几何学等方面的基本原理,对后世的军事活动有着很大的影响。《备城门》等11篇还记载了墨子发明的投石机、借车、渠答、转射机等威力强大的武器。在《备穴》记载的"罂",在《备梯》记载的"杀"都应用了声学、光学等科学知识。例如,在止楚攻宋时与公输般进行的攻防演练中,已充分地体现了他在这方面的才能和造诣。据说,他曾经带领300多个弟子专心研究飞行原理,花了三年的时间,和鲁班在同一时代精心研制出一种能够飞行的木鸟。关于这件事,我国很多古书如《韩非子》、《淮南子》、《论衡》、《列子》等都有记载。有的说:"墨子为木鸢,三年而成,蜚(飞)一日而败(坏)。"有的称赞那只木鸟,说它反映了当时制作技术的最高水平。有的讥笑墨子,说他浪费三年时间造出一只飞了一天就坏了的木鸟。但是类似"木牛流马"的装置却不是墨子首创的,而是鲁班。王充的《论衡·儒增篇》说:"巧工为母作木马车,木人御者,机关备具,载母其上,一驱不还,遂失其母。"至于墨子所制作的木鸟到底是什么样子,今天已无由得知其详情,但我们可以肯定它是一种古代的飞行器。要制造一个可以升空飞翔的装置不是一件简单的事。而墨子却能在2000多年以前便设计和制造出了这样一种飞行装置,这是一件非常了不起的事情。墨子又是一个制造车辆的能手,墨子自己曾说他能够制造车辖:用三寸的木料,用片刻的工夫,即可造出一只可运载50石(一说30石)重物的车子的车辖。他所造的车子运行迅速又省力,且经久耐用,为当时的人们所赞赏。另外,还有上述所说"墨子和公输般展开攻防预演"的事件:公输般用了九种机械攻城,却被墨子的防御武器一一化解。公输般的攻城机械用尽了,可墨子的防御武器还有余。这个故事也说明了墨子在机械制造方面的智慧。

4. 军事思想

墨子具有丰富的军事思想。墨家的《墨子》还是中国古代战争最著名的守城战术典籍。《墨子》的军事思想,主要反映在《备城门》、《备高临》、《备梯》、《备水》、《备突》、《备穴》、《备蛾傅(即蚁伏,指步兵强行登城)》、《迎敌祠》、《旗帜》、《号令》、《集守》等篇中。《备城门》等11篇专门讲军事技术,包括守城的装备、战术、要点等。由于墨家学派主张"兼爱"、"非攻",反对侵略战争,所以其军事理论主要是积极的防御战术。《墨子》中的守城战术极其丰富,以上仅存的11篇就几乎涵盖了所有冷兵器时代的守城技巧与城防制度。墨子通过与其弟子禽滑厘的询问,对12种攻城方法一一对之以有效防御。如高临法、水攻法、穴攻法等,是当时颇为先进的攻城术。墨子的防御术都独具匠心,并附有守城器械的制作方法、使用技巧等的详细解说。墨子的守城技巧与城防制度与秦相近,是战国时期秦国墨者所作,这是研究墨家军事学术的重要资料。孙诒让对《墨子间诂》中《备城门》等反映《墨子》军事思想的篇章校释尤其详尽,"整纷剔蠹,脉摘无遗",发掘《墨子》军事思想以适应时代救亡的需要。俞樾在《墨子间诂·序》中感叹:"今天下一大战国也,以孟子反本一言为主,而以墨子之书辅之,倘足以安内而攘外乎。勿谓仲容之为此书,穷年兀兀,徒敝精神于无用也。"这里,直接阐述了孙诒让墨学研究的时代性。

墨家的军事思想虽然不及兵家的军事思想全面深刻,但它却反映了广大劳动人民厌恶战争、渴望和平的心理愿望。后来在墨子的影响下,不再制作这类战争工具,专门从事生产和生活上的创造发明,以造福于劳动人民。

综上所述,可以看到墨子的科学造诣之深、《墨经》成就之伟大。《墨经》的科学与逻辑思想十分丰富,在某些方面和稍晚的希腊学者亚里士多德很相似,而且他们都曾尝试把形式逻辑学用于数学。英国科技史学家李约瑟在《中国科学技术史》中对墨子在几何学、数学、物理学等领域的科学贡献,给予了充分肯定和高度评价:"《墨经》的几何理论完全排除了任何一种认为中国古代缺乏几何思想的猜测。……尽管中国几何学是一种对于事实的认识,而不是逻辑推理……中国人曾经完全不受西方的影响而独立地工作过。"遗憾的是,墨子在科技领域中的理性灵光,随着后来墨家的衰微,几近熄灭。后世的科学家大多注重实用,忽视理性的探索,这不能不成为中国科学技术发展的缺陷。

七、邹衍与早期大九州的地理说

（一）邹衍生平考

邹衍（约前324—前250年）亦作驺衍，战国时期齐国（今山东省中部）人，生在孟子之后，与公孙龙、鲁仲连是同时代人。相传在今天的山东章丘相公庄镇郝庄有他的墓地。邹衍是著名的哲学家、思想家和地理学家。战国时期阴阳家的主要创始人。

邹衍的生平事迹，经过考证，大约生于齐威王晚年的公元前324年。邹衍青少年时代曾就学于临淄稷下学宫，先学儒术，成为稷下学宫中阴阳学派的首领，后成为稷下先生、齐国的上大夫。齐宣王时，稷下兴盛，人才济济，发展到1000多人，汇聚了“诸子百家”的主要代表人物，为学术思想的发展提供了理想的氛围和环境，成为战国中后期的学术文化中心和百家争鸣的主要场所。阴阳家在诸子学派中最为后起，但却极为活跃，大受时君世主的青睐。作为阴阳家的代表人物，邹衍与临淄稷下的诸多学士，如淳于髡（kūn）、慎到、环渊、接子、田骈、邹奭等人，各著书言治乱之事，提出了自己的政治主张和兴国利民的政策，并形成了自己的主要思想。《史记·封禅书》中说“邹衍以阴阳主运显于诸侯”。司马迁在《史记·孟子荀卿列传》中把邹衍列于稷下诸子之首，称“邹衍之术，迂大而宏辨”。

邹衍的主要兴趣集中在地理和历史方面，其主要思想学说包括天、地、人三个方面。他知识丰富，喜谈宇宙变化，“尽言天事”。司马迁在《史记·孟子荀卿列传》中称邹衍“深观阴阳消息，而作怪迂之变。……称引天地剖判以来，五德转移，治各有宜，而符应若兹”。这体现了邹衍的“天论”。古人认为，历史的运行是按五行相克的原理进行的。邹衍继承了前人的思想，试图用阴阳五行的观念来解释历史发展变化的规律。他的天论在当时很著名，被称颂为“谈天衍”。《史记·孟子荀卿列传》说：“故齐人颂曰：‘谈天衍。’”他深入观察万物的阴阳消长，记述了怪异玄虚的变化。邹衍方法的特点，据司马迁所述是“其语闳大不经，必先验小物，推而大之，至于无垠”。也就是说，一定要先从细小的事物验证开始，然后推广到大的事物，以至于达到无边无际。它反映了以直接经验为基础，由近及远，由已知推及未知，以至于闻见之所不能及的无限广阔世界的认识论和哲学观。因阴阳五行学说具有神秘因素,所以关于邹衍的记载,也涂上了一些神秘色彩,使人难以置信。如《列子·汤问》载:"邹子吹律。"张湛注说:"北方有地,美而寒,不生五谷。邹子吹律暖之,而禾黍滋也。"

邹衍很重视齐国,并在那里活动了相当长的一段时间,邹衍帮齐宣王解决了经济问题,齐宣王和齐闵王对此高度重视,"是以邹子重于齐"。后来稷下学宫衰落,大批学者纷纷离开。邹衍曾游学四方,据《史记·孟子荀卿列传》、《平原君列传》和《史记集解》引刘向《别录》记载:稷下学宫著名学者邹衍离开齐国后,先至魏,后至赵,受到各国诸侯"尊礼"。到魏国,梁惠王亲自到郊外迎接他,"执宾主之礼";在赵国,他在平原君处,平原君"侧行撇席"。邹衍约在燕昭王二十四年(前288)离齐仕燕,燕昭王拿着扫帚清除道路为他做先导,请求坐在弟子的座位上向他学习,还曾为他修建碣石宫,以师礼相待,请他为燕伐齐的战争出谋划策。燕昭王去世,惠王即位。公元前284年,燕昭王以乐毅为上将军,与秦、楚、韩、赵、魏联合伐齐。燕齐战争的形势逆转,新君燕惠王对外籍的大臣进行了打压清理,乐毅出走赵国,邹衍被人诬陷入狱,对此,《后汉书·刘瑜传》载,"邹衍匹夫……有霜陨之异"。李贤注说:"《淮南子》曰,邹衍事燕惠王尽忠,左右谮之,王系之,(衍)仰天而哭,五月为之下霜。"出狱后邹衍又回到齐国。此时齐襄王重新恢复了稷下学宫,邹衍归故里心切,他又回到自己的家乡,再一次成为稷下先生。邹衍依旧是诸侯恐惧的对象,他却极少再参加政治活动。齐王建八年(前257),邹衍出使赵国,在平原君面前批驳过公孙龙的"白马非马"论,使公孙龙被黜。齐王建十四年(前251),邹衍仕于燕王喜,次年燕伐赵的战争失败,邹衍也在此后不久去世,活了70余岁。

邹衍一生的著作很多。《史记·孟子荀卿列传》说"有《终始》、《大圣》之篇十万余言"并另作有《主运》,内容为"五行相次转用次",此为宇宙图式、式法之类。《汉书·艺文志》"阴阳家类"著录《邹子》49篇、《邹子终始》56篇,合起来105篇,可惜都已亡失,清马国翰《玉函山房辑佚书》辑有《邹子》一卷。我们只能从残存的零星资料中了解他的思想学说。《史记·封禅书》说:"邹子之徒论著终始五德之运。"邹衍在音乐、方技方面也颇有造诣。

（二）邹衍的“大九州”地理说及其影响

邹衍是五行说大师，他一改儒家重社会改造、轻自然改造的学风，在当时战乱频繁、群雄争霸的战国时代，身体力行，致力于天文、地理、历数研究，树立起重视自然科学的学风，这是非常难能可贵的。邹衍的学说，现在所流传的有“大九州”地理说，这是他的重要代表性的思想。

九州早已存在，先秦《尚书》中的《禹贡》篇是我国最早的地理著作，它记载了海内九州的地理知识。此外，《周礼·质方》有九州之说，《逸周书·成开》也记载：“地有九州，别处五行。”邹衍以前，相传中国最早的地图《禹贡九州图》，代表了中国人想象的全部世界。一般的天下观是以中国为中心，四周为外夷，大地像棋盘，或者像一个回字形，由中心向四边不断延伸，四围是海，海尽处与天相接，当时的中国（包括七雄和若干小国）几乎就是这大陆的全部，天圆地方，中国是天下之中，曾被夏禹划分为九州。《禹贡》的九州为冀州（今山西省和河北省的西部和北部，还有太行山南的河南省一部分土地）、豫州（今河南省的大部，兼有山东省的西部和安徽省的北部）、雍州（今陕西中部北部，甘肃东南部除外，青海东南部，宁夏一带）、扬州（北起淮水，东南到海滨，在今江苏和安徽两省淮水以南，兼有浙江、江西两省的土地）、兖州（今河北省东南部、山东省西北部和河南省的东北部）、徐州（今山东省东南部和江苏省的北部）、梁州（自华山之阳起，直到黑水，应包括今陕西南部和四川省，或者还包括四川省以南的一些地方）、青州（东至海而西至泰山，在今山东的东部一带）、荆州（今两湖，两广部分，河南，贵州一带）。据说当年大禹治水时，只管这九州。

在前人已有的地理知识的基础上，加上自己的想象，邹衍提出了新的地理学说。《史记·孟子荀卿列传》记载，邹衍“先列中国名山大川，通谷禽兽，水土所殖，物类所珍，因而推之及海外，人之所不能睹。……以为儒者所谓中国者，于天下乃八十一分居其一分耳。中国名曰赤县神州。赤县神州内自有九州，禹之序九州是也，不得为州数。中国外如赤县神州者九，乃所谓九州也。于是有裨海环之，人民禽兽莫能相通者，如一区中者，乃为一州。如此者九，乃有大瀛海环其外，天地之际焉”。从中，他认为儒者所说的“中国”，仅占天下的$\frac{1}{81}$罢了。中国，他名为“赤县神州”。赤县神州内自有九州，才是《禹贡》中所说的九州，是指中国的国土而言，但这只是小九州，只是整个宇宙世界的一部分，中国以外与我们赤县神州相同的还有八个，把中国算在内，共有九大州包括的八十一小州。在这块土地上，有裨（pí）海（小海）四周环绕，人们和禽兽与外界不相通，像在一区之内，这就是一州。每一大州的四周，有裨海环绕。大九州的四周有瀛海（大海）环绕，再往外就是天地的边际。这就是邹衍的大九州地理说。

邹衍大九州说的产生，可能跟齐国商业交通的发达，尤其是便于海上交通的条件有关系。这一学说，反映了我国战国时期人们对世界地理的推测。邹衍所提出的大九州说认为中国之外尚有其他世界，中国只是世界的一小部分。大九州之外有大瀛海环绕之，这便是天与地的相合处。屈原《天问》曰："天何所沓？"王逸注云："沓，合也。言天与地会合何所？"这与邹衍所说"天地之际焉"，意义相同。邹衍是用"先验后推"的方法提出他的这一学说的。这一学说扩大了人们的眼界，在人类地理认识史上也是一个进步。当然，他只是猜测、想象。从这里，我们看到了人们对于旧有"天下"观念的突破。当然如果说这只是邹衍个人的想象，那也未免过于狭隘。因为直到他去世之后两千多年之后，人们才能确定地球有九大洲。

邹衍学说深刻地影响了古代中国的社会科学与自然科学，尤其是天文学、地理学的发展，并且直接影响了秦始皇和徐福。正如《史记·封禅书》所说："自齐威、宣之时，邹子之徒论著终始五德之运，及秦帝而齐人奏之，故始皇采用之。"秦始皇接受了当时先进的学说——邹衍的"大九州说"，组织和支持长时期大规模地入海求仙，勘察、探险活动，客观上取得了具有重大历史意义的成果。后来许多学说都有邹衍思想的痕迹，例如，徐福首先是方士的杰出代表，是邹衍的忠实信徒，同时，他又是伟大的航海家和谋略家。李永先先生曾在《徐福东渡原因新探》中指出："庙岛群岛的地下出土文物证明，早在石器时代，这里便有大陆人居住。战国、秦代人对庙岛群岛一定是了解的。邹衍的大九州学说证明，齐国沿海人已去过海外很远很远的地方，否则邹衍不可能创造出这样的学说。"他通过研究，指出：齐国是"海上王国"，有许多海外归来的人。由于他们航行海外的实地考察，因而才产生了邹衍的大九州学说，这些都是徐福东渡的社会基础。李永先先生进一步评价说："早在二千二百多年以前，邹衍对中国以外的世界，就有这样的认识,这在当时是很了不起的。如果没有大批海外归来人,邹衍也不可能创造这一学说。同时,邹衍的大九州学说又引导和鼓舞沿海的航海家、探险家积极地开发海外。齐人徐福就是在邹衍大九州学说的指导下,所进行的一次海外集体移民。”

一般来说,先秦古籍《山海经》被认为是一部关于宇宙方面富于神话传说的最古地理书,王梦鸥在《邹衍遗说考》中提出《山海经》是据邹衍大九州说的方式来编排的,因此认为《山海经》是邹子之徒承袭其大九(五)州说而写成的。不仅如此,汉代刘向在《说苑·辨物》中说:“八荒之内有四海,四海之内有九州。”所谓八荒,指八方荒芜极远之地。东汉大学者王充也认为,邹衍“此言诡异,闻者惊骇”(《论衡·谈天》)。明代有郑和下西洋,郑和率领庞大船队,开始了七下西洋的伟大创举。船队从西太平洋穿越印度洋,到达西亚和非洲东岸,其中就包括蒙巴萨。郑和下西洋试图将天下秩序从华夏九州推广到南洋、印度洋地区,使中国的远洋航行实现了实质性的突破,开辟了一些新航线,形成了多点交叉的海上交通网络,这和当时人们相信大九州说关系密切。除此之外,明徐应秋撰《玉芝堂谈荟》卷二二记载:“衍谓九州之外又有九州……”足见大九州说之影响。

近代西学东渐,随着国人与西方人的接触和新的地理书籍、地图的翻译,西方的宇宙观和地理学知识相继传入中国,当时的士大夫们也用大九州说来认知、理解和感受。直到1584年,意大利传教士利玛窦的《山海舆地全图》,让当时的中国人看到中国不再是“天下之中”。随着西方的自然科学知识进一步传入中国,扩大了人们的认识视野,其中关于世界的地理观念和地图知识也让人们提高了对全世界的认识,使得国人逐渐地承认海外尚有更广大的世界,这是一种非常重要的观念转变。

（三）邹衍的“五德终始”说及其影响

邹衍以前又有一种流行的思想,叫做五行说。五行说的起源,没有确切的文献可征。在春秋前,可能已有一种极朴素的五元素说,认为万物皆由金、木、水、火、土五种基本元素构成,叫做五行。例如,《尚书·洪范》就有五行的论说,世间事物大抵可以凑成五项一组,和五行相配,如五色、五音、五味、五方等等。整个世界就是由阴阳和五行架构起来的,物质世界以及人类社会都是按照阴阳消长的循环规律和五行生克的流转规律运动的。《史记·孟子荀卿列传》说邹衍"深观阴阳消息"。《史记·封禅书》记载:"邹衍以阴阳主运显于诸侯,而燕齐海上之方士传其术不能通。"又,《盐铁论·论儒第十一》记载:"邹子之作变化之术,亦归于仁义。"《史记·封禅书》还说:"邹子之徒论著终始五德之运。"如此等等,都说明邹衍掌握了阴阳五行变化之道。《史记·孟子荀卿列传》记载邹衍五德终始说的概略:称引天地剖判以来,五德转移,治各有宜,而符应若兹。邹衍在总结早期阴阳、五行学说的基础上,利用天人感应和天道循环论的观点,创立了五德终始说,提出了"五行生胜"的观点。五德指土、木、金、火、水五种德运。李善《文选》注引邹子之说:"邹子终始五德,从所不胜,木德继之,金德次之,火德次之,水德次之。""五德从所不胜,虞土、夏木、殷金、周火。"它们之间既存在木生火、火生土、土生金、金生水、水生木的"五行相生"的转化形式,也具有木克土、金克木、火克金、水克火、土克水的循环相克关系。这里已开始将五德、五行说结合。

邹衍将五德终始说来解释历史发展和朝代更替。他认为历史是按照一定的顺序循环往复的,这个顺序就是"五行相胜"。每一朝代都有五德中的一种与之相配合,由此种德运决定这个朝代的命运,五行相克的循环变化决定历史朝代的更替。如土德后为木德,木克土;木德后为金德,金克木;金德后为火德,火克金;火德后为水德,水克火;水德后为土德,土克水……依次转移,终而又始,故称五德转移或终始之说。

邹衍认为,历史发展正是按照这种顺序循环往复的,如夏、商、周三代之变,就是金(商)克木(夏),火(周)克金。秦汉统治者均以此为自己统治的合理性寻找根据,属唯心主义历史循环论,对后世特别是汉代有很大影响。《史记·封禅书》说:"邹衍以阴阳主运显于诸侯,而燕齐海上之方士传其术不能通,然则怪迂阿谀苟合之徒自此兴,不可胜数也。"因而,战国后期到秦汉,齐国之成为方术迷信的大本营,同邹衍阴阳五行学说的流行有很大的关系。

(四)邹衍的乐技

邹衍还被人称为音乐大师,邹衍派有音律奇术,他长年作为稷下学宫中阴阳学派的代表,一方面有条件接触乐技,他的阴阳五行思想正与音律调节阴阳五行之气的作用相匹配。另一方面,他十分善于吹音律。据记载,他在燕国时,能使北方肥美却不生五谷的土地生长出茂盛的禾苗。例如,刘向《别录·方士传》记载:“邹衍在燕,燕有谷,地美而寒,不生五谷。邹子居之,吹律而温气至,而穀生,今名黍谷。”王充在《论衡·寒温篇》中也说:“燕有寒谷,不生五谷,邹衍吹律,寒谷可种。燕人种黍其中,号曰黍谷。”另外,《列子·汤问第五》载:“师襄乃抚心高蹈曰:微矣子之弹也!虽师旷之清角,邹衍之吹律,亡以加之。彼将挟琴执管而从子之后耳。”这是老师襄夸赞其徒师文奏琴精妙的一段话。意思是说:老师襄拍胸跳跃(兴奋地)说:“您演奏得太微妙啦!就算是师旷演奏的《清角》,邹衍吹奏的旋律也没法比这更好了。他们也只有夹着琴拿着萧跟在您后面的份了。”张湛注:“北方有地,美而寒,不生五谷。邹子吹律暖之,而禾黍滋也。”这里按师襄的说法,对于师旷(晋国音乐大师)、邹衍这样闻名的音乐大师,他们也只配给师文抱琴带管,从而映衬师文(郑国最有名的音乐大师)音乐水准的无与伦比。但另一方面也表现了邹衍的音乐才能,后来就用“邹律”比喻带来温暖与生机的事物。

八、鲁班与早期的工艺机械发明

(一)鲁班简介

鲁班,姓公输,名般,因此他真正的名字叫公输般,东汉经学家赵岐在注《孟子》时指出:“公输子,鲁班,鲁之巧人也;或以为鲁昭公之子。”这就是说,鲁班可能是鲁国国王昭公的儿子。对此,也有不同的说法。《鲁班书》则记载:“鲁班是鲁国人氏,姓公输子,法名班。”这些都说明鲁班是春秋战国时代鲁国人,但他具体生于鲁国的何地尚无定论。因为“般”与“班”同音,古时通用,而且他是鲁国人,因此人们常称他为鲁班。他在先秦时期被称为“公输盘”、“公输般”、“公输子”、“般”等称谓,汉以后,始有“鲁班”、“公输般”并

鲁班画像(山东省博物馆提供)

称。学界通过文献考证多有主张鲁班、公输般是一个人，但也有人根据史料说鲁班、公输般是两个人。关于这方面的争论现在仍在持续。

关于鲁班的生年，史料记载的不多，也无定论。据明代传下来的《鲁班经》记载，鲁班生于周敬王十三年（前507年），卒于周贞定王二十五年（前444年）以后。也有人推断鲁班是春秋战国之交即公元前510年至公元前440年左右的人（见《山东古代科技人物论集》）。不过还有更早的说法，说他出生于公元前606年。此外，还有学者根据《墨子》、《礼记》等典籍的记载，认为公输和墨子、季康子等人曾经有过直接的交往，据此推断，他与墨子、季康子为同时代的人。

鲁班生活于春秋末年到战国初年的动乱时代，那时奴隶制正在瓦解，列国纷争，封建制日趋兴起。《礼记·檀弓》记载："季康子之母死，公输若方小，殓，（公输）般请以机封。"鲁班的家庭出身为世代工匠，自幼聪明好学，家庭的影响和熏陶养成了他独立思考、善于观察和勤于动手的习惯。鲁班从小就喜欢机械制造、手工工艺、土木建筑等古代工匠所从事的活动。他擅长工巧和制作，往往做出一些精巧有用的东西，邻居都称他是个"巧童"。相传，年轻的鲁班告别了家乡，千里迢迢来到终南山学艺，因此有广为传颂的《鲁班学艺》的故事。鲁班长大后博学多才，跟随家里人参加了许多土木建筑工程劳动，逐渐掌握了生产劳动的技能，积累了丰富的实践经验，后来成为我国古代有史书记载的最早的能工巧匠的创造发明家之一。鲁班的科技发明项目众多，而每一件工具的发明，都是鲁班在生产实践中得到启发，经过反复研究、试验出来的，古籍上有"古之巧人"、"至巧"之称，在民间历代奉他为土木工匠的祖师，尊为"巧圣先师"。鲁班还有"鲁班仙师"、"公输先师"、"巧圣先师"、"鲁班爷"、"鲁班公"、"鲁班圣祖"、"鲁班祖师"等称呼。民间流传众多关于鲁班事迹和巧艺发明的传说，"不以规矩，不成方圆"、"班门弄斧"、"有眼不识泰山"等成语更是家喻户晓。这些故事和传说，其中一些是属于真实的，而另一些显然属于神话。

关于鲁班的传说，一部分在先秦时期就已形成，一部分是汉唐时代记载的，直到宋、明才作了完整的补充。鲁班中年后曾隐居于历山（位于现今济南市东南，又名千佛山），后经异人传授秘诀，云游天下，成了仙人。鲁班天师还教了不少徒弟，留下了许多动人的故事。鲁班有6个徒弟：木匠、瓦匠、石匠、窑匠、漆匠、篾匠。

鲁班深受广大劳动人民的尊敬和爱戴,后人为了纪念这位先贤,在中国各地都建有鲁班殿或鲁班庙,确定了不少纪念日,也设立了不少奖项,都以鲁班的名字命名,甚至奉他为神仙。如据《鲁班经》记载,明初木工已在北京建庙祭祀鲁班。山东济南千佛山有鲁班祠,把他当做神人供奉,完全是纪念他为人类所作出的贡献。另据史料记载,泰安、曲阜和济南大明湖、五峰山也都曾建有鲁班祠庙或鲁班殿,但目前已大多不复存在。“鲁班师傅诞”,定于每年的农历六月十三,木艺工会最重视这个节日,台、港、澳地区的木匠多有庆祝这个节日。中国现今建筑工程最高奖——“鲁班奖”于1987年由中国建筑业联合会设立,全称为“建筑工程鲁班奖”,1993年移交中国建筑业协会。鲁班节是蒙古族人的传统节日,每逢农历四月初二,蒙古族人便要杀猪宰羊,搭台唱戏,并把供在中村大佛殿中的檀香木鲁班雕像迎到各村瞻仰。

山东省曲阜市作为我国工匠祖师鲁班的故乡,近年来大力开发鲁班文化资源,支持成立了鲁班文化研究促进会,在非物质文化遗产研究和保护传承中做了大量工作,收集整理、结集出版了大量鲁班与曲阜的资料。在6月16日鲁班诞辰纪念日之时,隆重集会,“千载鲁邑尊巧圣,百工班门颂祖师”,以纪念这位被称为“巧圣”、“匠圣”、“工圣”的中国科技发明的集大成者。此外,还成功举办了“中国曲阜巧圣鲁班文化展”、“纪念巧圣鲁班诗歌朗诵会”,协助申报的《鲁班传说》也入选第二批国家级非物质文化遗产名录。

(二)鲁班在机械、土木建筑业方面的贡献

鲁班被尊为我国土木工匠的始祖,这是对这位名师巨匠的中肯评价。春秋战国时期,建筑木工有了较大发展,出现了建造房屋、农业生产、桥梁建造等所用的新型木工工具,而且就其生产技术水平而言已达到了相当高的水平。鲁班是住宅建筑的保护神,这归于他发明了大量的木工工具和建筑器械;鲁班还是一位杰出的机械发明家,在机械方面,鲁班很早就被称为机械圣人,被外国友人称为中国发明之父。在《事物绀珠》、《物原》、《古史考》等古籍中都有这方面的记载。主要有:

“鲁班尺”。亦作“鲁般尺”，长约45厘米，宽5.5厘米。《四书》的《孟子·离娄》说，“离娄之明，公输子之巧，不以规矩，不能成方圆”，足见当时已有“规”与“矩”。现在沿用的曲尺（也叫矩或鲁班尺），可能就是鲁班在“矩”的基础上发展而来的，最早的记述在南宋时期陈元靓著《事林广记·引集》卷六“鲁班尺法”中。《淮南子》曰：“其尺也，以官尺一尺二寸为准，均分为八寸，其文曰财、曰病、曰离、曰义、曰官、曰劫、曰害、曰吉；乃主北斗中七星与主辅星。用尺之法，从财字量起，虽一丈、十丈不论，但于丈尺之内量取吉寸用之；遇吉星则吉，遇凶星则凶。恒古及今，公私造作，大小方直，皆本乎是。作门尤宜仔细。又有以官尺一尺一寸而分作长短寸者，或改吉字为本字者，其余并同。”这是说，鲁般尺后来经风水界加入了八个字：“财”、“病”、“离”、“义”、“官”、“劫”、“害”、“吉”，在每一个字底下，又区分为四小字，来区分吉凶意义，古代工匠订制阳宅建筑及厨灶神桌都会依照鲁班尺的尺寸，将梁的高度、房的面积（长宽）、门的尺寸等都定位在吉字上。因此，历代以来很多风水师在做风水时都涉及运用到鲁班尺。

锯。有两种传说。鲁班发明锯，千百年来就一直流传在民间：相传，鲁班有一次上山砍木，被一种带齿的草割伤了皮肤，于是他从中得到启发，使发明了竹锯。后又有人传说，锯虽然发明出来了，但是锯木头的时候，锯片老被夹，鲁班的母亲根据篦子的原理，开锯齿，从而进一步地完善了锯。还有一种说法，认为新石器时期红山人已经发明了石锯残片，它长5厘米左右，宽1厘米左右，下面的锯齿清晰可见。从已出土的陶器和石器特点分析，红山文化是分布范围在辽宁、内蒙古和河北交界的燕山南北及长城地带的中国新石器时代的重要文化。石锯的出现也应在距今七八千年前，比鲁班生活的时代提前了两三千年。据此可推断鲁班对锯进行了改造，改善了锯的功能，使之更加耐用、高效，加之铁器已经用于农业生产，从而使一般的民间工匠得以使用上性能良好且廉价的铁锯。

刨子。据传鲁班发明的刨子，用来“削光”。据《物原》和明代黄一正《事物绀珠》记载，都说鲁班发明了刨。它最初用较薄的斧刀片，后来用一个刀片固定到一块木头上再横穿以手柄，最后刀片固定到木槽中，开始时在刀刃下捆上有一定坡度的木件，更省力些，在这个基础上造出刨床，刀变小成了刨刃。在《正字通金部》这样记载：“刨平木器，铁刃，状如铲，衡大匡中,不令转动。木匡有孔,旁有两小柄,以手反覆推之,木片从孔出,用捷如铲。”这项发明是个飞跃,是建筑业工具发展到一定阶段的主要标志。

墨斗。据《事物绀珠》记载,鲁班创制了木匠划线用的墨斗。墨斗的主要结构为一个缠绕墨线的线轮和浸有墨汁的墨盒。使用时,做一个弯钩,只要将弯钩钩在木材上,一个人就可以画线,用于设定建筑工程。此外,凿子、铲子、钻头(用来刻孔)、楔、沙盘、磨盘、辘轳、铲等工具也都是鲁班发明创造的。

石磨。公输般发明了磨。《世本·作篇》记载:“公输作石。”石就是磨。《母本》上也记载,碾米用的石磨是鲁班发明的。石器时代,已有石辗棒、不太规则的石制研磨盘、杵臼等。鲁班在已有的基础上,在智慧的母亲和聪敏的妻子的帮助下,造出了第一盘完善的石磨,是极可能的。这种石磨把上下、前后的运动改为旋转运动,就可用上畜力,进步是很大的。但也有学者对公输般发明磨提出了不同的看法。如丁山先生在《中国古代宗教与神话考》一书中就对此表示怀疑。因为春秋战国时期,我国人民还是吃粮食粒或捣碎的少量的面,还没有磨,不能大量地吃面食。

铺首。传说鲁班模仿蠡之善闭,创制铺首(即安装门环的底座,为铜制品),门钉也仿螺蛳,《事物纪原》和《物原·室原》都有这方面的记载,宋代程大昌《演繁录》记:今门上排立而突起者,公输般所饰之台也。《义训》:“门饰,金谓之铺,铺谓之钷,钷音欧,今俗谓之浮沤钉也。”排立而突起者,当指门钉。浮沤,水面的气泡;“浮沤钉”这一俗称,该是概括了门钉造型的称谓——装饰在门扇上,如浮于水面的泡。

伞。鲁班的妻子云氏也是一位出色的工匠。据传说鲁班和他的妻子发明了伞,当时工匠们在外干活,风吹雨打,烈日当头,工作非常艰苦,鲁班就与妻子合计如何解决这一难题。鲁班根据自己的经验制作了一个又一个的亭子。而鲁班的妻子通过看到的蘑菇形状得到了启发,发明了能移动的可收缩的伞。这样不论走到哪里,也不论是刮风下雨,都不会受到风吹雨淋了。

对锁的改进。鲁班发明创造了多种简单机械装置,如早在仰韶文化时期就有了木锁,鲁班就对古代的锁进行了重大改进,其形状、结构均有较大变化,锁的机关设在里面。史料记载,鲁班时就提到“六子连方”也就是鲁班锁。它是由六根内部有槽的长方体木条,按横竖立三方向各两根凹凸相对咬合一起,形成一个内部卯榫相嵌的结构体。中国的古代建筑许多就是运用了这种卯榫结构。

鲁班还有很多民用、雕刻、工艺等方面的成就。如:

九州图。《述异记》记鲁班曾在石头上刻制出“九州图”,这大概是最早的石刻地图,表现出他在建筑和雕刻方面的高深造诣。

石头凤凰。《列子・新论・知人篇》中记载了鲁班雕刻过精巧绝伦的石头凤凰的故事,从中表现出鲁班刻苦钻研、勇往直前的精神。此外,古时民间还传说鲁班主持造桥等。

以上这些木工工具的发明具有重要的历史价值,它不仅使当时的工匠们从原始、繁重的劳动中解放出来,大大提高了生产劳动效率,而且促进了社会的进步和土木工艺的发展。

鲁班作为出色的土木建筑工匠和机械圣人,两千多年来,一直被土木工匠尊奉为“祖师”,受到人们的尊敬和纪念。鲁班的良好的装配技能如木工技术,至今仍适合传授给徒工。他的这种创造与发明的精神,也一直流传到今。

(三)鲁班在军事科学技术方面的贡献

在军事科学方面,鲁班发明了云梯(重武器)、钩钜(人们现在还在使用)及其他攻城的武器,因而他又是一位伟大的军事科学家。

1. 木鸢

鲁班在天空飞旋的禽鸟的启发下,造出了一只精巧的木鸢。据《墨子・鲁问》中:“公输子削竹木为鸢,成而飞之,三日不下。公输子以为至巧。”也就是说:鲁班制造的木鸟持续飞行了整整三天。用木头做的大鸟,仅仅依靠风力而不借助机械动力就能在空中飞行,说明木鸢是一种以竹木为材的飞翔器械。对于以上的说法,一部分人认为是现在的竹木类的蜻蜓或飞机模型类的东西。另据《渚宫旧事》记载:“尝为木鸢,乘之以窥宋城。”西汉时期《鸿书》里也有“公输般制木鸢以窥宋城”等,鲁班曾经用木头制造了鹰一样的器物,说明这是人类用于作战的,相近似于现在的侦察机。木鸢和木鹊,都是类似飞鸟的仿生器物,称谓虽然有差异,形体却和风筝非常相似。因此,一些学者们认为:鲁班制造的木鸟是风筝的早期形态。换句话说,鲁班制造了中国最早的风筝。

鲁班造成可以飞翔的木鸢,载人长途飞行,比飞机还神奇。唐小说《酉阳杂俎》则记述,鲁班伟大的发明之一——木鸢是怎样让他的父亲毙命的。其中记载:“鲁班于凉州造浮图作木鸢每击楔三下,乘之以归,无何,其妻有妊,父母诘之,妻具说其故。其父伺得鸢,楔十余下,乘之,遂至吴会。吴人以为妖,遂杀之。班又为木鸢乘之,遂获父尸。怨吴人杀其父,于肃州城南作一木仙人,举手指东南,吴地大旱三年。人曰:班所为也,赍物巨千谢之,班为断其一手,其月吴中大雨。”意思是说,鲁班曾于凉州建设宫殿时,离家路途遥远,就做了一只木鸢,只要骑上去敲几下,木鸢就会飞上天,飞回家去会妻子。没多久,妻子就怀孕了。鲁班的父母觉得很奇怪,媳妇怎么会怀孕呢?于是鲁班的妻子就一五一十地告诉了他们。后来有一次,鲁班的父亲趁鲁班回家时偷偷骑上木鸢,敲击机关十多下,乘上它,一直飞到了吴地的会稽。吴人见到由天上降下个人来,当他是妖怪,便将鲁班的父亲给活活打死了。鲁班又造了一个木鸢,并乘坐木鸢飞到吴地,得到了父亲的尸体。他怨恨吴人杀了自己的父亲,回到肃州(今酒泉)雕了一个木头仙人,手指东南方。木仙人神通广大,手指吴地,大旱无雨,三年颗粒无收。吴地的一位占卜术士占卜后说:“吴地大旱,是鲁班干的啊!”于是吴人带着许许多多的物品来向鲁班谢罪,并讲了误杀他父亲的经过。鲁班知道了真情后,对自己进行报复的做法深感内疚,立即将木仙人手臂砍断,吴地当即大降甘露,解除了旱灾。

关于这种记载是否可信,鲁班父亲的死到底与木鸢有无关系,确无法考证。但《鸿书》和《墨子·鲁问》等史书确实有鲁班造木鸢的真实记录,说明鲁班的成就不容置疑。

2. 钩强

钩强也叫“钩拒”、“钩巨”,是我国古代水战中的武器。《墨子·鲁问》中曰:“昔者楚人与越人舟战于江,楚人顺流而进,迎流而退,见利而进,见不利则其退难。越人迎流而进,顺流而退,见利而进,见不利则其退速。越人因此若势,亟败楚人。公输子自鲁南游楚,焉始为舟战之器,作为钩强之备,退者钩之,进者强之,量其钩强之长,而制为之兵。楚之兵节,越之兵不节，楚人因此若势，亟败越人。公输子善其巧，以语子墨子曰：'我舟战有钩强，不知子之义亦有钩强乎？'子墨子曰：'我义之钩强，贤于子舟战之钩强。我钩强我，钩之以爱，揣之以恭。弗钩以爱则不亲，弗揣以恭则速狎，狎而不亲则速离。故交相爱，交相恭，犹若相利也。今子钩而止人，人亦钩而止子，子强而距人，人亦强而距子，交相钩，交相强，犹若相害也。故我义之钩强，贤子舟战之钩强。'"《说文》中："钩，曲钩也。许锴注：古兵有钩有让攘，引来曰钩，推去曰攘，古时攘，强相通，楚人之舟顺流而进，以强推而去之，则加速矣。逆流而退，以钩引而来之，则不难矣。"通过以上的记载，可见钩在打胜仗时能钩住对方的船只，不让其逃跑；钜对进攻的敌船能抗拒，使敌船不能靠近。它的实战性非常强大，提高了战国时期的军事力量。作为一种水上工具，现在海上及江南一带的船夫还在使用。

3. 云梯

这是一种带轮子能行走的梯子，是中国古代攻城用的重武器。这在不同的文献中有相似的记载。例如：

《墨子・公输》记载说：

> 公输盘为楚为云梯之械，成，将以攻宋。子墨子闻之，起于鲁，行十日十夜而至于郢……于是见公输盘。子墨子解带为城，以牒为械，公输盘九设攻城之机变，子墨子九距之。公输盘之攻械尽，子墨子之守圉有余。

《吕氏春秋・爱类》的记载为：

> 公输般为高云梯，欲以攻宋。墨子闻之，自鲁往，裂裳裹足，十日十夜，而至于郢。……

《淮南子・修务训》也有类似的记载：

> 昔者楚欲攻宋，墨子闻而悼之，自鲁趍而往，十日十夜，足重茧而不休息，裂裳裹足，至于郢，见楚王……王曰："公输，天下之巧士，作云梯之械，设以攻宋，曷为弗取？"墨子曰："令公输设攻，臣请守之。"于是公输般设攻宋之械，墨子设守宋之备，九攻而墨子九却之，弗能入。于是

乃偃兵,辍不攻宋。

《淮南子·兵略训》许慎注:“云梯可依云而立,所以瞰敌之城中。”

《战国策》卷三十二“宋卫策”记载说:

公输般为楚设机,将以攻宋。墨子闻之,百舍重茧,往见公输般,谓之曰:“吾自宋闻子。吾欲借子杀王。”公输般曰:“吾义固不杀王。”墨子曰:“闻公为云梯,将以攻宋。宋何罪之有?”

《尸子·止楚》记载为:

公输般为蒙天之阶,阶成,将以攻宋。墨子闻之,赴于楚,行十日十夜,而至于郢。见般,曰:“闻子为阶,将以攻宋,宋何罪之有?……”

这些皆证明鲁班造云梯的事迹。虽然对鲁班所造的攻城武器有不同称谓,但实际上是同一种武器。《墨子》和《淮南子》称之为“云梯之械”,《吕氏春秋》称“高云梯”,《战国策》称为“机”,《尸子》中则称为“蒙天之阶”。古时用云梯大大提升了战争技术,改变了陆地战争的形态。关于云梯构造,据《史记索隐》记载:“梯者,构木瞰高也。云者,言其升高入云,故曰云梯。”唐人杜佑撰的《通典·岳十三·攻城战具附》将其构造叙述得更为详细:“以大木为床,下置六轮,上立双牙,牙有检,梯节长丈二尺,有四桄,桄相去有三尺,势微曲,递互相检,飞于云间,以窥城中。”又说:“有上城梯,首冠双辘轳,枕城而上,谓之飞云梯。”由此也可推测,云梯已有装配的“梯节”和多轮平板车的雏形。现代消防器材中的云梯,应是从这个云梯发展演变而来的。

总之,鲁班靠他的艰苦劳动、努力钻研的精神,在建筑、土木、器械等方面有很多创造发明,对我国古代科学技术的发展作出了杰出的贡献。鲁班对人类的贡献可以说是非常巨大的,是中国当之无愧的创新发明之父、人类科技发明巨匠。

山东省鲁班研究会副理事长兼执行秘书长尹方红先生讲,一般人只知道鲁班是建筑业的鼻祖、土木工匠的祖师,其实并不确切。鲁班不仅限于此,他在军事、航天、航海、机械、设计、民用等行业都有许多发明和创造,是许多行业的奠基者,他是名副其实的百工之首。以鲁班为代表的我国古代科技专家,以自己的勤劳、智慧和艰辛,曾做出过许多发明创造。当今中国要想自强自立,科教兴国,需要的就是这种创新精神。

第二章　秦汉时期的山东科学技术

一、秦汉时期的山东科学技术概论

秦汉时期(前221—220年),随着封建制度的巩固,山东古代科学技术日趋成熟,尤以汉代取得长足进步。秦始皇统一中国前后,山东地区已成为东海之滨的富庶之区。到了两汉时期,山东经济技术在全国仍占举足轻重的地位。汉代创制了多种铁制农具,牛耕普及,治黄取得了丰富的经验,农业生产技术的应用和推广使山东地区成为汉代著名的东方粮仓。秦汉以来,山东成为中国的经济中心。山东的粮食不断沿黄河西溯,供应关中。两汉时期的手工业生产技术也发展到更高的水平,冶铁、煮盐、纺织这三项传统生产技术仍处于领先地位,而且炼钢技术有了很大进步,至今不少仍有着科学的价值。

(一)秦汉时期的山东农业

秦汉时期,山东已进入封建社会。这一时期的农业在先秦农业知识积累和技术应用的基础上,又进入一个新的发展阶段。主要特点如下:

1. 创制和改进了生产农具。这时期创制了多种铁制农具,比如,汉代(前202—220年),创制了犁铧,并出现了方銎、宽刃镬、双齿镬、三齿耙、四齿耙和钩等农具,同时改进了战国时期已使用的犁,在保持犁铧破土、松土的功能基础上增加了犁壁,从而可以达到翻土、灭茬、开沟、作垄的目的。这时期又新创造了耧车等农具,西汉一位叫做赵过的政府官员于公元前85年向京城地区推广耧车。在《正论》中保留下的片断曾说:牛拉三个犁铧,由一人操纵，滴下种子，并同时握住条播机（耧车）。这样，一天内可播种667公亩。赵过做耧，已有2000多年的历史。耧车由耧架、耧斗、耧腿、耧铲等构成。有一腿耧至七腿耧多种，以两腿耧播种较均匀，可播大麦、小麦、大豆、高粱等。耧车是继犁铧之后农具发展史上的又一重大发明，它结构合理，性能良好，使用广泛，深受农民欢迎，在历代中国农业生产中发挥了巨大作用。通过创制和改进一系列生产农具，从整地、播种、中耕除草、灌溉、脱粒到农产品加工的石制、铁制或木制的农具有30多种，对提高生产率发挥了重要作用。

2. 牛耕在山东地区基本普及，垄作和条播技术得到应用。这一时期前，作物种植普遍采用撒播。用于撒播的种子，发芽后长成植株时，聚集在一起，互相争夺水分、阳光和营养，而且还有个不能解决的问题就是无法除草。牛耕的使用是中国传统农业的特色之一。牛耕是与犁联系在一起的，起初的犁较为笨重，所以用牛较多，多在两头或两头以上，典型的就是汉代出现的“二牛三人”的“耦犁”。在精耕细作方面，这时已有了“强土弱之”，“弱土强之”的办法，这种适时精细耕作的改土效果很明显。随着牛耕技术的推广，犁的广泛使用，促进了垄作栽培技术的推行。耧车是一种畜力条播器，耧车可改撒播为条播，这才在历史上第一次进行有效地播种。条播技术应用于小麦、谷子、大豆等作物的播种，这种条播机只需要用牛来拉，不仅简化了操作程序，减轻了劳动强度，提高了工效，并按可控制的速度将种子播成一条直线，而且播种均匀、深浅一致，且能节约种子，有效提高了播种质量。

3. 发展了耕耨相结合的耕作体系和抗旱保墒配套技术。对于山东的旱地农业，出现了耕耨相结合的耕作体系，这是以蓄墒保墒为中心的北方旱作保墒配套技术。最早出现的一种抗旱耕作法可能是畎亩法。畎亩法也就是一种垄作法，畎是沟，亩是垄。在畎亩法的基础上，代田法是西汉中期农学家赵过所发明并推广的一种耕作方法。这种方法耕耨结合，每年都要整地开沟起垄，等到出苗以后，又要通过中耕除草来平垄，将垄上之土填回到垄沟，取到抗旱保墒抗倒伏的作用。应用综合配套技术，挖掘自然降水的生产潜力，实现旱作稳产高产，用地与养地相结合的作务过程，也就是使作物高产与提高地力协调发展。在2000多年前，能创造以蓄墒保墒为中心的北方旱作保墒配套技术，这无疑是一个了不起的成就。西汉时期，还创造了区田法和轮作制，是耕作技术的又一发展，不仅可以达到轮作休闲的目的，而且具有提高抗旱能力和促进增产的效果。

4. 开始尝试轮作套种制度。这一时期，在耕作制度方面，轮作套种制度已成雏形，农业生产开始走上了复种轮作的道路。在轮作方面，汉代已出现小麦和粟或豆的轮作形式，后汉时黄河流域已有麦收后即种大豆或粟的习惯。复种是同一块土地上在一年内连续种植超过一熟（茬）作物的种植制度，又称多次作。复种是中国蔬菜集约化栽培的主要特点之一，能显著提高土地和光能利用率，是实现蔬菜高产种类多样、周年均衡供应的一个有效途径。轮作是指前后两季种植不同的作物或相邻两年内种植不同的复种方式。由于不同作物对土壤中的养分具有不同的吸收利用能力，因此，轮作有利于土壤中的养分的均衡消耗。同时轮作还有利于减轻与作物伴生的病虫杂草的危害，这也是古代农民在耕作制度上的一项创举。西汉时期，农作物的栽培，已不限于耐旱的北方品种，水稻已经由南方引种成功，而且有了较大种植面积。像琅邪郡的稻县（今高密县西南），引潍河水灌溉种稻，便有稻田万顷，故县以稻命名。

5. 创造了先进的育种选种技术。创造了穗选法、溲种法、区种法、嫁接法、绿肥种植等技术。人们扩大了对肥源的认识。秦汉以前，先民们使用的肥料主要有人粪、猪粪、牛粪、马粪、羊粪和用作绿肥的自然杂草。在西汉农学专著《氾胜之书》中，记载的新肥料有蚕屎、缫蛹、骨汁（煮动物骨头的水）和豆萁。

6. 打井灌溉、施肥、田间管理等方面都有新的创造。西汉时期，创造了井渠法和放淤压碱法，农田灌溉已较发达，山东一带已成为汉代粮仓。西汉时期《史记·河渠书》记载，汉武帝时期"东海引钜定，泰山下引汶水，皆穿渠为溉田，各万余顷"。《氾胜之书》记载，"无流水，曝井水；杀其寒气以浇之。雨泽时适，勿浇。浇不欲数"，亦即用井水灌溉，需曝晒升温，以利作物生长。

7. 农学专门研究著作开始出现。山东古代农学家名士辈出，代表性的就是西汉时期著名的农业科学家氾胜之（氾水人，今山东曹县），撰写了举世闻名的《氾胜之书》，该书共 18 卷，但现保存下来的只有 3000 多字。该书总结了黄河流域特别是关中一带的农业生产经验，记述了西汉时期粟、黍、麦、稻、稗、大豆、小豆、大麻、瓜、瓠、桑等农作物从种到收整个生产过程的农业生产技术，还记载了区田法、溲种法、耕田法、种麦法、种瓜法、种瓠法、选种的穗选法、嫁接、绿肥种植等技术，还有调节稻田水温的控制水流法和桑苗截干法等先进的农业生产技术，为西汉以及后来农业发展作出了重要贡献，从而奠定了中国古代农业关于作物栽培各类论述的基础。

8. 人工植树造林、蔬菜、栽桑、养蚕技术有了提高。山东对林木的利用、栽培和保护管理历史悠久。《汜胜之书》有植树技术的专节，集中代表了这时期山东人工植树造林的技术水平。如《汜胜之书》有详细的植树季节和方法，以及有关嫁接的记载。山东的果树、蔬菜、蚕业和花卉的品种繁多，栽培历史悠久，是中国园艺和桑柞蚕的发源地之一，又是重要产区。《汜胜之书》对果树、蔬菜、栽桑、养蚕，均有选种、栽培和饲养技术的记述。例如，《汜胜之书》具体讲述了这种地桑的栽培方法：头年把桑葚和黍种合种，待桑树长到和黍一样高，平地面割下桑树，第二年桑树便从根上重新长出新枝条。这样的桑低矮，便于采摘桑叶和管理。更重要的是，这样的桑树枝嫩叶肥，适宜养蚕。柞蚕，也叫山蚕或野蚕，它以吃柞树叶为主，我国山东半岛是放养柞蚕的发源地，那里的人民很早就利用柞蚕茧丝。

大麻的种植和利用极广泛。《史记·货殖列传》有“齐鲁千亩桑麻，皆千户侯等”之说，可见其经济价值。山东沿海一带也是苎麻种植和利用历史悠久的地区。

（二）秦汉时期山东的纺织业

齐地自春秋战国以来即号称“冠带衣履天下”。汉代的纺织手工业更是首屈一指，当时临淄、定陶、亢父（今济宁）不仅是山东地区的三大纺织中心，也是全国的丝织中心。其纺织品品种、质地、构图等技术工艺达到了相当高的水平。西汉时，“兖、豫之漆、丝、絺、纻”，被认为系养生送终之具。鲁国之缟，以质地轻美闻名。

纺织业在汉代是技术比较先进、规模也较大的手工业部门，其中以丝织和麻织为主。丝和麻是固有的衣服原料。丝织物有绢帛等多种，麻织物称布。西汉时,北方丝麻并产,尤其以丝织品最盛,江南则以麻、葛织物为主。纺织业,卧式织机替代了立式织机。有的纺织品轻若云烟,薄如蝉翼,构图精巧,龙凤相逐,充分显示了劳动人民的智慧和高超的才能。纺织业在民间很普遍,最多的是和农业生产相结合的家庭手工业。农民家庭主要生产供自己穿用和交纳赋税的麻布、葛布和绢帛。在丝织业发达的城市里,也有富商大贾经营的手工业作坊。当时,齐郡临淄和长安是全国丝织业的中心。汉元帝时(前48—前33年)在临淄为汉王室设置"三服官,作工各数千人,一岁费数巨万",专门织作冰纨、方空縠、吹絮纶等精细丝织品,生产供统治阶级消费和对外贸易使用的精美丝织品。这种官府手工业的织工常在千人以上,每年耗资万数。在前汉武昭之世,不但帝王之家是"木土衣绮绣,狗马被缋(毛织品)",就连一般的富人也服用"五色绣衣,缛绣罗纨、素绨冰锦",而且坐卧的席子也要"绣茵",床上帐幔也是"黼绣帷幄"、"锦绨高张",甚至死后殉葬的口袋也是"缯囊缇橐"。不仅民间如此,朝廷贵族的宫室更是以丝织藻绣装饰,以至于"屋不呈材、墙不露形",甚至"柱槛衣以绨锦",其奢侈程度可见一斑。

《汉书·元帝纪》载:除三服外,还要为皇室提供绮绣、冰纨、方空縠、吹絮纶。汉代学者王充也曾在《论衡》一书中感叹道:"齐郡世刺绣,恒女无不能。"说明刺绣已相当普及。不仅如此,还出现了专门为绣业而设置的"服官",据《汉书》记载,"齐三服官作工各数千人,一岁费数巨万"。可见当时绣业的昌盛和重要程度。《汉书·元帝纪》云:"地理志曰,齐冠带天下,服官主作文绣以给衮龙之服。"在这样的大历史背景下,丝织品的需要带动了青州地区桑蚕业的发展壮大,已形成了"膏壤千里宜桑麻,人民多文采布帛"的环境,其产品也成为"冠带衣履甲天下"的畅销品。同时,进入秦汉时期后,绣花技艺和刺绣工艺已相当发达。公元前219年,秦始皇曾东巡到此,召集文人一起登山吟诗作赋,带来了文登一地学风昌盛,也推动了中原文化与当地文化的交融,促使了绣花技艺在民间的广为流传。东汉王充在《论衡·程材篇》中有:"齐郡世刺绣,恒女无不能;襄邑俗织锦,钝妇无不巧。日见之,日为之,手狎也。"

此外,据古书记载,早在汉元帝永光四年(前40年),山东蓬莱、掖县一带的人民就已经采收野生的柞蚕茧,制成丝绵,后来人们逐渐知道利用柞蚕茧丝来织绸。1976年临沂金雀山汉墓群出土文物中,有一幅彩绘帛画,长200厘米,宽42厘米。丝织物很细致,画有纺纱织布图,这是继长沙马王堆汉墓之后在长江以北的首次发现,说明2000年前的西汉时期,山东丝织、染色印花技术已具有精湛的技巧。滕县宏道院、龙阳店等地汉代画像石上除了纺车、手工络纱外,还有调丝、织机等画面。另外,《盐铁论》中有"燕齐之鱼盐毡裘"很发达,说明西汉时,今河北、山东一带也产毡。①

山东的纺织品不仅行销国内,还自此源源不断地输往西域,使得山东成为汉代"丝绸之路"的重要源头。大量精致的纺织品通过丝绸之路运销中亚及欧洲。

(三)秦汉时期山东的制陶业

秦汉时期,制陶业仍以生产日用陶和建筑用砖瓦为主。西汉以后,陶工们又掌握了铅釉制作技术,烧制出了低温绿色釉陶器。磁村窑作为贡窑一个重要的佐证,就是其生产年代早,始于汉代。1957年淄川双沟乡南铺村出土的绿色釉陶壶和1976年在淄川寨里镇汉墓中出土的绿色、褐绿色盆、罐、钵等器物均具有较高水平,反映出陶器制作已开始向瓷进化。

汉承秦制,西汉前期,某些军功显赫的将领及受封的诸侯王,也使用陶塑兵马俑随葬,以炫耀其生前的地位及权力。西汉侍女俑也有出土。山东济南无影山出土的乐舞杂伎陶俑盘,注重人物不同身份体态的刻画。无影山出土的由22个陶塑组成的彩绘乐舞杂技宴饮俑群,是由舞俑、杂技俑和宴饮贵族俑组成的。对于场景中各种不同身份的职业人的面部表情、身形、衣着,作品只是泛泛勾勒,作者着力表现的是他们各自特有的剪影式的基本特征,无论观者、侍者、吹奏者、舞蹈者,都表现了汉代娱乐的场面,是汉俑中的精品。整个场面欢快热烈,整体效果颇佳,反映出当时追求生活享乐的风气。

汉代陶塑模制现实生活中的建筑设施的式样之全、构造之细,在历史上也是少见的。住宅的模型式样有:杆栏式、曲尺式、三合式和楼阁式陶塑楼城堡等。山东宁津县出土的四阿重檐鸟形脊四层陶塑楼阁模型,每层都饰

---

①山东省科学技术委员会编:《山东省科学技术志》,山东大学出版社1990年版,第490页。

有斗拱及廊沿，同时各层都有长形小窗3—5个，这种式样，应为王侯宅第。

（四）秦汉时期山东的漆器制造业

山东漆器制造业也相当发达。文献记载，自古以来，“山东多鱼、盐、漆、丝”，把漆作为山东四大特产之一。《盐铁论·本议》载：“燕、齐之鱼盐旃裘，兖、豫之漆、丝、絺、纻。”说明山东自古以来也是产漆的主要地区之一。山东考古发现的漆器，从目前出土的资料来看，最早当始于春秋时期。汉代山东出土的漆器相当多。据已发现的漆器出土地点，巨野、梁山、东平、济宁、临沂、临淄、安丘、莱西、掖县、长岛、福山等，遍布全省各地。……山东也是全国著名的漆器制地之一，拥有自己的漆器制造手工业。

在汉代，关于山东的漆器制造业的发展，孙祚民先生在《山东通史》（上卷）也有详细的论述。山东出土的汉代漆器种类很多，据已公布的考古发掘的资料初步统计有：漆奁、耳杯、杯、大小漆盘、仿玳瑁盒、椭圆三格漆盒、梳匣、梳篦盒、粉盒、胭脂盒、梳妆器盒、圆匣、椭圆匣、大柙、小长方陋、长方匣、小方匣、漆碗、漆碟、樽、勺、卮、案、几、木瑟、六博局、六博子、虎形漆器、漆杖、枕、斗、盒等数十种之多。这些漆器，主要是日常生活用具，其中食用具和梳妆用具为大宗。总的特点是：造型优美大方，结构严密科学，制作精致轻巧，反映了汉代山东漆器手工业技术水平相当高。如，1955年文登汉墓出土的椭圆三格漆盒，“制作玲珑小巧”①。1978年莱西县岱墅出土158件漆器，造型大方美观，髹漆色泽鲜艳，尤其是仿玳瑁盒和六博局，工艺精致，十分珍贵。② 最精致珍贵的是临沂银雀山四号汉墓出土的双层七子奁。发掘报告称：“双层七子奁一件，分盖、上层、下层三部分，可依次套合。盖径31、通高20.5厘米。外黑漆、里红漆，表里皆饰有花纹。里面花纹饰于器盖和上层面，在红地上托出一黑漆圆面再饰花纹，朱黑对比，显得格外醒目。”③

秦代（前221—前207年）齐郡临淄制陶业无大发展，仍生产日用陶和

---

①山东省文物管理处：《山东文登县的汉木椁墓和漆器》，《考古学报》1957年第1期。

②烟台地区文物管理组、莱西县文化馆：《山东莱西县岱墅西汉木椁墓》，《文物》1980年第12期。

③转引自孙祚民：《山东通史》（上卷），山东人民出版社1992年版，第119页。

建筑用砖瓦。西汉(前206—25年)齐郡临淄制陶业复兴,淄川地区发展尤快,建筑用陶的烧造技术和品种较前代有了显著进步和扩大。陶塑异军突起。东汉(25—220年),低温绿色釉陶器制作成功。各种陶器大量生产。制陶技术进入了新阶段。

(五)秦汉时期山东的冶炼技术

从山东出土的商代、春秋战国和秦汉时期的上万件青铜和铁器中,表明山东古代冶炼铸造技术已很先进。山东在汉代冶铁手工业中占有重要的地位。汉代山东冶铁手工业在春秋战国冶铁业的基础上又有了很大发展。秦统一中国后,在产铁的地区设置铁官,以增加国库收入,巩固中央集权制度。汉初,一些诸侯国的冶铁业实际操纵在少数豪强大族手中。汉武帝于元狩四年(前119年)在49个产铁地区设置铁官。这些铁官驻在地分布于今山东省境内的有12处(据《中国古代矿冶业》)。考古发掘的大量材料证明,汉代冶铁业的发展是战国时期所无法比拟的。临淄是著名的冶铁中心之一,冶铁遗址数量多,面积大;出土铁器数量多,种类齐全,足可以证明当时临淄冶铁业的繁盛。西汉时,武帝在全国设置铁官48处,齐地就有18处。临淄齐故城发现的汉代冶铁遗址,约有40万平方米。① 目前临淄齐故城勘探发现6处冶铁遗址,这在全国是罕见的;另外临淄商王墓地三座墓中出土铁器103件,临淄窝托齐王墓五个陪葬坑,出土铁器约401件,均是周至汉墓葬中早期铁器出土量较大的。再例如,山东莱芜的资源早有开发。莱芜一直是中国历史上重要的冶铁中心,有3000多年的冶炼史。从商周时期,这里就开始铸造青铜器;秦汉时期,就兴起了“采冶之务”。到了汉代,冶铁发达,冶铁文化源远流长。汉初,高祖刘邦为取得地方豪强支持,放宽对私营工商业的控制,将冶铁、煮盐、铸钱三大利允许民间私营。汉武帝时期为加强中央集权,解决财政危机,对盐、铁产业加强控制,实行官营,在49个产铁地区设置铁官,专事铁的开采、冶炼和铸造。莱芜铁官设在嬴城,所产之铁称为“嬴铁”,因其技术含量高、铁器种类多、质量好,当时“嬴铁”已著称于世。

①逄振镐:《两汉时期山东冶铁手工业的发展》,《东岳论丛》1983年第3期。

汉代青铜技术进一步提高。汉代大墓中随葬的其他青铜也多见金光灿灿的鎏金物品。编钟、石磬和车马是汉代王侯陪葬的重要物品，用于陪葬的车马器往往制作得精致而豪华。长清双乳山济北王陵、章丘洛庄、曲阜九龙山鲁王墓都出土了相当精美的鎏金青铜车马饰品，夸张地显示着汉代豪门的极度奢华。成套的编钟、石磬不仅气势恢弘，而且音节准确，埋藏2000多年，仍能敲奏出美妙乐曲，极为珍贵。

铜灯（汉代，章丘市博物馆提供）

铜熨斗（汉代，章丘市博物馆提供）

匜（yí）（汉代，章丘市洛庄汉墓出土，章丘市博物馆提供）

铜勺（汉代，章丘市洛庄汉墓出土，章丘市博物馆提供）

铜鼎(汉代,章丘市洛庄汉墓出土,章丘市博物馆提供)

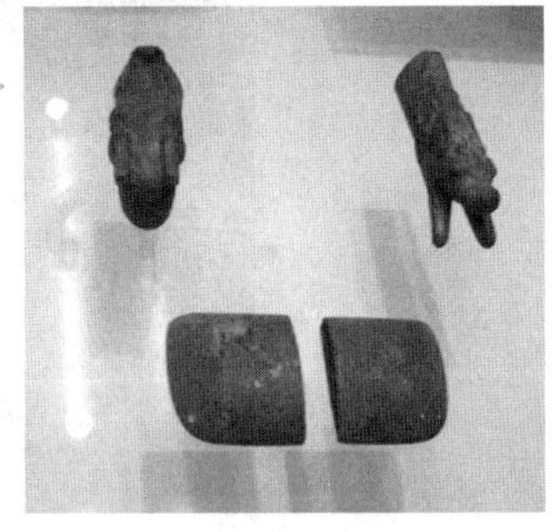

胁驱(汉代,章丘市洛庄汉墓出土,济南市考古研究所提供)

2009年8月,在山东魏家庄勘探考古中,墓葬中出土的文物种类是济南市区考古发掘最多的一次,而且数量也是市区考古发掘中最多的。出土的文物有一个铜豆、一个青铜碗、两个陶罐、两面铜镜和数十枚铜钱。铜镜保存完整,镜子背面纹路依旧清晰可见。考古人员在这个汉代墓穴的尾端发掘出一个汉代人盛肉用的铜豆。铜豆高约14厘米,由底座、支架和一个圆形的容器组成,形状像一个缩小的"宝莲灯"。此次考古出土的汉代铁鼎数量达10余件,一次性出土铁器量在全国最多。这对于考察铁器和冶铁业的发展进程是不可或缺的,而且对于探讨铁器在社会生活中的应用及其社会和文化意义都非常重要。铁剑、铁鼎、陶马、铜豆……这些汉代文物为研究济南的历史变迁提供了更多的依据。

制钢工艺。汉代发明了炒钢、百炼钢、铸铁脱碳钢等新技术。1974年,山东苍山县汉墓出土,收集到一把永初六年五月丙午造卅湅大刀,经考察,其刃部组织亦是分层的,且为30层左右①。这显然系由含碳量不十分一致的钢铁材料经多层积叠,反复折叠所致。因此,苍山的东汉卅炼环首钢刀的出土不仅说明早在1800年前山东出现了炼钢技术,而且说明在汉代此炼钢的方法与刀剑组织层数间是有一定关系的,炼钢技术有了很大进步。欧洲用炒钢法冶炼熟铁的技术在18世纪中叶才出现,比中国晚了1900年。

①刘心健等:《山东苍山发现东汉永初纪年铁刀》,《文物》1974年第12期。

错金银车軎(音:位)(汉代,济南市长清区双乳山汉墓出土,济南市长清区博物馆提供)

铜洗(汉代,章丘市博物馆提供)

半两钱范(汉代,山东省考古研究所提供)

(六)秦汉时期山东的建筑技术

秦汉时期,建筑技术已趋成熟,不仅有了秦砖汉瓦,而且所建宫殿运用雕刻彩绘技艺,富丽堂皇,雄伟壮观,一直流传到后世。2009 年 2 月 14 日,山东省与胶南市的文物专家及当地政府部门在琅邪镇实地考察时,新发现 5000 余平方米面积的琅邪夯土建筑群,初步推测这个夯土建筑群是琅邪台附属的“小台”，极有可能是个祭祀台。夯土建筑群基址与秦汉时期的“宫殿庙宇”类型建筑基址相似。现场还发现了不少瓦片。省考古专家认为，这些瓦片可能是古人类生活和祭祀器皿的一些碎片，初步判断瓦片最晚是西汉时期的或大部分是秦汉时期的。专家认为，保存得如此完整的大规模夯土建筑群在我省实属罕见，对研究琅邪系列文化有重要的意义。

板瓦（汉代，章丘市博物馆提供）

筒瓦（汉代，章丘市博物馆提供）

铺地砖（汉代，章丘市博物馆提供）

天然石材用于建筑装饰，大概是从秦汉时期开始的。另外，在山东等地，发掘出汉墓中的石棺椁和画像石装饰艺术品，涉及历史、天文和神话故事等，内容十分丰富。汉代画像石是汉代地下墓室、墓地祠堂、墓阙和庙阙等建筑上雕刻画像的建筑构石。闻名中外的武氏祠位于济宁市嘉祥县，是东汉时期武氏家族墓地较为完整的一组石刻画像建筑群体，现存石阙、石狮各一对，石碑及祠堂石刻构件四组共40余石。山东汉代画像石是中国汉代画像石艺术的杰出代表，它以质朴深沉的民族本土意识成为世界古代艺术宝库中的一朵奇葩。

（七）秦汉时期山东自然科学的发展

1. 秦汉时期山东医学的发展

秦代，山东名药阿胶问世；传统中药剂型大多形成。泰山（今泰安）人崔子文，善制“黄散、红丸”，游售于山东、河南、四川等地。

汉魏时期，脉学理论进一掺发展。西汉初年临淄（今淄博）人公乘阳庆家藏医书9种，他精医术，善诊脉，著有《黄帝扁鹊脉书》，开创了中国医学脉案之先河。同里人其弟子临淄人淳于意（仓公）辨证审脉，治病多验，详记诊治细情，《史记》记载了他的25例医案，称为诊籍，是中国现存最早的病史记录。

安期生，一名安期，人称千岁翁、安丘先生，秦代时琅邪（今属山东）人。《列仙传·安期先生》称安期生本是卖药翁：“卖药于东海边，时人皆言千岁翁。秦始皇东游，请见，与语三日三夜，赐金璧度数千万。”秦始皇离去后，安期生委弃金宝不顾，留书始皇：“后数年求我于蓬莱山。”秦始皇、汉武帝都曾向他求过养生之道。在道教中，安期生主要是一位好仙药、行气功的神仙形象。后葛洪说他服金液长生，“非止世间，或延千年而后去尔”。

人首鹊身神医治病图

针灸，浅刺用针的形制就和石器时代的骨针很相像。骨针、骨锥、骨刀等都有可能同时用于医疗活动，现藏在山东曲阜孔庙的东汉画像中，有一幅鹊身人首神医治病图，画像石示三人跪坐，“三足人面鸟”正在为他们看病。据旁边的文字解释：“这是神医扁鹊在为人看病，神医为人面、人手、鹊身。人首鹊身神医”。神医右手似在为病者切脉，手执之医疗器具很可能就是砭针。不少医学文献都表明“人首鹊身”图形正是扁鹊的神话形象。

2. 秦汉时期山东天文学的进步

西汉齐人公孙卿等，于公元前 104 年遵汉武帝命造汉历。选定邓平的方案，定名为太初历，合理地调整了季节和月份的关系，成为后世历法的范例。汉武帝时制定出中国第一部较完整的历书“太初历”。

西汉初行用的“鲁历”，是当时流传下来的古六历之一。

东汉蒙阴人刘洪是中国古代一位杰出的天文学家和数学家。刘洪所著的《乾象历》是中国古代天文历法的杰作，《乾象历》以它的众多创造，使传统历法面貌一新，对后世历法产生了巨大的影响，在中国古代历法史上写下了光辉的篇章，刘洪也以取得划时代成就的天文学家而名垂青史。刘洪《乾象历》一书中，计算一回归年的长度比现在用电子计算机计算只多 0.004 天，计算朔望月长度比现在常用的数据仅差 0.00005 天，可见计算水平已相当高。

223 年，即东汉灵帝光和年间，刘洪创制的《乾象历》开始颁行，一直沿用 58 年，是一部划时代的历法。刘洪所发明的一系列方法成为后世历法的经典方法，他的乾象历使传统法的基本内容和模式更加完备，作为我国古代历法体系最终形成的里程碑而载入史册。

天文学家认定，位于胶南市的琅邪台是一座古观象台，是迄今为止尚存的中国最早的观象台遗址。琅邪台是一个兼具观象授时与宗教祭祀功能的古观象台，具有观日出、定时节、望云气、祭祀四时等天文历法、星占以及宗教政治方面的功能。这个古观象台的时代下限在秦汉时期。据有关古文献记载，此台是越王勾践徙都琅邪地区时所建。根据古天文的综合研究，琅邪台的起源可能更早，上推到西周初年，甚至是尧帝时代。

3. 秦汉时期山东算学的发展

秦汉时期，我国的科学技术居世界前列。《周髀算经》记载的西周商高定理，属于世界先进水平。《九章算术》里有许多数学上的重要成就，在当时世界上都是最先进的，它的许多数学思想至今仍然备受称道，为中外科学家所采用。

山东这时期的算学也在不断进步与发展。刘洪是这时期我国古代杰出的数学家和天文学家,也是山东数学家和天文学家的代表、中华珠算的发明者。刘洪在担任上计掾和郎中期间,因每天都要进行庞杂的数字运算,因而对算具进行了改革,根据民间的摆石子五进位算法,创造了十进位珠算,大大节省了运算时间。珠算的发明,是自上古结绳记事以来数术史上发生的一次飞跃、一次革命,说它和造纸、印刷术、火药、指南针并列为"中国的五大发明",一点也不为过。

刘洪的学生徐岳,山东掖县人,东汉末年的数学家。相传徐岳作有一本数学著作《数术记遗》,也有人认为《数术记遗》不是徐岳原注,而是甄鸾假借徐岳之名而自己注释的书。《数术记遗》中记载我国古代的各种记数法、大数进位及计算器械,特别是筹算和珠算在我国历史上扮演了重要的角色。刘洪是珠算之父,被尊为"算圣"。

汉代也是象数易学盛行的时期。至汉代以后,儒风兴起,"易"也成为重要的典籍。汉代把从前一些古代经典之作都称为"经",把《周易》及以前的"易"的古籍进行了综合性的研究,并总称为《易经》。《易经》在汉代研究达到历史的一个高潮,主要是"象数"。汉代象数学派虽然偏重天文之学,"多参天象",但目的却在于以天道论人道,以阴阳灾异论人事吉凶,以卦占定人伦,明王道,宣扬五常伦理,表现了强烈的人文关怀和政治理想。

4. 秦汉时期山东其他的技术与发明

(1)左伯造纸技术

左伯,字子邑(一作邕),东莱(山东黄县东南,今山东龙口)人。左伯自幼勤奋好学,善于思考,是当时有名的学者和书法家。左伯是东汉"左伯纸"的创造者。造纸术是中国四大发明之一,人类文明史上的一项杰出的发明创造。造纸术的起源同丝絮有着渊源关系,历史上关于造纸技术的文献资料很少。东汉元兴元年(105 年),蔡伦改进了造纸术。他用树皮、麻头及破布、渔网等原料,经过搓、捣、抄、烘等工艺制造的纸,是现代纸的渊源。东汉末年山东造纸也比较发达,汉中平二年(185 年),出过东莱县(今掖县)的造纸能手左伯。唐张怀瓘《书断二·左伯》称:"左伯,字子邑,东莱人。特工八分,名与毛弘等列,小异于邯郸淳。亦擅名汉末,尤甚能作纸。汉兴,用纸代简,至和帝时,蔡伦工为之,而子邑尤得其妙。"左伯在精研书法的实践中,感到蔡侯纸(蔡伦造的纸)质量还可以进一步提高,就与当时的学者毛弘等人一起研究西汉以来的造纸技艺，总结蔡伦造纸的经验，改进造纸工艺。左伯纸同是用树皮、麻头、碎布等为原料，做工精细，虽比蔡伦纸晚几十年，但比蔡伦纸纤维均匀细腻，而且更为光亮整洁，适于书写，使用价值更高，深受当时文人的欢迎，他造的纸，被称为“左伯纸”（或称“子邑纸”），为人们所珍视。“左伯纸”（或称“子邑纸”），与张芝笔、韦诞墨并称为文房“三大名品”。汉赵岐著的《三辅决录》中，提到左伯的纸、张芝的笔、韦诞的墨，说它们都是名贵的书写工具。如《三辅决录》卷二说：“〔韦诞〕因奏曰：‘夫工欲善其事，必先利其器，用张芝笔、左伯纸及臣墨，兼此三具，又得臣手，然后可以逞径丈之势，方寸千言。’”笔、墨和纸并列，说明纸已是当时常用的书写材料。南朝竟陵王萧子良（460—496 年）给人写信时大为称赞。萧子良答王僧虔书云：“左伯之纸，妍妙辉光；仲将之墨，一点如漆；伯英之笔，穷神尽思。妙物远矣，邈不可追。”精于书法的史学家蔡邕则“每每作书，非左伯纸不妄下笔”。安徽泾县籍近代著名文人胡韫玉（朴安）《朴学斋丛刊》中载：“子邑（左伯）之纸，妍妙辉光。”康有为的《广艺舟双楫》是晚清最重要的书法专著，曾影响了整整一代书风。《广艺舟双楫・缀法第二十一》曰：“昔人谓学者当用恶笔，令后不择笔，虽则云然，而器械不精，亦不能善其事。故伯喈非流纨体素，不妄下笔。若子邑之纸，研染辉光，仲将之墨，一点如漆。若令思挫于弱毫，数屈于陋墨，言之使人于邑，侍中之叹，岂为谬欤？”足见“左伯纸”声誉之高。

2 世纪造纸术在我国各地推广以后，纸就成了缣帛、简牍的有力的竞争者。3 ~4 世纪，纸已经基本取代了帛、简而成为我国唯一的书写材料，有力地促进了我国科学文化的传播和发展。

（2）壁画与帛画技法

由于中国古建筑是木质结构，极易毁坏，建筑不存，壁画也就化为乌有，因此宫殿寺观壁画多已不见实迹，现在所能见到的壁画，主要是墓室壁画。山东梁山后银山墓壁画，是东汉前期代表性的壁画之一。“没骨图”是中国画的一种体裁。没骨画法是中国画技法的一个组成部分。1976 年山东临沂金雀山九号汉墓出土了一幅，是西汉帛画。画长 2 米，宽 0.42 米，被认为是最早的“没骨”画之一。该帛画是以灵魂升天为题意的，帛画的内容分为天界、人间、地下三个部分，描绘了八组景物。上部代表天界，包括日、月、流云、琼阁及蓬莱等三座仙山；中部为墓主贵妇的生前活动，分五层，有拜侯、乐舞、官吏相迎、纺绩与问医、角抵表演等，共描绘墓主等24人的活动情况；下部为地下或大海，有奔腾的双龙及怪兽，主题仍是导引墓主升仙。金雀山九号汉墓帛画，多以描绘现实生活为主。绘制方法以淡墨线和朱砂线起稿，先用各种颜色平涂出画意，着色平涂渲染兼用，最后用朱砂线和白粉线作部分勾勒，不用墨线，成为古代绘画中“没骨”技法的先驱，这与1972年发现于湖南长沙马王堆一号墓T字形西汉帛画中勾勒线条是古代“高古游丝描”典范的特点有重要区别。①

(3)酿酒技术

汉代萧氏精酿制造，亦称“萧王美酒”。萧家重臣，朝觐汉宫，贡酒侍宾，君臣御宴，香郁美酒，久负盛名，世代传承。4000年前，殷商甲骨文记载“鬯其酒”。兰陵美酒在东周列国时期，就已经远近闻名。汉时，父老相传为萧氏家酿。萧氏家族继往开来，把兰陵酒业推向一个新的高度。1995年在江苏省徐州市二千一百年前的狮子山汉墓中，发掘出两坛封装完好的兰陵美酒，说明西汉时期兰陵美酒就销往外地。

二、氾胜之及其对农业科技的贡献

(一) 氾胜之简介

氾胜之，具体生卒年不详，约生活于公元前1世纪的西汉末期，是我国古代著名的农学家，氾水(今山东曹县北)人。

氾胜之出生于今山东曹县西北与今定陶交界的一个农民家庭。这里流淌着一条河流——济水，从济水又分出一条支流向东北缓缓流去，这就是古代的氾水河。胜之的先人本姓凡，在秦统一中国的过程中，为躲避战乱，举家迁往氾水，因此改姓氾。氾胜之自幼喜欢钻研农业技术，对农作物的生长和栽培有浓厚的兴趣。稍长，他就刻苦学习文化，钻研农业生产技术。他

氾(fán)胜之

①参见史仲文、胡晓林主编：《中国全史·秦汉艺术史》(卷三〇)，人民出版社1994年版。

注意总结家乡农民的生产经验，也广泛搜集前人所留下的有关农业兴衰的记载和著述，从中不断地吸取经验和教训，注意总结家乡农民的生产经验，积累了丰富的农业科学知识。据《汉书》记载，他在汉成帝（前32—前7年）时期当过议郎官职，他做官不贪图富贵享乐，仍继续从事农学研究。他曾以轻车使者的身份，在包括整个关中平原的三辅地区（今陕西关中平原）推广农业，提倡种麦。在那里，他为官勤政爱民，时刻关心民间疾苦。他一方面经常微服出访，到民间考察了解农业生产问题，总结农民的生产经验，并虚心向掌握特殊农业技能的当地农民学习；另一方面，他深知生产实践的重要性，直接参与到农业生产中，仔细研究当地的土壤、气候、水利等情况，积累了丰富的农业生产和管理经验，再同自己的研究成果结合，得出经济、高效的种田技术。氾胜之十分重视先进的生产技术推广和应用，经过他的不断努力探索，许多农民的生产技术得到了很大提高。农业技术的推广，促进了农业生产的发展，关中地区的农业因此取得了丰收。氾胜之也受到了广大农民的尊敬与爱戴，同时也受到了朝廷的嘉许。氾胜之也可能是因为推广农业有功，由议郎提拔为御史。

（二）《氾胜之书》

氾胜之经过长期的刻苦努力，把自己毕生对农业的研究成果编撰成书——《氾胜之书》，该书成书于公元前1世纪，反映了农业科学技术的新进展，为我国的农业事业的发展产生了深远的影响。据《汉书·艺文志》记载，当时的农书共有9家114卷之多，其中两家为战国时的作品，其余七家都为西汉时期的新作，其中载有《氾胜之》18篇，后世通称《氾胜之书》，这说明农业科学技术的总结工作受到了重视。此书在《隋书·经籍志》及《新唐书·艺文志》、《旧唐书·经籍志》和宋代郑樵的《通志》中都有著录，但到宋朝时期，这部书就已经散佚了，至今流传下来的只是一部分。清代人洪颐煊、宋葆淳、马国翰有三种《氾胜之书》辑本，是从《齐民要术》、《太平御览》等书中辑出而得，洪颐煊所辑《氾胜之书》，分作两卷，收入他的《经典集林》。宋葆淳辑《氾胜之遗书》，不分卷。马国翰辑《氾胜之书》2卷，编刊在他的《玉函山房辑佚书》里，亦收入《农学丛书》。后又经20世纪50年代石声汉、万国鼎等先生的辑集之后，得到了约3700字，这就是今天见到的《氾胜之书》。①

《氾胜之书》作为我国现存的第一部农学专著，是西汉黄河流域劳动人民农业生产经验和操作技术的总结，内容几乎包括农业生产的全过程。该书对耕作的基本原则、选择播种日期、种子处理、农作物栽培技术、收获、留种贮藏、区田法等均有记述，内容集中反映了西汉时期的农业科技水平，并在实践中获得了巨大的成功。它不论是对汉代的农业经济和生产水平，还是研究农业史和农学史，都有极重要的参考价值。《氾胜之书》18 篇中有 5 篇是属于通论性质的，如耕田、收种、溲种、区田、杂项等。书中开篇提出了耕作的不可分割的、达到丰产丰收的六项基本原则——趣时、和土、务粪、务泽、早锄、早获，并提出了耕作的总原理和具体的耕作技术。

氾胜之还提出了一个测验“春季地气始通”的有趣方法：把一根 1.2 尺长（汉制 1 尺 =0.693 市尺）的木桩打进土里去，1 尺埋在地面下，0.2 尺露出地面上。立春后，土块碎散，向上坟起，把露出地面的 0.2 尺木桩盖没了，土中存在的隔年的根也可以随手拔出来了，这就表明地气已经开始通顺。这个办法简便易行，并有一定的科学根据。

《氾胜之书》另 13 篇是分论，包括禾、黍、麦、稻、稗、大豆、小豆、枲、麻、瓜、瓠、芋、桑等 13 种农作物的具体栽培与管理，并对于作物的播种期、播种量、播种方法、播种密度、播种深度、覆土厚度等都依据作物种类、土壤肥瘠和气候条件（主要是雨水）等作了明确的规定。此外，书中还提出了麦、禾、瓠的选种方法，禾、黍的防霜露方法，瓠的嫁接方法等。它所涉及的范围主要是种植业，但却广泛而深入。《氾胜之书》强调，作物的种植只有协调其生长需要与环境条件，形成一个系统，才能取得最好的收成。《氾胜之书》还充分论述了耕作方面的新突破，如施肥、灌溉以及提高土地利用率等问题，在早期的农书中没有涉及或是很少涉及，而《氾胜之书》对此做了详细的论述。

《氾胜之书》作为两汉时期农学上的划时代的著作，第一次系统阐述了北方农业生产的全过程及各个方面，在研究各种农作物生长的特殊规律和一定的生长条件的基础上，对自整地、播种、田间管理直至收获的方法，均做

①石声汉：《氾胜之书今释》，科学出版社 1956 年版。万国鼎：《氾胜之书辑释》，中华书局 1957 年版，农业出版社 1980 年重印。

了各不相同的论述,从而奠定了我国古代农书传统的作物栽培总论和各论的基础,有着极高的研究价值。该书在汉朝就享有盛誉。东汉经师郑玄在注经时,就一再引用《氾胜之书》。例如《周礼·地官·草人》注:“土化之法,化之使美,若氾胜之术也。”又《礼记·月令》有孟春之月“草木萌动”注:“农书曰:土长冒橛,陈根可拔,耕者急发。”孔颖达《礼记正义》说:“郑所引农书,先师以为氾胜之书也。”所以唐贾公彦《周礼疏》说:“汉时农书有数家,氾胜为上。”《氾胜之书》不仅对后世农学产生了深远的影响,其写作体例也成了中国传统综合性农书的重要范本(例如,北魏贾思勰《齐民要术》引证较多),而且在后来又被传到国外,在世界农学史上留下了中国的印记。

(三) 氾胜之创立的农业生产新技术

氾胜之致力于农业推广和农学研究,他在总结黄河流域的农业生产经验特别是代田法和已使用的新式农具的基础上,全心投入到农业生产实践中,创造了精耕细作的一系列农业生产新技术,进一步推动了黄河流域农业生产的发展。

1.“区田法”

氾胜之当初在以轻车使者的身份管理三辅地区农业生产的时期,就认真研究当地的土壤、气候和水利情况,总结和大胆推广各种先进的农业生产技术。经实地验证,反复改良,他总结出了一种新的耕地方法——“区田法”。这种方法的主要特点和技术要求是:

(1)深挖作区。即把土地深挖分为若干个小区,如上农区、中农区、下农区和小方穴区、带状区等等(“区”,ōu,意为地平面下的洼陷)。在每一块小区的四周打上埂,中间铺平,深挖土地,调和土壤,使土壤保水保肥的能力加强。区田法根据地形和土壤性质的不同,其田间布置有两种不同的类型:一是小方穴区种法(又称坑穴点播法),即按照一定的距离将每块土地分为若干区,在每个区内挖出方形或圆形的坑,坑的大小、深浅、方圆、距离,随作物不同而异,在坑中种植作物。此种区种法可用于山坡、丘陵地带及宅旁零星土地。坑穴点播用于种植粟、麦、大豆、瓜、瓠、芋。深挖作区的作用同圳种法和代田法一样,有利于防风防旱、保墒保肥和作物根系的发育。另一种区种法是带状区种法(又称开沟点播法),即间隔一定距离把土地划分为若干条,挖成直沟,在沟中种植。规范作法是将长18丈(汉1丈约当今6.94尺),宽4.8的一亩土地,横分18丈为15町。町宽1.05丈,长4.8丈。町与町间有宽1.5尺的行道。每町又竖挖深1尺、宽1尺、长1.05丈的沟,作物即点播在沟内。这种区种法适合于平原地区,可用于大田。用于种植禾、黍、麦、大豆、荏(苏子,一种油料作物)、胡麻。

(2)合理密植。区田法须点播密植。如种粟,开沟点播是每沟内种粟2行,行距5寸,每汉亩合1.5万余株,折合市亩约为2.3万余株。坑穴点播种粟各小区(坑)下种20粒,一亩3700区,合7.4万株,折合市亩约10.6万余株。

(3)播前溲种和集中施肥。区田法须在播前溲种,在区内施用重肥,如粟、麦、大豆等每小区(坑)要施好粪一升,瓜每小区要用粪一石。

(4)区田法在下种后注重中耕除草,保墒和灌溉。在生长季节特别是雨后和灌水后要及时进行中耕除草,防止地表干裂,以减少水分蒸发,提高抗旱能力,促进作物健壮生长。

区田法,综合发扬了汉以前的深耕、施肥、密植、保墒、灌水、中耕除草、复种、轮作倒茬等一系列的措施,它的推广和应用,极大地提高了关中地区的单位产量,受到广大农民的欢迎。这种耕种方法的优点有两点:一是在小面积的土地上经精耕细作,使单位面积产量得以提高;而且也可施用于坡地,有利于扩大土地的利用范围。二是区田法既能抗干旱又可以充分利用土地,同时减少肥与水的浪费,便于精耕细作。

《氾胜之书》记载了区种法的产量。区种法使粟的产量有较大幅度的提高,应是事实。这种方法对后世产生了重要的影响,直到新中国成立以后,陕北地区的农民仍使用氾胜之所推广的区田耕作法。但另一方面,区田法技术要求较高,有些费工费力,因此在推广方面受到了一定的制约。

2.“溲种法”

氾胜之发明并推广了“溲种法”,即播种前用以肥料和可以防虫的物质处理种子,在种子外面形成以蚕矢、羊粪为主要原料的粪壳,这样幼苗可以及时取得足够的养料,使根系迅速生长,幼苗得到良好的发育。种肥结合播种,可起到防虫、御旱、忍寒的作用,主要用于禾麦等粮食作物。当时有两种溲种法:一种是“神农法”,“神农复加之骨汁粪汁溲种;”另一种是后稷法,“捣麋鹿羊矢等分,置汁中熟挠和之。候晏温,又溲曝,状如后稷法,皆溲汁干乃止”。《氾胜之书》中还有天旱无雨时用溲种法种麦的记载,目的在于使麦耐旱忍寒。溲种实际上也是使用种肥的方法。有些地区直至现在还使用这些方法,其原理一直沿用至今。

3. 种子穗选法

氾胜之还推行选种法,着重发展种子穗选法,这是在中国首次提出。即在农作物成熟时到田间选种,选举籽粒多且饱满的穗作为种子,单独收割贮藏,保存种子加干艾叶以防虫蚀。《氾胜之书》在记录麦子、谷子“穗选法”时说:“取麦种:候熟可获,择穗大强者,斩束立场中之高燥处,曝使极燥。无令有白鱼,有辄扬治之。取干艾杂藏之,麦一石,艾一把;藏以瓦器竹器。顺时种之,则收常倍。”“取禾种:择高大者,斩一节下,把悬高燥处,苗则不败。”这些都是通过穗选的方法培育良种。

4. 保墒法

氾胜之非常重视保墒,《氾胜之书》记述了如何观察墒情的方法,总结了及时摩压以保墒防旱的耕作经验,强调坚硬强地黑垆土耕后必须及时“平摩其块”,“勿令有块”;土性松散的土壤耕后必须“蔺(镇压)之”、“重蔺之”。氾胜之强调如何充分利用雨水、雪水甚至露水,强调磨平土地和中耕锄草对保墒的重要作用,他提出了一系列“保泽”(即保墒)的方法,认为要视雪情、雨情、旱情、季节早晚、土壤结构等不同情况,而采取或“蔺”或“掩”(掩压)或“平摩”(摩平)等合乎科学原则的不同方法。如《氾胜之书》记载:“冬雨雪止,辄以〔物〕蔺之。掩地雪,勿使从风飞去。后雪复蔺之,则立春保泽,辄以虫冻死,来年宜稼。”

氾胜之总结出来的保墒防旱的这些方法是农民根据我国北方黄河流域气候干燥、雨水稀少特别是“春旱多风”的自然环境特点,通过长期生产实践创造出来的,适应了在关中地区气候干旱的条件,有利于夺取农业丰收,因而一直为后世所沿用。汉代对冬麦田的积雪保墒特别重视:冬天雪停以后,要用器具在麦田磙压,把雪压在地里,不让它随风飞去。这样,麦子能耐旱防虫,结实又多。①

氾胜之对农学事业的发展所作出的贡献是多方面的。除了以上区田法、溲种法种子穗选法、保墒法外,氾胜之还尝试运用了一系列重要的农业生产技术如因时因地耕作法、种麦法、种瓜法、种瓠法、桑苗截秆法、靠接培育大葫芦法等都很有特色,富于创造性。氾胜之对节候、辨土、施肥、御旱、下种等农事都作了记录,反映了当时的农业生产水平。实践表明,这些经验和技术,不仅适应了农业生产的规律,收到了明显的经济效果,对我们今天的农业生产仍有实践意义。

(四)氾胜之的农学思想

氾胜之继承了前人的重农思想,他说:"神农之教,虽有石城汤池,带甲百万,而又无粟者,弗能守也。夫谷帛实天下之命。"他认为粮食是决定战争胜负的关键,谷帛是统治天下的根本。他主张备荒,把稗草和大豆列为备荒作物,倍加注意。

1."耕之本"——趣时、和土、务粪泽、早锄、早获

《氾胜之书》说:"凡耕之本,在于趣时,和土,务粪泽,早锄早获。"这里提出"耕之本"即耕作的基本法则。

"趣时",即不误农时,要求选择最佳的耕作时期,这个要求贯穿于耕作栽培的每个环节。为了趣时,《氾胜之书》依据土壤和气候(特别是雨水)对每种作物的播种期都有较明确的规定。如,对于"禾":"种禾无期,因地为时。三月榆荚时雨,高地强土可种禾。"再如,对于"黍":"黍者暑也,种者必待暑。先夏至二十日,此时有雨,强土可种黍。一亩三升。黍心未生,雨灌其心,心伤无实。"而对于"麦",《氾胜之书》强调:"凡田有六道,麦为首种。种麦得时无不善。夏至后七十日,可种宿麦。早种则虫而有节,晚种则穗小而少实。"对稻、麦、黍、大豆、瓠、瓜等作物下种量皆有记述。

"和土",即是对土壤耕作的要求,要进行土地改良。氾胜之继承发展了战国时期《吕氏春秋》"任地"、"辨土"等所总结的因时耕作和因土耕作的经验。他分析论述了"强土而弱"和"弱土而强"的两种常见情况:"春地

---

①石声汉:《氾胜之书今释》,科学出版社1956年版,第20页。

气通,可耕坚硬强地黑垆土,辄平摩其块以生草,草生复耕之,天有小雨复耕和之,勿令有块以待时。所谓强土而弱之也。”“杏始华荣,辄耕轻土弱土。望杏花落,复耕。耕辄蔺之。草生,有雨泽,耕重蔺之。土甚轻者,以牛羊践之。如此则土强。此谓弱土而强之也。”意思是说,对于过于坚硬的土壤(强土),可以在开春的时候犁过,然后再耙,等上面草长起来,再翻一遍,下过小雨之后,又再犁过使土里不见硬块为止,这样使强土弱化。过于松散的土壤(弱土),要在杏树一开花的时候就犁,杏花落的时候再犁一遍,每犁一次就压一次,等上面草长起来,再犁,再压;更松的就叫牛羊在上面践踏,这样使土壤变得坚实一些。在此基础上,氾胜之提出可利用耕、锄、平摩、蔺践等方法,消灭土块,使其柔和松软细密,达到“强土而弱之”、“弱土而强之”的效果,最适宜农作物的生长。《氾胜之书》载有“秋无雨而耕,绝土气,土坚垎,名曰腊田。及盛冬耕,泄阴气,土枯燥,名曰脯田。脯田与腊田,皆伤田,二岁不起稼,则二岁休之”。

“务粪泽”,即是要进行施肥和保墒灌溉,使土地保持肥沃和湿润。他强调要注意适时耕作、磨平镇压、壅土培根、防旱抢墒、压雪保泽等。氾胜之充分认识到粪的重要性,比如他提出“春气未通,则土历适不保泽,终岁不宜稼,非粪不解”的观点;进而他有怎样育种、怎样沤粪、怎样施肥等等的论述。《氾胜之书》记载了分期施用基肥、种肥、追肥等技术和方法。基肥结合整地起到“和土”的作用,主要用之于枲、芋、瓠等作物。再者,“溲种法”既有种肥的作用,又含有播前浸种处理之意。绿肥使用在《氾胜之书》中也有“平摩其块以生草,草生复耕之”、“草秽烂,皆成良田”的记述。施肥方法,以施基肥为主,粟、麦、芋、瓜、大豆、麻类播前或播种时都要施入基肥,培肥地力,以供给作物生长期所需要的养分。

“早锄”,要及时进行中耕除草,以免造成土地板结或杂草丛生,而影响农作物的生长。“早锄”的目的,一是消灭杂草,二是防止天然蒸发。锄还与间苗、培土结合起来,具有多方面的作用。因此,《氾胜之书》中非常重视锄,要求早锄、多锄、锄小、锄了。锄的方法有锄、耧、蔺、曳、拔、铲、刈等。同时,氾胜之强调,草锄要和“和土”、“务粪泽”等几个环节相结合,就能取得好的收成。比如,“又种芋法,宜择肥缓土近水处,和柔粪之。二月注雨,可种芋,率二尺下一本。芋生根欲深。劚其旁以缓其土。旱则浇之。有草锄之,不厌数多。治芋如此,其收常倍。”

“早获”,就是说庄稼熟了就要及时收割,以免造成不必要的损失,才能丰产丰收。早获可以避免落粒、防止发芽、减少不利天气造成的损失。《氾胜之书》中具体论述了收获大豆、禾、麻、瓠等的方法:“获豆之法,荚黑而茎苍,辄收无疑;其实将落,反失之。故曰,豆熟于场。于场获豆,即青荚在上,黑荚在下。”这里指出当豆荚已变黑,而豆茎仍然呈青色的时候就该收获;如果等到豆粒要掉落的时候才收,就要受损失。所以说,大豆是在谷场上成熟的。收禾也一样:“获不可不速,常以急疾为务。芒张叶黄,捷获之无疑。”只要有一半熟了,或者是芒已张开,叶已发黄,就应很快收割。对于麻:“获麻之法,霜下实成,速斫之;其树大者,以锯锯之。”这要求在初霜的时候就该收。

2. 良田、败田、腊田、脯田

氾胜之非常强调耕得其时与土壤的关系,并强调耕田以气候条件为依据,以抢墒为目的。他综合分析土壤、时令及气候条件,从正反两个方面分析得出“慎无旱耕”、“有雨即耕”、“秋无雨而耕”可能的结果与良田、败田、腊田、脯田的关系。“春气未通,则土历适不保泽,终岁不宜稼,非粪不解。慎无旱耕。须草生,至可耕时,有雨即耕,土相亲,苗独生,草秽烂,皆成良田。此一耕而当五也。不如此而旱耕,块硬,苗秽同孔出,不可锄治,反为败田。秋无雨而耕,绝土气,土坚垎,名曰腊田。及盛冬耕,泄阴气,土枯燥,名曰脯田。脯田与腊田,皆伤田,二岁不起稼,则二岁休之。”为了做到耕得其时,《氾胜之书》不仅采用了传统的物候方法,还创造了土壤测量的方法,这种方法即在立春前,用一根长1.2尺的木棒,将其中1尺埋入土中,地面上露出0.2尺。立春以后,土壤松散,将露在地面上的0.2尺埋没,此时可将地里的树根、草根拔掉。这就把耕得其时建立在较为科学的基础上,比单纯的物候方法又进了一步。

3. 追肥与灌溉

追肥与灌溉对作物的生长很关键。追肥是结合田间管理,以促进作物生长,肥料的种类主要有动物粪便,如蚕屎、羊屎、人粪尿、绿肥等等,主要用于种枲、种麻、种芋、种瓜和种瓠等。在灌溉方面,《氾胜之书》记述了作物的灌溉次数和用水量。《氾胜之书》有中国文献上有关追肥的确切记载。

如,对于种麻,“树高一尺,以蚕矢粪之,树三升;无蚕矢,以溷中熟粪粪之亦善,树一升。天旱,以流水浇之,树五升”。对于种枲,“种枲:春冻解,耕治其土。春草生,布粪田,复耕,平摩之”。再对于种瓠,“种瓠法,以三月耕良田十亩。作区方深一尺。以杵筑之,令可居泽。相去一步。区种四实。蚕矢一斗,与土粪合。浇之,水二升;所干处,复浇之”。《氾胜之书》对于用肥量和用水量也有记载。如对于种瓜的灌水技术,要求“一科用一石粪,粪与土合和。以三斗瓦瓮埋著科中央,令瓮口上与地平。盛水瓮中,令满”。而对于种瓠,“区种四实。蚕矢一斗,与土粪合。浇之,水二升”。

特别值得提出的是,氾胜之的水温调节法和地下灌溉法效果显著,可使作物得到均匀的水分供给,减少地面蒸发,提高水的利用率,特别适用于干旱的北方。灌溉还要注意水温,例如,对于大麻的灌溉:“天旱,以流水浇之,树五升;无流水,曝井水,杀其寒气以浇之。雨泽时适,勿浇。浇不欲数。”这里提到,由于井水温度低,不宜直接灌溉,而应通过日晒水温升高之后才能使用。灌溉的目的在于保墒,而合理的耕作方法也具有同样的作用,“趣时”、“和土”就具有这个意义。氾胜之已对井灌对稻田水温的影响有如此精到的观察,可见当时农田灌溉技术已比较细致。①

另外,氾胜之还推广了稻田控制水的流向以调节水温法:“始种稻欲温,温者缺其塍,令水道相直;夏至后太热,令水道错。”这是讲用控制进水口和出水口位置的方法以调节稻田水温。这种方法在后世还有使用。

4. 轮作、复种、嫁接

他还特别注意提高单位面积产量。氾胜之有我国比较早的关于复种、轮作和混作的论述,如《氾胜之书》里有“禾(粟)收,区种麦”的记载,这说明两汉时期已经实行谷子和冬麦之间轮作复种的二年三熟制。他还提出了麦、禾、瓠的选种方法,禾、黍的防霜露方法,瓠的嫁接方法等。

可见,氾胜之作为一位杰出的农学家,他把劳动人民创造的卓有成效的种田经验和农业技术进行了系统的总结,反映出了当时所能达到的最高成就,而且进行了独立的创造和技术更新,这是氾胜之对古代农学的伟大贡献。

---

①参阅万国鼎:《氾胜之书辑释》,农业出版社1952年版。

三、仓公及其医学成就

（一）仓公简介

仓公(前205—前140年),复姓淳于,名意,西汉齐国临淄人(今山东临淄),汉初著名的医学家,也是我国医学史上病案的创始人。仓公因担任过齐国的太仓令,主要是管理粮仓的小官,故被尊称为“仓公”。

仓公(淳于意)

仓公自幼聪明好学,司马迁在《史记·仓公列传》中载:“少而喜医方术。”但由于家里很穷,他的许多亲属有了病,却无钱医治而死。仓公十分悲痛,残酷的现实让仓公立下决心,将来一定成为一名医生,用精湛的医术挽救病人的生命。于是他就开始钻研医学和方术,不辞辛苦,四处搜集一些医方为人治病。万事开头难,仓公既面临经济困难,又无名师指引,因此医疗效果多有不验。仓公在一次外出搜集各家医方时,听说菑川(今山东寿光)有一名医生叫公孙光,擅用古方并保存有大量的古传秘方,就前去拜师求教学医。由于仓公对医学有过人的天赋和勤奋好学的精神,博得公孙光的极大好感,遂把自己掌握的医学知识和医方全部传授给仓公。仓公与公孙光在一起研究医学时表现出的医学天赋让公孙光暗自称赞。为了能给仓公继续提升医术的机会,高后八年(前180年),经公孙光介绍,仓公又拜齐国郡元里具有公乘爵位的阳庆为师学习医术。当时阳庆已年过70,自己又没有儿子继承医术,而仓公的人品、勤苦很得阳庆赏识,因此,阳庆就让淳于意把从前所学的医方全部抛开,愿意将自己的医术和自己掌握的秘方毫无保留地传授给他。对此,《史记·仓公列传》中载:“使意尽去其故方,更悉以禁方予之,传黄帝、扁鹊之脉书,五色诊病,知人死生,决嫌疑,定可治,及药论,甚精。受之三年,为人治病,决死生多验。然左右行游诸侯,不以家为家,或不为人治病,病家多怨之者。”仓公跟阳庆秘学了3年,尽得所传,精通《黄帝扁鹊脉书》、《五色诊》、《奇咳术》、《揆度阴阳外变》、《药论》、《石神》、《接阴阳禁书》等,成为闻名遐迩的名医。根据这些书籍理论,仓公可以通过观察人的气色诊断病情,决断疑难病症,判断能否治疗,甚至预知生死。学成后,仓公四处行医,足迹遍及山东,曾为齐国的侍御史、齐王中子诸婴儿小子、齐郎中令、齐国的中御府长、齐王太后、齐章武里曹、齐中尉、阳虚侯相赵章、济北王、齐北宫司空命妇、菑川王等诊治过疾病。当然,由于他常常行游于诸侯之间,不以家为家,一些人的病得不到他的治疗,仓公也因此常招致"病家多怨之者"。

仓公在医学上取得了巨大的成就,发展了我国的医学,在医学史上占有重要的地位,其弟子有宋邑、高期、王禹、冯信、杜信、唐安等人。仓公传授其门人的医书中亦有《五诊》、《上下经脉》、《四时应》等诊法专著。

(二)仓公的医学成就及贡献

仓公是齐鲁医学科技文化的传承者,也是中国传统的中医药科学的重要贡献者。仓公医学,有理论,有处方,理论渊源于《素问》及《难经》,并兼采扁鹊针灸技术。仓公不仅注重理论与实践相结合的辩证诊断,以及诊脉、医治、针灸相结合的治疗方法,而且还形成了自己的医学理论和医疗体系。这是他对中国传统医学发展的重要贡献。

1. 创立完整的"诊籍"

仓公在医学方面的主要成就是创立了"诊籍",其体例内容开后世病历医学之先河。仓公所写的诊籍早已失传,现存的只有《史记·仓公列传》中所录的仓公自述的诊籍25则,其中妇女病例6则,小儿病例2则。仓公在"诊籍"25则中,讲的疾病类别较多,对各种疾病原因、病理分析、诊断以及采取的治疗方法,都很精确。不仅如此,仓公还详细记录了病人的姓名、住址、职业、症状、脉象、病名、诊断、病理、治疗方式与过程、愈后推断及治疗效果等,形成完整的诊籍,所记病例以消化系统疾病为多,在治疗方面则偏重于药物,如汤剂有火齐汤、下气汤、消石汤等,散剂有莨菪、芫华等,含漱剂有苦参汤等。"诊籍"中还真实地报告了治疗效果:25例患者有10例医治无效而死亡。此外,仓公对一些疾病病因,已有较为正确的认识,如"沓风"是由于嗜酒所致:"臣意尝诊安阳武都里成开方,开方自言以为不病,臣意谓之病苦沓风,三岁四支不能自用,使人瘖,瘖即死。今闻其四支不能用,瘖而未死也。病得之数饮酒以见大风气。"

仓公创立的"诊籍"具有重要的历史意义和现实意义。仓公"诊籍"是我国最早的医案,比西方早数百年。正是由于仓公开创了"诊籍"的先河,后经历代医学家的临床实践,不断验证充实,才形成了目前中医病案学日臻完善的局面,至今仍在使用。不仅如此,从仓公创立的"诊籍"中,我们也可以看出其高超的医术,其既重视实践又尊重事实的科学态度,还有他对治疗效果作出客观结论的医风。

2. 发展诊脉、切脉技术

仓公擅长诊脉和切脉技术。仓公在望、闻、问、切四诊中,以切诊为主。他说:"意治病人,必先切其脉,及治之。"仓公在疾病的诊断中有单独使用十二经脉遍诊法,也有单独使用寸口诊脉法的记载。他通过切脉诊断疾病,在诊籍25例中就有22例。比如,他给齐侍御史成的诊治过程就体现出"诊其脉"、"切其脉"的重要性。《史记·仓公列传》载:"齐侍御史成自言病头痛,臣意诊其脉,告曰:'君之病恶,不可言也。'即出,独告成弟昌曰:'此病疽也,内发于肠胃之间,后五日当输肿,后八日呕脓死。'成之病得之饮酒且内。成即如期死。所以知成之病者,臣意切其脉,得肝气。肝气浊而静,此内关之病也。脉法曰'脉长而弦,不得代四时者,其病主在于肝。和即经主病也,代则络脉有过'。经主病和者,其病得之筋髓里。其代绝而脉贲者,病得之酒且内。所以知其后五日而输肿,八日呕脓死者,切其脉时,少阳初代。代者经病,病去过人,人则去。络脉主病,当其时,少阳初关一分,故中热而脓未发也,及五分,则至少阳之界,及八日,则呕脓死,故上二分而脓发,至界而输肿,尽泄而死。热上则熏阳明,烂流络,流络动则脉结发,脉结发则烂解,故络交。热气已上行,至头而动,故头痛。"在这里,重点是阐述了仓公的诊脉和切脉理论:我所以能诊知他的病,是因为切脉时,切得肝脏有病的脉气。脉气重浊而平静,这是内里严重而外表不明显的疾病。仓公进一步分析了脉象理论。脉象理论说:脉长而且像弓弦一样挺直,不能随四季而变化,病主要在肝脏。脉虽长而直硬却均匀和谐,是肝的经脉有病,出现了时疏时密躁动有力的代脉,就是肝的络脉有病。肝的经脉有病而脉匀和的,他的病得之于筋髓。脉象时疏时密忽停止忽有力,他的病得之于酗酒后行房事。我所以知道他过了五天后会肿起来,再过八天吐脓血而死的原因,是切他的脉时,发现少阳经络出现了代脉的脉象。

再如,仓公对于齐王中子诸婴儿小子的诊治过程,也处处体现了诊脉、切脉技术的作用。《史记·仓公列传》载:“齐王中子诸婴儿小子病,召臣意诊切其脉,告曰:‘气鬲病。病使人烦懑,食不下,时呕沫。病得之忧,数忔食饮。’臣意即为之作下气汤以饮之,一日气下,二日能食,三日即病愈。所以知小子之病者,诊其脉,心气也,浊躁而经也,此络阳病也。脉法曰‘脉来数疾去难而不一者,病主在心’。周身热,脉盛者,为重阳。重阳者,逿心主。故烦懑食不下则络脉有过,络脉有过则血上出,血上出者死。此悲心所生也,病得之忧也。”这里,对于小孩所生的病,是通过切脉诊治,确定这是“气鬲病”。所以能知道他的病是因为仓公在切脉时,诊到心有病的脉象,脉象浊重急躁,这是络阳病。仓公进一步阐述脉象理论,其中说:脉达于手指时壮盛迅速,离开指下时艰涩而前后不一,病在心脏。全身发热,脉气壮盛,称做重阳。重阳就会热气上行冲击心脏,所以病人心中烦闷吃不下东西,就会络脉有病,络脉有病就会血从上出,血从上出的人定会死亡。这是内心悲伤所得的病,病得之于忧郁。

此外,《史记·仓公列传》中还有多处仓公诊脉和切脉精彩的记载:“齐中御府长信病,臣意入诊其脉,告曰:‘热病气也。然暑汗,脉少衰,不死。’”大意是说,齐国名叫信的中御府长病了,仓公去他家诊治,切脉后告诉他说:“这是热病的脉气,然而暑热多汗,脉稍衰,不至于死。”

“齐王太后病,召臣意入诊脉,曰:‘风瘅客脬,难于大小溲,溺赤。’臣意饮以火齐汤,一饮即前后溲,再饮病已,溺如故。病得之流汗出滫滫者,去衣而汗晞也。所以知齐王太后病者,臣意诊其脉,切其太阴之口,湿然风气也。脉法曰‘沈之而大坚,浮之而大紧者,病主在肾’。肾切之而相反也,脉大而躁。大者,膀胱气也;躁者,中有热而溺赤。”大意是说,齐王太后有病,召仓公去诊脉,仓公说:“是风热侵袭膀胱,大小便困难,尿色赤红的病。”仓公用火剂汤给她喝下,吃一剂就能大小便了,吃两剂,病就退去了,尿色也和从前一样,这是出汗时解小便得的病。

“阳虚侯相赵章病,召臣意。众医皆以为寒中,臣意诊其脉曰:‘迵风。’”大意是说,阳虚侯的宰相赵章生病,召仓公去,许多医生都认为是腹中虚寒。仓公诊完脉断定说:“是‘迵风病’。”

“济北王病,召臣意诊其脉,曰:‘风蹶胸满。’……所以知济北王病者,臣意切其脉时,风气也,心脉浊。”大意是说,济北王病了,召仓公去诊治,仓公说:“这是‘风蹶’使胸中胀满。”仓公所以知道济北王的病因,是因为他切脉时,脉象有风邪,心脉重浊。

3. 望诊与按诊

仓公诊籍中,除诊脉和切脉外,还使用了望诊的诊察方法。有一个病案,虽然所占篇幅不多,但是我们可以从中窥见这一诊察方法在当时的发展水平。例如,仓公诊齐丞相舍人奴医案例。《史记·仓公列传》载:“齐丞相舍人奴从朝入宫,臣意见之食闺门外,望其色有病气。……至春果病,至四月,泄血死。所以知奴病者,脾气周乘五藏,伤部而交,故伤脾之色也,望之杀然黄,察之如死青之兹。众医不知,以为大虫,不知伤脾。所以至春死病者,胃气黄,黄者土气也,土不胜木,故至春死。所以至夏死者,脉法曰‘病重而脉顺清者曰内关’,内关之病,人不知其所痛,心急然无苦。若加以一病,死中春;一愈顺,及一时。其所以四月死者,诊其人时愈顺。愈顺者,人尚肥也。奴之病得之流汗数出,于火而以出见大风也。”据五行学说,脾属木,脾木病气偏旺,故望其色见“如死青之兹”,至春木气当令,克胃可信度高土之气而死。从这段记载可见仓公掌握了以五色配属五脏,通过观察面色,以五行的生克关系判断疾病的顺逆。

不仅如此,仓公诊籍中还有运用诊脉与望诊、按摩等相结合诊治的例子。例如,临菑氾里女子薄吾诊籍例。《史记·仓公列传》载:“临菑氾里女子薄吾病甚,众医皆以为寒热笃,当死,不治。臣意诊其脉,曰:‘蛲瘕。’蛲瘕为病,腹大,上肤黄粗,循之戚戚然。臣意饮以芫华一撮,即出蛲可数升,病已,三十日如故。病蛲得之于寒湿,寒湿气宛笃不发,化为虫。臣意所以知薄吾病者,切其脉,循其尺,其尺索刺粗,而毛美奉发,是虫气也。其色泽者,中藏无邪气及重病。”这是仓公将诊脉与腹部按诊、望诊相结合进行诊察的典型例子。

4. 重视医治技术

仓公不仅擅长诊脉技术,同时也重视医治技术。仓公治病是沿着科学的程序进行的。一般是先确诊,在确诊的基础上,寻找病因,再通过临床表现推断病理,最后对症下药。仓公的医治以药物(包括自制的药酒、汤药)为主,根据病情和临床,兼有刺法、灸法、冷敷等,因而能达到“药到病除”的良好效果。

(1)药酒

例如,对于济北王的病,《史记·仓公列传》载:“即为药酒,尽三石,病已。”仓公为他调制药酒,喝了三天,病就好了。之所以有好的疗效,主要是弄清了病因“得之汗出伏地。所以知济北王病者,臣意切其脉时,风气也,心脉浊”。病法“过入其阳,阳气尽而阴气入”。“阴气入张,则寒气上而热气下,故胸满。汗出伏地者,切其脉,气阴。阴气者,病必入中,出及瀺水也。”即是说,他的病是因“出汗时伏卧地上而得。我所以知道济北王的病因,我切脉时,脉象有风邪,心脉重浊”。依照病理“病邪入侵体表,体表的阳气耗尽,阴气就会侵入。”“阴气入侵嚣张,就使寒气上逆而热气下流,就使人胸中胀满。出汗时伏卧在地的人,切他的脉时,他的脉气阴寒。脉气阴寒的人,病邪必然会侵入内里,治疗时就应使阴寒随着汗液淋漓流出。”这里,仓公用了自己专门调制的药酒治好了济北王的病。

(2)火剂粥和丸药

例如,对于齐王原来为阳虚侯时生的病,《史记·仓公列传》载:“齐王故为阳虚侯时,病甚,众医皆以为蹶。臣意诊脉,以为痹,根在右胁下,大如覆杯,令人喘,逆气不能食。臣意即以火齐粥且饮,六日气下;即令更服丸药,出入六日,病已。病得之内。诊之时不能识其经解,大识其病所在。”大意是说,齐王从前是阳虚侯时,病得很重,许多医生都认为是蹶病。仓公为他诊脉,认为是痹症,病根在右胁下部,大小像扣着的杯子,使人气喘,逆气上升,吃不下东西。仓公就用火剂粥给他服用,过了六天,逆气下行;再让他改服丸药,大约过了六天,病就好了。他的病是房事不当而得。

(3)仓公的针灸技术

仓公擅长运用针灸技术,有刺法、灸法并结合冷敷等疗法。在诊籍中也有这方面的典型事例。例如,《史记·仓公列传》载:“故济北王阿母自言足热而懑,臣意告曰:‘热蹶也。’则刺其足心各三所,案之无出血,病旋已。”大意是说,从前济北王的奶妈说自己的足心发热,胸中郁闷,仓公告诉她:“是热厥病。”在她足心各刺三穴,出针时,用于按住穴孔,不能使血流出,病很快就好了。

(4)针灸与服药相结合

仓公还善于采用针灸与服药相结合的办法治病。例如,《史记·仓公列传》载:"齐北宫司空命妇出于病,众医皆以为风入中,病主在肺,刺其足少阳脉。臣意诊其脉,曰:'病气疝,客于膀胱,难于前后溲,而溺赤。病见寒气则遗溺,使人腹肿。'出于病得之欲溺不得,因以接内。所以知出于病者,切其脉大而实,其来难,是蹶阴之动也。脉来难者,疝气之客于膀胱也。腹之所以肿者,言蹶阴之络结小腹也。蹶阴有过则脉结动,动则腹肿。臣意即灸其足蹶阴之脉,左右各一所,即不遗溺而溲清,小腹痛止。即更为火齐汤以饮之,三日而疝气散,即愈。"大意是说,齐国北宫司空名叫出于的夫人病了,许多医生都认为是风气入侵体中,主要是肺有病,就针刺足少阳经脉。仓公诊脉后说:是疝气病,疝气影响膀胱,大小便困难,尿色赤红。这种病遇到寒气就会遗尿,使人小腹肿胀。她的病,是因为想解小便又不能解,然后行房事才得的。仓公知道她的病,是因切脉时,脉象大而有力,但脉来艰难,那是厥阴肝经有变动。脉来艰难,那是疝气影响膀胱。小腹所以肿胀,是因厥阴络脉结聚在小腹,厥阴脉有病,和它相连的部位也会发生变化,这种变化就使得小腹肿胀。仓公就在她的足厥阴肝经施灸,左右各灸一穴,就不再遗尿而尿清,小腹也止住了疼。再用火齐汤给她服用,三天后,疝气消散,病就好了。这里是仓公诊其脉认为是"病气疝",并用针灸再结合"火齐汤"治好了病。

仓公在"诊籍"中不仅记自己的成功病例,而且也承认有诊断错误的时候。汉文帝问他:"你给人诊病,能全部正确,没有失误吗?"仓公很坦率地回答:"有时也有失误之处,我不是一个诊病完全准确的医生。"仓公这种实事求是的科学态度,是非常可贵的。

司马迁在《史记·扁鹊仓公列传》的结尾处感慨道:"太史公曰:女无美恶,居宫见妒;士无贤不肖,入朝见疑。故扁鹊以其伎见殃,仓公乃匿迹自隐而当刑。缇萦通尺牍,父得以后宁。故老子曰'美好者不祥之器',岂谓扁鹊等邪?若仓公者,可谓近之矣。"司马迁认为:扁鹊因为他的医术遭殃("扁鹊以其伎见殃"),仓公于是自隐形迹,还被判处刑罚("仓公乃匿迹自隐而当刑")。所以老子说,美好的东西都是不吉祥之物("美好者不祥之器"),这哪里说的是扁鹊这样的人呢?像仓公这样的人,也和这句话所说的意思接近啊。司马迁对扁鹊和仓公的医学成就有不同的认识,对他们的同情是真诚而又意味深长的。

四、刘洪与古代历法体系的构建

（一）刘洪生平简历

刘洪（约129—210年），字元卓，东汉泰山蒙阴（今山东省蒙阴县）人，据考证其故里在蒙阴县城西北4公里处的召子官庄村。生卒年月无确切记载，约生活于东汉永建四年（129年）和建安十五年（210年）之间。刘洪是中国古代历法体系的奠基者，是我国古代最杰出的天文学家之一。

算圣刘洪

刘洪是鲁王宗室出身，他是东汉开国皇帝汉光武帝刘秀的侄子鲁王刘兴的第六世裔。鲁王刘兴的庶子被封为县侯，封地为泰山郡龙眼官庄（今蒙阴县召子官庄）。刘洪从小就生活在这里，受到了良好的教育。刘洪勤奋好学，具有渊博的知识。《四库全书总目提要》说："后汉志注引袁山松书曰，刘洪，泰山蒙阴人，延熹中以校尉应太史征，拜郎中，后为会稽东部都尉，征还未至，领丹阳太守，牵官。是洪官会稽后未尝家居，不得言于泰山见之。且洪在会稽乃官部尉，其为太守实在丹阳……"据《后汉书·律历志》记载，刘洪自幼"笃信好学，观乎六艺群书"。

汉桓帝延熹年间（158—166年），刘洪以校尉应太史蔡邕征，拜郎中，旋迁常山国（今河北元氏）长史，转以"丁忧"归里为父守丧数年。守孝期满后重新回到朝廷。刘洪年轻时便是宫廷内臣，虽然没有大富大贵，却足以得到良好的生活环境，让他可以潜心研究天文历法，为后来成就一番伟业奠定基础。刘洪青年时期对天文历法有特殊的兴趣，后因数术超绝，担任“上计掾”（主管上报户口、金钱、谷物出入等财政事务）、检书乐观等技术性和学术性官职，专门从事历法研究。《后汉书·律历志中》记载“洪善算，当世无偶。”他在数学、天文学领域有着独到的创见和成就。约160年，由于他对天文历法的素养渐为世人所知，遂被调到执掌天时、星历的机构任职，为太史部郎中。在此后的十余年中，刘洪积极从事天文观测与研究工作，这对他后来在天文历法方面的造诣奠定了坚实的基础。

《后汉书》卷十二《律历志》中云：熹平三年（175年）……常山长史刘洪上作《七曜术》。又李贤注引《袁山松书》云：洪善算，当世无偶。作《七曜术》；及在东观，与蔡邕共述《律历记》，考验天官；及造《干象术》，十余年考验日月与象相应。皆传于世。

刘洪的著作除了《乾象历》、《七曜术》外，还著有《消息术》和《八元术》，后来推出的《八元术》与《七曜术》相关。刘洪出任常山国长史期间，为协助国相处理政务，特献上《七曜术》，引起了朝廷的重视。汉灵帝特下诏派太史部官员对其校验。刘洪依据校验结果，对原术进行了修订，写成《八元术》，汇集了刘洪十余年间观测与思考的结晶，可惜二术的内容均无法查考。

由于刘洪贡献卓著，很快被朝廷委以重任，刘洪还做过谒者，后来又迁至谷城门侯、曲城侯相等，表现出较高的政治才能。几年后刘洪又一次远离京城，做了会稽东部都尉（郡太守的副手）。约189年，汉灵帝特召刘洪回洛阳，可能是商议历法改革事宜。但当年四月汉灵帝驾崩，董卓为乱，时局骤变。于是朝廷改变初衷，改任刘洪为山阳郡（今山东金乡）太守。刘洪是一位清官，在任期间，兢兢业业，清正廉洁，为当地百姓所爱戴。史书上说他赏罚分明，重教化，移风易俗，被誉为“政教清均，吏民畏而爱之，为州郡之所礼异”（《后汉书·律历志》），成为远近闻名的颇有威望和政绩的行政官员。

约建安十五年（210年），刘洪卒于山阳太守任上。在他人生最后大约10年的时间里，他在努力料理繁重政务的同时，又继续改良和完善他的《乾象历》，而且力图使天文历法的研究后继有人。刘洪利用业余时间答疑解惑，将自己的知识无私传授给学生。当时的著名学者郑玄、徐岳、杨伟、韩翊等,都曾得到过他的指点。这些人后来为普及或发展《乾象历》作出了各自的贡献。

（二）刘洪的天文学贡献

1. 第一次引进月球运动不均匀性的理论

刘洪完成的《七曜术》和《乾象历》,是他代表性的天文学成果。《乾象历》最主要的成就在月亮运动的研究上。《乾象历》是第一部传世的引进月球运动不均匀性理论的历法。早在刘洪之前,天文学家就认识到月亮的运动并不均匀,而是时快时慢,并且月亮轨道离地球最近点的位置也在不停地向前移动。虽然在东汉时期,天文学家就开始讨论这个问题,但只有刘洪提出了近点月的概念和计算它的长度的方法,指出月亮是沿自己特有的轨道(白道)运动的,月亮在白道上运行,白道与黄道的交点叫做黄白交点。在历法史上,关于月亮运动轨道——白道概念的建立,标志着自战国以来对月亮运动轨迹含混不清的定性描述局面的结束。刘洪肯定了前人关于月亮运动不均匀性的认识,在重新测算的基础上,不但首先发现黄白交点在沿黄道退行,并且给出了具体数值。刘洪给出的黄纬值为六度一分,误差0.62度。刘洪还给出了月亮从黄白交点出发,每经1日距离黄道南或北的黄纬度值(称兼数)表格,可由该表格依一次差内插法推算任一时刻的月亮黄纬。这就较好地解决了月亮沿白道运动的一个坐标量的计算问题。《乾象历》是我国历法史上的一次突破性的大进步,从而奠定了中国“月球运动”学说的基础。

2. 潜心测算和研究,计算出朔望月、回归年的长度

刘洪善于从他的前辈的研究中获取营养和启迪,又善于参与天文历法的辩难和论争,从他的同代人中获得最新的思想和信息。在刘洪以前,人们对于朔望月和回归年长度值已经进行了长期的测算工作,取得过较好的数据。但刘洪发现:依据前人所取用的这两个数值推得的朔望弦晦以及节气的平均时刻,长期以来普遍存在滞后于实际的朔望等时刻的现象。刘洪经过数十年的潜心思索,认为《太初历》也好,《三统历》也好,《四分历》也好,施行一段时间后,都会出现历后于天的现象,即月先朔而生。这里,刘洪大胆地提出前人所取用的朔望月和回归年长度值均偏大的正确结论,给上述

历法后天的现象以合理的解释。只要减小回归年的数值,太阳、太阴就能循步而行。刘洪发现以往各历法的回归年长度值均偏大,在《乾象历》中,他定出了365.2468日的新值,较为准确,从而结束了回归年长度测定精度长期徘徊以致倒退的局面,并开拓了后世该值研究的正确方向。刘洪所用的这些数据与现代的历法相比尚有一定差距,但是比起以往的历法来有了很大的进步。他经过20多年的潜心测算和研究,计算出朔望月的长度值为29.5305422日,比现在的常数值每月差4秒。刘洪确定了黄白交角和月球在一个近点月内每日的实行度数,使朔望和日月食的计算都前进了一大步。

3. 发现了月行有迟疾,并对此作了定量研究

战国时期,人们就认识到了五星运行有迟疾这一特点。入东汉以来,人们对于月亮运动和交食的研究十分重视和活跃。东汉早期的李梵和苏统已经明确建立了月行有迟有疾的观念,经学大师贾逵发现月有迟疾,而且也给出了月亮近地点进动的初始数值。此后,与月行迟疾有关的月行九道术便风行于世。刘洪作《乾象历》,将这一成果纳入历法,给出了月行有迟疾数(旧历,月平行$13\frac{7}{19}$度,至是始悟月行有迟疾之差,极迟则日行12度强,极疾则日行14度太,其迟疾极差5度有余)月有迟疾产生的原因,一是月球运行的轨道是椭圆形,在近地点时,引力增加,速度加快,远地点时引力减少,速度变慢;二是由于白道与赤道斜交造成的视差。在二至前后时月行迟,而在二分前后月行速。迟疾法的使用,无疑使天象与历法更加吻合。根据月亮运动的这种不均匀性特征,刘洪定出了比较精确的近点月长和一个近点月中每天月亮的实行度数,并用来修正根据月亮平均运动而算出的平朔和平望,从而得到定朔和定望,有助于更准确地预报交食。刘洪还第一次给出了日行迟疾表,较好地定量描述月亮的不均匀运动的方法,它也成为后世大多数历法的传统方法。

4. 刘洪对黄白道交点退行值进行了测定和计算,并创立了推算定期、定望时刻的公式

刘洪发现黄道与白道的交点在天空背景中退行的天文现象,他确立了黄道与白道的交点在恒星背景中自东向西退行的新天文概念,并给出了黄,白交点每日退行的具体数值。刘洪测定出月球沿其运行轨道——白道运动

时，与太阳视运行的轨道——黄道之间有一个 6 度 1 分的夹角，只有当太阳月亮在黄白交点附近 15 度半（赤经）以内相遇时，也即只有当月亮距离黄道 1.6 度（赤纬）以内时，才能产生交蚀，这是他在历法史上首次给出的黄白交角值，即交蚀能否发生的蚀限，他计算的近点月长度为 27.553359 日，误差只有 104 秒，这与现今天文观测的结果非常接近。刘洪对月球运动的研究的重大突破，无论从概念的确立、数据的测定还是到具体计算方法的提出，对后世都产生了深远的影响。

由于月球绕地球的不等速运动，在计算时刘洪创立了推算定期、定望时刻的公式。刘洪对黄白道交点退行值进行了测定和计算，并给出了黄白道交点退行值为 0.0537513 度。刘洪根据这一测定，设计了计算交点月长度的公式：一个交点月长度 =10111110/371566 日；继而他又算出 11045 个朔望月 =11986 个交点月。刘洪的这个数值比现在的理论值只差 5 秒。

（三）刘洪的数学贡献

1. 正负数歌诀

刘洪精通《九章算术》，在运筹和算法方面都有着非凡的数学才能，在当时和后世都受到学术界的赞誉。刘洪在数学史上的成就为世公认的是他在《乾象历》中创造的“正负数歌诀”：强正弱负、强弱相并，同名相从，异名相消。其相减也，同名相消，异名相从，无对互之。

2. 精确计算

刘洪在数学领域里取得了“当世无偶”的地位后，又“意以为天文数术、控赜索隐、钩深致远，遂专心锐思”研究天文历算方面的问题。175 年，刘洪创作完成了《七曜术》。《七曜术》是一部杰出的天文学专著。在《七曜术》里，刘洪精确地推算出了“五星会合”的周期，以及它们运行的规律。他的数据与现代用精密的天文仪器测算的“差值”甚微，有的还完全相同。《七曜术》的完成，为其创建《乾象历》奠定了坚实的理论和数据基础。东汉郑玄对刘洪《乾象历》计算水平的评价是“穷幽极微”。

3. 珠算的奠基者

刘洪关于数学的另一项贡献更是人尽皆知，甚至被列为中国第五大发明，那就是珠算。珠算，是用算盘进行运算的工具，是中华民族宝贵的文化遗产。但有关它的起源,却争论了上百年。珠算的发明,使人们的计算能力产生了一次飞跃。“珠算”这个名词,最早见于东汉魏人徐岳所著的《数术记遗》一书。徐岳在书中说:“余……备历丘岳,村壑必过,乃于泰山见刘会稽,博学多闻,偏于数术。余因受业,颇染所由……隶首注术,乃有多种……其一珠算……”文中所说的刘会稽,就是他的老师著名的历算学家——刘洪。由此可知,我国珠算的奠基者,最迟则应是刘洪。有人说,蒙阴是珠算的故乡,刘洪是珠算之父或被称为我国珠算的奠基人,被尊为“算圣”。时至今日,珠算仍没有被先进的科学技术淘汰,在中国、日本、美国等地继续流行。算盘的创立为基础数学特别是计算数学的发展奠定了基础,同时也为经济的发展起了有力的推动作用。

刘洪取得了一系列令人瞩目的天文学和数学的重要成就,郑玄称赞《乾象历》是“穷幽极微”的杰作,而唐代天文学家李淳风则十分中肯地指出,《乾象历》是“后世推步之师表”。

五、郑玄与算学

(一)郑玄生平简历

郑玄(127—200年),字康成,北海高密(今山东高密西南)人。东汉儒家学者,中国著名经学大师,杰出的文献学家、教育家。

郑玄的先辈在西汉时曾是高密大族,他的八世祖郑崇曾在汉哀帝时任尚书仆射,因正直敢谏,被奸佞诬陷而死,后家境衰落。到郑玄时已清贫如洗。但郑玄承先祖遗风,自幼聪明好学,13岁就能诵读《五经》,有“神童”之称。18岁便做了乡啬夫,后又改任乡佐。郑玄为人容仪温蔼,好读经书,“不乐为吏”,每逢休假,就找学官求教。当时担任北海相的杜密给郑玄在北海国安排了一个职务,并送他到太学深造。他先接受了官学,即今文经学,师从今文经学博士第五元先研习今文经,后“又从东郡张恭祖受周官、礼记、左氏春秋、韩诗、古文尚书”《后汉书·郑玄列传》。张恭祖是当时有名的古文经学家,郑玄跟随他学习了古文经,颇有心得。后郑玄又“往来幽、并、兖、豫之域,获觐乎在位通人,处逸大儒”(《后汉书·郑玄列传》)。约37岁时,他“以山东无足问者,乃西入关,因涿郡卢植,事扶风马融。”(《后汉书·郑玄列传》),说明他自认为学识深厚,已想跨越山东发展，于是他就选取西入关中，通过马融的学生卢植介绍，师事著名的古文经学家马融。最后在马融门下求学七年，终于成为集经今、古文之大成的经学大师。

郑玄后适居东莱(今山东黄县东南)，耕田自食，并过着教书生涯："玄自游学十余年，乃归乡里。家贫，客耕东莱，学徒相随已数百千人。"(《后汉书·郑玄列传》)。桓帝时，祸发生，"及党事起，乃与同郡孙嵩等四十余人俱被禁锢。遂隐，修经业，杜门不出"(《后汉书·郑玄列传》)。他专心研究经学，以古文经说为主，兼采今文经说，融会贯通，遍注群经，长达14年。14年中，他集中精力授徒注经，进入了研究的鼎盛时期。他先后注《三礼》、《古文尚书》、《毛诗》、《论语》、《孝经》等，撰《毛诗谱》、《论语释义》、《仲尼弟子目》、《六艺论》、《驳许慎五经异议》、《答临孝存周礼难》等，洋洋洒洒百余万言。其间发生了经学史上又一次今古文学的争论。时任城文学家何休，为公羊学大师，与其师羊弼作《公羊墨守》、《左氏膏肓》、《谷梁废疾》，站在公羊学的立场上，对左氏和谷梁氏两家发起猛烈攻击。墨守者，如墨翟守城足以拒战；膏肓者，病已甚矣；废疾者，残废无用。服虔、郑玄起而还击，"(郑)玄发《墨守》，针《膏肓》，起《废疾》"(《后汉书·郑玄列传》)。这一次，郑玄对公羊学的还击已不是严格意义上的今古文经学之间的斗争。郑玄的深入论述，令人佩服，何休见而叹曰："康成入吾室，操吾矛，以伐我乎！"从此以后，就再也没有类似的论争了。

汉灵帝末年，"党锢"解禁，大将军何进执政，想重新起用郑玄。这时郑玄年已六十，他淡泊名利，婉言谢绝，宁愿在家乡(今山东省高密市双羊镇后店村)讲学授徒，并从事教学与著述，"但念述先圣之元意，思整百家之不齐，亦庶几以竭吾才，故闻命罔从"(《后汉书·郑玄列传》)。往后的十多年里，郑玄勤奋著述，凡百余万言。弟子自远方来者益多，增至数千人，文学家孔融尤深敬服，因告高密县为他特立一乡，曰"郑公乡"。黄巾大起义后，郑玄同其门徒迁往胶东不其山(今青岛城阳区铁骑山)，避难隐居。他在山中建立书院，被称为康成书院。该书院初建时的规模、结构等因缺乏资料，已难考究，但从郑玄影响大、名气大、追随者众多的角度而言，该书院应该是当时的一个重要文化场所。郑玄一面讲学，一面整理古代历史文献，同时将自己大半生的学经收获记载下来，著书立说，慕名前来求学者达千人。黄巾数人见他皆下拜,相约不敢入县境,其影响之深,于斯可见。后来,康成书院所在的不其山一带发生自然灾害,粮食极为缺乏,书院面临很大的困难。为减轻负担,郑玄离开了崂山,到了徐州。后又得袁绍优遇之礼,这时正值袁绍与曹操两军相持。晚年郑玄为袁绍所逼,被迫随军征战,汉献帝建安五年(200 年),客死于袁绍军中,故于元城(今河北省大名县东),享年 74 岁。郑玄初葬剧东。关于剧东旧葬地,《齐乘》卷五云:“剧东旧葬地,即今益都府东五十里郑墓店也。因高密有郑公乡,土人讹为郑母云。”《山东通志·古迹》载:“益都县,郑康成旧葬处,在县东四十里郑墓店。袁绍屯官渡,逼康成随军,不得已,载病至元城卒,葬于剧东,即今郑墓店也。”康成墓西北里许,有康成之子益恩墓,再西北里许系康成八世祖郑崇墓。郑公祠西 10 米处,有康成之孙小同墓,封土已死。现墓前所立碑,书“汉郑康成先生之墓”,为清乾隆十四年七月高密县令钱廷熊立。墓旁还竖有山东省人民政府 1992 年 6 月公布的“山东省重点文物保护单位”标志。

(二)作为经学大师的郑玄

郑玄是两汉经学之集大成者。两汉经学的发展自有其轨迹可寻,而在历经了长久的积累之后,到东汉末年郑玄的出现,便集其大成。郑玄立足古文,兼采今文,融会贯通,遍注群经,对两汉传统的今古文经学进行了全面的加工改造,著有《天文七政论》、《鲁礼禘祫义》、《六艺论》、《毛诗谱》、《驳许慎五经异义》、《答临孝存周礼难》。他为后人留下了很多有价值的著作,如其注释的《周易》、《尚书》、《毛诗》、《仪礼》、《论语》、《诗经》、《国礼》、《礼记》、《孝经》、《尚书大传》、《中候乾象历》等凡,百余万言,被后人重视。

郑玄的经学成就及由其学术而形成的学派,形成了以古文经学为主的“通学派”(亦称“郑学”或“综合学派”),并得到了十分广泛的流传。唐代以后,郑学在礼学中仍占主导地位,孔颖达等儒者为《三礼》作疏,均以郑玄注为底本。宋代理学兴盛,经学地位有所动摇,但儒者们却对郑氏《三礼》格外青睐。清初大学者顾炎武有《述古诗》称赞郑玄说:“大哉郑康成,探赜靡不举。六艺既该通,百家亦兼取。至今三礼存,其学非小补。”顾氏是从不轻易赞颂古人的,但却对郑玄称扬备至,由此也可见郑玄礼学成就之大、影响之深。

此外，郑玄创立的康成书院开创了村学之风，为青岛地区古代文化留下了宝贵的财富。

（三）郑玄的数学研究

1. 通《三统历》

“玄八九岁能下算乘除。”郑玄是在进入太学修业时，在广泛学习《周易》、《公羊春秋》、《周官》、《礼记》、《左氏春秋》、《韩诗》、《古文尚书》等学术的同时，又学习《三统历》、《九章算术》等天文数学著作的。对此，《后汉书·郑玄列传》载：“郑玄……造太学受业，师事京兆第五元先，始通京氏易、公羊春秋、三统历、九章算术。”《三统历》是刘歆（？—23年）编制，其主要内容是运用“三统”解释历法。刘歆说：“三统者，天施、地化、人事之纪也。”《周易》乾之初九，音律黄钟律长九寸，为天统；坤之初六，林钟律长六寸，为地统；八卦，太簇律长八寸，为人统。刘歆的《三统历》采用太初历的日法八十一，并说：“太极中央元气，故为黄钟，其实一龠，以其长自乘，故八十一为日法。”汉武帝时期编制的《太初历》，通过西汉末年刘歆编制的《三统历》，在《汉书·律历志》中记录流传下来。

《周礼·春官·大史》曰“正岁年以序事。”郑玄注：“中数曰岁，朔数曰年。中、朔大小不齐，正之以闰，若今时作历日矣。”这里指出了“岁”与“年”的区别，从历法角度说，“岁”是就节令中的中气十二个“月”的长度说的，指两次“日南至”的时间长度，相当于现在的地球绕日运行的公转周期；而“年”则指的是以朔望月计算的十二个月或十三个月用于“授时”的时间长度。从天数说，一年有354、355、384、383天四种年型的区分；而历法“岁”，则是指十二个“中气月”的时间长度，是一个相对的固定值。《汉书·律历志》以及其中所录载的《三统历》便成为其后历代《律历志》以及历代各种历法的模式和样板。阴阳合历的模式，其中包括了气、朔、闰、交食、五星、晷漏等完备的具有中国特色的体系。这种历法的基本模式、框架一直被遵循下来，甚至在西方近代历法已经传入的明清时代（《大统历》、《时宪历》），也没改变。

2. 通《九章算术》

《九章算术》是中国最早的数学经典，约成书于公元前1世纪，在中国传统数学中占有重要地位，自古流传。《九章算术》的内容是在“九数”的基础上发展而来。《周礼》的“九数”指的是《周礼·地官司徒·保氏》所言：“保氏掌谏王恶而养国子以道，乃教之六艺：一曰五礼，二曰六乐，三曰五射，四曰五御，五曰六书，六曰九数。”这就是古代教育必须学习的礼、乐、射、御、书、数六门功课，“九数”就是数学的九部分内容，但在《周礼》里没有把“九数”列举出来，当时是些什么样的内容，已不可考。汉武帝时，这部《周礼》开始受到经学家的注意。到东汉时期，郑众、马融等都为“九数”作了注解。郑玄在他的《周礼注疏·地官司徒·保氏》中引大司农郑众（？—83年）的说法：“九数：方田、粟米、差分、少广、商功、均输、方程、赢不足、旁要；今有重差、夕桀、勾股也。”这些项目与成书于西汉的《九章算术》除少量差异外，大部分相同。郑玄引郑众注，传本《九章算术》有勾股章没有旁要章，这说明东汉时期数学的发展对《九章算术》已作了修改删补。再据郑玄引东汉初郑众的说法，西汉在先秦“九数”基础上又发展出勾股、重差两类数学方法。郑玄对《九章算术》颇有研究，到21岁，他已“博极群书，精历数图纬之言，兼精算术”（《世说新语·文学》刘孝标注引《郑玄别传》）。

3. 精通算学，伺机向马融当面问学

郑玄自认为在山东一带已经没有学者可以请益，便转往扶风郡，拜马融为师。马融是当时的知名大儒，平素骄贵，门下有门徒四百余人，有直接听讲资格的，只有五十余人。他平常并不亲自教导学生，大多由较优秀的学生代为授业，所以郑玄在其门下，“三年不得见”，马融“使高业弟子传授于玄”。但是郑玄并没有因此荒怠学业，仍然“日夜寻诵，未尝怠倦”地苦读。有一天，马融集合门人“考论图纬”，涉及某些天文历算问题，“闻（郑）玄善算”，就召他到楼堂上一起讨论图谶，郑氏就借此机会，便“质诸异义”，他把平日的所有疑异问题都一一提出，亲聆老师的解释，遂有得于师学正传。这时，郑玄已过不惑之年。不久，郑玄觉得对经学的疑惑已经解除，于是告辞回乡，马融喟然对门人说：“郑生今去，吾道东矣。”由此，为其以后深入经学堂奥，遍注诸经积蓄了深厚的功力。

六、徐岳与《数术记遗》

徐岳（？—220年），字公河，东汉末年东莱（今山东掖县）人，东汉时期著名的数学家、天文学家。曾向刘洪学习历法，主要研究《乾象历》，并丰富发展了《乾象历》，徐岳曾对《乾象历》和韩翊《黄初历》（220年）的五星法进行过比较研究，结果发现《乾象历》优于《黄初历》。历法的钻研为徐岳以后从事算学研究打下了坚实的基础。徐岳对《九章算术》有研究。《四库全书总目提要》卷一七〇子部一七天文算法类二载："《隋书·经籍志》具列岳及甄鸾所撰

《数术记遗》（宋刻本）

《九章算经》、《七曜术算》等目，而独无此书之名，至《唐·艺文志》始著于录。书中称于泰山见刘会稽，博识多文，遍于数术，余因受业时问曰：数有穷乎？会稽曰：吾曾游天目山中，见有隐者云云。大抵言其传授之神秘。"徐岳所说的刘会稽就是刘洪。

（一）《数术记遗》的主要内容

相传中国古算书《数术记遗》由徐岳所作。卷首题"汉徐岳撰，北周汉中郡守、前司隶，臣甄鸾注"。徐岳是刘洪的忠诚门生。他把老师的意愿，撰写成《数术记遗》一卷，该著作后来被列为唐代明算科考试的必读书之一。《数述记遗》在唐代作为《算经十书》外兼习之书，至五季纷乱而遗失。至宋景祐元年（1034年）王尧臣奉敕撰《崇文总目》，以昭文、史馆、集贤、秘阁四馆所藏书，分类编目而成，其中就有《数术记遗》①。

《数术记遗》全书主要分为两大部分：一是记数法；二是大数进法。

（二）记数法

《数术记遗》中说，是黄帝发明了数的记法和用法；也有的书中说，最早的算数是黄帝时代一个叫"隶首"的人创作的。书中记载了3种进位制度

①李培业：《关于〈数术记遗〉的创作年代》，《珠算与珠心算》2003年第1期。

《数术记遗》书影

和14种记数法,以与刘洪问答的形式,介绍了14种计算方法:“其一积算,其一太一,其一两仪,其一三才,其一五行,其一八卦,其一九宫,其一运筹,其一了知,其一成数,其一把头,其一龟算,其一珠算,其一计数。”这里的14种算法分别是:积算、太乙算、两仪算、三才算、五行算、八卦算、九宫算、运筹算、了知算、成数算、把头算、龟算、珠算和计数(心算)。对每种算法的叙述,只有三言两语,看不出所以然。迄今尚未有人做深入研究,原因是“文献不足故也”。显然,这里采用了《周易》中的一些重要概念。古代数学家大都研读过《周易》,因此,在研究数学的过程中借助于《周易》的概念是不足为奇的。以下解释其中的几个算法:

1. 积算(即筹算)。亦作“积䄷”,计算、结算的意思。

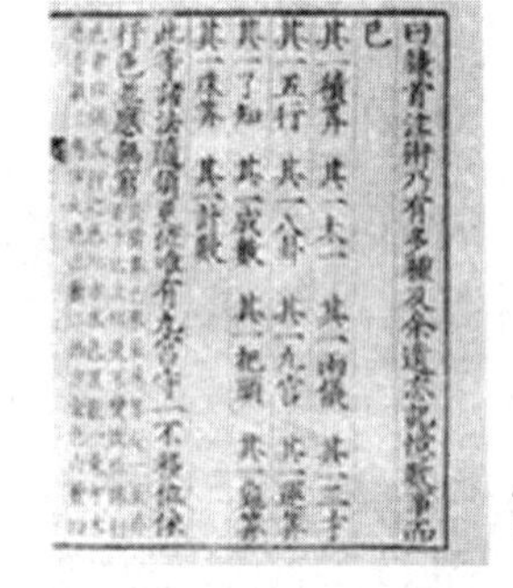

《数术记遗》中记载的14种算法

2. 太乙算。《数术记遗》中云:“太一(乙)算,太一之行,去来九道。注云:刻板横为九道,竖以为柱,柱上一珠,数从下始。故曰去来九道也。”①查阅《三国演义》可知,诸葛亮的神机妙算,全赖“太乙”。

3. 两仪算。《数术记遗》中云:“两仪算,天气下通,地禀四时。”原注云:“刻板横为五道,竖以为位。一位两珠,上珠色青,下珠色黄。其青珠自下而下,至上第一刻主五,第二刻主六,第三刻主七,第四刻主八,第五刻主九。其黄珠自下而上,至下第一刻主一,第二刻主二,第三刻主三,第四刻主四,而已。故曰‘天气下通,地禀四时’也。”②

4. 三才算。《数术记遗》中云:“三才算,天地和同,随物变通。”注云:“刻板横为三道,上刻为天,中刻为地,下刻为人。竖为算位。有三珠,青珠

---

①②《数术记遗》,参钱宝琮点校:《算经十书》,中华书局1963年版,第542页。

属天,黄珠属地,白珠属人。又其三珠通行三道。若天珠在天为九,在地主六,在人主三。其地珠在天为八,在地主五,在人主二。人珠在天主七,在地主四,在人主一。故曰天地和同,随物变通。亦况三元,上元甲子一、七、四,中元甲子二、八、五,下元甲子三、九、六,随物变通也。"①

5. 珠算。"珠算"一词在《数术记遗》中有:"珠算,控带四时,经纬三才。"北周甄鸾为此作注,大意是:把木板刻为三部分,上下两部分是停游珠用的,中间一部分是作定位用的。每位各有五颗珠,上面一颗珠与下面四颗珠用颜色来区别。上面一珠当五,下面四颗,每珠当一。可见当时"珠算"与现今通行的珠算有所不同。这里,"珠算"之名,也首见于此。主要体现在以下两个方面:

一是徐岳在书中说:"刘会稽,博学多闻,偏于数学……隶首注术,仍有多种,其一珠算。"刘洪是珠算之父,被尊为"算圣"。刘洪是泰山郡蒙阴(今山东蒙阴县)人,因此有人说,蒙阴是珠算的故乡。二是徐岳在《数术记遗》中记载,他的老师刘洪访问隐士天目先生时,天目先生解释了 14 种计算方法,其中一种就是珠算,采用的计算工具很接近现代的算盘。

以上太乙算、两仪算、三才算和珠算都是用珠的槽算盘,在技术上是重要的改革。

6. 五行算。《数术记遗》中云:"五行算,以生兼生,生变无穷。"这是用九根有颜色的算筹表示数,1—5 用单角筹玄、赤、青、白、黄五种颜色表示,6—9 用两色筹表示:玄、赤、青、白各配以黄色表示。

(三)大数进法

《数术记遗》把大数的名称按不同的含义排列成三个不同的数列。书中详细记载了对大数的一整套命名和三种进位方法,相当完整地记载了中国表示数量的数词。这些数词有一、二、三、四、五、六、七、八、九、十、百、千、万、亿、兆、京、垓、秭、壤、沟、涧、正、载。而中国数词表示法当中最大的"极",在这本书当中并没有记载,不过却常用来表示无限大的概念。

《数术记遗》称:

---

①《数术记遗》,参钱宝琮点校:《算经十书》,中华书局 1963 年版,第 542 页。

> 黄帝为法,数有十等,及其用也,乃有三焉。十等者亿、兆、京、垓、秭、壤、沟、涧、正、载;三等者,谓上、中、下也。其下数者。十十变之,若言十万曰亿,十亿曰兆,十兆曰京也。中数者,万万变之,若言万万曰亿、万万亿曰兆,万万兆曰京。上数者,数穷则变,若言万万曰亿,亿亿曰兆,兆兆曰京也。从亿至载,终于大衍。下数浅短,计事不尽;上数宏廓,世不可用;故其传世,惟以中数。

(四)“数穷则变”

《数术记遗》称:“上数者,数穷则变,若言万万曰亿,亿亿曰兆,兆兆曰京也。”这里数穷则变,不能数了才变,后者为前者之平方。《数术记遗》中记载的徐岳和他的老师刘洪的对话,精彩地阐明了“数穷则变”的深刻道理:

> 桓、灵间山东蒙阴刘洪(东汉天文学家)造访数术之道,先生曰:“世人言,三不能比二,数不识三,妄谈知十,不辨微积之为量。黄帝为法,数有十等。及其应用,乃有三焉。十等者,亿、兆、京、垓、秭、壤、沟、涧、正、载。三等者,上、中、下。……”
>
> 刘洪问:“先生所言上数者,数穷则变,既言终于大衍,大衍有限,此何得无穷?”
>
> 先生笑答:“数之为用,言重则变,以小兼大,又加循环,循环之理岂有穷乎?”
>
> 洪又问:“为算之体皆以积为名,为复,更有他法乎?”先生答曰:“隶首注术乃有多种,其一积算;其一太乙;其一两仪;其一三才;其一五行;其一八卦;其一九宫;其一运筹;其一了知;其一成数;其一把头;其一龟算;其一珠算;其一计算。此等诸法,随须更位。惟有九宫,守一不移,位依行色,并应无穷。”刘洪承其口授,转虑遗忘,因记之。

即便是今日,“数穷则变”这一朴素的辩证思维所蕴涵的深邃哲理仍值得人们深思。“数穷则变”的思想对于当代数学哲学仍具有积极的意义。

此外,北周甄鸾的《数术记遗》也收录了百鸡问题,但其数据与《张丘建算经》有所不同。该题应有两组答案,但他仅给出一组,并说明这类问题“不同算筹,宜以心计”,即采取试算的办法来解决。

第三章　魏晋南北朝时期的山东科学技术

一、魏晋南北朝时期山东科学技术概论

魏晋南北朝时期(220—581 年),是社会阶级分化最为复杂的时期,分裂和动乱是这个时期政治上最突出的现象。山东地区面临乱世和战争的破坏,科学技术是在和平与安定的间隙中发展的。这时期的科学技术在前代的基础上取得了重大进展,特别是在农学、医学、天文学、数学等方面形成了中国的传统自然科学理论,也出现了在山东以至于中国科学技术史上占有重要地位的科学家。在手工业方面,山东是北方重要的纺织业生产和销售地区,青州成为贸易活动中心。淄博还是北方青瓷的重要产地,工艺制造水平较高,在中国北部处于领先地位。

(一) 魏晋南北朝时期山东的农业生产技术和农学

魏晋南北朝时期,由于国家的分裂,民族矛盾上升,加之战争的破坏,使经济的发展显得尤为艰难。特别是汉末和西晋末年的两次全国性大动乱,对经济的发展产生了严重的破坏性影响。山东地区同样由于长期处于战乱状态,土地荒芜,人口减少,农业遭到严重破坏,但在农业生产技术和农学研究方面还是取得了很多进步与发展。这集中体现在北魏杰出的山东农学家贾思勰,写成了传统农业的百科全书《齐民要术》。

贾思勰为山东益都县(今寿光县)人,曾任北魏高阳太守。贾思勰十分重视农业生产,在收集前人农业技术著述的基础上,又广泛收集农业歌谣、谚语,虚心向有经验的老农请教,并通过自己的亲自视察体验和实践,终于

在533—544年写成这部巨著。全书共10卷10余万字,系统地总结了自西汉末年至北魏时期500多年间黄河中下游地区农业生产技术的成就,是中国现存最早的一部农业科学著作。撰者在自注中,所援例证,往往选自于山东本地,极少引自于别的地区。如述营田,引齐地大亩一顷当小亩35亩为例;述犁,引济州以西所习用长辕犁为例;又引齐人蔚犁为例;述蒜的风土,引"山东谷子入壶关上党,苗而无实"为例;述椒的品种,引"青州有蜀椒种……分布栽移,略遍州境"为例;述枣的品种,引"青州有乐氏枣……父老相传云:乐毅破齐时从燕赍来所种"为例,又引"齐郡西安、广饶二县所有名枣"为例;述作麦竞法,引"齐人喜当风扬去黄衣"为例。其例相当多。

总结这一时期的农业状况,主要有以下几个方面:

1. 在一些时期采取了有利于农业生产发展的政策。例如,随着魏、晋政权的和平递交,魏晋之际的高官显贵家族取得了政治上世代为高官、经济上免除徭役的特权,成长为门阀士族。这种免除徭役、免租赋的政策,为恢复农业生产起到了重要作用。除此之外,还利用国有荒地,实施屯田、占田、均田制度和与之配套的租调制度,使农民有田可耕,负担也可以承受,以保证对劳动力的控制,也使农垦面积迅速增加。例如,曹魏时期,在曹魏平邺以后,就立刻颁布了《收田租令》,规定田租每亩征收4升,户调征绢2匹、绵2斤,二者合称租调制。租调制适应了"自耕农和家庭手工业密切结合的特点",除去了秦汉沿袭下来的附加税,如刍、藁税等。这样,小农获得了增产不增租的好处,还免去了估产时的额外盘剥。随着户口、垦田的增加,单位面积产量的提高,封建政权的收入随之增加,"所在积粟,仓廪盈溢"多见于记载。北魏孝文帝于太和九年(485年)颁布均田制并开始执行,肯定了土地的所有权和占有权,使农民摆脱豪强大族的控制成为国家编户齐民,保证了国家的赋税收入。

2. 生产工具进一步增多,技术也有了新的提高。例如至迟北魏,又在汉代三脚耧的基础上,创造出了两脚耧和独脚耧。这一时期还出现了轻便灵活的蔚犁等。当时还发明过一种叫窍瓠的播种工具,这种工具盛上种子后便系于腰间拉着走,将种子播于沟内,还有平田碎土的铁齿耙、耢、碌碡等。《齐民要术》记载的农具就有20多种,其中除犁、锹(锸)、锄、耩、镰等原有农具之外，新增的有铁齿漏楱、耢、挞、陆轴、木斫、耧、窍瓠、锋、铁齿杷、鲁斫、手拌斫、批契等。《齐民要术》中提到一种“蔚犁”，这种犁既能翻土作垡、调节深浅，又能灵活掌握犁条的宽窄粗细，并可在山涧、河旁、高阜、谷地使用。

3. 土壤深耕细作技术。山东地区讲求深耕细作，已基本形成一套以耕、耙、耱、锄相结合的防旱保墒耕作体系。《齐民要术》对土壤耕作技术作了科学的论述，中耕的方式也由原来单一的锄，发展出了耙、耢、锋、耩等多种形式。《齐民要术》中列举了形式多样的耕作方式，有深耕、浅耕、初耕、转耕、纵耕、横耕、顺耕、逆耕、春耕、夏耕、秋耕、冬耕等，并详细说明了每一种耕作方式适用于哪些情况、如何具体操作等，特别是总结了耕、耙、耱、锄、压等一整套保墒防旱的技术。对于这些环节之间的巧妙配合及灵活操作、运用都做了系统的归纳。特别对旱地耕地各项作业的密切配合，许多措施到现在仍有实际意义。书中说：“凡耕高下田，不问春秋，必须燥湿得所为佳。若水旱不调，宁燥不湿。”并引农谚说：“湿耕泽锄，不如归去。”讲要趁土壤水分适宜的时候及时耕，由人们根据“燥湿得所”的情况具体掌握，强调关键是抓住土壤中的适量水分。《齐民要术》曰：“凡秋耕欲深，春夏欲浅，犁欲廉，劳欲再，秋耕掩青者为上。”这里是讲秋耕要深，因为秋耕后到春耕之间，有较长的时间可让土壤自然风化。因此，秋耕欲深，即便是将一部分新土翻上，经过一冬时间的风化，土壤也可以变熟，土壤中的潜在养分可以释放出来，变成有效养分，还可以蓄纳雨水。耕作要求精细，一般不扰乱土层，最好把秋深耕和压绿肥结合起来，并强调耕后必须耙耱。书中提出春耕随即耙耱，秋耕后待地皮发干再耢，使地表成为松土地层，保墒容易。春耕距播种期近，夏耕为赶种一季作物，这两个时段都很短，如果将新土翻上，来不及风化，所以宜浅。同样的道理还有“初耕欲深，转地欲浅”，因为“耕不深，地不熟；转不浅，动生土也”。再如，“犁欲廉，劳欲再”，即翻耕的时候，犁条要窄小，这样耕地才透而细；在此基础上，再多次耢地，才能使地熟收到保墒防旱的效果。贾思勰在《齐民要术》中对怎样打井浇地、积雪、冬灌等问题，都提出了许多重要的创见。在农作物的田间管理过程中，他强调农作物要多锄、深锄、锄小、锄早，逐次调整中耕深度，指出：“锄不厌数，周而复始，勿以无草而暂停。”因为“锄者，非止除草，乃地熟而实多，糠薄，米息”。又说“凡五谷,唯小锄为良”,因为“小锄者,非直省功,谷亦倍胜”。此外,对于已经耕坏了的土地,作者也记述了补救和改良的措施。

4. 选种育种技术有了较大进步。至迟北魏,就形成了从选种、留种到建立种子田的一整套管理制度,并培育出了一批耐旱、耐水、免虫以及矮秆、早熟、高产、味美的优良品种。《齐民要术》中记载的水稻品种有 24 个,谷子品种多达 86 个。这 86 个谷子品种,包括早熟、晚熟、耐旱、耐风、防虫、防雀、味美、易舂等类型。良种的单收、单打、单贮、单种的繁殖技术,非常类似今天的留种田,这充分反映了这一时期在品种选育上所取得的巨大成就。同时,当时已认识到了早熟、矮秆作物之优势,会针对不同的农作物的性能、季节、耕作时令、土壤的适应性等特点来选择优良的品种。北魏时有一首民歌:“高田种小麦,稴䅟不成穗;男儿在他乡,那得不憔悴。”意思是说,在水分不足的高田上种麦子,没有好的收成。再例如,对于谷类作物,要年年选种,选出纯色的好穗子,与大田生产作物分开种植;对种子田加强管理,须精耕细作,种前水选,去除杂物;种后加强管理,保证秧苗茁壮成长;还要注意收获后要先脱粒,良种宜单收单藏,要用自身的秸秆来掩蔽窖口,否则“必有杂芜之患”。这与今混合选种法是相类似的,反映了当时人们培种、育种、选种技术的进步和提高。

5. 种植业有了新的发展,推行绿肥轮作制,栽培技术不断进步。当时的人们已懂得了绿肥,轮作制、果树嫁接已较普遍。《齐民要术》书中记述的抗旱保墒、培肥地力、作物选种等技术,在当时世界上是最先进的,比欧洲早几个世纪。汉代以前,人们都是将自然生长在农田的杂草除掉,使其秽烂化成肥料。魏晋南北朝时期,一方面是分期施肥技术的出现,另一方面是针对不同农作物施用不同肥料,这时期还发明了使用踏粪法积肥,用旧墙土作为肥料。西晋开始有苕草与稻轮作技术,这是栽培绿肥和绿肥轮作制诞生的标志。栽培绿肥和绿肥轮作制,就是人为中止不完全的植物生长过程,取得新鲜植物体内所含最大量的多种养分和有机质作为肥料,促进其他农作物生长,最终达到增产的目的。在作物栽培技术方面,嫁接技术也已从蔬菜上发展到果树上,嫁接方法也从靠接发展到劈接。《齐民要术》中记载了多种轮作方案,绿肥轮作的发展对改良土壤、提高肥力和作物产量具有十分重要的意义。绿肥轮作的出现说明了我国古代农业技术已达到相当高的水平。

6. 家畜杂交和疫病防治技术有较大发展，家畜直肠掏结术和疥癞治疗法一直延续至今。在畜牧方面，北魏时期，相畜术有了进一步发展，尤其是在相马和相牛方面已总结出一套相当科学的鉴定方法，在相猪方面也已积累了不少经验。这时期已注重从牲畜的各外部形态与内部器官的有机联系，进行辩证统一的分析，从而对相畜术提出了一整套十分明确而又理性的具体要求。家畜的阉割术已广泛使用。《齐民要术》中有很大篇幅系统地介绍和总结了我国古代畜禽养殖的历史和经验。例如《养猪》和《养羊》两篇都谈到了牲畜去势之事。当时犍牛技术亦有发展。《齐民要术》对一些家畜、家禽等饲养技术特别是增肥技术都有较全面的记述。《齐民要术》提出了 7 种，《肘后备急方》提出了 3 种外治药方，用以分别治疗家畜的疥癞病。对疥癞类传染病的防治技术有了发展，首先是采取隔离措施。再如马患喉痺欲死时，《齐民要术・养牛马驴骡》篇提出缠刀于露锋刃一寸，刺咽喉令溃破即愈，不治必死也。该方法具有重要的价值。在禽畜选种育种方面，此期更注意到了生物体遗传变异和杂交优势之利用。人们已开始认识炭疽、马腺疫、破伤风等传染病，《齐民要术》一书中已有家畜疥螨防治方法的记载。

7. 林木、果树、蔬菜栽培与管理技术方面有了新的发展。山东重视对林木的利用、栽培和保护管理。《齐民要术》有植树技术的专节，集中代表了当时山东人工植树造林的技术水平。《齐民要术》有完整的、系统的栽培用材树和果树的技术。《齐民要术》所记树木繁殖措施有播种法（桑、柘、柞、榆、槐、梓、青桐等常用）、插条法（石榴、柳等常用）、分根法（柰、桑、竹常用）、压条法（桑、木瓜、白杨等常用）、嫁接法（梨、柿等常用）。在对树木开发利用方面，北魏时期山东人已能用楮皮造纸和以棠作为染料。栽桑养蚕，均有选种、栽培技术。山东的果树、蔬菜、蚕业和花卉的品种繁多，是中国园艺和桑柞蚕的发源地之一，又是重要产区。《齐民要术》对果树、蔬菜、栽桑养蚕，均有选种、栽培技术的记述。例如，《齐民要术》谈到了地桑、荆桑、鲁桑等名。鲁桑又有黑、黄等品种，推广了压条法繁殖。贾思勰在《齐民要术》中引用农谚，对地桑（鲁桑）作了肯定的评价，说："鲁桑百，丰绵帛，言其桑好，功省用多。"著名的湖桑就是源于鲁桑，两宋以来，人们已把北方的优良桑种鲁桑应用嫁接技术引种到南方。人们以当地原有的荆桑作为砧木，以鲁桑作为接穗，经过长期实践，逐渐育成了鲁桑的新类型“湖桑”。湖桑的形成，大大促进了我国养蚕业的发展。

魏晋南北朝的移栽技术亦有了发展。在这时期，经济的发展和城市的繁荣，促进了园艺业的发展。《齐民要术》卷首“杂说”云：“如去城郭近，务须多种瓜、菜、茄子等，且得供家，有余出卖。”当时只要在“负郭之间，但得十亩，足赡数口。若稍远城市，可倍添田数，至半顷而止。结庐于上，外周以桑，课之蚕利。内皆种蔬。先作长生韭一二百畦，时新菜二三十种”。此外，山东在酿造、加工技术等方面的工艺也不断发展。

（二）魏晋南北朝时期山东的瓷器烧造技术

魏晋南北朝时期是北方瓷器烧造业的蓬勃发展阶段。目前发现山东最早的瓷窑遗址是淄博的寨里窑和枣庄的中陈郝窑。它们的始烧年代都在北朝晚期，主要烧制青瓷，特点是胎体厚实坚硬，胎质颗粒较粗，胎色灰白而夹杂黑点；釉以青褐、青黄色居多，器型有罐、瓶、碗、盘、壶等等；造型浑厚凝重，颇具北方粗放风格。

1. 淄博青瓷技术

魏晋南北朝时期，淄博是北方青瓷的重要产地，工艺制造水平较高，在中国北部处于领先地位。三国、两晋（220—420 年）时期，除西晋得到短暂统一、社会一度安定外，一百多年里北方连年战乱，兵连祸结，淄博地区的制陶业一度逆转。临淄以及市区北部的陶器生产逐步衰退，制陶业由北向南转移。到北朝时期（386—581 年），富有聪明智慧的淄博陶瓷工匠已经从技术上完成了由陶向瓷的历史性飞跃。北朝东魏（534—550 年）时期，今淄川区寨里村窑场兴起，以烧造青釉瓷开创淄博瓷器之先河，淄川寨里窑开始烧造青釉瓷。《中国陶瓷史》（1982 年版）称：“山东省淄博寨里窑，这是目前唯一已知的北方青瓷的产地之一。它位于淄博市淄川区城东约十余〔市〕里，年代为北齐时期。它发展较早，持续生产的时间颇长，是北方青瓷一个重要的产地。”据《山东淄博寨里北朝青瓷窑址调查纪要》称：“北方青瓷技术约出现于北魏时期，但此期北方窑址发现较少。目前所知仅有：山东淄博寨里青瓷窑和河北内丘白瓷窑；前者至迟创烧于东魏(534—543 年),并一直延续到了唐代中晚期。"①铅釉陶在北方的山东等省也有工艺水平较高的器物出土。北朝北齐(550—577 年)时期,寨里窑制瓷工艺明显进步,产品质量日渐提高,以青釉莲花瓣尊为代表,其胎骨坚致,釉色莹润,造型优美,具有相当高的艺术水平。同时,当时已开始烧造黄色铅釉陶器。

2. 枣庄中陈郝窑瓷器烧造技术

山东省枣庄市薛城区邹坞镇中陈郝村,素有"十庙九桥七十二座缸瓦窑"之称,为江北第一民间古瓷窑,更是一处我国北方地区瓷窑烧制业的发祥地。早在北朝时代,这里就开始了瓷器的烧制,中陈郝村也就形成了交易市场,后经历代不断发展。2007 年,考古专家考古发现:中陈郝古瓷窑出产的瓷品花样多,品种全,有生活用瓷、信仰用瓷、娱乐玩具用瓷、丧葬用瓷等种类;在花色上,有青瓷、白瓷、黑瓷、三彩瓷等。再者,在遗址内还发现了烧制的青瓷器具,改写了隋唐以前北方没有青瓷烧造的历史。中陈郝古瓷窑遗址,不仅引起国内专家的注目,也引起了日本考古学界的极大关注。

(三)魏晋南北朝时期山东的冶金技术

魏晋南北朝的冶金业是不甚发达的,尤其北方,有时甚至陷入了停滞、瘫痪的状态。当时的产铁量亦不算低,尤其南朝,据《梁书》卷一八《康绚传》载,梁代初年,为了军事上的需要,欲堰淮水以灌寿阳(寿县),但合堰甚难。又,《宋书》卷九五《索虏传》云:北魏太祖北伐,取泗渎口,虏碻磝戍主,获铁三万斤,大小铁器九千余口,余器仗杂物称此,说明碻磝(今山东茌平县境)铁冶规模也不小。

山东是北方产铜的主要地区之一。《魏书》卷一一〇《食货志》载,北魏新铸太和五铢的同时,就允许民间私铸,"在所遣钱工备炉冶,民有欲铸,听就铸之,铜必精练,无所和杂"。熙平二年(517 年)冬,尚书崔亮奏广开恒农郡铜青谷、苇池谷、鸾帐山,河内郡王屋山,南青州苑烛山,齐州商山等铜矿

①山东淄博陶瓷史编写组:《山东淄博寨里北朝青瓷窑址调查纪要》,《中国古代窑址调查发掘报告集》,文物出版社 1985 年版。

铸钱,私铸之风随之大盛。“南青州苑烛山、齐州商山并是往昔铜官,旧迹见在。谨按铸钱方兴,用铜处广,既有冶利,并宜开铸”,说明已恢复了南益都(今山东青州)苑烛山、齐州(今山东历城)商山两处铜矿。同时还载有:“诏从之。自后所行之钱,民多私铸,稍就小薄,价用弥贱。”商山位于营丘西境,太公封齐之初,营丘一带原是一片荒凉的草莱之地,虽然齐无膏壤千里,但也有自己的优势,这里盛产高含量的优质铁矿石,迤东有煤山,储铜矿丰富。

(四)魏晋南北朝时期山东的纺织和染色技术

魏晋南北朝时期,由于桑麻种植逐步扩大,山东的纺织业在全国属于发达地区之一。这时期普遍地使用了热水煮茧,推广了手摇缫车、手摇纺车,较多地使用了脚踏纺车,提花技术得到了很大的普及。“河北(黄河以北,包括山东)妇女织红、组训之事,黼黻、锦绣、罗绮之工,大优于江东也”(颜之推《颜氏家训》)。《齐民要术》中,载有许多关于纺织原料蚕丝、大麻、植物染料、养羊剪毛等的生产和加工制作方法。

曹魏的纺织产品,虽没有蜀锦那样著名,但蜀锦价格高,数量也有限,广大人民群众无缘穿着,只有富贵人家始能享受。东晋顾恺之为汉代刘向《列女传·鲁寡陶婴》作的配图,有一妇女用三锭脚踏纺车合线,形象生动。

魏的纺织业则是丝织品与麻、葛布全面发展。鲁国之缟,以质地轻美闻名,故诸葛亮劝说孙权抗操时,将入荆操军喻之为“强弩之末,势不能穿鲁缟者也”。何晏赞美清河(今山东临清东北)的缣总、房子(今河北高邑西南)的绨(细葛布)为魏名产;左思称赞“锦绣襄邑(今河南睢县)、罗绮朝歌、绵纩房子、缣总清河”。曹丕诏谓:“夫珍玩必中国,夏则缣、总、绡、穗,其白如雪,冬则罗、纨、绮、縠,衣叠鲜文。”

古青州不仅是中国古代通往河西走廊、连贯西域以及欧洲诸国的丝绸之路的主要源头之一,而且是山东半岛通往日本、韩国等国家的海上丝绸之路(有专家称之为“丝绸东路”)的起点。古青州地区贸易繁盛,以贸易为主的阿拉伯人、波斯人、大食人通过陆地和海上的丝绸之路,来到青州开展贸易活动,当地人称之为“蕃客”。北魏时期,青州属于北魏,455 年,波斯萨桑王朝首次遣使来华,带走了大量丝绸。518 年,又派使节朝贡,又获得大批丝绸的赏赐。在青州发现的南北朝时期的佛教造像和石刻中有多处描述青州与西域胡人往来贸易的画面。

出土于青州一位北齐商人墓的线刻《华胡商谈图》、《商旅驼运图》等，清晰地摹刻了古代波斯人来青州进行丝绸贸易的情形。

古代波斯人来青州进行丝绸贸易图

魏晋南北朝时期，不仅织锦品种较多，而且这时期的纺织品在洗练、染色、印花技术方面，在大体上沿用前世的一些操作的基础上，得到了新的发展。例如，此时期染色技术的进步主要表现在对靛蓝和红花的认识和使用上。靛蓝染色在先秦时期已经使用较广，汉后便已相当成熟，魏晋南北朝时，出现了种蓝、制蓝和染色的有关记载。

山东昌乐县营丘镇营丘北境靠清河，临济水，两水入海处构成了天然的鱼盐产区，地潟卤宜种桑麻，这里的纺织品早已知名。

（五）魏晋南北朝时期山东的医学

魏晋南北朝时期，许多齐鲁学者丢弃经学章句，转入其他领域，取得显著成就。

中国的传统医学源远流长，到魏晋南北朝时期，早已发展成一门有理论、有实践、有专业分支的成熟的学科。这时期的山东中医药学理论崛起。西晋高平（今金乡东北，邹县西南）人王叔和，经过几十年的精心研究，在吸收扁鹊、华佗、张仲景等古代著名医学家的脉诊理论学说的基础上，结合自己长期的临床实践经验，终于写成《脉经》，这是现存最早的脉学专著，共10卷98篇。书中“撰集岐伯以来逮于华佗经论要诀”，分类引录大量《内经》、《难经》、《伤寒论》、《金匮要略》原文及扁鹊与华佗的论述，详析脉理，陈述脉法，细辨脉象，明其主病。《脉经》将脉的生理、病理变化类例为脉象24种，使中医脉学理论系统化、专门化，《脉经》是中国现有最早的脉学专著，不仅大大发展了传统的脉学理论，而且有力地推进了中医临床诊断学的早期发展，使脉学正式成为中医诊断疾病的一门科学，对后世医学影响较大。除以上有关脉学和整理《伤寒杂病论》之外，王叔和在养生方面还有一些精辟的论述。

山东阿胶名不虚传，其医学价值不断提高。三国后期，曹植被魏明帝曹睿封为东阿王。相传，曹植虽文采非凡，但政治上却很不得志，终因壮志难酬而变得郁郁寡欢。他来到东阿县任职的时候，已经是骨瘦如柴。在当地医师的调理下，身体羸弱的曹植在一段时间内服用阿胶之后渐渐有了生气。在这里，他为治愈了自己身体的东阿人留下了一首千古绝唱：授我仙药，神皇所造。教我服食，还精补脑。寿同金石，永世难老。南朝梁代医学家陶弘景在所著的《本草经集注》中，他这样写道："阿胶，生东平郡煮牛皮作之，出东阿，故名阿胶。"

南北朝隋唐时期，山东中医理论进一步得到完善和发展。该时期出现了一批医学世家，这是医学史上的一个新特点。北齐山东的徐之才，字士茂，约生于南齐建武三年（496年），卒于北齐武平六年（575年），享年79岁。徐之才祖籍东莞郡莒人（今山东莒县）。自高祖徐秋夫起移居丹阳（今属江苏）。徐氏医业家族，自五世祖徐熙喜好黄老之术，又有徐文伯、徐謇兄弟皆善医药，其后，徐文伯之子徐雄在南齐任兰陵太守，亦"以医术为江左所称"。而徐雄之子徐之才、徐之范流落北朝后，也以医术见知；①徐氏本人更是聪颖异常，他5岁诵《孝经》，8岁略通义旨，13岁就被招为太学生。曾与从兄康拜访梁太子詹事汝南周舍宅，听讲《老子》。他不但医术出名，而且口才也非常好。他医术高明，在北地名声很大，太上皇生病，徐之才为他治疗，很快就痊愈了；中书监和士开想按次序得到升迁，便将徐之才外放为兖州刺史。徐之才所撰有《药对》及《小儿方》，尤其对本草药物及方剂研究较深，他总结和发挥了中医学之"七方十剂"的理论和经验。所谓"七方"，即大、小、急、缓、奇、偶、复；"十剂"是宣、通、补、泻、轻、重、滑、涩、燥、

①参见《北史》卷九〇《徐謇传》。

湿，是药之大体，归于徐之才所首创，对后世有着巨大的影响。徐之才著有《徐氏家传秘方》2 卷、《徐氏家传效验方》10 卷（按：北齐曾封徐之才为西阳郡王，故称徐王）和《药对》等籍，对后世医学影响较大。徐之才在药剂学、妇产科上也有很深的造诣。其《逐月养胎法》实本自先秦时期《青史子》中胎教法而作，提出孕妇逐月养胎法，提出在怀孕的各个阶段，要注重饮食调摄，注意劳逸适度，讲究居住衣着，重视调理心神，陶冶性情，施行胎教等。这些有关孕妇调理、胎教的观点都是创造性的，对于孕妇之卫生及优生均有重要意义。徐之才还归纳药材与疾病的关系，为后人在用药方面提供了很好的经验。徐氏出身世医之家，自东晋、南北朝至隋，传续 7 代，绵延 200 余年，举家医著达 43 种、222 卷。

另一个著名医药学家北魏东莞莒人徐謇，善于运用切脉诊断病情，深得病形，兼知色候，也有一定的影响。还有晋宋之际的羊欣，泰山新泰（今山东新泰）人，素好黄老之学，不仅是著名书法家，还兼善医术，撰有《药方》等 10 卷。

在中国医学教育史上，父传子承，是最典型的。除此之外，魏晋南北朝时期，通过先生言传身教带徒弟的形式传授医学，已是当时重要的医学教育形式。这种形式有两种，一是私人教学，一是官方教学，而以私人教学较为发达。例如，崔彧是南北朝时北魏医家，字文若，清河东武城（今属山东）人，官至定远将军，颇以医术闻名。崔彧出身清河名门，他的医术是青州一位隐逸沙门所授，这位僧人以《素问》9 卷及《甲乙经》等医书教授崔彧，崔彧学通后遂善医术。中山王英子略病，名医王显等不能疗，彧针之，抽针即愈，后位冀州别驾，累迁宁远将军。性仁恕，见疾苦，好与治之。崔彧宅心仁厚，广教门生，不仅教医术，而且传医德，令多救疗病人。崔彧的弟子赵约、郝文法出师后亦招徒教授，所教授的徒弟亦颇有名气。[①] 崔彧之子崔景哲，亦以医术知名；另一子崔景凤、孙崔炯皆以医术任职尚药典御。[②] 这个现象一方面说明了医学发展迅速，一方面又说明医学有经验科学的特征，这些经验往往是秘而不宣的，只传授给子弟。

---

①《魏书》卷九十一《王显传》、《李修传》、《崔彧传》。
②《北史》卷二十四《崔逞传》。

（六）魏晋南北朝时期山东的天文学

南朝宋时东海郯（今郯城西南）人何承天撰成《元嘉历》，较过去古历更加精密。445年，何承天继其舅父徐广《七曜历》之后所创制的《元嘉历》颁行，历时65年。他首创颇多，主要有定朔编历、调日法、考订冬至日太阳赤道位置、纠正春秋分日影长短的错误、计算岁差值百年一度、改上元积年为近距取元和提高天文数据精度，即回归年长365.2467105日、朔望月29.53058日、近点月27.55452日、恒星月27.321604日。他所创制的历方法，为后世制历者所师法。何承天在“上元嘉历表”（443年）中提出了赤道岁差“百年退一度”。何承天实测中星以定岁差，晋虞喜第一次提出了赤道岁差的概念，是中国天文学史上一项极其重要的发现。何承天是首先拥护和肯定岁差之说的，并且给出了新的观测值。何承天创立了调日法。

元嘉以前历法的日法都是“率意加减”，以造日法，“苟合时用”。何承天是借助于不等式原理$\frac{a}{b}>\frac{am+cn}{bm+dn}>\frac{c}{d}$来达到调制日法的。$\frac{a}{b}$称为强率，$\frac{c}{d}$称为弱率，m，n为正整数，称为强弱数。只需选择适当的m，n，利用此式便可求出与实测相当的日法和朔余。何承天取$\frac{26}{49}$为强率，$\frac{9}{17}$为弱率。以后历法家都一直沿用此数，很少变动。① 何承天曾上表指出沿用的景初乾象历法疏漏不当。奏请改历，称《元嘉历》，订正旧历所定的冬至时刻和冬至时日所在位置，一直通行于宋、齐及梁天监中叶，在我国天文律历史上占有重要地位。何承天创用定朔算法，刘洪造乾象历认识到“月行迟疾、周进有恒”。立损益率和盈缩积表，以求月亮的实测行度；又创月行三道术，以推算月亮出入黄道内外的度数。从此开始，历法取得了巨大进步。何承天更将五星运动的因素都排除在外，各设近距历元。这些措施都是先进的，可惜未被后世历法家所采纳。②其论周天度数和两极距离相当于给出圆周率的近似值约为3.1429，对后世历法影响很大。何承天还兼通音律，发明一种接近十二平均律的新律，能弹筝，复擅弈棋。

三国时期的魏国术士管辂（210—256年），字公明，为平原郡（今山东省德州地区平原县人），是历史上著名的术士，被后世卜卦观相的人奉为祖

①②陈久金：《何承天》，杜石然主编：《中国古代科学家传记》（上），科学出版社1992年版。

师。他擅长阴阳历算,尤精《周易》风角、占相之道,每次占卜,无不神验。管辂自幼聪敏,才学超群,对天文相占有浓厚的兴趣。成人以后,潜心研究《周易》,"步天元,推阴阳,探玄虚,极幽明",虚心向别人学习,博采众长,相占之术大进,相人卜事无不灵验,世人称为"神人"。管辂使用的占卜方法是真正的蓍草占卜和六壬方法,在干支易象理论及应用上有启迪作用。管辂一生著述甚丰,主要有《周易通灵诀》2 卷、《周易通灵要诀》1 卷、《破躁经》1 卷、《占箕》1 卷,给后人留下了宝贵的文化遗产。管辂只活了 48 岁,一生只做了相当于县一级的文职官,死后葬于平原城西南周寨村西、尚庙附近。旧志记载有墓,今已不存。

(七)魏晋南北朝时期山东的算学

魏晋时期数学家刘徽,据专家考证为魏晋时期山东邹平县人,三国魏景元四年(263 年)注《九章算术》(9 卷),撰《重差》,作为《九章算术注》的第 10 卷。刘徽是中国数学史上的数学泰斗,他在世界数学史上也占有突出的地位。刘徽的《九章算术注》和《海岛算经》,是我国最宝贵的数学遗产。刘徽《九章算术注》,对《九章算术》中的重要数学概念分别给以定义,对公式、定理一一加以证明,解题过程详加分析。刘徽提出了很多独创的见解,体现了严谨的逻辑思维和深刻的数学思想,为中国古代数学奠定了坚实的理论基础。

刘徽在数学上有许多杰出的创造,他提出并定义的数学概念简洁、深刻,符合现代的定义公式,如率的概念:"凡数相与者谓之率"。幂(面积):"凡广从相乘谓之幂。"方程(即线性方程组):"程,课程也。群物总杂,各列有数,总言其实。令每行为率,二物者再程,三物者三程,皆如物数程之,并列为行,故谓之方程。行之左右无所同存,且为有所据而言耳。"正负数:"两算得失相反,要令正负以名之。"如此等等。他创立了代表性的成就——"割圆术",为计算圆周率和圆面积建立起相当严密的理论和完善的算法,在数学史上占有十分重要的地位,他所得到的结果在当时世界上也是很先进的。他精辟地研究了开方不尽数,用首创的十进分数(小数的前身)来刻画它们,向着无理数的认识迈出了重要的一步。刘徽用"出入相补"证明法,发展了天文观测中的重差术,在《海岛算经》中提出重表法、连索法、累矩法三种基本方法。刘徽还设计了一个牟合方盖（两个相等的圆柱体正交所得公共部分，提出球与牟台方盖的体积之比才是 π∶4，指出了解决球体积公式的正确途径。他注《九章算术》所运用的数学知识实际上已经形成了一个独具特色包括概念和判断并以数学证明为其联系纽带的理论体系。

另一重要的数学家张丘建，北魏时清河（今山东临清一带）人。他思维敏捷，计算能力超群，从小就表现出了杰出的数学才能，著有《张丘建算经》3 卷。书中关于最大公约数和最小公倍数的计算与应用、等差数列各元素互求的解法以及盈不足方程以及“百鸡术”等是当时的主要数学成就。特别是“百鸡问题”是世界著名的不定方程问题，该问题的“百鸡术”对后世产生了重要影响。《张丘建算经》被唐代国子监算学馆列为必读的十部算书之一，也是后世所称的“算经十书”之一。“百鸡术”还影响到国外，13 世纪意大利斐波那契《算经》、15 世纪阿拉伯阿尔·卡西《算术之钥》等著作中均出现有相同的问题。

（八）魏晋南北朝时期山东其他的科技成就

1. 制盐技术

制盐技术也比较熟练，沿海地区普遍设立盐灶。魏晋至隋初，本地盐的生产、运销、贩卖由盐民自由经营，官府征税。青州已成为当时全国第二大产盐区。山东无棣县马谷山也有一座盐神庙。马谷山东麓到魏晋时仍是大海，是海盐产地，所以亦称“盐神山”。《寰宇记》载：“月明沽西接马谷山，东滨海，煮盐之所也。”曹操歌咏的“东临碣石，以观沧海”，即是此地。马谷山上历来有碧霞元君祠、文昌阁、吕祖祠、关帝庙、盐神庙、天爷庙、奶奶殿、魁星阁、二廊庙、阎罗殿、清凉庵、观音堂等。至今，附近仍保留着“灶户信”、“灶户张”等村落名称，所谓灶户就是盐民。《魏书》记载，无棣“有盐山神祠”，即此。

2. 建筑技术

魏晋南北朝时期，建筑物从石结构向木结构发展。北魏时，对砖的规格作了统一规定，雕刻技术已用于佛寺和石窟造像。佛塔建筑在南北朝时也很兴盛，北魏时还建造了一些砖石结构的塔。山东的苍山、诸城等地，都发现了这个时期的墓葬，如诸城发现的西晋太康六年墓、[①]山东高唐东魏济州刺史房悦墓[②]以及山东临淄崔氏墓群、[③]济南陈氏墓群[④]等。

北魏建筑家、雕塑家蒋少游（？—501 年），乐安博昌（今山东博兴）人，在建筑艺术、工艺美术、雕刻艺术和绘画艺术等方面有不少成绩。同时，他的书法艺术也颇负盛名。他曾去魏、晋故都洛阳，并出使江南，模仿中原传统文化设计，营建北魏都城。孝文帝太和十五年（491 年），北魏遣李彪使南齐，任命他以假职散骑侍郎为副使，密令观察南齐都城及宫殿规模制度。之后任命为都水使者，后升为将军并兼将作大匠。根据有关历史文献记载，蒋少游曾经进行设计营造太庙太极殿、华林池沼、改造金墉门楼、议定百官冠服等重大活动。太和十八年孝文帝迁都洛阳，洛阳宫殿的设计建造多由蒋少游主持。华林殿建筑、华林园的园林池沼修旧增新以及改作金墉城门楼，也都由他设计，得到了皇帝的赞赏。他在绘画、雕塑方面的活动，虽然记述不详，但功绩卓著。蒋少游去世后，赠龙骧将军、青州刺史，谥曰质。撰有诗文集十余卷。

3. 佛教艺术

青州市龙兴寺始建于北魏时期，是一处延续千余年的著名佛教寺院。1996 年 10 月，出土于山东青州龙兴寺及陕西市郊的这一时期的大量实物是这一造像黄金时期的真实见证。山东青州龙兴寺出土的窖藏佛像，数量巨大，达 400 余尊之多，其中既有大型造像碑，又有单体造像，涉及佛像、菩萨像、弟子、罗汉像、供养人像等诸多题材；最大的高 320 厘米，最小的高仅 20 厘米。装饰丰富多彩，浮雕、镂雕、线刻、贴金、彩绘等无所不包。其中北齐时期用青州本地出产的石灰石雕刻的石像为最多，绝大多数上施彩绘和贴金，部分保存较为完好，实属罕见。这批佛教造像延续时间长达 500 年，类型多样，造型优美，雕刻精湛，立体感强，威严凝重，是研究中国早期佛教艺术的难得的实物资料，是迄今中国发现的数量最多的佛教造像群之一。青州龙兴寺佛像中有 1400 多个彩绘歌舞飞天、伎乐飞天浮雕，造型优美，令

---

①诸城县博物馆：《山东省诸城县西晋墓清理简报》，《考古》1985 年第 12 期。

②山东省博物馆文物组：《山东高唐东魏房悦墓清理纪要》，《文物资料丛刊》（二），文物出版社 1978 年版。

③山东省文物考古研究所：《临淄北朝崔氏墓》，《考古学报》1984 年第 2 期。

④李建丽、李振奇：《临城李氏墓志考》，《文物》1991 年第 8 期。

人叹为观止。相比平面的敦煌飞天,立体雕刻的青州飞天要早300多年。尤为珍贵的是,造像上经过了十几个世纪仍然保留的炫目彩绘和贴金,是世界上至今保存最完好的,弥补了以前出土的石刻造像均无着色的不足。青州市龙兴寺遗址出土的窖藏佛造像,数量之大、种类之多、雕凿之精美、彩绘贴金之富丽,震惊世界,是20世纪最重要的考古发现之一,也被称做"改写东方艺术史"的重大发现,因而成为中华灿烂文明和人类文化遗产的重要组成部分。佛造像先后在美国、日本、德国、瑞士、英国、中国香港等国家和地区展出,引起巨大轰动。

青州飞天

自东魏晚期到北齐造像,开始出现了明显的变化,突出表现在单体造像激增。尤其北齐造像,更是以单体立佛为主,面相圆润丰满,肩胛宽厚而腰身细瘦,整体身圆如柱,并脱去了褒博的宽衣,改穿一种形式简洁的贴体薄衣,衣上几乎不雕衣褶纹,使人体肌肤曲线凸显,确如画史所描绘的"出水"之姿。

北齐时期,石雕像中常见一手支下颌,一脚下垂一脚支起的姿势称为思维像。释迦成像前为古印度迦毗罗卫国的太子,因有悲悯之心,感人生无常,故常作思维之状。弥勒为菩萨时,也作思维之状。1996年,山东青州龙兴寺遗址出土了贴金彩绘思维菩萨石雕像,是这一时期北方佛教重视智慧禅修实证的真实写照。

浮雕龙纹背屏造像残件(北朝,惠民县沙河杨村出土,惠民县博物馆藏)

浮雕塔纹背屏造像残件(北朝,青州市龙兴市遗址出土,青州市博物馆藏)

贴金彩绘石佛立像被誉为“东方维纳斯”(北齐,1996年山东青州龙兴寺遗址出土,青州市博物馆藏)

济南县西巷考古是济南城市考古中跨度最大、发现最多的一次考古活动。从2003年4月20日起,在县西巷考古发掘中,共有大小70多尊佛像相继出土,出土的所有佛像集中在方圆20多平方米的范围内。自东魏至北宋时期,年度跨越大,雕刻精美,令人叹为观止。专家认为,在这一范围内出土如此众多的佛像,预示着此地绝非一般。两尊精美的无头石雕菩萨立像发掘出土。这是济南首次出土大型的北朝时期的菩萨立像。

张海波造三尊像，北齐河清二年(563 年)

贴金彩绘石佛立像(北齐，高
64 厘米，山东省临朐市出土，
临朐市博物馆藏)

济南县西巷考古发掘中出土的菩萨立像

尽管“千佛一面”，但山东北齐时期佛像面相却具有多样性，有螺发、波发，长圆脸、长方脸、圆脸，有五官疏朗，五官紧凑，体现了山东造像的开放性。济南县西巷考古发掘工地一尊精美的菩萨雕像从1号古井中发掘出土。济南市考古研究所副所长李铭称，该尊青石菩萨雕像精美程度堪称济南第一，在全国佛教造像中也堪称精品。该尊菩萨头像为青石材质，高约30厘米、脸宽约16厘米，厚14厘米左右。该菩萨头像头戴花冠，双目微

北齐时期山东佛头像

济南县西巷出土菩萨头像

闭,面带微笑,面部十分丰腴,下巴圆润,双耳垂肩,整个雕塑让人感到慈祥而亲切,其精美程度令人赞叹不已。专家鉴定后认为,从造像风格以及材质等情况来看,该菩萨头像应为北齐时期的作品。

4. 魏晋南北朝时期山东的制图与绘画

六朝时期的黄河尾闾,长期稳定在今黄河口附近,今河北、山东交接处的海岸线因此向前伸展较快。《水经注》载5世纪时黄河在今山东博兴、利津间以下分汊,一股东南出,是支津,与济水汇合入海,一股是主流,出东北径直入海。西晋地图学家和地理学家裴秀(224—271年)创立著名的《制图六体》,介绍了古代制图学的基本方法。在裴秀主编的《禹贡地域图》中,山东作为分属冀州、徐州、青州、兖州的组成部分,被载入图集。

魏晋南北朝时期的绘画,处于一个继往开来的变革时代,佛教艺术的传入,从内容到形式给我国绘画注入了新的血液。魏晋南北朝时期山东画家辈出。展子虔(550—617年),渤海(今山东阳信县温店镇郭家楼村)人。北周末隋初画家。历北齐、北周入隋任朝散大夫、帐内都督。擅画人物、车马、佛道、楼阁、山水、殿阁、翎毛、历史故事,人物描法细致,以色景染面部;画马入神,立马有足势,卧马则腹有腾骧起跃之势,与董伯仁齐名。尤以画山水闻名,他的山水画被称为“远近山川,咫尺千里”。现藏北京故宫博物院的《游春图》被认为是其传世之作,这也是现存的最早的卷轴画。后人多认为展子虔的绘画开唐代李思训、李昭道“金碧山水”一派。

二、贾思勰与《齐民要术》

(一)贾思勰简介

贾思勰,山东益都(今青州)人,具体生卒年不详,约生于5世纪末到6世纪中叶的北魏孝文帝时期,杰出的农学家。

贾思勰出身书香门第,幼年时代受到良好的家庭教育。他从小养成热爱书籍、博览群书的好习惯,从中汲取各方面的知识,并学会了一套防治书虫、晾书、藏书的技术。最初他对经史很感兴趣,在经学研究上,他与其本家贾思伯、贾思同一起,致力于南派经学的研究,通晓古今,具有丰富的学识。后来,他的兴趣转向农学,开始广泛涉猎农业生产和技术的书籍。

贾思勰成年以后,开始走上仕途,曾任高阳(今山东临淄西北)太守。

任职期间,他非常重视农业生产,关心民生、农事。一方面,他查阅文献160多种,同时收集农谚,总结和发展了当时黄河中、下游地区的农业生产技术,使自己具有广泛的农学知识。另一方面,他注重调查走访和亲身实践,文献资料记载他曾到过山西、河南、河北等地考察农业生产情况,足迹遍布黄河中下游。他每到一地,都认真考察和研究当地的农业生产技术,向一些具有丰富经验的老农请教,因而使自己获得了不少农业方面的一线生产和管理知识。后来回到故乡,还亲自参加过农业、畜牧业等生产实践活动,注重推广农业新技术。尤其是他在家乡亲自参加农牧业生产,积累了丰富的实践经验,掌握了多种农业生产新技术。他鄙视王公贵族“既饱而后轻食,既暖而后轻民”的行为和思想,推崇“富国以农”的观点,主张重视农耕。“田者不强,囷仓不盈”是他农业思想的基础和出发点。大约在北魏永熙二年(533年)到东魏武定二年(544年),他在总结我国古代劳动人民农业生产成就的基础上,结合自己长年的研究和家业生产实践,“采捃经传,爰及歌谣,询之老成,验之行事”,写成了著名的农业科学巨著《齐民要术》一书而留名于后世(另一说成书于东魏武定二年,即544年以后)。这是魏晋南北朝时期的农业科学水平的集中反映,也是我国现存最早的一部完整的农书,同时也是世界科学文化宝库中的珍贵典籍,在世界农学史、生物学史上占有重要地位。他在《齐民要术·自序》中一再强调农业生产的重要性,并引用《淮南子》中“田者不强,囷仓不盈;将相不强,功烈不成”的观点,论证农业生产确系国家强盛和社会安宁的根本。关于贾思勰的生平事迹,也可从《齐民要术》一书中略知一二。比如,《齐民要术》卷首有“后魏高阳太守贾思勰撰”字样,能够明确他所处的时代和所担任的官职。又从《齐民要术》自序和各卷篇叙述的内容中可以发现一些线索,据以推测他撰著《齐民要术》的时代和他的家世,以及从事农业科学技术等活动的地域范围、家庭

贾思勰像

经济状况、治学特点，等等。

（二）《齐民要术》的结构与主要内容

《齐民要术》是一部规模宏大、内容丰富的农学著作。该书的结构由序、杂说和正文三大部分组成。全书共10卷92篇，约11万字（其中正文约7万字，注释约4万字），序和杂说各1卷（一般认为，“杂说”部分是后人加进去的）。书中参考及引用《诗经》、《周礼》、《尔雅》、《管子》、《吕氏春秋》、《氾胜之书》、《四月民令》、《广志》等先秦至魏晋古籍156种，采集民间谚语及歌谣30多条，亦有询访老农和实践经验方面的资料。《齐民要术》内容十分丰富，比较系统地总结了黄河中下游地区丰富的农业生产经验，涉及农作物、蔬菜、果树、竹木的栽培、选种、育种、土壤、肥料、耕作技术、农具、养鱼、养蚕、畜牧和食品加工等诸多农业生产和科学技术知识。它既保存了许多汉代农业技术的精华，又总结了许多北魏时期的新经验、新成就。北方旱地农业技术的发展基本上未超出此书指出的方向和范围。所以《齐民要术》在我国古代农学史上是具有划时代意义的，在世界农业科技史上也占有重要地位。

明嘉靖刻本《齐民要术》

卷首的序是全书的总纲，它记述了本书写作的缘起和目的意图，论证了发展农业生产技术的必要性以及途径。其中绝大部分是摘引圣君贤相、有识之士有关农业的言论和事例，以及由于注重农业而取得的显著成效。最后介绍了该书的基本内容。书中每一章节，由篇题、正文和经传文献组成。各卷内容如下：

《齐民要术》前三卷讲大田作物（包括粮食作物和经济作物）与蔬菜的种植。其中，卷一：耕田、收种、种谷各1篇；卷二：谷类、豆、麦、麻、稻、瓜、瓠、芋等13篇；卷三：种葵（蔬菜）、蔓菁等12篇；这里“耕田”和“收种”两篇，介绍土壤耕作技术、种子选种和保藏技术，属于这三卷的耕作栽培总论。其余为分论，讲述粮食作物和经济作物的栽培，其中以“种谷”的论述最为

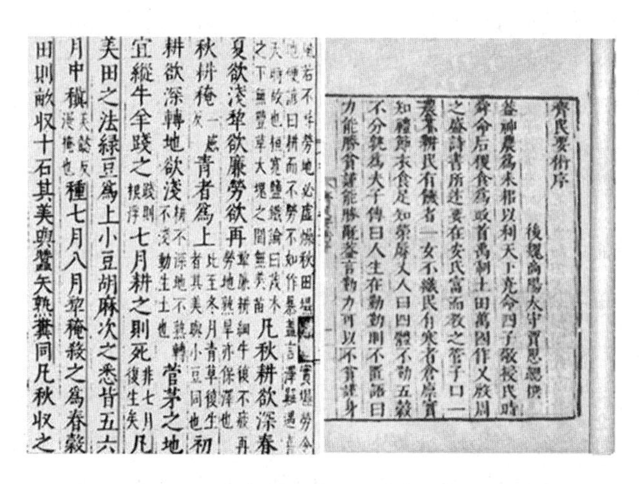
齊民要術序
後魏高陽太守賈思勰撰
蓋神農爲耒耜以利天下堯命四子敬授民時
舜命后稷食爲政首禹制土田萬國作乂殷周
之盛詩書所述要在安民富而教之管子曰一
農不耕民有飢者一女不織民有寒者倉廩實
知禮節衣食足知榮辱丈人曰四體不勤五穀
不分孰爲夫子傳曰人生在勤勤則不匱語曰
力能勝貧謹能勝禍蓋言勤力可以不貧謹身

凡秋耕欲深春
夏欲淺犂欲廉勞欲再
秋耕掩青者爲上
耕欲深轉地欲淺 菅茅之地
宜縱牛羊踐之 七月耕之則死 凡
美田之法綠豆爲上小豆胡麻次之悉皆五六
月中穊 種七月八月犂掩殺之爲春穀
田則畝收十石其美與蠶矢熟糞同凡秋收之

《齐民要术》书影

详细。

第四至五卷讲果树和林木。其中,卷四:园篱、栽树(园艺)各 1 篇,枣、桃、李等果树栽培 12 篇;卷五:栽桑养蚕 1 篇,榆、白杨、竹以及染料作物 10 篇,伐木 1 篇;“园篱”和“栽树”为总论,其余分论果树和经济林木。

第六卷讲动物饲养,包括饲养畜禽和人工养鱼。其中,畜、禽及养鱼 6 篇。首篇为“养牛、马、驴、骡”,开头部分是动物饲养的总论,也介绍了相牛、马的方法和医治牛、马的方法。文中还首次记述了马驴杂交培育出骡的方法。以后又介绍了养羊、猪,养鸡和鸭、鹅,内容包括选种繁育、饲养管理、饲料生产、疾病防治和畜产品(毛、乳、蛋等)加工等。其中养羊篇内容较丰富,并附以制酥酪法,收驴、马驹、羔、犊法等。最后是养鱼,主要引述了《陶朱公养鱼经》所载人工养殖鲤鱼的方法,并首次记载了藕、连、芡等水生蔬菜的种植方法,作为该篇的附录。

第七至九卷讲述酿造、食品加工、婚俗菜谱和文化用品等,基本上属于副业的范畴。其中,卷七:货殖、涂瓮各 1 篇(酿造),酿酒 4 篇;卷八、九:酿造酱、醋、乳酪、储存 22 篇,煮胶、制墨各 1 篇。

第十卷是引述前人的文献资料,记述南方的热带亚热带植物资源。其中,非中国(指北魏以外)物产者 1 篇,记热带、亚热带植物 100 余种,野生可食植物 60 余种。

（三）《齐民要术》的主要成就

《齐民要术》总结了秦汉以来以耕、耙、耢为中心，以熟土和防旱保墒为目的的耕作技术体系，阐述了轮作、种植绿肥、选育良种、中耕管理等项技术，又对林、副、渔业作了很好的总结。《齐民要术》所反映的北方农业生产技术的主要特点，说明北方旱地各项农业生产技术已达到较高水平。

1. 农具的改进和耕作技术的发展

《齐民要术》充分认识到工具对于农业发展的重要意义，可谓“工欲善其事，必先利其器”。该书在谈到耕作技术的时候，并没有开篇就直接介绍耕作技术，而是先介绍农具。书中谈到20种左右的农具，较为重要的有犁、锹、钯、耢、陆轴等，其中一些为汉代不曾使用或使用不广的，此时的耕作工具和播种工具在性质、材料和制作上都有了较大进步。随着生产工具的发展，整个耕作技术都有了一定的提高，这时旱地耕作中的犁、耙、耱技术体系已基本形成。《齐民要术·耕田》指出了这个体系的基本内容是：耕一边，耙两边，耱两边。这里特别强调耕后必须平整土地，即耙（bà），用耙碎土平地。铁齿耙《齐民要术》中多次提到，这是畜力耙最早的文献记载。如该书的《耕田》篇说：“凡开荒山泽田，皆七月芟艾之，草干即放火，至春而开垦，其林木大者杀之，叶死不扇，便任耕种，三岁后根枯茎朽，以火烧之，耕荒毕，以铁齿楱再遍耙之，漫掷黍穄，劳（耢）亦再遍，明年乃中为谷田。”另外，《齐民要术·耕田》篇言开山泽荒田种黍：“耕荒毕，以铁齿楱再遍耙之。”耱（mò）同耢（lào），是无齿耙，着重于将地表拖细碎、平整；“镇压”是通过碾压或拍打的方式将耕、播、锄造成的坷垃支翘压实。可见，“耙”、“耱”都是我国古代一种用来平整土地的工具，引申为平整土地，尤其是春耕后随即平整土地，秋耕后待地皮蒸发干后再平整土地。耱，《齐民要术》称“耢”，在《耕田》篇和一些主要作物的介绍中，贾思勰多次提到耢。耢是破碎土块和平整土地的农具，使地表成为松土层，保墒容易。耙耱农具为木质，呈长方形，具有两种功能：一面安装有铁齿，可以破碎深层卧垡和大块坷垃；另一面较平整，可以埋压种子，平整土地。这种耕耙耱一体的技术，非常适宜中国北方旱作农业。该书还记述了耕地的具体时间、方法、次数及诸多注意事项。这说明人们已在较大程度上认识到：合理耕作不但可以使土变细变热，去除杂草，增加肥力，而且可起到防旱保墒的作用。当时人们已经进一步认识到了中耕对松土、除草、保墒的作用，总结了耕、耙、耱一整套保墒防旱措施，并在旱作中形成了锄、耙、耢、锋、耩五具配套的旱地中耕技术体系。锄地的核心是“松土保墒”，《齐民要术》就特别强调“锄不厌数，勿以无草而中缀”。就是说，锄地是不论次数的，没有草也要锄。贾思勰分别介绍了荞麦、黍、小麦、麻的种植方法，可见一斑：

耩子

候黍、粟苗未与垄齐，即锄一遍。黍经五日，更报锄第二遍。候未蚕老毕，报锄第三遍。如无力，即止；如有余力，秀后更锄第四遍。油麻、大豆，并锄两遍止，亦不厌早锄。谷，第一遍便科定，每科只留两茎，更不得留多。

每科相去一尺。两垄头空，务欲深细。第一遍锄，未可全深；第二遍，唯深是求；第三遍，较浅于第二遍；第四遍较浅。

凡荞麦，五月耕；经二十五日，草烂得转；并种，耕三遍。立秋前后，皆十日内种之。假如耕地三遍，即三重著子。下两重子黑，上头一重子白，皆是白汁，满似如浓，即须收刈之。但对梢相答铺之，其白者日渐尽变为黑，如此乃为得所。若待上头总黑，半已下黑子，尽总落矣。

其所粪种黍地，亦刈黍了，即耕两遍，熟盖，下糠麦。至春，锄三遍止。

凡种小麦地，以五月内耕一遍，看干湿转之，耕三遍为度。亦秋社后即种。至春，能锄得两遍最好。

凡种麻地,须耕五、六遍,倍盖之。以夏至前十日下子。亦锄两遍。仍须用心细意抽拔全稠闹细弱不堪留者,即去却。

接着,《齐民要术·杂说》又说:

一切但依此法,除虫灾外,小小旱,不至全损。何者?缘盖磨数多故也。又锄耨以时。谚曰"锄头三寸泽",此之谓也。尧汤旱涝之年,则不敢保。虽然,此乃常式。古人云:"耕锄不以水旱息功,必获丰年之收。"

这段话的意思是说:一切都可依据上面说的方法,除了虫灾外,即使有小小的旱情,亦不至于全部遭到损害。为什么呢?因为人们经历的磨难多(即经验丰富)的缘故,再加上锄草及时。谚语说"锄头三寸泽",就是这种意思。而尧、汤时期发生旱涝的年份,就不敢保证不受影响(因为那时人们的经验不丰富)……因此古人说:"耕地锄地不因为旱涝而停止劳作,必然会获得丰收的年景。"可见,"耕锄不以水旱息功,必获丰年之收"是针对进行农业生产必须讲究耕作技术而言的。

《齐民要术·耕田》记载:

凡耕高下田,不问春秋,必须燥湿得所为佳。若水旱不调,宁燥不湿。

〔燥耕虽块,一经得雨,地则粉解。湿耕坚垎,数年不佳。谚曰:"湿耕泽锄,不如归去。"言无益而有损。湿耕者,白背速楱之,亦无伤;否则大恶也。〕春耕寻手劳,〔古曰"耰",今曰"劳"。《说文》曰:"耰,摩田器。"今人亦名劳曰"摩",鄙语曰"耕田摩劳"也。〕秋耕待白背劳。春既多风,若不寻劳,地必虚燥。秋田实,湿劳令地硬。谚曰:"耕而不劳,不如作暴。"盖言泽难遇,喜天时故也。桓宽《盐铁论》曰:"茂木之下无丰草,大块之间无美苗。"

上文中"湿耕泽锄,不如归去"和"耕而不劳,不如作暴",强调的是耕作田地必须根据土壤的水分含量的多少而及时耕作,由人们根据"燥湿得所"的情况具体掌握,而且还要做到精耕细作。这里引农谚警告说:"耕而不劳,不如作暴。”意思是讲,如果耕田以后不把土壤耙细,那就是糟蹋土壤。因此,这两句话的意思还是强调农业生产必须讲究耕作方法。

《齐民要术》还主张秋耕要深耕晒垡,耕细耕透,多耕多耙,深耕细作,这利于容纳水分和熟化土壤;春耕要浅,防止使土壤适合农作物生长的湿度受到影响。耕作要求精细,一般不扰乱土层,最好把秋季深耕细作和施加绿肥结合起来。如《齐民要术·耕田》载:

> 凡秋耕欲深,春夏欲浅。犁欲廉,劳欲再。〔犁廉耕细,牛复不疲;再劳地熟,旱亦保泽也。〕秋耕掩青者为上。〔比至冬月,青草复生者,其美与小豆同也。〕初耕欲深,转地欲浅。〔耕不深,地不熟;转不浅,动生土也。〕菅茅之地,宜纵牛羊践之,〔践则根浮。〕七月耕之则死。〔非七月,复生矣。〕凡美田之法,绿豆为上,小豆、胡麻次之。悉皆五、六月中种,七月、八月犁掩杀之,为春谷田,则亩收十石,其美与蚕矢、熟粪同。

总之,《齐民要术》强调了耕作知识和防旱保墒的重要性,论述了根据不同天时、地利而采取的不同耕作方法,进一步把耕作体系发展为“耕－耙－耱－压－锄”,标志着中国以“保水”为核心的古典耕作体制的成熟和完善。

2. 选种、育种、播种的相关技术

贾思勰认为选种的成功与否将直接影响到作物的收成和质量。为了保证种子入土后能够保持完好,并顺利地发育成熟,长出健康的嫩芽,《齐民要术》中特意交代了播种前要做的准备工作。此期的选种育种技术有了较大进步,到北魏时期,就形成了从选种、留种到建立种子田的一整套管理制度。书中总结了群众的育种经验,提出比较明确的品种分类标准,总结了一套比较完整的选种和种子繁育制度,已初步认识到选择在品种形成中的作用。《齐民要术·收种》中载:

> 粟、黍、穄、粱、秫,常岁岁别收,选好穗纯色者,劁刈高悬之。至春治取,别种,以拟明年种子。〔耧耩掩种,一斗可种一亩。量家田所须种子多少而种之。〕其别种种子,常须加锄。〔锄多则无秕也。〕先治而

别埋,〔先治,场净不杂;窖埋,又胜器盛。〕还以所治蘘草蔽窖。〔不尔,必有为杂之患。〕将种前二十许日,开出水淘,〔浮秕去则无莠。〕即晒令燥,种之。依《周官》相地所宜而粪种之。

这里论述了"收种"技术的核心,其特点,一是把选种、繁种和防杂保纯相结合,二是把选种、保藏和种子处理相结合。因此,它涉及的范围不仅仅是品种的选育。就品种选育而言,其方法要点:一是每年都要在田间选择纯色好穗,作为第二年大田种子;二是单独种植,提前打场,单收单藏,用本田的秸秆蔽窖,尽量避免机械混杂和生物学混杂(不同品种的天然种间杂交),考虑得相当细致和周到。《齐民要术·种瓜》载:

收瓜子法:常岁岁先取"本母子瓜",截去两头,止取中央子。"本母子"者,瓜生数叶,便结子;子复早熟。用中辈瓜子者,蔓长二三尺,然后结子。用后辈子者,蔓长足,然后结子;子亦晚熟。种早子,熟速而瓜小;种晚子者,熟迟而瓜大。去两头者,近蒂子,瓜曲而细;近头子,瓜短而喎。凡瓜,落疏、青黑者为美;黄、白及斑,虽大而恶。若种苦瓜子,虽烂熟气香,其味犹苦也。

这里介绍了甜瓜选取"本母子瓜"作为种子,以培育早熟甜瓜品种的技术要领。甜瓜是炎夏季节的水果,喜温暖,怕雨湿,在开花和成熟期更需要多日照和干燥的环境,否则容易滋生病害,落花落果,影响产量和质量。在选留作物良种方面,《齐民要术》记载了97个谷物的品种,其中黍12个、粱4个、秫6个、小麦8个、水稻36个(包括糯稻11个)。在这97个谷物的品种中,除了11个是从前人的书籍记载中收录的,其他的86个是贾思勰自己搜集补充进去的。《齐民要术·收种》篇提出谷类作物须得年年选种,种前水选,去除杂物,单收单藏等和今天混合选种法相类的先进选种方法,并在这种思想下培育出许多新品种。书中还介绍了水选、溲种、晒种等多种处理种子的方法,在育苗的步骤中提到了水稻的催芽技术。

粟是北方最普遍的主食作物,《齐民要术》记载的粟增至86种:

朱谷、高居黄、刘猪獬、道愍黄、聒谷黄、雀懊黄、续命黄、百日粮,有起妇黄、辱稻粮、奴子黄、支谷、焦金黄、履苍——一名麦争场:此十四种,早熟,耐旱,熟早免虫。聒谷黄、辱稻粮二种,味美。

今堕车、下马看、百群羊、悬蛇赤尾、罴虎黄、雀民泰、马曳缰、刘猪赤、李浴黄、阿摩粮、东海黄、石岁、青茎青、黑好黄、陌南禾、隈堤黄、宋冀痴、指张黄、兔脚青、惠日黄、写风赤、一黄、山鹾、顿黄:此二十四种,穗皆有毛,耐风,免雀暴。一黄一种,易舂。

宝珠黄、俗得白、张邻黄、白鹾谷、钩干黄、张蚁白、耿虎黄、都奴赤、茄芦黄、薰猪赤、魏爽黄、白茎青、竿根黄、调母梁、磊碨黄、刘沙白、僧延黄、赤梁谷、灵忽黄、獭尾青、续德黄、秆容青、孙延黄、猪矢青、烟熏黄、乐婢青、平寿黄、鹿橛白、鹾折筐、黄穇、阿居黄、赤巴梁、鹿蹄黄、饿狗苍、可怜黄、米谷、鹿橛青、阿逻逻:此三十八种,中大谷。

白鹾谷、调母梁二种,味美。秆容青、阿居黄、猪矢青三种,味恶。黄穇、乐婢青二种,易舂。

竹叶青、石抑闳、——竹叶青,一名胡谷。——水黑谷、忽泥青、冲天棒、雉子青、鸱脚谷、雁头青、揽堆黄、青子规:此十种晚熟,耐水;有虫灾则尽矣。

这里,他对粟类进行了深入的分析研究,根据形态性状分成四大类,分别概括出它们的特性,又从粟的成熟期、秆长、结实率、抗逆性、米质、出米率等来鉴别品种,这对于谷物的选种和育种具有重要的指导意义。如对于在开始说的 14 种粟类:“朱谷、高居黄、刘猪獬、道愍黄、聒谷黄、雀懊黄、续命黄、百日粮,有起妇黄、辱稻粮、奴子黄、麦争场”,具有“早熟,耐旱,熟早免虫”的优点。但同一种作物中,有些不具有抗灾性能。这样可以根据土壤、气候条件和种子性能,进行优化组合,合理配种,获得好收成。另 10 种谷物“竹叶青、石抑闳、水黑谷、忽泥青、冲天棒、雉子青、鸱脚谷、雁头青、揽堆黄、青子规”,“耐水;有虫灾则尽矣”,即是说对于虫灾毫无抗性,但却有耐水的特性,如果在一些雨水充足而虫害较少的地区,则可扬长避短,发挥其抗灾作用。此外,《齐民要术》记载的水稻增至 42 种,并已认识到早熟、矮秆作物之优势及品种的耐旱、耐涝、免虫等性质,反映了较高的认识水平。

《齐民要术》对播种时间、播种形式与方法、播种量、播种深度都有明确的记载,且都是比较科学的,反映了这时播种技术又有较深入的发展。《齐民要术》中记述了多种播种形式与方法，例如，有耧耩漫掷、逐犁漫掷（“漫掷”，即散播）；也有类似近代条播的如耧种、垄种、耧头中下之；还有点播如摘种、逐犁种，等等。播种后，有的要“镇压”，有的不要“镇压”。特别指出了耧种的优点：“凡耧种者，匪直土浅易生，然于锋锄亦便。”还指出播种量和种植密度，以及播种深度和播后镇压都应注意“因时”、“因土”制宜的原则。

关于播种时间，《齐民要术》认为：“以时及泽，为上策之。”就是说播种时应该考虑到季节、气候和墒情等几个因素。贾思勰指出，“顺天时，量地利，则用力少而成功多”，否则就会“劳而无获”。季节气候的变化很大程度上会影响墒情，《齐民要术》把播种的时机分成了三类：上时、中时及下时。例如，《齐民要术·水稻》载：“三月种者为上时，四月上旬为中时，中旬为下时。”这显然指的是北方的水稻播种期。现代华北单季稻作带粳稻安全播种期为 4 月下旬至 5 月下旬，而南方水稻的播种期要早于北方。最早有关南方水稻播种期的记载见于《广志》。《齐民要术》记载了不少水稻品种就是出在南方，如《齐民要术》引《广志》：“南方有蝉鸣稻，七月熟。有盖下白稻，正月种，五月获；获讫，其茎根复生，九月熟。”这里的“南方”指岭南，“蝉鸣稻”就是岭南越人选育的早熟水稻品种。这表明当时南方有的水稻品种播种期为正月。在下种时，要考虑降水与土壤结构及水分的关系（“墒”），《齐民要术·种谷》有：“凡种谷，雨后为佳。遇小雨宜接湿种；遇大雨待薉生。小雨不接湿，无以生禾苗；大雨不待白背，湿辗则令苗瘦。薉若盛者，先锄一遍，然后纳种……”

关于播种量，《齐民要术》中介绍了主要粮食及经济作物在具体情况下的播种量。例如提到麻的播种时，指出麻是一种对土地肥力要求较高的作物，需要良田栽种，如果土地的肥力不够，则要通过施肥来提高地力。每亩良田播 3 石麻种，如果是薄田的话，则每亩播种 2 石。又如讲到种小豆时，书中记载到：夏至后 10 天种小豆是最佳的时节，一亩用豆种 8 升。初伏终了下种稍差，一亩用 1 斗豆种。

关于浸种催芽，这是农作物生产中广泛采用的措施，现今种瓜种菜、播稻植棉，仍然普遍实行浸种催芽技术。《齐民要术》最早记载这种浸种催芽的技术，主要散布于大麦、小麦、水稻、麻、胡荽，还有槐等章节。例如，《齐民要术·种胡荽》说：“凡种菜，子难生者，皆水沃令芽生，无不即生矣。”事实上，不仅蔬菜，包括大田作物和树木的种子应用浸种催芽的技术，凡是出芽比较困难的，都可以作浸种催芽的处理。书中还提到："凡种麻，用白麻子。""取雨水浸之，生芽疾，用井水则生迟。浸法：著水中如炊二石米顷，漉出。著席上，布令厚三四寸，数搅之，令均得地气，一宿则芽出。水若滂沛，十日亦不生。"总结了以雨水浸种比用井水出芽快、水量过多不易出芽的经验。这是大田作物浸种催芽方法的最早记载。对于浸种、催芽、下种各项技术，《齐民要术》强调指出应该完全根据作物生长发育的特点和气候土壤等具体条件而定。例如，《水稻》篇中说，稻种浸三天，捞出放在草编器具中，再经过三天，等到芽长二分，再播种。《齐民要术·旱稻》篇讲到对旱稻播种的要求是只要种子开口，不待生芽就要下种。天时不好，为抢时间，也可以不浸种。高田种旱稻，"至春，黄墒纳种"，并且嘱咐"不宜湿下"。

3. 防治虫害技术

《齐民要术》首先对耕翻、轮作、适时播种、施肥、灌溉等农事操作和选用适当品种可以减轻病、虫、杂草的危害，作了较详细的论述。关于防虫，《齐民要术》中记有不同的防止害虫的方法。例如，有崔寔提出驱除瓜田中的"瓜守"的方法；还有氾胜之提出治粘虫的方法。在贮藏方面，《氾胜之书》及《论衡·商虫》都提出要晒至极干后贮藏，前者还指出要"取干艾杂藏之"可避虫。晋代《搜神记》还说麦子用灰同贮可防虫。《齐民要术》指出"窖麦法，必须日曝令干，及热埋之"，并"以蒿、艾蔽窖"。此外，还有种子的保藏，要求是使种子保持干燥，避免"浥郁"生虫。《氾胜之书》就提出"种伤：湿郁热则生虫也"的警告，指出要把种子晒到极干燥后再收藏。贾思勰继承了前人的方法，《齐民要术·收种》说："凡五谷种子，浥郁则不生，生者亦寻死。"其实，这不但适合于五谷，也适合于其他作物的种子。"浥郁"，不但导致种子发热变质，而且容量招致害虫。所以，种子保藏主要采取晒种和拌药等方法。前引《氾胜之书》关于麦禾穗选的记载，都是把选种和悬挂高燥之处、曝晒、拌药等结合在一起处理的。《齐民要术》中记载了"麦一石，艾一把"的防虫经验："取干艾杂藏之，麦一石，艾一把，藏以瓦竹器，顺时种之，则收常倍。"就是说：将干燥的艾草粉碎或剪短，用布包好或捆扎好，按1%左右的比例均匀地放入粮堆内，将粮堆密封好，储粮效果较好。根据《齐民要术》的相关记载表明，留种用的麦，要晒干趁热储藏，并且加些艾叶防虫。《齐民要术·大小麦》载有麦种用艾蒿防虫的方法：令立秋前治（按指治场）讫（立秋后则虫生）。蒿、艾箪盛之，良（以蒿、艾蔽窖埋之，亦佳。窖麦法：必须日曝令干，及热埋之）。这即是麦种"以蒿艾箪盛之"或"蒿艾蔽窑埋之"以防治虫害的经验。一般谷物、蔬菜以至于树木的种子在贮藏前都要晒种。葱子、韭菜子等不宜在烈日下曝晒，也"必薄布阴干，勿令浥郁"（《齐民要术·种葱》）。《齐民要术》对于防虫采用日晒后趁热入仓贮藏的方法，经过现代科学的验证，至今仍在小麦等种子贮藏上应用。

更为重要的是，此期在农田害虫防治上取得多项新进展：一方面培养新的免虫品种。《齐民要术·种谷》篇的86种谷子，其中的朱谷、高居黄等14种都具有免虫能力，是我国古代免虫作物品种的最早记载；另一方面采取了轮作防病栽培法，创立了食物诱杀法。《齐民要术·种桑柘》说："用盐杀茧，易缫而丝韧，日晒死者，虽白而薄脆。缣练衣著，几将倍矣。甚者，虚失藏功，坚脆悬绝。"《齐民要术·种瓜》记有以盐水浸种防治传染病的方法："凡种法，先以水净淘瓜子，以盐和之。"此说以盐水浸种，应具有防治传染病的作用。本篇也有利用捕食性天敌除虫的记载，以性诱或饵诱诱集害虫的诱致剂，使害虫味觉受抑制不再取食，这应是"以虫治虫"的生物防治之始，从而为病虫害防治开辟了新的途径。

《齐民要术·大小麦》里还记载一种特别的方法，称为劁麦法。即："多种久居供食者，宜作劁麦：倒刈，薄布，顺风放火；火既着，即以扫帚扑灭，仍打之。〔如此者，经夏虫不生；然唯中作麦饭及面用耳。〕"并说"如此者，经夏虫不生，然唯中作麦饭及面用耳"，说明此法可久贮，但只可食用，不能作种。贾思勰提出了常用的防治蚂蚁方法，《齐民要术》记载："有蚁者，以牛羊骨带髓者置瓜科左右，待蚁附，将弃之。弃二三则无蚁矣。"

4. 作物的轮作、间种、绿肥技术之发展

这时期，作物的轮作技术有了新的发展，例如对轮作作物的特点进行了分析，使得作物轮作的数量与质量得到了提高，并发展了间作套种制度。多熟种植有了进步，创造了绿肥轮作。

轮作复种和间作套种有利于均衡利用土壤养分和防治病、虫、草害；能有效地改善土壤的理化性状，调节土壤肥力，这正是中国传统农业精耕细作的体现。《齐民要术》对合理轮作和间作套种的理论和技术进行了系统的总结,如对于轮作技术,《齐民要术》提出“谷田必须岁易”、“水稻以岁易为良”的重要思想。就是说,不论是种谷种稻,都不能年年不变,作物如果多年连作就会“莠多而收薄”。贾思勰详细分析了各种作物的特性,指明哪些作物可以轮作,哪些作物不宜轮作。比如,对于种麻,他分析研究麻的属性后指出,如果连作就会导致这样的后果:“有点叶夭折之患,不任作布也。”就是说,重茬种麻会引起由土壤传染的立枯病,导致麻的质量严重下降。《齐民要术》记载的轮作方法达20余种。贾思勰对黄河流域一些主要作物的轮作顺利作了比较研究,对豆类作物在轮作中的作用特别重视。他不仅充分认识到豆类作物可以有效恢复和提高土壤的肥力,而且指出豆类作物是极好的前茬作物,从而确立了豆谷轮作的格局,这为土地的用养结合、保持土地肥力发挥了重要的作用。

同时,贾思勰对绿肥的作用给予了肯定,在《齐民要术》中记载当时作为绿肥的栽培作物有绿豆、小豆、胡麻等。贾思勰已视豆类为绿肥作物,将它纳入轮作周期,通过比较与鉴别,确定了几种主要豆类作物的肥效和不同轮作方式对谷物产量的影响,这是很有实用价值的。《齐民要术》记载了这种使用绿肥的方法:“凡美田之法,绿豆为上,小豆、胡麻次之;悉皆五、六月中穰种,七、八月犁掩杀之。为春谷田,则亩收十石,其美与蚕矢、熟粪同。”

在这里,特别指出了豆科作物在轮作中的突出作用:“凡美田之法,绿豆为上,小豆、胡麻次之。”这也是贾思勰率先测定出不同绿肥作物的肥效的结论。具体做法是:每年五六月将豆种密密种下,至七八月带青掩埋土中,其结果是“为春谷田,则亩收十石,其美与蚕矢、熟粪同”。在这里,“其美与蚕矢、熟粪同”是他把绿豆与有机肥作比较得出的结论。同时,庄稼用绿豆作肥料,可以“亩收十石”。贾思勰在《齐民要术》中总结出绿肥轮作的模式有8种之多,即苕草—稻、绿豆—谷、小豆—谷、胡麻—谷、小豆—麻、绿豆—葵、绿豆—葱和绿豆—瓜。这表明,栽培绿肥和绿肥轮作在我国南北朝初期已经走向成熟。

在间作套种方面,贾思勰认识到两种作物间作还可产生互补作用,间作可提高土地利用率,即间作的主要目的是“不失地力,田又调熟”,但间作时不同作物之间也常存在着对阳光、水分、养分等的激烈竞争。因此又必须处理好间作物种间的关系,选定合理的间作套种组合,对株型高矮不一、生育期长短稍有参差的作物进行合理搭配和在田间配置宽窄不等的种植行距，以提高间作效果。他继承了《氾胜之书》中已有关于瓜豆间作的经验，在《齐民要术》书中谈及当时多为高秆稀植桑，已在桑园间种黍、绿豆、黑豆、芝麻、芋和芜菁（饲料），并叙述了桑与绿豆或小豆间作、葱与胡荽间作的经验。《齐民要术》还记载了不少间、套、混种的经验。一是在大麻田内套种芜青，一是在种谷楮时与大麻混播，目的是“秋冬仍留麻勿刈。为楮作暖”，即起防寒作用。另一种是在种槐时“和麻子撒之，当年之中，即与麻齐，麻熟刈去，独留槐”，即将出芽后的槐树种子和大麻种子混合撒布，当年槐树苗和大麻长得一样高。到大麻割去，留下槐树苗。这时的槐树苗又细又长，须缚以木条。第二年在槐树苗丛间撒布大麻种子，迫使槐树向上生长。经过两年这样的处理，到第三年正月就可将树苗移栽。这样培育出来的树苗“亭亭条直，千百若一”。该书反对在大豆地内间种大麻，以免导致“两损”。《种葱》、《养羊》等记述了多种间、混作或饲养方式，积累了丰富的经验。例如，《种葱》篇云，“葱中亦种胡荽，寻手供食，乃至孟冬为菹亦无妨”，这是桑间间作绿豆、小豆和蔬菜间作的例证。又据《齐民要术・养羊》：“羊二千口，四月先种豆杂谷百亩，八、九月并草刈之。若不种豆，须于秋草结食时广刈曝干，勿论浥湿以备冬饲。”《齐民要术》除记述大豆和麻子混种以及和谷子混种外，还特别指出在桑园间作豆类，可以“润泽益桑”。《齐民要术》里曾记载，在 5 亩菜地里，一共种植了葱瓜、萝卜、葵、萵苣、蔓菁、芥、白豆、小豆、茄子等 9 个品种，琳琅满目。没有较高的园艺水平，是不可能掌握如此复杂的套种技术的。此时多熟种植也有了发展，黄河中下游发展了三年二熟制，长江流域推广了双季稻。《齐民要术》一书还谈到谷、瓜、葱、葵等多种作物与绿肥轮作的制度，并提出了多种轮作方案，绿肥轮作的发展对改良土壤、提高肥力和作物产量具有十分重要的意义。绿肥轮作的出现，说明了我国古代农业技术已达到相当高的水平。

5. 果树、蔬菜、造林培育和管理技术

这时的果树、蔬菜的种类明显增多，种植面积扩大，栽培技术亦有了一定的发展。《齐民要术》所论的 42 种果品，其中枣居首位，与桃、李、杏、栗并称为五果。另据《齐民要术》记载，黄河流域各地栽种的蔬菜有瓜（甜瓜）、冬瓜、越瓜、胡瓜、茄子、瓠、芋、葵、蔓菁、菘、芦菔、蒜、葱、韭、芥、芸薹、胡荽乃至苜蓿等31种。其中现在仍在栽种的有21种,余下的已经从菜圃中退出或转作他用。

《齐民要术》把果木的繁育方法归结为“种”(播种,即实生苗繁殖)、“栽”(扦插)和“插”(嫁接)三种。《齐民要术》用了不少篇幅介绍了蔬菜种植、果树和林木的扦插、压条和嫁接等育苗方法以及幼树抚育方面的技术。如桑、柘、柞、榆、槐、梓、青桐等常用播种法,安石榴、柳等常用插条法,桑、木瓜、白杨等常用压条法,柰、桑、竹等常用分根法,梨、柿等则经常嫁接。自然地,在具体操作和后期管理上,又因各树木习性之不同而呈现出千差万别来。书中还说:“凡栽一切树木,欲记其阴阳,不会转易。阴阳易位则难生。小小栽者,不烦记也。”这是因为树木向阳面的枝叶长期生活在光线充足的环境条件下,已经形成了适应阳生环境的形态、解剖和生理特性。否则,移植树木的成活率就会受到影响。《齐民要术》谈到的南方果树达10种之多,并培养出多种优良品种。在果树繁殖上,使用多种无性繁殖有扦插、嫁接等。如《齐民要术》中说石榴扦插在“三月初,取枝大如手大指者,斩令长一尺半,八九枝为一窝……”书中对安石榴还提出“其斯根栽者……”即把根截成短条扦插,也就是现在的根插法。另记载插安石榴时,“取一长条,烧头,圆屈如牛拘(即牛鼻环),横埋之亦得”。这就是现在用的盘插法,对不易生根或土地干旱需要长插穗的,有一定效果。这时的嫁接已从蔬菜发展到果树,由同一作物的嫁接到不同作物的嫁接,由单纯结大的果实发展到以嫁接方法提早结实和改良提高产品的品质,方法上也从靠接发展到皮下接和劈接。贾思勰书中对果树嫁接中砧木、接穗的选择,嫁接的时期以及如何保证嫁接成活和嫁接的影响等有细致描述,提到的“木边向木,皮还近皮”道出了嫁接的关键。《齐民要术》在《种梨》篇记载了一砧一穗或多穗的枝接法,书中指出用实生苗繁殖的缺点:“若穞生及种而不栽者,则著子迟。每梨有十许子,唯一二子生梨,余皆生杜。”就是说结果比较迟,而且好的果实,不过十分之一、二而已,其余的都变成杜梨。针对用实生苗繁殖的缺点,书中给出了梨的嫁接方法是用棠梨或杜梨做砧木,最好是在梨树幼叶刚刚露出的时候,特别指出嫁接的梨树结果比实生苗快,嫁接后的梨,结梨又快又好的特点。这就显示出嫁接法的优越性。此外,在《种柿》中还提出“取枝于枣根上插之”(枣就是软枣、黑枣)的根接法。《齐民要术》中也有瓜类嫁接的记载。现在日本已经普遍采用。这充分说明《齐民要术》所记载的果树嫁接繁殖技术已达到较高的水平。

在有性繁殖方面,其中对大麻的性别和繁殖,《齐民要术》记述得尤为精确。古人早已发觉大麻的植株有雌雄之分:雌大麻会结子,单称麻;雄大麻只开花不会结子,专称枲。雌大麻的种子可食用,雄大麻的纤维优良,可供纺织。《齐民要术》中《种麻》和《种麻子》篇,分别记述了种植枲和苴的技术,这里称雄大麻的花粉为"勃",把花序称为"穗"。先是《氾胜之书》说:"获麻之法,穗勃勃如灰,拔之。"雌大麻要有雄大麻"放勃"才气壮实。在雄株"放勃"、雌株受粉后,拔除雄株可利用其麻皮,并有利于雌株的生长和种子的发育成熟。如果在"放勃"前拔去雄株,雌株就不能结实。这里说明了收获雄麻,要待雄花开放以后,否则纤维的质量不佳,其实也是为了给雌麻提供必要的花粉,保证雌麻可以授精结实。《齐民要术·种麻》说:"勃如灰,便收。(刈拔各随乡法。未勃者收,皮不成;放勃不收而即骊)"这是说,雄株未"放勃"前即收,因未长足,会影响纤维质量;如"放勃"后不及时收获,麻老后,皮部会累积很多有色物质而降低品质。《齐民要术》已认识到雌大麻要有雄大麻"放勃"才能结实,它引崔寔《四民月令》:"牡麻,有花无实。"又进一步在《种麻子》明确指出:"既放勃,拔去雄(若未放勃去雄者,则不成子实)。"这就清楚地表明雌麻是依靠雄麻的授粉才能结实的。这种对植物雌雄异株的认识及其在生产上的应用,是世界生物学史上的一项突出贡献。

《齐民要术》在管理上采取烟熏防霜法、越冬防寒法等重要技术措施。《齐民要术·栽树》中有一个防霜的方法:"凡五果,花盛时遭霜,则无子,常预于园中;往往贮恶草、生粪。天雨新晴,是夜必霜;此时放火作煴,少得烟气,则免于霜矣。"这是关于霜冻的预报知识和用熏烟法防止霜冻灾害方法,也是世界上这方面知识的最早记载。书中还相当细致地总结了一套果树嫁接技术。这在世界农学史、生物学史上都占有重要地位。此时的蔬菜栽培技术也有了一定的发展,土地利用率提高,对因土地种植、园田化耕作以及诸田园管理技术都有了进一步认识。《齐民要术》对每种蔬菜从播种耕作到收获皆逐一加以研究,此期获得了使用炒过的谷子与葱之拌和播种,是一项技术的进步。

《齐民要术》中的“合墨法”详细记载了墨的制作方法，这也是世界上关于炭黑的最早科学文献。

《齐民要术》还有专门的植树造林技术，涉及林地选择、苗木培养以及栽培管理技术，反映了人们对有关树木种类、造林性质、造林地的耕作、移栽、苗木管理等方面的认识和技术进步。

6. 畜牧、兽医技术之进步

《齐民要术》既总结了历代的家畜饲养经验，也吸取了北方各民族的畜牧经验，书中有畜禽选种、饲养管理以及相畜术、兽医术等方面的知识。《齐民要术》第六卷提到的牲畜种类有牛、马、驴、骡、羊、猪、鸡、鹅、鸭，另外还谈到了养鱼。与中原地区先秦时代即已定型的“六畜”（马、牛、羊、猪、犬、鸡）相比，增加了4种，减少了1种。这里详细记述了家畜饲养的经验，特别是吸收了少数民族的畜牧经验，对家畜的鉴别品种、饲养管理、繁殖仔畜到家畜疾病防治，均有记录。畜产品的加工等诸多地方，其水平之高，充分反映了北魏畜牧业所取得的成就，对后世的畜牧生产具有很大的影响。主要成就如下：

（1）《齐民要术》提出了一整套促进畜禽生长发育和育肥的有效措施。

《齐民要术》对家畜饲养管理进行了总结，其中在《养牛马驴骡》提出饮食上应当遵循的“食有三刍”原则：“饮食之节，食有三刍，饮有三时。何谓也？一曰恶刍，二曰中刍，三曰善刍。盖谓饥时与恶刍，饱时与善刍，引之令食，食常饱则无不肥。”又云：“锉草粗，虽是豆谷，亦不肥充。”由此可见，“刍”有恶、中、善之分，是将饲草按品质优劣分为粗料、中料、精料三等，由此提出了科学饲养的引诱多吃方法：“饥时与恶刍，饱时与善刍，引之令食，食常饱则无不肥”，是说会养马的人，在马饿时可以先喂“下刍”，次喂“中刍”，饱时再给好的“善刍”，这是最有效的饲养方法，这样马可以吃得饱，因而也可以肥壮，而且能最合理、最经济地利用饲草。饲料要铡得细，粗了马吃了不会肥壮。这种安排非常适合马的特点。马是单胃动物，不同于牛羊的复胃，没有反刍过程；马胃的容量又不很大，它在消化过程中不断有发酵作用的气体产生。如果饿时喂“善刍”，造成狼吞虎咽，容易发生疝痛。如果先给较差的“恶刍”，使它的食欲受到抑制，慢慢进食，到一定程度时，再用“善刍”引诱它吃饱吃足，就不会发生疝痛。

《齐民要术·养牛马驴骡》曰:“多有父马者,别作一坊,多置槽厩,锉刍及谷豆,各自别安。”“锉刍”即切短青干草,这是首次有关粗饲料加工调制喂马的记载。又据《齐民要术》“锉草粗,虽足谷豆,亦不肥充”,如能“细锉无节,簁去土而食之者,令肥肥”。因此饲草必须铡细,否则谷类、豆类等精料再充足,也不能养好牛,突显了粗饲料加工的重要性。《齐民要术》说:“服牛乘马,量其力能,寒温饮饲,适其天性,如不肥充繁息者,未之有也。”这里指出,养牛要“寒温饮饲,适其天性”,还提到造牛衣、修牛舍、采用垫草以利越冬等,表明已很重视舍饲管理措施,更是科学地说明了饲养与繁殖的密切关系。

《齐民要术》还提出了“饮有三时”原则,即饮水是“朝饮少只;昼饮则胸餍水;暮饮极之”等。就是善于饲养家畜的人,要让家畜朝饮少量,昼饮酌量,暮饮足量。但不可暴饮冷水,以免引起疝痛起卧病。

《齐民要术》中的《养羊》篇,总结了魏、晋以前民间流传的牧羊经验,其中也包括卜式的经验,迄今仍不失为养羊的古代文献。养羊要求“唯远水为良,二日一饮。缓驱行,勿停息。春夏早放,秋冬晚出”。在羊群放牧期间,要“起居以时,调其宜适”,这贯彻了“寒温饮饲,适其天性”的原则。舍饲时,必须贮足饲料,还要注意羊舍的清洁卫生以及羊舍的位置与朝向等。《齐民要术》还对牧羊人的性格条件、牧羊时羊群起居的时间、住房离水源的远近、驱赶的快慢、出牧的迟早以及羊圈的建筑、管理和饲料的贮备等,都做了详细阐述。为了合理利用冬季的饲草,防止羊群践踏造成浪费,贾思勰又提出要在高燥处筑圆栅,置饲草于其中,让羊绕栅取食。这一设计非常合理。

养猪与养羊一样,实行的是放牧与舍饲结合。贾思勰在《齐民要术·养猪》开篇就谈到了要注重选择良种猪:“母猪取短喙无柔毛者良。喙长则牙多。一厢三牙以上则不烦畜,为难肥故;有柔毛者烟治难净也。”“柔毛”,长毛内长着的短绒毛。现在群众经验,猪以毛疏而净者长得快,有绒毛的长不好。又说:“圈不厌小。圈小则肥疾。处不厌秽。泥污得避暑。亦须小厂,以避雨雪。春夏草生,随时放牧。糟糠之属,当日别与。糟糠经夏辄败,不中停故。八、九、十月,放而不饲。所有糟糠,则蓄待穷冬春初。”这里提出了一种针对猪的特点的饲养方法,为了给猪催肥,当时采取了缩小猪圈减少运动的方法,猪圈越小,猪的活动空间越小,运动量越小,消耗也越少,养分更多地转化为肌肉和脂肪，增肥自然更快。这就是所谓的“圈不厌小（圈小则肥疾）”。同时根据猪的生活习性，贾思勰还提醒人们放牧时注意：“猪性甚便水生之草，耙耧水藻等令近岸，猪则食之，皆肥。”放牧成本低廉，适合大规模饲养。这种因时制宜的饲喂方法及利用水草喂猪致肥的经验，今日农村仍在施行、利用。

“阉割”方法：“初产者，宜煮谷饲之。其子三日便掐尾，六十日后犍。三日掐尾，则不畏风。凡犍猪死者，皆尾风所致耳。犍不截尾，则前大后小。犍者，骨细肉多；不犍者，骨粗肉少。如犍牛法者，无风死之患。”其中“犍”（jiān），原指阉牛，这里用为“阉割”的通称。这里说要60日后阉割。阉割的好处是“骨细肉多”。

早熟和增肥法。《齐民要术·养猪》引《淮南万毕术》曰：“麻盐肥豚豕。”“取麻子三升，捣千余杵，煮为羹，以盐一升着中，和以糠三斛，饲豕即肥也。”书中还有仔猪的补料办法，并采用了补饲栏，以营养丰富的饲料喂饲幼猪。如记载说：“供食豚，乳下者佳，简取别饲之。愁其不肥，共母同圈，粟豆难足，宜埋车轮为食场，散粟豆于内。小豚足食，出入自由，则肥速。”在这样的培育条件下，大大提高了猪的早熟和易肥的优良性能。

小猪防寒护理方法。《齐民要术》介绍了一种“蒸法”是：“十一、十二月生子豚，一宿，蒸之。蒸法：索笼盛豚，着甑中，微火蒸之，汗出便罢。不蒸则脑冻不合，不出旬便死。所以然者，豚性脑少，寒盛则不能自暖，故须暖气助之。”小猪出生后放入蒸笼一宿，锅下燃以微火，使笼内保持一定温度和湿度，这里提出的小猪防寒护理方法及其论证是相当科学的。

对于养鸡术，贾思勰设专章加以总结。《齐民要术·养鸡》开篇就提出要注重选择良种鸡，并且总结了鸡的特性和养鸡经验：“鸡种，取桑落时生者良，形小，浅毛，脚细短者是也，守窠，少声，善育雏子。春夏生者则不佳。形大，毛羽悦泽，脚粗长者是，游荡饶声，产、乳易厌，既不守窠，则无缘蕃息也。”《齐民要术》指出“鸡栖宜据地为笼”，并引述了汉代用秫粥洒于耕地，上覆生茅，人工生虫作为动物性饲料的笼养鸡法。书中已经特别提到雏鸡的饲育，贾思勰说：“鸡，春、夏雏，二十日内，无令出巢，饲以燥饭。”

《齐民要术·养鸡》还记载了“墙匡”养鸡快速育肥的方法：

> 养鸡令速肥，不杷屋，不暴园，不畏乌、鸱、狐狸法：别筑墙匡，开小门；作小厂，令鸡避雨日。雌雄皆斩去六翮，无令得飞出。常多收秕、稗、胡豆之类以养之，亦作小槽以贮水。荆藩为栖，去地一尺。数扫去尿。凿墙为窠，亦去地一尺。唯冬天著草——不茹则子冻。春夏秋三时则不须，直置土上，任其产、伏；留草则蜫虫①生。雏出则著外许，以罩笼之。如鹌鹑大，还内墙匡中。其供食者，又别作墙匡，蒸小麦饲之，三七日便肥大矣。

这里提到的“稗”不是人们生活中的主粮，而是饲养家畜的一种杂粮、次粮。

《齐民要术》有专门篇章叙述养鹅鸭的技术。书中已对鹅鸭的选种繁殖、利用年限、公母比例、孵化技术、鹅的饲料与食性、屠宰时期等方面作了全面总结，反映出当时养鹅技术已有了很高的水平。书里总结说鹅和鸭选种的要求：“鹅、鸭，并一岁再伏者为种。〔一伏者得子少；三伏者，冬寒，雏亦多死也。〕大率鹅三雌一雄，鸭五雌一雄。鹅初辈生子十余，鸭生数十；后辈皆渐少矣。〔常足五谷饲之，生子多；不足者，生子少。〕”意思是说鹅和鸭都用一年第二次孵出的留种，因为第一次孵出的得卵少，第三次孵出的，冬天寒冷，孵出的小鹅小鸭多冻死。在繁殖上，提出鹅公母比例“三雌一雄”，鸭公母比例要“五雌一雄”。鹅鸭是水禽，幼雏孵出后笼养 15 日即放出。幼雏出笼后要进行入水训练，但“入水中，不用停久，寻宜驱出”。贾思勰解释这样处理的原因是“此既水禽，不得水则死；脐未合，久在水中，冷彻亦死”。当时已经认识到“鸭，靡不食矣。水稗实成时，尤是所便，啜此足得肥充”。此外，饲养蛋鸭，要“纯取雌鸭，无令杂雄……足其粟豆，常令肥饱”，这样“一鸭便生百卵”。贾思勰针对苗鹅、苗鸭的生长特点和过程，提出应及时调节饲养方法，注意一些“不”的细节：“鹅鸭皆一月雏出，量雏欲出之时，四五日内，不用闻打鼓、纺车、大叫、猪、犬及舂声；又不用器淋灰，不用见新产妇。〔触忌者，雏多厌杀，不能自出；假令出，亦寻死也。〕雏既出，别作笼笼之。先以粳米为粥糜，一顿饱食之，名曰‘填嗉’。”“嗉”指“嗉囊”。早

①“蜫虫”即“昆虫”，泛指各种虫。

在先秦时代,人们已经知道禽鸟多有嗉囊。这里指出苗鹅苗鸭生长特别迅速,但消化道发育不完全;“嗔嗉”有刺激和促进消化道发育的作用,符合现代的生物学规律。

《养鹅》篇说道:“供厨者,子鹅百日以外,子鸭六七十日,佳。过此肉硬。大率鹅鸭六年以上,老,不复生伏矣,宜去之。少者,初生,伏又未能工。唯数年之中佳耳。”这里说明食用鹅鸭有讲究,反映了原料获取与饮食制作相互依存为统一整体的全面饮食观。

在繁育上,《齐民要术》用了大量篇幅介绍相畜的方法,这里面包含了选种的内容。贾思勰总结了当时人工使马驴杂交的经验,马驴的杂交,需要父强母壮,需要新的技术。早在春秋时代《楚辞》中,已有驴马杂交所产骡的记载。所谓“马母驴父,生子曰嬴”,“骡之为嬴”。《齐民要术·养牛马驴骡》载:“骡:驴覆马生骡则准常。”意思是骡是公驴母马杂交而生的,是通常的杂交方法。但也有用公马同母驴杂交的。“以马覆驴,所生骡者,形容壮大,弥复胜马。然必选七、八岁草驴(母驴),骨目(骨窍,指骨盆)正大者:母长则受驹,父大则子壮。草骡不产,产无不死。养草骡,常须防勿令杂群也。”意思是说,用公马母驴杂交所生的骡,身体强壮,形体高大,比马还好。公驴配母马所生的,杂种优势不太明显,而公马配母驴所生的骡子则优势明显。要做到这个目标,则必须选择齿龄七八岁而且骨盆大的母驴,所生的骡子才具有优势,但也要防止远缘杂交的后代杂种不育,因此要防止母骡与其他畜群的混杂。这里指出了两个不同种的杂交,可以产生强大的杂种优势,说明当时我国已对远缘杂交及其杂种优势的认识和利用达到了很高的水平。

《齐民要术》专门介绍了“凡驴马牛羊收犊子、驹、羔法”:

> 常于市上伺候,见含重垂欲生者,辄买取。驹、犊一百五十日,羊羔六十日,皆能自活,不复借乳。乳母好,堪为种产者,因留之以为种,恶者还卖:不失本价,坐嬴驹犊。还更买怀孕者。一岁之中,牛马驴得两番,羊得四倍。羊羔腊月、正月生者,留以作种;余月生者,剩而卖之。用二万钱为羊本,必岁收千口。所留之种,率皆精好,与世间绝殊,不可同日而语之。何必羔犊之饶,又嬴毡酪之利矣。羔有死者,皮好作裘褥,肉好作干腊,及作肉酱,味又甚美。

(2)病理学与防病技术。

《齐民要术》也反映了当时兽医防病技术水平的提高。首先这时的急救法和药方有了明显增加,书中的《养牛马驴骡》、《养羊》、《养猪》诸篇选录48种药方和疗法,涉及外科、内科、传染病、寄生病等,提出了及早发现、及早预防、发现后迅速隔离、讲究卫生并配合积极治疗的防病治病措施。例如,在疾病防治方面,贾思勰提出五劳致病的理论,即“久步即生筋劳,久立则发骨劳,久汗不干则生皮劳,汗未燥而饲喂之,则生气劳,驱驰无节,则生血劳”,至今仍有重要的价值。再者,贾思勰对传染病、侵袭病已知采取隔离预防措施。例如,《齐民要术·养羊》篇说:“羊有疥者,间别之,不别,相染污,或能合群致死。”接着是进行药物治疗。治疗主要有药物和针灸,如马、羊的疥癞治疗有10种药方,马、牛蹄病的治疗方法有十多种。不过药物治疗还处于初步发展阶段,《齐民要术》记载的48个处方、《肘后备急方》收录的18个处方,均属单方和偏方,用药一二味,多的也只有五六味。这些我国现存最早的有关兽医学的记载,反映了当时的兽医技术水平已相当高超,有的措施今天仍在采用。

其次,对疥癞类传染病及其他疾病的防治技术有了发展,如用掏结术治粪结,用削蹄和热烧法治漏蹄,用无血的去势法为羊去势以及给猪去势以防感染破伤风症以及关于家畜大群饲养时怎样防治疫病的发生和进行隔离措施。《齐民要术》提出7种药方治疗家畜的疥癞病。《齐民要术》还提出了军马的临时强健法,提出的直肠掏结和按摩法,已逐渐成为我国一项宝贵的兽医学财富。

7. 饮食烹饪技术

从饮食烹饪的角度看,凡当时农业、养殖业、食品加工、菜肴、主食制作方面所已获得的知识和技术,《齐民要术》都记叙了下来,可谓集西周至元魏的生产知识和饮食文化之大成。

(1)品种丰富,式样齐全。《齐民要术》共92篇,其中涉及饮食烹饪的内容占25篇,内容包括神麹(酒曲)、酿酒、做药米、制盐、做酱、做羹、做饼、造醋、做豆豉、做齑、做鱼鲊、做脯腊、做醴酪、做菜肴、做糖、煮胶和点心等。列举的食品、菜点品种约达300种。在汉魏南北朝时期的饮食烹饪著作基本亡佚的情况下,《齐民要术》中的这些食品、菜点的资料就更加珍贵了。

（2）注重工艺过程和保鲜。《齐民要术》阐述了酒、醋、酱、糖稀等的制作过程以及食品保存等，提到了许多鲜菜冬季贮藏的方法。书中记载的蔬菜贮藏技术在我国北方仍被使用："九月、十月中，于墙南日阳中掘作坑，深四五尺。取杂菜种别布之，一行菜一行土，去坎一尺许便止，以穰厚覆之，得经冬，须即取，粲然与夏菜不殊。"这样，冬天取出来的蔬菜不失水分，和夏秋时的一样新鲜。这里详细说明了鲜菜冬季贮藏的具体时间、地点的选择、贮藏步骤及来年的实际效果。

（3）制作精细，技术先进。《齐民要术》中的食品、菜点制法有着较高的科技水平和工艺水平。运用到的制作手法共包括蒸制、煎消、炙、烤、煮、熬、过滤、日晒、风干等许多方法。《齐民要术》记载了酱、醋及酒等产品的酿制过程，所有发酵的食品，如酒、醋、酱、腐乳、奶酪、酸奶等等，全靠微生物在起作用。因此，在说明食品的加工及酿造工序时，其技术已有符合现代微生物学的原理。至于菜肴的烹饪方法，多达 20 多种，有酱、腌、糟、醉、蒸、煮、煎、炸、炙、烩、熘等。特别是"炒"，这种旺火速成的方法已明确在做菜中的应用，其意义十分重大。

制作酱类。《齐民要术》不仅记载了以大豆为原料制酱的方法，而且记载了许多不同品种的酱菜的制作方法，例如用酱油做酱菜、用酒糟做糟菜、用食醋做酸酱菜、用糖蜜做甜酱菜等等。方法有汤菹法（不加食盐制作酸菜）、咸菹法（加盐的咸菜腌制方法）、瓜菹法（重盐腌瓜）、藏菹法（一层盐一层菜的腌渍方法）、卒菹法（速成酸菜）、葫芹小蒜菹法、菘咸菹法（酱黄酱菜）。此外所记载的酱的种类还包括豆酱、肉酱、鱼酱、麦酱、榆子酱、虾酱、鱼肠酱、芥子酱等品种。《齐民要术》卷八在制酱法中首次把制酱用的以麦粒制成的曲（黄衣）、面粉制成的曲（黄蒸）和发芽的谷物（糵）放在一起列作一章来论述，表明当时已经意识到这三者之间的内在联系。其中，"肉酱"使用了黄蒸，"卒成肉酱"和"干鲚鱼酱"使用了黄蒸末，"鱼酱"使用了黄衣。用"黄衣"、"黄蒸"这两种黄色的麦曲，主要由黄曲霉一类微生物产生的大量孢子和蛋白酶、淀粉酶所组成，在制曲中发挥了关键的作用。利用曲的滤液进行酿造，表明有了类似今天"酶制剂"的朦胧意识，这反映出我国人民利用微生物方面的成就。西方到 1897 年，德国人布希纳（Eduard Buchner）才发现酵母菌滤液的发酵作用。

制作醋类。酿醋在我国有悠久的历史,春秋时代已有记载,但仅是提到醋,关于酿醋的方法则少有记载。最初醋的制法是用麦曲使小麦发酵,生成酒精,再利用醋酸菌的作用将酒精氧化成醋酸。《齐民要术》一书中记载了大酢、秫米、大麦醋、神醋、糟糠醋等23种醋及其制法。它的第71篇作酢法,即酿醋法。其中一些制醋的方法沿用至今,醋古称为"酢",也称为酿、苦酒、汗、酢酒或米醋等,造醋的原料有小米、高粱、糯米、大麦、小麦及黄豆等。用谷物固体发酵酿醋,是我国制醋的特点,在其中配制发酵的过程,才是制作醋的关键。

制作酒类。书中记载的酒有小麦苦酒、糯米酒、粳米酒、蜜苦酒等40多种。例如:

> 作三斛曲法:蒸、炒、生,各一斛。炒麦:黄,莫令焦。生麦:择治甚令精好。种各别磨。磨欲细。磨讫,合和之。

这里的意思是:制作三斛麦曲的方法:取蒸熟的、炒熟的和生的麦子各一斛。炒的麦子要求黄而不焦,生的麦子要捡摘最精好的。三种麦分别磨,要磨得极细。磨好后,混合到一起。

> 造酒法:全饼曲,晒经五日许,日三过以炊帚刷治之,绝令使净。若遇好日,可三日晒。然后细锉,布帕盛,高屋厨上晒经一日,莫使风土秽污。乃平量曲一斗,臼中捣令碎。若浸曲一斗,与五升水。浸曲三日,如鱼眼汤沸,酘米。其米绝令精细。淘米可二十遍。酒饭,人狗不令啖。淘米及炊釜中水、为酒之具有所洗浣者,悉用河水佳也。

这里的意思是,造酒的方法:整块的曲饼,置太阳下晒五天,每天用锅头上用的炊帚把曲块扫刷三次,绝对要保持洁净。如果太阳大,晒三天就行了。然后挫细,用布巾包起来,放置到高屋厨上晒一天,不要被风土污染。平平地量一斗曲,放入石臼里捣得很细碎。如果泡曲一斗,加五升水,泡曲三天,待发酵冒出像鱼眼的小泡时,投入米。这米要绝对收拾精细,可用水淘米二十遍。作酒的米饭,人和狗都不能吃。淘米的水、炊具中的水、各种作酒器具涮洗的水,都用河水为好。

> 若作秫、黍米酒，一斗曲，杀米二石一斗：第一酘，米三斗；停一宿，酘米五斗；又停再宿，酘米一石；又停三宿，酘米三斗。其酒饭，欲得弱炊，炊如食饭法，舒使极冷，然后纳之。

这里的意思是，如果造秫酒、黄米酒，一斗曲，投米二石一斗。第一次投米三斗；隔一夜，再投米五斗；再隔第二夜，投米一石；再隔第三夜，投米三斗。造酒用的米饭，要做得软，和平常做饭一样，铺开晾冷，然后再放入酒瓮里。

> 若作糯米酒，一斗曲，杀米一石八斗。唯三过酘米毕。其炊饭法，直下馈，不须报蒸。其下馈法：出馈瓮中，取釜下沸汤浇之，仅没饭便止。此元仆射家法。

这里的意思是，如果造糯米酒，一斗曲，用米一石八。分三次投入。做饭的方法是直接将蒸饭放到酒瓮中，不需要再蒸。下馈饭的方法：将饭先倒入瓮里，然后把饭锅里的滚开的水浇上到刚刚淹没住为止。

书中还载有"又造神曲法"、"造神曲黍米酒方"、"又神曲法"、"神曲粳米醪法"、"又作神曲方"、"神曲酒方"、"渍曲法"、"河东神曲方"、"卧曲法"和"浸曲"等。其中，在"浸曲"的酿酒技术中，记述了受季节的影响，如何控制曲发酵的过程：

> 浸曲，冬十月，春七日，候曲发，气香沫起，便酿。隆冬寒厉，虽日茹瓮，曲汁犹冻，临下酿时，宜漉出冻凌，于釜中融之——取液而已，不得令热。凌液尽，还泻著瓮中，然后下黍，不尔则伤冷。

意思是说，制曲酒：冬季浸曲十天，春季七天。等到曲发酵，有香味和气泡出现，便下米酿酒。隆冬天气特别寒冷时，虽然每天用草覆瓮，曲汁仍结冰，临下酿的时候，应该先滤出冰凌，放到锅里加温融化——只是融化了取曲液，不得让曲液变热。冰凌融化完的曲液，还倒回瓮里，然后下黍米，不然就嫌太冷了。

> 凡冬月酿酒，中冷不发者，以瓦瓶盛热汤，坚塞口，又于釜汤中煮瓶，令极热，引出，著酒瓮中，须臾即发。

凡在冬季酿酒，天冷曲不发酵，就用瓦瓶盛热汤，瓶口塞紧，放在汤锅里煮到极热，取出来放到酒瓮中，不要多少时间曲就发酵了。

书中记载由曹操所献的“九酝酒法”。196年，曹操在《上九酝酒法奏》中说：“臣县故令南阳郭芝，有九酝春酒。用曲三十斤，流水五石……用好高粱，三日一酝酿，九日一循环，如此反复……臣得此法，酿之，常善。今谨上献。”其连续投料的酿造方法，开创了霉菌深层培养法之先河，它可以提高酒的酒精浓度，在我国酿酒史上具有重要的意义。以此酒法所酿之古井贡酒，获得“酒中牡丹”之盛誉。

（四）《齐民要术》在农学史上的地位和历史影响

1.《齐民要术》在中国农学史上的地位

（1）《齐民要术》是我国第一部完整保存至今的大型综合性农书。《齐民要术》系统总结了6世纪以前黄河流域中下游地区的农业生产经验和农业生产技术，不仅把汉族的农业生产技术和经验记录了下来，同时把畜牧业方面如阉割、制作酪酥等少数民族的经验技术也记录了下来，反映了中华民族大融合后的新的生产水平，是集先秦到东魏几千年农业生产知识的大成。在此之前，我国也有许多农书问世，如《汜胜之书》、《陶朱公养鱼经》，还有《神农》、《管子》等，对中国的农业发展影响很大。但是它们或者亡佚了，或者只是对某一方面农业技术及农学理论的介绍，《齐民要术》规模之庞大、内容之丰富、结构之严谨，都远远超过以往的农书。《齐民要术》不但是一部重要的农业科技文献，也是农产品加工、农业生产管理技术发展史上一部里程碑式的著作。所以，《齐民要术》被誉为中国农学史上“第一部保存完整的综合性农书”，可谓实至名归。

（2）《齐民要术》标志着中国传统农业走向成熟。《齐民要术》既是对长期以来特别是汉代以后北方农业经验的积累和农业发展的系统总结，又是农学思想和技术方法的提升。贾思勰在继承了传统农业生产技术的同时，又将其深化和提高，使其在符合农业生产的发展和普及的同时，提高了农业生产和管理技术，形成了具有特色的理论体系，并在实践中得以印证与发展。贾思勰建立了较为完整的农学体系，对以实用为特点的农学类目作出了合理的划分。《齐民要术》书中所载旱农地区的耕作和谷物栽培方法，梨树提早结果的嫁接技术、树苗的繁殖、家畜家禽的去势育肥技术以及多种农产品加工的技术，都显示出当时中国的农业生产水平已达到相当的高度。《齐民要术》在农业科学方面的成就和贡献是巨大的，很值得从事研究农业生产发展的科学工作者认真研究，从中汲取先进的农学思想，与现在的农业技术结合起来，以使我国以至于世界农业科学的发展走向新的时代。

(3)《齐民要术》对中国农业的发展产生了重要而深远的影响。首先，《齐民要术》成为中国农业生产的核心指导思想。贾思勰的《齐民要术》一书，在农业技术方面，对隋唐及其后世的农业发展起到了重要的促进作用。特别是北宋时期，《齐民要术》的刻本出现以后，由于印刷术的发展，在时间和空间上更加扩大了《齐民要术》的影响，《齐民要术》对农业生产所起的促进作用也就更大了。其次，《齐民要术》还成为历代农学著作的主要立论依据和基本材料。唐、宋以来出现的不少农书，无不以它为范本，其中，元《农桑辑要》、王祯《农书》、明徐光启《农政全书》、清《授时通考》均受其影响，而书名套用《齐民要术》格式的，如《山居要术》、《齐民要书》、《齐民四术》《治生要术》等，亦代不乏例。再次，自《齐民要术》推出后，还引起历代政府的重视，北宋朝还规定“非朝廷人不可得”。明代王廷相(1474—1594 年)称它为“惠民之政，训农裕国之术”，等等。还有，《齐民要术》成为专家学者研究的主要对象。在这方面，最重要的成果是石声汉的《齐民要术今释》和缪启愉的《齐民要术校释》。

《齐民要术》初刻于北宋天禧四年(1020 年)。据栾调甫《齐民要术版本考》称：“按要术传刻之本，以宋崇文院校刊为鼻祖，龙舒重梓是其子本，元明翻刻，悉属云仍，而清儒校刊者，则又汲古之嗣续也。”现在存世的约有二十四五个版本。晚近各家学者认为源自三个祖本，一是北宋崇文院《齐民要术》原刻本，但到南宋时期，此本已属稀有名贵。今见最早刻本为日本高山寺所藏北宋崇文院刻本，只残存五、八两残卷，虽不完整，却已是稀世之珍。二是南宋绍兴本，又称龙舒本，现在国内最好的《齐民要术》的旧版本，是明代据龙舒本抄出的一种。国内传刻多以两宋系统本为祖本，还有清代张海鹏刻本、清末袁昶刻本(渐西村舍本)、通行的《四部丛刊》本为影印明抄本、1956 年中华书局排印本；三是明代嘉靖年间的湖湘本，转刻自南宋绍兴本。注释上现有今人石声汉《齐民要术今释》、缪启愉《齐民要术校释》

(1998年8月中国农业出版社出版)、管义达译注《齐民要术今译》(2003年,内部刊印)等。

2.《齐民要术》在世界农学史上的地位

《齐民要术》的影响利不仅仅局限于中国,也是惠及世界的。《齐民要术》在国外也早已有影响,它在世界农业科技发展中占有举足轻重的地位,为许多伟大理论的提出奠定了基础。例如,19世纪英国伟大的生物学家、进化论的创立者——达尔文说过,自己的人工选择思想是从“一部中国古代的百科全书”得到启示的。从达尔文引述的内容看,很多人认为这部书就是《齐民要术》。日本宽平年间(889—897年)藤原佐世编撰《日本国见在书目》,其中已收录《齐民要术》。在日本京都高山寺发现的北宋天圣年间崇文院刻本《齐民要术》为世界孤本,现藏于日本京都博物馆。在日本,贾思勰及其《齐民要术》的理论被称作“贾学”,还专门成立了《齐民要术》研究会,翻译出版了多种版本。20世纪50年代,日本出版了西山武一、熊代幸雄校释翻译的日文本《齐民要术》。不仅如此,欧洲学者也翻译出版了英、德文本《齐民要术》。

三、王叔和与脉学理论

(一)王叔和简介

王叔和(201—285年),名熙,字叔和,西晋高平郡(今山东邹城)人,曾做过太医。西晋著名医学家,也是我国医学史上一位著名的医学家和医书编纂家。

国内医学专家刘绍武先生重点考察过王叔和的籍贯问题。他认为,关于王叔和撰《伤寒论》以及王叔和的身世的问题,也成了古今研究伤寒的人的一个大问题。为此,他列举以下历史材料:

关于王叔和的籍贯问题,有以下资料可供参考:

贾以仁在1981年第1期《中华医学杂志》发表《王叔和籍贯及任太医令考》的文章,他说:“是否为晋太医令,在医学界曾有过争论。”

与王叔和同时代的卫汛称“高平王熙”。

东晋哲学家张湛说:“王叔和,高平人也。”

唐朝甘伯宗在《名医传》说："叔和，西晋高平人。"

北魏孝庄帝永安年间，即公元529年，在长平。

以上是有关王叔和是哪里人的历史记载。经考证：在三国时期有个高平国，当时的国相当于现在的"专区"建制，如上党专区、临汾专区等。当时的高平国的故城在现在的山东省鲁西南，微山县西北。因此，从历史上看，王叔和当为高平国即今山东微山县人，而不是今天上党地区的高平县①。

王叔和雕像

王叔和从小兴趣广泛，勤奋好学，谦虚沉静。少年时期，已博览群书，通晓经史百家。后因战事频繁，时局动荡，为避战乱，随家移居荆州，投奔荆州刺史刘表。当王叔和侨居荆州时，正值张仲景医学生涯的鼎盛时期，加上王叔和与仲景弟子卫汎要好，深受其熏染，逐渐对医学发生兴趣，并立志钻研医道。他读了不少古代医药学著作，并渐渐学会了诊脉治病的医术。有关王叔和的性格、学识和技术特长，《名医录》中这样记载："性度沉稳，通经史，穷研方脉，精益诊切，调识修养之道。"据说他曾长期在洛阳行医。他贯通古今，精通脉学，特别是对脉象一直保持浓厚的兴趣。他治病非常重视切脉，每次看病总是仔细分辨不同病情的脉象，记下来后认真加以研究，久而久之便总结出许多经验。慢慢地经过他的手治好了许多疑难病人，请他看病的人也越来越多了，他的名声也越来越大，逐渐传遍了整个洛阳城。三国时期魏国人听说王叔和的医术高超，治好了许多疑难杂病，便招他去当了太医令，主持朝内医政，并直接为皇帝治病。王叔和在任太医令期间，更加勤奋刻苦，成为攀登医学高峰的新起点。魏国

①参见刘绍武：《〈伤寒杂病论〉的源流——王叔和与〈伤寒杂病论〉》(5)，http://blog.sina.com.cn/liushaowuyixue。

少府中藏有大量历代著名医典和医书,存有许多历代的经验良方。王叔和利用这个有利条件,熟读经史,阅读了大量的药学典籍,为校编《伤寒杂病论》和编创《脉经》奠定了坚实的基础,也为丰富和发展我国的医学理论和医学实践作出了重要贡献。

王叔和晚年流落到荆州,边行医,边进行医学理论的研究和著述,继续为我国的医学事业而不懈努力。王叔和因病去世后,葬于岘山之麓(今湖北襄樊市城南)。为了纪念这位伟大的医学家,后人在山上建有药王庙,后人称其为“药王”,把埋葬他的一个村庄改称为“药王冲”,以示对王叔和的尊敬和怀念。

(二)王叔和的主要贡献

1. 整理编纂张仲景的《伤寒杂病论》

王叔和的第一大贡献是汇撰整理了汉代名医张仲景的医学论著。宋《太平御览》引高湛《养生方》说:王叔和“编次张仲景方论为三十六卷”。被尊为“医中之圣”的张仲景,著有《伤寒杂病论》,但由于长年战乱,加上当时生产力水平低下,《伤寒杂病论》书稿大多用竹木简撰写,内容已多有散失缺漏,难以保存与流传下来。王叔和深知这部医学著作的伟大价值,心中十分不忍,便下定决心要把这部旷世奇书恢复原貌。他利用自己的医学知识和担任太医令的优越条件,花费了很长的时间四处收集整理《伤寒杂病论》的书籍原稿,最后终于把原书的大部分书稿都收集完整。首先,王叔和通过查阅大量皇家藏书,并根据老师的教诲及临床实践,着手对该书进行整理、编辑和增补。其次,在修复原书的过程中,王叔和对老师张仲景的遗稿进行认真校正和编次,把《伤寒杂病论》重编为《伤寒论》和《金匮要略》两书,名为《金匮玉函经》。关于王叔和整理编纂的内容,学界一直有争论。有一种较流行的观点认为,前三篇《辨脉法》、《平脉法》《伤寒例》和后八篇都是王叔和自己新增加的。《伤寒论》主要是记录各种伤寒病证的治疗方法的总诀,《金匮要略》则是各种疑难杂症的治疗之典范。2000 多年来,这两本书被古今医家赞誉为“方书之祖”、“医方之经”。对于王叔和整理编辑张仲景的著作而成的《金匮玉函经》,后代医家大多给了高度评价,代表人物如宋代高保衡、孙奇、林亿、金代成无已、元代王安道、清代徐灵胎、吕震名等。他们认为张仲景之学能保存下来是王叔和的功劳。如高保衡、孙奇、林亿等校正《金匮玉函经》疏曰:“《金匮玉函经》与《伤寒论》同体而别名。……细考前后,乃王叔和撰次之书。……仲景之书,及今八百余年,不坠于地者,皆其力也。”金代成无己《注解伤寒论·序》曰:“晋太医令王叔和,以仲景之书撰次成叙,得为完秩。昔人以仲景方一部为众方之祖,盖能继述先圣之所作,迄今千有余年不坠于地者,又得王氏阐明之力也。”“仲景《伤寒论》显于世而不坠于地者,叔和之力也。”清初医学家徐大椿,就是徐灵胎,他说:“此书乃叔和所搜集,而世人辄加辩驳,以为原本不如此,拟思苟无叔和,安有此书。”意思是说,认为原来这本书并不是这个样子,但要是没有叔和,哪有《伤寒论》呢?清代医家吕震名(1797—1852 年,字建勋)说:“然以余平心而论,叔和传书之功,成不可没。”医学名家俞子宾经过研究指出:“叔和不仅为《伤寒杂病论》的传人,尚可与张机(字仲景)同列。”因此,后人尊称张仲景、王叔和二人为“医之圣”、“百世之师”。

当然,也有对王叔和的工作贬之者,如清代喻嘉言、方有执等,他们主要认为王叔和将张仲景原书次序完全颠倒,使人无法得窥其原貌。如清代喻嘉言《尚论篇》曰:“仲景之道,人但知得叔和而明,孰知其因叔和而坠!”虽然各派研究之角度不同,但王叔和的编纂和补写的内容,是在《伤寒杂病论》存世危急的紧要关头,同时这些内容又是汉晋时期医学理论和实践的高度总结,王叔和使之保存得以流传至今,这对于保全整理古代医学文献,发展我国中医药学术,尤其是伤寒学,都具有重要的价值和意义。所以我们应当对王叔和合理评价。

2. 编著我国现存最早的脉学专著——《脉经》

王叔和的最大成就是在吸收扁鹊、华佗、张仲景等古代著名医学家的脉诊理论学说的基础上,结合自己长期的临床实践经验,精心编写了伟大的脉学专著——《脉经》,也是我国现存最早的脉学专著。这部重要的医学著作,不仅汇集了魏晋以前各家有关脉学的理论,并全面系统地加以阐述,为脉学理论自成体系作出了贡献,是齐鲁医药学发展史上的代表作。同时,还由于引用了诸多现已不传于世的古佚医书,在文献研究以及古医籍辑佚方面有着重要的意义。

在王叔和之前,我国医学在脉学上从黄帝、扁鹊的脉书《上经》、《下

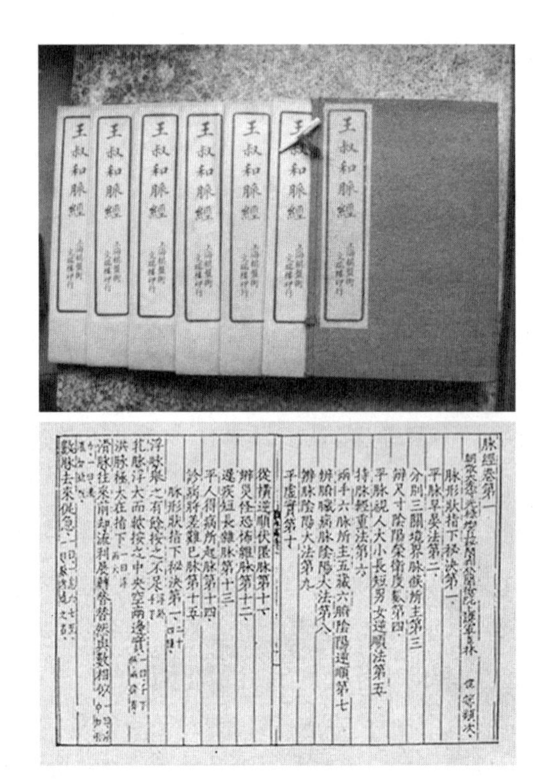

脈經卷第一
脈形狀指下秘決第一
平脈早晏法第二
分別三關境界脈候所主第三
辨尺寸陰陽榮衛度數第四
平脈視人大小長短男女逆順法第五
持脈輕重法第六
兩手六脈所主五藏六腑陰陽逆順第七
辨臟腑病脈陰陽大法第八
辨脈陰陽大法第九
平虛實第十
從橫逆順伏匿脈第十一
辨災怪恐怖雜脈第十二
遲疾短長雜脈第十三
平人得病所起脈第十四
診病將差難已脈第十五
脈形狀指下秘決第一
浮脈舉之有餘按之不足
芤脈浮大而軟按之中央空兩邊實
洪脈極大在指下
滑脈往來前卻流利展轉替替然與數相似
數脈去來促急

《脉经》书影(明《医统正脉》本,中国中医科学院图书馆藏)

经》,到《内经》再到《难经》等,已积累了丰富的知识和经验,但是历史上有关脉学的资料十分繁杂、零散,诊断方法不全面或标准不一致,没有固定的模式可以遵循,因此,脉学的发展需要对脉学的经验知识进行一次较全面的总结,并使之规范化,以便于学习、掌握和临床运用。到了距医圣张仲景时代不远的王叔和时代,他就担负起了这一光荣的使命。为了更好地发挥脉学在临床诊断中的作用,王叔和汇集诸书,通过搜集历代名家有关脉法的论述,对各种脉的体状进行科学的描述、归纳,形成一套系统化和规范化的脉学理论,撰写了《脉经》巨著。本书终集汉晋以前脉学之大成,不仅将晋以前的诊脉方法、脉象所反映的病理变化以及脉诊的临床意义等许多重要文献资料均收集保存下来,而且在此基础上创建了新的医学技术方法,丰富和发展了我国的脉学理论。

《脉经》共 10 卷,98 篇,约 10 万字。主要内容如下:卷一论三部九候、寸口脉及二十四脉,内容涉及 24 种病脉体象、脉理、诊脉法,各种平脉,疾病将瘥和难愈的脉候。卷二论寸、关、尺各部的脉象主病及治疗以及奇经八脉的脉象主病。卷三论五脏六腑经络。这两卷以脉合脏腑经络，举其阴阳之虚实，形证之异同，作为治疗依据。卷四论遍诊法与独取寸口法的各部脉象主病、杂病，各种病脉、各种诊亏损、决死生的脉候。卷五述仲景、扁鹊脉法，扁鹊与华佗察色与闻声要诀。卷六论脏腑病机与病证，列述了诸经病证。卷七至卷九讨论脉证治疗：卷七论汗、吐、下、温、灸刺、火、水等治法的适应证与禁忌证、热病诸证与死候，本卷以伤寒、热病为主；卷八为杂病脉证和治法；卷九论妇人、小儿诸病证的机理、脉证与预后。卷十论奇经八脉及右侧上下肢诸脉。原有"手检图三十一部"，今已亡佚，唯存论脉的"前、后、左、右、上、下、中央"诊法及诸种脉象主病等内容。

《脉经》一书的主要贡献主要体现以下几个方面：

第一，《脉经》确定24种脉象，使临床切脉诊断有所准绳。该书将脉的生理、病理变化和疾病的关系归结为浮、芤、洪、滑、数、促、弦、紧、沉、伏、革、实、微、涩、细、软、弱、虚、散、缓、迟、结、代、动等24种脉象，从理论上对其性状逐一论述。这是第一次把散见在各书的脉象记载集中起来作完整的叙述，并对它们的性状逐一加以比较明确的描写。《脉经》中确定的24种脉象涵盖了后人应用的最常见脉象。王叔和对每一种脉象描述得十分细腻，同时言简意赅而又准确地指出诊脉时的感觉，特点非常鲜明，就像口诀一样。比如说到"浮脉，举之有余，按之不足"，表明其脉搏显现在浅表的部位；"滑脉，往来前却，流利展转，替替然与数相似"，是一种圆滑的感觉，气实血涌，往来流利，这种脉象属于实热。王叔和同时又对每一脉象进行详细的辨证解释和论述，便于学习者理解和掌握。如"促脉，来去数，时一止，复来"，"结脉，往来缓，时一止，复来"。书中对各种切脉方法和多种杂病的脉症的论述，使得脉诊和病症进一步结合起来，标志着脉学已发展成为更为实际的学问。

第二，《脉经》创立了"独取寸口"的"三都九候"切脉新法。根据《脉经》记载，王叔和的诊脉观念有三部诊法。古时诊脉是诊三部九候的，就是人迎（气管双侧的颈动脉）、寸口（西医说的桡骨动脉，桡骨近大拇指，脉管显露，是切脉最便利之处）、趺阳（足背动脉）三部，每部三候脉共九候，诊疗时过程繁琐，患者还要解衣脱袜，不太方便。王叔和明确了"三部诊法"的诊脉观念,在《脉经》里首先提出“左寸为人迎,右寸为气口”。他在长期的切脉实践中,发现寸口脉应有三部分构成,即寸、关、尺三部,并指出了左右手寸、关、尺与肺脏的对应关系。在诊“寸口”上,又定“寸、关、尺”,并且对所主脏腑进行了明确配位。至此,独取寸口诊法才有了明确的准则,从而代替了古代各种诊脉法,为中医脉学奠定了完整的理论基础。因此,解决了寸口切脉的关键问题,为推进寸口诊脉法的临床应用铺平了道路。王叔和将诊脉法归纳整理,又大胆创新,将这种方法改作了“独取寸口”的寸口脉诊断法,只需察看双侧的寸口脉,便可以准确地知晓人身的整体状况。他同时又阐释了两手六脉所主五脏六腑阴阳顺逆,以辨三部九候脉证,此种简便方法,为后世医家所采用。王叔和这套三部脉定位诊断法至今仍在中医临床诊断中应用。

第三,《脉经》总结出了根据征候区分和辨别脉象的阴阳、表里、虚实、寒热的诊脉原则。如动脉多见于关部,且有滑、数、短三种脉象的特征。《脉经》:“动脉见于关上,无头尾,大如豆,厥厥然动摇。”三部脉软而无力,按之空虚。《脉经》曰:“虚脉,迟大而软,按之无力,隐指豁豁然空。”以指感势弱力薄为其特点。但是,临床上虚证有气血阴阳的不同,故虚脉的形态亦不一,主要可分为两类:(1)宽大无力类,如芤、散脉;(2)细小无力类,如濡、弱、微脉。《脉经》第九卷记载妇女妊娠、产后、带下、月经病、杂病的脉法和辨证。首先提出“月经”,较前人所称的“月水”、“月事”、“月信”更为恰当。他将闭经病因、病机分为两大类,首先提出据脉象变化推断崩漏的预后,描述了妊娠脉、产时离经脉。妊娠脉:左寸口脉动,六脉俱全,滑脉。他还提出了“居经”、“避年”、“激经”等特殊生理现象及征候,以及五崩的征候。再如,“迟则为寒,涩则血少,缓则为虚,洪则为热”,“症脉自弦,弦数多热,弦还多寒,微则为虚,代散则死”。可见,《脉经》反对单纯根据脉象机械地诊断疾病。

第四,王叔和的温病学理论。王叔和还有关于温病学的论述,他提出了伏邪学说以解释这种异病同因的发病机理。王叔和在《注解伤寒论·伤寒例》中指出:“以伤寒为毒者,以其最成杀厉之气也,中而即病者,名曰伤寒;不即病,寒毒藏于肌肤,至春变为温病,至夏变为暑病。暑病者,热极,重于温也。”伏气温病一说由此而大倡,成为这一时期对温病发病的一种代表性的观点。这里,王叔和便以伏邪与否区分了伤寒、温暑不同的病机。又云:“是以辛苦之人,春夏多温热病,皆由冬时触寒所致,非时行之气也。”这里又着重说明了寒邪致病的严重性和广泛性。“从霜降以后,至春分以前,凡有触冒霜露,体中寒即病者,谓之伤寒也。……从立春节之后,其中无暴大寒,又不冰雪,而有人壮热为病者,此属春时阳气,发于冬时伏寒,变为温病。”由此可见,他对温病的病因、病机及其分类上有所创新,从而为温病学说的发展作出了一定的贡献。此外,“寒邪之内伏者,必因肾气之虚而入,故其伏也每在少阴”,这为后世的“邪伏少阴说”奠定了基础。

王叔和在整理《伤寒论》时提出“非时之气”的概念。他将瘟疫之所以流行,“长幼之病多相似者”,归咎于四时之气候反常,他认为:“春时应暖而反大寒,夏时应热而反大凉,秋时应凉而反大热,冬时应寒而反大温。”这就是所谓的“非其时而有其气”。

另外,王叔和还编写了《脉诀》、《脉赋》、《脉诀机要》及《小儿脉诀》等辅助书籍,均有很高的医学价值。

(三)王叔和《脉经》的后世影响

王叔和《脉经》一书是一部中医理论巨著。这部专著作为中国古代脉学理论的集大成之作,把切脉、症状、治疗有机地结合,从理论到实践上把中医的脉象说推向了一个新的发展阶段,使脉学成为中医诊断疾病的一门科学。因此,《脉经》的价值不容低估。《脉经》成书以后,它的理论内容和医学方法对后世中国医学的发展产生了重要影响,一方面是该书一直受到历代医学家的重视;另一方面是,该书在国内广为流传,后世的脉学著作,大都是在《脉经》基础上发展的。甚至在唐代,《脉经》还曾作为太医署里医学教育的必修课目。明代的吕复称它为“医门之龟鉴,诊切之指的”。托名五代高阳生撰的《王叔和脉诀》,取材于《脉经》而重新编次,以歌诀的形式阐述脉理,易于讲授和学习,流传广泛,影响超过原书。

在世界医学史上,《脉经》的后世影响也显而易见。书中的许多内容对国外医学有重要的参考价值。隋唐时期《脉经》便传入日本,11 世纪又传到中东、阿拉伯等国家,后又传至欧洲,在世界上产生了重要的影响。中国中医研究院中国医史文献研究所马堪温先生考察了我国脉学的外传,他指出:

“古代阿拉伯名医阿维森纳(约980—1037年)的巨著《医典》中的脉学,明显受我国脉学的影响。14世纪,我国脉学传到波斯,当时波斯的一部载有中国医药的百科全书中,就包括脉学,并且特别引述了《脉经》和它的作者王叔和的名字。17世纪来中国的耶稣会传教士波兰人卜弥格(1612—1659年)曾经把《脉经》译成拉丁文,于1666年出版,并附有铜版,描述我国脉法。值得特别提出的是,英国著名医学家芙罗伊尔(1649—1734年)受我国《脉经》的影响而研究脉学,并且发明一种给医生用的切脉计数脉搏的表。他还写了一本叫做《医生诊脉的表》,于1707年在伦敦出版。他的著述和发明被西方认为具有重要的历史意义。17世纪以后,西方译述我国古代脉学著作达十多种。”①

四、何承天及其对天文历法的贡献

(一)何承天简历

何承天(370—447年),我国著名的数学家、天文学家、无神论思想家和文学家。东海郯(今山东省郯城县)人,主要生活在东晋、南朝刘宋时期。

何承天出身官宦之家,其舅父徐广博学强志,东晋时位至秘书郎。宋初为著作佐郎,再迁散骑常侍,并兼任荐举擢拔人才的本州大中正。《宋书·何承天列传》载何承天:“从祖伦,晋右卫将军。承天五岁失父,母徐氏,广之姊也,聪明博学,故承天幼渐训议,儒史百家,莫不该览。叔父肹为益阳令,随肹之官。”由于何承天从小就受到良好的家庭教育,加上本人聪明好学,因此很快就成为通古博今的学者。他研究诸子百家,学问无所不通,故为时人所重。

东晋末年,何承天正值青年时代,受家世影响熏陶,开始做官,他的学识和能力深得抚军将军刘毅的器重,于是拜他为军中谋士。刘裕建立刘宋,他做了尚书吏部郎,当过地方军府的参军(南蛮校尉参军、长沙公辅国府参军),也当过浏阳、宛陵县令、钱唐令等。刘宋元嘉年间(424—453年),曾担任过荆州刺史属下的长史、参军等等。元嘉七年(430年),到彦之北伐,请

①马堪温:《中国古代医学的突出成就之一——脉诊》,载《中国古代科技成就》,中国青年出版社1978年版。

为右军录事。后补尚书殿中郎、兼左丞，出为衡阳内史，后世因此誉他为“何衡阳”。后来进入中央政府。元嘉十九年（442 年），宋朝设立国家的最高学府国子学，何承天又以本官兼领国子学博士，是传授专门学问的官员。除著作佐郎，撰国史，转太子率更令。他受命撰写“国史”《宋史》，但未成而卒。他死后，大史学家裴松之“受诏续修何承天之《宋史》”。他又撰《安边论》，具有一定影响，《宋书》评之为“博而笃”。何承天为性刚愎，颇以所长侮同列，与尚书左丞谢元交恶而累相纠奏，坐白衣领职。元嘉二十四年，迁廷尉，未拜，文帝欲用为吏部，坐宣漏密旨，免官。

何承天精通天算之术，曾推算出圆周率为 3.1428。据说，约率$\frac{22}{7}$其实是何承天所创，这与古希腊数学家阿基米德的圆周率相合。他对天文律历精心研究，造诣颇深。他继承了舅父徐广 40 余年对日月五星的观测记录和研究资料，尤其是在他舅父徐广所著《七曜历》的基础上，继续观测校核，至元嘉二十年编定《元嘉历》，并著有多篇论文。他曾上表指出沿用的景初乾象历法疏漏不当。奏请改历，用元嘉历，对后世历法影响很大。《元嘉历》是何承天最著名的科学著作，书中他提出在历法中应废除“平朔”，改用“定朔”，订正旧历所定的冬至时刻和冬至时日所在位置，是中国历法史上的一次重要变革。何承天在完成他的历法以后，便进呈给宋朝政府。宋文帝是较为赞赏的，认为“殊有理据”，并交历官检验。此历于元嘉二十二年（445 年）颁行，一直通行于宋、齐，行用到梁天监八年（509 年），才改用祖冲之造的大明历，先后行用达 65 年之久。可见《元嘉历》在我国天文律历史上占有的重要地位。《元嘉历》较以前的古历 11 家更为精密，为唐宋历法家采用。藤田一正于《元嘉历草》中认为该历法于 604 年传入日本，也有学者认为传入的时间更早。

何承天兼通音律，他反对“中吕极不生”的观念，反对京房的六十律观点。何承天认为十二音律是一个能够循环往复的整体，并创造出最早的“十二平均律”来。何承天多才多艺，他能弹筝，《宋书·何承天列传》曰：“承天能弹筝，上赐银装筝一面。”宋文帝曾赠予他银筝一面。赐予他后，经过其巧手淬炼过，银装的筝被视为筝中之母，爱筝之人无不渴望得之。此外，他还擅弈棋。何承天有文集 32 卷，据《宋书》等记载，何承天曾将《礼论》800 卷删减合并为 300 卷。除《礼论》之外，他还著有《分明士礼》3 卷、

《孝经注》1 卷、《历术》1 卷、梁有《验日食法》3 卷、《漏刻经》1 卷(梁有后汉待诏太史霍融、何承天、杨伟等撰 3 卷,亡佚)、《陆机连珠注》1 卷、《纂文》、《姓苑》等 16 种。可惜何承天的史学著作没有留下来。后人将他的著作汇集起来,称之为《何衡阳集》,因其曾在衡阳做官,故取此书名。何承天在历史、考古学和文学等诸多方面都卓有建树。

何承天雕塑

南北朝时期,佛教盛行。何承天对佛教的神不灭、因果报应和空无思想作了大胆的批判,在思想史上产生了积极影响。他自始至终坚持无神论的观点,反对佛教神学,作出了自己的贡献。何承天重视言传身教,慧深和祖冲之都是何承天的得意学子。慧深成为一个文武全才、德行高尚的高僧,祖冲之则成为南北朝著名的数学家、天文学家,在中国科技史上具有重要的地位。

何承天为官一生,秉公办事,体恤民情,刚直不阿,曾入狱,后幸免于刑罚。元嘉二十四年(447 年),文帝欲任命他为廷尉,尚未上任,文帝又改变主意,降密旨任命为史部郎。何承天由于泄露密旨,被罢官,贬回故里郯城,继续他的天文历法研究工作,同年卒于家中,终年 77 岁。何承天的一生受其家族影响较深。直到南朝后期,该家族还保持着这种文化上的优势。何承天的曾孙何逊,生活在萧梁时代,8 岁能作诗,不到 20 岁就被州里举为秀才。

（二）《元嘉历》

何承天考定后的《元嘉历》,在传统天文学方面的主要贡献是:

1. 采用定朔

当时的历法采用平朔来排历谱,因此,日食常发生在晦日或初二。何承天提出应该不用平朔而用定朔排历谱,使日食必定发生在朔望。这种方法受到墨守成规者的反对。何承天把“平朔”改为“定朔”是创见性的革新,这在南朝天文史上成为光辉的一页。何承天还大力宣扬以月食检验冬至日所在的方法,首先拥护和肯定岁首之说,并将它引入历法之中。

2. 创立调日法

古代历法中朔望月和回归年的长度都有奇零部分,它们都是用分数来表示的。如汉代四分历中一个朔望月的长度为$29\frac{499}{940}$日;三统历中一个朔望月长度为$29\frac{43}{81}$日。其中的分母940和81称为“日法”,分子499和43称为“朔余”。历法是否精密,决定的因素在于每年、每月整日数以后的那个尾数。由于测量手段的限制,这个尾数非大即小,所以需要调整。天文学家何承天发明了调节“日法”和“朔余”以更加符合实际测定的结果——调日法。从数学意义上讲,所谓调日法,即用某数的过剩分数近似值(强率)和不足分数近似值(弱率)来求更精确的分数近似值。由此,他得出的《元嘉历》的朔望月长度为$29\frac{399}{752}$日,以后历法家都一直沿用此数。调日法为后世广泛采用。何承天创调日法,以有理分数逼近实数,发展了古代的不定分析与数值逼近算法,这实际上是一种系统地寻找精确分数以表示天文数据或数学常数的内插法。这种计算方法是类似于现代的逐次逼近的数学方法,能够取得精确值。国内一些学者认为,祖冲之可能利用何承天的调日法求得圆周率的约率和密率。调日法后来传入日本。

3. 考证了冬至日的度数

《明史·志·历一》曰:“尧时冬至日躔宿次,何承天推在须、女十度左右,一行推在女、虚间,元人历议亦云在女、虚之交。”又有“其议晷景也,曰:‘何承天立表测景,始知自汉以来,冬至皆后天三日。然则推步晷景,乃治历之要也。’”利用月食测定冬至日度、以月食检冬至日所在的方法,首先是由后秦姜岌(384 年)发明的,何承天非常重视这一方法,何承天也积极宣传此法的意义。424—453 年,何承天还依据冬至前后日影的测算判定按《泰始历》[①]发现当时冬至的实际日期已经和历法所载日期差了三天,于是何承天受命制造《元嘉历》时作了改正。他于元嘉二十年上表说:"汉代杂候清台,以昏明中星,课日所在,虽不可见,月盈则食,必当其冲。以月推日,则躔次可知焉。舍易而不为,役心于难事,此臣所不解也。"(《宋书·律历志中》)这就是说,以月验日的方法比中星法既简便又精密。经过何承天的宣传和推广,这一方法便为中国古代历法家所普遍使用。何承天还依据冬至前后日影的测算判定按景初历所定冬至已后天三日。他创立损益率和盈缩积表,以求月亮的实测行度;又创月行三道术,以推算月亮出入黄道内外的度数。从此开始,历法取得了突出进展。

4. 实测晷影长度以定节气

元嘉以前,后汉四分历和杨伟景初历载有各节气晷影长度,两历相应数值完全相同。但在这两种历法中,春、秋分或立春、立冬等有对应关系的节气,其相应影长却有所不同,有时甚至相差数寸以上,这也是很不合理的。何承天纠正了古人以影长差一寸、地远差千里的错误,他在《元嘉历》表中指出:"案《后汉志》,春分日长,秋分日短,差过半刻。寻二分在二至之间,而有长短,因识春分近夏至,故长;秋分近冬至,故短也。杨伟不悟,即用之。"(《宋书·律历志中》)只要从实测各个节气的晷影数值,即能大致判断出景初历冬至后天的日数。因此,何承天还纠正了后汉四分历和景初历的错误,从对应节气的影长应大致相等的基本概念出发,重新实测了二十四节气晷影的数值。后世诸历实测二十四节气晷影,都大致不出这个范围。

5. 提出了新的岁差值,计算了岁差数值百年西退一度

东晋虞喜发现岁差。虞喜通过观测和详细计算,求出岁差的值每 50 年向西移动一度,这个结果比实际大了一些(现代计算出来的岁差值为每年 50.3 秒,近 72 年移动一度)。郑诚先生通过研究认为何承天在"上元嘉历表"中讨论了岁差问题,并提出了新的岁差值。

何承天制定《元嘉历》时未引入岁差,祖冲之是把岁差引入历法的第一

---

①武帝践祚,泰始元年,因魏之《景初历》,改名《泰始历》。

人。他根据自己的实际测验和计算的结果,证实了岁差现象的存在。南朝祖冲之把岁差引进历法,将恒星年与回归年区别开来,这是一大进步。祖冲之测定一个交点月的日数为27.21223,同今测值只差十万分之一,堪称精确。

6. 改革了“上元积年”法

中国古代历法大多还要推算上元积年,但考虑的因素多,计算十分繁琐。何承天改革了“上元积年”法,他创近距取元,采用了对五星运动根据实测数值各设近距历元的方法。在计算五星行度时各设不同的历元,保持了各基本天文数据原有的实测精度,简化了计算,并且可以避免为推算上元时对天文数据作出人为的修改。这种方法是很先进的,但可惜的是长期未被后世历家所采纳。

(三)何承天的音律理论

十二律理论是中国律学理论的核心。中国古代用长短不同的竹管制作不同声调的定音器,其作用相当于今天的定调。乐律分阴阳两大类,每类各六种,阳类六种叫六律,阴类六种叫六吕。六律的名称是黄钟、太簇、姑洗(xiǎn)、蕤宾、夷则、无射。十二律即为:黄钟、大吕、太簇、夹钟、姑洗、中吕、蕤(读ruí)宾、林钟、夷则、南吕、无射、应钟。从实物的证据说,黄钟、大吕等律名的诞生,不会晚于西周的中、晚期。《周礼·春官·大司乐》曰:“乃奏黄钟,歌大吕,舞云门,以祀天神。”郑玄注:“以黄钟之钟,大吕之声为均者,黄钟阳声之首,大吕为之合。”黄钟指我国古代音乐十二律中六种阳律的第一律;大吕指阴律的第四律。

何承天用这种方法解决了古代音差问题,创造出了一个全新的“十二平均律”。即将三分损益律的古代音差平均分为12份,然后将这平均数(0.01)累加到12个律上,使十二律在差部分形成一个等差数列。这样,他在长度计算音律方面实现了旋宫的愿望,其效果很接近十二平均律,一般人的听觉几乎不能辨别其间的差别。正如《五代史志》中李淳风所评价的那样:“从仲吕还得黄钟,十二旋宫,声韵无失。”尽管在理论上还不够严密,还不是现代意义的准确的十二平均律,但在实际效果上,这个新律已经接近了十二平均律。

五、古代世界数学泰斗刘徽及其对数学的贡献

（一）刘徽生平及成就

刘徽，三国时代魏国人，是中国古代最伟大的数学家之一。刘徽，我国魏晋时代著名数学家，生平无详细记载。据数学史家考证，刘徽生在今山东邹平县境内，可能是淄乡侯后裔。刘徽出身平民，终生未仕，被称为“布衣数学家”。刘徽于魏陈留王景元四年（263 年）注《九章算术》。刘徽在童年时代学习数学时，是以《九章算术》为主要读本的，成年后又对该书深入研究，于 263 年左右写成《九章算术注》。刘徽自序说：

> 徽幼习《九章算术》，长再详览。观阴阳之割裂，总算术之根源。探赜之暇，遂悟其意，是以敢竭顽鲁，采其所见，为之作注。

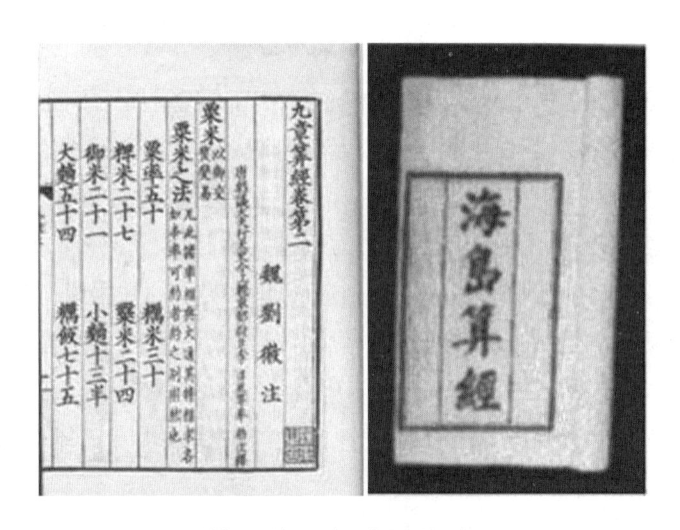
九章算經卷第二
魏 劉徽 注
粟米 以御交質變易
粟米之法
粟率五十 糲米三十
粺米二十七 糳米二十四
御米二十一 小䵂十三半
大䵂五十四 糲飯七十五

刘徽《九章算术注》及《海岛算经》书影

刘徽在研究《九章算术》的基础上，对书中的重要结论给予证明，对其错误予以纠正，对其方法作了改进，并提出了一些卓越的新理论、新思想。《九章算术注》是刘徽留给后世的十分珍贵的数学遗产，是中国传统数学理论研究的奠基之作。刘徽还著有《重差》一卷，专讲测量问题。他本来把《重差》作为《九章算术注》的第 10 卷，唐代初年改为单行本，并将书名改作《海岛算经》，流传至今。刘徽对数学进行了全面系统的整理，其理论研究

相当深入,堪称数学史上的一代楷模。

刘徽在当时数学的各个领域都有重要的贡献。他修正了《九章算术》的若干错误和不精确之处,全面论证了《九章算术》的公式、解法,提出了若干新的公式,而且有重要的数学创新和数学创造,成为中国最有代表性的数学家。刘徽不仅是中国古代最伟大的数学家和我国古典数学理论的奠基者之一,也被誉为"古代世界数学泰斗"。吴文俊先生说:"从对数学贡献的角度来衡量,刘徽应该与欧几里德、阿基米德等相提并论。"刘徽的主要贡献表现在:

1. 刘徽发展了《九章算术》中"率"的概念和齐同原理,指出率是算法之"纲纪",并将率应用于面积、体积、解勾股形、盈不足、方程等问题,建立了一整套代数中相应的算法,从而借助率把中国古代数学的算法提高到理论的高度,这是中国数学中特有的理论。

2. 他正确地提出了正负数的概念及其加减运算的法则;改进了线性方程组的解法,为中国传统数学和构造性与机械化的发展作出了杰出贡献。

3. 他发展了出入相补原理,并解决了若干多边形面积和多面体体积问题。他证明了勾股、测望的若干公式,并发展了重差方法,解决了若干可望而不可即的复杂测望问题,对有限次的出入相补无法解决圆面积和四面体的求积问题,有了清醒的认识。

4. 他提出并完成了"割圆术",引入了无穷小分割和极限的思想。他用极限思想严格证明了圆面积公式,这种思想架起了通向微积分的桥梁。他还把极限思想用于近似计算,在中国第一次提出了求圆周率的精确近似值的科学方法和程序,求出$\pi=\frac{157}{50}$(相当于$\pi=3.14$)和$\pi=\frac{3927}{1250}$的结果,从而奠定了我国圆周率计算在世界上领先千余年的基础。刘徽还将四面体体积理论建立在无穷小分割和极限的思想的基础之上,为解决多面体的体积开创了正确的道路。

5. 在证明圆面积公式和锥体体积公式时,他把四面体体积看成是解多面体体积问题的核心,将多面体体积理论建立在无穷小分割的基础上的思想,与现代数学的思想相契合。

6. 他提出了截面积原理,以此证明了各种圆体的体积公式,并批评了《九章算术》中所使用的球体积公式的错误。他设计了牟合方盖,为正确解决球体积开辟了道路。刘徽还为中国人完全认识祖暅之截面原理做了关键性的工作,并为球体积的解决指出了正确途径。

7. 对于开方不尽的情形,他创立了求微数的方法,开十进小数之先河,并用十进小数来表示无理数的立方根。

8. 刘徽是我国最早明确主张用逻辑推理的方式来论证数学命题的人。他远接墨家的思想,提出了若干数学概念的含义,克服了以往纯粹靠约定俗成的局面。他提出了若干推理,他的论证在继续使用归纳和类比的同时,更主要是使用演绎逻辑,因此,常常是真正的证明。通过"析理以辞、解体用图",给概念以定义,给判断和命题以逻辑证明,并建立它们之间的有机联系。

刘徽通过"析理以辞、解体用图",将数学知识整理成一个"通而不堵、约而能周"的体系。刘徽《九章算术注》的出现,标志着中国古代数学理论体系的完成。

(二)刘徽的数学观和方法论

刘徽通过进行全面系统深入的分析和总结,对《九章算术》中的许多结论给出了严格证明,得出了数学如同一株枝条虽分而本干相同的大树的认识。

刘徽认为数学是空间形式和数量关系的统一。由此出发,他引出面积、体积、率、正负数等定义,运用出入相补原理、齐同原理、无穷小分割等数学方法建立了自己的数学理论体系,这也是当时中国最为全面、深刻的数学知识形成的数学理论体系。这个体系具有与欧几里得的《几何原本》为代表的公理化体系所不同的风格。这是以算法为中心,密切联系实际,采用术文统率应用问题的形式,融代数和几何于一体,具有程序化的思想,简约而又全面,各方面内容相通而又不显繁琐,从而将中国传统数学建立在一个更高的层次上。

刘徽提出了许多公认正确的判断作为证明的前提。他的大多数推理、证明都合乎逻辑,十分严谨,从而把《九章算术》及他自己提出的解法、公式建立在必然性的基础之上。

刘徽学风严谨,善于继承、发掘古人有用的思想,而又不为所囿,富于批判精神,敢于创新;他实事求是,谦虚谨慎,对自己未能求出牟合方盖的体积,坦诚直言,表示“以俟能言者”,展现了一位伟大的学者寄希望于后学的坦荡胸怀。

刘徽的一生是为数学刻苦探求的一生。他虽然地位低下,但人格高尚。他不是沽名钓誉的庸人,而是学而不厌的数学大家,他给我们中华民族留下了宝贵的财富。

齐鲁大数学家刘徽所作的《九章算术注》,在对我国数学作出全面贡献的同时,也深刻阐述了数学学习的理论和思想方法。书中阐述的一系列数学思想方法既反映出中国传统思想文化的特点以及中国传统学习论的特点,又凝结了作为一个伟大数学家的智慧。《九章算术注》序中说“徽幼习九章,长再详览”,“探赜之暇,遂悟其意”。刘徽正是以探赜、索隐、钩深、致远这种学习方法探索《九章算术》未解决或解决还不彻底的数学问题以及解法的形成过程,并探索之所以然的道理。刘徽注中的割圆术、对圆周率的推算和鳖臑体积公式的推导等等都是这种寻根究底、勇于探索的具体反映。

(三) 刘徽的数学机械化思想

《九章算术》作为中国古代数学体系的中心,明显表现出机械化算法思想的特点,其本身也是个不封闭的体系,有不尽的发展余地给后人。特别是历代不少算家都对它进行了注释,并在注释中不断创新,使之在深度和广度上有新的发展,这与中国数学家追求算法机械化的努力相一致。刘徽的《九章算术注》继承了《九章算术》中的机械化思想和方法,对其中的各种机械化算法和公式进行总结分析和不断改进,并有许多创造,对提高数学机械化的程度和水平作出了重大贡献。例如,他对开方程序进行了改进并创造了解线性方程组的互乘相消法和方程新术。在算法理论方面,刘徽建立了从一般比例算法到“方程”的一系列筹式运算的统一理论,他以率的基本运算为“纲纪”,把《九章算术》中的衰分、均输、盈不足和“方程”诸术都以率概念贯穿下来,于是实现了筹式运算的模式化与程序化,从而奠定了筹算的机械化的理论基础。刘徽的程序化思想,简约而又能全面,各方面内容相通而又不显繁琐,从而把中国古代数学机械化建立在一个更高的层次和水平上。

刘徽的数学机械化思想可详见傅海伦著《传统文化与数学机械化》①和相关研究论文。

六、《张丘建算经》中的数学问题

张丘建，北魏时清河（今山东临清一带）人，生平不详，北魏数学家。最小公倍数的应用、等差数列各元素互求以及“百鸡术”等是其主要成就。著有《张丘建算经》3卷，成书于北魏献文帝期间（5世纪下半叶）。该书共3卷92题，包括测量、纺织、交换、纳税、冶炼、土木工程、利息等各方面的计算问题。该书是继《九章算术》之后又一部具有突出成就的数学著作。在最小公倍数概念的发展、等差数列的计算和算法的完善以及不定分析等方面，都达到了以前著作所未曾达到的高度。此书的南宋刻本，收藏于上海图书馆。

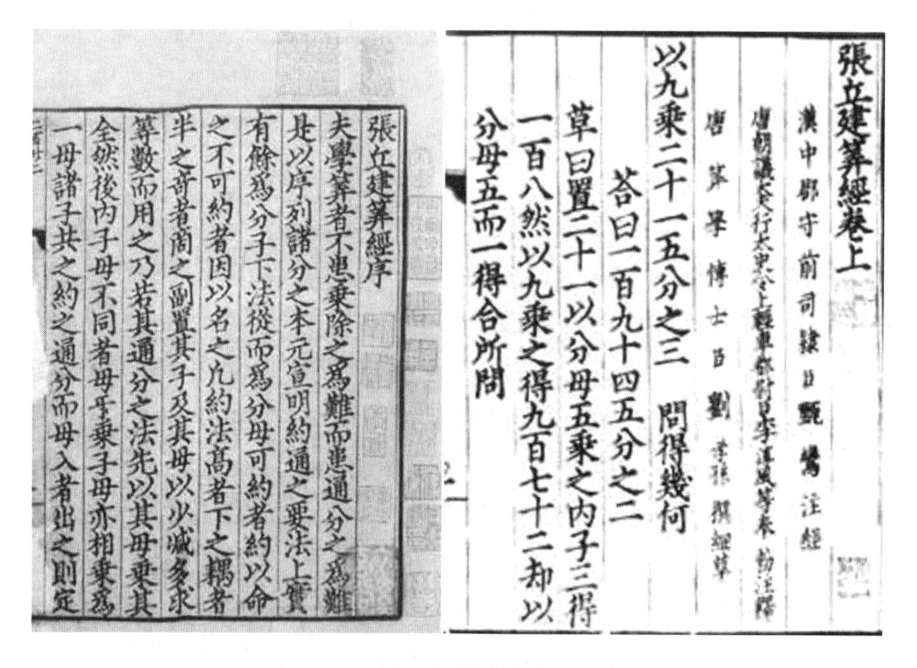

張丘建算經序
夫學算者不患乘除之爲難而患通分之爲難
是以序列諸分之本元宣明約通之要法上實
有餘爲分子下法從而爲分母可約者約以命
之不可約者因以名之凡約法高者下之耦者
半之奇者商之副置其子及其母以少減多求
等數而用之乃若其通分之法先以其母乘其
全然後內子母不同者母互乘子母亦相乘爲
一母諸子共之約之通分而母入者出之則定

張丘建算經卷上
漢中郡守前司隸臣甄鸞注經
唐朝議大夫行太史令上輕車都尉臣李淳風等奉勅注釋
唐算學博士臣劉孝孫撰細草
以九乘二十一五分之三問得幾何
荅曰一百九十四五分之二
草曰置二十一以分母五乘之內子三得
一百八然以九乘之得九百七十二却以
分母五而一得合所問

《张丘建算经》书影

（一）《张丘建算经》中的“百鸡问题”

《张丘建算经》卷下最后一问是著名的“百鸡问题”，属不定方程问题，

---

①傅海伦：《传统文化与数学机械化》，科学出版社2003年版。

影响极大。

> 今有鸡翁一,直(值)钱五;鸡母一,直钱三;鸡雏三,直钱一。凡百钱,买鸡百只,问鸡翁、母、雏各几何?
>
> 答曰:鸡翁四、直钱二十;鸡母十八、直钱五十四;鸡雏七十八,直钱二十六。
>
> 又答:鸡翁八、直钱四十;鸡母十一、直钱三十三;鸡雏八十一,直钱二十七。
>
> 又答:鸡翁十二、直钱六十;鸡母四、直钱十二;鸡雏八十四,直钱二十八。
>
> 术曰:鸡翁每增四,鸡母每减七,鸡雏每益三,即得。

这是一个不定方程问题。设鸡翁、鸡母、鸡雏的只数分别为 x,y,z,则可列出方程组:

$$\begin{cases} x+y+z=100, & (1) \\ 5x+3y+\frac{1}{3}z=100。 & (2) \end{cases}$$

$(2)\times 3-1$,得

$14x+8y=200$,

即 $7x+4y=100$。(3)

《张丘建算经》认识到这是一个不定问题,并给出了了(4,18,78),(8,11,81),(12,4,84)三组解,是其全部正整数解。这三组解就是:(1)鸡翁4,鸡母18,鸡雏78;(2)鸡翁8,鸡母11,鸡雏81;(3)鸡翁12,鸡母4,鸡雏84。至于如何得出这三组解,《张丘建算经》提示了解法(术):鸡翁每增四,鸡母每减七,鸡雏每益三,即得。

这个提示太简括,其具体好法后人有若干猜测。钱宝琮的理解是:以3乘第2行,减第1行,化成 $7z+4y=100$,其中 $4y$ 与100都是4的倍数,因此 z 应是4的倍数:$x=4t$,那么

$y=25-7t$,

代入(1),得

$z=100-4t-(25-7t)=75+3t$。

令 $t=1,2,3$，则 $z=4,8,12$，$y=18,11,4$，$z=78,81,74$。因为正数解，故 x 不能为 0 或负数，也不能大于 12，只能有以上三组解：

$$\begin{cases}x=4\\y=18\\z=78\end{cases}\quad\begin{cases}x=8\\y=11\\z=81\end{cases}\quad\begin{cases}x=12\\y=4\\z=74\end{cases}$$

实际上，符合题意的也只有这三组解. t 每增 1 时，x 便增 4，y 便减 7，z 便增 3，这与张丘建对解法的提示是一致的。

后来人们一直未找到百鸡问题的一般解法。直到 19 世纪中叶，宋元数学复兴之后，骆腾凤《艺游录》、时曰醇《百鸡术衍》用大衍求一术求解，才找到一般解法。百鸡问题对阿拉伯、欧洲数学产生了巨大影响。13 世纪意大利菲波那契的《算法之书》，中世纪阿拉伯的阿尔·卡西的《算术之钥》都有百鸡问题，显然源于中国。

后世有许多人进一步研究，“百鸡问题”在世界上流传也很广，印度和中亚的数学家都有人在著作中提到此类问题，但却比《张丘建算经》要迟。因此“百鸡问题”在中世纪世界数学史上有着特殊的意义，它是中外数学交流的一个重要线索。

（二）《张丘建算经》中的等差数列和等比数列问题

《张丘建算经》全书现存 92 题，其中的突出贡献是有了求最小公倍数的方法，创造了计算等差级数各元素的公式。张丘建把等差数列的研究向前推进了一步，其中的等差数列问题更为复杂，解法也更加丰富多彩。

如《张丘建算经》卷上第 22 题为：“今有女善织，日益功疾。初日织五尺，今一月织九匹三丈。问日益几何?”术文是：“置今织尺数，以一月日而一，所得，倍之。又倍初日尺数，减之，余为实。以一月日数，初一日减之为法，实如法而一。”令“今织尺数”为 S_n，“一月日数”为 n，“初日尺数”为 a_1，“日益数”为 d，则有 $d=\dfrac{2\dfrac{S_n}{n}-2a_1}{n-1}$。

《张丘建算经》卷上第 23 题为：“今有女不善织，日减功迟。初日织五尺，末日织一尺，今三十日织讫。问织几何?”术文是：“并初，末织尺数，半之。余以乘织讫日数,即得。”也就是 $S_n = \frac{a_n - a_1}{2} \cdot n$。

《张丘建算经》卷下第36题为:“今有人举取他绢,重作券,要过限一日息绢一尺,二日息二尺,如是息绢日多一尺,今过限一百日。问息绢几何?”术文是:“并一百日,一日息,以乘百日而半之,即得。”此题是上题的特例,首项公差别皆为1,术文相当于给出前n项自然数的公式 $1+2+3+\cdots+n = \frac{n(n+1)}{2}$。

《张丘建算经》卷中第3题为等比数列问题:

> 今有马行转迟,次日减半,疾七日,行七百里。问日行几何?
>
> 答曰:初日行三百五十二里一百二十七分里之九十六;次日行一百七十六里一百二十七分里之四十八;次日行八十八里一百二十七分里之二十四;次日行二十二里一百二十七分里之六;次日行一十一里一百二十七分里之三;次日行五里一百二十七分里之六十五。
>
> 术曰:置六十四、三十二、一十六、八、四、二、一为差副并为法;以行里数乘未并者,各自为实;实如法而一。

此外,《张丘建算经》还有比例应用问题、最小公倍数、体积问题、盈不足问题等典型的问题及解法。限于篇幅,这里不再一一列述。

第四章　隋唐宋元时期的山东科学技术

一、隋唐宋元时期的山东科学技术概论

隋唐宋元时期(581—1368 年),是山东科学技术发展的重要时期。隋唐时期,国家政治相对安定。随着科学教育的普及,生产技术得到不断推广,生产规模不断扩大,所有这些都对当时社会的发展与科学技术的进步产生了巨大的影响。纺织、金属、冶炼、制盐、制瓷等手工业生产技术有了进一步发展,黄金采冶技术也开始出现。陶瓷业出现了黑釉瓷和白瓷,并使用匣钵,使烧成工艺发生了重大变革。酿酒以及其他小手工业产品都保持着较高的产值。到了宋元时期,随着我国自然科学形成了传统的高潮,山东科学技术的诸多领域也相继得到发展,特别是山东在农学、数学、医学科技、建筑业等领域取得了重要成就,出现了在中国科学技术史上具有重要地位和影响的科学家,为山东以至于中国的科学技术发展作出了重要贡献。另一方面,山东的手工业在全国也占有重要位置,冶铁、丝织、陶瓷、印刷、造船等制造工艺和技术都有不同程度的提高和发展,丝织技术也达到了较高水平,在全国占有重要地位。此外,山东黄金开采具备先进技术,开采空前提高。元丰元年,全国金课"总收万七百一十两,"而登、莱两州约占 90%。随着社会的进步和科学技术的发展,山东地区手工业中的制盐、纺织、陶瓷等生产部门,从金代中期也有一定程度的恢复和发展,到元代又发展到一个新阶段。

(一) 隋唐宋元时期山东的农业科学技术发展

隋唐时期(581—960 年),隋代和中唐以前,全国处在一个统一安定的

社会环境中，隋唐政府积极推行“均田制”和“租庸制”等有利于农业生产的措施，使社会经济出现了一个相对繁荣的时期。隋初，山东各州县遍置粮仓，户口占全国总户数的21%。特别是唐前期的贞观年间至开元年间(627—741年)的100多年中，由于社会比较安定，再加上政府在政治、经济等方面推行鼓励垦殖、大兴农田水利、赈救灾民、减免劳役与赋税、宽简刑法、设置义仓(专为救荒而设置的粮仓)和常平仓(为保持粮价稳定而设置的粮仓)、扩种水稻、捕蝗除灾等一系列措施，把农业生产推向了空前兴盛的阶段，堪称封建社会的盛世，山东已成为全国主要的粮食产区之一。唐代开元、天宝年间，每年要将山东几百万石粟米漕运至关中。开元年间，“海内富实，米斗之价钱十三，青、齐间斗才三钱。绢一匹，钱二百”。到了唐后期，虽经战乱，但山东农业生产仍在发展，“田畴大辟，库仓充积”。养马业在隋唐也达强盛之势。隋唐时期的朝廷已十分重视家畜疫病的防治。官方设有专职的兽医博士和兽医，对一些常见的动物传染病已有较明确的认识和防治方法。如当时已用中药方剂治疗破伤风，认识到用隔离法可以预防传染病，用药物熏烟法也可以预防某些疫病。当时还认识到有些疫病是可以人畜共患的。宋金元时期(960—1368年)，山东地区承受的封建剥削尤重，并不断遭受外来侵扰和野蛮统治，经济处于滞退状态。元代，山东有38万户、126万人，与金代相比，户减约75%，人口减约87%。明初，山东境内“多是无人之地”，统治者不得不采取奖励人民垦荒的措施，到洪武二十六年(1393年)时，山东耕地面积达到7240万余亩，为北宋时期的2.4倍，居全国第三位。农业的发展主要是扩大农作物栽培种类，增加垦田面积，兴修水利，推广农业经验。元代山东东平的农学家、农业机械学家王祯所著《王祯农书》，是中国第一部全面论述农业的科技著作。

1. 从均田制到两税法

均田制的实施，肯定了土地的所有权和占有权，减少了田产纠纷，有利于无主荒田的开垦，因而对农业生产的恢复和发展起到了积极作用。唐代的均田制，在隋代基础上，明确取消了奴婢、妇人及耕牛受田，土地买卖限制放宽，内容更为详备。唐德宗建中元年(780年)，实行两税法，均田制被废止。两税法将唐代名目繁多的杂税，统一归并为户税与地税两种，这样既简化了征苛捐杂税的名目，又可使赋税相对确定，实际上是用两税法代替了租庸调制的赋税制度。两税法“唯以资产为宗”，每户按土地和财产的多少，一年分夏秋两次收税。它是中国封建社会经济关系变化的产物，标志着以人丁为主的课税标准开始改变，在一定程度上减轻了人民的负担，抑制了一部分苛捐杂税，特别是“人无丁中，以贫富为差”的征税原则，贫者少交，富者多交，自然也促进了当时经济的发展。两税法以货币计算和交纳赋税，对商品货币经济的发展有一定的促进作用。唐代粮食销售很普遍，各地都有粮市。圆仁《入唐求法巡礼行记》记载了登州、莱州、青州、齐州等地不同的粟米、粳米价格，悬殊较大，完全是市场价格。

2. 隋唐时期兴修水利

隋唐时期推行了兴修水利措施。隋代，兴建大运河及在兖州之东的泗水上筑金口坝，开丰兖渠。隋文帝时，薛胄在兖州改进沂、泗水流，“决令西注，陂泽尽为良田”。唐代，对大运河进一步修建和扩展。唐贞观元年开始修建十三陂塘，以蓄水溉田。长安年间，北海县令窦琰主持开成窦公渠，引白浪河水，曲径30余里，以溉田地。诸城蓄潍水为塘，方20里，溉田万顷。高密的夷安泽，东西百余里，溉田万顷。太宗贞观年间，在今峄城筑十三陂蓄承、洳二水溉田，建成山东最早的水库塘坝灌区。兴建各种水利工程，溉田万顷，使山东成为唐代水利事业最发达的地区之一。农业的振兴，使粮食产量仍居全国前列。农作物种植仍以旱作为主，但由于水利事业比较发达，不少地区也种植了水稻。

3. 宋代“不抑兼并”和“田制不立”的佃耕制

因755年爆发了“安史之乱”，中唐以后和五代时期，频繁的战乱使山东地区遭受了长期的战火摧残，北方人口大量南迁，使得江南地区的土地得到大量开发，而北方土地荒芜，农业又遭到严重破坏。宋代，为大力发展农业，明令各地招抚流亡，劝导耕垦，广大地区盛行不设田制、不抑兼并的佃耕制。减免赋役，并倡导奖励农民种植农作物优良品种，实施退牧还耕等有利于发展生产的政策措施。佃耕制亦称租佃制，“不抑兼并”和“田制不立”的政策，所有权与经营权的分离，适应了商品经济发展的趋势，减少了封建政府对土地的政治干预，客观上有一定的积极意义，它的生产关系反映在宋代的乡村户籍与户等上，即乡村主户与客户以及乡村主户的一、二、三、四、五等户。宋初五等分户制有一个逐渐发展的过程，当时唐九等制还有一定的影响，在差科方面，尚未完全按五等制分差徭役。自宋代以来，土地转移的频率日益增高，故辛弃疾有“千年田换八百主”之说。北宋颁布《皇官庄客户逃移法》，规定只能役使客户本人，不能役其家属；不能强迫卖田、欠债者为客户；客户死后许其妻改嫁，允许客户自将女儿出嫁等。这是佃客依附性减弱的明文规定。此外，还有鼓励垦荒的政策。例如，太祖乾德四年（966年）闰八月诏：“所在长吏，告谕百姓，有能广植桑枣、开垦荒田者，并只纳旧租，永不通检。”并对“招复逋逃”有功官员予以嘉奖。太宗至道元年（995年）六月丁酉日诏：“募民请佃诸州旷土，便为永业，仍蠲三岁租，三年外输税三分之一。州县官吏劝民垦田之数，悉书于印纸，以俟旌赏。”由于这些轻徭薄赋政策的推行，特别是租佃制与定额地租和货币地租的推行，开垦荒地和兴修水利的结合，刺激了农民的生产积极性，使农业得到一定程度的恢复和发展。从真宗到神宗时期（998—1077年），山东新开垦的土地达“三十万顷”，其中民田“二十九万顷”，官田“万余顷”。①

这一时期，传统农具的发展已较完备，种类齐全。宋代耖得以普及，标志着水田整地农具的完善，还出现了秧马、秧船等与水稻移栽有关的农具。宋元时期则是水田中耕农具的完善时期，出现了不少与水田中耕有关的农具，如耘爪、耘荡（耥）、薅鼓、田漏等。宋元时期还出现了掼稻簟、笐和乔扦等晾晒工具。从辽墓出土情况看，辽朝农业生产工具种类齐全，犁、铧、锄、镰、锹、镐、镢、刀、叉等，应有尽有。宋元时期，对这种旱地农具进行了改进，发展出了耧锄和下粪耧种两种新的畜力农具。这些农具基本适应了农业特别是粮食生产的需要。农作物种植面积扩大，农副业分工加强。宋代农业发展的一个显著特点就是农作物种植面积扩大，社会分工越来越细，出现了许多茶、桑、菜、水果专业户。

宋代农业的成就是多方面的，最突出者，还是在某些先进地区实行精耕细作，扩大复种指数，创造了当时世界上最高的亩产量。这一时期，山东农作物的种类比前代更加增多，一些农作物的优良品种得到进一步推广。山东农民主要种植粟、黍、麦、豆和枣、桑、麻等。在江北诸州推广种稻时，并不是在麦田中种稻，而只是如《宋史·食货志》所云“令就水广种秔稻”②一

①山东省农业厅编：《现代山东农业》，山东科学技术出版社2000年版，第6页。
②《宋史》卷一七三《食货志》。

样。太宗淳化年间，宋政府诏令江北诸州“令就水广种秫稻”，山东地区又重新种植水稻。开始主要是在鲁北的博、棣、德、滨等州试种，获得成功以后，便在京东路推广。宋神宗以后，随着农田水利工程的大规模兴修，山东水稻种植面积不断扩大。京东路除山区以外，大部分州县都开辟了稻田。江东早稻、占城稻等优良品种，也先后在山东各地传播。水稻的引进和广泛种植，使许多水田和淤田得到合理利用，大大促进了山东农业生产的发展。

在畜牧方面，养马业已相当发达，并建立了马籍制度（就是按马之优劣登记建档），制定了家畜的饲养标准。宋代曾施行过保马法，效果不大。在防疫治病方面，当时认识到炭疽病是不容易治好的，已认识到放线杆菌病、马腺疫病、马流行性淋巴管炎、马鼻疽病等是由疫源和一定途径可以传播的，认识到传染病是动物感染了“疫气”所致，病畜及其排泄物、分泌物、病畜的肉血、尸体等都是“疫源”。宋代养牛业得到高度重视，这主要是出于农业动力的考虑。牛是宋代最重要的生产资料之一，是“农耕之本”，对社会经济影响巨大，为宋代农业生产发展创造了一定基础。耕牛的饲养技术也有很大提高。在宋代，人口与土地数量都有较大发展，对耕牛需求量巨大。由于战乱、瘟疫等天灾人祸不断，耕牛多数时期供应比较紧张。为发展农业，安抚民众，稳定统治，宋代统治者非常重视耕牛问题，采取一系列措施来扶持农户养牛和保护耕牛，努力促使耕牛在农户中普及，做到“耕者有其牛”，并取得一定成效，基本保证了农业对耕牛的需求，使耕牛在农户中普及。此外，在猪的饲喂和家禽的繁育方面，发明了发酵饲料和人工孵化技术。

4. 金代前期山东农业遭到侵扰和严重破坏，中期后得到恢复和发展

金代，山东农业因遭到外来民族的侵扰和统治而衰敝。靖康元年（1126 年）十一月，金兵入侵，到处抢掠，除在城内对官府库存和民间财富进行抢掠外，还“纵兵四掠，东及沂（今临沂）、密（今诸城），西至曹（今菏泽）、濮（今鄄城）、兖（今兖州）、郓（今东平）……皆被其害，杀人如刈麻，臭闻数百里”。在山东地区，女真族括田尤为严重，以致“武夫悍卒，倚国威以为重，山东河朔上腴之国，民有耕数世者，亦以冒占夺之。兵日益骄，民日益困”，以致“所在骚然”。由于女真族在山东推行民族压迫政策整整 100 年（1126—1226 年），使山东人民受到空前浩劫，反抗的大旗在山东举起。

1220年，木华黎平定河北、山东诸地。金熙宗天眷三年，“虑中原之民怀二”，将大量女真人、奚人、契丹人迁到山东、河北等地与汉民杂处，充当猛安(百夫长)、谋克(千夫长)。猛安、谋克权贵通过大规模拨地、括地等手段侵占农民的土地，使得大批农民失业破产。《续资治通鉴》载：金兵二次过后“时山东大饥，人相食，州县被兵后各不相顾，盘踞在即墨的巨寇宫仪，每车载干尸为粮”。特别是金朝后期，与蒙古交兵，为鼓舞军士斗志，增加军人土地，更肆意括占汉族农民田地。史称：“武夫悍卒，倚国威以为重，山东河朔上腴之田，民有耕之数世者，亦以冒占夺之。”这就更加激化了阶级矛盾和民族矛盾，对汉族农民造成灾难的同时，也给女真人带来了灾难。金大安三年(1211年)，成吉思汗亲率大军攻金。成吉思汗初期对金朝重在掠夺，不在于永久占领，因而，对金的征服手段异常野蛮残暴，使北方地区的农业经济遭到大肆破坏。据《元史·太祖本纪》载，成吉思汗分兵三道，帝于拖雷为中军，经河南东北取山东的“泰安、济南、滨、棣、益都、淄、潍、登、莱、沂等郡，命木华黎攻密州(今诸城)屠之”。金贞祐元年(1213年)，蒙古兵分三路南下攻掠金朝，山东地区郡县亦遭摧残。据《中国历史纲要》载，由于蒙古军的烧杀掳掠，“两河、山东数千里，人民被杀几尽，金帛子女被抢一空，房舍尽焚，城郭丘墟”。蒙古族进入中原以后，当时的一些蒙古族将领，提出将长城以内的新征服的地区的农田全部改为牧地，因此，蒙军也到处夺民田为牧田，放纵牛马牲畜任意毁坏农田。如在临邑，蒙军就以牧马供军之名，侵占农田为牧地面积达“2000余顷”。另在益都、泰安、宁海、东平、济宁等地，还有大片农田变为供蒙古官僚贵族纵猎的猎场。①

金代中期特别是自熙宗到章宗的50多年时间里，政治局面相对稳定，生产得到一定的恢复，山东的农业经济有了一定程度的发展。金代山东的粮食亩产量基本接近北宋时期的水平，陆田平均亩产粮食约1—2石，水田亩产约3—5石。人口也有很大增长，山东东路(北宋时为京东东路)在北宋熙宁时有817355户，至金代章宗太和初上升为898854户，比北宋时增加了81499户；山东西路(北宋时为京东西路)北宋熙宁年间有526107户，金章宗太和初年上升为541321户，比北宋时增加了15214户。② 人口的迅速

①参见山东省农业厅编：《现代山东农业》，山东科学技术出版社2000年版，第6页。
②参见《金史》卷四十六《食货志》，卷二十五《地理志》。

增长，从一个侧面反映了金代中期山东农村经济的恢复和发展。①

5. 元代采取重农、“劝农”的一系列政策

元代是山东农业发展史上的一个重要时期。山东迭遭金元之乱，人口锐减，加之主流社会南迁，到元朝，山东人口仅有 38 万户、126 万人，与金朝相比，人数减少约 87%。元朝建立后，在中原农业文明思想的影响下，以忽必烈为代表的统治者为加强新政权的物质基础，很快接受了“国以民为本，民以食为本，衣食以农桑为本”(《元史·食货志一》)的观念，开始重视农业，全面而又雷厉风行地采取了一系列“重农”或“劝农”措施，建立相应的官员考绩制度。至元元年(1264 年)，元世祖即位，第二年便设置了专管农业的“劝农司”，后来又改为“司农司”，设立提调农桑官，并设置山东劝农司，把各地栽种桑树的多少作为官员考绩升黜的重要内容，把“户口增、田野辟”作为官吏升秩迁移的主要标准。② 招集逃亡，鼓励开荒，减免租税。中统二年规定，“逃户复业者”有权收回原有产业，“合着差税”第一年全免，次年减半，然后再“依例验等”科征。颁行农桑杂令，桑麻果树的栽植同样受到鼓励，规定百姓垦辟的熟地，从栽种桑树和杂果等树之日起算，分别在 8 年和 15 年后才“定夺差科”。对于“勤务农桑、增置家业”的农户，则要求本处官司“不得添加差役”。禁止毁农田为牧地，开展军民屯田，还推广“锄社”互助，设置建立仓储制度，备荒救灾。

6. 元代畜牧业

在畜牧业方面，元代开辟牧场，扩大牲畜的牧养繁殖。山东属于在中原、腹里开设的牧场之一，这些牧场的部分地段往往由夺取民田而得，如《元史·奥敦世英传》载：“蒙古军取民田牧，久不归。”“阔端赤牧养马驼，岁有常法，分布郡县，各有常数。”

元代重视养马，提高养马效益，圈养马技术有了提高，但只注意当地养马业的发展。制定了“和买马”制度，“和买马”就是按规定马价由官家征收马匹。“和买马”制度在忽必烈统治时期日趋完善。山东是忽必烈“和买牲畜”的主要腹里、中原地区之一。元朝通过国家力量，使部分农业区与牧业区相结合，大大改善了畜牧业的条件，促进了畜牧业的发展。元朝的官牧

---

①参见孙祚民：《山东通史》(上卷)，山东人民出版社 1992 年版，第 269 页。
②参见山东省农业厅编：《现代山东农业》，山东科学技术出版社 2000 年版，第 6 页。

场，秋末冬初，漠南牧区的牲畜常就近赶到华北的田野上游牧，当地需负担饲马的刍粮和饲草，使马、驼、牛、羊等牲畜“殆不可以数计”①。在防病治病方面，宋、元时期特别对马的鼻疽病、马的传染性淋巴管炎、马的肺结核病等在诊断、治疗上有了进一步提高，并使用手术方法根治一些结节病灶。

7. 宋元大兴农田水利建设，促进农业发展

这时期促进农业发展的另一项重要的措施是兴修水利。“以兴举水利、修理河堤为务”（《元史·河渠志一》），并责成劝农官及知水利者巡行督察。“农桑之制”十四条还对组织整治水利的事宜作出更明确的规定。元代时期，山东的水陆交通事业有较大发展，其中最重要的成就是会通河的开凿、海运航线的开辟和陆上站赤制度的建立。

元代统一全国，建都大都（今北京），着手建设以大都为终点的南北运河。至元十三年至二十年（1276—1283 年），修济州河，自济宁至安山（今黄河南岸）。在山东境内的水利更值得称道，期间有一些重要的技术和理论，对后世影响很大。例如，关于会通河的治理就是一个典型。会通河是沟通泗水和卫河的运河。北至临清接卫河，南至济宁以南接泗水、黄河，是京杭运河中地势较高的一段。宋高宗年间（1130—1137 年），金朝之附庸齐王刘豫开小清河以通航运。理宗宝祐五年（1257 年），尚未统一中国的元朝为调运军粮，开府河，引汶、泗（水）至济宁，以济漕运。为供应今宿县一带的军粮，毕辅国在今宁阳县北罡城附近的汶河左岸建黑风口斗门，引泗水沿河西去，在济宁东与光河合流。同至济宁，以济宁至淮阴间的古泗水运道。这就是历史上“汶、泗、光、府四水济运”的起源。元代至元十三年至二十六年（1276—1289 年）开成，到至元二十七年（1290 年）又在光河上建吴泰、宫村两闸，在府河上建土楼、杏林两闸以调节水位，使光、府两河除输水济运之外，本身也有通航效益，“且溉济（宁）、兖（州）间田”。明代永乐九年（1411 年）重开。主持会通河工程的郭守敬提出的“海平面为基准点的理论”，对推动后世测量学的发展有重要影响。

特别要指出的是，元代为解决南粮北运，于 1280 年开凿胶莱运河，企图采用海运和内河联运。到了 1283 年和 1289 年，相继凿成在山东境内的济

①《元史》卷一〇〇《兵志》三。

州河、会通河，使京杭大运河全线通航。元政府在利用隋代运河的基础上，通过开凿通惠河与会通河，直接连通了余杭至大都的水路，即今日的京杭大运河。大运河的成功贯通，便利了元代南北交通，有利于江南漕粮对京师的供给，同时也有利于运河沿线的农田水利灌溉。

此外，在山东境内治理黄河的工程中，贾鲁提出的"疏、浚、塞"结合的治河理论，是古代治河发展史中的重要创新。贾鲁生平事迹，以治黄工程最为突出，而尤以堵塞黄河白茅决口工程脍炙人口，被誉为黄河治理史上著名的"贾鲁治河"。至正四年(1344 年)五月，黄河在今山东曹县白茅堤决口，数年未治。其间贾鲁任山东道奉使宣抚首领官，曾巡行遭受水灾的郡县。至正九年二月，贾鲁任行都水使者，奉旨勘河。他"循行河道，考察地形，往复数千里"，治河工程包括疏浚河道、修筑堤防和堵塞决口三大部分。征发民夫 15 万人，军队 2 万人。七月份完成开河工程，共疏浚、开挖河道 280 里 54 步，同时修缮了原河道两岸堤防。

整个宋元时期(960—1368 年)，山东境内的农田水利进一步发展，设施达 180 多处，可灌溉 300 多万亩。唐宋元时期，出现了水转翻车、水转筒车、水转高车、水磨、水砻、水碾、水轮三事、水转连磨、水击面罗、机碓、水转大纺车等，这些都是以水为动力来推动的灌溉工具和加工工具。

8. 宋元时期的胶州大白菜

白菜，《辞海》"胶县"条称：胶县产大白菜著名，谓之"胶白"。栽培历史悠久，远在唐代即有种植，宋、元时期已大量销往江、浙等地，明代开始出口海外，在国内外享有很高声誉。宋代诗人范成大在《田园杂兴》中曾赋诗道："拔雪挑来塌地菘，味如蜜藕更肥浓。"此处菘就是日常生活里已经离不开的"百菜之王"大白菜。胶州大白菜全国闻名，"胶白"远在唐代就传入日本国，称之为"唐菜"。唐代诗圣杜甫写有"奴肥为种菘"的佳句。鲁迅先生在《藤野先生》有胶州大白菜的记载："大概是物以稀为贵罢。北京的白菜运往浙江，便用红头绳系住菜根，倒挂在水果店头，尊为'胶菜'。"胶州大白菜，以胶州三里河附近出产的最为正宗，个大，叶多，帮厚，汁多，味美。宋元时期，出现了白菜黄化技术，"冬间取巨菜，覆以草，积久而去其腐叶，黄白纤莹。"还利用无土栽培培育出了豆芽。在韭菜栽培方面，利用了温室和阳畦，以便在寒冷的季节里也能吃上蔬菜。

9. 元代山东农技图书的代表

在“重农”政策的推动下，一批总结生产经验的农书纷纷问世，官修的有《农桑辑要》、《农桑杂令》，私人撰写的各类农书约 17 种之多，其中山东传世的著名农学家王祯《农书》是元代农技图书的代表之作，影响深远。

王祯，山东东平县人，于元贞六年至大德四年（1295—1300 年）任旌德（今安徽旌德县）、永丰（江西永丰县）县尹。他虽为封建官吏，却接近人民，关心农业生产。继承和发扬了氾胜之和贾思勰的思想，撰写了《农书》，分《农桑通诀》、《百谷谱》、《农器图谱》三大部分，是中国第一部从全国范围对整个农业作系统全面论述的著作。全书约 11 万字，全面记述了 80 多种谷物、蔬菜、果树和药材的起源、品种及栽培方法，详细记述了 257 种农业生产工具，展示了我国古代农业生产器具方面的卓越成就，是我国古代有关农具最详的一部农书。在其所载的百余种农具中，除有些是沿袭或存录前代的农具之外，大部分是宋元时期使用，新创或经改良过的，体现了高效、省力、专用、完善、配套等特点。中国传统农具发展至此，已臻于成熟阶段。《农书》还总结了元朝劳动人民在水利建设方面的成就，在人工运河建设、治河技术、农田水利等方面都比前代有所发展。例如，在普通水磨的基础上设计制作了“水轮三事”，用于农产品加工，它兼有磨面、砻稻、碾米三种功用。在翻车（龙骨水车）的基础上设计了“水转翻车”、“牛转翻车”等新形式灌溉农具，轮轴的发展更进步。水转翻车，无需人力畜力，“日夜不止，绝胜踏车”，而且以水力代替人力，“工役既省，所利又溥”。

这时期对林木的利用、栽培和保护管理技术更进一步。《农书》在西汉时的《氾胜之书》，北魏时的《齐民要术》的基础上，更有植树技术的专节，集中代表了这个时期山东人工植树造林的技术水平。关于嫁接的方法，随着时代的推移也有了提高。元代《农书・种植》篇中，总结出了以下六种方法：“夫接博（缚）其法有六，一曰身拉，二曰根接，三曰皮拉，四曰枝接，五曰靥接，六曰搭接。”“身接”近似今天的高接；“根接”不同于今天的根接，近似低接；“靥接”就是压接。

元代亦有园艺专著，1318 年（元）苗好谦的《栽桑图说》，是专论桑蚕的著作。苗好谦一生也主要是从事劝农工作，后入朝为司农丞，著有《栽桑图说》和《农桑辑要》，受到皇帝赞许，“农桑衣食之本，此图甚善”，遂命刊印千册,散之民间。《农桑辑要》修成之后,曾经颁发给各级劝农官员,作为指导农业生产之用。它是现存最早的官修农书。成武县城北20里苗楼村东,有苗好谦莹石碑,立于元代皇庆元年(1312年),距今已近700年。

元朝末年,朝政腐败,灾害频繁,国库也日渐空虚。为了弥补财政亏空,元政府除了加重赋税以外,还发行新钞"至正宝钞"并大量印制,致使严重的通货膨胀,导致民不聊生。

(二)隋唐宋元时期山东的纺织业技术发展

隋唐时期纺织品种花式争奇斗艳,琳琅满目,主要有绢、绫、锦、罗、纱、绮等。绫是以斜纹组织起花、光如镜面的丝织品;绢是用生丝织成的一种平纹织物,其显著特点是质轻;纱是一种表面布满纱眼的丝织物,由于过于精薄,入手如无重量,做成衣服,真像身披轻雾;锦是一种多彩织花的高级丝织物。

隋唐时期,山东地区的丝纺品生产,在品种、质量和产量上都居全国首位。纺织业遍布山东各个州县,兖州的镜花绫、双距绫,青州的仙纹绫,曹州的绢、绵,登州东牟郡和莱州东莱郡的赀布,齐州济南郡的丝、葛、绢、绵,郓州东平郡的绢,密州高密郡的赀布等,都是进贡的珍品。特别是兖州的镜花绫和青州的仙纹绫,都是驰名全国的精美织品。还有密州的细布、博州的平绸、德州的绢、齐州的葛布、登州的麻布等,做工精细,十分美观,也很实用,"齐州丝葛,淄、兖、齐等州防风"。唐代,周村的绢丝已较有名气。当时青州最知名的是"仙纹绫",驰名全国,是专为皇室提供的贡品。青州设有专门管理丝绸业的机构,丝绸收入成为青州财政经费的主要来源,并有多种丝绸成为宫廷的专门御用品。

山东纺织业长期享有盛誉,"齐纨鲁编"自古名不虚传。唐代诗人涉足鲁境,对山东丝织品都是有口皆碑。李白为此写下多首诗篇。如《五月东鲁行答汶上翁》云:"鲁人重织作,机杼鸣帘栊。"《送鲁郡刘长史迁弘农长史》云:"鲁缟如白烟,五缣不成束。临行赠贫交,一尺重山岳。"《寄远》诗云:"鲁缟玉如霜。"唐代著名诗人杜甫在《忆昔》中写道:"忆昔开元全盛日,小邑犹藏万家室。稻米流脂粟米白,公私仓廪俱丰实。九州道路无豺虎,远游不劳吉日出。齐纨鲁缟车班班,男耕女桑不相失。"所谓"齐纨鲁缟车班班”就是说纺织品运输不绝于道。唐天宝十四年爆发了安史之乱，这是我国丝织业重心南移的转折点。后来唐代诗人李商隐《春雨》诗中又有“万里云罗一雁飞”的诗句，把精美的罗纹丝织品和空中云雁相比。

王华庆、庄明君先生研究认为，青州既是丝绸之路的源头，也是海陆丝绸之路上的枢纽。关于唐代的青州丝织，他们在《古青州，丝绸之路的源头》有专门论述：

> 唐代大诗人白居易在《重赋》中说：“缯帛如山积，丝絮似云屯。”唐玄宗开元天宝年间，每年要收入绢帛740余万匹，这些以绢代赋税的丝绸来源仍然是青州。请看公元742年统计资料，青州地区纳绢户数为1017534户，纳绢人口数为6743162人，占全国纳绢户口人数的三分之一。“汉代山东（古青州）丝织业几乎是一枝独秀，是长安丝绸的基本来源，在外销丝绸中自然也独占鳌头。唐代山东丝绸在外销丝绸中依然占着重要地位。……就各地丝绸向长安集中的情况看，山东更是全国第一”（《丝绸之路探源》）。《太平广记》卷31《广异记》云：“开元初，天下唯北海（青州郡）绢最佳。”所以对外赏赐、互市，对外流通兑换、对内皇室的用度，供给军队，大都是青州地区所产的上等丝绸。唐朝初年，采用汉代的和亲政策，一次就赏赐突厥使节30000匹。每次出使赠送也自然是用青州地区上好的丝绸。在唐代与回鹘的绢马互市中，一年要支付数十万匹绢，有时一年高达百万。朝廷为了更加有效地掌控青州丝绸的用度和交易，并颁布了《关市令》：“锦、绫、罗、縠、绸、绵、绢、丝、布、牦牛尾、珍珠、金银、铁并不得度西北边诸关及沿边诸州兴易。”鉴于政府的律令，唐长安城成为丝绸之路上的最大的聚散地，而山东青州地区则成为丝绸之路上东方最大的货源，并成为牵制东亚丝绸贸易的重要枢纽。此地丝绸的好坏、多寡直接牵动着泱泱大国的经济命运。①

唐中期以前，山东始终是国家纺织品的主要供应地，所属14州，贡绫绢者9州，贡赀布者3州，其中青州仙纹绫、兖州镜花绫和双距绫，都是名冠中

---

①王华庆、庄明君：《古青州，丝绸之路的源头》，2008年11月27日。

华的上品。难怪唐人令孤及说青州“海岱贡篚,衣履天下”①。

丝织业的繁荣,同时带来染业、刺绣的兴旺。在染色技术上,唐代已出现了夹缬、蔺缬、绞缬等染色方法。夹缬,也叫夹结,是以两块木板雕刻同样花纹,着色之后,夹帛染色的一种方法。也可同时雕刻多块木板,数次夹帛重染几种颜色。蔺缬,就是蜡染。染前先在帛上作图样,然后在图样上布以蜜蜡,再浸入染料中,待蜡脱落,花样重现,之后再蒸而加以精制。绞缬是一种丝织品的染色方法。染色前,先将丝织品用缝、扎等方法加以绞结,保留其底色,再进行染色;染色后,解去缝线或扎线,即可出现几何花纹,颇为美观,为我国民间发明,后传入宫廷,至唐代时,宫廷中已广泛使用。青州一带,操此业者大有人在。薛用弱《集异记·补编》记载:“李清,北海人也。代传染业。清少学道,多延齐鲁之术士道流,必诚敬接奉之,终无所遇,而勤求之意弥切。家富于财,素为州里之豪畛。子孙及内外姻族,近百数家,皆能游手射利于益都。”此是操染业致富之一例。李少康于唐玄宗时任青州刺史,鉴于“俗尚夸侈”,因而“使刺绣倚市者,悉返耕织”②,由此可知青州人从事刺绣专业者不在少数。③

丝织业是山东的传统手工业部门,至宋代更加发达。京东路是当时全国几个最为繁荣的中心之一。这个地区的丝织业生产,主要集中在单、亳、济、郓、濮、齐诸州及山东半岛以东的淄、青、潍、密、登、莱诸州。当时山东丝织品的种类和花样很多,仅绢和绫的品种即达数十种。其中青州的丝绵、隔织绢、仙纹绫,济南的绵绢,潍州的综丝,淄州的绫、绢,密州的绝,兖州的镜花绫等品种,都是全国闻名的丝织珍品。④ 产品运销河南、陕西、山西等地区,深受当地人们喜爱。

除官营纺织作坊外,山东民间丝织业也极为繁荣。当地居民从来就富有种桑养蚕的传统,家家靠蚕桑为生。京东兖州一带的农村妇女善于养蚕纺织,人们谓之“蚕师”,其养蚕纺织的技术可与吴中相媲美。⑤ 秦少游《蚕书》(见《淮海集》第六卷)序略曰:“予居,妇善蚕,从妇论蚕,作蚕书。考之

①《全唐文》卷三九○《独孤及〈李公神道碑铭〉》。
②同上。
③孙祚民:《山东通史》(上卷),山东人民出版社 1992 年版,第 201 页。
④《宋史》卷一七五《食货志》。
⑤秦观:《蚕书》,《艺苑捃华》第 1 函。

《禹贡》，扬、梁、幽、雍不贡茧物，兖‘篚织文’，徐‘篚元纤缟’，荆‘篚元玑组’，豫‘篚纤纩’，青‘篚丝’，皆茧物也。而桑土既蚕，独言于兖，然则九州蚕事，兖为最乎？予游济、河之间，见蚕者豫事时作，一妇不蚕，比屋詈之，故知兖人可为蚕师。今予所书，有与吴中蚕家不同者，皆得之兖人也。”《宋史·食货志》记北宋定制，《布帛》篇记载闻名宇内的“纤丽之物”。其中，“青、齐、郓、濮、淄、淮、沂、密、登、莱、衡、永、全等州平绝”①，皆为丝织品中精伦者。青州以生产隔织著称。京东东路沂州、登州、莱州三州都有丝织品的生产交换活动。《太平寰宇记》亦载：沂州、莱州，土产“贡绵绢”②，登州土产纱布③。据《太平寰宇记》卷一四载：单州土产“细绢”，济州土产“绵”，亦为丝织品生产的一般产区。“单州成武县织薄缣：修广合于官度，而重才百铢，望之如雾。著故浣之，亦不纰疏”④，可见其纺织技术已达到相当高的水平。

李卿先生在《论宋代华北平原的桑蚕丝织业》中说，南宋庄季裕曾经说过：“河朔、山东养蚕之利，逾于稿稼。”⑤所论或有夸张，但也表明华北平原许多地区蚕织业处于与农业同等重要的地位，有的甚至由家庭副业而变成家庭主业，或者进而发展为独立的手工业者。蚕桑业的发展，具有比农业还重要的位置，因而地方官府也特别注意保护蚕桑，如单州成武县严禁民户伐桑为薪，于是“一邑桑柘，春阴蔽野”⑥。蚕桑业的兴盛，必然促进丝织业的繁荣发展，因而这一带也是宋政府征收丝织品的重要地区。不仅产量多，而且出现了闻名天下的名牌产品，如被列为全国第一等的“东绢”，就是产于这一地区。由于华北平原丝织品量多质优，所以商品率也很高，时人赞誉“青齐之国，沃野千里，麻桑之富，衣被天下”⑦；另据《宋会要辑稿》统计，北宋时期，山东地区每年向政府缴纳的主要赋税丝织品数量大致为：绢490429匹，约占全国绢税总额的16.7%；绸54827匹，约占全国绸税总额的13.2%；绫11452匹，约占全国绫税总数的26%；布49837匹，约占全国布税总额的10.22%；锦绮鹿胎透背250匹，约占全国锦绮税额的24.8%；丝绵

①《宋史》卷一七五，《食货志》上《布帛》。
②《太平寰宇记》卷二十三《沂州》；卷二〇《莱州》。
③《太平寰宇记》卷十四。
④⑤⑥（宋）庄季裕：《鸡肋编》卷上。
⑦《鸿庆居士集》卷二十六《李佑除京东转运副使》。

504431 两,约占全国丝绵总额的 5.5%。[1] 这些数字表明宋代山东丝织品的产量是相当大的,尤其是绫绢绵绮的织造数量仅次于两浙和四川,在全国名列第三位。

随着丝织业的发展,已有一部分脱离农业而以丝织为业的户,称为"机户"。至南宋时,专门丝绢的机户已形成规模,山东也已出现了一批专门从事纺织生产的专业机户,生产规模虽比官营作坊狭小,织造的产品主要由官府收买,受封建官府的剥削和压榨,但毕竟开始从农业中脱离,成为私营手工业作坊的重要组成部分。机户的出现,反映了山东民间丝织业发展水平的提高。机户的势力入元以后更得到了较快发展。

山东麻织业也很发达,麻布产地主要集中在京东的莱、淄、沂等州。其中沂州的沂布、登莱的端布等,都是全国著名的麻织产品。[2]《宋史·食货志上三(布帛和籴漕运)》载:"至是,三司请以布偿刍直,登、莱端布为钱千三百六十,沂布千一百,仁宗以取直过厚,命差减其数。自西边用兵,军须绸绢,多出益、梓、利三路,岁增所输之数;兵罢,其费乃减。嘉祐三年,始诏宽三路所输数。治平中,岁织十五万五千五百余匹。登、莱端布为钱千三百六十,沂布千一百,仁宗以取直过厚,命差减其数。"山东地区的麻布大部分用于交纳赋税,少量剩余产品供生产者自己穿用。

金代桑蚕业,山东是最为发达的地区之一。金朝为了巩固在山东地区的统治,将大批女真族猛安谋克迁入。山东东平,在金代是政治、经济、军事、文化重地之一,是上府,驻太平军节度,曾为傀儡政权伪齐之首都。它以盛产丝绵、经锦、帛著名,人口密度较大,有 11.8046 万户。东平府所产丝、绵、绫、绢,为全国著名丝织产品。北宋时享有盛名的京东丝织业,仍继续有所发展,北方商人多以京东丝绢交换南宋茶叶,成为山东地区向南方输出的主要商品。[3] 东平所产丝绵绫锦绢、羊裘皮帽靴及美酒等也进贡金国。东平府(今山东东平)大面积的桑柘之林令人惊奇:金熙宗天眷二年(1139 年)夏,宋将岳飞率兵 10 万攻东平,金军仅 5 千,"时桑柘方茂",金帅使人在林间广布旗帜以为疑兵,竟使 10 万宋军不敢进攻,相持数日而退。那么

①《宋会要辑稿·食货六四》之"一六"。
②《宋史》卷一七五《食货志》。
③孙祚民:《山东通史》(上卷),山东人民出版社 1992 年版,第 270 页。

这片桑林之广,至少能容纳数万人才能吓退宋军。马可波罗所看到的更多是桑蚕业的结果——蚕丝:山东东平“产丝之饶竟至不可思议”。大定年间(1161—1189年),设置府学,东平与大兴、开封、平阳等地一样,有生员60人,除一般府学外,还设立了女直府学。到了元初,东平的政治、经济地位虽略有下降,但仍是军事要地,是连接前后方的交通枢纽。除东平之外,山东济南府的济阳(今山东济阳)“有桑蚕之饶”。尽管经过战火的摧残,元代初年北方的桑蚕业仍兴旺不减当年。文天祥被押解北上时,有感而发的几首诗中对此予以称赞。如《新济州》言济州(今山东济宁)“时时见桑树,青青杂阡陌”;《发东阿》言东阿(今山东东阿南)“秋雨桑麻地”;《发陵州》言陵州(今山东德州)“远树乱如点,桑麻郁苍烟”。

元代的纺织业仍然发达。这一时期,山东地区的手工业生产也有一定程度的恢复和发展,一些传统的手工业比前代有所进步,生产规模和地区布局也有所扩大。元代,丝织业仍然是山东最重要的手工业生产部门。元代,山东是全国丝织中心之一,产地主要分布在济南、东平、宁海、高唐等地。东平府产丝、绵、绫、锦、绢。按照政府规定,山东等丝织产区,每二户出丝一斤,以给国用;五户出丝一斤,以给诸王功臣汤沐之资,称为“五户丝”。据《元史》载,山东海州每年纳五户丝约1812斤,般阳路每年纳五户丝3656斤,济南路每年纳五户丝9648斤,益都路每年纳丝11425斤,恩州每年纳五户丝1359斤,泰安州每年纳五户丝2425斤,德州每年纳丝2948斤,东平路每年纳丝3524斤,高唐州每年纳丝2399斤,济宁路每年纳丝2209斤。① 可见山东产丝地区较为广泛,而且数量很大,产品不仅供应五公贵族穿着之用,尚远销外地。

元代山东的丝织业生产以官营为主。元代的官营手工业非常发达,其中的丝织业同样如此,机构主要分布在腹里及附近地区。如恩州(今山东武城东)等地,皆设有织染局或织染提举司;在《元史·百官志》中,官营手工业机构以及纺织印染机构,几乎全在北方。窝阔台汗八年(1236年),命五部将分镇中原,其中山东就有两部:其一部在益都、济南(今山东青州、济南),另一部在东平,率先做的工作即“括其民匠,得七十二万户”。官营手

①《元史》卷九十五《食货志》。

工业纺织印染规模较大，品种最为齐全，各种规格和缎匹达十余种，主要有丝绵绫绢罗绮绸等，这些丝织品不仅产量大，花色品种多，而且质量优良。1975年，考古工作者在山东邹县李裕庵墓出土了一幅绛色绸方巾，方巾长65厘米，宽50厘米，左右两边织成卷草纹图案，上下两端织成三行大小不同、相互交叉的方块纹，上部正中织老寿星，老翁左侧有一只小鹿，右侧有一仙鹤，方巾下部有6行42字。这幅绸织方巾的上下人物、鸟兽、花纹图案连同框内文字，同时织成，针线细密匀称，图案异常精美，堪称元代丝织佳品，①显示了元代山东丝织技术的高度发展。②

山东除了官营丝织业生产外，还有民营的形式。梁方仲先生分析了丝织业从官办的独占支配之下解放出来，允许民间织造，并且取到了独立经营的形式的原因：一是技术上的理由，因为自唐宋以来，织锦绫的花机，其构造迭经改良，趋向于简单化，操作上已大为便利，一般工匠也容易学会使用，从而改变了织造技术仅为少数官匠所掌握的局面。二是更重要的生产关系的原因，由于官匠对统治者展开不断的斗争，或怠工，或偷工减料，更常常大量地逃亡，逼得官方不能不从实际来考虑问题，于是改行折价代役的办法或和买的方法，因为只有这样做、对自己才较为有利。③ 于是，一些民营的专门生产高级丝织品的独立手工业和工场手工业都已陆续出现。对于这一部分的市场来说，丝织业自然并不起任何严重的排挤作用，因为上层人物是不惜价钱，非穿绸缎不可的。

元代，山东开始有棉织品。在元代，随着江南地区普遍种植棉花和棉花产量的不断提高，植棉技术逐渐传到北方，棉花已在全国广泛种植了。由于棉花广为种植，所以元代官修农书《农桑辑要》及王祯《农书》都专门写了植棉的方法。到了明代中叶，北方各省如山东都相继大力推广棉花的种植，从此北方逐渐成为产棉的中心地区——那时江浙早已成为棉纺织的中心地区了，可见地域分工已达到了相当的程度。

---

①《邹县元代李裕庵墓清理简报》，载《文物》1978年第4期。
②孙祚民：《山东通史》（上卷），山东人民出版社1992年版，第297页。
③梁方仲：《元代中国手工业生产的发展》，《梁方仲文集·中国社会经济史论》，中华书局2008年版。

（三）隋唐宋元时期山东的盐、铁业

食盐生产是古代重要的手工业部门。盐、铁历来是山东经济的大宗收入。随着社会经济的发展，促使了盐业生产规模的扩大及其技术的进步。唐代前、后期的历史确实存在许多不同的特点。但是，唐代盐业政策有其自身的演变规律。元丰年间，全国设置盐官场37处，山东地区便有11处；唐代推行就场专卖，元和年间，于青、兖、郓三州各置榷盐院，专司缉私收税。唐时已开始利用地下卤制盐，"东莱县有盐井二"。唐时朝廷常将盐铁之利收归国有，定下极高的税额。青州设置官方机构榷盐院，专门对北部沿海的制盐业进行管理和征税。淄青镇割据以来，自擅盐铁，因而获得丰利。唐朝廷控制住淄青之后，余利又一度上交国家。《新唐书·高沐传》就说："山东煮海之饶，得其地可以富国。"当时山东三道十二州，盐铁之利税相当可观。《旧唐书·食货志》载："淄青、兖、郓三道，往来粜盐价钱，近取七十万贯，军资给费，优赡有余。"《新唐书·王涯传》载："三道十二州皆有铜铁官，岁取冶赋百万。"盐、铁二项，总收入可达170万贯以上，在维持当时山东军费之后，还有巨额剩余，于此足见山东盐业和冶金的巨大生产规模。由于朝廷与山东方镇长期争夺此利，矛盾多年积累，最终划定，盐利留各镇使用，冶利上交朝廷。①

在宋代，制盐业是山东重要的手工业部门。王赛时研究认为："山东盐业发展到宋金元时期，出现了全面拓展的势头。主要表现在产业规模扩大、从业人员增多、盐场制度完备、制盐技术提高等几个方面。延续三个朝代，国家都在山东海滨不断开辟新的盐场，以提高食盐产量。山东盐业的开发及其产值对于那个时代而言，具有十分重要的意义。"②宋代制盐业大致分为海盐、池盐和井盐三种。山东濒临渤海和黄海，主要生产海盐，制盐之地称为亭场，生产者称为"亭户"或"灶户"。山东是北宋著名的七大产盐地区之一，食盐产区主要分布在密、登、青、莱、滨州等五处，其中密州涛洛场产盐最为丰富，每年制造食盐约32000余石，滨州次之，年产盐约21000余石。③以上盐区所产食盐大部分供应山东地区人民的食用，另有小部分销往外地。

---

①孙祚民：《山东通史》（上卷），山东人民出版社1992年版，第200页。
②王赛时：《宋金元时期山东盐业的生产与开发》，《盐业史研究》2005年第4期。
③《文献通考》卷十五《征榷考》。

为加强对盐业的管理，宋政府在密、登、青、滨等州设有六处盐场和六所盐务，分别管理当地的食盐生产，这些场、务统归京东路转运司直接管辖。①宋政府对山东各盐区实行官卖制度，遇有灾荒之年，朝廷则罢榷官收，诏弛盐禁，听任民间商旅自由贩卖。史载神宗年间，吴居厚任京东路转运副使，时"方兴盐铁，居厚精心计，善钩稽，收羡息钱数百万"②，足见山东制盐业之发达。③

据《金史·食货志》记载，山东为七大产盐地区之一，盐场主要分布在滨海地区的莒州、宁海州、滨州、密、登州等地。盐产量均占全国总产量的25%，居全国之首。为垄断盐利，金初曾在山东置益都、滨州两盐使司，皆隶属于山东东路，大定十三年又将益、滨两司并为山东盐使司。其行盐范围主要包括山东东、西路、南京路、大名路等六路，并通过海路及清河、小清河联道六路各州县，以保证上述地区人民的食盐供应。④

王赛时先生研究宋金元时期山东盐业的生产与开发状况，指出："宋金元时期的山东盐业生产较前代而言，出现了明显的上升趋势，除了北宋灭亡以及金末动乱所遭受的短期破坏之外，山东盐业在大部分时间里都保持着稳定的生产格局和较高的产量，成为沿海经济的支柱产业。《宋史》卷一九一《食货志下三》指出，当时山东最大的盐场为'密州涛洛场'，所产食盐'一岁鬻三万二千余石'，能够满足本州及沂、潍二州的指定需求，并通商销售于其他地区。后来朝廷又'增登州四场'，进一步扩大山东东部沿海的食盐生产和外销范围。"⑤

元代山东的制盐业也很发达，无论从盐场设置还是单场盐产来看，山东盐业都占有突出位置。盐业始终是官方严酷控制的重要手工业，所征盐利在财政收入中具有举足轻重的地位。元代，为大量牟取盐利，设置山东盐运司，下辖永利、宁海、西由等 19 个场区，当时全国分设盐场 160 余所。元朝山东的盐业规模位居第四，盐产量约占全国总产量的 12%。山东产盐地区主要分布在益都、济南、登、莱、莒、密等地。其生产规模、产量均在全国占重

①《宋史》卷一八一《食货志》。
②《宋史》卷三四三《吴居厚传》。
③孙祚民：《山东通史》（上卷），山东人民出版社 1992 年版，第 251 页。
④孙祚民：《山东通史》（上卷），山东人民出版社 1992 年版，第 269—270 页。
⑤王赛时：《宋金元时期山东盐业的生产与开发》，《盐业史研究》2005 年第 4 期。

要地位,岁办盐额最高达31万引(每引400斤)。当时全国每年盐产总量约为256万余引,山东年产约为31万引,每引重量按400斤计算,约合1240万余斤,约占全国盐产总量的12%。①

《元史·盐法》载:

> 山东之盐:太宗庚寅年,始立益都课税所,拨灶户二千一百七十隶之,每银一两,得盐四十斤。甲午年,立山东盐运司。中统元年,岁办银二千五百锭。三年,命课税隶山东都转运司。四年,令益都山东民户,月买食盐三斤;灶户逃亡者,招民户补之。是岁,办银三千三百锭。至元二年,改立山东转运司,办课银四千六百锭一十九两。是年,户部造山东盐引。六年,增岁办盐为七万一千九百九十八引,自是每岁增之。至十二年,改立山东都转运司,岁办盐一十四万七千四百八十七引。十八年,增灶户七百,又增盐为一十六万五千四百八十七引,灶户工本钱亦增为中统钞三贯。二十三年,岁办盐二十七万一千七百四十二引。二十六年,减为二十二万引。大德十年,又增为二十五万引。至大元年之后,岁办正、余盐为三十一万引,所隶之场,凡一十有九。

山东盐产比宋代增加近百倍,成为全国九大盐区中较重要的四个区之一。为加强对制盐业的管理,元政府还专门设置了山东盐运司,治所济南。作为管理盐业的专门机构,负责掌管场灶的事务和食盐销售,榷办盐货,收取盐课。盐运司之下设有分司和盐场,时全国有盐场160余所,岁办盐课钞766万锭,山东盐道司管辖盐场19所,岁办盐课钞75万余锭,食盐行销山东、河北及江苏的部分地区。程民生在《试论金元时期北方经济》中认为,金代盐业兼辽、宋产地,团体规模比北宋扩大。金代没有年产盐总数,仅为课额数。他通过考察7盐司岁课额及金章宗承安三年(1198年)新额,得出山东旧额(贯)为2547336,新额(贯)为4334184,从而得出山东占新额(贯)及所占比例达40.2%,说明传统的山东仍是金代重要盐业基地之一。

---

①《元史》卷九十四《食货志》。

（四）隋唐宋元时期山东的冶矿业

隋唐时期山东的手工业号称发达，除盐、铁、纺织外，冶炼业进一步发展，冶炼技术进一步发展，黄金采冶技术开始出现。唐代，莱芜冶炼业发达，大将尉迟恭在此采矿冶炼，黄巢起义军在此造甲。《山东通史》记载，唐代莱芜"铜铁并举，而且产锡，为当时全国罕见"。青州的冶铁也很知名。藩镇割据时，李师道占据青州等12州，每年从铁矿冶炼中就获利100余万贯。据记载，隋末唐初，山东已有火硝和硫磺生产。据故宫明朝历史资料记载，粉刷宫墙所用红土来自山东博山地区，这是山东近代化学工业生产的雏形。

北宋这一时期山东冶矿技术已达到相当高的水平。宋初，矿山基本上是民营，政府只管收税。由于矿冶业兴盛，设置了一整套管理机构。重要矿区或冶铸中心设"监"和"务"，主管收税和征集。生产单位有"场"、"坑"和"冶"。"场"是采矿场，"坑"即矿坑，每个场可管辖若干个坑；"冶"是冶炼厂，一个冶所需的矿石往往由几个场供应。

山东冶矿业在北宋时期尤其发达，铁矿、金矿的开采在全国占重要地位。首先从铁矿开采和冶铁技术上说，山东有几个地区尤其发达。一是兖州的莱芜监。宋代至道三年，朝廷在莱芜设立了专管冶铁的机构——莱芜监，号称"冶户三千"，管理"三坑十八冶"，与徐州利国监齐名，为京东路两大冶铁中心之一，莱芜监也是北宋时期全国冶铁中心。其中石门冶规模最大，形成了城市面貌，一度称为"铁冶城"。后来村以冶名，称大冶村。据统计，在宋神宗元丰元年全国铁课总额中，北方铁课额占了96.3%，其中兖、徐、邢、磁四州铁冶课额即占67.15%。[①] 兖州的莱芜监作为全国驰名的四大冶铁中心之一，不仅技术先进、规模庞大、产品质量好，而且铁产量极高，说明宋代已形成了相当规模的冶铁能力。当时所产生铁大部分用于制造农具兵器。该监有铁冶18所，铁坑3处，冶工数千人，每年生产铁约39.6万斤，其冶铁规模和产量均在全国名列前茅。二是登、莱州。登、莱州也是山东重要的铁矿产区，据元丰年间统计，登州年产铁约为3775斤，莱州年产铁量约在4290斤左右。这些数字仅为官营冶铁矿区铁产量的粗略统计，尚未包括民间私营的冶铁产量。在冶铁技术方面，山东的各冶铁中心，都开始用

---

①漆侠：《宋代经济史》（下册），上海人民出版社1987年版，第551、552页。

煤作为燃料铸造铁器，使冶炼时的火力增高，从而大大提高了铁制农具、器皿、兵器的冶铸质量。①

再从金矿开采和冶铁技术上说，山东登莱地区尤其发达。除铜、铁外，宋代金、银、铅、锡的采掘冶炼也有了显著的增长。宋初金产地在商、饶、歙、抚四州，太宗时山东登州和莱州这两地的黄金就很有名，然数量尚少。太宗以后，登州和莱州、广西路邕州也陆续发现了新的金矿，金产量不断提高。仁宗时大量开采，每年黄金产量增加数千两，附近农民纷纷废弃农桑，掘地开采，有重 20 余两的金块。县官榷买，岁课 3000 两。四方之民慕利聚集金矿者，不下数万人。元丰年间，金矿分布于 25 个州，全国年金课总收计 10710 两，而登州即收 4711 两，莱州收 4872 两，两地合计达 9583 两，约占全国金课总额的 90%，可以说宋代全部金产都在登、莱二州。②

北宋矿业十分兴盛，其原因首先是发现并开发了若干新矿区，山东登、莱金矿就是其中之一；其次是在采冶技术上的革新，如胆铜法的应用和淘金法的改进。当时两川冶金，沿溪取砂用木盘淘金，所得者甚微，且费力气，登、莱金矿坑户是“用大木锯剖之，留刃痕投沙其上，泛以水，沙去金著锯纹中，甚易得”③。这种淘金术大大提高了生产能力，是手工冶金技术的重大革新，对山东冶金业的发展起到了重要的推动作用。

到了元代，山东冶矿业也是一个重要的手工业部门。济南、莱芜是元代重要的冶铁矿区。为加强管理，元代政府开始在全国设立铁冶都提举司，这些机构之下多辖有数处矿冶分炉。在山东，至元十一年（1274 年），在莱芜县治西设莱芜铁冶都提举司，职官正五品，下辖宝成监、通利监、锟监，1298 年又加辖元固监、富国监，莱芜铁冶都提举司更名为济南莱芜等处铁冶都提举司，几乎管理着整个山东的矿冶业，冶户 4000 余，成为全国重要的冶铁中心。此时全国铁年产量在 500 万斤至 1000 万斤，莱芜年课铁达几百万斤，在全国地位举足轻重。现莱芜境内可考的汉至元代的古冶铁遗址有 36 处。

元政府也在济南等地设洞冶总管府、提举司或都提举司，掌管冶炼，有冶户 3000 户。济南所隶之监有宝成、通和、昆吾、元国、富国。

---

①孙祚民：《山东通史》（上卷），山东人民出版社 1992 年版，第 250 页。
②《宋会要辑稿·食货三三》“七”。
③朱彧：《萍洲可谈》卷二。

对此,《元史·食货志二·岁课》载:

铁在河东者,太宗丙申年,立炉于西京州县,拨冶户七百六十煽焉。丁酉年,立炉于交城县,拨冶户一千煽焉。至元五年,始立洞冶总管府。七年罢之。十三年,立平阳等路提举司。十四年又罢之。其后废置不常。大德十一年,听民煽炼,官为抽分。至武宗至大元年,复立河东都提举司掌之。所隶之冶八:曰大通,曰兴国,曰惠民,曰利国,曰益国,曰闰富,曰丰宁,丰宁之冶盖有二云。……在济南等处者,中统四年,拘漏籍户三千煽焉。至元五年,立洞冶总管府,其后亦废置不常。至至大元年,复立济南都提举司,所隶之监有五:曰宝成,曰通和,曰昆吾,曰元国,曰富国。

元代济南、莱芜等处铁冶都提举司管辖碑

铜矿分布在益都、临朐。《元史·食货志二·岁课》载:

铜在益都者,至元十六年,拨户一千,于临朐县七宝山等处采之。在辽阳者,至元十五年,拨采木夫一千户,于锦、瑞州鸡山、巴山等处采之。在澄江者,至元二十二年,拨漏籍户于萨矣山煽炼,凡一十有一所。此铜课之兴革可考者然也。

至元十六年(1279 年),元政府拨冶户 1000 户于临朐县七宝山等处开采,惜史籍对其产量和规模未有详细记载。

金矿分布在益都、淄川、登、莱、栖霞等地。至元五年(1268 年),元廷命益都漏籍民户 4000 户,于登州栖霞县淘金,每户输金岁 4 钱,据此,共输金 1600 两。按照政府规定,金矿大抵以十分之三输官。至元五年,栖霞县金的年产量约为 5280 两。至元十五年(1278 年),元政府又以淘金户 2000 签军者,付益都、淄莱等路淘金总管府,依旧淘金。[①] 其课于太府监输纳,按每户岁输金 4 钱计算,共输金 800 两。根据十分之三输官之例,至元十五年,淄莱等路的全年产量为 2640 两,可见元代山东的冶金业是相当发达的。

对此,《元史·食货志二·岁课》载:“产金之所,在腹里曰益都、檀、景……”同时,《元史·食货志二·岁课》载:

> 初,金课之兴,自世祖始。其在益都者,至元五年,命于从刚、高兴宗以漏籍民户四千,于登州栖霞县淘焉。十五年,又以淘金户二千签军者,付益都、淄莱等路淘金总管府,依旧淘金。其课于太府监输纳。

另据《新元史》(民国·柯劭忞),也有这样的记载:

> 凡产金之所,在腹里曰益都、淄莱。至元五年,命益都漏籍户四千淘金于登州栖霞县,每户输金四钱。十五年,又以淘金户二千佥军者,付益都、淄莱等路依旧淘金。纳其课于太府监。二十年,遣官检核益都淘金欺弊。

元代产银之地,据载为 27 所,在北方者 14 所,分布在山东的主要有般阳、济南、宁海(今牟平),其产量和规模史籍中未有明确记载,银课额也非常稀罕。

(五)隋唐宋元时期山东的陶瓷业

隋唐以来,山东又有一批新窑场崛起。至五代,山东瓷器烧造遍地开花,淄博、枣庄、泰安、潍坊、临沂、聊城、曲阜、泗水等地都有窑址发现。这些瓷窑烧造特点各异,装饰手法和釉色纷呈,器形浑圆庄重,品类贴近生活,有碗、盘、杯、壶、钵、罐、瓶、盆、灯和注子等。隋唐时期山东的陶瓷技术进一步

---

①《元史》卷九四《食货志》。

发展，除传统的寨里窑烧造青釉瓷外，又出现了黑釉瓷和白瓷，并使用匣钵，使陶瓷烧成工艺发生了重大变革。例如，兴起于唐中期的磁村窑以生产黑釉瓷独步一时。盛唐以后，甚为珍贵的茶叶末釉和油滴釉瓷器也开始出现。

白寿彝先生在《中国通史》第六卷《中古时代·隋唐时期（上册）》第六节“隋唐时期的瓷窑与瓷器”中指出，北方地区隋唐瓷窑首先兴起于河南北部、河北南部和山东淄博、枣庄等地，以后逐渐扩大。以枣庄薛城区邹坞镇中陈郝村的隋代窑为例，书中记述：

> 枣庄的中陈郝的隋代窑，由火道、窑门、火膛、出灰道、中心柱、窑床、烟囱组成，平面略呈椭圆形，火膛与窑床交接处筑中心柱支撑窑顶。窑炉南发现木炭，可知是以木柴为燃料。窑址出土遗物有三足支钉、支柱、托座、匣钵、垫圈、五齿支具、蹄形印模等。装烧方法流行叠式裸烧法，有的小型器物可能是装在匣钵中烧成的。器物有碗、罐、盆、盘、高足盘、钵、杯、盘口壶、器盖和砚等，以青釉瓷为主。唐代的器物增加了注壶和水盂，除了青釉外，出现了少量的褐釉。

中陈郝古瓷窑自南北朝时期创烧，历经隋、唐、宋、元、明后，清中期已经形成经济和文化的重镇。窑址总面积达 5 平方公里，是山东境内最大的古瓷窑，也是我国江北第一民间古瓷窑。其次，该窑是国内最早使用煤炭做燃料烧制瓷器的古瓷窑之一，开始用煤炭做燃料烧制瓷器距今已有 800 多年的历史。

孙祚民《山东通史》（上卷）载：

> 山东陶瓷业的发展也很突出，产瓷器数量和窑址比唐代大为增加，瓷器生产地区遍布各路，主要集中在淄博、泰安、枣庄、青州、德县、峄县六处。这些瓷窑的生产大都具有一定规模，所产瓷器种类繁多，从生活用品到工艺品如碗、罐、盘、碟、杯、杯托、盆、球、俑、瓶、瓮、灯盏、瓷枕玩具等无不尽有。制瓷技术也有很大提高，瓷器表面大都敷以彩釉，有白釉、黑釉、黄釉、绿釉、青釉、红釉、蓝釉等多种颜色，并饰有绣花、别花、刻花、划花、印花、堆花、篾纹、白地黑花、黑釉粉杠、白釉粉杠、白釉黑边、绞胎等花纹。青州生产的白瓷，胎薄质细，釉质晶莹滋润，在北方瓷

器中属于上等，为专门器也很有名，从近年来考古发掘情况看，淄博淄川区磁村在宋代曾经是盛极一时的窑场，宋政府曾在这里设有磁窑务，负责管理瓷窑税收。山东地区各瓷窑所制瓷器不仅供应本地官府和民间需用，而且还销往日本、朝鲜、东南亚等国，深受国内外人民的喜爱。①

淄博地区在隋代（581—618 年），寨里窑继续烧造青釉瓷。唐代时，淄博磁村窑生产的黑釉瓷在北方诸窑场中已技压群芳。唐代“贞观之治”后，淄川磁窑务（今磁村）窑场崛起。开元元年（713 年）于村南建规模宏大的佛教寺院“华严寺”。唐中期，以盛产黑釉瓷标新立异，并兼产青釉、酱色釉产品，创制茶叶末釉。唐晚期，各种色釉比较纯正，器类复杂，形制多样。五代（907—960 年）时期，磁村窑首创白釉瓷器，并采用高温绿斑彩装饰。五代时，淄博磁村窑以产白瓷为主，并出现白釉点绿彩的装饰方法，当时的品种之多、装饰技法之纯熟也是前所未有。

淄博烧瓷术，北宋就领先。据考古发掘证明，宋代淄博煤炭即用煤炭烧制陶瓷。博山陶瓷生产已著称于世，入宋，工艺日趋成熟，品种增多，从原料处理到窑炉、窑具，都具备了生产精致产品的技术条件。淄博磁村窑烧制的瓷器，釉色更加丰富多彩，不仅有白釉、青釉、黑釉，且有酱色釉及各种雕塑品，而且还有驰名中外的“雨点釉”、“茶叶末釉”。金泰和五年（1205 年），磁村窑工艺技术进入鼎盛时期。烧成采用匣钵、碗笼，装饰技法除剔花、刻花外，还出现了篦纹、粉杠、白釉黑花、咖彩、纹胎及各种雕塑等，并在釉上加绘艳丽的红、黄、绿彩，属二次烧成的釉上彩，其工艺技术达到很高的水平。颜神店窑业盛况空前，品种之多，规模之大，堪与磁村窑场相媲美，所产青瓷印花和低温三彩釉独树一帜。元至元三十一年（1294 年），淄川坡地、万山及颜神镇、八陡等地窑场在前代基础上继续烧造传统产品。但器物一般都浑厚体重，装饰单调，以黑釉、白釉黑花器为多见。

虽然宋代淄博窑生产白瓷文献记载尚少，但据考证，淄博窑生产白瓷到北宋已进入工艺成熟、产品琳琅满目的兴盛期，当时的淄博窑烧造技术、生

---

①孙祚民：《山东通史》（上卷），山东人民出版社 1992 年版，第 251—252 页。

产规模、产品品种，都有条件烧造贡品。在宋代的《宋会要辑稿》中，有"青州贡白瓷"的历史记载。有专家也指出："值得注意的是，在北方贡白瓷的窑口中，《宋会要辑稿》只列举了定州和青州。定州是北宋著名的白瓷工艺中心，把青州和定州并列，说明青州在北宋，也应是另一处重要的制瓷工艺中心。"

张道洪等学者认为，在中国陶瓷文化最繁盛的宋代，淄博陶瓷就曾作为宫廷贡瓷，在中国古代陶瓷史上占有重要的一席之地。专家们确认："磁村窑"就是宋代生产贡瓷的淄博窑。"磁村窑"生产的是以日用生活器皿为主，兼有少量陈设瓷，主要器物有碗、罐、瓶、碟、杯托等，产品造型生动，其瓷质胎细白，釉面洁白光润。装饰除采用绿点彩外，还有剔花和划花，画面多选用牡丹和莲花等祥瑞题材，反映了宋代的社会生活和人们的审美观念，也符合统治阶级的审美情趣，具有典雅的宋代风格。张道洪说："根据一些零星记载，我们通过对生产白瓷的窑场其历史、规模、烧造工艺和出土遗物的胎釉、造型、纹饰分析后，认为淄川磁村窑生产贡瓷的可能性较大。"

唐三彩是当时制瓷业的最高水平，青州是唐三彩的重要产地。青州出土并珍藏于青州博物馆的唐三彩四系罐，口径2.3厘米，高6.8厘米，底径2.8厘米，腹呈球形。为了穿绳提携方便，在颈与肩部装饰对称的四系。通体用淡黄、石黄、淡绿三种釉料，点彩形成图案，色彩雅致，造型美观，为唐三彩陶器中的名品。

宋金时期，陶瓷业仍然为山东的重要手工业部门，窑场蜂起，生产规模扩大。釉色以白釉为主，黑釉、青釉次之。三彩、茶叶末釉、油滴釉、绞胎瓷等珍贵品种也频频出现；装饰技法主要采用刻花、印花、划花、剔花等工艺技术。花纹题材多是民间喜闻乐见的纹样，如牡丹、菊花、水波、浪花、草叶、鱼、龟等等。宋金时窑场数量增多，新品迭出，磁窑务窑场规模最大，官府在此设"务"收税。熙宗时，原北宋时期的名窑淄博、泰安、峄州窑等陆续恢复生产，技艺日趋精进。著名窑场有淄川磁村、郝家、巩家坞、坡地窑，博山区的大街南首、北岭、万山窑等。郝家窑和西坡地窑又在宋金时期崭露头角。西坡地古瓷窑址位于西河镇西坡地村东的高地上，南北约500米，东西约100米，面积5万平方米。窑址范围内散布着大量的瓷器碎片，色釉装饰有白、黑、白地黑花等，多为生活用具，如碗、钵、盆、瓶等。与磁村窑址华严寺区出土的同类器物比较,造型和釉色基本一致,应属于同一时期。堆积最厚的地方达4米。经专家研究认为,西坡地窑址至迟在金代已经烧造瓷器,并且一直延续到元代。

磁村窑由于规模较大,官府曾在此设官收税,博山北岭村并建有“窑神庙”。宋金时期博山窑的白釉红绿彩瓷、粉红瓷、雨点釉瓷及千姿百态的美术陶瓷更不胜枚举。著名考古学家叶喆民先生1977年曾对淄博窑做过实地调查,他说在几处古窑址发现过大量近似磁州窑的宋、金时期的陶瓷残片,有白釉、黑釉、白地划篦纹、白地绘黑花、白地剔划黑花、白地加红、绿彩,黑釉凸白线、三彩、绞胎等多种,技法纯熟、釉质光润,有些作品之精并不次于北方其他著名窑口。

另外,孙祚民《山东通史》(上卷)载有:

> 陶瓷业是山东的传统手工业部门,至元代又有很大发展。瓷器产地主要分布在淄博、枣庄等地,其生产规模比前代有所扩大。从已发掘的古瓷窑遗址看,元代淄川磁村有窑场12座,枣庄有元代窑址4处。文献记载,“元时峄州西北四十里有陶者数千家,岁以陶致富饶。”又称“峄州钓台居民业陶者甚多,作冶什器贯数千里,获利尤厚”。这些瓷窑中有官窑,也有民窑,所生产的瓷器种类繁多,主要器物有碗、罐、坛、壶、盘、碟、杯、盆、球、俑、玩具等,其中以碗罐等生活用具的数量最多。这些瓷器以白釉为主,其次为黑釉、酱釉,黄釉的数量较少。白釉白度很高,釉面光洁,胎骨白而坚致,胎薄而匀,制作规整,装饰技法丰富多彩,有划花、剔花、篾纹、白地黑花、加彩、黑釉粉杠、白釉粉杠、白釉黑边、绞胎等,反映出当时山东地区制瓷技术的水平的提高。上述瓷窑生产的瓷器,不仅供应本地需用,尚销往全国各地及东南亚、日本、朝鲜等地,深受中国和国外人民的欢迎。①

宋元时期山东各地瓷窑的产品均以碗、盘、杯、罐、壶、盆等生活用品为大宗,兼有小碟、灯、枕、笔洗、动物和人物形玩具。元代初期,由于连年战乱,陶瓷业受到严重摧残,部分窑场废弃,传统技艺失传。元世祖以后,部分

①孙祚民:《山东通史》(上卷),山东人民出版社1992年版,第298页。

窑场恢复生产，但品种很少，器形厚重，装饰单调，以黑釉、褐色釉、白地黑花为多见。济南陈家庄出土的白釉黑花罐，白地饰黑色花纹，肩及腹部以黑彩绘缠枝菊花，在纹黑白对比强烈，清新活泼，使得整个画面质朴而生动，具有元代磁州窑瓷器的典型特征。

白釉黑花罐

青白釉玉壶春瓶

（元代，济南陈家庄出土）

此外，这里还出土了青白釉玉壶春瓶，传由宋人诗句“玉壶先春”而得名，十分典型。元末，又横遭战祸与洪水之害，一些著名窑场如磁村、坡地、万山等从此一蹶不振。

（六）隋唐宋元时期山东的酿酒业

隋唐时期山东的酿酒以及其他小手工业产品都保持着较高的产值。鲁酒历史源远流长，鲁酒自古在中国的酿酒行业中举足轻重，雄踞前列。因为山东不仅是孔孟之乡，也是酒的故乡。诗仙李白曾称赞鲁酒“玉碗盛来琥珀光”，武松景阳冈醉打猛虎的故事更是妇孺皆知。鲁酒在那时已是天下闻名。唐时山东的酿酒业大有名望，凡东行之人，提及“鲁酒”，无不闻香下马，知味停车。李白客居山东，对鲁酒更是爱不释手，并多次以诗赞誉。其《秋日鲁郡尧祠亭上宴别杜补阙范侍御》诗云：“鲁酒白玉壶，临行驻金羁。”《酬中都小吏携斗酒双鱼于逆旅见赠》诗云：“鲁酒若琥珀，汶鱼紫锦鳞。山东豪吏有俊气，手携此物赠远人。”

山东苍山县西南部的兰陵镇生产的兰陵美酒，历史悠久，誉满华夏。唐朝时，兰陵酒就远销至长安、江宁、钱塘等名城。兰陵美酒的酿造工艺精细，独树一帜。酿酒的古今工艺少有变化，均由器具的改进和操作规程的科学而进步。需经整米、淘洗、煮米、凉饭、糖化、下缸加酒、封缸贮存、起酒等制作过程。美酒用曲必须是储存期较长的中温曲，曲香浓郁，糖化力在35%以上。美酒与白酒的生产有别，其成本比白酒高，生产50公斤美酒，需要90公斤优质白酒、30公斤粘黍米、9公斤曲、1.5公斤大枣，酿造周期最少为120天。除酿造技术外，水土便是决定的因素。兰陵地下水分碱、甜两种，碱水含有多种矿物质，人不能饮用，专供造酒。开元二十八年，李白来山东游历，经下邳过兰陵，闻酒香弥漫，见酒旗飞舞，于是痛饮神往已久的兰陵美酒，触发灵感，写下了千古绝句："兰陵美酒郁金香，玉碗盛来琥珀光。但使主人能醉客，不知何处是他乡。"李白号称"诗仙"、"酒仙"，斗酒诗百篇，对兰陵美酒从色、香、味、情进行了综合鉴赏，描绘出兰陵美酒风格独特、色泽殊美、味压群芳的独特个性。当时，兰陵美酒已成为宫廷御用酒。天生丽质，国色天香的杨贵妃，对兰陵美酒情有独钟，"风吹仙袂飘飘举，犹似霓裳羽衣舞"（白居易《长恨歌》），翩翩舞姿，千种风情，万般神韵，尽显了兰陵美酒在皇室贵族中产生的独特魅力。北宋年间，兰陵美酒与阳羡春茶驰名于大江南北，被颂为宋代的两大名产。北宋著名书画家米芾饮兰陵美酒后，挥毫泼墨，写下了"阳羡春茶瑶草碧，兰陵美酒郁金香"的诗句。此外，诗人韩翃《鲁中送鲁使君归郑州》亦称云："齐讴听处妙，鲁酒把来香。""阳羡六班茶，兰陵十千酒，古来佳丽区，遥当五湖口……"充分说明了兰陵美酒在当时社会的地位及优良的品质。

唐王朝实行榷酒政策之后，对酿酒业大收税赋。太和元年（827年），郓、曹、濮三州的两税榷酒上供钱就达10万贯，①可见酿酒业也具有相当可观的赢利。② 此外，山东巨野酿酒业，无论是隋唐宋，还是元明清时代，皆由小到大、由少到多地传承。

（七）隋唐宋元时期山东的采煤业

隋唐宋元时期，山东的采煤业作为山东新兴的手工业部门，占有重要地位。淄博煤炭业始于唐末（1000年左右）。

---

①《册府元龟》卷四八五《邦计部·济军》。
②孙祚民：《山东通史》（上卷），山东人民出版社1992年版，第201页。

山东采煤业在元代开始已初具规模,产煤地区主要集中在峄县和博山。峄县(现隶属枣庄市),据枣庄窑神庙碑文记载,至迟在元至大元年(1308年),当地就有人掘窑采煤。窑是当地的土语,就是矿井。窑神庙是矿工们为祈求窑神保佑他们在井下采煤平安而修。据说当时埋在枣庄地下的煤炭很浅,枣庄市区至今还有一个村庄叫龙头村,就是当时村民们在这里开采露头煤时,为新建的一个村庄起的名。峄州境内煤炭资源丰富,水陆交通便利,为煤炭的开采运销提供了良好的地理条件,据峄县温口甘泉寺碑记载,此地自元代开始开采煤炭。博山煤矿的开采时间大致也与峄县相同,史载(博山)"邑煤采自元代,多在春冬两季。土人挖作燃料,时作时辍",其具体开采情况则"无可稽考"①。

(八)隋唐宋元时期山东的科技文化交流

隋唐宋元时期,山东半岛已成为中原地区通往朝鲜、日本等地海上航线的重要门户。登、莱二州还是隋唐两代的造船中心和水军集结地。登、莱二州是唐朝与新罗、日本通商的口岸,同时也与辽东半岛进行海运贸易。武则天时,曾一度在登、莱二州沿海置监,会集各种物资,甚至进行奴婢交易。淄青镇建立后,登、莱与辽东及新罗的海路贸易更加兴旺,节度使李正己"货市渤海名马,岁岁不绝"②,以致组建起强大的骑兵队伍;就连海盗们也到新罗掳掠百姓,转卖给山东人为奴婢。登、莱二州成为唐朝北方最大的通商口岸,商业十分兴盛,大批的货物通过海路运往到辽东、新罗和日本。③

唐代登州、莱州是对外交往的重要港口。唐朝初期,全国设有州360个、县1557个。唐朝鼎盛时期,山东地区至少划分为14个州、80多个县,总体上构成了现代山东行政区域的框架。568年,设立文登县。文登三度为州府所在地,平稳的社会形态和繁荣的商贸经济,为鲁绣在文登民间的流传发展提供了肥沃的土壤。隋唐时期(605—683年),国力强盛,利用登州海行入高丽道,先后十余次大规模用兵高丽,多是水陆并进,动

①民国《续修博山县志》卷七《实业志》。
②《旧唐书》卷一二四《李正己传》。
③孙祚民:《山东通史》(上卷),山东人民出版社1992年版,第202页。

用了舟师,以登、莱为基地,在此造船、运兵、运粮,登州港逐渐成为我国北方重要的水师基地。当时由唐朝交通四邻的7条道路,海运航线主要有2条,一条在南方,为"广州通海夷道";一条在北方,即"登州海行入高丽、渤海道"。由于隋唐的繁荣和声威,前来朝贡者此去彼来,络绎不绝。经由高丽渤海道至登州,登陆往长安。东北少数民族较多,如渤海国、黑水靺鞨、儋罗、流鬼等,其朝贡道同渤海贡道,多渡海经登州。唐代山东半岛海上对外贸易的港口主要集中在登州,登州港不仅是连接唐朝与朝鲜半岛和日本的重要出海口,而且是通往渤海和南方沿海各地的良港,因此成为北方海洋文明的传播中心。据史料记载,隋唐时,登州港"帆樯林立,笙歌达旦",极为繁盛。唐代往返于中、日间的民间商船较多,运往日本的货物,主要有经卷、佛像、佛画、佛具、文集、诗集以及香料、药物等。日本输出的主要是沙金、水银、锡、绢等物。登州港还被确认为北方白瓷的出口港。唐中宗神龙三年(707年),由于登州在对外交往中的地位日益重要,治所由文登迁往沿海城镇蓬莱。自此以后,历宋、元、明、清,至民国二年(1913年)撤销登州建制,登州之名在历史上延续了1200年之久。但自北宋中叶以后,一因宋与辽、金关系紧张,二因经济中心南移,登州作为对外经济文化交流的门户,其地位逐渐下降,而作为国防重镇,其地位则越来越重要了。

莱州之名始于隋朝。南北朝时,北魏分青州东部置光州,辖东莱、长广、东牟三郡,掖为州、郡治隋废郡改光州为莱州,领县九;后又废州复东莱郡。唐复改东莱郡为莱州。宋、元皆沿唐制。唐初,朝鲜半岛上仍然是高丽、百济和新罗三国的鼎立局面,他们都遣使和唐朝往来。新罗统一以后,和唐朝的友好关系继续发展。新罗商人来唐贸易的很多,北起登州、莱州,南到楚州、扬州,都有他们的足迹。新罗商船往返于日、中、朝之间,将新罗生产的金银手工艺品、日用器具、药品自登州输入内地;同时把从南方沿海和内地换回的茶、丝帛、香料、瓷器、书籍文物等携回日本国或远销日本。宋元时与日本、高丽之间官方和民间贸易十分繁盛。1976—1977年,在韩国木浦附近海底发现载有大批金属器皿和铜钱的中国沉船,时间大约为元代后期,是当时海上贸易的物证。

兴盛于汉唐时代的丝绸之路是中国历史上著名的进行东西方经济文化

交流的重要通道。据考证,以淄博为中心的山东地区是当时丝绸产品的主要供应地,是丝绸之路的源头之一。淄博市的周村区是历史商业名镇,与中国南方的佛山、景德镇、朱仙镇齐名,是无水路相通的全国四大旱码头之一,大街、丝市街、银子市街这些曾经繁荣一时的商业街道作为古商埠文化的见证,至今仍然保留完好。今天,淄博市的丝绸产品和轻纺产品仍然在中国占有重要地位,并且在国内外市场享有很高的声誉。古青州不仅是中国古代通往河西走廊、连贯西域以及欧洲诸国的丝绸之路的主要源头之一,而且是山东半岛通往日本、韩国等国家的海上丝绸之路(有专家称之为"丝绸东路")的起点。青州人称由经丝绸之路来青州贸易的西域商人为"蕃客"。唐朝曾在此设置"青州押两蕃使司",专门管理蕃客事务。

(九)隋唐宋元时期山东的医学科技

隋唐宋元时期,山东医学科技的主要成就体现在以下几个方面:

1. 编定药典

唐代,山东医家的突出贡献在于编定药典。曹州离狐(今东明县)人李勣总监,清平(今临清县内)人吕才、曲阜人孔志约等,纂成第一部官修药典《新修本草》(659 年唐朝颁行),此药典也是世界上最早的药典,比欧洲第一部药典早 800 余年。因李勣位封英国公,故此书又称《英公本草》。

2. 临床分科

隋唐前的医学主要体现为综合性的学科。虽然在王宫内出现过专司内科和专司外科的医官,但分科并不明显。宋元时期,山东中医妇科、小儿科、针灸、养颐学以及《伤寒论》方面的研究兴盛起来。宋代山东医家林立,名冠京都。医家各有擅长,临床分科渐为明确。

北宋郓城(今东平县)人钱乙对儿科贡献卓著,著有《婴孺论》、《小儿药证真诀》等书,是中医儿科奠基人之一,也是著名的古代药理学家,创制方剂 114 种,其中六味地黄丸、异功散等沿用至今。董汲著有《小儿痘疹备急方论》,为中国首部小儿急性斑疹热专著。钱乙与董汲,以同乡并称"儿科一代宗师"。

宋代民间名医淄川人陈自明擅长妇科,他将李师圣等所著《产育宝庆方》诸集重新归纳整理,分类编成 260 多论,每论之后,附列处方,此书被后人称为《妇女大全良方》。东平人董汲擅长治皮肤病，著有《脚气治法总要》2卷。益都人丘经历擅长治口腔病。

3. 山东阿胶及其功用价值

山东阿胶也常被人们用于治疗各种疾症，并被记录在中医典籍中，唐代医药学家孙思邈撰写的《千金方》和《千金翼方》，其中涉及阿胶的药方就多达百余个。在唐代，人们对阿胶的认识已经不仅仅局限于它的药用价值，用途也更加广泛。有时入药，以治疗各种疑难杂症；有时则作为滋补品，成为后宫佳丽的美容药膳。关于阿胶的产地，北宋的沈括在《梦溪笔谈》中也有同样的记载："东阿亦济水所经，取井水煮胶，谓之阿胶。"

金元时，聊摄（今茌平县）人成无己，著《伤寒论注》，开注释《伤寒杂病论》之先例，并对张仲景的辩证与方义有所阐发，对中医内科理论有所发展，后经历代医家发展，逐渐形成一个专门学科。这些成就，为宋元时期中国光辉灿烂的科学技术发展史增添了光彩。

4. 针灸与养颐学的发展

这一时期，针灸与养颐学亦有明显发展。金朝时，宁海州（今牟平县）人马丹阳撰成《针灸大成》，发明天星十二穴，以上下肢十二穴位治疗周身疾病。针疗周身之病，为历代针灸学家重视，沿用至今。宋代平原人赵自化著有《四时养颐录》、《汉沔诗集》。

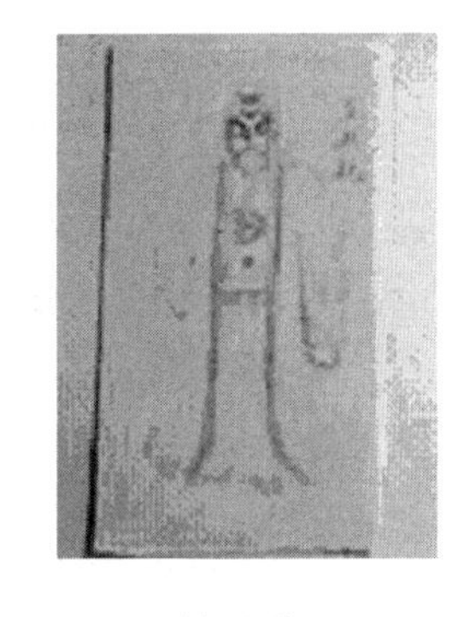

丘处机画像

丘处机（1148—1227年），字通密，号长春子。登州栖霞人。金代著名道士、养生家。幼年丧父，19岁入山学道，次年拜全真教祖王喆为师。1169年随王喆入关，交结士人，声名渐著。后隐居于栖霞山中，金、宋政权分别来召不赴。1219年，应成吉思汗召请，率弟子西行，次年4月晋见成吉思汗于大雪山（今阿富汗兴都库什山），进言止杀，被称为"神仙"。1223年东归，住燕京太极宫（北京白云观西侧），受命掌管天下道教事，全真教得以大盛。著有《摄生消息论》、《大丹直指》、《磻溪集》、《鸣道集》等书。传说他精通"长生不老之术"和"治天下之术"。此间，名药青州白丸子已享盛誉。

（十）隋唐宋元时期山东的天文科技

在唐代，关于战国末年的天文学家甘德的著作《天文星占》8 卷，部分文字被唐代天文学家瞿坛悉达撰写的《开元占经》等典籍引录。从《开元占经》第 65—70 卷中能看到甘德、石申的部分言论，了解甘德的恒星观测结果，我们从中可以了解甘德在天文历法方面所取得成就。

王朴（906—959 年），五代时后周东平人，今属山东，字文伯，初为周世宗掌书记，献《平边策》，主张先取江淮，再逐步消灭南方割据势力，最后平定北汉，官到枢密使兼东京留守，精历法，著有《大周钦天历》、《钦天术经》4 篇。显德二年，王朴奉诏考正历法，岁余，撰成《钦天历》15 卷，世宗亲为序，诏来年行用。

在天文仪器方面，金迁都北京以后，将北宋汴京的天文仪器和图书搬至北京，在北京设立了太史局，并建立了司天台。由于当时战乱频繁，国家财力有限，并未制造大型天文仪器，仅由天文官张行简对宋皇祐浑仪加以改造，以便适于北京观测之用。张行简（？—1215 年），字敬甫，山东莒州人。生年不详，颖悟力学，淹贯经史。大定十九年（1179 年）中词赋科第一。除应奉翰林文字，端悫缜密。官至太子太傅。行简著有文集 30 卷，《中州集》礼例纂 120 卷，《金史本传》并传于世。明昌年间，张行简又造星丸漏，比较新颖。星丸漏，北宋叫辊弹漏刻，很少记载，相传是后唐僧人文浩所发明。利用一个铜丸，通过四个曲折的孔道，从上放入自下落出，保持恒定速度而测定时刻，在行军和旅途中应用。后来元朝都城用的碑漏，也是星丸漏的一种。

在元朝郭守敬（1231—1316 年）进行的“四海测量”中，在山东设 3 个天文点，测量结果为登州 38 度少（37°42′），益都 37 度少（青州 36°43′），东平 35 度多（35°44′），和现代值很接近。

（十一）隋唐宋元时期山东其他方面的科技与发明

隋唐宋元时代，山东的科学技术在机械制造与发明、建筑技术、雕刻与绘画、船舶制造、印刷术以及地理志书等方面也有很大发展，以下简要列述。

1. 机械制造与发明

在机械制造方面，宋代著名科学家、山东青州益都人燕肃作出了卓越的贡献。他运用差速齿轮的原理制造出早已失传的“指南车”和“记里鼓车”，他复原制作的指南车、记里鼓车和计时莲花漏，在当时都达到了很高的水平。

燕肃还发明了比铜壶滴漏精密得多的莲花漏，这种刻漏计时器制作简便，计时准确，史称“秒忽无差”，“世服其精”，比唐代浮箭刻漏有很大改进。宋仁宗乃于景祐三年（1036 年）正式诏令使用这种计时器，很快便在全国各地得到推广。

2. 建筑技术

自隋唐开始，山东建筑更加规范化，并形成了独特的体系。

建于隋大业七年（611 年）的四门塔，也是这一时期的杰作，位于山东省济南市历城区柳埠镇东北方 4 公里神通寺处，为我国现在最古老的单顶石塔。塔建于距今约 5.5 亿年的寒武系页岩之上，由塔基、塔身、塔檐和宝顶组成，塔身上用石块垒砌挑出五层作为塔四角攒尖的锥状屋顶，上置石刻塔刹。四门塔全用灰青色石料砌成，每边面宽 7.4 米，高度略同面宽，四面各开一圆券门。塔内中心有大石柱，柱四面各有石佛像，绕柱一周为回廊。塔檐用五层石条叠涩砌成，轮廓内凹。四门塔是中国现存最早的全石结构佛教塔，全以青石砌成，是中国现存最早、保存最完整的单层庭阁式石塔，也是现存最早的亭式塔。四门塔呈平面四方形，用当地出产的大青石砌成，非常坚硬，1000 多年来尚无风化侵蚀的情况。

四门塔

兴隆塔位于山东兖州市内，始建于隋代，重修于宋代。目前的兴隆塔是北宋嘉祐八年（1063 年）兴建，距今已有 900 多年的历史。这座古塔造型奇异，全部 13 层，以上 6 层急剧缩小，形成“塔上塔”，为全国罕见。

山东昌乐县古城村西北角有一处太公祠，原祠建于唐长寿年间（692 年），位于村子中央，占地 6 亩，其大殿飞檐斗拱，富丽堂皇，为当时庙宇之巨制。是姜太公当年演《易》、著《太公金匮》兵书及《奇门遁甲》的密室。传说在挖此密室时，曾发现一巨型蓝宝石，大如明月，棱有八角，状如琉璃，因此姜太公说：“此地有宝，可惠及子孙后代也。”

始建于隋代、重修于北宋嘉祐八年的兴隆塔

隋唐宋元时期，山东建桥的技术也十分高超。例如，山东枣庄薛城区邹坞镇中陈郝村中的“九庙十桥”的遗迹至今犹存。十桥中最著名的是“罗锅桥”，始建于唐代，是一座完全采用青石结构的纵联式单孔拱桥，全长30米，桥面宽6米，桥孔高5.5米，宽7米，桥两端呈斜坡状，护坡平面为八字形，宽11.5米，中部高出两端约1米。远远望去，古桥奇突高耸，雄壮宏伟，如雨后之虹，横卧于清流之上，如戏波逐浪的玉龙，横卧在蟠龙河中。

宋代以后，宗教建筑、宫宅和海岸军事建筑继续发展。宋代，重大建筑更加规范，并发展了实用优美的雀颦部件，形成中国独特的建筑体系；桥梁技术有较大进步，所建东平清水石桥，石作华巧，史载“与赵州桥相埒”；青州虹桥，结构独特，时称“飞桥”，建造技术为国内首创。从元代开始，山东出现用煤烧制砖瓦的技术。

2003年8月14日，特色建筑技法惊现济南县西巷。考古人员发现，T24探方内房基的承重墙和柱础下面，都有直径8—10厘米的小孔，经过测量，这些小孔深约70厘米。考古人员分析后认为，这是因当年泉城地下水位较高，建设者为保持地基的稳定性和平衡性，采取的一种泉城特色的建筑技法。在济南县西巷考古发掘中，考古人员还在T12探方内发现了一座埋藏石刻佛教像的地宫，该地宫东西宽3.7米，南北长4.3米，深0.8米，目前已发现佛、观音、菩萨、供养人像等石刻和泥塑近50尊，其中个别造像表面

砖雕佛龛(宋代,济南市历城区博物馆提供)

涂有彩绘和描金,十分难得。从造像风格及铭文观察,这批佛教造像主要有北齐和唐代等几个时期的作品,其中以唐代的弥勒佛数量最多。地宫的中央有一方2米见方、用“三和土”夯筑而成的“坛”。据考古专家崔大庸说,这个“坛”可能是当时埋葬佛像时举行某种仪式用的,这在全国已发现的佛教造像埋藏坑中(包括各个时期的地宫)尚属首次。

只有16.5厘米高的唐代石雕菩萨立像(济南市县西巷出土,据人民网)

3. 雕刻与绘画

隋唐时期,精湛的雕刻、绘画艺术也融于建筑技术之中。隋代的雕塑艺术的主要成就集中在石窟造像上,其中山东最有代表性的是济南玉函山石窟等处。其造型的主要特点是,普遍较前代更为健硕,体态丰满。唐朝的《唐律疏事》规定,官民宅第都要按品阶等级进行设计建造。宋朝规定:新建或扩建殿堂,必须先有图有说,按图营造,不得越轨。

隋代的壁画墓发现不多,山东嘉祥徐敏行墓是一座保存较好的墓,此墓的过洞绘武装侍卫,墓室内有四神、牛车、女侍、犬、伞盖、鞍马,后壁为墓主人夫妇坐帐内饮宴,帐前列乐舞。① 唐代壁画达到了空前兴盛时期,描绘于建筑之中的虽已荡然无存,但发掘出的壁画墓则保存了不少珍贵的资料。壁画反映了唐代的社会风貌,显示了绘画艺术的成就。

---

①山东省博物馆:《山东嘉祥英山一号隋墓清理简报》,《文物》1981年第4期。

唐代的雕塑艺术，与前代的形式几乎相同，主要体现于宗教造像、陵墓随葬。但这一时期，随着工艺技术的发展，在材料的运用上更加丰富，除石雕、木雕、陶瓷外，还大量使用夹苎、铸铜等工艺材料。山东一带在当时为经济不发达地区，所以其石窟开凿有限，主要以济南附近的一些小型窟龛群为主，如千佛山、佛回山等处。千佛崖有贞观十八年(644 年)题记，但整体上损毁比较严重，从仅存的一些雕像残体上，依然可以看出当时的富丽、细致、优美的风格。2006 年 9 月 2 日，在山东省济南市县西巷开元寺遗址发掘出一尊造型精美的贴金彩绘一佛二菩萨三尊像石雕。

菩萨像(唐代，济南市县西巷出土，济南市考古研究所藏)

罗汉像(北宋，济南市县西巷出土，济南市考古研究所藏)

石雕佛菩萨造像高约 90 厘米，最宽处约 50 厘米，为青石雕刻。石刻中间为一高约 60 厘米的佛像，两侧分别有一菩萨石雕造像。佛像基本完好，其服饰和面貌清晰可见，佛像面部表情慈祥，背后为寓意着万道慈善之光的屏风。在石刻佛像和菩萨造像中间，可明显看到贴金彩绘的痕迹。在石刻佛像和菩萨像间，两侧应还各有一个贴金彩绘的佛祖弟子造像。在佛像的上方，还刻有飞天图案，图像栩栩如生。该造像虽已碎成数块，但拼接后仍可见其精美。考古专家初步断定该佛像为唐代制佛，在中国内地比较少见，异常珍贵；一佛二菩萨三尊像石雕佛像对研究佛教发展史及唐朝时期的石刻艺术有重要参考价值。

北宋末年画家张择端，字正道，又字文友，东武(今山东诸城)人。他自幼好学，早年游学汴京(今河南开封)，后习绘画。宋徽宗时供职翰林图画院，专工界画宫室，尤擅绘舟车、市肆、桥梁、街道、城郭。后“以失位家居，卖画为生，写有《西湖争标图》、《清明上河图》”，是北宋末年杰出的现实主义画家。其作品大都失传，存世《清明上河图》、《金明池争标图》，为我国古代的艺术珍品。作品现存北京故宫博物院。

兖州市兴隆塔出土的金瓶

2008 年，文物部门在对山东省兖州市兴隆塔地宫的维修加固过程中，在兴隆塔地宫内发掘出土了一批珍贵文物，包括一座石函，石函内又发现了鎏金银棺、金瓶、舍利、“佛牙”和玻璃瓶等文物。这一重大发现在国内十分罕见，对历史文化研究、佛教史研究、绘画艺术研究、制作工艺研究具有重要价值。如宋代鎏金银棺，通体鎏金，长 47 厘米，宽 20 厘米，高 25 厘米，四周设有围栏，表面錾刻图案生动丰富，刻画精美。其图案内容丰富的程度和刻画精细的程度，几乎可以与法门寺唐代单体金银宝函相媲美，同年代出土的金棺几乎没有能与之相提并论的。在其他宋代地宫和墓葬中也能发现一些壁画，但壁画多数保存不好，都不如兴隆塔地宫石函刻画得精美和完整。此外，宋代地宫石函上刻画如此众多的护法神，也是首次发现。

2010 年 3 月 12 日，一对巨型“石轮”形的圆形石块在山东省茌平县博平镇三教堂村西头出土。圆石直径 144 厘米，圆周厚 14 厘米，圆心(孔)直径 14 厘米，圆心(孔)高 22 厘米，圆周比圆心(孔)少 8 厘米，呈现出圆心厚、圆周薄的似“铁饼”的形状，其圆石两侧雕刻有荷花图案。据山东省茌平县陶元黑陶艺术研究所研究员孟令君介绍，根据雕刻花纹推断，圆石年代应在唐宋时期。还有，在昌乐首阳山北半坡发现了一个巨大石人雕像。经初步考察论证，石雕像为元代墓葬的墓俑，至今已有近千年的历史。该石人雕像高约 2 米，最宽处直径约 80 厘米，现已断为两截。石雕像拱手站立，面部轮廓清晰，表情敦厚谦恭，栩栩如生。2007 年山东博兴县店子镇辛朱村村民在挖掘蔬菜大棚时，挖出一批元代石雕文物。挖掘出的这批文物，有石刻人雕像两尊、石刻虎一尊、石刻羊两尊。石刻人约 1.6 米高，分别为文官和武将模样，形态栩栩如生。石刻虎高约半米，造型逼真，神态威武。两尊石刻羊高约 1 米，俱为卧状。

4. 船舶制造技术

大业四年(608 年),隋炀帝下令大造兵器,并规定制造不合格者判处死刑;同时在全国范围内进行征兵。大业五年(609 年),隋炀帝在涿郡修建临溯宫,作为自己的行辕,以便亲自指挥战争;同时命令幽州总管元弘嗣,限期在东莱(今山东掖县)督造 300 艘大船。在官吏的逼迫下,民夫昼夜在水中劳作,以致腰以下腐烂生蛆,死者十分之三四。在唐代,登州(山东蓬莱)的造船业比较发达,还是重要的手工业中心。

在船舶制造业方面,元朝时代也获得了前所未有的大发展。1984 年在山东省蓬莱县登州港海湾中发现的蓬莱元代战船是世界上迄今为止发现的最长的中国古战船,古船上一举两得的挂锡工艺,在我国古代船舶中还是首次发现,船上装备有世界上最早的舰炮装置,这在当时海军中是最先进的。

5. 木制活字印刷

元代,著名农学家王祯在前人发明胶泥活字印刷的基础上,更创转轮排字架和转轮排字法,于武宗至大四年(1311 年)用木活字印刷了他所编纂的《旌德县志》,将中国的木活字印刷大大向前推进了一步。遗憾的是,这部古代有明确记载的木活字印本,早已经失传了。当时维吾尔文的木活字则有几百个流传下来。

王祯发明的轮盘检字法

6. 雕版印刷广告

济南刘家功夫针铺的雕版印刷广告是我国现存最早的平面印刷广告,印制于北宋时期,比西方印刷广告早 300 多年。这是山东济南刘家功夫针铺在其生产出售的缝衣针商品上使用的“白兔儿为记”商标。商标是神话故事月里嫦娥的玉兔在杵药的画面；上面的文字是“济南刘家功夫针铺，认门前白兔儿为记”。下面是一则广告：“收买上等钢条，造功夫细针，不误宅院使用。客转与贩，别有加饶。请记白。”画面布局合理，构图严谨，借神话传说为商标图案，图象生动。从广告设计的角度出发，这则广告图文并茂，文字简练，包含构成商品广告设计的最基本要素，即含有商标、标题、引导、正文，可以说是相当完整的古代平面广告作品。从某种程度上说，平面印刷广告是中国古代广告成就的最高峰。这块印刷铜版是我国著名的历史文物，是山东人和济南人的骄傲。

济南刘家功夫针铺的雕版印刷广告

济南刘家功夫针铺广告文字

7. 地理志书

宋代人燕肃还对海洋潮汐进行了长达20多年的研究，在实地考察的基础上，写出了著名的海洋潮汐著作《海潮论》，并绘制了海潮图。该书对海潮的形成原因做了较科学的解释。由元代兵部侍郎于钦纂修的一代名志《齐乘》，经王新生、郭能勇校注，2008年由中国文史出版社正式出版发行。《齐乘》是一部以地理为主的志书，是山东省现存最早的一部地方志，也是全国名志之一，具有很高的史料价值和学术价值。明清以来，山东各府州县修志均以该志为主要依据。该志自清朝乾隆年间以后不曾再版，全国各地现存旧版《齐乘》极少。

8. 元代金丝楠木木雕力士像

元代金丝楠木木雕力士像，是一件以人体造型而雕琢的建筑饰件，现藏于济南市博物馆。该像纵26厘米，横18.5厘米，厚9.1厘米，重825克。所雕力士，身躯矮胖，肌肉丰满，耸肩缩头，两腿下蹲屈膝，双臂垂于膝上呈抓握状。面部丰腴，

元代木雕力士像

双耳外露，鼻圆而阔，两唇紧闭，眉棱突起，双目凝视前方，显露出负重之态。雕像正面及两侧刻有简单的衣纹，背肩部以上为斜面，头顶部有一凹槽。整件作品轮廓简洁，造型粗壮凝重，雕刻刀法洗练流畅。此力士像在明代济南改建为砖砌城墙时是泺源门城楼上的建筑饰件，屹立在济南城楼达300年之久。1928年，泺源门毁于日军炮火中，木雕力士像也流失到了日本，至1956年才由日本友人新宫寿天丸将其归还给济南市人民政府。

二、王祯及其农学成就、机械发明

（一）王祯及其《农书》

王祯，字伯善，元代东平（今山东省东平县）人，生活于13世纪中期，是当时著名的农业科学家。王祯自幼聪慧好学，对农业生产很感兴趣，并确立了拯民于饥寒的远大志向。元贞元年（1295年）至大德三年（1299年）间，王祯任宣州旌德（今安徽旌德县）县令，并于大德四年（1300年）调任永丰县（今江西省广丰县）县令。关于王祯在这两地的任职情况，王祯的儒友信州教授戴表元在其为王祯《农书》所写的“序”中作了比较详细的介绍，其曰：

> 丙申岁（1296年），客宣城县（今安徽宣城县），闻旌德宰王君伯善，儒者也，而旌德治。问之，其法：岁教民种桑若干株，凡麻苎、禾黍、牟麦之类，所以莳艺芟获，皆授之以方，又图画所为钱、镈、耨、耙、扒诸杂用之器，使民为之。民初曰：“是固吾事，且吾世为之，安用教？”他县为宰者群揶揄之，以为是殊不切于事，良守将、贤部使，知之不问，问亦不以为能也。如是三年，伯善未去旌德，而旌德之民利赖而诵歌之。盖伯善不独教之以为农之方与器，又能不扰而安全之，使民心驯而日化之也。后六年，余以荐得官信州，伯善再调来宰永丰。丰、信近邑，余既知伯善贤，益慕其治加详。伯善之政孚于永丰又加速，大抵不异居旌德时。山斋修然，终日清坐，不施一鞭，不动一檄，而民趋功听令惟谨。

王祯作为劝农的地方父母官，为官清正廉洁，从严自律，洁身自好，体察民间疾苦，从不搜刮民财。王祯凡事做到清清白白，公公正正，廉洁秉公办事，因而得到老百姓的拥护和尊敬。《旌德县志》记载：王祯为官是“惠民有为”。王祯有高尚的情操、渊博的学识，在旌德县尹任内还捐出薪俸修桥、办学,所以政绩颇为显著。王祯非常重视农业生产,他认为对农业一窍不通的县官怎能当劝农的县官呢？于是他对农业进行了专门的研究。他热心倡导农桑,奖励垦耕,并积极推广植树、种棉。王祯十分留心农事,注意观察作物生长过程,并亲自试验作物种植、施肥、灌溉、收割,不断改进和推广先进的生产技术和生产工具。

王祯为发展农业生产想了很多办法,尤其重视科学种田和改良农具。他每年都亲自向农民传授种植桑、麻、黍、麦的科学方法,亲自画图,教农民制造和使用新式农具。农民在他的指导下获得了很好的收成,王祯也备受农民的拥护。

王祯一生最大的贡献是编著了《农书》,这是我国第一部全局性的农书,在农学史上占有重要地位。《农书》成书于元朝皇历二年(1313 年)。王祯在撰书过程中,为收集资料,访遍了大半个中国。为了写好《农书》,他呕心沥血,读遍了所有可以找到的前人的笔墨,最后终于写成了农业科学巨著《农书》。后来江西官方得知后,决定立刻刊印《农书》。

《农书》原有 37 卷,现存 36 卷,约 13.6 万字,全书附有插图 306 幅。全书约 13 万余字,共分三部分(这三部分本是各自独立的,后来合成一书)。

第一,《农桑通诀》(共 6 卷,19 篇),总论农业的各个方面。书中开端首列农事起本、牛耕起本、蚕事起本,这里翔实地论述了农业的重要性和农业发展、牛耕和桑业的起源;接着是本论 16 篇:授时、地利、孝弟力田、垦耕、耙耢、播种、锄治、粪壤、灌溉、劝助、收获、蓄积、种植(种桑及材木、果实)、畜养(养马、牛、羊、猪、鸡、鹅、鱼、蜜蜂)、蚕缫、祈报。这里论及农业与天时、地利及人力三者之间的关系,按照农业生产春耕、夏耘、秋收、冬藏的基本顺序,记载了大田作物生产过程中每个环节所应该采取的一些共同的基本措施,其中论及"种植"、"畜养"和"蚕缫"三篇,记载有关林木种植包括桑树、禽畜饲养以及蚕茧加工等方面的技术。《农桑通诀》最重要的价值是论及了农业生产中的耕、耙、耢、播种、中耕、锄治、施肥、灌溉、督导、收获、储藏以及畜牧养殖、种树技术、植桑养蚕等具体方法。在"通诀"这一部分中,还穿插了一些与农业生产技术关系不大的内容,如"祈报"、"劝助"等篇。因此,《农桑通诀》可作为农业发展史的总论。

第二,《百谷谱》(共 11 卷)。书中该部分包括谷属(2 集)、蓏属、蔬属

(2 集)、果属(3 集)、竹木、杂类(所收都是经济作物)、饮食类并附“备荒论”。这里共叙述了大田作物等 7 类,竹林、麻、棉、茶等 80 多种植物的起源、性能和栽培方法以及保护、收获、贮藏和加工利用等方面的技术与方法,后面还附有一段“备荒论”。因此,《百谷谱》可作为作物栽培个论。

第三,《农器图谱》(共 20 卷),主要介绍了各种与农业有关的工具,包括农业生产工具、灌溉工具、农业机械、运输工具、纺织机械等,这是全书的重点,篇幅占全书的 4/5,是最具有特色、最具创造性的的部分,因而也是最具价值的部分。王祯把这些农器具分为 20 个门类[田制、耒耜、镬锸、钱镈、铚艾、杷扒、蓑笠、蓧蒉、杵臼、仓廪、鼎釜、舟车、灌溉、利用(主要是利用水做动力)、牟麦、蚕缫、蚕桑、织纴、纩絮、麻苎],总共介绍了 257 种农业机械工具。《农器图谱》中共绘有各种农具和农业机械图 306 幅(其中有些并非全部属于农具的范畴,如田制、籍田、太社、薅鼓、梧桐角之类),与《百谷谱》相呼应,图式清晰,每门都作了简明扼要的论述,是先前的农书所不及的。每门下又分若干项,每项都有一幅或数幅生动的写生图,每幅图后都有一段文字说明,描写农器的结构、性能、用法和来源、演变,大多数图文后面还附有韵文和诗歌对该种农器加以总结(后人把这些诗摘编成《农务集》或编入《元诗选》)。书中还对南方和北方的农业以及所用农具的异同、利弊作比较,并进行讨论。

《农器图谱》几乎包括了传统的所有农具和主要设施,堪称中国最早的图文并茂的农具史料,后代农书中所述农具大多以此书为范本。例如,书中记载棉花加工的水转大纺车,是世界纺织史上的重要发明。欧洲到 1769 年才出现水力纺车,比我国晚 450 年。元朝以后的一些重要农学著作中,农器图谱部分也多转录或引据《农书》。此外,这本书还保留了一些已经失传的农具的极其宝贵的资料。如水排,这本是东汉时期发明的一种水利鼓风机,但后来失传了,王祯通过收集,查阅资料,询问请教,终于搞清了水排的构造原理,并将其复原,绘制成图,记载于《农器图谱》之中。而晋代刘景宣发明的用一头牛同时拉动八个磨的连转磨,也是世界工程史上的创举。正是王祯的《农书》记述了这两种机械的图谱,才得以传世推广。

本书《田制门》后附杂录(二目:一是法制长生屋,一是造活字印书法),介绍王祯所改进的刻字、排版等方法,对防火建筑和活字印刷有重要贡献。

其结尾处是这样写的：

> 前任宣旌德县县尹时，方撰《农书》，因字数甚多，难于刊印，故尚己意命匠创活字，二年而功毕。试印本县志书，约计六万余字，不一月而百部齐成，一如刊板，始知其可用。后二年，予迁任信州永丰县，挈而之官。是《农书》方成，欲以活字嵌印。今知江西见行命工刊板，故且收贮，以待别用。

王祯的《农书》是总结中国农业生产经验的一部农学著作，是一部系统研究农业和农学的巨著，在我国古代农学遗产中占有举足轻重的地位。它是我国第一部对全国范围的农业作系统研究的农学专著，集北魏以来农业生产之大成，是一本兼具科学研究价值和应用价值的农学典籍。王祯《农书》成书之前，论述南方的农书在唐宋以前一直是一个空白，而北方的农书由于受到地域性和诸多历史条件的限制，也未能将南方农业的内容写进农书。唐宋以后，虽有两本重要的农书《耒耜经》和《陈旉农书》，但都基本上是针对南方地方性农业生产和管理技术为特色，又缺乏北方农业生产和发展知识的内容，因此也有明显的历史局限性和地域局限性。王祯的《农书》第一次打破了这个局限，成为具有全国性的大型综合性农书，它不仅综合了黄河流域旱地农业和江南水田农业两方面的实践经验，而且兼论南北农业技术，对土地利用方式和农田水利叙述颇详，这是先前的农学著作所无法匹敌的。在本书中，王祯还分类阐述了南北作物种植与管理的差异，这对今后用来指导全国的农业生产、进一步推动农学研究都具有重要的理论价值和实际意义。

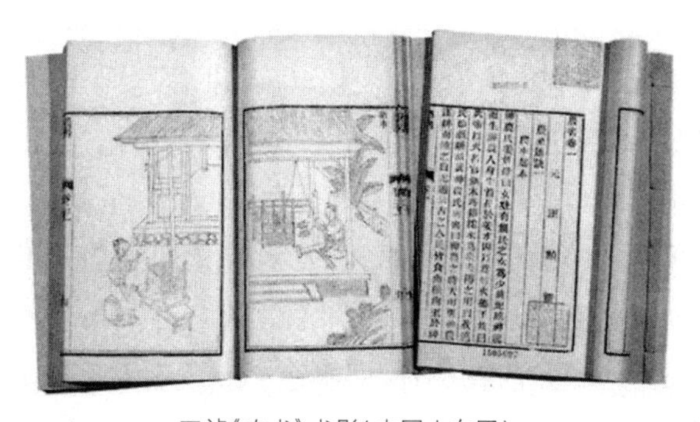

王祯《农书》书影(中国山东网)

王祯的《农书》，明代初期被编入《永乐大典》。明清以后，有很多刊本。1981 年出版了经过整理、校注的王毓瑚《农书》校本。

《农书》书影（清乾隆武英殿聚珍版）

（二）王祯的农学思想

王祯具有丰富的农学思想。他对农业生产的认识比较系统全面，他在总结前人的农业生产经验的同时，提出了重农工、务农、利农等一系列思想。例如，王祯主张农业是“天下之大本”，他“以身率先于下”，“亲执耒耜，躬务农桑”，在劝农工作方面成绩斐然。王祯兼论南北农业技术，根据南北各地的生产实践和自己的体会提出了独到的见解。这些思想和观点主要体现在以下几个方面：

一是重农时，适时而种的思想。他认为只要不违农时，适时插种，再加上合理的管理就可以得到好的收成。王祯《农书》把“授时”放在全书第一篇，说：“四季各有其务，十二月各有其宜。先时而种，则失之太早而不生；后时而艺，则失之太晚而不成。故曰，虽有智者，不能冬种而春收。”并指出须根据历法上的四时、十二月、二十四节气等来确定应当进行哪些农事操作。王祯《农书》对历法和授时问题作了一个简明小结，绘出了“授时指掌活法之图”。它实际也是一种农事月历。再如《农书·蔬属·芥》中提到：“今江南农家所种，如种葵法。俟成苗，必移栽之。早者七月半后种，迟者八月半种。厚加培壅。草即锄之，旱即灌之。冬芥经春长心，中为咸淡二菹，亦任为盐菜。……如欲收子者，即不摘心。盖南北寒暖异宜，故种略不同，而其用则一。”

二是因地制宜的思想。他指出由于各地的自然条件不同,所适宜生长的作物也是不同的,农民应知道因地制宜的种植农作物。例如,在《农书·垦耕》中,王祯详细地叙述了南北方耕垦的特征,并指出“自北自南,习俗不同,曰垦曰耕,作事亦异”。王祯说:“江淮间虽有陆田,习俗水种,殊不知菽、粟、黍、穄等稼,耰耞镞布之法,但用直项锄头;刃虽锄也,其用如劚,是名‘镬锄’,故陆田多不丰收。”

三是重视天时与地利。王祯强调人定胜天的作用,认为只要种植得法,南方与北方的作物所表现的地域性差异是可以调和的。他认为,只要“不违农时”,适时播种,选择适宜于不同环境的不同优良作物品种,及时施肥以改良土壤结构,并兴修水利,那么就一定可以克服天灾而取得丰收。这实际是他“人定胜天”的思想。他还指出:“木棉为物,种植不夺于农时,滋培易为于人力,接续开花而成实,可谓不蚕而棉,不麻而布,又兼代毡毯之用,以补衣褐之费,可谓兼南北之利也。”再如他为了解决农村劳动力不足的难题,号召学习北方带有互助性的组织“锄社”的做法。他说:“北方村落之间,多结为锄社。以十家为率,先锄一家之田,本家供其饮食,其余次之,旬日之间各家田皆锄治……间有病患之家,共力助之……名曰‘锄社’,甚可效也。”

四是在施肥方面。王祯认为,农田只要施肥,可以“使地力常新壮,而收获不减”。王祯不仅列举了粪肥,还介绍了沤肥、堆肥等肥料的价值。

五是在嫁接方面。《农书》对桑树嫁接技术作了总结,是我国现存古农书中关于桑树嫁接技术最完整的记载之一。王祯指出应该用山东的桑条和和湖北的桑条嫁接,这样既能生长久远,又能生长茂盛。王祯在《农书·锄治》中说:“今采摭南北耘薅之法,备载于篇,庶善稼者相其土宜择而用之。”

六是在农田水利方面。王祯的认识比较系统全面,并提出了兴修水利的一整套设想。例如,王祯《农书》对农田设计作了系统总结,其中有“筑土作围”而成的围田(圩田与此相类),有在海边涂泥之上种植稗草而受斥卤、“其稼收比常田利可十倍”的涂田,有“似围而小”的柜田,有用木材相缚,其上积土,浮于水面,可得“速收之效”的架田(葑田)。王祯不仅给出了梯田的概念,而且还最早总结了梯田的修造方法。根据王祯的记载可以看出,梯田的开辟分为三种情况:一是土山,这种情况只需要自下而上,裁为重磴,即可种艺;二是土石相半,有土有石的山,就必须垒石包土成田;三是如果山势非常陡峭,似乎就不能按照常规去开辟梯田,则只好耨土而种,蹑坎而耘。不管是哪种梯田,只要有水就可以种植水稻,没有水则只能种旱地作物,如粟、麦等。

七是在掌握农学理论方面。王祯掌握了许多农业生产的理论,并从中发现了一些规律,便于今后灵活运用。如《农书·耙耮》在讲到北方用挞时,说:“然南方未尝识此,盖南北习俗不同,故不知用挞之功。至于北方,远近之间亦有不同,有用耙而不知耮;有用耮而不知用耙,亦有不知用挞者。”再如《农书·播种》说:“凡下种法,有漫种、耧种、瓠种、区种之别。漫种者,用斗盛谷种,挟左腋间,右手料取而撒之;随撒随行,约行三步许,即再料取;务要布种均匀,则苗生稀稠得所。秦晋之间,皆用此法。南方惟大麦则点种,其余粟、豆、麻、小麦之类,亦用漫种。”

八是对作物的分类较之前更为科学。在分目方面极为详尽,如《畜养》篇,对马(驴、骡)、牛、羊、猪、鸡、鹅、鱼、蜜蜂等及其繁殖、饲养、用途都作了极为详尽的阐述,即使在今天也具有很高的参考价值。

九是图文相结合的介绍农具的构造与使用方法。《农书》中有大量的插图,这是王祯的一个创新;将农具列为农书的重要组成部分,也是从王祯的《农书》开始的,这都是前代无法比拟的。王祯《农书》也成了后世农学书籍的一个范本,为后人研究农具发展史提供了宝贵的研究资料。

(三)王祯的机械发明

王祯不仅是一位著名的农业科学家,也是一位杰出的机械制造家和发明家。《农书》中有许多他设计、制作和改进的农具和农产品加工机械,也有他独立创造的水利灌溉器具。例如:王祯在普通水磨的基础上设计制作了“水轮三事”,用于农产品加工,它兼有磨面、砻稻、碾米三种功用。

“水轮三事,结构复杂,功能兼备,谓水转轮轴,可兼三事,磨、砻、碾也。是我国古代农业机械的代表性成就。初则置立水磨,变麦作面,一如常法,复于磨之外周造碾圆槽,如欲毇米,惟就水轮轴首易磨置砻,既得粝米,则去砻置碾、碣干循槽碾之，乃成熟米。夫一机三事，始终俱备，变而能通，兼而不乏，省而有要，诚便民之活法，造物之潜机。”北宋还在中央政府中专设“水磨务”的机构，隶属于司农寺。古代还有水砻、水碾，其传动装置与水磨

王祯《农书》中的“辘轳”图

类似。砻是用来破除谷壳的。砻的上盘较磨轻，可与磨互换，多用木料制成。碾是用来去除米糠的。一个水力装置同时带动磨、砻、碾者，王祯称它作“水轮三事”。

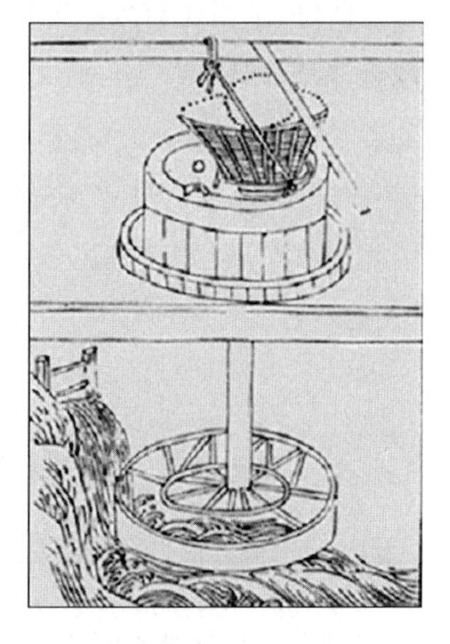

王祯《农书》中的“卧轮水磨”图

王祯还借鉴江西的茶磨，研究改进了一种“水转连磨”。在翻车（龙骨水车）的基础上设计了“水转翻车”、“牛转翻车”等新形式灌溉农具，轮轴的发展更进步。一架水车不仅有一组齿轮，更有多至三组的，可以依风土地势交互为用。这项发明，使翻车的利用更有效益，大大节省了人力与畜力，是古代少有的“自动化”机械，这在当

时都是非常先进的。以水转翻车为例，据《农书》记载，水转翻车的结构同于脚踏翻车，但必须安装于流水岸边。水转翻车，无需人力畜力，“日夜不止，绝胜踏车”，而且以水力代替人力，“工役既省，所利又溥”。与水转翻车等差不多同时创制的还有风转翻车。

王祯还改进了活字印刷术，发明了用木活字代替胶泥活字的印刷方法。据王祯在《农书·杂录·造活字印书法》中所说，他是在“前任宣旌德县县尹时，方撰《农书》”的，“因字数甚多，难于刊印，故尚己意命匠创活字，二年而功毕。试印本县志书，约计六万余字，不一月而百部齐成，一如刊板，始知其可用。后二年，予迁任信州永丰县，挈而之官，是《农书》方成，欲以活字嵌印；今知江西见行命工刊板，故且收贮，以待别用。”

王祯曾经创制木活字 3 万个，并用他的转轮排字盘印成《旌德县志》；另外也记载了当时人们铸制成的锡活字情况。他发明的这种新的印刷术很快被全国各地采用，一直沿用到清朝末年，标志着我国印刷技术从此进入了一个新的发展阶段。国内有人根据《农书》杂录该篇关于木活字的材料，认为王祯正是木活字版的首创者。在中国印刷史上，是仅次于毕昇的伟大发明家。木活字印刷术效果显著，流传久远，自元至清末，久用不衰。且传至朝鲜、日本、伊朗等国，影响波及欧洲。①

此外，王祯还对久已失传的东汉杜诗的水排风箱作了复原，并对其加以改进，绘成图样推广。

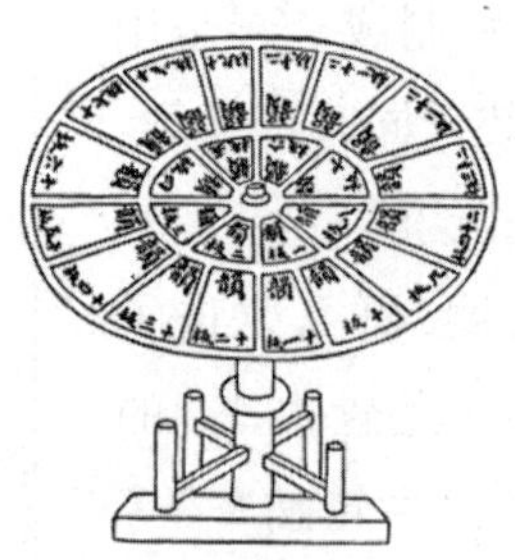

王祯发明的转轮排字盘（《中国印刷通史》，张树栋、庞多益、郑如斯等著）

①关于这方面的著作和论文也颇多，可参见樊树志：《王祯的〈农书〉和木活字》，人民日报 1961 第 6 版；曹之：《王祯木活字考辨》《图书情报知识》1992 年第 2 期；程美明：《王祯与〈农书·造活字印书法〉》，《中南民族大学学报》（人文社会科学版）2004 年第 1 期；宋静、殷子、李群：《王祯〈农书〉在文献学、数字化方面的现状研究》，《农业网络信息》2008 年第 1 期等。

王祯《农书》中的秧马，是古代劳动人民为免除弯腰插秧的劳累、提高插秧的效率而创造的。

三、儿科医学家钱乙与其《小儿药证直诀》

（一）钱乙生平简介

钱乙，字仲阳，约生于宋明道元年（1032 年），卒于政和三年（1113 年），宋代郓州（今山东东平县）人，我国北宋时期一位杰出的儿科医学家，被后代医学界尊称为“儿科之圣”。

钱乙像

钱乙约生活于北宋仁宗至徽宗年间，他的父亲钱颖精于医道，但嗜酒喜游，在钱乙出生以后不久的一次外出行医中失踪。钱乙 3 岁时，母亲去世，姑母收养了他。姑父姓吕，也是个民间医生。他心地善良，很关心和疼爱钱乙。他观察到钱乙对看病有兴趣，就开始向钱乙讲授一些简单的医学知识，并教给他最基础的治疗技术。姑父心灵纯洁，医德高尚，对穷苦人有深厚的感情，这对钱乙影响很大。钱乙一方面“从吕君问医”，精勤好问，另一方面认真钻研《内经》、《伤寒论》、《神农本草经》等医书，他“辨正阙误”，所下功夫很深，医术有了很大的提高。14 岁时，念过 5 年书的钱乙已成了姑父的得力助手。他主动帮姑父抄药方、配药，给病人上热敷、针刺等，既帮助了姑父，又学到了医疗知识。到了十七八岁时，钱乙把自己的医疗实践上升到理论高度，总结出许多治病新经验，尤其善治儿科疾病，单独治疗好了一些疾病。

钱乙先学小儿科的《颅囟方》，“乙始以《颅囟方》着山东”，并以此作为指导，精专儿科，以此医名大振。他早期在山东各地巡回行医期间，广泛征集民间验方，结合临床实践，根据中医脏腑有病时所表现的证候来加以分析和归纳出一套适用于小儿的“五脏辨证”法，研究出数十种小儿专用药方。宋神宗元丰年间（1078—1085 年），钱乙前往京城汴梁（今开封）行医，为长公主的女儿治好了疾病，因此皇帝授予他“翰林医学士”称号。次年,宋神宗的皇子仪国公患瘛疭,请了不少名医诊治,没有效果,病情越来越重,最后开始抽筋。皇帝见状十分着急,经长公主推荐,钱乙被召进宫就诊。钱乙胸有成竹地开了一贴"黄土汤"的药方。心存疑虑的宋神宗接过处方一看,见上面有一味药竟是黄土,不禁勃然大怒道:"你真放肆!难道黄土也能入药吗?"钱乙非常自信地回答说:"据我判断,太子的病在肾,肾属北方之水,按中医五行原理,土能克水,所以此症当用黄土。"后来,皇帝命人从灶中取出一块焙烧过很久的黄土,用布包上放入药中一起煎汁。太子服下一帖后,抽筋便很快止住;用完两剂,病竟痊愈。皇帝很高兴,把钱乙提升为有很高荣誉的太医丞,赐给他饰金的鱼符和紫衣(四品官服)。此后,钱乙医名大噪,不论皇室官宦之家,或是庶民百姓,争相请他诊病。钱乙所治病案甚多,受到广大人民的爱戴和尊敬,其事迹也在民间广为流传。

钱乙在行医过程中,也深感小儿病难治。他说:"脉难以消息求,证不可言语取者,襁褓之婴,孩提之童,尤甚焉。"为了攻克这道难关,他花了将近40年时间,博采历代诸家之说,通过长期的临床经验,把自己的医疗实践上升到理论高度,对于小儿生理病理特点、生长发育、诊断辨证、立法处方等作了比较全面的总结,阐明了五脏受病的寒热虚实证候,总结出许多治疗方案,对儿科的临床实践和学术发展产生了深远的影响,时至今日,仍有很高的实用价值。

钱乙博学多识,以儿科最为知名,"为方博达,不名一师。所治种种皆通,非但小儿医也"(刘跂《钱仲阳传》),不仅对我国儿科学的发展贡献甚巨,而且对各科临床证治学的发展也具有重要的影响。遣方不泥古人,用药灵活善变而自有法度。在多年的行医过程中,钱乙积累了丰富的临床经验,成为当时著名医家。《四库全书总目提要》称"钱乙幼科冠绝一代",言不为过。钱乙诊务繁忙,几无虚日,不久因病辞职。钱乙辞去太医丞,回乡行医。1087—1094年,被哲宗召入宫中,任皇室御医。后又借故求退,行医乡里。中年之后患了"周痹",半边手足偏废,但仍坚持为群众求药治病。对于远近来求诊的病人,钱乙都细心诊治,疗效非常显著。据文献记载,时人称赞钱乙:"乙非独其医可称也。其笃行以儒,其奇节似侠,术盛行而身隐约。"

钱乙医术远取《内经》、《难经》及仲景之学，近及《太平圣惠方》等宋代名方名著。他自己著有《伤寒论指微》5卷，《婴孺论》百篇，《钱氏小儿方》8卷，可惜这些书均已散佚无存。现仅存《小儿药证直诀》（又名《小儿药证真诀》）3卷，是其弟子阎季忠搜集钱乙的医学理论、医案、处方及各种资料，加以搜集、整理，于宣和元年（1119年）编辑而成，这时，钱乙已逝世6年。

《小儿药证直诀》是我国现存第一本以原本形式保存下来的儿科著作，集中反映了钱乙的临床经验和学术思想。该书上卷记载"脉症治法"，中卷为"尝所治病二十三症"小儿科医案，下卷为方剂，较全面地论述了小儿的生理、病理特点，五脏辨证及小儿常见疾病论治方法，还记载了120多首方剂，详细地说明了各种方药用途。该书的问世标志着系统化、理论化的儿科学已自成体系。《四库全书总目提要》对此评价曰："小儿经方，千古罕见，自乙始别为专门，而其书亦为幼科之鼻祖。"①《小儿药证直诀》卷首附有钱仲阳传一篇，书后附有阎孝忠《阎氏小儿方论》1卷、董汲《小儿斑疹备急方论》1卷。1949年后有影印本。本书原本已佚，现存版本主要有：照宋重刻本4种、四库馆纂修本3种及薛己加注本。另外，还有1983年江苏科学技术出版社的点注本（《中医古籍小丛书》）。

（二）钱乙在儿科医学中的主要贡献

钱乙对儿科生理、病理及其辨证施治的方法提出了一系列精辟的论述，为我国小儿科医学专业的发展奠定了坚实的基础。

1. 重视对小儿生理和病理的分析与论证

钱乙对儿科医学贡献卓著。首先，他重视对小儿生理和病理的分析与论证，他在《内经》等经典理论的启示下，结合个人的临床经验，通过认真研究比较，得出小儿区别于成人在生理、病理上自身的特点。《灵枢·逆顺肥瘦》篇说："婴儿者，其肉脆、血少气弱。"《诸病源侯论·养小儿候》提出："小儿脏腑之气软弱，易虚易实。"在先前已有认识的基础上，钱乙提出并分析小儿的体质"三有余"（心、肝、阳有余）、"四不足"（脾、肺、肾、阴不足）的

---

①王萍芬、张克林点校：《小儿药证直诀》，江苏科技出版社1981年版，第6页。

特点;他的"肾主虚无实也"的小儿体质学说为后世医家进一步研究小儿"肾主虚"的体质特点奠定了基础。他指出小儿的生理特点:"肌骨嫩怯"、"脏腑柔弱"、"血气未充"、"五脏六腑,成而未全,全而未壮"(《直诀·变蒸》),对外界的适应能力低下,易受外邪入侵。当疾病一旦形成,或因医治延误,极易伤及正气。在病理上,《小儿药证直诀》明确指出,小儿"易虚易实,易寒易热"。在疾病的发展过程中,寒热虚实常相互转化或出现兼证。"易虚易实"是说小儿在生理上既阳气兴旺,生机蓬勃,发育迅速,又属稚阴稚阳,脏腑娇嫩,血气未充。所以小儿一旦患病,抗邪能力降低,易为邪气所伤,则邪气易实,出现实证热证,如急惊风、呕吐腹泻等证。而正气易虚,表现为虚证寒证,实证往往可使小儿正气受损迅速转化为虚证,或者出现虚实并见的症候。这种邪正消长、虚实寒热转化,在儿科临床上非常多见。易寒易热是说在疾病中,稚阴未长,易阴伤阳亢,表现为热证;又由于稚阳未充,出现阳虚衰脱。如外感风寒,可郁而化热,热极生风,出现高热、抽搐。又由于正不敌邪,转瞬间便有面色苍白、汗出肢冷等阴盛阳衰的危候。钱氏的这些理论认识,丰富了小儿生理和病理的内容,为正确掌握小儿疾病的发展变化规律奠定了理论基础,他的诸多观点至今还指导着我们的临床。

2. 儿科五脏辩证疗法

钱乙根据小儿生理和病理的特点,在认真研究《内经》、《金匮要略》、《中藏经》、《千金方》的基础上,总结了临床诊断的一些经验,首先把五脏辨证的方法运用于儿科临床,为儿科临床治疗提出了辨证方法。他的《小儿药证直诀·脉证治法》提出了"心主惊"、"肝主风"、"脾主困"、"肺主喘"、"肾主虚",被称为五脏辩证的纲领:

> 钱乙论五脏所主:心主惊,实则叫哭发热,饮水而搐,虚则卧而悸动不安。
>
> 肝主风,实则目直大叫,呵欠项急顿闷;虚则切牙多欠,气热则外生,气温则内生。
>
> 脾主困,实则困睡,身热饮水;虚则吐泻生风。
>
> 肺主喘,实则闷乱喘促,有饮水者,有不饮水者;虚则哽气,长出气。

肾主虚，无实也。惟疮疹肾实则变黑陷，更当别虚实证。

假如肺病又见肝证，切牙多呵欠者易治，肝虚不能胜肺故也。若目直，大叫哭，项急顿闷者难治。盖肺久病则虚冷，肝强实而反胜肺也。视病之新久虚实，虚则补其母，实则泻其子。

钱乙进一步分析了肝病、心病、脾病、肺病、肾病的五脏病的临床表现特点：

钱乙论五脏病：肝病，哭叫目直，呵欠顿闷项急。心病，多叫哭惊悸，手足动摇，发热饮水。脾病，困睡泄泻，不思饮食。肺病，闷乱哽气，长出气，气短急喘。肾病，无精光，畏明，体骨重。

钱乙主张以五脏为基础，以证候为依据，辨别其虚实寒热以作为论治的准则，创立了大量临床实用的方剂，并化裁古方以为儿科应用，如“补脾，益黄散。治肝，泻青丸主之”、“治肺，泻白散主之”。

钱乙论肝病胜肺：肝病秋见（一作日晡。）肝强胜肺，肺怯不能胜肝，当补脾肺治肝。益脾者，母能令子实故也。补脾，益黄散。治肝，泻青丸主之。（益黄散方见胃气不和门中，泻青丸见惊热门中）

钱乙论肺病胜肝：肺病春见（一作早晨），肺胜肝，当补肾肝治肺脏。肝怯者，受病也。补肝肾，地黄丸。治肺，泻白散主之。（地黄丸方见虚寒门中，泻白散方见喘咳上气门中）

钱乙又深入论述了“五脏相胜轻重”，表现出较为系统的脏腑辩证体系：

钱乙论五脏相胜轻重：肝脏病见秋，木旺肝强胜肺也，宜补肺泻肝。轻者肝病退；重者唇白而死。肺脏病见春，金旺肺胜肝，当泻肺。轻者肺病退；重者目淡青，必发惊。更有赤者当搐，为肝怯。当目淡青色也。心脏病见冬，火旺心强胜肾，当补肾治心。轻者病退；重者下窜不语。肾怯虚也。肾脏病见夏，水胜火，肾胜心也，当治肾。轻者病退；重者悸动当搐也。脾脏病见四旁，皆仿此治之。顺者易治；逆者难治。脾怯当面目赤黄。五脏相反,随证治之。

3. 用药诸方

《小儿药证直诀·诸方》详细地论述了各种用药种类、用药方法,钱乙的这种用药原则,是针对小儿特点而设立的。

钱氏临床用药,还常常根据儿科的特点,选用丸剂、散剂、汤剂、膏剂等。这些成药,可以事先制备,适应于儿科疾病起病急、变化快的特点,便于及时服用,易为小儿所接受。

此外,钱乙在处方调剂时,多根据前人经验,并结合自己的体会,灵活加减,创立新方。如其创立的地黄丸,就是在肾气丸的基础上化裁减去桂附而成。

(1)膏剂

大青膏:"治小儿热盛生风,欲为惊搐,血气未实,不能胜邪,故发搐也。大小便根据度,口中气热,当发之。"

花火膏:治夜啼。

牛黄膏:治惊热。

牛李膏(一名必胜膏):治同前方。牛李子,上杵汁,石器内密封,每服皂子大,煎杏胶汤化下。

牛黄膏:治热及伤风疳热。

五福化毒丹:治疮疹余毒上攻口齿,躁烦,亦咽干,口舌生疮,及治蕴热积,毒热,惊惕,狂躁。

羌活膏:治脾胃虚,肝气热盛生风,或取转过,或吐泻后为慢惊,亦治伤寒。

涂囟法:麝香(一字) 薄荷叶(半字) 蝎尾(去毒为末,半钱,一作半字) 蜈蚣末 牛黄末 青 黛末(各一字) 上同研,用熟枣肉剂为膏,新绵上涂匀,贴囟上,四方可出一指许,火上炙手频熨,百日内外小儿,可用此。

(2)丸剂

凉惊丸:治惊疳。

粉红丸(又名温惊丸)。

泻青丸:治肝热搐搦,脉洪实。

地黄丸:治肾怯失音,囟开不合,神不足,目中白睛多,面色㿠白等方。

安神丸:治面黄颊赤,身壮热,补心。一治心虚肝热,神思恍惚。

利惊丸:治小儿急惊风。

栝蒌汤:治慢惊。

五色丸:治五痫。

调中丸:人参(去芦)　白术　干姜(炮各三两)　甘草(炙减半)　上为细末,丸如绿豆大,每服半丸至二三十丸,食前温水送下。

塌气丸:治虚胀如腹大者,加萝卜子名褐丸子。

木香丸:治小儿疳瘦腹大。

胡黄连丸:治肥热疳。

消积丸:治大便酸臭。

紫霜丸:治消积聚。

香瓜丸:治遍身汗出。

牛黄丸:治小儿疳积。

玉露丸(又名甘露散):治伤热吐泻黄瘦。

百祥丸(一名南阳丸):治疮疹倒压黑陷。

麝香丸:治小儿慢惊、疳等病。

大惺惺丸:治惊疳百病及诸坏病,不可具述。

小惺惺丸:解毒,治急惊,风痫,潮热及诸疾虚烦,药毒上攻,躁渴。

银砂丸:治涎盛,膈热实,痰嗽,惊风,积,潮热。

蛇黄丸:治惊痫。因震骇、恐怖、叫号、恍惚是也。

三圣丸:化痰涎,宽膈,消乳癖,化惊风、食痫、诸疳。小儿一岁以内,常服极妙。

小青丸:青黛(一钱)　牵牛(末三钱)　腻粉(一钱)　并研匀,面糊丸,黍米大。

小红丸:天南星(末一两生)　朱砂(半两研)　巴豆(一钱取霜)　并研匀,姜汁面糊丸,黍米大。

小黄丸:半夏(生末一分)　巴豆霜(一字)　黄柏(末一字)　并研匀,姜汁面糊丸,黍米大。以上百日者各一丸,一岁者各二丸,随乳下。

铁粉丸:治涎盛,潮搐,吐逆。

银液丸:治惊热,膈实呕吐,上盛涎热。

镇心丸:治小儿惊痫,心热。

金箔丸:治急惊涎盛。

辰砂丸:治惊风涎盛潮作,及胃热吐逆不止。

剪刀股丸:治一切惊风,久经宣利,虚而生惊者。

麝蟾丸:治惊涎潮搐。

软金丹:治惊热痰盛,壅嗽膈实。

桃枝丸:疏取积热及结胸,又名桃符。

抱龙丸:治伤风、瘟疫,身热昏睡,气粗,风热痰寒壅嗽,惊风潮搐,及蛊毒、中暑。沐浴后并可服,壮实小儿,宜时与服之。

褊银丸:治风涎,膈实,上热及乳食不消,腹胀喘粗。

郁李仁丸:治襁褓小儿,大小便不通,惊热痰实,欲得溏动者。

犀角丸:治风热痰实面赤,大小便秘涩,三焦邪热,腑脏蕴毒,疏导极稳方。

如圣丸:治冷热疳泻。

白附子香连丸:治肠胃气虚,暴伤乳哺,冷热相杂,泻痢赤白,里急后重,腹痛扭撮,昼夜频并,乳食。

豆蔻香连丸:治泄泻,不拘寒热赤白,阴阳不调,腹痛肠鸣切痛,可用如圣。

小香连丸:治冷热腹痛,水谷利,滑肠方。

二圣丸:治小儿脏腑或好或泻,久不愈,羸瘦成疳。

没石子丸:治泄泻白浊,及疳痢、滑肠、腹痛者方。

温白丸:治小儿脾气虚困,泄泻瘦弱,冷疳洞利,及因吐泻,或久病后成慢惊,身冷瘈。

温中丸:治小儿胃寒泻白,腹痛肠鸣,吐酸水,不思食,及霍乱吐泻。

胡黄连麝香丸:治疳气羸瘦,白虫作方。

大胡黄连丸:治一切惊疳,腹胀,虫动,好吃泥土生米,不思饮食,多睡,吼,脏腑或秘或泻,肌肤黄瘦,毛焦发黄,饮水,五心烦热,能杀虫,消进饮食,治疮癣,常服不泻痢方。

榆仁丸:治疳热瘦瘁,有虫,久服充肥。

大芦荟丸:治疳杀虫,和胃止泻。

橘连丸:治疳瘦,久服消食和气,长肌肉。

龙粉丸:治疳渴。

香银丸:治吐。

安虫丸:治上、中二焦虚,或胃寒虫动及痛。又名苦楝丸方。

胆矾丸:治疳,消癖进食,止泻和胃,遣虫。

真珠丸:取小儿虚中一切积聚、惊涎、宿食、乳癖。治大小便涩滞,疗腹胀,行滞气。

消坚丸:消乳癖及下交奶,又治痰热膈实,取积。

百部丸:治肺寒壅嗽,微有痰。

三黄丸:治诸热。治囟开不合、鼻塞不通方:天南星大者,微炮去皮为细末,淡醋调,涂绯帛上,贴囟上,火炙手频熨之。

葶苈丸:治乳食冲肺,咳嗽、面赤、痰喘。

大黄丸:治诸热。

使君子丸:治脏腑虚滑及疳瘦下利,腹胁胀满,不思乳食。常服,安虫补胃,消疳肥肌。

蚵皮丸:治小儿五疳,八痫,乳食不节,寒温调适乖违,毛发焦黄,皮肤枯悴,脚细肚大,颅解,渐觉羸,时发寒热,盗汗,咳嗽,脑后核起,腹内块生,小便泔浊,脓痢淀青,眉咬指,吃土甘酸,吐食不化,烦渴并频,心神昏瞀,鼻赤唇燥,小虫既出,蛔虫咬心,疳眼雀目,名曰丁奚。此药效验如神。

青金丹:疏风利痰。

烧青丸:治乳癖。

(3)散剂

泻白散(又名泻肺散):治小儿肺盛气急喘嗽。

阿胶散(又名补肺散):治小儿肺虚气粗喘促。

导赤散:治小儿心热,视其睡,口中气温,或合面睡,及上窜切牙,皆心热也。心气热则心胸亦热,欲言不能,而有就冷之意,故合面睡。

益黄散(又名补脾散):治脾胃虚弱及治脾疳,腹大,身瘦。

泻黄散(又名泻脾散):治脾热弄舌。

白术散:治脾胃久虚,呕吐泄泻,频作不止,精液苦竭,烦渴躁,但欲饮水，乳食不进，羸瘦困劣，因而失治，变成惊痫，不论阴阳虚实，并宜服。

生犀散：治目淡红，心虚热。

兰香散：治疳气，鼻下赤烂。

白粉散：治诸疳疮。

安虫散：治小儿虫痛。

止汗散：治六阳虚汗，上至顶，不过胸也，不须治之。喜汗，浓衣卧而额汗出也，止汗散止之。上用故蒲扇灰，如无扇，只将故蒲烧灰研细，每服一、二钱，温酒调下，无时。

白玉散：治热毒瓦斯客于腠理，搏于血气，发于外皮，上赤如丹，是方用之。

宣风散：治小儿慢惊。

蝉花散：治惊风，夜啼，切牙，咳嗽，及疗咽喉壅痛。

豆卷散：治小儿慢惊。多用性太温及热药治之，有惊未退而别生热症者；有病愈而致热症者；有急惊者甚多。当问病者几日？因何得之？曾以何药疗之？可用解毒之药，无不效，宜此方。

龙脑散：治急慢惊风。

治虚风方回生散性：治小儿吐泻或误服冷药，脾虚生风，因成慢惊。

又方梓朴散：半夏（一钱，汤洗七次，姜汁浸半日晒干） 梓州浓朴（一两细锉） 上件米泔三升，同浸一百刻，水尽为度，如百刻水未尽，加火熬干，去浓朴，只将半夏研为细末。每服半字、一字，薄荷汤调下。无时。

异功散：温中和气，治吐泻，不思乳食。凡小儿虚冷病，先与数服，以助其气。

藿香散：治脾胃虚有热，面赤，呕吐涎嗽，及转过度者。

当归散：治变蒸有寒无热。

豆蔻散：治吐泻烦渴，腹胀，小便少。

龙骨散：治疳，口疮，走马疳。

金华散：治干湿疮癣。

芜荑散：治胃寒虫痛。

紫草散：发斑疹。

秦艽散：治潮热，减食，蒸瘦方。

地骨皮散:治虚热潮作,亦治伤寒壮热,及余热方。

人参生犀散:解小儿时气寒壅、咳嗽,痰逆喘满,心忪惊悸,脏腑或秘或泄,调胃进食。又主一切风热,服寻常凉药即泻而减食者。

当归散:治变蒸有寒无热。

豆蔻散:治吐泻烦渴,腹胀,小便少。

龙骨散:治疳,口疮,走马疳。

金华散:治干湿疮癣。

芜荑散:治胃寒虫痛。

黄散:治虚热盗汗。

虎杖散:治实热盗汗。

捻头散:治小便不通方。

羊肝散:治疮疹入眼成翳。

蝉蜕散:治斑疮入眼,半年以内者,一月取效。

乌药散:治乳母冷热不和及心腹时痛,或水泻,或乳不好。

二气散:治冷热惊吐反胃,一切吐利,诸治不效者。

败毒散:治伤风、瘟疫、风湿,头目昏暗,四肢作痛,增寒壮热,项强睛疼,或恶寒咳嗽,鼻塞声重。

(4)汤剂

甘桔汤:治小儿肺热,手掐眉目鼻面。

当归汤:治小儿夜啼者,脏寒而腹痛也。面青手冷,不吮乳者是也。

泻心汤:治小儿心气实,则气上下行涩,合卧则气不得通,故喜仰卧,则气上下通。

麻黄汤:治伤风发热、无汗、咳嗽、喘急。

生犀磨汁:治疮疹不快,吐血衄血。

(5)附方

木瓜丸:止吐。

生犀散:消毒瓦斯,解内热。

大黄丸:治风热里实,口中气热,大小便闭赤,饮水不止,有下证者,宜服之。

镇心丸:凉心经,治惊热痰盛。

凉惊丸:硼砂(研)　粉霜(研)　郁李仁(去皮焙干为末)　轻粉　铁粉(研)　白牵牛末(各一钱)　好腊茶(三钱)　上同为细末,熬梨为膏,丸绿豆大。龙脑水化下一丸至三丸。亦名梨汁饼子。及治大人风涎,并食后服。(一本无白牵牛末)

独活饮子:治肾疳臭息候良方。

三黄散:治肾疳硼砂候良方。

人参散:治肾疳溃槽候良方。

槟榔散:治肾疳宣露候良方。

黄散:治肾疳腐根候良方。

地骨皮散:治肾疳,龈牙齿肉烂腐臭,鲜血常出良方。

兰香散:治小儿走马疳,牙齿溃烂,以至硼砂出血齿落者。

敷齿立效散:鸭嘴胆矾(一钱匕,红研)　麝香(少许)　上研匀,每以少许敷牙齿龈上。

4. 诊治方法与用药原则

钱乙强调五脏辨证,其制方调剂多围绕着五脏虚实寒热而设,钱氏十分重视脏腑寒热虚实的辨析,而且针对不同的病症提出了一系列相应的诊治和用药方法。总结了天花、水痘、麻疹、荨麻疹的发病特点的规律,钱乙在儿科学方面的成就为后人称许,而且对中医诊断学、方剂学均有较大影响。

(1)重视面上证、目内证

在诊断上,钱乙十分重视小儿的面部望诊,特别是面上证、目内证,以此来诊断疾病。他主张通过观察五脏在脸上的反射区的颜色等来判断五脏的状态,他还可以通过观察小孩子的孔窍,比如眼睛、鼻子、肛门等的状态来判断病情,尤其是眼睛,那是钱乙特别重视的。可以通过婴儿的声音来判断其健康状况,也可以从面部和眼部诊察小儿的五脏疾病,如左腮赤者为肝热,右腮为肺,目内无光者为肾虚,等等。例如,《小儿药证直诀·解颅》云:“年大则囟不合,肾气不成也,长必少笑,更有目白睛多,白色,瘦者,多愁少喜也,余见肾虚。”这说明钱乙对儿科解颅的临床特征有了进一步的认识,记载了“白睛多”等特征性证候。钱乙对儿科疾病的诊断从不同视角在认识论和方法论上带给宋代儿科以全新的感觉,直至现代这些诊断手段也富有实际意义。

(2)攻不伤正,补不碍邪

钱乙制方遣药,从五脏补虚泻实出发,注重五脏的虚实寒热,又要攻补结合,处方力求攻不伤正,补不碍邪。他根据儿科特点,针对病因辨证施治,运用温经散寒、清热泻火解毒、清营凉血、除湿化痰等法,或攻,或补,或攻补兼施,或寒热并投。如《小儿药证直诀》指出"小儿易虚易实,下之既过,胃中津液耗损,渐令疳瘦"。因此,在运用功邪泻实治疗时,一定要顾护和扶助脾胃之气,不可使之受邪克伐和损伤。否则,脾胃一伤于病,再伤于药,就会加重病情,病终难愈。现今看来,这些都是对小儿疾病特点的正确认识。

(3)力戒妄攻误下

在小儿疾病的具体治疗时,钱氏十分重视下法的运用。他反对妄攻误下,认为妄攻误下会损阳劫阴,因此应以为警戒,"小儿易为虚实,脾虚不受寒温,服寒则生冷,服温则生热"。更有小儿"脏腑柔弱、易虚易实、易寒易热",因而,治疗时宜平和,力戒妄攻误下。他强调误下太过可致疳病,如"小儿之脏腑柔弱,不可痛击,大下必亡津液而成疳";即使非下不可,也必须"量其大小虚实而下之,则不至为疳也",而且下后必须以和胃之剂加以调整。他还认为,对于儿科疾病,除非必下不可之证,应该根据年龄体质以及正邪情况酌情使用外,一般不宜妄用。此见解,对儿科甚至于整个中医基础理论均有较大的影响。

(4)讲究柔润

在处方用药方面,钱乙主张"柔润"的原则。其制方原则重视选药柔和,注意柔润清养,反对"痛击"、"大下"和"蛮补"。例如,他强调补泻需同时进行,对小儿脾胃病,十分重视保存胃津。再如,他运用"柔润"的原则,创立了几个著名的方剂,其中就有"治肾怯失音,囟开不合、神不足、目中白睛多,面色晄白"的六味地黄丸。这是在张仲景《金匮要略》所载的崔氏八味丸即金匮肾气丸(干地黄、山茱萸、薯蓣、泽泻、丹皮、茯苓、桂枝、附子)的基础上,钱乙弃桂附之刚烈,加减化裁而存六味之柔润,由熟地黄、山药、山茱萸、茯苓、泽泻、丹皮组成,以熟地甘温滋肾填精为主,变温阳之剂为养阴之方,补中有泻,寓泻于补,适合小儿的阴常不足的生理特点。再如,对急惊阳盛之证的治疗上,他主张用利惊丸,“以除其痰热,不可与巴豆及温药大下”。而对于肺脏怯见唇色白,当补肺,所用补肺阿胶散,《小儿药证直诀·诸方》载:“阿胶(一两五钱麸炒)、黍粘子(炒香)、甘草(炙各二钱五分)、马兜铃(五钱焙)、杏仁(七个去皮尖炒)、糯米(一两炒)同为末,每服一二钱,水一盏,煎至六分,食后温服。”

> 方以补肺为主。所谓气粗喘促者,是燥热窒塞,肃降不行,故以甘米阿胶,滋润清燥为君,而稍用杏仁兜铃,泄壅降气。黍粘子即大力子,泄风开肺,而沉重下降,又导热下行,皆为痰热壅遏,气不下降而设,虽曰肺虚,而气粗喘促,虚中有实,故用药如此,且分量自有斟酌,乃浅者不察,或日既欲其补,则杏仁非宜。或则止知方名之补,而随手写来,牛蒡杏铃,漫无法度,皆仲阳之罪人矣。诸书引用是方,各药轻重,多无轨范,甚至改作汤饮,而阿胶只用数分,杏仁仍是七粒,更有加入黄者,补气升举,正与立方之意相反。

这里所用阿胶散在补肺阴的同时又用牛蒡子、马兜铃开宣肺气,以防止肺气壅塞,以达到“补肺阿胶马兜铃,鼠粘甘草杏糯停,肺虚火盛人当服,顺气生津嗽哽宁”的效果。钱乙用药讲究柔润,其轻巧灵动、善用成药、反对过用攻伐之品的思想和做法,对现代儿科疾病的治疗有深刻的指导意义。

(5)裁古方,创制新方

钱乙多根据前人经验,并结合自己的体会,善于裁古方,灵活加减,创新简便成药,后世各派医家推崇。他的地黄丸、白术散、藿香散,皆由古方加味而成。他创制了多种有效的方剂,例如:

治小儿心热的导赤散,《小儿药证直诀·诸方》载:“生地黄甘草(生)木通(各等分)　上同为末,每服三钱,水一盏,入竹叶同煎至五分,食后温服。一本不用甘草,用黄芩。”

治脾胃虚弱及治脾疳,腹大,身瘦的益黄散(又名补脾散),《小儿药证直诀·诸方》载:“陈皮(去白一两)　丁香(二钱,一方用木香)　诃子(炮去核)　青皮(去白)　甘草(炙各五钱)　上为末,三岁儿一钱半,水半盏,煎三分,食前服。”

治脾胃虚弱和消化不良的异功散,《小儿药证直诀·诸方》载:“人参(切去顶)　茯苓(去皮)　白术　陈皮(锉)　甘草(各等分)　上为细末,每服二钱,水一盏,生姜五片,枣两个,同煎至七分,食前,温量多少与之。”

治小儿肺盛,气急喘嗽的泻白散(又名泻肺散),《小儿药证直诀·诸方》载:“地骨皮　桑白皮(炒各一两)　甘草(炙一钱)　上锉散,入粳米一撮,水二小盏,煎七分,食前服。”这是由桑白皮、地骨皮、炙甘草、粳米组成,具有清泻肺热、平喘止咳之功效。

以上药方大都配伍严谨,用药精当,疗效显著,故一直为临床采用,有的已成为千古流传之名方。再如钱乙的生犀散,《小儿药证直诀·五脏辨证》载:“生犀散:治目淡红,心虚热。”生犀散组成是:生犀(二钱,错取末)　地骨皮(自采佳)　赤芍药　柴胡根　干葛(锉,各一两)　甘草(炙,半两)。这是由于肝肾阴亏,水不济火,亦可导致或加重心之虚热。所以在治疗上,滋养肝肾亦有助于平复心火虚热,生犀散的药物组成正体现了这一观点,迄今仍广为流传和应用。

当然,钱乙创的新方,并非都十全十美,有的也有局限性。如他的六味地黄丸,用来当做幼科补剂,开创了滋阴学派的先河。但六味丸补肾,仅重视了肾阴亏乏的一面,而忽略了肾阳虚衰的一面。也正因为如此,后世才在其基础上逐渐加以发展,使之不断完善。

(三)钱乙《小儿药证直诀》的历史地位及其影响

钱乙不仅对祖国医学特别是儿科医学的发展作出了卓越贡献,他在世界医学史上也具有十分重要的地位。钱乙《小儿药证直诀》是我国现存最早的儿科专著,也是世界上现存第一部原本形式保存下来的儿科著作,该书比欧洲最早出版的儿科著作意大利医生巴格拉儿德的《儿科集》早351年。

钱乙作为中医儿科的一代宗师,他的儿科医学对后人影响很大。如阎季忠不仅整理和继承了钱乙的学说和医疗成果,自己也作了一篇《阎氏小儿方论》附在《小儿药证直诀》书后。除阎季忠外,钱乙的同乡董汲也对钱乙十分崇拜,他不断学习钱乙学说,对治疗小儿斑疹很有成就。《小儿药证直诀》一书的最后,还附录了董汲的著作《小小斑疹备急方论》,这是一部讨论小儿天花的专书,其理论渊源即出于钱乙。在1093年钱乙曾为这部书写了跋言，说是“及之出方一帐示予，予开卷而惊叹……深嘉及之少年艺术之精”。还有，宋代医学家郑端友所著《全婴方论》是继钱氏《小儿药证直诀》之后出现的宋代儿科文献。傅沛藩先生指出，宋金时期易水学派之脏腑议病说，远绍《内经》、《中藏经》之旨，近承钱乙“五脏辨证”之义，无论张元素还是其后李杲等人，无不受钱氏学术思想的直接影响。钱乙的学术思想对宋后河间、易水、温补、温病等主要医学流派有普遍而深远的影响，对祖国医学的发展具有重要的贡献。① 例如，张元素依据钱乙等医家提出的小儿五脏寒热虚实辨证的经验及自己对五运六气盛衰变化的体会，制定了《脏腑标本寒热虚实用药式》。其法以脏腑为纲，以病为目，分别标本虚实，依五行生克、气血有余不足、寒热多寡，条立治法，将五脏六腑分为寒热虚实而用寒热补泻。明代著名医学家薛已（1487—1559 年，字新甫，号立斋）、万全（1495—1580 年，又名全仁，字事，号密斋）、鲁伯嗣（著《婴童百问》），都继承了钱乙的医术和思想。清代医学家陈复正（约 1736—1795 年，字飞霞）、夏鼎（字禹铸，号卓溪叟，著《幼科铁镜》）、沈金鳌（1717—1776 年，字芊绿，号汲门，晚自号尊生老人）等都在儿科方面取了重要成就，他们的工作和医学思想也是和《小儿药证直诀》分不开的。薛已更为直截了当地对钱乙给予很高评价，他说：“有太医丞钱仲阳氏，贯阴阳于一理，合色脉于万全。伟论雄才，迥迈前列，可谓杰起而振出者也。”

天津儿童医院中医科主任、中华全国中医学会理事老中医何世英在 1978 年撰文说：“现存祖国医学有名的儿科专著除《颅囟经》外，首推公元 11 世纪写出的《小儿药证直诀》，它以脏腑辨证为中心，根据小儿的生理病理特点，提出了不少重要论点。历代儿科医家引申这些论点，形成了我国儿科医学独特的理论体系。这一理论体系，包含着不少科学精华，一直在指导着中医儿科的实践。”

四、成无己及其医学成就

（一）成无己简介

成无己（1063—1156 年），宋金时期医学家，聊摄（今山东省聊城茌平）

①傅沛藩：《钱乙学术思想对宋后医学流派影响初探》，《中医文献杂志》1999 年第 1 期。

人。靖康(1126 年)后,其家乡聊摄为金所据,故后世又称成无已为金人。

成无已的生平事迹在《医林列传》记有“家世儒世,性识明敏,记问该博。撰述伤寒义。皆前人未经道者。指在定体”等数语。成无已约生于北宋仁宗嘉祐八年,出身医学世家,自幼性识明敏,才识过人,因受家学多年熏陶,而有志于医。成无已一生好学, 刻苦钻研,诸贤著述,莫不精读熟背。他精通伤寒学,学贯天人医理,持之以恒,不断攀登医学科学技术的高峰。他积数十年之研究之心得,在 78 岁时撰成《伤寒明理论》(1142 年)、《伤寒明理药方论》,80 岁时注释完《伤寒论》(1144 年)。

成无已逝于南宋绍兴二十六年(1156 年)。

《伤寒明理论》全书共 3 卷,50 论。《伤寒明理论》是一部从症状学和方剂学角度阐发伤寒之理的古代名著,每论一证,所论包括释义:病因、病理、病象、分类、鉴别及不同治法等,凡所阐释,悉尊《内经》。《伤寒论》中对发热、恶寒、寒热、虚烦、蓄血、劳复等 50 个主要证候析其形证,辨其异同,殊为精当。

成无已的《伤寒明理药方论》1 卷,择《伤寒论》常用方 20 首,将药之寒温,证之虚实,方之大小、奇偶、远近等诸般要义,加以引证。有方义、方制、药理、加减等,有时还提出注意事项,是第一部探讨伤寒方论的专著,又是治法与方剂学研究《伤寒论》的代表。

《注解伤寒论》全书共 10 卷,成无已根据张仲景《伤寒杂病论序》中所说“撰用《素问》、《九卷》、《八十一难经》”为线索,运用《内经》、《难经》之学的理论为指导,来揭示《伤寒论》的隐奥。书中在对每种证候的病机、病变加以理论性的阐述的基础上,进而对《伤寒论》的处方用药也从理论上加以解释,并和所治疾病联系起来,使治疗方法有其理论根据,提高了《注解伤寒论》的理论水平。成无已不仅从根本上阐明了“辨证论治”的精神原旨,而且使《内经》、《难经》与《伤寒论》之间一脉相承,融会交合,互相印证,完全符合仲景著书的原意。该书不仅作为成无已的代表作之一,称得上是理论结合临床的典范之作,具有很高的学术价值,更为重要的,这是现存最早的《伤寒论》全注本。它作为《伤寒论》的主要传本,自其成书以来,一直是学习和研究《伤寒论》的重要参考书,对于原书的流传具有重要的作用。成无已为注解《伤寒论》,积 40 年研究之成果,博览古今,以经注论,以论证经,辨证明理,其书方成,并且从《辨脉法》起至《发汗吐下后脉证并治法》止,共22篇,成氏将其全面注解,无一缺遗,可见其功力之深。因此,从成无己的成长及其对医学的研究综合来看,真可谓:其家世为儒医,至无己益精。

成无己不仅开创注解之先河,而且也是伤寒学派的代表人物。成无己家族世代行医,故于理论与临床均有擅长,成无己对张仲景的辩证与方义有所阐发,在伤寒学派的形成过程中起到了推动作用,对后世伤寒学派诸家有很大的影响,形成了系统的中医理论体系。他在中国医学发展史上占有重要的历史地位。

成无己精通医学,其著作被后世各家医学派所推崇,深得医家赞誉。以下是他人对成无己的一些评述,从中可见一斑。例如:

宋代著名医学家严器之与成无己过往甚密,他在为成无己《伤寒论注》所作的序中评论道:"聊摄成公,议论赅博,术业精通,而有家学成注《伤寒论》十卷,出以示仆,其三百九十七注之内,分析异同,彰明稳奥,调陈脉理,区别阴阳,使表里以昭然,俾汗下而灼见。百一十二方之后,通明号之由,彰显药性之主,十剂轻生之悠分,七情制用之斯见,别气味之所宜,明补泻之所适,又皆引《内经》旁牵众说,方法之辨,莫不允当,实前贤之所未言,后学所未识,是得仲景之深意者也。"

严器之又说,成公撰述伤寒:"意皆前人未经道者,旨在正体、分型、析证若同而异者明之,似是而非者辨之,释战栗有内外之诊,论烦燥有阴阳之别,言语郑声令虚实之灼知,四逆与厥使深浅之类明,始于发热,终于劳复,凡五十篇,目之日明理论,所谓其得长沙公之旨趣也。使习医之流,读其论而知其理,识其证而别其病,胸次了然而无惑顾不博哉。"

清代汪琥说:"成无己注解《伤寒论》,犹王太仆之注《内经》,所难者惟创始耳。后人之于其注可疑者,虽多所发明,大半由其注而启悟……"

王肯堂云:"解释仲景书者,惟成无己最为详明。"

清代医学家张遂臣评论说,"张仲景的《伤寒论》,经王叔和编次后,只是卷数略有出入,然内容仍是长沙之旧",而成无己的注释,则为"引经析义,诸家莫能胜之"。

《中国医籍考》卷二六《方论(四)》记录张孝忠的评价:"张孝忠跋曰。

上注解伤寒论十卷。明理论三卷。论方一卷。聊摄成无己之所作。自北而南。盖两集也。予以绍熙庚戌岁入都。传前十卷于医者王光庭家。洎守荆门。又于襄阳。访后四卷得之。望闻问切。治病处方之要。举不越此。古今言伤寒者。祖张长沙。但因其证而用之。初未有发明其意义。成公博极研精。深造自得。本难素灵枢诸书。以发明其奥。因仲景方论。以辨析其理。极表里虚实阴阳死生之说。究药病轻重去取加减之意。毫发了无遗恨。诚仲景之忠臣。医家之大法也。"

诸多医家的评论,足见成无己及其著述在祖国医学发展史上的重要历史地位。

（二）成无己的主要医学成就

1. 首注伤寒,多以《内经》、《本草》释论

东汉医学家张仲景的《伤寒论》,被奉崇为"医门之规矩"、"治病之本宗"、"方书之祖",虽然总结了汉以前的医学成就,把古代理论医学和临床医学结合起来,内容明确系统,理法方药完备,确立了临床辨证论治的方法,在中医学的发展中占有承前启后的地位,但原著为条文,札记式,系统性不够,缺乏理论阐述,从两晋南北朝到隋、唐、五代七八百年间,并未得广泛传播。在成氏以前,研究《伤寒论》者虽已有孙思邈,晋代王叔和亦曾对张仲景《伤寒论》加以整理、增补,但"自宋以来,名医间有著述者,如庞安常作卒病论、朱肱作活人书、韩和作微旨、王实作证治,虽皆互有阐明之义,然而未能尽张长沙(按:指张机)之深意",他们均未对《伤寒论》原文进行注解。成无己成为对其进行全面注解的第一家。成无己并不是单纯作字句解释,而是以《内经》、《难经》释论,"极表里虚实阴阳死生之说,究药病轻重去取加减之意",对《伤寒论》12 卷 22 篇进行全面注解,无一缺漏,丰富了《伤寒论》的理论内容,提高了运用病理治病的层次。《伤寒论辨证广注・凡例》记有:"成无己注解《伤寒论》,犹王太仆之注《内经》,所难者惟创始年。"说明成无己首注伤寒之艰辛。成无己注释解析《伤寒论》诸证,开启了《伤寒论》研究的新途径。不仅如此,其注释特点、研究方法对后世影响极大,其注解多贴切,成为后世医学家研究《伤寒论》的主要注本,并使后世注释研究《伤寒论》成为《伤寒论》研究中的主流,并形成了系统的中医理论体系,

对整个中医理论的发展起了很大的促进作用。

成无已在注释《伤寒论》中，多依《内经》、《本草》之说，可谓处方论之楷模，对后世医学产生积极的影响。例如宋版《伤寒论》以《伤寒论校注》为底本，在第 81 条载关于栀子汤的条文："凡用栀子汤，病人旧微溏者，不可与服之。"

成无已引用《内经》说解《伤寒论》也具有代表性："太阳病，发热而渴，不恶寒者，为温病。若发汗已，身灼热者，名曰风温。风温为病，脉阴阳俱浮，自汗出，身重，多眠睡，鼻息必鼾，语言难出。若被下者，小便不利，直视，失溲；若被火者，微发黄色，剧则如惊痫，时瘛疭；若火熏之，一逆尚引日，再逆促命期。"《内经》曰："膀胱不利为癃闭。夫小便闭而不通者，皆邪热为病也。分在气在血而治之，以渴与不渴而辨之。如渴而小便不利者，热在上焦肺之分，故渴而小便不利也。夫小便者，是足太阳膀胱经所主也，长生于申，申者西方金也，肺金生水。若肺中有热，不能生水，是绝其水之源。"另外，《内经》曰："瞳子高者，太阳不足。戴眼者，太阳已绝。小便不利，直视失溲，为下后竭津液，损脏气。风温外胜，经气欲绝也，为难治。若被火者，则火助风温成热，微者热瘀而发黄，剧者热甚生风。"目尤能反映经气的竭绝，如戴眼为足太阳气绝的兆候。故《素问·三部九候论》说："瞳子高者，太阳不足，戴眼者太阳已绝，此决死生之要，不可不察也。"还有，太阳病，无论伤寒中风，均可发汗。对《伤寒论》中"太阳病，发汗，遂漏不止，其人恶风，小便难，四肢微急，难以屈伸者，桂枝加附子汤主之"，这里指出一个情况，发汗后，如果"遂漏不止"，就是发汗太过。大汗淋漓，可大伤正气。汗为津液，大量流失必伤阴，能至流漓者，是卫阳之无约束力也，亦必伤阳。对此，成氏解释说："太阳病，因发汗，遂汗漏不止而恶风者，为阳气不足，因发汗，阳气益虚，而皮肤不固也。"《内经》曰："膀胱者，州都之官，津液藏焉，气化则能出矣。小便难者，汗出亡津液，阳气虚弱，不能施化。"本方是桂枝汤原方加附子一枚，服法仍依桂枝汤。这里意在要弄清机理，机理不清，徒补无益。

成无已在解释仲景之方时，也多参照《内经》、《难经》的理论来阐说。如他在解释桂枝汤时说："《内经》曰：'辛甘发散为阳，桂枝汤辛甘之剂也。'另据《黄帝针经》曰'荣出中焦，卫出上焦'是矣。卫为阳，不足者益之，必以辛；荣为阴，不足者补之，必以甘；辛甘相合，脾胃健而荣卫通，是以姜枣为（使）。或谓桂枝汤解表而芍药数少，建中汤温里而芍药数多。殊不知二者远近之制，皮肤之邪为近，则制小其服也，桂枝汤芍药佐桂枝同用散，非与建中同体尔。心腹之邪为远，则制大其服也，建中汤芍药佐胶饴以健脾，非与桂枝同用尔。《内经》曰：'近而奇偶，制小其服，远而奇偶，制大其服。'此之谓也。"注解"四逆汤"时云："《内经》曰：寒淫于内，治以甘热。"

2. 辨证论治，辨证明理

成无己以经注论，注论结合，阐明学理。他的"辨证论治"主要体现在对每种症候的病机、病变加以辨证性的阐述与分析，并将理论与临床诊治相结合。《伤寒明理论》50篇论文，具体讲为四辨：辨发热、辨恶寒、辨四逆、辨短气，从而把《伤寒论》的内容融会贯通，全盘掌握，达到辨证明理的境界。如《咳》篇云："伤寒咳者，何以明之？咳者，馨咳之咳，俗谓之嗽者是也。肺主气，形寒饮冷则伤之，使气上而不下，逆而不收，冲击膈咽，令喉中淫淫如痒，习习如梗，是令咳也。……咳之由来，有肺寒而咳者，有停饮而咳者，有邪气在半表半里而咳者。虽同曰咳而治各不同也。"通过鉴别不同病因而导致此症的不同表现，为临床诊治提供了有益借鉴。

对于脉与血、心、饮食与治病的关系，成无已给了精辟的论述。成无已曰：脉者，血之府也，诸血皆属于心，通脉者必先补心益血，苦先入心当归之苦以助心血，心苦缓，急食酸以收之，芍药之酸以收心气，肝苦急，急食甘以缓之，大枣甘草、通草，以缓阴血。而少阴寒湿证，《伤寒论》有"少阴病，得之一二日，口中和，其背恶寒者，当灸之，附子汤主之。附子二枚，炮，去皮，破八片，茯苓三两，人参二两，白术四两，芍药三两，右五味，以水八升，煮取三升，去滓，温服一升，日三服"。"少阴病，得之二三日以上，心中烦，不得卧，黄连阿胶汤主之"。黄连阿胶汤方：黄连四两，黄芩二两，芍药二两，鸡子黄二枚，阿胶，三两（一云三挺），同五味，以水六升，先煮三物，取二升，去滓；内胶烊尽，小冷；内鸡子黄，搅令相得。温服七合，日三服。结合少阴病脉证，虽各皆有恶寒，但性质各异，治法自亦不同，临床必须详加辨证，才不致有误。成无已说："少阴客热，则口燥舌干而渴。口中和者，不苦不燥，是无热也。背为阳，背恶寒寒者，阳气弱，阴气胜也，经曰，无热恶寒者，发于阴也。灸之，助阳消阴；与附子汤，温经散寒。"（《注解伤寒论·辨少阴病脉证并治》）对于肾阴亏虚，心火上炎，心肾不交，可采用滋阴泻火（育阴清热）、交通心肾的治法。方药可选用黄芩、黄连等以泻心火，成无己曰："阳有余以苦除之。"也可选用芍药、阿胶、鸡子黄，以滋补真阴，如成无己曰："阴不足以甘补之。"

再如，阳黄、阴黄的关系是一个从阳黄到阴黄的渐进过程。成无己云："阴证有二，一者外感寒邪，阴经受之，或因食冷物，伤太阴经也；二者始得阳证，以寒治之，寒凉过度，变阳为阴也。"黄疸的病人没有一开始就表现为阴黄的，临床上阳黄或因治疗失当或因正气的渐衰而转变为阴黄的病例则屡见不鲜。阴黄的形成是一个动态发展过程，在这个过程中，感受湿疫阴毒之邪是外因，患者正气的变化贯穿始终，或治疗失当，损伤正气，或邪不胜正，正气渐衰，最终导致阳虚寒湿内生而成阴黄。

成无己对50个主要症状的发生机理、临床特点、形证异同作了精辟的阐述和辨别。《景岳全书》卷八《须集伤寒典（下）・阴厥阳厥三十九附脏厥蛔厥》曰：厥有二证，曰阳厥，曰阴厥也。阳厥者，热厥也，必其先自三阳传入阴分，故其初起，必因头疼发热……此阴寒厥逆，独阴无阳也，故为阴厥。轻则理中汤，重则四逆、回阳等汤主之。成无己曰：四逆者，四肢不温也。伤寒邪在三阳，则手足必热，传到太阴，手足自温，至少阴则邪热渐深，故四肢逆而不温也。及至厥阴，则手足厥冷，是又甚于逆，故用四逆散，以散其传阴之热证。《论》曰：诸四逆厥者，不可下之，虚家亦然。成无己曰：四逆散以散传阴之热也。《内经》曰：热淫于内，佐以甘苦，以酸收之，以苦发之。枳实、甘草之甘苦，以泄里热；芍药之酸，以收阴气；柴胡之苦，以发表热。成无己通过辨别和释义，对后世医家理解和应用《伤寒论》，用注解、释义的方法剖析、发掘《伤寒论》，都有很大的启迪作用，所以深得众多医家的尊崇。

3. 制方学

成无己在《内经》等理论指导下，对《伤寒论》之经方做了大量研究，取得了较大成就。实际上，《内经》中的脏象、诊法、病机、治则等理论均给经方的运用以理论指导，对于常用方证的论述尤为如此。成无己说："自古诸方，难可考评，唯仲景之方，最为医方之祖，是以仲景本伊尹之法，伊尹本神农之经，医帙之中，最为枢要。"他的《伤寒论方》一书将《伤寒论》中20个常用方剂进行了细致的理论性的论述,先列方名、述释方义药理、适应病症,再列出方剂配伍及加减原则,并说明药物与药物之间的内在联系,最后提出注意的问题。这可以说是方剂理论著作的第一篇,从此以后,方剂的理论研究更加深入、更加广泛了。

制方分类。成无己在分析和评论《伤寒论》制方分类上颇有建树。成无己在《伤寒明理药方论・序》中说:"制方之体,宣、通、补、泻、轻、重、涩、滑、燥、湿十剂是也。"明确提出了"十剂"的概念,而且提出制方之体,称为"制方之用,大、小、缓、急、奇、偶、复七方是也"。正如《伤寒明理论・药方论序》中所说:"欲成七方之用者,必本于气味生成,而制方成焉。"

汤方。成无己对汤方的立论和研制反映了汤方的本治范围和扩大范畴。如栀子豉汤,今本仲景书《伤寒论》共6条,首见于本论76条:"发汗吐下后,虚烦不得眠,若剧者,必反复颠倒,心中懊恼,栀子豉汤主之;若少气者,栀子甘草豉汤主之;若呕者,栀子生姜豉汤主之。"成无己注释说:"发汗吐下后,邪热乘虚客于胸中,谓之虚烦者热也,胸中烦热郁闷而不得发散者是也。热气伏于里者,则喜睡,今热气浮于上,烦扰阳气,故不得眠。心恶热,热甚则必神昏,是以剧者反复颠倒而不安,心中懊侬而愦闷。懊侬者,谷谓鹘突是也。《内经》曰:其高者因而越之。与栀子豉汤以吐胸中之邪。"成氏在这里把虚烦讲成是心中郁郁而烦,是烦躁的一种表现,对后世影响极大。

《伤寒论》曰:"若少气者,栀子甘草豉汤主之。若呕者,栀子生姜豉汤主之。"成无己注释说:"少气者,热伤气也,加甘草以益气;呕者,热烦而气逆也,加生姜以散气。少气,则气为热搏散而不收者,甘以补之可也;呕,则气为热搏逆而不散者,辛以散之可也。"

《伤寒论》曰:"发汗,若下之而烦热,胸中窒者,栀子豉汤主之。"成无己注释说:"阳受气于胸中,发汗若下,使阳气不足,邪热客于胸中,结而不散,故烦热而胸中窒塞,与栀子豉汤以吐胸中之邪。"

《伤寒论》曰:"伤寒五六日,大下之后,身热不去,心中结痛者,未欲解也,栀子豉汤主之。"成无己注释说:"伤寒五六日,邪气在里之时,若大下后,身热去,心胸空者,为欲解。若大下后,身热去而心结痛者,结胸也;身热不去,心中结痛者,虚烦也。结胸为热结胸中,为实,是热气已收敛于内,则外身热去；虚烦为热客胸中，未结为实，散漫为烦，是以身热不去。六七日为欲解之时，以热为虚烦，故云未欲解也。与栀子豉汤以吐除之。”

桂枝汤方是由桂枝、芍药、甘草、生姜、红枣组成，仲景用于治疗太阳中风症。桂枝汤源于《伤寒论》，为群方之冠，它的类方亦很多，张仲景早有精辟的论述，成无己说：“桂味辛热，用以为君，必谓桂犹圭也，宜导诸药为之先聘，是犹辛甘发散为阳之意。”芍药是桂枝汤的臣药，张仲景在《伤寒论》中关于芍药的使用多未注明是白芍还是赤芍。成无己在《注解伤寒论》“芍药甘草汤方”后注云：“白补赤泻，白收而赤散。”历代多有争议。

4. 辨霍乱病脉证并治法

《伤寒论·辨霍乱病脉证并治》曰：

> 问曰：病有霍乱者何？答曰：呕吐而利，名曰霍乱。
>
> 问曰：病发热头痛，身疼恶寒，吐利者，此属何病？答曰：此名霍乱。霍乱自吐下，又利止，复发热也。
>
> 伤寒，其脉微涩者，本是霍乱，今是伤寒，却四五日，到阴经上，转入阴必利，本呕下利者，不可治也。欲似大便，而反失气，仍不利者，此属阳明也，便必硬，十三日愈。所以然者，经尽故也。下利后，当便硬，硬则能食者愈。今反不能食，到后经中，颇能食，复过一经能食，过之一日当愈，不愈者，不属阳明也。

这里，“经”仍然是指期限而言。这种自愈期限及转变，《伤寒论》沿用了《内经》的概念，但在内容上已完全不同。成无己论述了霍乱病的脉证特点、霍乱病的呕吐、严重脱水症状及预后转归，并与伤寒病进行了鉴别比较：

> 成无己曰：三焦者，水谷之道路。邪在上焦，则吐而不利；在下焦，则利而不吐；在中焦，必既吐且利。以饮食不节，寒热不调，清浊相干，阴阳乖隔，而成霍乱。轻者只曰吐泻，重者挥霍撩乱，故曰霍乱。

霍乱皆自汗，成无己在《伤寒明理论》中将自汗、盗汗的病机归纳为“自汗之证，又有表里之别，虚寒之异焉”，“伤寒盗汗者，非若杂病之虚，是由邪气在半表半里使然也”。成无己说：

微为亡阳，涩为亡血。伤寒脉微涩，则本是霍乱，吐利亡阳亡血，吐利止，伤寒之邪未已，还是伤寒。却四五日，邪传阴经之时，里虚遇邪，必作自利。本呕者，邪甚于上；又利者，邪甚于下。先霍乱，里气太虚，又伤寒之邪，再传为吐利，是重虚也，故为不治。若欲似大便，而反失气，仍不利者，利为虚，不利为实，欲大便而反失气，里气热也，此属阳明，便必硬也。十三日愈者，伤寒六日，传过三阴三阳，后六日再传经尽，则阴阳之气和，大邪之气去而愈也。下利后，亡津液，当便硬。能食为胃和，必自愈；不能食者，为未和。到后经中，为复过一经，言七日后再经也。颇能食者，胃气方和，过一日当愈。不愈者，暴热使之能食，非阳明气和也。（《注解伤寒论·辨霍乱病脉证并治》）

五、崔善为与历法

（一）崔善为简介

崔善为，山东武城西北人，唐代天文历算学家。关于崔善为的生平事迹，《旧唐书》卷一九一《方伎》载：

而李淳风删方伎书，备言其要。旧本录崔善为已下，此深于其术者，兼桑门道士方伎等，并附此篇。

崔善为，贝州武城人也。祖颙，后魏员外散骑侍郎。父权会，齐丞相府参军事。善为好学，兼善天文算历，明达时务。弱冠州举，授文林郎。属隋文帝营仁寿宫，善为领丁匠五百人。右仆射杨素为总监，巡至善为之所，索簿点人，善为手持簿暗唱之，五百人一无差失，素大惊。自是有四方疑狱，多使善为推按，无不妙尽其理。

同时《中华诗词》也收录了“崔善为”词条：

贝州武城人。善历数。仕隋，为文林郎。尝领丁匠五百人，营仁寿宫。杨素为总监，来按实，善为持簿暗唱，五百人无一差失，素大惊。稍迁楼烦司户书佐，密劝高祖举义旗。兵起，署为大将军府司户参军，转尚书左丞。贞观中，历大理、司农二卿，出为秦州刺史。诗二首。

《旧唐书》卷一九一《方伎·崔善为传》载：

善为好学，兼善天文算历，明达时务。

以上都记录了崔善为好学，擅长天文历法计算，又通晓政治经济。崔善为20岁时由州里举荐，任文林郎。隋文帝营造仁寿宫时，崔善为带领工匠500人。右仆射杨素是工程总监，巡视到崔善为的住地，要来花名册点名。崔善为手拿名册背诵人名，500人竟没有一个差错，杨素大为吃惊。从此各地有疑难案件，常派崔善为去审理，他都能巧妙地解决。

隋文帝仁寿年间，崔善为任楼烦郡司户书佐。时为唐高祖李渊属下，崔善为看到李渊的"四方之志"而劝其起兵。《旧唐书·崔善为传》载崔善为"以隋政倾颓，乃密劝进"，建议并参与李渊起义。《新唐书·崔善为传》也载有"见隋政日紊，密劝高祖图天下"，"高祖（李渊）深纳之"（《旧唐书·崔善为传》）。李渊起事后，崔善为任大将军府司户参军，封清河县公爵位。唐高祖武德年间（618—626年），历任内史舍人、尚书左丞，名声很好。

《旧唐书》卷一九一《方伎》载：

贞观初，拜陕州刺史。时朝廷立议，户殷之处，得徙宽乡。善为上表称：畿内之地，是谓户殷，丁壮之人，悉入军府。若听移转，便出关外。此则虚近实远，非经通之议。其事乃止。后历大理、司农二卿，名为称职。坐与少卿不协，出为秦州刺史，卒，赠刑部尚书。

这里记叙了唐太宗贞观初年，崔善为任陕州刺史。当时朝廷议论，让人口稠密地区的人民迁移到人口稀少地区。崔善为上表说，畿内（关中）地狭户殷（多），丁男全充府兵，如果任令迁移，一定都到关外去，关中空虚，实在不是好办法。唐太宗被他提醒，于是移民的事情没有进行。

崔善为很有识见，可生理上有显著缺陷：身短而背弓。李渊重视他为政的明察，却引起崔的同僚的忌恨。有人编了四句顺口溜，对崔搞人身攻击："崔子曲如钩，随例得封侯。髆上全无项，胸前别有头。"唐高宗看了，对崔善为说："世风变得浇薄（浮薄不醇的意思），就有种种丑事出现，历史的教训还少吗？朕虽不甚明察，这一点还是看得透的。"于是将造谣者治罪。

武德四年，崔善为又与尚书左仆射裴寂、尚书右仆射萧瑀等受命撰定律令，大致以《开皇律》为准，将53条新格入于新律，余无所改，并于武德七年

(624 年)颁行,是为《武德律》。唐代赏菊风盛,咏菊之作更是比比皆是,崔善为也有“霜叶疑涵玉,风花似散金”的诗句。崔善为后来历任大理寺卿、司农卿,工作称职。但由于他与少卿关系不好,离京任秦州刺史,死在任上。崔善为去世后,赠刑部尚书。

(二) 校对历法

崔善为精通天文历法。我国唐朝以前,是按时间平均划分二十四节气——“平气法”。唐高宗武德元年(618 年)傅仁均、崔善为在《戊寅元历》中,改按黄道角度等分二十四节气——“定气法”。

唐高祖武德二年(619 年),颁行了由傅仁均创制的《戊寅元历》,但一时议论纷纷,褒贬不一。一方面,在《戊寅元历》之前,历法都用平朔,即用日月相合周期的平均数值来定朔望月。《戊寅元历》是一种阴阳历,该历基本上采用隋张胄玄的计算方法,特点是废除以前历法所采用的平朔,首次采用定朔,是中国历法史上的第三次大改革。《戊寅元历》改按黄道每 15 度等分的二十四节气——“定气法”,首先考虑月行迟疾,用日月相合的真实时刻来定朔日,从而定朔望月,要求做到“月行晦不东见,朔不西眺”。定气法是夏历(俗称农历)阳历成分的精髓。由于地球在冬至时比在夏至时距离太阳更近,间距虽然同样是 30 度,但冬至所在的两个节气仅 29 天 10 小时许,夏至所在的两个节气达 31 天 11 小时左右,跟西方习用的黄道十二宫的日期长度大体相符。因此,这可以称得上是中国历法史上一次大的改革,标志着历史性的进步,为中华传统历法的瑰宝。另一方面,《戊寅元历》也不尽善尽美,其中的一些计算方法有问题,颁行一年后,对日月食就屡报不准。当时任大理卿的崔善为奉命考校。对此,《旧唐书·历志一》载:“高祖受隋禅,傅仁均首陈七事,言戊寅岁时正得上元之首,宜定新历,以符禅代,由是造戊寅历。祖孝孙、李淳风立理驳之,仁均条答甚详,故法行于贞观之世。”

而在《旧唐书》卷一九一《方伎》中又有详细记载:

仁寿中,稍迁楼烦郡司户书佐。高祖时为太守,甚礼遇之。善为以隋政倾颓,乃密劝进,高祖深纳之。义旗建,引为大将军府司户参军,封清河县公。武德中,历内史舍人、尚书左丞,甚得誉。诸曹令史恶其聪察,因其身短而伛,嘲之曰:"崔子曲如钩,随例得封侯。髆上全无项,胸前别有头。"高祖闻之,劳勉之曰:"浇薄之人,丑正恶直。昔齐末奸吏歌斛律明月,而高纬愚暗,遂灭其家。朕虽不德,幸免斯事。"因购流言者,使加其罪。时傅仁均所撰《戊寅元历》,议者纷然,多有同异,李淳风又驳其短十有八条。高祖令善为考校二家得失,多有驳正。

唐武德六年(623 年),针对行用中的傅仁均《戊寅元历》推算日月食与实际天象不合,吏部郎中祖孝孙受命研究傅仁均历存在的问题,数学家王孝通也曾批评《戊寅元历》的缺点。时任大理卿的崔善为就与王孝通一起,于武德九年(626 年)对该历作了许多校正工作,改进了一些计算,驳正术错30 余处,恢复了上元积年,并付太史施行。对此,《新唐书·历志一》载有:"诏仁均与俭等参议,合受命岁名为戊寅元历……复诏大理卿崔善为与孝通等校定,善为所改凡数十条……仁均历法祖述胄玄,稍以刘孝孙旧议参之,其大最疏于淳风(李淳风)。然更相出入,其有所中,淳风亦不能逾之。今所记者,善为所较也。"另据《新唐书》卷二五《志》载:"九年,复诏大理卿崔善为与孝通等较定,善为所改凡数十条。初,仁均以武德元年为历始,而气、朔、迟疾、交会及五星皆有加减。至是复用上元积算。其周天度,即古赤道也。"

唐初数学家王孝通的《缉古算经》也大概成书于 626 年前后。贞观初年,李淳风又指出《戊寅元历》错误 18 条,唐太宗召见崔善为。于是,崔善为再次奉命考校,多有驳正。结果李淳风的 7 条意见被采纳。李淳风为改进《戊寅元历》作出贡献,被授予将仕郎。贞观十九年(665 年)预推次年历谱时,发现有连续 4 个大月,和以往大小月相间差得太多,定朔又被改回平朔。这次的回归也引发了进一步的问题,从而推动了历法更深入地改革。

六、元代东阿历算家李谦与《授时历议》

(一)"东平四杰"

李谦(1234—1312 年),字受益,号野斋。元代郓州(今山东省东阿)

人,著名学者、历算家。李谦少有所成,就学于东平学府时,日记数千言,为赋有声,与徐琰(?—1301年)、孟祺(1231—1281年)、阎复(1235—1312年)"并以文学政事为世典型",被人们誉为"东平四杰"。后任东平府学教授,生徒四集。如李之绍(1254—1326年)、王构(1245—1310年)、曹伯启(1255—1333年)等都从师于李谦,他们成为历史上的"东平派"的代表,其政治影响占有重要的地位。李谦至元十二年离开府学,至元十八年(1281年)在翰林升直学士,为太子左谕德。待裕宗于东宫,陈十事:"心、睦亲、崇俭、纳谏、戢兵、亲贤、尚文、定律、正名、革弊。"大德六年(1302年),召为翰林承旨,李谦以年事已高(时年已71岁)固辞。三年后又被谕召,欲征为太子少傅,仍力辞未就。仁宗即位(1311年)后,特谕召16人赴上都同议军国大政,李谦居首位,被授为集贤大学士、荣禄大夫。后致仕还家,年79卒。李谦以文章著称于世,史称其"文章醇厚有古风,不尚浮巧,学者宗之"。他晚年为洪范池镇云翠山南天观书写的碑文犹存。李谦在山东地区的威望相当高,现存的元代山东地方儒学的学记里,由他执笔的最多,如《重修高唐庙学记》、《重修成武庙学记》、《冠州庙学记》、《重修济州庙学记》、《重修泰安州庙学碑记》等近20篇。其代表著作有《授时历议》3卷,还有《古今历参校》、《野斋集》等。《元史》卷一六〇为《李谦传》,中华书局1976年有点校本《元史·李谦传》。

(二)李谦《授时历议》

元至元二十年(1283年),李谦奉诏著《授时历议》,这是对《授时历》所作的详细鉴定及论证,这一传统到了清代得到更大的发展。

《授时历议》从历法的角度对中国古代天文学的演进作了详细的论述,保存了44部古历的推朔参数及比验资料。

按《授时历议》信僧一行日度失行之说,最为后人所非。其列十验,宋景德丁未岁戊辰、嘉泰癸亥岁甲戌二至,皆史误。唐贞观甲辰岁乙酉、己酉岁辛亥二至,非术误,即史误。隋开皇甲文岁辛酉日冬至、陈丁酉岁壬辰日冬至,皆术误。宋大明辛丑岁乙酉日冬至,祖冲之详记测景,推冬至乙酉日夜半后三十三刻七分,当时推算稍为后天;而《大衍》

以下至《授时》则皆为先天。宋元嘉丙子岁甲戌日冬至，推是年平冬至一十日十五小时三十三分五十六秒，甲戌日申初二刻四分，如均减时，不能过十五时，是亦定冬至亦在甲戌日，《授时》推前一日，癸酉，与《大衍》以下同，不能与天密合。鲁昭公己卯岁己丑日冬至，是年上距僖公五年丙寅一百三十三年，平冬至二十八日十五小时一十一分二十六秒，壬辰日申初刻十一分，约计加均及小轮，不过辛卯日、卯辰之间，不能减至己丑。以是知《春秋》时步天率先天二三日。《授时》则又先己丑日，失之远矣。僖公丙寅岁辛亥日，按至元辛巳前四年丁丑高冲与冬至同度，上距僖公五年丙戌一千九百三十一年，约四百行七度，则此至高冲在冬至前一宫三度四十八分，于今法当加均一度八分，变时一日三小时三十六分，减平冬至犹是甲寅日卯时，再约计是时小输，并径加大其加均，或能至一度二三十分之间，变时一日十余小时以减平冬至，则定冬至亦止癸丑日、亥子之间，不能减至辛亥。则是时所推冬至先天两三日矣。献公戊交岁甲交日冬至，乃刘歆以四分术逆推，非有实测，不足为据。郭守敬于十事中，以八事为日行失度，其说诚失之诬。或者出于李谦等之增益，未可知也。①

《元史》的志书，对元朝的典章制度作了比较详细的记述，保存了大批珍贵的史料。其中《历志》是根据《授时历议》和郭守敬的《授时历经》编撰的，由于载入《元史》，才得以保存下来。

《授时历议》特别对中国历史上最早的日食“仲康日食”进行了推算，当时在我国的夏朝时期，第四位君王仲康在位之时，国势开始逐渐好转，朝廷内外很有些“中兴”的气象。由于古代文献的真实性方面疑点颇多，记载信息不足，难以确定其发生年代，有时还引起对这个记载是不是日食记录的争议。李谦《授时历议》曰：“今按《大衍历》作仲康即位之五年癸巳，距辛巳三千四百八年，九月庚戌朔，泛交二十六日五千四百二十一分入食限。”《授时历议》经推算认为是在仲康五年即公元前 2128 年 10 月 13 日发生的日食，食分为 0.59。唐代僧一行的推算结果载于《新唐书・历志》：“新历仲康五

①(民国)柯劭忞:《新元史》卷三十八《志》。

年癸巳岁九月庚戌朔,日食在房二度。”根据《授时历议》可知,郭守敬是用《授时历》验证并认可了《大衍历》的结果。

《授时历议》书中还记载了我国元初科学家王恂、郭守敬于至元十七年(1280 年)在元大都(今北京)编制授时历的过程中,应用累次差数求积的计算方法,计算日、月、五星运动,借以确定它们在天球上的位置。以这种方法测得的五大行星会合周期极其精密,与现代所测数据之差,仅在 0.01 日以下。正如《授时历议》所述:“今《授时历》以至元辛巳为元,所用之数,一本诸天,秒而分,分而刻,刻而日,皆以百为率,比之他历积年日法,推演附会,出于人为者,为得自然。”

七、秦九韶及其对数学的贡献

(一)秦九韶简介

秦九韶(1202—1261 年),南宋著名数学家,字道古,自称鲁郡(今山东曲阜、兖州一带)人。1202 年生于普州安岳(今四川安岳县),父亲当过潼川(四川三台)郡守。他极为聪明机敏,早年“侍亲中都(南宋都城,今杭州),得仿习于太史,又尝从隐君子受数”。1225—1227 年间,跟随父亲回到四川,18 岁“在乡里为义兵首”,曾做过县尉官,以后在湖北、安徽、江苏等地做官,晚年被贬官梅州(今广东梅县),1261 年死于任所。当时人们评论秦九韶“性极机巧,星象、音律、算术以至营造等事,无不精究”。

秦九韶在数学上的贡献是在 1247 年完成的《数学大略》18 卷,明代后期该书改名为《数书九章》。全书共 81 题,分为大衍、天时、田域、测望、赋役、钱谷、营建、军旅和市易 9 大类,每类 9 题,内容包括一次同余式解法、历法计算、降雨降雪量计算、面积计算、勾股重差、均输税收、粮谷转运与仓窖容积、建筑施工、营盘布置及军需供应、交易与利息等。

秦九韶“以拟于用”的学术思想充分体现在《数书九章》这一名著中。该著作不仅继承了《九章算术》的传统模式,将其固有特点发扬光大,而且完全符合宋元社会的历史背景,是中世纪世界数学史上的光辉篇章。萨顿曾称秦九韶为“他的民族、他的时代,以至一切时代的最伟大的数学家之一”。

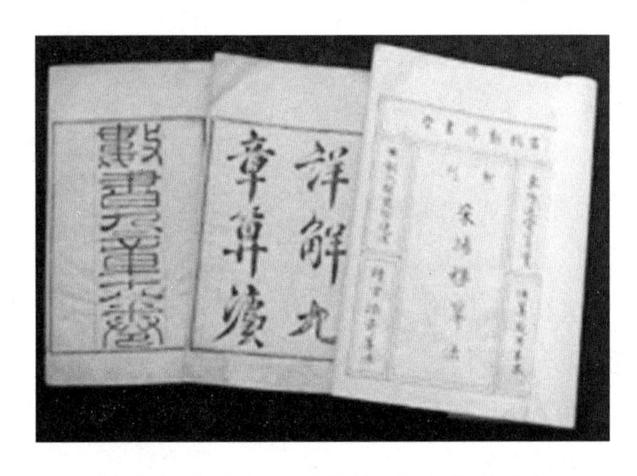

《数书九章》、《详解九章算法》、《杨辉算法》书影

（二）秦九韶的数学贡献

1. 对一般数字高次方程解法程序的完备

秦九韶提出正负开方术，把以增乘开方为主导的高次方程数值解法发展到十分完备的境地。《数书九章》在有关各题术文后附详细演草，显示出我国古代数值解方程确是井然有序的。《数书九章》中的方程，系数有正有负，有整数有小数，次数最高达 10 次，远远超过了实际的需要。秦九韶为把“随乘随加”进行彻底，规定“实常为负”，将实与其他各项放在一起，组成一般的开方式，这相当于一个 n 次数字方程：

$$a_0x^n + a_1x^{n-1} + \cdots a_{n-1}x + a_n = 0 \quad (a_0 \neq 0, a_n < 0)$$

如前所述，在增乘开方法中，在减根和求减根方程时，都是用“随乘随加”的方法进行的，只有在减根的最后一步，即用商得的根乘法从实中减去这一步是用减法。秦九韶规定“实常为负”以后，整个算法便全部实现“随乘随加”了。这一点，表面上看起来十分简单，实际上反映了中国古代数学家追求算法规范化的思想。从传统开方法到增乘开方法到秦九韶规定实恒为负，这一个具体算法的例子反映了中国古代数学家实现算法程序化的过程。

筹式布置从上到下为实(a_n)、方(a_{n-1})、一廉(a_{n-2})、…、n－1 廉(a_1)、隅(a_0)，解法程序是机械化的。在草文中多次显示其在运算中先经过缩根，使新方程的根 x 的整数部分[x]是个位数，然后估计这个[x]；再根据 $y = x - [x]$ 做减根变换，相当于当今综合除法，得到关于 y 的新方程，再次扩根

(10倍)、估根、减根……如此机械反复,直至求得各位得数。

总结秦九韶的算法程序,可以看出,要求一般的多项式

$$P(x) = a_n x^n + a_{n-1} x^{n-1} + \cdots + a_1 x + a_0 (a_n \neq 0, a_0 < 0)$$

的值,秦九韶的算法的特点在于:通过反复计算 n 个一次式,逐步得到 n 次多项式的值。

秦九韶的这种算法,与通常自然的算法,即直接逐项求和,至少要做 2n 次乘法的大计算量相比,不仅结构简单,而且计算量也可省下一半。整个运算程式,可以用计算机的框图清楚地描述出来。显然,秦九韶的方法不仅适合筹算,也适合上机计算,而且是公认的优秀的算法,闪烁着中华数学的光辉。

在开方所得为无理根时,秦九韶继承和发扬了刘徽首创的继续开方不断求“微数”的思想方法,用十进小数作为无理根的近似值。这套方法把高次方程数值解的方法推进到一个更高更美的新高峰。在欧洲,英国人霍纳在 1819 年才创造了类似的方法,比秦九韶晚了 572 年。

正负开方术作为《数书九章》的杰出成果之一,它已远远超出《九章算术》开平方、开立方的范围而成为求解高次方程正根的一般方法,而就其数学原理而言,二者又完全相同,从这一点出发可以认为,正负开方术是把贾宪的开方术原理推广到开高次方并改善计算程序的结果。“从《九章》中开平、立方发展至宋元时期增乘开方法与正负开方术求方程数值解法,是中国古代数学构造性与机械化思想方法的又一代表性成就”。我国创立的高次方程数值解法,这项成就不仅在当时的世界上是领先的,而且对后世的影响也极其深远。直到今天,计算数学中求代数方程的数值解时,还盛行着程序整齐、运算简便的秦九韶方法。吴文俊教授曾用一种 HP25 型的袖珍计算器试就一般的高次方程对我国宋代古法作了检验,他利用这种 HP25 的 8 个存储单元编一个小程序解高至 5 次的方程,用这一方法求方程实解所依据的原理,从计算过程即已完全清楚,已可不加辞费不证自明,而且所得结果是绝对精确的(指到预定精度而言)。

2. 建立一般线性方程组严整规范的算法

秦九韶追求数学方法程序化的思想还表现在他对线性方程组及其解法的代数研究。这是在《九章算术》“方程”算法机械化基础上的继承,又有所发展,仍以分离系数法建构方程的传统(今称“增广矩阵”),只是“积”在

上,物数(未知数系数)在下,对于分数作为系数,先通过去分母,各行化约后变成最简方程组,并尽可能将各行诸数化为相与之率,反复实施"化约—互乘—相消—化约"的机械化步骤,直至获得最终结果(今称"化系数矩阵"为"单位矩阵")。消元过程中出现负数时,先求其"适等",再"直加"相消。

例如,《数书九章》卷一七的"均货推本"题,突出体现了秦九韶"互乘相消法"解线性方程组之精妙构想:

> 问有海舶赴务抽毕,除纳主家货物外,有沉香五千八十八两,胡椒一万四百三十包(包四十斤),象牙二百一十二合(大小为合,斤两俱等)。系甲、乙、丙、丁四人合本博利,缘昨来凑本,互有假借,甲分到官供称:甲本金二百两、盐四袋,钞一十道,乙本银八百两,盐三袋,钞八十八道,丙本银一千六百七十两,度牒一十五道,丁本度牒五十二道,金五十八两八铢,已上共估值四十二万四千贯,甲借乙钞,乙借丙银,丙借丁度牒,丁借甲金,今合拨各借物归元主名下,为率均分上件货物,欲知金银贷盐度牒之价,及四人各合得香椒牙几何?

本题意是:甲、乙、丙、丁四人合股经商南洋,归航向海关纳税后,盈余以下物资:沉香5088两,胡椒10430包(每包40斤),象牙212合,出海前四人入股资本计有:

甲:黄金200两,盐40袋;

乙:白银800两,盐264袋;

丙:度牒15张,白银1670两;

丁:度牒52张,黄金58 $\frac{1}{3}$两。

四人入股资本各值(折钱)106000贯,其中丁的黄金从甲借来,丙的度牒从丁借来,乙的白银从丙借来,甲的盐从乙借来,问:

(1)黄金(两)、白银(两)、度牒(张)、盐(袋)各值多少?

(2)甲、乙、丙、丁四人入股时有财产折钱各多少?

(3)按入股时自有财产分摊盈余物资,各人应得多少?

如果用设未知数的方法:度牒每张值x贯,白银每两值y贯,盐每袋值z贯,黄金每袋值w贯,则相当于列出线性方程组:

$$\begin{cases} 52x+58\dfrac{1}{3}w=106000 \\ 15x+1670y=10600 \\ 800y+264z=106000 \\ 40z+200w=106000 \end{cases}$$

秦氏草文完整,计图 15 幅,完整保留消元步骤。

本例与《数书九章》第一七卷第一题的解题程序一样,都是机械化的。从计算量来说,这种算法不一定是最合理的,如本例要消去率图次行最下端数,就可直接用次行 ×52 消减左行,无须互乘相消。再例如,通过遍乘行行相消会比实施行的化约后相消方便得多,但秦氏总是不厌其烦地反复采用化约后相消,严格按"化约—互乘—相消—化约"的步骤,充分体现了秦氏企图建立严整规范统一的算法从而通过有规律的机械化程序方法得到规范解的思想,这是对中国古代"方程"算法构造性和机械化的进一步发展。

3. 秦九韶一次同余式组完整解法程序的建立

秦九韶追求数学方法程序的思想不仅表现在他的代数工作,而且表现在他的大衍术。秦九韶大衍总数术不仅是我国数学史上的一项伟大成就,同时又是我国古代数学机械化思想方法运用的又一个范例,它总结了历法制定中计算上元积年的方法,在《孙子算经》"物不知数"解法的基础上,首先建立了一套完整的、一般的一次同余式组解法程序。可以说,秦氏的大衍总数术几乎达到了统一的机械化算法的要求。

秦九韶总结了历算家计算上元积年的方法,在《孙子算经》"物不知数"题的基础上,提出了"大衍求一术"与"大衍总数术",分别解决模数两两互素与不互素的情况,从而完整地解决了一次同余问题,这一世称"中国剩余定理"的成就,比西方同类解法早 500 多年。可以说,秦氏的"大衍总数术"几乎达到了统一的机械化算法的要求。

秦九韶"大衍总数术"讨论多个一次同余式的联立求解问题:

$N \equiv R_i(\mathrm{mod}A_i)\ (i=1,2,\cdots,n)$　　　　　　(∗)

其中问题的原始数据 A_i、R_i 来源于实践,其情况复杂多样。限于篇幅,这里不再详述。

(三)秦九韶的几何成就

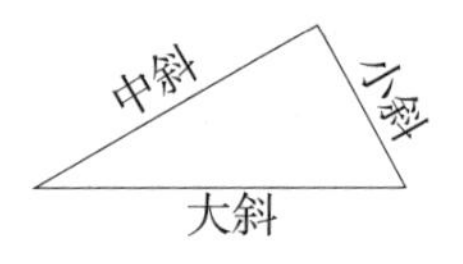

在几何方面,秦九韶对于《九章算术》和《海岛算经》的勾股测量术的相关理论也有所发展。此外,还提出一个重要的三角形面积公式。《数书九章》卷五第2题题意是:已知三角形地块的三边长分别为13步、14步、15步,求它的面积。从中,秦九韶提出了“三斜求积术”:“即已知三角形三边之长求其面积”的公式。如右图所示,三角形的面积可用大斜、中斜、小斜的关系表示:面积$^2 = \frac{1}{4}[小斜^2 \times 大斜^2 - (\frac{大斜^2 + 小斜^2 - 中斜^2}{2})^2]$。设三角形面积为A,大斜、小斜、中斜三边长分别为a,b,c,把秦九韶的解法用现代的符号表示,则秦九韶的公式相当于:$A = \sqrt{\frac{1}{4}[a^2b^2 - (\frac{a^2 + b^2 - c^2}{2})^2]}$。这是秦九韶在几何方面的另一项杰出成果。

秦九韶的这个公式与古希腊著名的海伦公式($A = \sqrt{s(s-a)(s-b)(s-c)}$,其中$s = \frac{a+b+c}{2}$)是等价的。

八、燕肃与其机械创造

燕肃(961—1040年),字穆之,青州益都(今山东益都)人,生于宋建隆二年(961年)。父亲燕峻,慷慨仗义,杨光远反时,迁居曹州(今山东曹县)。燕肃6岁丧父,孤独贫困,出外游学,至45岁中进士第。燕肃曾先后在凤翔府、临邛县、考城县、河南府、赵州、明州、梓州、亳州、青州、颍州、邓州等地做过地方官,后以礼部侍郎致仕。燕肃学识渊博,精通天文物理,他不仅是一位能干的官员,而且一生致力于科学研究,是一位著名的机械学家。人们称他为“巧思的人”。

《宋史·燕肃传》记述:

> 性技巧,尝造指南、记里鼓二车及欹器以献,又上《莲花漏法》。诏司天台考于钟鼓楼下,云不与《崇天历》合。然肃所至,皆刻石以记其法,州郡用之以候昏晓,世推其精密。在明州,为《海潮图》,著《海潮论》二篇。

以上可见，燕肃对宋代科学技术的发展作出了重大贡献。莲花漏、指南车、记里鼓以及对海潮规律的研究，是燕肃主要的科技成果。科学研究方面，他追求精密，注重研究成果的实用性。燕肃是一名技术实践者，制作的这些机械经过实验，都十分精确。燕肃的著作也显示出他的科学理论水平。

（一）燕肃造指南车

指南车是我国古代用来测定方向的一种仪器，也是古代帝王出门时作为仪仗的车辆之一，以显示皇权的威武与豪华。不少文献记载，相传早在5000 多年前，黄帝时代就已经发明了指南车，当时黄帝曾凭着它在大雾弥漫的战场上指示方向，战胜了蚩尤，不过，这只是一种传说。西周初期，当时南方的越裳氏人因回国迷路，周公就用指南车护送越裳氏使臣回国。但至迟在汉代已出现指南车，这是没有问题的。而三国时马钧创制指南车，则更为可信。此后又有不少文献记载多人都曾试制过。由于当时对指南车的记载过于简略，使人不易推断这种车的具体结构。在北宋以前的制造方法大都已经失传。燕肃经过多年研究，终于在宋仁宗天圣五年（1027 年）再次制成指南车。这种指南车机构巧妙，它是一辆两轮独辕车，每个车轮附一个齿轮，两个小齿轮分别与轮上的齿轮啮合；另有一个中心齿轮，带动车上的木人引臂指南。这种指南车主要运用差速齿轮原理，通过辕车内齿轮系统而

指南车模型
（根据《三国志》注引《魏略》和《宋史·舆服志》燕肃所传造法，中国历史博物馆复制）

发挥作用。当辕车转弯时,车辕变换了方向,并带动足轮旋转,足轮又带动小平轮、大平轮的旋转,从而使木人手臂不断调整方位:始终指向南方。

燕肃的指南车是一辆双轮独辕车,车上立一木人,伸臂指南。车中,除两个沿地面滚动的足轮(即车轮)外,尚有大小不同的7个齿轮。《宋史·舆服志》和岳珂的《愧郯录》对燕肃指南车的内部构造、部件尺寸和制造方法,有较详细的文字记载,例如,《宋史·舆服志》分别记载了这些齿轮的直径或圆周以及其中一些齿轮的齿距与齿数。由齿数、转动数并保证木人指南的目的,可见古人掌握了关于齿轮匹配的力学知识和控制齿轮离合的方法。车轮转动,带动附于其上的垂直齿轮(称"附轮"或"附立足子轮"),该附轮又使与其啮合的小平轮转动,小平轮带动中心大平轮。指南木人的立轴就装在大平轮中心。当车转弯时,只要操作车上离合装置,即竹绳、滑轮(分别居于车左或车右的小轮)和铁坠子,就可以控制大平轮的转动,从而使木人指向不变。例如,当车向右转弯,则其前辕向右,后辕必向左。此时只要将绕过滑轮的后辕端绳索提起,使左小平轮下落,从而与大平轮离开;同时使右小平轮上升,从而与大平轮啮合,大平轮就随右小平轮而逆转。由于各个齿轮匹配合理,车轮转向的弧度与大平轮逆转弧度相同,故木人指向不变。此车仅用为帝王出行的仪仗,可惜没有图。经莫尔(A. C. Moule)、王振铎、鲍思贺、刘仙洲等先生的研究,已基本上搞清了它的构造原理。

指南车原理模型

指南车的创造标志着中国古代在齿轮转动和离合器的应用上已取得很大成就。这项设计体现了我国古代劳动人民的高度智慧和燕肃的科学创造能力,是宋代山东人民在机械制造方面的一项重大发明。直至19世纪,欧洲才发现这一原理,比燕肃复原制造的指南车整整晚了800多年。

(二)燕肃造记里鼓车

记里鼓车是中国古代用于计算道路里程的车,由"记道车"发展而来。

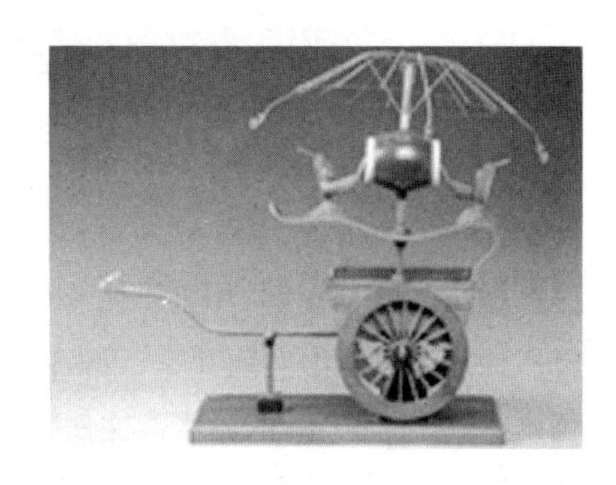
记里鼓车复原模型

记里鼓车的“记里”，是利用齿轮系的传动作用配以其他机件而实现的，早在3世纪时中国最先发明，可惜最初结构北宋时已失传。燕肃根据史籍的有关记载，经过多次反复试验，又重新复原制造出来。他设计制造的计里鼓车，也是利用差速齿轮原理，通过车轮带动车箱内的齿轮转动而发生作用的。燕肃制造的记里鼓车也为双轮独辕，车分两层，上层置执锤木人与鼓，下层设执锤木人与钟。车行一里，上层木人击鼓；行十里，下层木人击钟。指南车与记里鼓都是根据差速齿轮原理，通过车轮带动车箱内的齿轮转动而制成的，而欧洲直到19世纪才发现和运用差速轮原理，比起燕肃的创造晚了近1000年。至于历史上的指南车和记里鼓车究竟真相如何，尚有待更进一步的研究，现在学术界一般公认的还是王振铎先生的复原成果。

（三）燕肃造“莲花漏”

燕肃还发明了一种新的刻漏计时仪器。宋仁宗天圣八年（1030年），燕肃在广泛研究旧漏刻计时仪器的结构特点与精度的基础上，创制了新的漏刻，因其顶端是一朵莲花，故称“莲花漏”。据《青箱杂记》记载：

> 龙图燕公肃雅多巧思。任梓潼日，尝作“莲花漏”，献于阙下。后作藩青社，出守东颍，悉按其法而为之。其制为四分之壶，参差置水器于上，刻木为四方之箭，箭四觚，面二十五刻，刻六十四，面四百刻，总六千分以效日，凡四十八箭，一气一易。铸金莲承箭，铜乌引水，下注金莲，浮箭而上。有司惟谨视而易之。其行漏之始，又依《周官》水地置臬法，考二

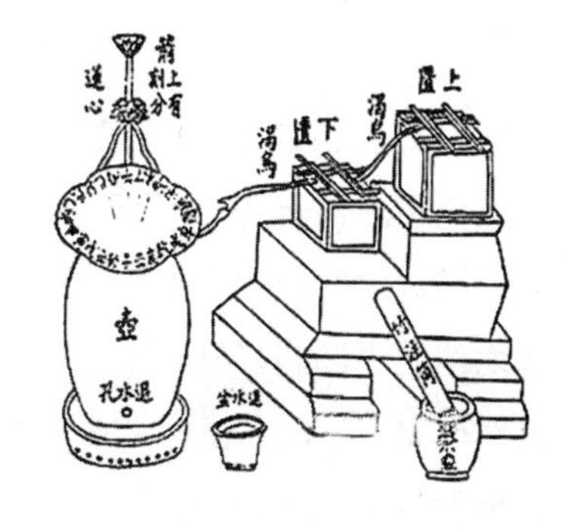

莲花漏工作原理图

交之景，得午时四刻一十分为正南北，景中以起漏焉。以梓潼在南，其法昼增一刻，夜损一刻。青社稍北，昼增三刻；颖处梓青之间，昼增二刻，夜损亦如之。仍作宣秘漏，其得天愈密焉。兹亦张平子之流也。

莲花漏就是浮漏，用上下两柜盛水，上柜的水漏入下柜，下柜的水漏入分水壶。分水壶上有莲叶盖，盖中插入上端刻有莲花的木质浮箭，箭上标示刻度。利用虹吸原理，分水壶能使漏壶水平面保持恒定高度，水浮箭升，又造浮标箭48支，按四季昼夜长短不同分别刻度，从箭上的刻度，就可看出时间的变化和节气的到来。标有刻度的浮箭视二十四节气和各地纬度的不同而更换。分水壶在宋以前的刻漏中未见记载，是燕肃的创造发明。莲花漏这种刻漏计时器比唐代浮箭刻漏制作简便，计时准确，当时在技术上是最先进的。莲花漏法献上后，朝廷令司天台考于钟鼓楼下，“州郡试用，以候昏晓”，可精确地推知节气昼夜之时间变化。宋仁宗景祐三年（1036年），正式诏令使用这种计时器，很快全国各地“皆立石书载其法”，得到推广。为了便于百姓制作，燕肃还把制作方法刻成石碑，公示于众。莲花漏法颁行通用后，受到各方面的称赞，朝官夏竦为莲花漏作铭，称其“秒忽无差”；文学家苏轼在其《徐州莲花漏铭并序》中说：“故龙图阁直学士、礼部侍郎燕公肃，以创物之智闻名于天下，作莲花漏，世服其精。凡公所临必为之，今州郡往往而在，虽有巧者，莫敢损益。”在没有钟表的时候，原来只是皇宫和“钦天监”才有的计时器，能进入普通人家，可谓是造福人民的一项创新发明了。到了元朝，科学家郭守敬在十五六岁的时候得到了一件石本莲花漏图，很可能就是燕肃遗留下来的石刻本。

（四）燕肃著潮汐著作《海潮论》

燕肃对海洋潮汐学有深入的研究，他对海潮进行了长达10多年的观测，为海洋学理论作出了重要贡献。潮汐是由于月球和太阳对海水的引力和地球的不断自转相配合而形成的，在海洋上表现为海水涨落、进退的一种自然现象，也是海水运动的主要形式。我们的祖先很早就认识了潮汐现象，很早就有了关于潮汐的文字记载。古代称白天为“朝”，晚上为“夕”；中国人称早晨海水上涨为潮，黄昏上涨为汐。合称潮汐或海潮。通常农历每月的朔(初一)和望(十五或十六)出现大潮,上弦(初八或初九)和下弦(廿二或廿三)出现小潮。汉代王充指出它依赖于月球。燕肃经过分析研究,发现潮汐变化大小与太阳无关,但与月亮在时间上有对应关系,即朔、望潮大,上弦、下弦潮小。在实地考察的基础上,燕肃将其成果整理在著名的海洋潮汐著作《海潮论》,并绘制了海潮图,并提纲挈领地指出潮汐的变化"随日而应月"、"盈于朔望"、"虚于上下弦",日月引力是形成海潮的原因。这种看法,已经十分接近今天的科学认识。

《海潮论》是我国对海潮成因的第一次科学论述,对海潮形成原因作了较科学的解释,《海潮论》曰:

> 大率元气嘘口翕,天随气而涨敛,溟渤往来,随天而进退者也。以日者众阳之母,阴生于阳,故潮附之于日也;月者,太阴之精,水者阴类,故潮依之于月也,是故随日而应月,依阴而附阳,盈于朔望,消于晦魄,虚于上、下弦,息于月兆月肉,故潮有大小焉。

这段话的意思是说:元气总是一呼一吸的,天随着元气的呼吸而一涨一缩,而潮汐也随之涨落进退。由于太阳是所有阳性事物的本源,而阴性事物又是从阳性事物中产生的,因此,潮汐也从属于太阳。由于月亮是太阴的精华,而水又属于阴性事物这一类,所以潮汐便随月亮的运行而变化。这样一来,潮汐也就是依阴而附阳、随日而应月的一种自然现象。因此,潮差在朔望时最大,在上、下弦时最小,及至下一次朔望时又变到最大,这也就是潮汐所以显得时大时小的原因。这里指出"潮附之于日","依之于月","随日而应月,依阴而附阳","盈于朔望,虚于上、下弦",即日月运行是海潮形成的主要原因。一月之中朔望潮最大,上、下弦潮最小。这种解释虽有一些"阴阳五行说"的成分,但从整体上看,其结论基本上是正确的。

燕肃还对钱塘大潮进行考察。钱塘江潮高浪涌,声若雷鸣,为世界奇观,其成因是什么呢?燕肃说:

> 盖以下有沙洋,南北亘连,隔碍洪波……浊浪排滞,后水益来,于是溢于沙洋,猛吼顿涌,声势激射,故起而为涛耳。

燕肃根据长时间的观察分析,还推算出每天海潮涨落的时间,他对潮时的推算达到了较高的精确度。他计算出高潮时刻与月中天(月亮在天空中的最高位置)时刻的相互关系。燕肃将这些数据详细地记录在他的《海潮论》一书中,从而为我国古代海洋潮汐运动的研究提供了可靠的科学依据,一定程度上促进了宋代渔业生产和海上交通的发展。

《海潮图》中还详细地列出了每月从初一到月末满潮的具体时间表,并给出了计算公式:上半月高潮时 =(农历日数 -1)×53.57 分,下半月高潮时 =(农历日数 -16)×53.57 分 +12 时。据此可推算出每天的满潮时间,分秒不差。

(五)燕肃通音律、擅绘画

燕肃精通音律。宋仁宗时,他判太常寺,"掌礼乐等事",即参加考定朝廷乐器、整顿乐工的工作,并上疏说:"旧大常钟磬皆设色,每三岁亲祠,则重饰之。岁既久,所涂积厚,声益不协。"朝廷下诏,让他与李照、宋祁、李随等人,将朝廷钟磬全部刷新,按王朴律试验敲击,以合律准,试于后苑,声音和谐动听。

燕肃尤其擅长绘画。《宋史》本传说他"性精巧,能画,入妙品,图山水罨布浓淡,意象微远,尤善为古木折竹"。董卣在其《广川画跋》中说燕肃作画"生平不妄落笔,登临探索,遇物兴怀,胸中磊落,自成丘壑",在取得大量素材后再行创作,所以他的画"妙于真形"。他为官署、庙宇作过不少壁画,他判太常寺时绘制的《寒林屏风》,被誉为"绝笔"。燕肃以诗入画,意境高超,浑然天成,为文人画之先驱。他善画山水寒林,亦擅人物、牛马、松竹、翎毛,在京师太常寺、翰林学士院作屏风画,景宁坊寓所及睢、颍、洛等佛寺中都有其巨幅壁画(今皆湮没无存)。《宣和画谱》著录御府所藏其作品有《春岫渔歌图》、《夏溪图》、《春山图》、《冬晴钓艇图》等 37 件。燕肃传世作品《春山图》是一幅画在纸上的水墨全景山水。画上春山耸秀,溪流板桥,竹篱村舍,高松垂柳和高士在山水中寻幽访胜,流露出画家对林泉之乐的向往。画中生拙凝重的笔墨和山水造型,与一般的职业画家迥异,带有早期文人画的形迹。

燕肃卒于康定元年(1040 年),王安石曾写诗称赞他"奏论谳死误当赦,全活至今何可数",称燕肃是"仁人义士"。

燕肃《春山图》(北京故宫博物院藏。纸本,墨笔,纵47.3厘米,横115.6厘米)

九、李好文及其水文计算理论

(一) 李好文生平简介

山东东明人李好文(约1290—1360年),字惟中,自号河滨渔者,是元代著名的水利学家,对水利、地理、天文等学科造诣颇深,尤精于水利。至治元年(1321年)进士及第,授为大名路浚州判官,后入朝为翰林国史院编修官,国子监助教。泰定四年(1327年),被任为太常博士。后来,李好文被迁升为国子监博士。至元六年(1346年),除翰林侍讲学士,兼国子祭酒,改集贤侍讲学士。皇帝亲自在太庙中举行祭祀,诏令李好文主管太常礼仪院之事。至正九年(1349年),李好文出朝任参知湖广行省政事,改任湖北道廉访使,不久,又召任为太常礼仪院使,命以翰林学士兼谕德进承旨。后以翰林学士承旨一品禄终其身。《元史》载至正十六年(1356年),李好文曾上书皇太子爱猷识理达腊,其后"屡引年乞致仕,辞至再三"①。

李好文一生勤苦好学,为官清廉,著述较丰。在陕西任行台治书侍御史期间,编绘完成《长安志图》3卷。这是一部重要的水利、地理著作。李好文还纂有《太常集礼》50卷,《元文类》卷三六录有他于天历二年(1329年)秋七月所写的《太常集礼稿序》。

①(明)宋濂等:《元史》卷一八三《李好文传》,中华书局1976年版,第4218页。

（二）李好文《长安图志》中的地图、建筑及水文计算理论

《长安图志》3卷，是元代西北地区比较重要的一部方志，所载史料价值很高。吴师道对此记载说："东明李公惟中，治书西台。暇日，望南山，观曲江，北至汉故城，临渭水，慨然兴怀取志，所书以考其迹，更以旧图较讹舛而补订之，厘为七图。又以自汉及今治所废置，名胜之迹，泾渠之利，悉附入之，总为图二十有二，视昔人益详且精矣。"①这里的"旧志"指宋敏求的《长安志》，"旧图"指宋吕大防为之作跋的《长安故图》。由此可知，李好文经过多方寻求，在找到了《长安故图》后，通过认真研究，最终编绘成了《长安志图》。

《长安志图》应该是比较典型的"图"与"志"紧密结合的。该志共3卷，有22幅地图，按主题分卷，每卷均有"图"和"志"。这种"图"与"志"的紧密联系是极少数的，也是与从南宋就定型的"录、图、志、表、传"的方志体例有出入的。因为在这样的体例中，地图是作为方志中独立的一部分，而不是附庸。但地图要起到应有的作用，最佳位置应该是与内容紧密结合的地方。②《长安图志》中的地图，卷上有：汉三辅图、奉元州县图、汉故长安城图、唐官城坊市总图、唐禁苑图、唐大明宫图、唐宫图、唐皇城图、唐京城坊市图、奉元城图等等，这些内容丰富的历史沿革图，远远超过了贾耽的海内华夷图和景定《建康志》的沿革图。尤其是泾渠总图和富平石川溉田图更是首开了方志中绘制水利图之先河，《四库全书总目提要》称："其中《泾渠总图》，详备明析，尤有俾于民事，非但考古迹、资博闻也。"

《长安图志》载有唐昭陵图、唐肃宗建陵图、唐高宗乾陵图等，绘制较详细。近年来的考古发掘也证实了唐陵的基本面貌，据《长安图志》记载，乾陵陵园的平面布局是模仿长安城的建制而设计的。乾陵原有内外两重城墙，城墙四面，南有朱雀门，北有玄武门，东有青龙门，西有白虎门，方圆80里。墙垣四角设角楼，模仿宫城格局样式，在陵南朱雀门内建有献殿，规模较大，为陵园中的主要建筑。乾陵原建有献殿、偏房、回廊、阙楼等378间，规模宏大。勘探表明，内城总面积230万平方米。历经千载，现已不复存

①（元）吴师道：《吴礼部文集》卷十八《长安志图后题》，北京图书馆古籍珍本丛刊影印清抄本。
②苏品红：《浅析中国古代方志中的地图》，《文津流觞》2003年第9期。

在。关于瓦当名称之由来，清钱泳《履园丛话》卷二《阅古》说："秦、汉瓦当：瓦当者，宋李好文《长安图志》谓之瓦头，盖屋瓦皆仰，当两仰瓦之际，为半规之瓦以覆之，俗谓筒瓦是也。"

关于《长安志图》所载元代泾渠的水利建设和管理，以及该志反映出的元末泾渠水利建设的历史教训等问题。中国很早就有关于流量测量的记载。《长安图志》也有这方面的叙述。李好文在《长安图志》卷下的《建言利病》记载，不同作物的具体灌溉时间和施灌量，由农户申报，地方政府和水利部门确定并在其监督下实施。明代以前，各种作物对灌溉用水的不同需求是通过申贴制来实现的。在申贴制下，灌溉用水具有一般公用水的限制，这将不可避免地导致水利资源利用的无效率。

《长安志图》卷下《洪堰制度》载："因前代故迹初修洪口石堰，当河中流，直抵两岸，立石囷以壅水。囷行东西，长八百五十尺，每行一百零六个，计十一行，阔八十五尺，总用囷一千一百六十六个。"密密麻麻的石囷对截流和缓解泾水的冲击力显然是必要的。《长安志图》卷下《用水则例》中有许多关于用水过程中出现违规现象而受处罚的记载，如"如违断罪"、"严行断罪"、"严加断罪"、"事发断罪"、"依例断罪"、"断罪有差"、"皆有罪罚"等等。这些记载一方面说明泾渠用水出现比较频繁的纷争，另一方面也说明政府为了解决用水中出现的问题，规范用水管理而采取了不少措施。例如，分水是否合适是保证泾渠水资源合理分配的关键，所以元朝政府十分重视分水的监督工作，立闸分水，从总体上保证水资源的合理分配。[①]《长安志图》卷下《洪堰制度》载："立三限闸以分水，凡二所。三限闸其北曰太白渠，中曰中白渠，南曰南白渠。太白之下是为邢堰，邢堰之上渠分为二，北曰务高渠，南曰平皋渠。彭城闸渠分为四，其北曰中白渠，其南曰中南渠，又其南曰高望渠，又其南曰隅南渠。中南之下，其北分者曰析波渠，其南分者曰昌连渠，渠岸两边各空地八尺。凡渠不能出水，则改而通之。"

在《长安图志》一书中，李好文提出了泾渠灌溉用水管理和分配原则，即以渠水所能灌田的多少为总数，分配每年参加维修渠道的丁夫户田。为做到分配合理，李好文提出了初步的流量概念，即"水头深广方一尺谓之一

---

①陈广恩：《〈长安志图〉与元代泾渠水利建设》，《中国历史地理论丛》2006年第1期。

激,假定渠道上广一丈四尺,下广一丈,上下相折则为一丈二尺,水深一丈,计积一百二十徼”。由此可见,“水头”即过水断面面积,“水徼”即计量单位,指一平方尺的过水断面,再与时间相联系,即为流量。李好文的水文流量理论和推算方法,为元代农田水利事业的发展和河渠的治理提供了可靠的资料,对于我们现在的水利建设也有一定借鉴作用。

(三)《长安志图》版本流传

《长安志图》是在《长安志》的基础上编绘而成的。明代西安府知府李经刻书时,曾将《长安志图》列于宋敏求《长安志》之首,合为一编,其后刻书多沿袭李经的做法。至清修《四库全书》时,认为“好文是书,本不因敏求而作,强合为一,世次紊越,既乖编录之体,且《图》与《志》两不相应,尤失古人著书之意。今仍分为二书,各著于录”。《四库全书简明目录》亦认为“《图》本不为宋《志》而作,两不相应”,明确指出二书有别,遂将二书分开刻印。大概元时《长安志图》单刻,明代李经将之与《长安志》合刊,清修《四库》又分刻。

第五章　明清时期的山东科学技术

一、明清时期的山东科学技术概论

明清时期(1368—1840年),由于资本主义的萌芽,在一定程度上促进了科学技术的进步,但腐朽的封建统治又严重阻碍了科学的发展。这一时期,农村经济在商品生产的影响下,新传入的玉米、甘薯等粮食作物品种逐渐推广,棉花、花生、烟草、蚕桑等经济作物种植比重逐渐扩大。山东手工业技术进一步提高,轻型有制盐、纺织、造纸、酿酒、制烟等业,重型有矿冶、铸造、采煤等业,都相当发达,生产技术也有很大进步。但宋元之后,中国传统的自然科学特别是数学等取得了辉煌成就之后并没有在已有的基础上得到进一步的发展,许多先进的科学理论产生了中断。可以说,自17世纪开始,山东科学技术的诸多领域特别是自然科学和全国一样,与西方国家相比差距不断扩大。

(一)明清时期山东的农业

1. 明代山东的农业

1368年,朱元璋以应天府为京师,国号大明,年号洪武,建立了明朝。明朝建立时,山东省人口不足百万,"多是无人之地",据《明太祖实录》载:"洪武三年,济南知府陈修上报:北方郡县近城之地多荒芜。"针对山东因元末长期战乱造成人口减少、土地荒芜的社会状况,为恢复生产,在农业方面实行了屯田、移民政策,同时制定了减轻田赋和徭役、奖励垦荒、栽桑、种植棉麻以及兴修水利等一系列的利农务农政策,土地生产力开始提高,加上政治稳定,使农业生产得到恢复,人民得以休养生息,人口逐年增加。洪武二十六年,山东人口 525 万余;弘治十五年(1502 年),增至 762 万余,增长 45%;嘉靖二十一年(1542 年),增至 771 万余,比洪武时增长 47%。

(1)奖励垦荒,实行屯田,减轻田赋和徭役

政府奖励外省人民垦荒,在受灾荒严重的地区开仓赈济,并且有计划地将稠密地区的人口迁移到受战乱破坏严重、人烟稀少的地区,并从山西等地大量移民山东。由此,移民构成了山东人口的主体。元末明初,山东地区由于黄河泛滥,灾疫盛行,再加上"靖难之役",南北构兵,造成人烟稀少,也是移民的重要原因之一。山东省移民以明时的东昌府、济南府、兖州府、莱州府、青州府最多。现移民于山东有据可查者达 80 余县。据嘉祥县地名办公室调查,全县 70% 的自然村均为明朝洪武、永乐年间由山西洪洞县迁来定居的。兖州府明代初年接纳了约 57 万左右的移民,大抵上是移入兖州西部。兖州西区的南部诸县与北方大体相同,该地区现今的望族皆是洪武年间山西的移民充当,反映出移民规模的巨大及土著严重的流失。青州南部的移民人口约 20 万,海州籍约 6 万,山西籍约 9 万,枣强籍约为 2 万;青州府北部的移民主体不再来自山西,而是来自其邻近的河北。东昌府(今山东聊城市)不仅多次将青州、兖州、登州、莱州、济南等地的无地农民迁入,还接受了山西移民。据记载,从洪武二十二年到二十八年(1389—1395 年),接受了 6686 户山东东部的移民,剩余 22376 户为山西移民,约合 111880 人。至 1395 年,由外地迁入东昌府的移民达 5.8 万多户,垦田面积达 4.67 多万公顷(70 多万亩),居全国第三位。① 东昌府区是典型的农业大县,由于这里迁入大量劳力、人口,缺少耕牛、农具,为了保证屯田制度的推广,明政府户部于洪武二十五年、二十八年先后两次派员到湖广、江西去购买耕牛 3.23 万头,分给东昌府的屯田农民。另外,对山西迁来的农民也"户给钞二十锭"以购农具。特别是在鼓励垦荒和移民屯田方面成效显著,多次组织移民屯垦并推行奖励垦荒政策,规定新开垦的土地为开垦者所有,甚至"永不加赋"②。这些政策使农业得到较快恢复和发展。

①②山东省农业厅编:《现代山东农业》,山东科学技术出版社 2000 年版,第 7 页。

(2)推行“一条鞭法”

明朝中期尤其是1581年张居正推行了“一条鞭法”税制。这是一种继唐后期推行两税法(分夏、秋两次征税)的重大的赋税制度改革,把田赋、徭役和杂税合并起来,都折成银两,分摊到田亩上收取(但“丁银”即人头税仍保留,直到清雍正时才废除),好比将三股头发梳成一条辫子,所以称做“一条鞭法”。一条鞭法的内容,《明史·食货志》概括如下:“一条鞭法者,总括一州县之赋役,量地计丁,丁粮毕输于官。一岁之役,官为佥募。力差,则计其工食之费,量为增减;银差,则计其交纳之费,加以增耗。凡额办、派办、京库岁需与存留、供亿诸费,以及土贡方物,悉并为一条,皆计亩微银,折办于官,故谓之一条鞭。立法颇为简便。嘉靖间,数行数止,至万历九年乃尽行之。”一条鞭法,合并了赋役项目,使赋役项目和征收手续大为简化;将户丁负担的部分徭役摊入田亩,赋役负担比较均衡合理;废止了里甲排年轮役制。明朝自实行一条鞭法,使赋役合征,缓和了阶级矛盾,国家赋税收入大有增加,客观上起到了促进生产力发展的作用,出现了“太仓所储,足支八年”的富裕情景。一条鞭法实行赋役折银征收,适应了商品经济勃兴的趋势,又进一步刺激了商品经济的发展,清代推行的地丁制度是一条鞭法演进的必然结果。但是,十几年以后,由于神宗肆意搜刮,宦官弄权,于田赋之外多次加派“辽饷”,所以新的税制又被完全破坏了。

(3)兴修水利

明代还极为重视水利的兴修,在治河方面享有盛誉。明洪武二十七年(1394年)下诏,“陂、塘、湖、堰河蓄泄,以备旱涝者,皆因其地势修治之”,并遣使分赴各地“督修水利”。较大的工程有开挖山东登州蓬莱阁河、疏浚大小清河和会通河等。明洪武九年,为坚固蓬莱海防,当时的登州府依山麓地形构筑城池,疏浚海湾引入海水,用以停泊船舰。在永乐以后的200多年间,把“保漕”放在水利的首位,采取引汶济运和沿线“相地置闸,以时蓄泄,为漕渠之利”,并先后开挖四女寺减河,建运河滚水坝以泄运河洪水。明末治河专家潘季驯提出著名的“束水攻沙”论,符合现代动力学的基本理论,至今仍不失其实用价值。

明代可统计的泉源有300余处,实际还要多,其中以汶水汇集的最多。

著名的京杭大运河为历代漕运要道,由于会通河不断遭到黄河水的淤垫,加之水源不足,使漕运大受影响。明朝洪武二十四年(1391 年),黄河在河南原武县决口,漫过东平湖,造成运河大部淤塞,当时济宁至临清段船不能通行。明成祖朱棣即位后,迁都北京,为了南粮北调,抓紧营建北京,其一切供应全部仰仗东南,决心恢复元朝运河。明永乐九年(1411 年),济宁州同知(相当副知府、为正五品官)潘叔正上书朝廷,说旧会通河 450 多里(指微山鲁桥到临清段),至淤塞者有三分之一,竣而通之,非唯山东之民转输之劳,其国家无穷之利,于是命工部尚书宋礼征调民夫通浚黄河故道,修复和改建会通河。工部尚书宋礼采纳山东汶上县水利专家白英建议,在兖州、青州、济宁州三府境内挖泉 300 余处,分 5 派水系汇入运河,于山东汶河上筑戴村坝,引汶水至南旺入运河南北分流,科学地解决了会通河段水源缺乏的问题,并最终解决了"引汶济运"的问题。白英治水,其工程恢弘壮观,功绩卓著,疏竣运河,使其成为明清两代南北唯一的水路交通大动脉,其科学价值和技术水平当与李冰父子的都江堰相媲美,创造了中外水利工程史上的奇迹,影响深远,为世代所称誉。

也有学者撰文指出,明代由于中央政权对自身在各地农业发展中应发挥的作用、承担的责任认识不足,为了朝廷利益在山东地区实行片面"保运"、忽视农田水利的政策和举措,加之山东各级地方政府总体而言同样没有发挥其应有的作用,结果很大程度上导致了山东地区农田水利建设的滞后,进而严重限制了农业的深入发展。而片面"保运"政策实施过程中的失当,更给相关地区的农业生产造成了不必要的损失。①

明清时期"功莫大于治河,政莫重于漕运"。明代把北运河(包括通惠河)、南运河、会通河(包括济宁以南的泗水河段)、黄河航运段、淮扬运河、渡江段和江南运河分别称为白漕、卫漕、闸漕、河漕、湖漕、江漕和浙漕,反映了各段间的不同特性。清代嘉庆十九年(1814 年),"挑山各泉河,收水济运","挑牛头河及引渠济运"。光绪七年(1881 年),整治了小清河,黄台以下至海口全线通航。明清两代,东昌府得益于京杭大运河漕运的兴盛,经济繁荣、文化昌盛达 400 年之久,被誉为"江北一都会",成为沿河九大商埠之一。嘉靖四十四年(1565 年)修南阳新河,北起济宁以南的南阳镇至徐州以

---

①成淑君:《政府行为对明代山东农业发展的影响——以农田水利建设为视角》,《济南大学学报(社会科学版)》,2007 年第 17 卷第 2 期。

北的留城，将原昭阳、独山诸湖西的运河线路改在湖东，避开黄河泛滥的影响. 至天启五年到万历三十二年(1604—1625 年)，开泇运河，自夏镇(今微山县治)至宿迁，避开徐州至宿迁的一段黄河航行的风险。

在水文科技方面，明清时期，山东省即有雨量观测，如明洪武(1368—1399 年)时期，就“令天下州县长吏月奏雨泽”(顾炎武《日知录》)。1886 年，长岛县猴矶岛和烟台葡萄山设置雨量站，进行雨量观测；1915 年 8 月，督办运河工程总局在汶河南城子设立山东第一处水文站，是山东省正式设站进行水位、流量测验的开端。

(4)农学家及其农学专著

明代涌现一批著名的农学家及其农学专著。例如，《农政全书》(徐光启)、《天工开物》(宋应星)和《群芳谱》(王象晋)等。其中，属山东籍的是王象晋的《群芳谱》。王象晋，字荩臣，又字康宇，山东新城(今桓台)人，王象乾之弟。万历年间举进士，官至浙江右布政使。著有《群芳谱》、《清悟斋欣赏编》、《翦桐载笔》、《秦张诗余合璧》。平日家居，督率佣仆在田园里栽植谷、蔬、花、果、竹、木、桑麻、药草等，积累了一些实践知识，加上文献记载和访问咨询所得，于 1621 年撰写《群芳谱》一书。此书全称《二如亭群芳谱》，全书 30 卷，约 40 万字，内容包括天、岁、谷、蔬、果、茶竹、桑麻、葛棉、药、木、花卉、鹤鱼等十二谱分类；记载植物达 400 余种，每一植物分列种植、制用、疗治、典故、丽藻等项目。对每一植物都详叙形态特征，是此书的特点；所述栽培方法，则大都采自他书。《群芳谱》是 17 世纪初期论述多种作物生产的巨著。

(5)精耕细作技术深入发展

明代运河对南北地区的农业发展具有一定的典型意义。其间，无论是在运河北部的直隶、山东及苏北沿运地区，还是在运河南部的苏南、浙西江南一带，农耕生产技术都达到了一个新的水平。明代在耕作、栽培、施肥、选种、治虫等方面都有了新的进展和提高，使传统农业的精耕细作技术进入到了一个更加深入发展的时期。

①土壤的深耕技术

明代土壤的深耕技术有了相当大的发展。在耕作栽培方面，南北农业的耕作与管理都趋向更精细化。明代《沈氏农说》中有“农家栽禾启土，九寸为深,三寸为浅”的记载,这就使人们有了一个掌握耕作深度的依据。明代还创造了大小犁套耕的方法,以加深耕层。《沈氏农书》中还有这样一段:“种田地力最薄,然能化无用为有用;不种田地力最省,然必至化有用为无用。何以言之?人畜之粪与灶灰脚泥,无用也;一入田地,便将化为布帛菽粟。”这一时期,对各种不良的土壤开始了大规模治理,其中盐碱地治理规模较大,而且还创造了许多行之有效的改良方法,如沟洫台田、深翻压碱和绿肥种植技术都得到推广。

②“一岁数收”

明代为了适应不断发展的社会经济与人口增长的需要,随着耕作技术的进一步发展,在农业生产上十分重视多熟种植,“一岁数收”成为这一阶段农业技术的主要特点之一,并已成为占主导形式的耕作方式。人们在对农作物之间的相互关系的认识基础上,综合运用各项生产要素,通过间作、套作、混作、轮作等技术措施,合理安排种植,充分利用天时、地利,北部地区以麦作为中心的二年三熟制与南部江南一带的稻麦二熟制都得到进一步确立,使一年内的收获次数由一次增加到二次、三次乃至更多次。18 世纪中叶以后,我国北方除一年一熟的地区外,山东、河北、陕西的关中地区已经较为普遍地实行三年四熟或二年三熟制。对于山东的二年三熟制,中国社会科学院经济研究所的许檀考证指出:“明代后期至少在鲁西平原的兖州府、东昌府已经实行。如顺治十年汶上县孔府 12 个屯庄中有 10 个实行了复种,平均复种指数为 116. 9;此时的山东还处于明末战乱破坏后的恢复时期,故复种应是沿明代旧例。万历年间东昌府恩县一带夏播大豆的普遍化当也与麦后复种有一定的关系。”①

③施肥技术

在施肥技术上,这时期的主要特点有四:一是不但十分重视肥料的施用,而且讲究施用的方法,提出了因时、因地、看苗施肥和合理施用基肥、追肥的概念及施肥“三宜”(时宜、土宜、物宜)的原则;二是制肥、积肥的方法增多,肥料种类扩大,除人畜粪肥、绿肥及一切浸渍废物、河泥积尘等外,由于农产品加工业的发展,其副产品如各种肥饼和酒糟、糖渣、豆渣、油渣等成

①许檀:《明清时期山东经济的发展》,《中国经济史研究》1995 年第 3 期。

了优质肥料；三是广泛使用多种无机肥，明后期已开始把硫磺、砒霜、黑矾、卤水及螺蚬壳灰、蚌蛤蚝灰等用作肥料；四是将“粪多力勤”的原理应用在栽培管理上，特别强调讲究精耕细作，如创造耕地轮番培肥的“亲田法”，使用骨灰粉末作为肥料并用骨灰蘸秧根。此外，粒选已见于记载。水稻上已运用看苗施肥技术。除麻饼等外，豆饼、棉饼等的使用都始于明代。

(6)种植业技术有了很大提高

明代山东农业开发承上启下的重要地位主要是针对种植业而言的。王象晋在《群芳谱》中考察了大麦、小麦、玉米、甘薯等作物的性状，开栽培作物特征研究的先河。明代还选育了很多优良地方品种，而且在选种方法和选种理论上也有建树。

①小麦育苗移栽

明中后期小麦在北方种植面积扩大，成为重要粮食作物，产量约占各种粮食的一半。明末宋应星说：“四海之内，燕、秦、晋、豫、齐、鲁诸道，烝民粒食，小麦居半，而黍、稷、稻、粱仅居半。”嘉靖年间，山东东昌府武城县德王府庄田，夏麦地约占28.7%。万历中期，山东曲阜孔府张阳庄庄田，大、小二麦种植面积达41%；至清初顺治年间，已将近占60%。明初山东起科田地有夏税与秋粮之分，万历《兖州府志・田赋》与嘉靖《山东通志・田赋》的资料表明，明初山东六府及其属下各州县夏税麦地无一例外地都占起科田地的30%。另据李令福研究：夏税麦多征本色，夏税地的绝大多数种植小麦必定无疑。① 而且，政府制定经济政策也不能脱离农业生产实际太远。由此推知，明前期山东小麦播种面积占总耕地的三成左右。明中叶以后，小麦的播种比例逐渐扩大，万历十九年，曲阜县张羊庄种麦地占总耕地的40.9%，已较明初增加了一成。② 小麦种植面积的扩大，不仅增加了产量，改善了民众食粮质量，而且为二年三熟制的施行提供了前提条件，是我国耕作制度史上的又一次革命性变革。

明代小麦育苗移栽已运用于农业生产。小麦人工移栽始于何时，尚无明确的文献可征。但到明末清初，对小麦育苗移栽的时间、方法等已有较详

---

①李令福：《论华北平原二年三熟轮作制的形成时间及其作物组合》，《陕西师大学报》（哲学社会科学版），1995年第4期。

②《曲阜孔府档案史料选编》第二编，齐鲁书社1980年版，第137页。

细的记述。小麦育苗移栽，初见于明代《沈氏农书》："八月初，先下麦种。候冬垦田移种，每科五、六根，照式浇两次，又撒牛壅，锹沟盖之，则秆壮麦粗，倍获厚收。"王象晋的《群芳谱》记载的农谚说："稀谷大穗，来年好麦。"也表明粟后种麦的换茬轮作已较为普及。顾炎武的《天下郡国利病书》原编第十五册《山东上》引《汶上县志》说，如果采取暵地措施即当地所谓的塌旱地，次年"来牟（大小麦）之人常倍余田"，暵地现象已经成为较为特殊的现象。

②冬月种谷法

此法又称"冻谷"、"梦谷"及"二至谷"，是在农业生产实践中长期和自然灾害作斗争积累下来的宝贵经验和先进的农业科学方法之一，它是针对秋季因某些原因而错过种麦时期所采取的一种补救方法。"二至谷"即是冬至处理种子夏至收获的意思。使用"冬月种谷法"，促使春化，抗旱，促早熟，使农民在麦季无收的情况下仍可以收到早谷子。此法约发明于明中叶，最早记载见于《畿亭全书》，此书现已失传。

（7）山东开始种植的作物

明代，随着交通的开拓和与国外交往的扩大，许多作物相继传入山东种植。除玉米、棉花、水稻的种植发展外，也大力发展其他各种经济作物，如茜草、兰靛、红花等染料作物。从整体上说，这时期已呈现出一派多种农业生产与经营的景象。

①关于玉米传入山东种植的说法

玉米原产美洲。一般认为，大约在16世纪初期的嘉靖、万历年间玉米传入山东种植。我国对玉米的记载，最早见于正德六年（1511年）所修皖北《颍州志》。因为它来自西方，故当时人们管它叫番麦或西天麦，又因为它是以罕见珍品奉献给皇帝，所以又有御麦的美称。玉米在山东的早期记载比较少，成书于万历十年至三十年之间的《金瓶梅词话》在西门庆的食谱中提到玉米面蒸饼。但有学者提出：成书于明万历年间的《金瓶梅词话》在描述西门庆食谱时，几处提及玉米蒸饼，这条记载不但不能成为山东一带种植玉米的证据，反而恰恰说明玉米并非本地所产，为西门庆这样的富户从其他地方购得。[①] 明后期的农书、方志和史籍对玉米的记载逐渐增多。玉米在传入山东后，种植地域并不广泛，直到清乾隆时期才在山东各地传播开来。番薯和玉米在山东的引进扩大种植，促进了山区及丘陵地区的开发和利用，从而对社会经济的发展产生了积极的作用与影响，在山东农业发展史上具有重要的意义。

②棉花的种植

北方山东省在明代已经盛产棉花，集中在鲁西北的东昌府、鲁西南的兖州府等地，曾大量向江南输出。棉花的传入，曾给农业种植业结构的变革和人民的生活带来深远影响。明中期以后，由于政府的强制与奖励政策，棉花的种植进一步扩大，已具相当规模。由于赋役折银等因素的影响，山东省逐渐形成了鲁西北与鲁西南的商品棉产区。嘉靖《山东通志・田赋・物产》有“棉花六府皆有之，东昌尤多”之记载。山东6府皆种棉花，五谷之利，不及其半。[②] 由于种植广泛，土质和气候有异，各地还培育出不同的品种。徐光启曾介绍了近十种棉花的特征和出棉率。其中就有：“北花出畿辅、山东，柔细中纺织，棉稍轻，二十而得四，或得五。”棉花在明代初年引种山东，而且得到迅速的推广和发展，其根本原因就在于政府的强制与奖励政策。

表1　山东省明代各府交纳地亩花绒数[③]（单位：斤）

府别	地亩花绒	州县数	每州县平均
济南府	14066	30	468.9
兖州府	17064	27	632.0
东昌府	15701	18	872.3
青州府	2794	14	199.6
登州府	858	8	107.3
莱州府	1962	7	280.3
山东省	52448	104	504.3

明洪武之后，棉花的种植被逐渐推广，特别是在东昌、兖州、济南三府为最。在济南府地区，棉花主要集中在大清河和小清河流域的州县。如在临

①韩茂莉：《近五百年来玉米在中国境内的传播》，《中国文化研究》2007年第1期。
②《古今图书集成・职方典》卷二三〇《兖州府部・风俗考》。
③资料来源：嘉靖《山东通志》卷八《田赋》。

邑，“木棉之产，独甲他处，充赋治生，倚办为最”①。遇到丰收年景，“吉贝（棉花）以数千万计”②。在章丘，“城北下三乡地宜棉花”③。另外，在德州、齐东、滨州、阳信等地，也都大量种植棉花。

明代中叶以后，随着商品经济因素的增强，临河滨海的山东省棉花生产在北方率先走向专业化与商品化的轨道。山东兖州棉花转贩四方，其利颇盛，郓城土宜木棉，商贾转鬻江南。④ 当然，棉作区的农家仍普遍从事纺纱、织布的家庭手工业，但这种家庭手工业已脱出男耕女织的自然经济范畴，而是人以布缕为业，⑤布一下机，即须卖出，纯粹成为面向市场的商品生产。

③水稻的种植

除京畿地区外，北方山东等省亦有水稻种植，且有的地区产量高达五六石。王象晋在《群芳谱》中对水稻密植的认识和实践已经达到相当成熟的程度。在水源充足的地区，水稻的种植面积不断扩大。嘉靖年间，山东青州府诸城等县，稻田“所获，溢陆田数倍”，丰年亩产可达五六石，一般四五石，“户户舂米”，“贸迁得高价”。在莱州府，大量种植水稻，万历《莱州府志》的《物产门》中，已将稻谷列为本地的五谷之首。

（8）明代山东的植树和果树栽培技术

明代的《群芳谱》，都有植树技术的专节，集中代表了该时期山东人工植树造林的技术水平。书中也有较多的、系统的栽培果树的技术。明代在果树、蔬菜的栽培上都有了新的发展，果树种类不断增加，元代王祯《农书》中记载的果树种类有 23 种，到明代《群芳谱》中记载的果树种类有 42 种。山东地方性的品种也相继培育成功，如莱阳茌梨，又名莱阳慈梨，俗称莱阳梨，是山东普遍栽培的白梨系统中的优良品种。因主要产地在莱阳市、原产地在茌平一带得名，栽培始于明末。明中期之后，山东各地因地制宜，梨枣桃栗等果木，以至园圃蔬菜、花卉草木等业，都有不同程度的发展。据明朝隆庆年间（1567—1572 年）修《肥城县志》记载：“果亦多品，惟桃最著名，远

---

①顺治《临邑县卷》卷四《风俗卷》引万历旧志文。
②邢侗：《来禽馆文集》卷十八。
③万历《章丘县志》卷十四《风土志》。
④《古今图书集成·职方典》卷二三〇《兖州府部·风俗考》。
⑤康熙《松江府志》卷四《土产》引徐献忠《布赋序》。

近千里外，莫不知有肥桃者，而吕店、风山、固留诸村尤佳。”足见，400 多年前，肥城桃已享盛誉。

明万历年间烟草传入山东种植，是重要的经济作物，栽培烟草在植物分类上属于茄科烟属的红花烟草及黄花烟草种。花卉种植业以曹州牡丹为例，在明代，就有“曹南牡丹甲于海内”①的盛誉。

明、清两代亦有园艺专著，1705 年（清）蒲松龄的《农蚕经》等都是专论桑蚕的著作。明代又出现了“匕头接”和“寄枝”两种嫁接方法。“匕头接”就是根接，“寄枝”就是靠接。根接的出现，说明从过去相同器官之间的嫁接发展到了不同器官之间的嫁接；而靠接的出现则为那些嫁接不易成活的植物提供了比较可靠的无性繁殖措施。果树修剪，如葡萄的夏季修剪是在明代开始出现的。在果园管理方面，明代创造了果树的滴灌技术，《群芳谱》中即有无花果的滴灌技术的记载。在果品贮藏上，明代还创造了多种贮藏方法，其中冰窖贮藏鲜果的方法已广泛应用。

（9）明代山东的蔬菜栽培技术

明代蔬菜的栽培，特别是在早春蔬菜的温床育苗、育苗移栽、瓜类的整蔓、火室及火炕的推广应用、菜窖的改进、蔬菜加工等方面已有很大进步。育苗移栽已是明代蔬菜栽培中最普遍采用的方法，文献中已有关于应用火室、火炕生产黄瓜、韭黄的具体记载。时至今日，我们所食用的许多酱菜、菜干、糖醋小菜等都是那时创造出来的。16 世纪末，甘薯也引进到山东胶州一带，甘薯的推广从此开始。

（10）明代山东的畜牧业

明代畜牧业在科技方面也有较大进步，渔业、农副加工业联为一体，多种经营，互促互荣。明代盛世也重视畜牧业的经营，我国家畜家禽已有相当多的著名品种，山东地方性的品种也相继培育成功，如寿光鸡，原产于山东省寿光县稻田乡一带，以慈家村、伦家村饲养的鸡最好，所以又称慈伦鸡。该鸡的特点是体形硕大、蛋大，属肉蛋兼用的优良地方鸡种。在家畜家禽饲养方面，有几种家禽的肥育法是很有特色的。相畜术广泛应用到家畜家禽上，家禽人工孵化技术这时出现了看胎施温、炕孵等技术。明代大兴养马，

①苏毓眉：《曹南牡丹谱》，载姚元之《竹叶亭杂记》卷八。

马业特盛。同时,这时期仍极力发展养牛业。

2. 清朝时期山东的农业生产技术

(1)优惠政策和赋税制度的改革

明末清初战乱持续半个世纪之久,整个社会经济遭到破坏,农业生产破坏十分严重,农村荒残,人口稀少,人民没有购买力,市场也没有商品供应,甚至很多地方的墟场集市都已成为废墟一片,比起元末明初有过之而无不及。顺治二年,御史刘明瑛称:"比年以来,烽烟不靖赤地千里,由畿南以及山东,比比皆然。"①巡抚卫周允说:"地亩荒芜,百姓流亡十居六七。"②山东榆园一带以至济宁地区"满目尽为荆榛,四望绝无人迹,荒凉至极"③。清朝建立后为恢复经济采取了招抚流亡人口、奖励垦荒、发展水利等措施。自顺治元年到康熙三十二年(1644—1693年)的50年间,清政府关于"招诱流亡、奖励垦荒"的诏谕不下25道,对开垦荒田给予种种优惠政策,如"垦荒归己,三年不征赋税"等等。同时,对赋税制度也进行了改革,雍正元年(1723年),山东巡抚黄炳提出将丁税摊入田亩的建议,雍正三年清政府批准在山东全面推行"摊丁入亩",这是清统治者用以缓和土地兼并的一项政策。将丁银摊入田赋征收,废除了以前的"人头税",所以,无地的农民和其他劳动者摆脱了千百年来的丁役负担;地主的赋税负担加重,也在一定程度上限制或缓和了土地兼并,而少地农民的负担则相对减轻。同时,政府也放松了对户籍的控制,农民和手工业者从而可以自由迁徙,出卖劳动力,有利于调动广大农民和其他劳动者的生产积极性,促进社会生产的进步。自1662—1795年,经过百余年的发展,出现了历史上封建史家夸耀的"康雍乾盛世"时期,粮食产量提高,人口也增长较快。由于政府采取种种鼓励农业发展的措施以及多种经营发展,这个时期农村经济繁荣,农民经济收入增多。吴宽说"次农自给自足,不仰于人",或说"为上农者不知其几千万人"④。万历年间,山东章邱县"闾阎殷富"⑤。

(2)清代农家肥料的积制技术,已经相当完备

---

①《清世祖实录》卷十四。
②《清世祖实录》卷十二。
③顺治九年五月二十四日,直隶总督马家辉题本,见《历史档案》1981年第2期。
④吴宽:《匏翁家藏集》卷三十六《心耕记》。
⑤转见李文治:《明清时代封建土地关系的松解》,中国社会科学出版社1993年版。

农家肥料的积制技术,已经相当完备。清朝对土壤贫瘠问题高度重视,因此总结出了因时因地因作物合理施肥的经验,例如这时期创造了深翻压盐、绿肥治碱技术,也就是使用深翻、平整、除涝治碱、粘土掺沙、沙土淤灌的农田基本建设,还采取了种植绿肥等改良盐碱的方法以及植树治碱技术,使作物的品种不断增加。

(3)二年三熟已普遍推行

中国社会科学院经济研究所许檀先生研究指出,山东两年三熟制的搭配是以麦—豆—秋杂轮种为主。康熙《巨野县志》记载,“种植五谷以十亩为率,大约二麦居六,秋禾居四”,“二麦种于仲秋,小麦更多,先大麦播种,历冬至夏五月收刈,大麦先熟,小麦必夏至方收”;“秋禾以高粱、谷豆为主,其次黍稷,沙地多种棉花,芝麻与稻间有种者”;“初伏种豆,末伏种荞麦,多用麦地,俱秋杪收刈”①。

李令福在《论华北平原二年三熟轮作制的形成时间及其作物组合》中提出:“到了清初顺治九年,本庄麦地占总耕地的59.7%,几为明初的二倍。据曲阜孔府档案资料,清初顺治年间,汶上县马村、胡城口等十几个村庄小麦的播种面积多占总耕地的六七成,没有一个低于五成的。他如曲阜县红庙庄、小庄、齐王庄、邹县岗上庄、双村、土旺庄、毛家堂、菏泽县平阳厂等地小麦的播种面积也多在总耕地的半数以上,低于50%的例子很少。这就充分说明了明末清初鲁西南平原小麦播种面积逐步扩大,由明前期占总耕地的30%左右上升到约50%。当然,小麦扩种的这种趋势并非仅为鲁西南地区独有,有资料表明,土壤水热等自然条件基本相同的华北平原各地均与此同步。”②

同时,李令福指出:“到清代中期,由于人口的急剧增长,不仅提供了大量的农业生产劳动力,而且也给粮食生产造成了更大的压力,故在尽可能的情况下,农民要在麦收后复种。当时平地上一般二年三收,即使低洼涝地上农民也多争取复种,如山东沂水县涝地上‘麦后亦种豆,雨水微多,颗粒无收,徒费工本’。济阳县低洼地,农民收麦后,‘即与高阜并种秋禾’(民国

①康熙《巨野县志》卷七《风俗》。

②李令福:《论华北平原二年三熟轮作制的形成时间及其作物组合》,《陕西师大学报》(哲学社会科学版),1995年第4期。

《济阳县志》卷五《水利志·文告》载乾隆时文告)。二年三熟种植制度成为华北平原绝大多数地区农业种植的主流,这在清中叶的地方志及各类农书中有明确记载。"①

"两年三熟制的普及当是在康熙中叶—乾隆年间,这显然与山东人口的大幅度增长密切相关,上举邹县、汶上县屯庄康熙二十年代麦后复种尚有间歇,到三十年代渐趋稳定,乾隆年间复种比例已经相当高了。又如,雍乾之时皇帝本人对山东麦收之地能否适时'耕犁布种晚谷秋豆'也十分关心,时有垂问,《宪庙朱批谕旨》及《清高宗实录》对此多有记载。显然,此时两年三熟制已成为山东全省一种普遍的种植方式了。"②

(4)清代山东的作物

玉米。自清乾隆年间开始,伴随人口大幅度增长,在粮食需求的推动下,玉米在全国各地广为传播,一向鲜于种植玉米的黄河下游地区也有了长足的发展,不仅能在各地的方志中看到相关记载,而且成为继续北向传播的起点。清代山东各府州均出现玉米,且在丘陵山地表现出更多的适宜性,"高田多包谷,洼田多穆"成为作物与环境之间的基本选择形式。③

据现存乾隆时纂修的泰安、东平、福山、鱼台、济阳、淄川、济宁、临清等地方志书的记载,玉米已作为主要谷物列入了本地的物产品种。到嘉庆、道光时期,玉米在山东种植范围有了进一步扩大,像禹城、肥城、东阿、蓬莱、荣成、博兴、胶州、平度、金乡等地的志书,也把玉米列入了本地主要的谷类作物。④

种麦。顺治时代撰写的《登州府志》更明确地记有"黍后俟秋耕种麦"⑤,可知禾麦轮作在明中后期已较为普遍。⑥ 顺治时,登州府一般的农事安排是:"春时播百谷,正月种麦,二月布谷及黍稷蜀秫麻等项,三月种大豆与稻,稻有水陆两种,谷雨前种棉花,俱秋收;麦后种豆,黍后俟秋耕种麦;

---

①李令福:《论华北平原二年三熟轮作制的形成时间及其作物组合》,《陕西师大学报》(哲学社会科学版),1995年第4期。

②许檀:《明清时期山东经济的发展》,《中国经济史研究》1995年第3期。

③光绪《文登县志》卷十三《土产》。

④孙祚民:《山东通史》(上卷),山东人民出版社1992年版,第422页。

⑤顺治《登州府志》卷八《风俗·稼穑》。

⑥李令福:《再论华北平原二年三熟轮作复种制形成的时间》。

又有冬麦俱来年五月初收。”[①]据《顺治九年红庙庄地亩谷租草册》记载：顺治九年，本庄“共麦地一顷二十三亩四分九厘，共该麦八石三斗一升，共该豆八石三斗一升”；顺治十一年也与此相同，种麦地也收取了与麦租等量的豆租。[②] 又据《顺治十一年齐王庄春秋地租总帐》，本庄“共三等麦地一顷六十六亩一分一厘，以上共收半季麦租二十五石九斗二升七合……共该半季豆租二十五石九斗二升七合”。说明麦地的租额一半是麦，一半是豆。[③]档案中还明确记载，在清初的顺治年间，曲阜、汶上、邹县、泗水、鱼台、菏泽等县 20 多个村庄的种麦地，除收取麦租外，还收取等量或少量的大豆。

棉花。清前期山东各地关于种棉的记载较明代更多，见于各地方志。山东六府普遍植棉，“五谷之利不及其半”[④]。木棉种植成为农家主要经济来源，有的地方农户“一切公赋、终岁经费，多取办于布棉”[⑤]。大体上，除西北部东昌、临清、武定诸府州及西南部的郓城一带仍为集中棉区外，黄河（大清河）下游南岸的济、青、武三府交界地区，包括齐东、章丘、邹平、高苑、博兴、蒲台、利津等县在内，也已形成集中产区。由于经济作物经济效益远远高于粮食作物，所以植棉的农民比较富裕。山东东昌多种棉“其利甚溥”[⑥]。

清代中期鲁西南产区衰落下去，而鲁北平原棉产区得到快速发展。清中叶以后鲁西北与鲁北平原成为重要的商品棉基地，在北方的地位仅次于河北省。清末山东全省植棉 260 万亩，生产皮棉 56 万担，其中有 20 万担通过长距离贩运以供应省内外市场。[⑦] 对于种棉的效益，山东蒲台县农民就有“工本较五谷费重，其获利亦丰”[⑧]、“五谷之利不及其半”[⑨]的说法，农户多有借之发家的。乾隆时山东夏津农民种棉就“多能起家，而贫者以富”[⑩]。

烟草。种烟亦如此。山东、陕西、甘肃及东北地区是北方种烟较多的地

---

①顺治《登州府志》卷八《风俗·稼穑》。
②《孔府档案选编》上册，中华书局 1982 年版，第 331 页。
③《曲阜孔府档案史料选编》第三编，第 11 分册，齐鲁书社 1980 年版，第 89 页。
④《古今图书集成·职方典》卷二三〇《兖州府部·风俗考》。
⑤康熙《齐东县志》卷一《职方纪·风俗》。
⑥嘉靖《山东通志》卷八。
⑦李令福：《明清山东省棉花种植业的发展与主要产区的变化》，《古今农业》2004 年第 1 期。
⑧乾隆《蒲台县志》卷二。
⑨乾隆《曹州府志》卷七。
⑩乾隆《夏津县志》卷四。

方。烟草种植很普遍,一些地区烟田面积占耕地十之六七。山东以济宁州最著名,康熙时已"膏腴尽为烟所占"①,济宁"遍地种烟"②。道光时,据包世臣记载,济宁"出产以烟叶为大宗,业此者六家,每年买卖至白金二百万两"③。

《山东通史》(上卷)分析了烟草业在清代的种植情况:

入清以后,在兖州、青州两府地区,已到了相当兴盛的程度。在兖州的滋阳县,"自国朝顺治四年(公元1647年)间城西三十里颜村店史家庄创种"后,到康熙时期这里已是"遍地栽烟"。乾隆年间,济宁州地区"大约膏腴,尽为烟所占,而五谷反皆瘠土"。当时的巡抚鄂容安在一份奏疏中称:"兖属向不以五谷为重,膏腴之地,概种烟草"。可见种烟之盛。青州府地区烟草种植稍晚,该府寿光县,"自康熙时,有济宁人家于邑西购种种之","其后,居人转相慕效,不数年而乡村遍植","遂成邑产"。乾隆时期,烟草在山东种植地域不断扩大,在泰安府已成了"处处有之"的作物,在莱州府的潍县,还出现了一些专门经纪烟草的烟行。烟草越来越成为各地重要的经济作物。烟草在一些地区的种植,也出现了压倒其他农作物种植的程度。如在济宁地区,乾隆以后,济宁"环城四五里皆种烟草"。"大约膏腴,尽为烟所占,而五谷反皆瘠土"。济宁地区的烟农,采用精耕细作,集约经营,"其工力与区田等",是明显的商业性经营。另外,在兖州、青州、莱州、泰安等府地区,也都出现了以赢利为目的大面积的烟草种植业。④

另一方面,《山东通史》(上卷)分析了烟草加工业中具有资本主义生产因素的可能性:

在烟草加工业中,在清代中期也出现了资本主义生产因素的萌芽。在烟草种植区,由于大量种植烟草,同时也促进了烟草加工业的发展。烟草加工是一项工序较复杂,需用人力较多的行业。在烟草加工业中,

①乾隆《济宁直隶州志》卷三十二《艺文·济州臧氏种蜀黍记》。
②转见《中国资本主义萌芽讨论集》上册,第54页。
③《安吴四种》卷6《中衢一勺》。
④孙祚民:《山东通史》(上卷),山东人民出版社1992年版,第423页。

根据烟叶采摘季节和质量的不同，分别分成伏烟、秋烟、顶烟、脚烟等不同的种类和等级，然后再经过作烟、打捆、包烟等各道工序，因此，往往需用众多的劳力分别在不同工序上工作。在当时盛产烟草的济宁，就出现规模较大的烟草加工业。据文献资料记载：在济宁，从事烟草加工"业此者六家，每年买卖至白金二百万两，其工人四千余名"。正因为济宁的烟草加工业比较发达，所以"西客利债滚剥遍天下。济宁独不容，贫民之财不外出，宜其殷富也"。从济宁烟草加工业的规模及经营方式来看，不能否定在此行业中具有资本主义生产因素的可能性。[①]

除了棉花和烟叶之外，山东大豆自明代即向江南大量输出，清乾隆年间大豆的输出量每年约在 200 万石左右[②]。龙山小米产于山东章丘市龙山镇周围，为清代全国四大贡品之一。明水香稻米更是有"一株开花满坡芳，一家煮饭四邻香"之美誉。

农桑山蚕业。农桑山蚕业在明代原有的基础上，到清代前中期已发展成为一项重要的商业性农业经营。在明显的经济利益的刺激下，农家普遍认为多种田不如多治地，即多种稻不如多栽桑，以致桑蚕区的桑树种植面积远远超过稻米种植面积。北方蚕业发达的地区首推山东，居民利用山上的槲树饲养野蚕，弥山遍谷，一望皆蚕[③]。在沂州、青州、兖州、登州、莱州等地区，农民利用山区的自然优势，"种树畜蚕，名为蚕场"。这些蚕场规模很大，往往是"弥山遍谷，一望蚕丛"[④]，采取大面积的放养。

（5）清代有许多新作物传入山东种植

这时期不仅棉花、花生、烟草、大豆等经济作物开始大量种植，又有许多新作物传入山东种植。

嘉庆初年小粒花生传入山东种植。19 世纪后期，美国大粒花生品种引种于上海和山东蓬莱。由于它的产量较高，逐渐代替了小粒种的地位。在山东种植花生最早见于乾隆年间文献的记载。据乾隆十四年（1749 年）《临清州志》与乾隆四十七年（1782 年）《邱县志》记载，本地出"落花甜"。"落

---

①孙祚民：《山东通史》（上卷），山东人民出版社 1992 年版，第 436 页。
②许檀：《明清时期山东的粮食流通》，《历史档案》1995 年第 1 期。
③谈迁：《枣林杂俎》中集。
④《沂州府志》卷三十三《艺文志》。

花甜”即是“落花生”。嘉庆时期，花生在山东的种植逐渐由运河一带地区向东部推广蔓延，并形成了泰安和青州两大种植地区。

在胶东，大量种植番薯，“几与五谷同，其珍重，谚曰‘田家饭菜一半’”①。在鲁东南一带地方，番薯种植也已“抵谷之半”②，日益成为广大劳动人民的主要粮食作物。

清代还传入了马铃薯、辣椒、甘蓝、番茄等。由于外来作物的引进，山东农作物的结构发生了新的变化，小麦、甘薯、玉米等逐步成为重要的粮食作物，棉花、花生、烟草及其他经济作物的种植，逐渐占有较大比重，棉花发展尤快，丝绸生产闻名全国。

（6）清代山东的蔬菜种植业

清代山东的蔬菜种植业一是满足人们生活的需要，另一方面朝向商业性不断发展。到清中期以前，在山东一些城镇的近郊，蔬菜种植业也有了较大的发展。例如，在济南，蔬菜种植多集中在城北的郊区一带，在登州，“近郊之家”，“开园圃种蔬菜，利倍于田，而劳亦过之”③。有些地方甚至出现了经营规模较大的种植蔬菜专业户和专业化种植区域。如嘉庆《长山县志》卷一二《艺文志》吴长荣《书西园买菜图后》记载的就是明初移民开荒种菜的史实。泰山生姜又称黄姜，主要产区在泰山东麓的汶、汇河两岸莱芜市和泰山之阳的宁阳县蒋集、葛石、磁窑等，又俗称为“莱芜黄姜”和“宁阳黄瓜姜”。在宁阳县，“种姜者，厚其培壅，时其灌溉，以为获利百倍”④。峄县的姜农，因大面积种植，可以“鬻姜于外商，其利数倍”⑤。另外，胶州地区的大白菜，清代胶州籍的史学家柯劭忞有诗云：“翠叶中饱白玉肪，严冬冰雪亦甘香。园官不用夸安肃，风味依稀似故乡。”还有潍县地区的萝卜，又称“青萝卜”或“高脚青”，经过300多年菜农和科技人员的长期培育，形成了大缨、小缨和二缨三个品系。此外，章丘地区的大葱、郯城地区的大蒜、烟台苹果、莱阳梨、肥城桃、乐陵小枣、青州银瓜等，都是国内外著名的品种，都形成了一定规模的专业化种植区域。

---

①道光《荣成县志》卷三《食货志・物产》。
②光绪《日照县志》卷三《食货志・物产》。
③顺治《登州府志》卷八《风俗》。
④咸丰《宁阳县卷》卷六《物产》。
⑤光绪《峄县志》卷七《物产略》。

（7）清代山东的花卉种植业

花卉作为有观赏价值的草本植物，也向商业性农业经营的方面发展，其品种及其质量在清代也有明显的提升。这时期更讲究姿态优美、色彩鲜艳、气味香馥，因而更具有观赏价值。例如，曹州牡丹在入清以后栽培业又有了新的发展，品种多达近百种，有的花农栽培牡丹“多至一二千株，少到数百株”①。嘉道时期，曹州牡丹种植面积已达500多亩，每年向广东、福建及北京等地输出多达10余万株。其商业性牡丹种植业规模之大显然可见。另外，在平阴县，玫瑰的栽培“连田数里，支架相接”，“花时，贩者自远而至”②。这些都反映了商业性花卉种植业的发展。花卉已刻到青花纹盘等器物上。例如，据2009年10月报道，蓬莱发现有青花花卉纹盘。山东沿海水下文物普查队在蓬莱海域发现一处清代中晚期的水下沉船遗址，该遗址文物以青花瓷为主，另外有少量五彩、白釉和酱釉瓷器。器型主要为碗和盘，另外还有碟、罐和小杯，纹饰除少量凤纹外，绝大多数为花卉纹。

（8）清代山东的果木种植业

山东梨（长把梨）原生长在东江镇崔家村，清朝康熙年间始有栽培，距今已有260多年的历史，其母树原名叫“天生梨”，后经嫁接繁育成为今天的大梨品种。它以皮薄渣白、汁多甜脆、耐贮存、贮存后品质变优而著称于世。

到了清代，肥城桃被列为贡品。清宣统元年（1909年），山东劝业道肃（一种官方组织）为保护肥桃生产，曾立“保持佳种碑”于肥城南关火神庙旁。从此，封果园之风大减，栽培渐盛。

果木种植业在清代中期以前也具有商业性经营的特征。如在武定府的乐陵县，“田皆树枣，行列如阵。枣之名甚多，无核、金丝、脆枣、园玲等类”，“其最多者小枣，以车贩鬻四方”③。

东昌府地区也以盛产枣著称。在运河主要码头上，“每逢枣市，出入有数百万之多”④。从各地运来的大批干、鲜枣，堆放在河岸，待装船运往江南。在青州府的山区，种植柿子、核桃的果农，“盈亩连阡”，“贩之胶州、即

①苏毓眉：《曹南牡丹谱》，载姚元之《竹叶亭杂记》卷八。
②③王培荀：《乡园忆旧录》卷三。
④宣统《聊城县志》卷一《方域志·物产》。

墨,海估载之以南,远达吴楚至闽粤”①。莱州大泽山一带农民,大面积栽培葡萄,“其利倍于五谷”。此外,像肥城的水蜜桃,德州、恩县的西瓜,在平的梨等果木种植,都有较大的规模,也表现出了一定程度的专业化种植色彩。

(9)清代,畜禽杂交繁育技术进一步发展

山东省又是一个经济畜牧业大省,畜牧业基础雄厚,畜牧经济十分活跃,清代“牛为农家必备之耕畜”。清代的《相牛心境要览》是一部内容远胜于《相牛经》的相牛专著,全书1.2万余字,以介绍相水牛技术为主,次及黄牛(特别是鲁西黄牛),其中大部分可作现代役牛鉴定的参考。随着牛用途的发展,放牧为主的养牛方式逐渐向舍饲过渡,或二者结合。

清代,由于统治者不准民间养马,但骡驴可以养,故该时期对牛的传染病防治有了较深的研究。这一时期,家禽的饲养得到空前发展,畜禽的品种繁多,如当时已开始引进火鸡饲养。畜禽杂交繁育技术进一步发展,家畜家禽优良品种增多。在兽医方面,诊断学、辨证施治以及方剂学、中兽医、针烙术等都有了较大发展。

山东、河南、北直隶三省交界地区乃黄河故道冲积平原,水利灌溉比较充足,又有南北大运河从中穿过,为经济发展提供了有利条件,不仅成为北方粮食和棉花产量较高、种植普遍的地区,而且这里也是商业贸易活跃的经济“金三角”地区之一。山东东昌府嘉靖年间已成“平衍丰乐”之地,“颇称殷庶”。该府濮州、范县享有“金濮、银范”之誉。

(二)明清时期山东的棉织、丝织生产技术

明代棉织、丝织技术有了新的发展。在明代,山东蚕农已经有了一套比较成熟的放养柞蚕的方法。周村成为丝织中心。清代前期,山东齐东县农家“妇女蚕桑之外,专务纺绩,一切公赋,终岁经费,多取办于布棉”②。明代周村已是“步步闻机声,家家织绸缎”了。明代中期,山东棉花棉布的征收量已居北方之首。

明代后期丝织业获得长足进展。明代丝织业分为官营和民营两种。官

①咸丰《青州府志》卷三十二《风土志》。
②康熙《齐东县志》卷一。

营丝织作坊除设于京师之外,山东济南是其中分设地方之一。从天顺年间开始,朝廷不断下令额外增造,尤以嘉靖、万历时期为甚,已远远超出官营丝织作坊的生产能力。各地方织染局为了完成任务,便纷纷实行机户领织制度,即通过中间包揽人,利用民间机户进行加工定货的生产形式。机户不仅存在于城市,也存在于乡村,并促使一批丝织业市镇的形成。随着丝织业的迅速发展,从农家副业中分离出来的从事专业经营的机户越来越多,并且在机户中还产生了大户和小户的分化。这就为丝织业中的雇佣关系的发展创造了条件。在明代后期,在家庭棉纺织业进一步普遍发展的前提下,某些地区的棉纺织业已发展成为专业性的商品生产。但是,另一方面,北方山东是新发展起来的植棉区,产量亦很可观,但由于没有解决棉纱湿度问题,本地棉纺业也受到了一定程度的影响,"棉花尽归商贩,民间衣服率从贸易"①,这就出现了徐光启所描述的"吉贝(即棉花)则泛舟而鬻诸南,布则泛舟而鬻诸北"的局面。②

清代的纺织业有了进一步的发展,技术也有了新的提高。清代中叶前后,山东已有60个州县开展棉纺织生产,并形成几个重要的商品布输出区。济南府齐东、章丘、邹平、长山一带所产棉布、多汇集于周村,输往关东等地,形成产业辐射。清代(鸦片战争前)纺织业出现了手工工场。例如,淄川县栗家庄的华丰涟恒盛机坊,拥有场房26间、织机72架、雇工100余人,月产丝绸300匹。

孙祚民先生在《山东通史》(上卷)中有以下总结:

> 先看棉纺织业。棉纺织业作为农村家庭手工业的主要行业在清代中期以前更加普遍发展。乾隆时期,山东不少地区的农民已由自给性棉纺织生产向商品性棉纺织生产方面发展。如在武定府地区,乾嘉时期,农户织的棉布,多"抱而贸于市",然后"商贩转售,南赴沂水、北往关东,闾阎生计多赖焉"。在济南府的齐东县农户更是"勤于纺织",所织之布,"皆抱布以期准集市场,月凡五六至焉。交易而退,谓之布市。通于关东,终岁且以数十万计,民生衣食之原,商贾辐辏之势在是"。

①钟化民:《救荒图说·钟忠惠公赈豫纪略》。
②徐光启:《农政全书》卷三十五《木棉》。

> 大量的棉布作为商品投放到市场,这在明代是不多见的。另外,这时在棉纺织比较发达的地区,已出现了棉纺织由自纺自织到纺、织分离的分业分工的趋势。如在临清有专供织布的"线子市","凡女红所需,每日辰刻,携线而至者,约一二千斤",以供织布户所用。在泰安,"吉贝花非泰安出,阔布岁输一千匹"。在章丘的龙山镇,更形成了"纷纷机匠织龙山"的局面。这些专事织布地区的出现,表明棉纺织业中的分工分业已趋向地区专业化分工的方向发展。
>
> 再看丝纺织业。和棉纺织业一样,在乾隆以后,在丝纺织业中也开始出现了缫丝与织丝的分工分业趋势。如盛产山蚕丝的临朐,蚕丝多"聚于冶源集",然后由商贩购去"货行远方"。而一些不出丝的地区,却专事织作。像临清的机户所用丝,有"东丝"、"湖丝"、"西丝"数种。"东丝,即山东出者","湖丝,即南丝","西丝,自西来者"。所织的各种丝织品,"贩者达西宁、西藏"。在淄川县,"邑人近事槲绸,然茧不产于淄,而织于淄"。在长山县,自乾隆以后也是"俗多务织作,善绩山茧。茧非本邑所出,而业之者颇多,男妇皆能为之"。位于本县境内的周村镇,更是集中了大量的丝织机户,吸收来自山东及其他省区的蚕丝,成为山东最大的丝纺织的生产中心。①

道光年间汇聚周村的商人商号可达八九百家乃至千家。周村从南方输入的商品主要是绸缎、杂货,在本地集散的商品则有棉布、生丝、丝绸、茧绸等。清中叶以降,周村开始从单纯的商业中心向加工制造业中心转化,其所产棉布、丝绸不仅占领了东北、华北的广大农村市场,且有一部分打入城市市场。

据山东工艺美院研究民间工艺50多年的丁永源教授介绍,现知最早的是1975年出土于邹县元代李裕庵墓葬中发现的鲁绣。绣裙、袖边、鞋面都采用了山东的传统较粗壮的加捻双股丝线,俗称"衣线"故又称作"衣线绣",图案花纹苍劲雄健,质地坚实牢固;并根据图案中不同的内容和要求,掺杂了"辫绣"、"手绣"、"网绣"、"接针"、"套针"、"打籽"等多种灵活的针

---

①孙祚民:《山东通史》(上卷),山东人民出版社1992年版,第433—434页。

现收藏于故宫博物院的衣线绣《文昌出行图轴》(明晚期)

法,针线细密,整齐匀称,疏密有致。比较特别的绣法是在仅有1厘米左右的人物上,附加一根短细丝线,表现人物面部的眉眼、口鼻和袍服上的束带等细微部分。这种绣法,反映出当时绣工的熟练技巧,具有比较典型的"鲁绣"特点,为研究古代"鲁绣"提供了很有价值的实物资料。到了明代,开始正式有了"鲁绣"这一说法。北京故宫博物院就存有明代鲁绣《文昌出行图轴》、《芙蓉双鸭图轴》、《荷花鸳鸯图轴》等立轴数幅,在织有同色花纹的绫缎上刺绣五彩的主纹,主花纹在底花纹上凸突明显,用色鲜明,针法粗犷,更显得绣品浑厚、协调而富丽。衣线绣《文昌出行图》其绣线为双捻线,纹样粗犷简约而质朴,作品采取二色间晕的装饰方法,施以平针、套针、平金、钉线、网绣等针法绣制,不但保持了鲁绣的风雅,还将衣线施捻,并把苏绣中常见的劈丝绣线融入作品中,人物的神态、动作和衣纹的褶邹都细腻逼真,堪称衣线绣杰出的代表作品。

现收藏于故宫博物院的鲁绣《荷花鸳鸯图轴》

现收藏于故宫博物院的鲁绣《芙蓉双鸭图轴》

鲁绣《荷花鸳鸯图轴》以湖色缠枝牡丹暗花缎作底,用十五六种颜色的线绣作荷花、鸳鸯、竹子、石榴、蝴蝶以及山石等,绣线粗犷,绣工平整,耐磨力强,具有当地民间艺术的特色。

鲁绣《芙蓉双鸭图轴》,丝质以暗花缎为地,用双捻五彩丝线绣制,山石、花瓣等仿中国画晕色手法绣制,以针代笔,绣工整齐均匀,丝理疏朗有致,加以用了二十余种艳丽的色线,表现出鲁绣纹饰苍劲、豪放、优美的特色。

鲁绣从古代帝王公卿的章服走入寻常百姓家,无论是邹县的李裕庵墓中发现的鲁绣,还是存于故宫博物院中的明代作品,都向世人展示出鲁绣绣饰鲜明而不脱离实用的民间艺术风格。

清代康熙、雍正、乾隆年间,鲁绣到了一个高速发展时期。仅清末民初,山东潍县刺绣作坊就有 30 多家,绣工之多遍及潍城四乡,因此,潍县素有"九千绣花女"之誉。潍绣发展为商品后,广大妇女为生计所迫,以绣花作为一种家庭副业。她们都千方百计提高技艺,精工制作。据潍县志记载:"潍县绣花初仅作堂地装饰之用,如套袖、裙子、枕顶等类,嗣后技术日精,凡围屏、喜帐、戏衣等皆能绣制,其优美过于南绣。"清代的丝织业中已出现了资本主义生产因素的萌芽。

1840 年以前,我国的手工机织技术在制造高档、精美产品的领域中也已达到很高的水平。各地因地制宜广泛使用传统的大花本花楼机、丁桥①形多综多蹑(踏板)机、竹笼式提花机、绞综纱罗织机等多种织机,用来织造丰富多彩的丝、麻、棉、毛织品。

潍坊工业发展较快。潍坊是历史上著名的手工业城市,清乾隆年间便有"南苏州、北潍县"之称,明清时代曾以"二百支红炉、三千铜铁匠、九千绣花女、十万织布机"闻名遐迩。

山东等省,清前期也都发展了一定的蚕桑生产。除桑蚕外,一些地区还开发了柞蚕的放养经营。清代山东益都的孙廷铨还写了一部《山蚕说》,专门介绍放养柞蚕的技术。书中说,当时胶东一带山区,到处都放养着柞蚕。不久,放养柞蚕就逐步扩大到我国的其他地区,首先传到和山东隔海相望的辽东半岛。这里逐渐成了我国第二个放养柞蚕的中心地,接着放养柞蚕的方法又传到河南和陕西,后来又推广到比较远的云贵等地。

18 世纪中期柞蚕从山东向外传播。山东半岛胶东地区用柞蚕丝织绸

---

①丁桥,在密排的踏板上有散布的如过河踏步石相似的凸栓,以备足踏,避免相邻踏板的动作互相干扰。

制衣，已经风行全国。在清代，康熙时的陕西宁羌州知州刘棨、乾隆时的贵州遵义府知府陈玉璧、安徽六安县知县韩理堂等人都是山东人，他们都热心提倡放养柞蚕，到任后，派人到山东购买柞蚕种、招募善养柞蚕和缫织的人来到这些地区传授技术，山东放养柞蚕的方法推广到各地。

（三）明清时期山东的冶炼技术

明代的矿冶业分为官营和民营两种。前者是朝廷派官直接经营管理，后者是按照政府的规定，取得许可，向官府交纳一定的矿课。到明朝初期，山东的古代冶炼技术和生产能力在全国处于先进行列，主要有铁、铅、金银、煤等。

铁冶。随着民营矿业的发展，明代后期出现了不少规模较大的冶铁手工工场。山东的主要铁冶场集中在济南府的泰安、莱芜与青州府的益都颜神镇[①]等地。洪武七年（1374 年），全国设 13 处铁冶所，每所设大使一人，正八品，副使一人，正九品。山东铁冶所设在莱芜，岁冶铁额是 72 万斤。[②]这是明初山东官营铁矿的开采与冶炼量，说明以莱芜为代表的山东冶铁业在全国仍然发达。洪武十八年（1385 年），罢各地布政司铁冶所。洪武二十八年（1395 年），允许民间自由采炼铁矿，出卖产品，政府定征课之率是“三十分取二”[③]。

随着官营铁冶业的衰落，民间铁冶逐渐发展起来。明中期以后，山东的冶铁技术有了普遍提高，在泰安、莱芜及颜神镇等冶铁集中的地方，已普遍采用焦炭冶炼技术，表明了民营铁冶已达到了较高的生产水平。此外，随着民营矿业的发展，商人直接支配生产的现象也逐步出现。清代前期铁矿主要由民间经营。山东海阳铁矿是当时国内重要的铁矿之一。

1644 年，清朝政府怕百姓“聚众作乱”而严禁开矿，使古代冶炼技术长达 300 多年不但没有发展，反而日趋衰退。

---

①博山古称“颜神”。元代至元二年（1336 年）置颜神镇，属益都路益都县。明代属青州府益都县。

②《明太宗实录》卷八十八“洪武七年四月”。

③《大明会典》卷一九四《工部》十四《冶课》。

（四）明清时期山东的陶冶技术

陶艺发展到了明代又进入一个新的旅程。明朝采取降低商税和废止元代对手工业工人实行工奴制度后，陶瓷业恢复。明代以前的瓷器以青瓷为主，而明代之后以白瓷为主，特别是青花、五彩成明代白瓷的主要产品。生产向博山境内转移。山东蓬莱出水瓷，碗在明代的时候外销。

博山经过元末战乱后，明代又有新发展。明、清两代，博山逐步发展成山东省陶瓷生产和销售中心。明洪武二十六年（1393 年），淄博陶瓷生产得到恢复发展。主要产地集中在颜神镇一带，规模较大的窑场有李家窑、北岭、山头、窑广、八陡、西河、福山等。明嘉靖三十六年（1557 年），颜神镇窑业空前繁荣，“陶者以千数”，四方商贩，聚集于此，八陡窑以生产琉璃瓦独擅其能。明天启二年（1662 年），西河窑场殊盛，有窑百座，产缸、盆及黑釉碗等。业陶者在村东建窑神庙。崇祯十五年（1642 年），淄川大昆仑西山一带发现白釉石（白药石），继此，颜神镇附近窑场用以制作白釉产品。嘉靖三十八年（1559 年），博山出现“陶者以千数”的盛况。主要窑场有：北岭、大街南首、八陡、西河、窑广、山头、李家窑等。天启年间，西河窑场有大、小窑百余座，成为名噪一时的陶瓷产地。还有“陈郝瓷镇”。据张岱南先生研究，陈郝瓷镇从南北朝开始，经五代、隋、唐、宋、元至明后期，古代陶瓷工业在此兴盛达千余年；明嘉靖时，陈郝陶瓷大户董家仍盛极一时。据传说，明朝末年，董家犯禁，被皇帝抄了家，陈郝的瓷工都去了博山，从此陈郝瓷器衰落了，博山瓷器兴盛了。陈郝瓷器虽然衰亡了，但作为中国北方的一大瓷镇，其兴衰原因、制品的质量和花纹样式仍有研究价值，其窑址和当年瓷镇的诸多遗迹还在。这些仍可作为旅游资源，开发利用。

明清时代，薛城区邹坞镇中陈郝已成为瓷器的集散重镇，蟠龙河两岸窑炉林立，河上舟楫穿梭。官府专门在此设立了公馆，设置了巡检司，经济、文化异常繁荣。古河道内随处可捡拾到古瓷碎片，在此挖掘出许多古瓷器。

清初康、雍、乾三代到清代中期，淄博陶瓷业迅速发展，博山成为山东陶瓷的集中产地和销售中心，以“瓷城”闻名遐迩。当时，窑场遍布城区四方，窑厂鳞次栉比，窑炉火焰升腾，有“居人相袭善为陶”之说，成为中国北方陶瓷生产与销售中心。部分手工业户已由家庭手工业逐步发展成为手工作坊,窑户间的分工随之形成,有的专利坯釉,有的专制匣钵,有的专事烧成,产品各具特色。城内则瓷器张列,窑货设市,商贾辐辏,产品除供省内,河北、河南、江苏、东北三省皆盛销之。《山东通志》称"其利民不下于江右之景德镇矣"。但产品以销农村为主,实用精品甚少,多系黑釉,装饰简练。

清顺治九年(1652年),颜神镇陶瓷业迅速恢复。镇内大街南、李家窑及山头、窑广、八陡等窑场日盛。

孙祚民在《山东通史》(上卷)记载有:

> 明代山东陶冶手工业生产,分陶瓷业和琉璃业。陶瓷生产集中在益都颜神镇、淄川和峄县等地。这些地方的陶瓷业,历史悠久,早在南北朝时期就有青瓷生产,以后历经唐、宋、金、元数朝而不衰。明代以后,山东的陶瓷业在前代的基础上又有了进一步发展。据考古发掘表明,颜神镇的瓷窑,多数是民窑。在嘉万时期,本地陶瓷生产达到鼎盛,制"陶者以千数"计,"鼓铸四方,贸易辐辏","其民亦不下于江右之景德镇"。在山东南部的峄县,是黑瓷的著名产地。据《大明一统志》载:"兖州府土产黑瓷器,峄县出。"考古发掘证明,明代峄县的瓷窑,也大都是"由私家合办的民间瓷窑"。从出土的实物看,"施釉均匀明亮",但"釉色比较单一,"与颜神镇、淄川等地的民窑产品基本相同。这是因为,在明代朝廷对民窑烧瓷有"禁私造黄、紫、红、绿、青、兰、白地青花诸瓷器,违者罪死"的禁令。虽然民窑瓷器色彩比较单一,但大量民窑瓷业的出现,说明了山东陶瓷生产已有了很大的发展。①

嘉靖、万历年间为青花瓷之晚期,回青的使用,给嘉靖诸窑带来盛况,色彩浓艳而强烈。

除了确定的"磁村窑"曾在宋代生产过贡瓷外,专家们还发现,淄博窑清代也生产过贡品。《大清一统志》中就记载青州府土产陶器,出博山县。此外,临清砖是山东制陶业最著名的产品,明清两代修建北京皇宫和陵寝用砖太多是临清烧造的,所以有"岁征城砖百万"之说。

---

①孙祚民:《山东通史》(上卷),山东人民出版社1992年版,第346—347页。

（五）明清时期山东的化工技术

1. 明清时期山东硫磺和硝的生产技术

早在明代以前，山东省就有芒硝、火硝（硝酸钾）、硫磺等化学品生产。明嘉靖年间，博山、淄川一带已有人以煤矿中的磺石作为原料烧制红土（氧化铁）。据北京故宫博物院史料记载，明、清时代粉刷宫墙所用红土即来自山东博山地区。清代的许多县志都记载有硫磺和硝的生产。硫磺，主要产于淄川、博山、蓬莱、牟平；硝，主要产于德州、惠民、聊城、菏泽。

晚清官办化工始于火药制造，继有硫酸和硝酸生产。清光绪元年（1875 年），山东省巡抚丁宝桢在济南泺口创立山东机器局，除制造枪械外，还以硫磺、硝酸钾、木炭作为原料制造黑火药。到清光绪十八年（1892 年），火药年产量 5000 余公斤。1900 年天津机器制造局被八国联军毁坏，劫余设备于清光绪二十八年（1902 年）移至山东省德州，建立北洋机器制造局，内设硫酸和硝酸生产设备各一套，日产硫酸约 1200 余公斤、硝酸约 700 余公斤。

2. 明清时期山东的琉璃技术

琉璃是含氧化铅的水晶通过高温脱蜡的工艺烧制而成的，色泽光润，所以琉璃是一种工艺过程，而不是一种原料。是用黏土烧出来的，跟陶瓷差不多。琉璃内的颜色都是由各种金属氧化物高温烧结而成的，不会有褪色、氧化等老化现象的出现。

博山不仅是现在的中国琉璃之乡，而且是古代中国琉璃的发源地，具备琉璃生产的技术条件。琉璃制造业始于明代中后期，产品种类繁多，其中的青帘堪称精品，而其他产品如佩玉、华灯、屏风等也是为宫廷所用的佳品，其行销的范围甚至超过陶瓷。博山所产的琉璃制品也非常精美，是全国贸易的重要货品。传说博山有一位制造陶器的工匠，有一次从窑中取出陶盆时，看到陶盆中有一块亮晶晶的东西。这位聪明又细心的工匠，经过一次次试验烧制，搞清了这亮晶晶的东西的成分，于是发明了后来的琉璃。琉璃制造业主要在益都的颜神镇。《益都县志》记载：“淄砚、琉璃、磁器，颜神镇（今博山）居民独善其能。”嘉靖《青州府志》载：“琉璃器，出颜神镇。以土产马牙、紫石为主，法用黄丹、白铅、铜绿焦煎成珠，穿灯屏、棋局、帐钩、枕顶类，光莹可爱。"陶瓷与琉璃的生产是有许多相似之处的,因此,从生产技术的角度来看,博山有着琉璃生产的成熟技术条件。颜神镇的琉璃生产,在元代就已颇具生产规模,入明后,官府佥窑户入为匠籍,专门从事琉璃生产。这里的琉璃手工作坊,规模庞大,排列密集。在一个较大的手工作坊内,往往配有大炉1座、小炉20余座。大炉以生产琉璃料条为主,小炉利用大炉生产的料条再专门加工生产某一种产品。在一处手工作坊内,往往需要集中众多的工匠,实行细致明确的生产分工才能进行生产。这里的琉璃生产已经达到了相当高的水平。工匠们已能根据不同原料的配比和熟练的吹制技术,制造出不同颜色、形状和用途的琉璃器物。虽然琉璃生产是属于官府手工业,但产品仍远销"北至燕,南至百粤,东至高丽,西至河外","其行弥远"①。

3. 明清时期山东的玻璃技术

玻璃一般是石英砂、碳酸钙、纯碱三种材料加热高温制成的,是一种较为透明的固体物质,主要成分是二氧化硅。玻璃制造在明清时候有较大的进步。山东淄川县是明清时期玻璃的生产中心之一。自元代以来,颜神镇一直是我国北方最大的玻璃(我国古代称为壁琉璃、琉璃、颇黎)生产中心。那里出产马牙石、紫石、凌子石、硝及丹铅、铜、铁等多种矿石,具备生产玻璃的天然条件。康熙三十六年(1697年),清政府在内廷设立玻璃厂,专门为皇室制造各种玻璃器皿。雍正十三年(1735年),在颜神镇设博山县。后来内务府开始招用博山工匠,博山玻璃工艺开始进入宫廷。乾隆时期,内务府中的博山工匠仍占多数。在今山东博山已发现了元末明初的玻璃作坊遗址,出土了玻璃废丝头和珠、簪等残品。清代造办处生产的玻璃器物多种多样,主要有炉、瓶、壶、钵、杯、碗、尊及烟壶等,颜色丰富多彩,有涅白、黄、蓝、青、紫、红等30多种,装饰方式也有许多种,如金星料、搅胎、套料、珐琅彩等。玻璃铺丝是山东博山的历史名产,它是将玻璃料在炉内熔化后,用铁杖引出缠在铁桩上拔制而成。这种玻璃丝料,细匀透明,洁白光亮,用以代替玻璃和绢丝,如用来制作各种工艺品,轻薄鲜明,更觉高雅名贵。博山在光绪年间每年向外地输出玻璃品7千余担,产品有青、佩玉、屏

---

①孙廷铨:《颜山杂记》卷四《物产》。

风、棋子、念珠、鱼瓶、簪珥、葫芦、砚滴、佛眼等几十种。清初孙廷铨撰写的《颜山杂记》中就有关于玻璃“华灯”、“屏风”的记载。尔后，在清同治十二年《重修博山炉神庙碑记》中也载“而补修者玻璃铺丝十二扇……玻璃灯十对”。《古玩指南》说：“料丝近世用之颇多，如挂屏、围屏、镜心等，产自山东之博山。”由此说明博山制造玻璃铺丝的历史甚久，而且可以看出自明以后，一直延续不断。晚清，民国年间博山的“仁和成”、“福成祥”、“惠祥昌”、“德泰成”、“王顺福”等十余家玻璃料货庄都经营这种玻璃丝制品。有些玻璃珠饰曾出口到东南亚各国，有些珠子还被转销到北美洲，受到印第安人的欢迎。

（六）明清时期山东的盐业

明清时期，山东盐业生产保持了相对稳定的生产规模，在沿海经济中占有重要地位。明代宋应星著《天工开物》中，有山东引海水入池晒盐的记载。明代盐业为封建官府严格控制，是支撑王朝运转的重要物资基础。山东盐业生产达到了较高水平，盐业运输在山东物资运输中占有重要地位。明代，设都转盐运司，洪武年间岁办盐 14.3 万引。王赛时先生对明清时期的山东盐业生产状况进行了系统研究，他指出：

> 明清时期，山东的盐业生产在管理体制和制盐技术方面都保持了相对稳定，特别是清代，其制盐技术达到了历史上的最高水平。这一时期，山东的盐业在沿海经济中有着重要地位，主要分布在信阳、涛雒、石河、行村、登宁、西由、海沧、王家岗、官台、固堤、高家港、新镇、宁海、丰国、永阜、利国、丰民、富国、永利等 19 个盐场，维持着元代盐场建置的基本格局。《明史》卷八十《食货志四》记载：“山东所辖分司二，曰胶莱，曰滨乐；批验所一，曰泺口；盐场十九，各盐课司一。”山东各盐场在官方督导下从事盐业生产，产量基本保持稳定。《明太祖实录》卷四十七洪武二年十一月己丑条记载“设山东都转运盐使司，岁办大引盐一十四万二千五引有奇”。这是指明初山东的盐产情况。当时每引合 400 斤。进入弘治时期，改行小引，每引合 200 斤，但总产量未变。万历时期，据《山东盐法志》卷末《附编》记载，山东盐场引盐数额仍然保

持在十五万左右,与明初相差不多。①

山东各盐场在官方督导下从事盐业生产。明中期以后,山东盐业生产和运销体制发生了重大变化。

清初,山东盐场仍为19处,后解决产大于销的矛盾,自康熙至道光年间逐步裁并为8场。光绪二十年至二十二年,黄河连年决口,永阜场被毁,从此仅剩7场。关于清代的制盐业,孙祚民先生在《山东通史》(上卷)中有较全面的论述:

> 制盐业在经历了明清之际的战火后,破坏极为惨重。清初,各盐场灶丁大半逃亡,盐商资本也大都荡尽,"行盐无地,食盐无人",盐业呈现一片萧条残破景象。但是,"盐课关系军需",盐是清初统治者进行统一战争赖以取得军费的主要来源之一,因而清政府对尽快恢复盐业生产采取了一系列政策措施。如,对逃亡灶丁免追课银,对盐商蠲减商课,宣布废除落后的"官煎之法",产盐"多寡听其自烧,官私由其自卖",等等。这些政策措施的实施,对制盐业的恢复发展起了积极的作用。
>
> 康熙时期,为了便于对盐场管理,始对原19盐场进行裁并整顿。到雍正初,山东定为永利、富国、永阜、王家同、官台(以上由滨乐分司辖)、西由、登宁、石河、信阳、涛洛(以上由胶莱分司辖)10人盐场。随着社会经济的全面发展,政府对盐场灶丁的人身控制也开始逐渐放松。雍正三年(公元1725年),清政府准将山东灶丁丁银的一半摊入地税内征收。乾隆二年(公元1737年),又准将山东灶丁的另"一半丁银全摊地亩"。从此,完全取消了制盐灶丁的人头税。……到乾隆中期,山东各盐场共行正余盐55万余引,正余票盐25万余道,以每一引票行盐225斤计,山东盐的年生产量已超过2亿斤。从乾隆后期至嘉庆初年,又陆续增加"不在现行之额"的余盐引近15万道,从而达到了历史上山东制盐生产的鼎盛阶段。②

---

①王赛时:《明清时期的山东盐业生产状况》,《盐业史研究》2005年第1期。
②孙祚民:《山东通史》(上卷),山东人民出版社1992年版,第432—433页。

纪丽真研究认为:清代山东盐业的管理体系主要是以官督商销为特征。一方面,政府设官对山东运司的事务实行监管;另一方面,为了配合官督商销的需要,清政府还凭借盐商组织——商纲,对当地的盐务管理发挥着重要的监管作用。① 同时,王赛时先生研究认为:

> 清代山东的盐业生产达到了历史上的最高水平,技术含量不断增高。清代保留了明代的盐业制度,只允许专业灶户开滩制盐,其他民户不得染指盐灶,故素有"民不侵灶"之说。官方严格控制盐业生产,但在灶户和滩户(清代又称滩晒者为滩户)的管理上,却比前朝更为放松。据嘉庆《山东盐法志》卷八《场灶·户籍》记载,康熙初年,山东盐场灶丁总数已达2.15万人,超过了明万历末年的数额。清初灶户的产业负担与明代相同,据民国《福山县志稿》卷四《盐法》记载:"各场灶籍户口有丁曰灶丁,每丁征银一钱四分七厘三毫零。又拨给灶户之地曰灶地,供刍薪者曰草荡地,供煎晒者曰滩池地,每亩征银六厘。又盐锅每面征银一钱二分。又有鱼盐课钞(明季设征,以供蕃府,今仍其名)、食盐折价(明时上下官司灶户皆供食盐,其后折价成例),皆征之于灶户。"雍正以后,灶户负担开始减轻。②

另据《清稗类钞·矿场类·山东产盐区域调查记》资料表明,光绪末年,"山东盐场凡七处,沟滩二百九十七副,井滩一千三百三十一副,大小池一千二百二十六副,斗子五百十一副,产盐总额四万万斤"。清代山东盐业生产最终达到这种程度。③

盐课锭在山东有时被作为流通货币,称做老盐课,其特征是锭面砸上"山东盐课"和银匠名,由本地银号铸造,均系10两小元宝,在市面上作为十足银流通,但事实上成色不一。历城县有"山东盐课泰山十足七两银锭"一枚(参下图),重255克,比重10.0左右,参考比重为银:10.49、铅:11.37、锡:7.3。查古代历城县,即今济南市历城区。山东盐课锭少见,此枚戳记清晰,保存完美,是稀少的山东盐课银锭藏品。

---

①纪丽真:《清代山东盐业的管理体系及其盐商组织》,《盐业史研究》2009年第2期。
②③王赛时:《明清时期的山东盐业生产状况》,《盐业史研究》,2005年第1期。

清代“历城县山东盐课泰山十足”七两银锭一枚

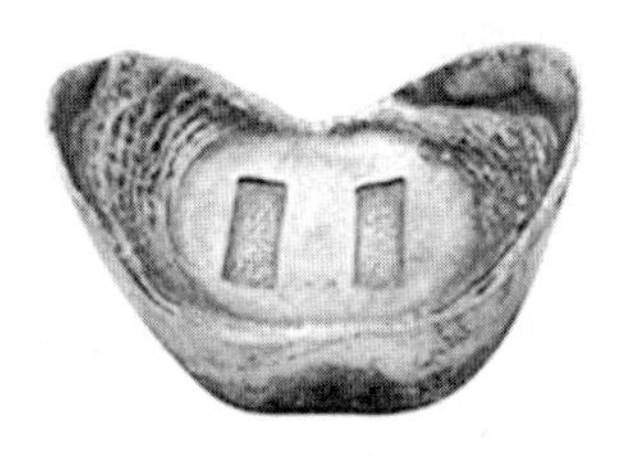

清代“山东盐课萧大成”十两银锭一枚

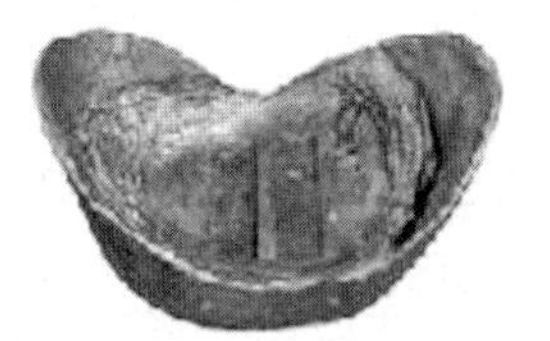

清代“山东盐课张松平”十两银锭一枚

清代“山东盐课同裕公”十两银锭一枚

清代山东盐场也经过了屡次调整，各场的灶丁与灶地、盐锅与官坨众多，各场的煎盐法、晒盐法各不相同，呈现出多头发展的格局。光绪二十三年至二十四年，青岛、威海相继为德、英强行租占，两地大批盐田分别划入德、英两国租界，山东盐区自此有外人统治盐业。

（七）明清时期山东的金、银、铅矿的开采

1. 金矿开采

山东是我国第一产金大省，黄金产量也为全国之冠。山东黄金矿藏资源丰富，金矿主要在登州府地区的招远、栖霞、蓬莱、文登等地，早在隋唐时就由官府役民开采，宋元时达到鼎盛。宋天圣中，登莱采金岁数千两。元至正年间，栖霞等地采金户每岁输金四钱。明代采金无定额，金矿为官府把持，不许民间自采。嘉靖三十六年（1557 年），山东采金 825 两。[①] 万历年间，在兖州府及青州府等地也有了金矿开采。史书记载和传说有名有姓的古代在山东采金者是明代万历年间的魏忠贤。魏忠贤曾在山东沂水开采铜

---

①《明世宗实录》卷四五四“嘉靖三十六年十二月”。

井一脉金,名为开铜矿,实则开的是金矿,采金以中饱私囊。清光绪年间,烟台道台李宗岱曾占有招远玲珑山矿区,并购地建房建工棚,招工出租开采。光绪九年,盛宣怀在给山东登州铅矿拟定的章程中,规定该矿"敲碎之工,搬运之力",不仅"自应尽本地雇募",还要"需人互保,选举老成为之夫头,各给腰牌,并注册稽查",以防止"匪徒混入"①。其后,该省临朐、莱阳等5县拟集资开采金矿,并在《申报》上刊布公文,声明"所需夫役雇佣本地工人,不招外来客户"②。

2. 银矿开采

银矿在明代除东昌府地区外,其余5府均有开采。其中,银矿集中之地在兖州府的沂州、济宁、费县、滕县,青州府的临朐、莒州、蒙阴及登州府的文登、宁海、蓬莱、莱阳、栖霞等地。明中期以后,随着白银作为货币使用量的增多,以及封建统治者贪婪的财富欲望,都促使了银矿开采出现空前的高涨,各地官府纷纷驱使人民进山开矿。嘉靖十六年(1537年),在沂州开银矿"七十八所,得白金一万一千三百两"③。嘉靖三十六年(1557年),得银"八千一百四十三两"④。万历时期,矿监陈增督理山东矿政,在济南、青州、兖州、登州等他"置棚厂开采"⑤,银矿,"富者编为矿头,贫者驱之垦采"⑥,严禁民间私自开矿。但各地往往无视官府禁令,纷纷进驻矿区。"数千为群,相与盗采"⑦,"为有司忧"⑧。嘉万时期,民间大规模组织起来开矿冶银,已构成了对封建统治的威胁,从中也反映了山东民营银矿生产的盛况。⑨

白银的流通既是商品经济发展的产物,又促进了商品经济的进一步繁荣。明代前期严禁交易用银,但未能完全杜绝。到正统元年(1436年),正式进行用银之禁,"朝野率用银",白银成为主要价值尺度。

3. 铅锌矿开采

---

①《申报》,光绪九年六月初十日。
②《申报》,光绪十三年二月二十二日。
③王圻:《续文献通考》卷二十三。
④《明世宗实录》卷四五四"嘉靖三十六年十二月"。
⑤《天下郡国利病书》卷四十二《山东》八。
⑥《明史纪事本末》卷六十五《矿税之弊》。
⑦嘉靖《临朐县志》卷一《风土志・山水》。
⑧万历《兖州府志》卷四《风土志》。
⑨孙祚民:《山东通史》(上卷),山东人民出版社1992年版,第345页。

山东省铅锌矿主要分布于胶东地区的平度、招远、福山、栖霞、牟平地区，此外，在威海、荣成、安丘、沂水也有零星分布。鲁西地区主要分布于邹平、沂水、汶上等地。明初铅矿主要采自山东。洪武十五年（1382 年），征集民工 2660 户，在山东济南、青州和莱州境内采铅 32.3 万余斤。

（八）明清时期山东的煤业和石矿业的开采

明代官府对煤矿不如对金银矿那样严禁，控制相对比较松弛，因此煤矿多是民间经营。这是明代煤矿生产发展的一个重要标志。山东煤矿开采，多集中在泰安、莱芜、淄川、颜神镇及峄县等地。这些地方的煤矿，贮量丰富，质地优良。如颜神镇的煤，“坚硬耐炼”①，且有数种。“或谓之煤，或谓之炭，块者谓之碘，或谓之砟”。“炼而坚之，谓之焦”②。明清时期，淄博煤炭已经广泛用于陶瓷、冶金、硝磺等工业。泰安地区的“炭石可薪，而焦良于冶”③。峄县的煤层贮量丰富，到处是“煤井之凿”，以致引起地方官府认为如此发展下去，有“伤绝地脉”④的危险。从中可见民间采煤之盛。

煤、石等矿业是山东的非金属矿业的代表。到了清代，山东煤业和石矿业的开采地区不断扩大。

1. 明清时期山东的煤业

明清时期山东的煤业得到极迅速发展。据史料记载，明朝初年，朝廷允许民间开矿，兖州府峄县的煤自万历年间开始开采。鲁峄地区（即现在的枣庄市中区范围）“乡民开山取石为磨、碾，挖井取煤作薪”。有诗人满碧山描写当时的情景为：“磨塘山欲尽，煤井地皆空。”当时由于开采技术所限，或一家，或三家、五家经济殷实的人家合伙开采地表浅层煤炭。到了清乾隆五年（1740 年），山东巡抚朱定元奏请清廷开办山东诸县煤矿，得到清廷户部批准，枣庄煤炭开采业因而大兴。至清嘉庆元年（1796 年）前后，嘉庆皇帝实行“听民开采，不加禁止”的政策，枣庄出现了“唯煤炭最盛，岭埠处处有人开采”的繁荣景象，使得“矿山得以开放”。此后，枣庄地区出现了“县

---

①嘉靖《青州府志》卷七《物产》。
②孙廷铨：《颜山杂记》卷四《物产》。
③万历《泰安州志》卷一《舆地志·物产》。
④《古今图书集成》卷二八三《职方典》之《兖州府风俗考》。

诸大族若梁氏、崔氏、宋氏，以炭故皆起家，与王侯埒富”的局面（《峄县志》）。光绪五年（1879年），枣庄的名士绅金铭、李朝相等人上奏，经李鸿章奏准，正式成立了“官督商办”的“中兴矿局”。对于兖州府峄县较大规模的煤矿开采，文献多有记载：“煤矿最盛，岭阜处处之有之。人采取者，任自经理，不复关诸官吏。方乾嘉时，县当午道，商贾辐辏，炭窑时有增置。而漕运数千艘，连樯北上，载煤动数百万石，由是矿业大兴。”①清光绪版《峄县志》载：“其地北兼缯、兰陵，负抱犊五崮之险；西缘薛水，跨有萞、郳、建陵全境；南逾河，达傅阳，据皇邱之阻；而东割武原、良城之半。疆域之扩，十倍于汉、晋。”

先前煤炭开采工艺非常落后，都是独眼矿井，人工通风排水，人工背煤。而山东流徙而来从事手工淘金的工人很多。峄县煤矿，除了机器抽水之外，“其他工作，皆用土人”，而且“核之土窑所用人夫，不啻倍蓰”，结果以“非出自峄境之钱而散之峄地，无业穷民借以得食”②，“赖以生活者数千家”③。

关于清代的采煤业，孙祚民先生在《山东通史》（上卷）中有专门的论述：

> 入清以后，随着社会经济的广泛发展，人们对煤炭的需求量大大增加，促进了采煤业的迅速发展。过去的一些老矿区不断扩大开采规模，而一些新矿区又陆续发现开采。乾隆五年（公元1740年），清政府允许民间对煤矿自行开采，政府征以课税，山东巡抚朱定元就此疏请开采山东各地煤矿，此后，山东采煤业进入了一个空前发展时期。这主要表现在：首先，是开采地域不断扩大。像泰安府的新泰、肥城，兖州府的宁阳、滕县、泗水，沂州府的兰山、郯城、费县、蒙阴、莒州，青州府的益都、临朐，登州府的莱阳、海阳，莱州府的潍县等地的煤矿，都是在明代未曾开采的，这时也都相继开采起来；其次，是生产规模也越来越大。如在峄县矿区，“乾嘉盛时，县当午道，商贾辐辏，炭窑时有增置。而漕运数

①光绪《峄县志》。
②朱采：《清芬阁集》卷八，第11—15页。
③《李文忠公全集·奏稿》卷四十五，第10—11页。

千艘，连樯北上，载煤动数百万石”。在济南、淄川、博山、潍县的煤矿，一处煤井往往集中了“率以百计”的劳力，“随凿随运”，“班分昼夜，刻不停息”，实行分班分工作业；再次，是煤矿勘探技术的提高。广大劳动人民在采煤的长期实践中，积累了丰富的勘探经验，如在峄县的矿区，“辨煤开井。皆贱者为之”。有经验的采煤工，能够根据地表层的“石何质，土何色”而作出“煤之佳恶浅深”的正确判断。对于开凿矿井，能达到“深若干尺有何石，又若干尺有何土，又若干尺有何水与泥。至水过大，须若干工可得煤，皆以意命之，不爽铢黍”的程度；最后，是随着采煤业的兴盛，出现了一大批以采煤起家，拥有巨资的煤矿主。如在济南地区的矿区，煤井往往被“豪富有力之族主之”，以“出重资攻掘”。而峄县的“诸大族，若梁氏、崔氏、宋氏，以炭故皆起家，与王侯埒富”。这些都反映了采煤业的显著发展。①

谢柯凌研究认为：清初的煤矿多为民窑，分布甚广。据《东华续录》记载：“济南府属之章邱、淄川；泰安府属之泰安、新泰、莱芜、肥城；兖州府属之宁阳、滕县、峄县、泗水；沂州府属之蓝山、郯城、费县、蒙阴、莒州；青州府属之益都、临朐、博山；登州府属之莱阳、海阳等州县，俱有煤可开采。”②清政府对煤矿业管制较松弛，虽仍时有禁采之举，但从总体来看，山东仍属全国几大主要产煤区之一。

煤炭业到明清时期已经出现雇工数十人的中等煤窑，能够开采深至百米的煤层，形成一套复杂的生产组织和生产关系。煤矿的大规模开采，也出现了众多拥有巨额资本的煤炭窑主：“县诸大族，若梁氏、崔氏、宋氏，以炭故起家，与王侯埒富。”③

同时，谢柯凌进一步研究认为：“清前期的民营煤窑以淄、潍、博等处煤矿较为先进。”“石炭，淄、博、滕、潍四邑为多，进甚深。潍县以骡马掣绳出炭，淄则以人转车，班分昼夜，刻无停息。”而且“洞深黑如地狱，必以灯，非二井相通，灯不然”④。在这里，井口提升已经使用滑轮、绞车等较先进的生

---

①孙祚民：《山东通史》（上卷），山东人民出版社 1992 年版，第 430—431 页。
②《清文献通考》卷三十一《征榷六》，第 5137 页。
③光绪《峄县志》。
④王培荀：《乡园忆旧》卷三。

产工具代替传统的镢铲,并使用畜力代替人力,同时采用双井通风,这一切都接近于近代机器采煤体制。早在康熙朝,博山煤矿已经“凿井必两,行隧必双,令气交通”①。可见清代土法采煤技术已经相当进步。山东煤矿储藏量丰富,销路较广,峄县煤外销“动数百万石”。这种状况,促使富商追加投资,深挖井巷,采用先进技术,增加雇工数量,扩大生产规模,由此业主“与王侯埒富”。这种情况下,山东煤矿业资本经营方式萌芽出现的条件已成熟。②

2. 明清时期山东的采石业

明代山东的采石业注重山石料色青,质地优良。明代重要建筑均使用石厂村石料,采石厂由钦差督理,采石人员众多。明嘉靖间,朝廷在石厂村北开设采石场,规模宏大。据嘉靖年碑文记载,“石匠头一千名,雇募夫役头一千五百名,营卫官军士二千名”。

清代山东采石业也颇为发达,主要分布在鲁中丘陵及胶东一带,采石范围广,种类繁多。据《山东通志·矿》记载,清中期山东石矿种类达 57 种之多。峄县采石制磨自明代开始获利很大,到清中期,由于石矿开采已尽,加上开采费用增多,故开采较以前困难。当时峄县采石范围和规模相当可观,“卓山迤西,岭多砥砺,居人治为磨,贾数千里,而以圆山为甲,坞薛次之,颜家步埠后又次之。”贩石商人不远千里经营,可见峄县石矿开采的繁荣程度。峄县采石业“当乾嘉道时,每岁数塘并开,锤凿之声闻十余里”。到清末虽“采取已遍,新塘绝少,不得已取旧塘治之、搜导披剥,或竟数日无所得,往往以折阅而败。然行销颇远,获利亦厚,故虽极难而亦有为之者”。其他地方采石业经过乾嘉盛时大多已衰败,清末全省仅余不及十处石矿产地,所剩大多为名扬天下的优良石矿。③

此外,山东滑石矿分布于栖霞、莱州、平度、海阳等地,滑石资源比较丰富。山东省石膏矿资源十分丰富,是山东的优势矿产。

---

①孙廷铨:《颜山杂记》卷四《物产》。

②王秋成、谢柯凌:《对清代山东煤矿业资本经营方式萌芽的反思》,《胜利油田党校学报》2000 年第 3 期 。

③谢柯凌:《清代矿业政策对山东矿业的影响及启示》,《济南市委党校学报》2002 年第 3 期。

（九）明清时期山东的医学发展

明清时期，中医传统医学进入鼎盛时期。山东医家在总结前人经验，搜集、整理、鉴别、订定的基础上，著书立说，形成热潮。

明代中国传统医学（中兽医学）进入全面总结和创新时期。明代开始对牛瘟、马牛的放线菌病、恶性水肿等在病因和防治上有了进一步认识和发展，形成一整套治疗方法。清代对"狂犬病、破伤风、马鼻疽病、马流行性淋巴管炎"有了全面的认识，对牛瘟、炭疽、气肿疽、恶性卡他热、牛肺疫、流感、牛传染性角膜炎等有了较深的研究和认识。同时，这一时期开始对羊犬等中小家畜的疫病使用中医方法预防。

明代，山东医林稍嫌温逊。明清时期，山东医家多留意总结前人经验，倾心著述。明代益都人翟良著述最多，著有《脉诀汇编》、《经络汇编》2 册，《脉络汇编说统》、《痘疹类编释意》3 卷，《医学启蒙》6 卷，《治症提纲》12 篇。翟良擅治传染病，《痘疹类编释意》涉足传染病病理学。其同乡赵镗精于眼科，时人颂称"赵光明"。中国明代王象晋介绍栽培植物的著作《群芳谱》，按 12 谱分类，药居一类。他平日家居，督率佣仆在田园里栽植药草等，积累了一些实践知识，对祖国医药学有一定贡献。

到了明代，医家对于阿胶的认识也得到进一步的提升，而山东阿胶在医药领域的应用也更加广泛，以至于李时珍在《本草纲目》中将阿胶称为"圣药"。除了在《本草纲目》中详细介绍了阿胶的功效外，李时珍还特别强调了"阿胶大要是补血与液，故能清肺润益阴而治诸证"，这也就是我们现在常说的"滋阴润燥"。

清代，在继承以前的中医学基础上，在医学理论和临床研究方面又有所开拓。清代山东医家，一方面多倾心于小儿痘疹研究，先后有宁阳张琰等 6 家痘疹类医书 6 种 26 卷问世，成为强势；另一方面，内科、外科、妇科、骨科、针灸各科名医峰立。乐安（今广饶）人宋桂著有《妇科真传》。宁阳人纪开泰擅内科，著有《医学箕裘集》24 卷。同时也有仍在汇集整理古人良法、阐发古籍义理、介绍接种鼻痘方法等方面的医家。因此这时期出现了既有医术专攻又精通多方面医学理论的医学家。清代昌邑人黄元御、诸城臧应詹均精于《伤寒论》研究，有"南臧北黄"之称。黄元御著有《金匮悬解》、《四圣悬枢》、《四圣心源》、《长沙药解》、《伤寒说意》、《素灵微蕴》、《伤寒悬解》、《玉楸药解》等。于溥泽著有《伤寒指南》等，罗止园著有《止园医话》、《麻疹须知》、《恫瘝集》等，刘奎著有《瘟疫论类编》等，宋桂的著作除了《妇科真传》外，还有《痘痧集要》、《疯症集要》等，胡永平著有《妇科胎产心法》等，朱纲著有《检尸考要》。至晚清，省内著名医家70余人，新著多达50余种，是中医传统医学的鼎盛时期。

（十）明清时期山东的天文学、算学、地图测绘

清淄川人薛凤祚著有《算学会通》等著作十余种，译著《天步真原》，并从西方数学引进第一份对数表，其主要著作收入《四库全书》。

清初薛凤祚是当时北方民间历算名家，其主要天文学著作有《天步真原》（1648年）、《天学会通》（1652年）和《历学会通》（1664年，80卷）。在这些著作中引进了对数方法、平面三角、球面三角，是第一部使用对数的中文书。特别是《历学会通》，包括“太阳、太阴诸行法原”、“交食法原”、“历年甲子”、“求岁实”、“交食表”、“今西法选要”、“今法表”、“日食诸法异同”、“求黄赤道度及率总数”、“历法立成”、“新法密率”、“日月食原理”、“五星交食表”等内容，是清代历算巨著，综合了中西天文历算成果。

孔广森（1752—1786年），清代著名经学家、数学家及音韵学家。在数学上，他继承了戴震的勾股定理学说，对古代数学中解“方田”、“粟米”、“差分”、“少广”、“商功”、“均输”、“方程”、“勾股”、“赢不足”等原理，颇为精通，著有《少广正负术》内外篇共6卷。他对音韵学很有研究，编著《诗声类》共13卷。

孔继涵在天文学、地学和算数方面均有贡献。他刊《算经十书》、《休宁戴氏遗书》。所自撰者，有《考工车度记》、《补林氏考工记》、《解勾股粟米法》、《释数同度记》各1卷。所撰《水经释地》一书开《水经》地名研究之先河，是书较系统地解决了《水经》所载地名与清代地名的对照问题，对于研究《水经》地名沿革有突出意义，同时在关于长江正源的论述中，也有其独到的见解。

在地图测绘方面，特别应论及的是，明代万历年间，王泮识编制的《中国大地图》，该图带有“甲午仲夏（明万历二十二年，1594年）山阴王泮识”字样，纵横180厘米×190厘米，绢底彩绘，颜色相当鲜艳，并已采用分区设

色的方法（其中包括山东部分）表示隶属关系，被法国国家图书馆作为第一号地图珍藏。18 世纪初，清代康熙、乾隆年间组织了亚洲最大规模的地图测绘。康熙四十八年（1709 年），在中西测绘人员的合作下，采用西方耶稣会士传入的近代制图学新方法，清廷进行了一次全国性的大地测量。其中，1711—1712 年一队出山东，一队出长城测定喀尔喀蒙古地方。前队由雷孝思与新来的葡萄牙神甫麦大成（P. Cordoso）负责，测绘山东省地图。清康熙帝钦定全国测量以工部营造尺为长度标准，并定义每尺合子午线 1% 秒弧长。在山东，用此长度标准进行全境测量，共实测天文点 28 点，其中济南纬度 36°44′24″，经度（以北京为首子午线）东 0°30′30″；胶州纬度 36°14′20″，经度东 3°55′30″，体现出大地测量在山东的开始。经过全国范围内的长期的筹划、测绘工作，最终制成了《皇舆全览图》（1718 年完成）。这是中国历史上第一次在实测经纬度的基础上绘制的地图。当时传教士们所使用的主要测绘方法是三角测量法，测绘以天文点和三角网为依据，奠定了中国近代地图的基础。1718 年编成著名的《皇舆全览图》后，在国内流传，成为当时一般民间出版的地图的蓝本。1735 年由法国唐维尔（D' Anville）编绘中国分省图（山东部分）。乾隆以后，山东测绘科学日趋衰落，直至晚清才有所重视。1892 年 8 月，山东巡抚张曜调派精于测算、天文和绘图的人员，筹办测量仪器，详议章程，分路施测。测星度以辨高下，正日影以定东西，参以地球疆界之分合，以天度盈缩之数核。

此外，明清的建筑学已走向成熟，明代的山东建筑技术也达到高峰，众多古建筑群古朴典雅，巧夺天工。清朝已形成系统的建筑规划设计规范，著有《工程做法则例》。山东曲阜孔庙就是按照这个规范修建的。明清时期，即墨城显宦士绅家的门楼牌坊、殿堂、墓茔刻石等多是午山石匠之作。午山石匠还参与了国内多处名建筑和艺术景观的建设，这些无一不是他们技艺的结晶。

明宣宗以后，皇权开始削弱，权力在内阁与宦官之间争夺。从明朝开始，西方伴随着文艺复兴、地理大发现和宗教改革，在世界的地位逐渐与东方平起平坐。同时，西学也随着一批传教士来到中国，为东西文化的交流开辟了窗口与机会。

清代，西方科技知识的传入，对促进山东科学技术的发展起到了一定作用，但由于清政府严行海禁，严禁外国商人和商品进入，闭关自守，继续推行明代的八股取士制度，使生产技术日益落后，科学技术的发展与西方的差距越来越大，加之以后又遭受到殖民主义者的武装入侵，农村经济严重衰敝。

山东高密市是国家命名的"民间艺术之乡"，被称为"高密三绝"的民间艺术剪纸、扑灰年画和泥塑，浓郁的民族特色闻名遐迩。其中扑灰年画是我国独有的年画画种，仅存于高密一地，因其历史悠久，工艺独特，被誉为"中国一绝"。山东潍坊杨家埠木版年画兴起于明代，全以手工操作并用传统方式制作，发展初期受到杨柳青年画的影响，清代达到鼎盛期，咸丰、同治年间，木版年画作坊遍布全国各地，杨家埠曾一度出现"画店百家，画种过千，画版上万"的盛景，产品流布全国各地。当时每年各地年画作坊的印销量均以百万计，除满足国内需要外，还远销印度、缅甸及东南亚各国。年画的幅面已达长 108 厘米、宽 56 厘米，是当时世界版画业的一大奇观。

二、王象晋及其对农学、医学的贡献

（一）王象晋生平简介

王象晋（1561—1653 年），字子进，一字康侯，又字三晋，荩臣，号康宇。自称明农隐士、好生居士。新城（今山东桓台）人。明代农学家，兼通医学。

王象晋出身官宦世家，系新城王氏第六世孙，他是万历间户部侍郎王之垣的三子。王象晋自幼聪明好学，受儒家思想文化的熏陶，习儒学，读经史，每天都到深夜方罢。长大后，博通经史，才能出众。万历三十二年（1604 年）中进士，授中书舍人。随着从弟王象春（1578—1632 年）于万历三十八年（1610 年）中进士，官至南京吏部考功郎，王象晋也于明万历四十一年（1613 年）考选，升任翰林、御史等职。他为官清廉，兴利除弊，嫉恨贪官污吏，刚正不阿，所任之处均有政绩。王象晋和其另一兄长王象乾（1546—1630 年，兵部尚书）建立了赫赫武功，却无法摆脱朝廷党派倾轧的尴尬。万历四十年（1612 年）后，党争更加激烈，形成了齐、楚、浙三党与东林党对峙的局面。时值魏忠贤阉党之祸炽盛，王象晋与兄王象乾都是东林党人，对党派之争延误国家大事的现象极为不满，阉党力图拉拢他二人入伙，遭拒绝，遂触怒阉党。为免遭阉党暗害，王象晋于崇祯十四年（1641 年）辞职回家养病，过着其乐融融、淡淡自然的田园生活。后复职，历受河南按察使，后官至浙江右布政使,赠刑部尚书。在河南期间,兰陵王的母亲刘氏仗势诬陷许州50多名儒生,经王象晋慎重调查,确认儒生冤案,驳回兰陵王母的诬告,兰陵王在郡县骄纵跋扈仗势欺人的行为有所收敛。当地百姓称赞王象晋为政公平。

崇祯十七年(1644年)三月十九日,崇祯帝自缢煤山。一些忠臣听到崇祯帝自杀的消息后,纷纷"杀身成仁"。王象晋次子王与胤,也终日啼哭流泪,不思饮食,最终与妻于氏、儿子士和紧闭室门,自缢身亡。年逾八旬的王象晋伤心欲绝,便以遗老身份隐居不仕,自此与世人断绝往来,而开始潜心研究学问,著书立说。

王象晋学识广博,为人诚恳、正直,心胸开阔。综观王象晋的一生,他除了在政治上具有政绩之外,由于受其父辈的影响,也精文学,擅诗词,并且是个农学家,并旁及医学,其医学、农学才能名声显赫。

在农业方面,王象晋自号称"明农隐士"。他喜欢种植花草树木、果树、蔬菜等园艺作物和药物,并专门开辟了一块园地,自己动手培育花木,试种农作物。自1607—1627年间,他以"阜财用而厚民生"为己任,在家督率佣仆经营园圃,在田园里栽植谷、蔬、花、果、竹、木、桑麻、药草等各种植物和蔬果,经过长期的生产实践,王象晋积累了丰富的农业生产知识。尤其是在他仕途不得意之时,利用大部分时间在原籍经营农业。他阅读抄录农书、花史以及其他有关种艺和植物的书籍,随时将自己的栽植经验记录下来,优游林下二十年,天启元年(1621年)著《群芳谱》。①

《群芳谱》原称《二如亭群芳谱》,全书30卷(有些版本作28卷,内容全同),约40万字,这是集历代谱录大成的著作,分为天、岁、谷、蔬、果、茶竹、桑麻、葛棉、药、木、花卉、鹤鱼十二谱,记载植物达400余种,这些植物大都与民生关系最为密切,述其栽培管理技术,言其性状与形态特征,兼具农学与植物学双重意义。《群芳谱叙》称王象晋其撰著《群芳谱》是为了表达他对与国计民生关系最为紧密的事物的关切之情。

王象晋对中医药学颇有研究,他深感于当时缺医少药之苦,因此,好蓄药饵,喜集药方。他记录历代多种医学见方,间或以此方授人。据《王氏世

---

①李保光主编:《牡丹人物志》,山东文化音像出版社2000年版,第195页。

谱》记载:王象晋的医学著作有《保世药石》、《卫生铃铎》、《神应心书》、《保安堂三补简便验方》,但只有最后一种流传于世,前三种均已亡佚,殊为可惜。此外尚著有《群芳谱·药谱》,对药性的种植、修治、制用、辨讹、服食等,均有所论述,均行于世。这些论述给后世留下了一笔可贵的医学财富。

晚年他谢官家居,闭户著书。据考他一生著述颇多,计有30余种书籍,除《群芳谱》和以上医书外,还有《赐闲堂集》20卷、《清寤斋心赏编》(分编为葆生要览、淑身懿训、佚老成说、涉世善术、书室清供、林泉乐事)、《剪桐载笔》、《奏张诗余台壁》2卷等行世。但多因朝更代易,毁于兵乱。其未刊行的著作,新城县志载有:《相封楚游》、《郢封里吟》、《金陵像游》、《星暑纪言》、《春漕纪言》、《左济刑书》、《保境集议》、《请雨经》、《操觚剿说》、《贝经》、《救荒成法》、《日省格言》、《日省撮要》、《词坛汇锦》、《字学快编》、《艳雪集》、《诗语图谱》、《广受仁寿》、《风纂删繁》、《鹾政纪略》、《保和庵砚田》、《异梦记》1卷、《金刚经解》等书,惜多失传。

王象晋卒于顺治十年,寿九十三岁。其孙王渔洋说象晋"盛暑整衣冠危坐,读书不辍,常举唐刘玭言诫子孙,无矜门第,务学为善"。

(二)《二如亭群芳谱》及其主要成就

《四库总目提要》载,《群芳谱》30卷(内府藏本):"是书凡天谱三卷,岁谱四卷,谷谱一卷,蔬谱二卷,果谱四卷,茶竹谱三卷,桑麻葛苎谱一卷,药谱三卷,木谱三卷,花谱三卷,卉谱二卷,鹤鱼谱一卷。略于种植而详于疗治之法与典故艺文,割裂饾饤,颇无足取。圣祖仁皇帝诏儒臣删其踳驳,正其舛谬,复为拾遗补阙,成《广群芳谱》一书,昭示万世。覆视是编,真已陈之土苴矣。"

以上记载了《二如亭群芳谱》十二谱,每一物项下,都分列种植、制用、疗治、典故、丽藻等条目,即对每一植物都详叙别名、品种、形态特征和用途、生长环境、栽培方法,并注意名称订正,纠正以往混淆之处,其中不乏可资参考的科学资料。王象晋在书中注重引入典故艺文,保留了不少已佚的著作。该书是我国17世纪初期论述多种作物生产及与生产有关的一些问题的巨著,它又是我国花卉园艺史上非常重要的一部专著,至今仍有参考价值。这里的"略于种植而详于治疗之法与典故艺文"指出了该书的主要特点:其体例不够严谨，内容又详于典故艺文，而略于种植。

1. 收录并论述花木的栽培技术

《群芳谱》中收录的园林花卉资源丰富，其中不仅有大量花卉专论出现，而且栽培技术及选种育种方面也有进一步发展，花卉种类及品种有显著增加。

牡丹。大约在东晋和南朝时，我国已有了牡丹的栽培。唐开元时，天下太平，牡丹始盛于长安。到了明代，《二如亭群芳谱》对牡丹的记载品种达185个。同时亦有牡丹花的食用记载："煎牡丹花，煎法与玉兰同，可食，可蜜饯。""花瓣择，洗净，拖面，麻油煮食，至美。"这是对宋代就开始的牡丹花的食用方法的发展。

菊花。菊花收录了270种，分黄、红、粉、白、异品等类。《群芳谱》还记录了一些有关花的传说，如说斑竹是娥皇和女英的泪痕形成的花纹。《埤雅》说："菊本作鞠，从鞠，穷也。"王象晋注道："花事此而穷尽也。"康熙曾下旨命汪灏对王象晋《群芳谱》进行增补，撰成《广群芳谱》，其中记录的仅菊花品种就超过300种，大约在4世纪初，我国菊花传入朝鲜、日本。17世纪传入荷兰，随后又传入其他西方国家。

向日葵。原产于北美洲。在中国的种植最早也见于王象晋的《二如亭群芳谱》："西番葵，茎如竹，高丈余，叶似葵而大，花托圆二三尺，如莲房而扁，花黄色，子如荜（蓖）麻子而扁。"这里称"西番葵"，1688年（清）陈淏子《花镜》始称"向日葵"。

番柿（西红柿）。西红柿从外国引进中国很早，因"番茄"这名字从《群芳谱》里来。王象晋所著《二如亭群芳谱》卷五《果谱》中有这样一条："番柿，一名六月柿，茎似蒿，高四、五尺，花似榴，一枝结四、五实或三、四实，一树二、三十实，堪作观，大伞火珠，未足喻，草本也，来自西番，故名。"这里记载的西红柿"大伞火珠"，也是作为观赏植物。这至少表明，西红柿在1621年以前就从国外传到了我国。

苹果。《群芳谱·果谱》中有"苹果"条，其中载述："苹果出北地，燕赵者优。生青，熟则半红半白或全红。"许多农学史和果树史专家认为这是汉字中最早使用"苹果"称谓。

海棠。《二如亭群芳谱》中记载："海棠有四品，皆木本。"这四品指的是垂丝海棠、西府海棠、木瓜海棠和贴梗海棠,习称“海棠四品”。

无花果。《群芳谱》中总结了种植和利用无花果有七利:“实甘可食,多食不伤人且有益,尤宜老人、小儿,一也。干之与干柿无异,可供笾实,二也。六月尽取次成熟,至霜降,有三月常供佳食,不比它果一时采都尽,三也。种树十年取效,桑桃最速亦四五年,而此果截取大枝扦插,本年结实,次年成树,四也。叶为医痔圣药,五也。霜降后未成熟者采之,可做糖蜜煎果,六也。得土即活,随地可种,广植之或鲜或干,皆可充饥,以备欠岁,七也。”书中所述无花果结实后的滴灌技术反映了当时农业技术的进步。

杨梅。杨梅是鲜果,因栽培历史久远而品种繁多。《群芳谱》也说“吴中杨梅种类甚多,名大叶者最早熟,味甚佳”。所谓“大叶”,即“大叶细蒂杨梅”,主要产于无锡马山、苏州西山等地。其特点是果型大,入口清香,其味酸甜适中,营养十分丰富,品质极佳,并有生津、止渴、助消化、除湿、止泻之功效,一般在6月下旬成熟。

《群芳谱》对梅花的品种、栽培记之甚详,如列记有玉蝶梅、冠城梅、白梅、时梅、冬梅、千叶红梅、鹤顶梅、双头红梅、冰梅、墨梅等19个梅花品种,还介绍了不少艺梅经验。绿萼梅古人亦有归之为白梅一类的,《群芳谱》曰:“梅先众木花……种类不一,白者有绿萼梅。”

瑞草魁。茶称瑞草魁,历经唐、宋、元三代不衰。《群芳谱》载:“宣城县有丫山,形如小方饼,横铺茗芽产其上。其山东为朝日所灼,其茶最盛。太守荐之京洛人士,题曰丫山阳坡横纹茶,名曰瑞草魁。……寿州霍山黄芽,六安州小岘春皆佳品也。”丫山,山名,位于今安徽宣州,在唐、宋和明代都产名茶,如瑞草魁,到了明朝还出名。《群芳谱》还把峡州(今宜昌)所产的“碧涧”、“明月”、“芳蕊”、“茱萸”等列为极品,可惜都已失传。

酴酾糜。《群芳谱》载:“蔓生,花白而香,春晚极盛。又有檀心而紫者尤香;又有茎叶似酴酾糜,而花差小者曰木香。”

番蕉。据《纲目拾遗》考证,《群芳谱》载录的凤尾蕉,又名番蕉。《群芳谱》载:“凤尾蕉,一名番蕉。产于铁山。如少萎,以铁烧红穿之即活。平常以铁屑和泥壅之,则茂而生子,分种易活。”

瑞香。别名瑞兰、露甲、千里香,其变种有金边瑞香、白瑞香等数种。关于它的产地,有许多传说和故事。《群芳谱》中称为“露甲”,并记载:露甲树高三四尺，其根绵软而香，多为药用。青叶深绿色；有杨梅叶；有枇杷叶；有荷叶者；有球子者；有挛枝者；冬春之交开花，成簇团聚，长三四分如丁香状，共数种，有黄花、紫花、白花、粉红花、二色梅子花、串子花，皆有香，惟挛枝花紫者香气更烈。

鸡冠花。据考证，鸡冠花传入我国，最迟也始于隋唐，到宋时已广泛栽植。北宋诗人梅尧臣的《鸡冠》诗中和宋人孔平仲的《种花口号》中都有记载，说明鸡冠花自古以来，已成为雅俗共赏的大众花卉。《群芳谱》中，详细记载了扫帚鸡冠、扇面鸡冠和璎珞鸡冠等品种，花色有深紫、浅红、纯白、浅黄等；还记载了鸳鸯鸡冠、寿星鸡冠等品种。

石菖蒲。石菖蒲是天南星科多年生常绿草本。原产我国长江流域以南地区，适应性和生命力极其顽强，特别适宜生长于山涧浅水石间以及溪流旁的岩石缝中。《群芳谱》中记载："乃若石菖蒲之为物不假日色，不资寸上，不计春秋，愈久则愈密、愈瘠则愈细，可以适情，可以养性，书斋左右一有此君，便觉清趣潇洒。"不但写出了石菖蒲顽强生命力的特性，也道出了石菖蒲自古就为人们喜爱，并常作为案头清玩、摆设的情况。

2. 研究并推广粮食作物

王象晋重视研究和推广粮食作物，如万历年间，甘薯自国外传入福建。王象晋获悉后，结合自己的栽培经验，多方设法引入栽培，经过反复实践，认为可以大面积推广。他详细记述了甘薯的性味、补益、形态特征、种甘薯的最佳土壤、留种与种期、育苗繁殖、栽培管理、贮藏应注意的事项，"大有助于农事"。

王象晋《群芳谱》中有"棉谱"，约有 2000 多字，另列一卷，附录斑枝花，一名琼枝，海南织为布，名吉贝。《群芳谱》中《棉谱小序》说，"绩苎葛日以锭计，纺棉四日而得一斤，信其利远出麻枲上也"。《群芳谱》中记录的棉花整枝技术是一个进步。

王象晋《群芳谱》中列举了 23 类稻的品种，又说"他如黄稻、黄陆稻、豫章青、赤芝、青甲等稻，未可枚举"。另外还记录了糯稻十余种，当然这也绝不能说是完备。

3. 培育和改良新品种，发展嫁接等技术

王象晋重视改良和培育新品种。一方面，他重视研究植物的果实。王象晋将果实分为核果、肤果（仁果类）、壳果、桧果、泽果、蓏果等不同类型，通过果实的特点改良和培育新的品种。另一方面，探索和发现新的植物种类的习性和特点。例如：蕨菜，蕨菜是其嫩芽可供食用的野生蕨类植物的统称。王象晋在《群芳谱》里写道："蕨，山菜也。……味甘滑，肉煮甚美。荒年可救饥，皮肉捣烂，洗涤取粉。"蕨菜含有丰富的维生素，可入药，被日本人誉为"雪果山珍"。

王象晋发展了嫁接法。《群芳谱》中谈到嫁接和培养相结合可促进植物变异，他在书中记载了 6 种方法：身接、根接、枝接、皮接、靥接、搭接，并对上述方法都作了详尽说明，这些都对发展当地的农业生产起到了促进作用。

此外，《群芳谱》所收录的《盆景》二篇，一篇署名为吕初泰；另一篇未署名。有关吕初泰的资料，有待考证。

王象晋身后 50 年，清康熙四十七年（1708 年），汪灏、张逸少等人奉康熙皇帝命就王象晋《群芳谱》在保持原格式基本不变的基础上，进行增删、改编、扩充，经过 23 年的努力，修成《御定佩文斋广群芳谱》，简称《 广群芳谱》，刊行全国。《群芳谱》经过重新整理出版后，内容更见严整、充实，共 100 卷，分"天时"、"谷"、"桑麻"、"蔬"、"茶"、"花"、"果"、"木"、"竹"、"卉"、"药"等十一谱。其中除天时谱外，有谷谱记谷类及豆类 43 种，桑麻谱记纤维植物 10 种，蔬谱记蔬菜类 140 种，茶谱记茶 3 种，花谱记观赏植物花 234 种，果谱记食用果类 156 种，木谱记树木 241 种，竹谱记竹 6 种，卉谱记草本植物 191 种，药谱记 527 种，共记植物 1667 种。内容十分丰富，既有根据事实对植物名状的解释，又有移植栽培法和前人有关的论述，是后人研究植物及地理环境的重要资料，也成为指导农业生产的要籍。

（三）王象晋对医药学的贡献

《群芳谱》28 卷，按十二谱分类，药居一类，每种药物皆记其别名、产地、形态、功用和主治疾病，对药用植物栽培均有论述，对祖国医药学有一定贡献。王象晋的医学贡献主要体现在他的医学著作中。以下略举例说明：

王象晋撰《二如亭群芳谱 · 药谱》，又名《群芳谱 · 药谱》，共 3 卷。本书实际上是一本药物学著作，主要记载了王象晋通过对植物花卉草木入药性能的分析，提高对药物学的认识、药性的解说、药理及作用的论述。卷首记载了夏良心和董思白(1555—1636 年,明代著名书画家)二篇序文及张鼎思之"论药"、"本草源流"等论述。本书总收药物 54 种,附 15 种。王象晋对药物的种植、修治、制用、辨讹、服食等均有所论述。例如,某些野菜茎可入药,为食养佳品,王象晋在《群芳谱》中写道:"嫩时采叶,滚水漂熟,香油拌为茹,颇益人,能涤肠胃。"再如,松花粉(松黄)气味甘平无毒,主治心腹寒热邪气,利小便,消淤血。《群芳谱》对松花粉的描述是:"二三月间抽穗生长,花三四寸,开时用布铺地,击取其蕊,名松黄,除风止血,治痢,和砂糖作并甚清香,宜速食不耐久留。"

入药的野菜也不胜枚举。书中记述有完整的药用植物栽培技术及药物的修治、考辨、单方和典故等,至今仍有参考价值。

王象晋对药物性能颇有了解,例如他论男女气血之异而分别重用川芎或熟地,都具有重要的医学价值。他在书中分别介绍了所收饮食物的异名、药性、食用方法、功用、主治等。例如,枇杷以药用价值高而著称。王象晋《群芳谱》称,"枇杷秋荫、冬花、春实、夏热,备四时之气,他物无以类者",为此备受历代医学家重视。豇豆是一种古老的作物,至今已有数千年的栽培历史。豇豆是一种具有药用和保健作用的食物,据《群芳谱》记载:豇豆性甘、咸、平、无毒,理中益气,补肾健胃和五脏,调营卫,生精髓,故可入药,健脾补肾,主治脾胃虚弱、泻痢、吐逆、消渴、遗精、白带、白浊、小便频数等。

王象晋撰《保安堂三补简便验方》,山东省滨州市中心血站的郭洪涛先生撰文"王象晋《保安堂三补简便验方》小探",较详细地考证了该书的版本流传、主要内容以及王象晋的医学思想等。现记录其研究如下:

《保安堂三补简便验方》(现存中国科学院和中国中医研究院图书馆)共 4 卷(《中国医籍考》载称《保安堂三补简便验方》6 卷,殆为该书之再版或初版,待考),装为 3 册,第一、二、四卷为手抄本,第三卷为梓印本。此书前后历 30 余寒暑,三梓而成,可谓难矣哉!无怪作者也深有感慨,并在本书名前冠以"三补"了。

此方书分为 30 门,收方 800 有余,有经方、验方、单方等,治疗范围包括内、外、妇、儿各科;同时,还有对病理、药理等的阐述。书虽冠以简便验(秘)方,其实是一部理法方药俱全的临床专著。纵观全书,有简、便、验、廉的特点。他为何耗尽30年精力与时间,编著此书呢?王氏在自序中作了表白:“惊世态之异日,悼疾病之踪承,安得邑置一仓公,家延一越人……拯万物于困泥。使环海熙熙,脱烦恼而登人寿。”王象晋生活的晚明王朝,正处于内忧外患、百孔千疮、风雨飘摇时期,人民群众饱经战乱,流离失所,贫病交加,他正是深感于当时的缺医少药之苦,才写出了这部实用的方书。同时,也给我们留下了一笔可贵的医学财富。①

此外,王象晋的《清寤斋心赏编》,将明代以前文献中有关饮食起居、精神修养、却病延年的记载予以辑录。该书分六类,曰葆生要览,曰儆身懿训,曰佚老成说,曰涉世善术,曰书室清供,曰林泉乐事。皆摭明人说部为之,犹陈继儒诸人之习气也。全书大部分内容为养老长寿之论述,涉及老年人病理和生理变化,老年人常见减少伤病的方略、常见问题的防治和预后。强调要根据老年人的生理与心理特点,顺应其爱好,发挥预防和治疗作用,合理饮食起居与节制性生活,可达到抗衰老、延年益寿的目的。本书对老年医学的临床工作具有很好的指导作用。

三、“汶上老人”白英及其对工程水利的贡献

白英(1363—1419年),字节之,明初著名农民水利家。山东济宁汶上县马村社颜子村(今康驿乡颜珠村)人,后迁居汶上军屯乡彩山之阳白店村,被举为“汶上老人”。在《明史》和《漕河图志》中,白英的身份都是“汶上老人”。“老人”指他是运河上率领10个河工管一条船的头儿。《明史·食货志》载:须选“年高为众所服者”。

白英自幼聪慧,勤奋好学,博古通今,史书称他“博学有守,不求闻达”。他尤其酷爱地理,对山水林木灌溉情有独钟。早年以耕田为业,充当过运河河工,十分了解汶上的地理水势,在治水通船方面积累了丰富经验。白英教过蒙学,不仅学识渊博,而且“心性善良,出言不苟,乡人敬仰”,被当地人誉为“隐逸君子”。明代洪武年间,家乡经常遭受水灾,又遇黄河决口泛滥,会通河严重淤塞,南北运河水路交通运输被迫中断。特别是明洪武二十四年(1391年),黄河在原武黑洋山决口,致使元代开凿的会通河淤塞400余里。

①郭洪涛:《王象晋〈保安堂三补简便验方〉小探》,《中医文献杂志》2004年第1期。

此后每遇洪水,运河两岸农民四处逃荒要饭,处于水深火热之中。白英亲眼看到黄河决口后给老百姓造成的巨大灾难,便发誓:“要兴水利,除水患,为民解忧。”由于他常年生活在运河边,对于治水和行船有丰富的实践经验,对山东境内大运河两岸的地势和水情也十分熟悉,加上他十余年间历尽千辛万苦,考察了汶上、济宁、兖州、宁阳、东平等20多个州县,仔细研究了这一带的地形和水势特点,并进行了科学准确的测量,掌握了第一手的资料和技术数据,成功地摸索出一套行之有效的治水通运方案。关于白英这方面的记载见“白英策”:“引汶济运,挖引山泉,修建水柜、修建戴村坝,遏汶至南旺,分水济运……”

纵贯中国南北的京杭大运河,是中国古代许多闻名世界的规模巨大的工程之一。大运河流经汶上始于元代,元世祖至元二十年开掘济宁至东平安山的济州河,130公里的济州河只有一部分在汶上境内。京杭运河山东境内的临清到济宁河段,“先天不足”,这里地处丘陵地带,地势高,降雨量逐渐减少,年不足700毫米,运河普遍缺乏适当水源。其中,问题最突出的是山东的会通河段,因多数河段岸狭水浅,不能通行重载船只。此外,又常受到黄河决口的影响,河床经常淤塞,因而运河航运时断时续。为了开凿会通河,郭守敬曾考察过山东济宁、东平、临清等地。根据他的测量,会通河于1289年凿通,水源来自汶河,由城坝把汶河水的2/3经河引至济宁,在济宁建天井闸分水,使航运成为可能。但由于济宁的地势低,郭守敬没有测出运河上的制高点,“水往高处流”,不可能实现。结果,会通河“常患浅涩”,漕船过大则经常搁浅,造成堵塞。如此,元代会通河的效率非常低下,管理和维护都相当困难。至明永乐九年(1411年),“会通河道450余里,淤塞1/3”,明永乐帝朱棣(明成祖)迁都北京,急于发展南北漕运,但济宁以北的会通河由于水源不足,漕运受限。因此,沟通漕运,遂成当务之急。

1411年,永乐皇帝为避海运险远耗资,恩准了济宁州州同知潘叔正开疏元代旧河、贯通京杭大运河的奏请,朝廷命工部尚书宋礼、行部侍郎金纯、都督周长主持这一工程。宋礼奉命率济南、兖州、青州、东昌四府15万丁夫和登、莱州1.5万兵工,共浚会通河,修复堽城坝,引汶济运,重点是山东丘陵地带的会通河段(从临清到须城安山),其中汶上袁家口至寿张沙湾一段，废弃元代旧河，东移20里另开新河，南北两端接旧河。由于会通河水源不足，急需开辟新的水源。宋礼等治河官员对提高会通河航运能力这一关键问题毫无解决办法，16.5万的疏浚队伍劳作几个月，也未见成效。愁眉不展的宋礼遍求治水人才，"布衣微服，访白英与彩山之阴"，终遇到了白英。这时白英已年近50，却积累有丰富的治水经验，更因他学识渊博，善于思考，对运河通航已有成熟构想。白英被宋礼的谦逊与诚挚所打动，于是将自己多年思考已成竹在胸的治运奇策和盘托出。白英认真总结了会通河水源不足的原因，认为主要是以前选择的分水点不合理。京杭运河沿途的地势三起三伏，最高处正是山东境内会通河段的南旺镇，这里被称为南北之脊，新开运河到这里自然是无水通过。因此，白英仔细分析了这种特殊的地理形势，提出了"借水行舟、引汶济运、挖堵泉、修水柜"的建议：

第一，要准确找到运河的"水脊"。他根据漕河浚通而无水行运的主要原因就在于南旺的地势，只有设法引水至此南北分流，方能排除通航梗阻。于是白英经过仔细勘察分析，建议把位于会通河道最高点的南旺镇作为分水点，作为"水脊"，并借高于南旺300余尺坎河口的汶水，选择在汶水下游东平的戴村筑一新坝，拦截汶水至济宁以北的南旺水域作为主要水源。因此，修筑戴村坝成为这次引汶济运的主体工程。戴村的坝址比南旺高，简单地讲，就是拦住下泄的汶河，再开一个小口引水济运。遏汶水入小汶河南流，"使趋南旺，以济运道"。在水流湍急、水面宽广的河面上建拦水坝是十分艰难的。宋礼等人征调大批民夫，动用无数能工巧匠，克服了道道难关，终于修成了一条长5华里的全桩型土坝，取名戴村坝。戴村坝自南向北分为三段。三坝中间高，北端次之，南端最低，各段间有衔接段，大汶河的水根据大小自选其道，正如戴村坝碑文所述，"水高于坝，漫而西出，漕无溢也；水卑于坝，顺流而南，漕无涸也"。分水处从济宁移到此地后，自南旺分水，在分水口南北建闸控制，南到徐州入黄河，北到临清入南运河，可使水分流合理。沿途又可接纳一些泉流和小河，因此使会通河全线用水有了保障。

第二，利用南旺地势较高的优势，为便于航行，白英建议在南北河道上建闸38座，其中汶水水源北流到临清，接通卫河，中间设水闸17座；四分南流至济宁，下达泗、淮，中间设置水闸21座，从根本上解决会通河水源不足的难题。为调节水位,使船只顺利通过,他在汶河与运河交汇处的丁字口交汇处,筑砌了一道近 300 米的石坝,石坝的中间是梭形的鱼嘴石——"石鲅",有效控制了南北分流水量。白英的治运规划设计巧妙合理,切实可行,很受尚书宋礼的赞赏。宋礼按白英的建议,开凿了引水渠——小汶河,直达运河的"水脊"汶上县南旺,"遏汶至南旺"。汶河水经南旺分水闸分流,三分往北流,七分往南流,因此留下了"三分朝天子、七分下江南"的传奇,保证了这段运河"水脊"常年顺利通航,并大大地改善了会通河的漕运能力。有统计数据说,"十倍于元朝"。

第三,根据南旺分水口周围分布着马踏、蜀山、南旺诸湖的有利条件,为及时调节水量,防止枯水季节水源不足,又将汶城东马庄一带和东北赵桥一带诸泉引入南旺,并创造性地将南旺湖、安山、昭阳、马场等处的几个天然湖泊,改造为蓄放自如的"水柜",科学地解决了这一难题。这些湖泊与引水渠、运河都建有斗门相通,以便蓄滞和调节水量。当引水渠来水过大时,首先可经右岸中途的何家坝溢流入运河下游;夏秋水大或冬修时,将汶河来水泄入湖中,春季和夏初,由湖中放水济运。同时,开挖河渠,把附近州县的几百处泉水引入沿河的各"水柜"。

在整个工程的进行中,白英作为工程的"总工程师",指挥若定。白英虽年逾半百,但亲自选坝址,划河界,参加勘测设计,指导施工。他躬率丁夫数万,建坝戴村,横亘 2.5 公里,新开汶河一道,长 40 余公里,引汶水至南旺南北分流,南接淮黄,北通漳卫,又开何家坝以泄伏秋之水,使上源不致淹没民田,而下流能通济漕运。工程终于在永乐十三年(1415 年)全面竣工,白英历时 8 年的诸项治运水利工程,使会通河得到了充足的水源,有效解决了大运河流经鲁西南水脊的通航问题,大大提高了运河的航运能力。白英治水成功后,明代"每年运送漕粮常达四百多万石,十倍于元朝"。除漕运外,商船、民船来往于南北各地,对南北物资的交流、商品经济的发展起到了极大的推动作用。水利工程使之河河相通,渠渠相连,湖湖相依,汇成以济运进而疏兖州、济宁、邳州等地 300 余泉为五派巨大水系。白英关于改造会通河的计划并实施确保了明、清两代 500 余年间大运河航运畅通无阻,并成为南北交通大动脉的地位,对中国南北经济的发展、文化的传播交流和内河航运事业的发展起了重要的促进作用。

白英修建的南旺分水枢纽工程,科学地解决了京杭大运河航运史上的难题,被称为“北方的都江堰”,也开创了水利史上的奇迹。水利专家认为,这一工程是3000里大运河科技含量最高的一项工程。南旺分水的设施和都江堰的鱼嘴相似。1504年,南旺分水完全取代了济宁的天井闸分水,而后成功地运行了近500年。再次,戴村坝三位一体、相互配套的水利枢纽工程的建设,设计之巧妙、造型之美观,是我国水利史上的一大壮举。在当时经济比较落后、科学技术还不发达、无精密测绘仪器的时代是非常惊人的。对于戴村坝的修筑,即使根据现代流体动力学等水利科学来设计不同坝段,也是一件非常复杂的事情。白英是如何“算”出来的,很难查到史料。在每分钟流量上千立方米的大汶河主河道上,修筑高于河槽4米、全长437.5米的戴村坝,也是一项巨大的工程。戴村坝所用的建材主要是万斤方石和三合土。戴村坝采用的“勾缝剂”,也是中国特色的糯米浆和石灰——从现代坝工技术看,这就是“灌浆治漏”。村坝高卓的建筑艺术,凝聚着古代劳动人民无数的血汗与智慧,虽历经数百年,任洪水千磨万击,今仍铁扣紧锁,岿然不动。就连自称通晓水文的清康熙皇帝也不得不叹服:“此等胆识,后人时所不及,亦不能得水平如此之准也。”乾隆六次南巡,每次都在南旺停舟礼祭,题诗勒石。如康熙皇帝褒奖说:“朕屡次南巡,经过汶上分水口,观遏汶分流处,深服白英相度开浚之妙。”民国初年,美国水利专家方维看到后曾无比敬佩地说:“此种工作当十四五世纪工程学胚胎时代,必视为绝大事业,彼古人之综其事,主其谋,而遂如许完善之结果者,今我后人见之,焉得不敬而且崇耶!”毛泽东主席了解了南旺分水工程的汇报后,也曾发出由衷的赞叹。1965年,他在接见山东党政主要负责人时,赞扬山东汶上县南旺枢纽工程和其配套工程戴村坝是一个了不起的工程,称赞当年策划、主持修建这一工程的汶上人白英为“农民水利家”。

治理运河工程告竣后,白英随宋礼进京复命,因劳累过度,行至德州桑园,不幸呕血去世,时年56岁。运河两岸百姓闻讯,无不为之悲痛,白英的事迹和英名永远留在运河沿岸人们的心中。白英去世后,遵遗嘱,葬于彩山之阴。因治河有功,明清历代为他建庙立祠,广颂业绩。明正德七年(1512年),永乐皇帝追封他为“功漕神”,清雍正四年(1726年),被敕封为“永济神”,光绪五年(1879年),又敕封为“白大王”。识赏延揽白英的“伯乐”宋礼，遵其遗嘱，亲自送葬至彩山之阴，并于南旺分水口南建分水龙王庙、祠堂。南旺分水处运河一侧，也曾经修建了分水龙王庙等纪念建筑大小 13 个院落。后又在他主持修建的南旺分水枢纽工程的岸畔，傍宋公祠修造了白公祠。然而，汶上南旺的百姓，更喜欢称白英为“老人”；分水龙王庙里纪念他的祠堂，称之为“白老人祠”。汶上及鲁西南一带，至今仍广泛流传着“白英治水”、“白英点泉”等动人传说。而南旺因运河而生，因白英一人的智慧而成就一个地名，明清两代都专设有漕运衙门，并陆续修建了分水龙王庙、宋公祠、白公祠、明水楼、潘公祠、望湖亭、禹王殿、观音阁等规模颇为壮观的建筑群，同时镌建有大量石碑、石匾、楹联等。随着南水北调东线工程的实施和运河文化的发掘，运河分水景观已得到开发恢复，近年来汶上蚩尤冢的发现、孔子初仕中都的开发等，也使南旺和汶上成为鲁西南游览胜地之一。

四、翟良及其对医药科学技术的贡献

（一）翟良简介

翟良（1587—1671 年），字玉华，山东益都颜神镇（据《康熙青州府志·方技》，今属淄博市淄川区）西河镇人。是明末清初远近著名的医生。

翟良幼习儒，少时“聪悟”，随父宦游。尝患疾数月，由医调治而愈，遂立志从医，留心攻读医药，系统地学习了中医理论知识，对“脉学”和“痘疹”的研究尤深，长于内科，精于痘疹。后成名医，颇有治验。返故里后，方圆数百里外，慕名就医者络绎不绝。他诊断高明，右手述方，左手诊脉，耳闻、目视、口阐并用，对病入膏肓危症，群医束手无策，经他诊治起死回生者不计其数。《益都县志》载翟良：“弱冠聪悟，有思理。从父宦游武昌，婴弱疾剧甚，会遇明医，数月得差。从此刻意方书，穷治冥邈，如是七年，转得统绪，既尽发古人之奥府，又能以意参互用之。及归为诸生，其好方书日益甚。凡有病者，一投药饵，小试小效，大试大效。轮蹄童叟，日集门庭，所活不可量数，声蜚海岱间。自抚军下，罔不钦奉，名日益彰，遂数被召。”

翟良甘居乡里，为民众解除病患，被赞称为“神医”。他治病救人，一视同仁，品质高尚，不图富贵，“富者给方，贫者给药”，名播乡里。翟良主张医治之道：“法无定体，应变而施；药不执方，合宜而用。”即贵临证之通变，勿执一之成模也。翟良对高官厚禄从不羡慕。清顺治五年（1648 年），皇帝下诏征他为御医,被他婉言谢绝。

翟良潜心研究医学,勤奋不辍,造诣很深,一生著作甚多。《益都县志》载:著书数编,曰《脉诀汇编》、《经络汇编》、《药性对答》、《本草古方讲意》、《痘科类编》刊行于世。《山东通志》亦载,翟良所著有《医学启蒙》、《痘疹全书》、《药性对答》、《古方讲意》,皆为世所珍。

翟良年 84 岁而卒。翟良有名徒,如房陆,清初民间医,字子由,青州人。医术高明,尤善种痘和治疗天花,是翟良优秀弟子之一。

(二) 翟良的医学思想及其对医药科技的贡献

翟良继承和发展了传统中医,他在批判中继承,在继承中有发展。例如,他对于四诊之末为切脉的传统观点进行了驳斥,指出"脉乃病机之外见,医家之准绳。切脉正所以统望、闻、问,而参其病之微机也"。

翟良的学术思想可以概括为倡平求因,以脉为统,注重普及三个方面。其中临证倡平求因是他的主要学术成就。翟良对诊断颇有研究,主张"四诊合参",以脉为统,强调切诊,但不排除望、闻、问三法在诊断中的作用,他的这一观点既全面继承了中医传统的诊断方法,又突出了中医的独特诊法——脉诊的特殊作用。翟良还是山东提倡医学普及的名家之一。

翟良的主要医学成就体现在他的著作《脉诀汇编》、《经络汇编》2 册、《痘疹类编释意》3 卷、《医学启蒙》6 卷、治症提纲 12 篇等之中。

1.《经络汇编》

《经络汇编》是翟良早期针灸学著作,2 册,不分卷,刊于 1628 年。本书以《经络考》为基础,联系脏腑的属性、生理特点,对十四经脉的循行、属络、经穴部位和主病等予以论述。将脏腑、经络、经穴联系论述,并附为脏腑经脉图、歌诀、手足经起止图、内景图、奇经八脉论等。前有"经络统序"及"原始"诸说,对"系络"、"缠络"、"孙络"等概念有所阐发。现存清代老二酉堂刻本(与《脉诀汇编说统》合刊)。在其篇名"经络统序"中有关于中医经络理论的阐述:

> 经络者,人之元气,伏于气血之中,周身流行,昼夜无间,所谓脉也。其脉之直行大隧者为经,其脉之分派交经者为络,其脉络之支别者,如

树之有枝，又以其自直行之脉络，而旁行之者也。人肖天地以有生，其经络亦肖天地之时运以流行，如每日寅时肺脏生，卯时流入大肠经，辰胃巳脾午心火，未时又到小肠经，申属膀胱酉属肾，戌居包络亥三焦，子胆丑肝又属肺，十二经脉任流行。十二经之脉，一有壅滞则病，太过、不及则病，外邪入经络亦病。有始在一经，久而传变，为症多端，其症各有经络。如一头疼也，而有左右之分，前后不同；一眼病也，而有大、小、黑珠、白珠、上下胞之异，当分经络而治。经络不分，倘病在肺经也而用心经药，则肺病不除，徒损其心；病在血分也而用气药，则气受其伤，而血病益甚。至外邪入经络，而为传变之症，尤不可不分经络。东垣曰：伤寒邪在太阳经，误用葛根汤，则引邪入阳明，是葛根汤乃阳明经药，非太阳经药也。由此推之，患病之夭于药者，不知其几许人矣。方书云："不明十二经络，开口动手便错。"诚确论也。世之庸医，辄曰吾大方脉也，非针灸科，何必识穴。曾不思先知经络，后能定穴，穴可不识，经络亦可不知乎？此其所以为庸也。今所汇之书，经络最晰。穴不混淆，使学人因穴以寻络，因络以寻经，经络了然，直寻病源，庶用药无惑。仁人君子有实心济世者，当注意于此矣。

翟良还有关于"系络"的详细解释、释义：从十五络脉分出的细小络脉。《经络汇编》曰："十二经出十五络，十五络生一百八十系络，系络生一百八十缠络，缠络生三万四千孙络。"翟良还认识到肺脏位于横膈上的胸腔，肺"附着于脊之第三椎"（《经络汇编·肺脏之图》）。

2.《痘科汇编释意》

本书的主要内容有：痘后余毒余证、痘中杂证、异痘四种、发热、寒热、厥逆、头温足冷、夹斑、夹疹、夹沙、发泡、陷伏、倒靥、痒、痛、腰痛。

例如，对于"痘后余毒余证"：

大凡痘疮痂落之后，一有其证，则曰余毒。不知余毒之外，又有余证。余证与余毒，原有分别。如结靥之时，有已成之疮，绵延至今，肌肉不复，或发疥癞，或发痈疮，或发疙瘩，或发痈肿，或发目赤，皆余毒也。若或误服药剂，或外感风寒，内伤饮食，触杂恶气，起居不时，外感六淫，内伤七情，所生之证，皆余证也。治之要分别酌量。痘证至此，历起胀灌浆收结还元，五脏真气发泄已多，一身气血耗散已甚，虽或毒气未净，而其正气已虚，当以补虚为本，所因之病，以末治之，不可纯用凉药。

对于紫草茸，翟良“痘科”释义云：“痘科用紫草，古方惟用其茸，取气轻味薄而有清凉发散之功，凡下紫草，必用糯米五十粒，以制其冷性，庶不损胃气而致泄泻，惟大热便秘者不必加。”

《痘科汇编释意》在医药学史上占有一定的地位，流传甚广。

3.《脉诀汇编说统》

简称《脉诀汇编》，又名《脉统》，撰于清康熙六年（1667 年），是汇集脉学之著作，共 2 卷，分 21 篇，阐述有关脉学基础理论。脉学讲的越繁琐，初学的人越难掌握。翟良论脉颇能融会古说，“切脉之事，流传日久，圣贤之遗文，不无缺失。增补之注解，又多错讹”，故将平日之心得，参以师授脉学统而说之，编为是书。同时他还进一步强调“切脉之事，明于书未必明于心，明于心未必明于手”，要使读者“明于书”、“明于心”，以领会脉之真传。

此书共论脉象 26 种，为浮沉、迟数、滑涩、虚短、长短、洪微、紧缓、芤弦、革濡、弱散、细伏、动促、结代等，分相类、相反及相兼三类，以辨脉体。如一般来说，脉证一致为顺，相反为逆。例如阳热证见浮数脉，虚弱证见细弱脉。相兼脉是指两种以上单一脉相兼而同时出现的脉象，又称复合脉，只要不是完全相反的两种或几种单一脉，都可能同时出现而成为相兼脉，如浮紧、浮数、沉迟、沉细数等。

书中又从不同角度分述诊脉指法、各脉形状，介绍了 26 种脉象的主病，从症、从脉等多方面内容。对历代有争议的有关寸口三部分属问题，客观地进行了评述，认为“岐伯之论，是从其位；《难经》、《脉经》、《脉决》之论，是从其络，原不相悖也，互参而会绎之”，乃将二者有机地相系起来。

全书理论联系临床实际，内容详备。文字简要，浅显易懂。末附四时顺逆脉及濒湖脉诗。此书“不执己说，不拘偏见，融会贯通，发挥条畅，详而有要，简而不漏”，是一部较好的脉学入门编注。本书清代林起龙鉴定，现存多种清刻本。

4.《医学启蒙汇编》

撰于 1659 年，与《方药治症提纲》为同期作品，是翟良医学思想的代表著作。综合性医书。6卷。翟良摘录《内经》之精要以及历代医学文献之精华予以分门整理而成此书。卷一医学要领大概，着重阐述医理；卷二病症歌括；卷三通用方药；卷四—卷五对症方；卷六本草，并有“药性歌括”，分治风、热、湿、燥、寒、疮、食治等七门，收药372种，各撰药歌一首，反映了清代药性歌诀仍很盛行。

此书体现出翟良精于道而神于教的医学思想。例如，他论治虚实夹杂证，益胃气而用食养，证之临床，实是一种比见虚补虚、喜嗜纯补的呆补法高明的治虚疗法。应用“下法”可以使气行血畅，腑通脏调，阴阳趋于平衡，达到“以通为补的目的”。翟良认为，下法是“去其所害，而气血自生，借攻为补，亦是一法，学者不可不知”。适当及时地运用下法可以起到荡积滞、消症瘕的目的，药虽非补而能使病邪去、正气复，这就是“客垢不除，真元难复”①。根据翟良的此种原理，手术、放疗、化疗虽然是攻的手段，但实际上是起了间接扶正的作用，这与金元时代著名医家张子和所说的“先攻其邪，邪气去而正自复也，不补之中有真补”的思想一脉相承。关于张子和之说，明代孙台石十分推崇。他说：“张子和治病，不离吐下汗三法，本疗暴病，而久病亦用以奏捷。”他曾补充云：“至于气结痰凝蓄血留积，必以攻下推陈出新。”（《简明医彀》）至于手术、放疗、化疗出现的不良反应，要留意选择适应证和禁忌证，在治疗过程中严密观察病情。书中还论及药物和方剂，如对于竹叶麦冬汤，主治病后虚烦懊侬，口干舌燥，坐卧不宁，小水不利。

《医学启蒙汇编》现存多种清刻本。如清康熙五年（1666年）渔阳林起龙刻本《医学启蒙汇编》6卷。

五、明末太医名家毕荩臣

毕荩臣（1595—1642年），字致吾，新城（今山东省桓台县唐山镇西毕庄）人，明末太医名家。《古今图书集成·医部全录》卷五一五，《医术名流列传》载有“毕荩臣”，《新城县志》对其记载有：“赠副都御史理五世孙，霍州知州成元孙也。浑厚有古君子风，少喜读书，家贫不能俱脡脯，乃去而学岐黄，从游名医刘南川之门。”数年后尽得刘氏真传，“久之，名噪远近”，世

①钟小兰、张光奇：《虚证运用下法初探》，《山西中医》2002年第18期，第4—6页。

人谓之孙思邈复出。后而入太医院，为官署保举晋京，“授太医院吏目冠带”。

毕荩臣博览群书，继承和发展了我国传统的中医理论，注重医学临床实践。他医术高明，尤善治痘疹及伤寒。他在诊治病过程中，善于通过观察和分析病因，取得疗效：“其于病也，辨南北，审强弱，察四时阴阳气候，投一二剂无不霍然。”这是说，毕诊治病症，善于审度阴阳，考察四时气候变化影响，投一二剂，多能痊愈。他所治的病种较多，往往能判定生死，挽救垂危。毕荩臣特别致力于伤寒和痘症的研究与治疗，时常设药施人，取得很大成功。他深知能医伤寒者，知表里、阴阳、寒热、气血、邪正虚实耳！伤寒之邪，从外而内；痘疹之毒，从内而外。若夫痈毒，有因于风寒暑湿之外袭者，有因于喜怒饮食之内伤者，是以伤寒、痘疹、痈毒，皆当审其表里、虚实而治之。如痘证之表实者，当清解其表；里实者，即疏利其里。血热者，凉血；气逆者，理气；邪毒盛者，急宜清热解毒；正气虚者，又当兼补其正焉。对此，《新城县志》载：“其最精者，尤在伤寒痘疹，诊视立辨生死，百不爽一，全活无算。”

经毕荩臣治好的病人不计其数。《新城县志》记载了两人病例：一是“青城令某病胀，绝粒数日，荩臣至，一匕而愈”。另一个是本籍人大司马王象乾，率军在山西阳和卫镇守，每患疾病，都派车马行千里延请其诊治：“邑王大司马建牙宣大，每病数千里迎迓，非荩臣不他任也。一日远出，父病亟，家人环泣。荩臣急诊脉曰：无虑也。才一剂，血出数升，病良已。其术奇妙类如此。”

毕荩臣医德高尚，为人厚道，受人称赞。《新城县志》记载：“晨起，虽车骑盈门，必次第而至，不先富贵，不遗贫贱，时时悬药施人，不索其直。益都王太仆潔性严重，荩臣至，躬自执爨进食，俨如大宾。”时座间有自称“山人”者，与其耍笑，有轻慢之意。王太仆为此勃然大怒，扯掉那人的胡须，以示惩戒。

明崇祯十五年(1642年)，清军袭扰山东，攻破新城，毕参加守城斗争，城破被执，“崇祯壬午，城陷殉难，年四十八。荩臣殁，灵爽如在。子元宰及其妻女病痢疟，或病痈痿，或痘疗，屡梦荩臣投以药，且示以某日当痊，皆如言向应，异哉！”

清代王士禛在《分甘余话》中“讳毕”称：“邹平县乡语讳‘毕’。吾邑毕荩臣,字致吾,明季名医也。外祖孙氏家常有危疾,或言非毕不可,诸舅恶其姓,终不肯延致之,咸笑其迂拘。然唐杜牧之梦改名毕而卒,宋邹忠公浩梦道君赐笔而亦卒,则古已有此忌矣。特以姓为疑,则诚迂耳。”①

六、清朝“一代医宗”黄元御

（一）黄元御简介

黄元御(1705—1758 年),名玉璐,字元御,另字坤载,号研农,别号玉楸子,生于“东莱都昌”,即山东省潍坊市辖内昌邑市都昌街道办事处黄家辛戈村,是清代著名中医学家,我国医学流派中经方即尊经派系中值得称道的人物之一。他继承和发展了博大精深的祖国医学理论,对后世医家影响深远,被誉为“一代宗师”。

黄元御生于清康熙四十四年(1705 年)昌邑县的名门望族——黄氏世家,是明代名臣黄福的第 11 世孙,自幼受到良好的家庭和家塾启蒙教育。他的祖父黄运贞,廪贡生,候补训导,在昌邑城南隅造有别居学塾,书斋中藏有黄福的《黄公文集》、《后乐堂集》和黄运启的《平政纪略》,以及各种经史子集。黄元御的父亲黄钟,也是邑庠生。黄元御童年时,便进入西岩山前的养志书院读书。黄元御幼习儒业,聪明好学,博览经史子集,才华出众,15 岁即为诸生(秀才)。黄元御又是一位很有志气和抱负的人,他发愤功读,举为庠生,选入城里凤鸣书院就读。《黄氏家谱》记:黄元御“有才学”。《黄元御神道碑》文中说:“先生少负奇才,常欲奋志青云,以功名高天下。”黄元御兄弟三人,两位兄长,黄德润为邑增生,黄德淳为监生。据《清史稿》记载,在雍正十二年甲寅(1734 年)八月,他 30 岁时(1734 年)患目疾,因庸医误以针刺药攻,以致左目失明,使得黄元御在心理上和身体上都遭受了巨大的痛苦和创伤。清代科制,五官不正,均不仕禄。在巨大的人生挫折面前,虽然他只能面对“委弃试帖”告别仕途的现实,但是他没有悲观失望,而是立志专心攻医,锁定了“生不为名相济世,亦当为名医济人”的奋发之路,终有所成。《昌邑县志》载:黄元御“聪明过人,甫成童为诸生,世推为国器”。

---

①王士禛著、张世林点校:《分甘余话》,中华书局 1989 年版 。

黄元御发愤习医。首先是从精心研读张仲景的《伤寒论》入手，继而研读《素》、《灵》、《金匮玉函要略》、《黄帝内经》、扁鹊的《难经》等中医典籍，“杜门谢客，罄心渺虑……三载而悟”，确有“理必内经，法必仲景，药必本经”之感。从黄元御的学术思想上看，他毕生尊崇黄帝、岐伯、秦越人和张仲景（张机）四家，并奉为“四圣”。师从金乡于子遽（字司铎），刻苦钻研，“探赜索奥，烛微察隐”。在《伤寒悬解自序》中，他回忆读书的情景时说，自己是“涤虑玄览，游思圹垠，空明研悟，自负古今无双”。通过刻苦钻研，“博搜笺注，倾沥群言”，“纵观近古伤寒之家数十百种”，不断提高自己的医学造诣。他医术精湛，对天人相应、阴阳五行、经络腧穴、病能脉法、气血营卫、泻南补北等经旨医理，多有创见、发挥，最终达到精通五运、明彻脏腑、娴熟脉法的水平。他还坚持记录重要的医案，并善于把理论和实践统一起来，他制方调药配伍精当，验之于证，“所治危症有神效”，名噪一时。

黄元御医德高尚，以“良相之心为良医”；在行医过程中又不断总结经验，医术精进，医名大盛。时人在民间将之与诸城名医臧枚吉并称“南臧北黄”。后来，随着他的医术技术不断提高，因其治疾能覆杯而愈，故行医的范围越来越大，知名度也越来越高，蜚声江淮与京都间，致“幽理玄言，往来络释”。黄元御于乾隆十五年庚午（1750年）四月，“北游帝城，考授御医”。次年二月，乾隆帝首次南巡，黄氏即“随驾武林（今杭州市），著方调药皆神效”。乾隆帝中恶疾大疮（即现代所说的肿瘤），太医院医治无果，刘统勋荐黄元御入宫，移大疮，出瞑眩、着手成春，乾隆御赐“妙悟岐黄”匾额悬于太医院门首，遂留京供职太医院。

黄元御著述颇丰，达十余种。促使他著书立说的一个重要原因是，他在研究工作中发现“四圣”之书也存在错简零乱的缺点，再加上历代传注谬误，一些名医持论多有偏失，以至于误诊死人。因此他愿以毕生精力，对“四圣”之书，从源到流，重加考订。黄元御存世医著仅记于《清史稿》的就有医书11种：《伤寒悬解》（1748年，15卷）、《金匮悬解》（1753年，22卷）、《伤寒说意》（1754年，11卷）、《四圣心源》（1753年，10卷）、《四圣悬枢》、《素灵微蕴》（1754年，4卷）、《长沙药解》（1753年，4卷）、《玉楸药解》（1754年，4卷）、《素问悬解》、《灵枢悬解》、《难经悬解》等，计98卷，凡数十万言。以下、泻、消为主，反对猛药进补医病，被誉为一代宗师，经方派代表,广为流传。后收录在《四库全书》,前8部又被后人收入《黄氏医书八种》,汇刻于咸丰年间。1990年又在进一步挖掘整理的基础上,由人民卫生出版社出版发行,合称《黄元御医书十一种》。后又从《四库全书》辑录以上黄氏存世医书11种,名为《黄元御医学全书》,1999年由中国中医药出版社出版发行。《素问悬解》、《灵枢悬解》、《难经悬解》3种未刊行著作。黄元御所著《黄氏医书八种》,南北各地,流传甚广。由于他文理精通,为人欣赏,特别是每卷之首必有一段精彩的文章,可谓引人入胜。昌邑周围数百里之为医者,不读黄氏医书,自感学识不高,医理欠明。全国其他地区的为医者得到黄氏医书,亦如获至珍,藏为秘本。黄氏医书不仅在国内深受欢迎,而且已于清末传入日本、朝鲜及南洋各国。

黄元御后半生一直避居江南民间,行医研著,为穷苦百姓治病,声望极高,且桃李遍苏杭。晚年返乡授医,深受拥戴。另记刘墉侄刘奎"授教于北海老臣玉楸(黄元御)"功习大疮移位,至今民间仍流传着美妙的谚语"挪,挪,挪,翻江倒海挪大背(肿瘤)"。

移位疗法是"大疮移位"的升华、完整的象征,是中药升级的涡动力。"大疮移位"是经过历史长河无数次冲洗沉淀的灿烂文化。由于历史变迁及统治阶级的专横忌妒,使得许多科技成果被扼杀、失传、断续。名医华佗的针灸麻醉便是其中的一例,"大疮移位"也不例外,流传至今已遭数劫。

20世纪90年代黄元御第18代传人陈奇先生经多方研究实验,终将这经过历史长河冲洗沉淀的国粹中药,制成了浓缩精华的"陈奇移位膏"。它是捞取病毒的离子网,具有深层挖掘病毒、保护良好基础质量的"双刃剑"。

乾隆二十三年(1758年),黄元御从江南返里,继续为家乡人民治病,9月17日在昌邑县南隅村病逝,时年53岁。黄元御作为一个残疾人,通过自己的努力学习,以其高超的理论、渊博的知识,最终成为一个中医学家,并为中医理论的发展作出了自己的贡献,为我们留下了近200万字的医学著作。他以非凡的医学成就纵横捭阖于医林之中,清代张琦在《四圣心源·后序》中对黄氏医学成就的评价,颇为中肯:"能读黄氏书,则推脉义而得诊法,究药解而正性,伤寒无夭折之民,杂病无膏肓之叹。上可得黄、岐、秦、张之精,次可通叔和、思邈之说,下可除河间、丹溪之弊,昭先圣之大德,作生人之大卫。"医学界称其学术思想,"奥析天人,妙烛幽隐,自越人、仲景而后,罕有其伦”，成为祖国医学发展史上对经典医著“长沙而后，一火薪传”的“一代医宗”。1924 年，乡人仰慕其德，议请入乡贤祠，并捐金树碑，颂其功德。碑文曰：“医书八种，遍于宇内，迄今近二百年，神效日彰，举民爱戴。”《黄氏医书八种》不仅在我国医学界有着广泛的影响，而且传入日本、朝鲜及东南亚各国后，也受到国外医学界的高度评价和广泛应用。

新中国成立后，我国医学界成立了“黄元御学术研讨会”。1988 年，昌邑市成立了“黄元御研究会”，建立了“黄元御中医院”，其著作手稿被列为昌邑市重点保护文物。

（二）黄元御著述及医学成就

1. 探索生命本源，丰富中医理论

黄元御继承古代中医的传统理论，但又不拘泥于古人学说。他对《伤寒论》的研究有了新的发现：“仲景《伤寒》，其言奥赜，其意昭明，解言则难，说意则易，其意了然，其言无用矣。”他进而分析到《伤寒论》流传下来的原因和解释《伤寒论》应采取的合理方法。他重视“中气”，实际是现代生命科学所称的“生命场”。他主张“扶阳抑阴”，继承了中医的传统说法，在探索生命本源、丰富中医理论方面作出了一定贡献。此外，他在遣方用药方面，喜用甘草、茯苓、桂枝、干姜等以祛寒燥湿，超过处方的半数，充分体现了他对“中气”理论的重视。

他提出的“扶阳抑阴”以祛病延年和“主温重阳”的观点，大大发展了古代医论，“独居医家一宗”。顾复初《重刻黄氏遗书序》中称：“昌邑黄坤载先生，学究天人，湛深《易》理，其精微之蕴，托医术以自见。著《伤寒悬解》、《金匮悬解》、《伤寒说意》、《长沙药解》、《玉楸药解》、《四圣心源》、《四圣悬枢》、《素灵微蕴》等书，凡八种，一扫积蒙，妙析玄解，自仲景以后，罕有伦比。其宗旨言：中皇转运，冲气布濩，水木宜升，金火宜降而已。”黄元御在治疗瘟疫疾病方面也有独到见解，他以浮萍治瘟疫，实是对张仲景治疗热病用桂枝、麻黄的发挥。师其意而易其药，据时势而变通，尊“四圣”却不因民间草药而不用，正是黄元御学术思想的可贵之处。黄元御医书尚有不足之处，但就其成就而言，仍不失为尊经大师。

2. 重要医学著作

(1)《伤寒悬解》

这是一部主要从六气角度解释伤寒论的著作。该书开始酝酿于乾隆二年(1737年),乾隆十三年(1748年)四月开始撰著,七月草成,15卷,分脉法等12类别,对《伤寒论》逐条诠释。该著作现已收录于中国中医药出版社出版的《黄元御医学全书》中。卷首仲景微旨,卷末附有"伤寒例",各一卷。《伤寒悬解》卷首透辟地阐明了"仲景微旨",理义精新,独具特色:寒温异气、传经大凡、解期早晚、寒热死生、营卫殊病、六经分篇、六气司令、一气独胜、篇章次第。卷一:脉法上编,共脉法三十一;卷二:脉法下编,共脉法五十二;卷三:太阳经上编;卷四:太阳经中编;卷五:太阳经下编;卷六:阳明经上编;卷七:阳明经下编;卷八:少阳经上编等。黄元御"精骛八极,心游万仞",书中将《伤寒论》所载113方,立六经治伤寒,六经经证条理详明,予以剖析贯串,并注明本病、经病、腑病、脏病、坏病及传腑、传脏、入阳入阴等不同情况,加以归纳整理,使之条理化。误解汗吐下坏病368章,识别坏病成因所在,其他医籍尚未记载。他在注释析疑方面做了大量工作,也不乏个人创见,但其中也难免杂有主观片面的观点。《四库全书提要》对黄氏的评价十分中肯:"考《伤寒论》旧本,经叔和之编次,已乱其原次,元御以为错文,较为有据,与所改《素问》、《灵枢》、《难经》出自独断者不同。然果复张机之旧与否,亦别无佐证也。"《伤寒悬解》现存十多种清刻本。

(2)《伤寒说意》

伤寒著作。10卷,卷首1卷。于乾隆十九年(1754年)三月撰成。该书以传经入说,辩论分析,多启迪后学门径。《四库全书提要》记载:"元御既作《伤寒悬解》,谓论文简奥,非读者所能遽晓,后著此书,以开示初学之门径。"黄元御在《自叙》中说:"庚午年春,旅寓济南,草《伤寒说意》数篇。辛未六月,客处江都,续成全书。"这里是指1750年春在济南与申士秀交谈后,为进一步阐明仲景《伤寒》的内在涵义,草成《伤寒说意》数篇,直到1751年随驾武林后,才在江都仓促续成全书。"甲戌正月,久宦京华,不得志,复加删定"。黄元御用"说意"的形式来表达仲景《伤寒》的思想,比单纯按字句来注释更能透彻地反映出《伤寒》的旨意。本书除列述六经病证外,卷首对六经、六气、营卫、风寒、传经等均有专题论述,对仲景《伤寒论》多所注释和发挥,然亦不免掺杂了一些主观臆断的解释。黄元御对这部《伤寒说意》甚为满意，改完书稿后，他在《自叙》中评价说："仲景之意得矣，仆之得意，不可言也。"黄元御《伤寒说意》稿本（山东昌邑文化馆藏），时间为乾隆年间所写，为名医黄元御遗物，书中有删改笔迹多处，具有历史文物性，当属善本。

（3）《金匮悬解》

刊于1754年，共22卷。《金匮要略》主治内伤病。黄元御在阐发《内经》、《难经》之基础上，兼采诸家学说，逐篇诠释《金匮要略》原文，并详述四诊九候之法。他将《金匮要略》的篇目、条文也重新进行调整编排，分为7类，每类前撰文述其概略，每节经文后均予诠释，并进行一些删减，如删去"杂疗方第二十三"等3篇，又将《金匮要略》类编章内条文，将病症依次按外感、内伤、外科、妇人分类编排，各部分又按原类病法分类，每类各为一卷，卷前加以短论对该卷内容进行提纲挈领的阐述。黄氏认为《金匮要略》治内伤病，大旨主于扶阳气以为运化之本，自滋阴之说胜，而阳自阴生，阴由阳降之理，迄无解者，因推明其意，以成此书，但在论治方面多从温燥立法，有其片面性。《金匮悬解》明确脉象与肿瘤的相关性，其中载："诸积大法，脉来细而附骨者，乃积也。寸口，积在胸，微出寸口，积在喉，关上，积在脐旁，上关上，积在心下，微下关，积在少腹，尺中，积在气街，脉出左，积在左，脉出右，积在右，脉两出，积在中央，各以其部处之。"其中，对于中风的半身不遂，多见左或右半侧身体的麻木不仁，谓"风之为病，或中于左，或中于右"。《金匮悬解》曰："阳性上行，有阴以吸之，则升极而降；阴性下行，有阳以煦之，则降级而升。有阳无阴，则阳有升而无降，独行于上，故称厥阳。"借论述厥阳独行的病机，说明阴阳平衡失调是疾病发生的重要机理。黄元御还分析了胸痹心痛的病机，他在《金匮悬解》中说：下焦肝肾之阴寒易从脾气以左升，上焦心肺之阳热易从胃气以右降。此病位牵扯上下，遣方用药。桂枝加龙骨牡蛎汤为滋阴和阳、调和营卫，治虚劳之方。黄元御在《金匮悬解》中对该方的药物分析为"桂枝、芍药达木气而清风燥，生姜、甘草、大枣和中气而补脾精，龙骨、牡蛎敛神气而涩精血"；对于"防己黄芪汤方论"，《金匮悬解》中有："风客皮毛，是以脉浮；湿渍经络，是以身重；风性疏泄，是以汗出恶风。防己黄芪汤，甘草、白术补中而燥土。黄芪、防己发表而泄湿也。"《金匮悬解》现有多种清刻本。

(4)《四圣心源》

这是一部阐发《内经》、《难经》、《伤寒论》、《金匮玉函要略》诸书蕴义的综合性医书。全书共10卷,初撰于乾隆十四年(1749年),成书于乾隆十八年(1753年)。该书从理论到实践,都是以上述典籍作为指导范本。卷一天人解:阴阳变化、五行生克、脏腑生成、气血原本、精神化生、形体结聚、五官开窍、五气分主、五味根原、五情缘起、精华滋生、糟粕传导、经脉起止、奇经部次、营气运行、卫气出入;卷二六气解:六气名目、六气从化、六气偏见、本气衰旺、厥阴风木、少阳相火、少阴君火、太阴湿土、阳明燥金、太阳寒水、六气治法;卷三脉法解;卷四劳伤解;卷五至卷七杂病解;卷八七窍解;卷九疮疡解;卷十妇人解。这是一部包括中医基本理论和部分临床医学的综合性著作,书中首先对中医基础理论如经络、脉法、脏象、运气等理论进行了较为详细的阐述。然后论述病源,并以五行生克之理阐明病机。书中强调治病须熟悉病机,抓住疾病之根本,方能取效。黄氏在辨证中处处以顾护阳气为先,对于贵阴贱阳、滥用寒凉滋润的流弊深恶痛绝,指出:“阴易盛而阳易衰,故湿气恒长,而燥气恒消,阴盛则病,阳绝则死,理之至浅,未尚难知,后世庸愚,补阴助湿,病家无不夭枉于滋润,此今古之大祸也。”还有关于中气的学说,黄元御极为重视脾胃的升降枢机作用,《四圣心源》说:“脾升则肾肝亦升,故水火不郁;胃降慢心肺亦降,故金火不滞……中气者,和济水火之机,升降金木之枢也。”在黄氏看来,脾胃之气不是中气,而中气实由脾胃之气而来,中气与脾胃之气同居中焦,既有区别,又有联系,脾胃为中气之本,中气为脾胃之合,“脾胃升降,则在中气,中气者,脾胃旋转之枢”,若中气病,则枢轴废,从而发生一系列病变,其主要病因,在于寒湿,寒湿之治,在于补阳益火。① 此外,还有六经病理状态:“人之六气,不病则不见,平人六气调和,故不至一气独现,病则六气不相交济,是以一气独见。如厥阴病则风盛,太阴病则湿盛,阳明病则燥盛,太阳病则寒盛也。”

(5)《素灵微蕴》

主要是26篇医论,包括胎化、藏象、经脉、营卫、藏候、五色、五声、问法、诊法、医方10篇,又病解16篇:胎化解、脏象解、经脉解、脏候解、五色解、医

---

①参见刘国晖:《黄坤载〈四圣心源〉中气学说探讨》,《四川中医》1987年第1期 。

方解、(鼻勾)喘解、吐血解、飧泄解等,多附以医案。其说诋诃历代名医,无所不至。升降息则神机化灭,出入废则气立孤危。故作者以阴阳升降立说,尊崇《内经》、张仲景及孙思邈,对历代医家多有贬词,如以钱乙为悖谬,以李杲为昏蒙,以刘完素、朱震亨为罪孽深重,擢发难数。在学术见解上亦有其片面性。现存多种清刻本,又收入《黄氏医书八种》中。《素灵微蕴》中的一段论述说明了水谷精气的走行方向,并明确地指出了水谷精气是进入血液循环的:“此雾气由脏而经,由经而络,由络而播宣皮腠,熏肤充血泽毛……阴性亲内,自皮而络,自络而经,自经而归趋脏腑。”故从中可以了解血液离心性和向心性的具体循行方向。这个方向虽与现代生理学对血液循环的认识有所不同,但已明确提出了心、肺和脉构成了血液的循环系统。《灵素微蕴·飧泄解》篇,黄氏受河北易水学派的影响,重视脾胃功能,将其比喻为“如车之轮,如户之枢,四象皆赖以维纤”。《素问微蕴·脏象解》篇,仲景首重阳气的观点对其影响最大,成为其学术思想的主流。人之为病“阳盛而病者,千百之一,阴盛而病者,尽人皆是”。《素灵微蕴序意》中指出:“轩岐既往,灵素犹存,世历三古,人更四圣,当途而后赤水迷津,而一火薪传,何敢让焉。因溯四圣之心,传作《素灵微蕴》二十有六篇,原始要经,以究天人之际,成一家之言,藏诸空山,以待后之达人。”

(6)《素问悬解》

乾隆二十年(1756 年)初春,在门人毕武陵的再次推请下,黄元御着手笺释《素问》,至十一月书成,计 13 卷,定名为《素问悬解》。黄元御取《诊要经终论》部分内容补《刺法篇》,取《玉机真藏论》部分补《本病篇》,先列有素问悬解自序、新刻素问悬解序,以通行本《素问》81 篇的主要内容分为养生(卷一)、脏象(卷二)、脉法(卷二—卷三)、经络(卷四)、孔穴(卷四)、病论(卷五—卷六)、治论(卷六)、刺法(卷七—卷八)、雷公问(卷九)、运气(卷十—卷十三)十类,重予编次,重新修订为 81 篇,在原文各段之后均有扼要注释。对经络腧穴部分注释尤为精确,其广搜博采,相互参校,探微索奥,冰释旧疑,条目清晰,注解宏富,为后世学者所推崇。其注释参考采摭王冰等历代《内经》注家之精论,间附作者本人对《素问》研究之心得、校勘举例、《玉机真脏论》正名、“逢寒则虫,逢热则纵”辨、《内经》避讳字初探、《易经》与三阴三阳、易学八图、后记等。黄元御《素问悬解》论及魂魄与精气血神的关系："血藏魂，魂生神。"书末附有冯承熙撰《校余偶识》一卷。此书中的"五运六气，南政北政"之说，为发前人之未及。

（7）《长沙药解》

药物学著作。4 卷，刊于 1753 年。书中选出《伤寒论》、《金匮要略》（下称《伤寒》、《金匮》）二书中 244 个医方的药物 159 种（目录末记为 161 种），"分析排纂，以药名药性为纲，而以其方用此药为目，各推其因证主疗之意，颇为详悉"（《四部总录医药编》中册）。书中结合原书中的方药证治，论述各药药性、功用、主治及用法。书名冠以"长沙"，盖以张仲景曾任长沙太守之故。黄元御一生肆力经典，尤精于"长沙"之学，对《伤寒》、《金匮》二书颇多发挥。在著成《伤寒悬解》、《金医悬解》的基础上，感于"本草既讹，杂不可信，《素问》诸书，又不及方药，唯仲景氏继炎黄之业，作《伤寒》《金匮》，后世宗之，为方书之祖"。又独辟蹊径，笺疏仲景方药，"述《伤寒》《金匮》之旨"撰成传世之书。《长沙药解》为《伤寒》、《金匮》药物研究重要参考书之一。例如，对于白术的配伍说："白术性颇壅滞，宜辅之以疏利之品，肺胃不开加生姜、半夏以驱浊，肝脾不达加砂仁、桂枝以宣郁，令春旋补而旋行，则美善而无弊矣。"关于干姜，《长沙药解》载有："干姜燥热之性，甚与湿寒相宜，而健运之力，又能助其推迁，复其旋转之旧。盖寒则凝而温则转，是以降逆升陷之功，两尽其妙。仲景理中用之，回旋上下之机，全在于此，故善医泄利而调霍乱。凡咳逆齁喘、食宿饮停、气膨水胀、反胃噎膈之伦，非重用姜苓，无能为功，诸升降清浊、转移寒热、调养脾胃、消纳水谷之药，无以易此也。"再如，桂枝是临床应用非常广的一味药，黄氏谓："桂枝，味甘辛，性温，入足厥阴肝、足太阳膀胱经，入肝家而行血分，走经络而达营郁，善解风邪，最调木气，升清阳脱陷，降浊阴冲逆，舒筋脉之急挛，利关节之壅阻，入肝胆而散遏抑，极止痛楚，通经络而开痹涩，甚去湿寒，能止奔豚，更安惊悸。"还有，吃枣喝汤作为补血良方，这对妇人产后贫血、营养不良性贫血以及血虚气弱之人，最为适宜。历代医家亦称大枣为补血上品。如《长沙药解》中说："大枣，其味浓而质厚，则长于补血，而短于补气。人参之补土，补气以生血也；大枣之补土，补血以化气也。"而对于苦参的作用、苦参制剂和苦参汤，《长沙药解》曰："《金匮》苦参汤，治狐惑蚀于下部者，以肝主筋，前阴者宗筋之聚，土湿木陷，郁而为热，化生虫，蚀于前阴，苦参清热而去湿，疗疮而杀虫也。当归贝母苦参丸，用之治妊娠小便难，以土湿木陷，郁而生热，不能泄水，热传膀胱，以致便难，苦参清湿热而通淋涩也。”对于薤白和薤白粥治病，《长沙药解》曰：“肺病则逆，浊气不降，故胸膈痹塞；肠病则陷，清气不升，故肛门重坠。薤白，辛温通畅，善散壅滞，故痹者下达而变冲和，重者上达而化轻清。其诸主治：断泄痢，除带下，安胎妊，散疮疡，疗金疮，下骨鲠，止气痛，消咽肿，缘其条达凝郁故也。”此外，《长沙药解》中还有“甲木之升缘于胃气上逆，胃气上逆缘于中气之虚”的理论，提出了脾胃虚弱、胆不能随胃而降、肝不能从脾而升、土木壅迫的论点。

(8)《玉楸药解》

8卷，于乾隆十九年(1754年)撰成。药物学著作。《四库全书》评《玉楸药解》：“大抵高自位置，欲驾千古而上之，故于旧说多故立异同，以矜独解。”本书以药物分类分卷，共载药物232味。卷一，草部，109味，又分为苍术、黄精、益智仁、草豆蔻、缩砂仁、补骨脂、肉豆蔻、葫芦巴、白豆蔻、红豆蔻、大茴香、香附、荜茇、藿香、香薷、荜澄茄、使君子、威灵仙、白附子、慈菇、牵牛子、何首乌、肉苁蓉、锁阳、丹参、泽兰、益母草、刘寄奴、延胡索、胭脂、茼茹、姜黄、地榆、三七、蒲黄、续断、大蓟、茜草……卷二，木部，46味；卷三，金石部，36味；卷四，果部，34味，附谷菜部；卷五，禽兽部，20味；卷六，鳞鱼虫部，33味；卷七，人部，4味；卷八，杂类部，10味。各药分列性味、归经、功效主治，间附炮制方法等。内容论述简要，不尚旁征博引，颇多个人见解。黄元御自号玉楸子，故以为书名，此书以补《长沙药解》之未备，该书首创了用浮萍治疗瘟疫的疗法。松子内含有大量的不饱和脂肪酸，常食松子，可以强身健体，特别对老年体弱、腰痛、便秘、眩晕、小儿生长发育迟缓均有补肾益气、养血润肠、滋补健身的作用。《玉楸药解》载“润肺止咳，滑肠通便，开关逐痹，泽肤荣毛”，可见常食松子能延年、美容。凡脾虚便溏、肾亏遗精、湿痰甚者均不宜多食。再如，莲子性平，味甘涩，能养心、益肾、补脾、固涩，体虚遗精早泄之人均宜食用，尤其是心肾不交而遗精者，食之更佳。《玉楸药解》中亦云：“莲子甘平，甚益脾胃，而固涩之性，最宜滑泄之家，遗精便溏，极有良效。”而鹿角胶，性温，味甘咸，能补血、益精，凡肾气不足之遗精者，宜用开水或黄酒溶化服食。《玉楸药解》中记载：鹿角胶“温补肝肾，滋益精血。治阳痿精滑”。

七、刘奎及其对疫病学的研究

（一）刘奎简介

刘奎（生卒年不详），字文甫，号松峰，清嘉庆年间名医，山东诸城人。

刘奎系名门出身，与清代阁士刘墉为叔兄弟。祖父刘棨，担任四川布政使。叔父刘统勋，任东阁大学士。其父刘引岚，素精医理，医德高尚，深受广大百姓称赞。刘奎自幼受到良好的家教影响，少时勤攻经史，据说他读书一目十行，而又手不释卷，因此学习了不少儒家经典及诸子百书，深受儒家思想文化的熏陶，曾为清朝监生。但因自身患病，后弃儒学医。他一方面自习诸多医学名著，凡岐黄仓扁诸书，靡不探讨，深入思考掌握了很多医术和病理。后跟叔父刘统勋去北京，专门向郭右陶学医。据《清史稿》记载，刘奎还"授教于北海老臣玉楸（黄元御）"功习大疮移位，医学水平提高很快。

刘奎不仅诊疾治病，而且还著书立说，阐述阴阳顺逆、五行生克、养生保命之理。温疫，又称"瘟疫"，相当于现代医学所讲的传染病，它对人类的危害很大，在一定的外界环境条件下可以在人群中传播，造成流行。刘奎在对《内经》、《难经》、《本草》、《伤寒》等医学名典、金元四家及张景岳等人医论、药论精深研究的基础上，结合自己的认识和实践，大胆创新，取得一些突出的医学成果，对中医药学作出了重要贡献。比如，历代医家认为瘟疫属热者多，治尚寒凉，而他却施以温药，认为对瘟疫防应重于治。他对孕妇、小儿瘟疫的治疗、护理及病后调理的有效方法，值得后人借鉴。他遵张仲景《伤寒论》六经证治之说，结合临床经验，独创瘟疫六经治法，发展了仲景学说。正如刘奎所云："无岐黄而根底不植，无仲景而法方不应，无诸名家而千病万端药证不备。"言简意赅地说明了继承的广博与意义。

刘奎生平信服吴又可[①]的《瘟疫论》，同时又对吴又可的学术思想加以发挥补充，在治疗瘟疫症方面独树一帜。刘奎《瘟疫论类编·自序》中说："自吴又可先生出，始分伤寒与瘟疫为两途……则是有《伤寒论》于前，不可无《瘟疫论》于后。询堪方驾长沙，而鼎足卢扁，功垂万世，当为又可先生首

---

①吴有性，字又可，江苏吴县洞庭东山人，古代著名的"温病"学家。生平不详，大约生活于16世纪80年代至17世纪60年代（明末清初，约1582—1652年）。

屈一指也。余读是书有年，观其识见高明，议论精卓，其于治瘟症，诚无间然矣。”

刘奎一生多奔波于京师、长安等地，晚年隐居五莲松朵山下，自号松峰老人。其二子亦善医。他与其子秉锦合著成《松峰说疫》6卷、《瘟疫论类编》5卷等书。刊于乾隆年间。二书影响较大，流传日本等国。其中，《松峰说疫》为其代表作，载病症140余种、方剂200个，主要内容有“述古”、“论治”、“杂疫”、“辨疑”、“诸方”、“运气”六个方面，有较高价值。他总结历代中医以及民族医学中的瘟疫预防方法，辑为“避瘟方”一章，这在瘟疫诸著作中是独一无二的。他总结了疫病的诊断、治疗和预防方法，研究其中的治法和方药，对于现代疫病的预防和治疗都有一定的参考价值。此书问世后广为流传，现存清嘉庆年间刻本及其他合刻本、单行本等。除这些外，刘奎还著有《濯西救急简方》、《松峰医话》、《景岳全书节文》、《四大家医粹》等书。他亦精诗文，著有《松峰诗略》、《松峰文略》等。

（二）《松峰说疫》

1. 主要内容

《松峰说疫》约撰于乾隆五十年（1785年），共6卷：

卷一“述古”，选取先人或医学著作中关于瘟疫说的诸多之论说，阐述瘟疫与伤寒之不同和疫症关系，评已有药方，涉及“瘟病之治”、“瘟疫来路两条”、“去路三条”、“治法五条”、“神授香苏散”等。

卷二“论治”，先列12条总论，再给出治法。这12条总论是：瘟疫名义论、疫病有三种论、用党参宜求真者论、治瘟疫慎用古方大寒剂论、用大黄石膏芒硝论、立方用药论、疫症繁多论、治疫症最宜变通论、抄复论、仅读伤寒书不足以治瘟疫不读伤寒书亦不足以治瘟疫论、读伤寒书当先观阳症论、舍病治因论。所给出的治法包括：瘟疫统治八法、瘟疫六经治法、瘟症杂症治略、瘟疫杂症简方、瘟疫应用药。瘟疫应用药还对不同的药性、功能进行了分析，将它们分为：发表、攻里、寒凉、利水、理气、理血、化痰、逐邪、消导、温补。然后，根据其功能和效用，对症下药。

卷三“杂疫”，列举诸杂疫共68证，一一解说：葡萄疫、捻颈瘟、瓜瓤瘟、杨梅瘟、疙瘩瘟、软脚瘟、绞肠瘟、鸬瘟、龙须瘟、芋头瘟、蟹子瘟、版肠瘟、胁痛瘟、刺螯瘟痧、地葡瘟痧、手足麻瘟、扣颈瘟、野狼掐翻、蚰蜒翻、椅子翻、扁担翻、王瓜翻、白眼翻、绕脐翻、疙瘩翻、麻雀挣、鸦子挣、乌沙挣、黄鹰挣、羊毛挣、鹁鸽挣、乌鸦挣、兔儿挣、长蛇挣、缠丝挣、哑叭挣、母猪挣、老鼠挣、虾蟆挣、海青挣、眠羊挣、野雀挣、狐狸挣、猿猴挣、莽牛挣、鹰嘴挣、赤膈类伤寒、黄耳类伤寒、解类伤寒、痧病类伤寒、喉管伤寒、油痧瘴、乌痧瘴、哑瘴、锁喉黄、脖子猴、谷眼、天行虏疮、疫厥、羊毛疔、缠喉风、赤瞎、神鬼箭打、雾气、化金疫、抱心疔、瘟痧、宜识痧筋。再列举放痧、刮痧、治痧诸法及用药宜忌，包括：放痧十则、放痧法、刮痧法、新定刮痧法、治痧三法、治痧分经络症候、用药大法、痧前禁忌、痧后禁忌、扑鹅痧、青筋、痰疫。

卷四“辨疑”，详细论述14条瘟疫之疑，予以辨析：辨温病阴暑、辨夏凉冬暖不足致疾、辨吴又可偏用大黄、辨用老君神明散东坡圣散子、辨赔赈散等方、辨张景岳言瘟疫、辨呕吐哕呃逆咳逆噫气、辨五疫治法、辨吴又可疫有九传治法中先里后表、辨瘟邪止在三阳经、辨内伤寒认作瘟疫、辨汗无太早下无太晚、辨郑声、辨褚氏春瘟夏。

卷五“诸方”：主要是避瘟方和除瘟方。避瘟方：雄黄丸、避瘟丹、福建香茶饼、透顶清凉散、神圣避瘟丹、老君神明散、藜芦散、务成子萤火丸、屠苏酒、避瘟丹、茵陈乌梅汤、神砂避瘟丸、避瘟杀鬼丸、太苍公避瘟丹、避瘟丹、不染瘟方、杀鬼丹、李子建杀鬼丸、七物虎头丸、太乙流金散。“避瘟方”同时还对治疗疫病的药物加以补充和修正。除瘟方：松峰审定五瘟丹、柴胡白虎煎、柴葛煎、归柴饮、人马平安散、神仙祛瘟方、葛根淡豉汤、松毛酒、姜糖引、头痛如破、诸葛行军散、灵宝避瘟丹、逐瘟方、干艾煎、椿皮煎、蒿柳汁、人马平安行军散、神柏散、六合定中丸、藕蜜浆、生姜益元煎、牛桑饮、白药散、神曲煎、栝蒌汤、治瘟疫秘方、治瘟疫并大头方、六一泥饮、观音救苦散、治鬼魅魇人法、太乙紫金锭、梓皮饮、梨甘饮。

以上这些内容为发挥中国传统医学在预防现代急性烈性传染病中提供一些思路。

卷六“运气”，主要阐述五运六气与瘟疫的关系，特别是气候变化对瘟疫的影响。内容包括：五运详注、六气详注、司天在泉解、五运天时民病、六气天时民病、五运五郁天时民病详解。

2. 学术成果

(1)刘奎"三疫"说

刘奎在继承《内经》五运六气学说和《瘟疫论》学术思想的基础上,加以补充和完善,首次提出了"三疫"说:即瘟疫、寒疫、杂疫,并论述了瘟疫、寒疫、杂疫的病因和临床表现。

刘奎《松峰说疫·论治》"疫病有二种论"中载:

> 盖受天地之疠气,城市、乡井以及山陬海所患皆同,如徭役之役,故以疫名耳。其病千变万化,约言之则有三焉。一曰瘟疫。夫瘟者,热之始,热者,温之终,始终属热症。初得之即发热,自汗而渴,不恶寒。其表里分传也,在表则现三阳经症,入里则现三阴经症,入腑则有应下之症。其愈也,总以汗解,而患者多在热时。其与伤寒不同者,初不因感寒而得,疠气自口鼻入,始终一于为热。热者,温之终,故名之曰瘟疫耳。二曰寒疫。不论春夏秋冬,天气忽热,众人毛窍方开,倏而暴寒,被冷气所逼即头痛、身热、脊强。感于风者有汗,感于寒者无汗,此病亦与太阳伤寒伤风相似,但系天作之孽,众人所病皆同,且间有冬月而发疹者,故亦得以疫称焉。其治法则有发散、解肌之殊,其轻者或喘嗽气壅,或鼻塞声重,虽不治,亦自愈。又有病发于夏秋之间,其症亦与瘟疫相似,而不受凉药,未能一汗即解,缠绵多日而始愈者,此皆所谓寒疫也。三曰杂疫。其症则千奇百怪,其病则寒热皆有,除诸瘟、诸挣、诸痧瘴等暴怪之病外,如疟痢、泄泻、胀满、呕吐、喘嗽、厥痉、诸痛、诸见血、诸痈肿、淋浊、霍乱等疾,众人所患皆同者,皆有疠气以行乎其间,故往往有以平素治法治之不应,必洞悉三才之蕴而深究脉症之微者,细心入理,一一体察,方能奏效,较之瘟疫更难揣摩。盖治瘟疫尚有一定之法,而治杂疫竟无一定之方也。且其病有寒者,有热者,有上寒而下热者,有上热而下寒者,有表寒而里热者,有表热而里寒者,种种变态,不可枚举。世有瘟疫之名,而未解其义,亦知寒疫之说,而未得其情,至于杂疫,往往皆视为本病,而不知为疫者多矣。故特表而出之。

刘奎在此称瘟疫即为温疫,温热性质突出,与吴又可所论之湿热疫性质完全不同。杂疫有 70 种之多,并专设避瘟方与除瘟方为一卷,分别载列瘟疫预防类方和治疗类方剂,提出治疗疫病最宜通变。

对于疫病，刘奎提出具体防疫措施，如“凡有疫之家，不得以衣服、饮食、器皿送于无疫之家，而无疫之家亦不得受有疫之家之衣服、饮食、器皿”，“将初病人贴身衣服，甑上蒸过，合家不染”，“入病家不染：用舌顶上额，努力闭气一口，使气充满毛窍，则不染。”《松峰说疫・避瘟方》载方用法有内服、纳鼻、取嚏、嗅鼻、探吐、佩带、悬挂、药浴、熏烧等多种。因而研究《避瘟方》，对丰富和发展中国传统医学疫病预防方法，有一定的参考价值。

（2）刘奎首创“瘟疫统治八法”

刘奎广集前人治疗瘟疫的方药，《松峰说疫》中记载了治疫方剂180余首，其中大多采自前人之方，也有部分自己新创方剂以及刮痧治法，倡导八法统治瘟疫：解毒、针刮、涌吐、罨熨、助汗、除秽、宜忌、符咒。此外还论及善后，并附有方药证治，且按避瘟和除瘟二门记述了治疫诸方，对于瘟疫的治疗有很大的价值。

例如，对于“解毒”，《松峰说疫》记载：

> 凡自古饥馑之后，或兵氛师旅之余，及五运之害制，六气之乖违，两间厉气与人事交并而瘟疫始成焉。人触之辄病，症候相同，而饥寒辛苦之辈感者居多，年高虚怯之人感之偏重，是皆有毒气以行乎间，此毒又非方书所载阳毒、阴毒之谓。未病之先，已中毒气，第伏而不觉，既病之时，毒气勃发，故有变现诸恶候。汗下之后，余毒往往未尽，故有自复之患。是毒气与瘟疫相为终始者也。兹定金豆解毒煎以解其毒势，且能清热。并不用芩、连、栀、柏而热已杀（shài）。

《松峰说疫》中大量使用了生甘草作为解毒之用，“甘草解一切毒，入凉剂则能清热，亦能通行十二经，以为银花、绿豆之佐。陈皮调中理气，使营卫无所凝滞”。还有银花能清热解毒，疗风止渴；绿糖饮（自定新方）。另有绿豆衣等药，金豆解毒煎（自定新方）是刘奎自创方剂，用于解疫毒，颇有特色，值得进一步研究。

对于“助汗”，刘奎提出：

> 古有汗吐下三法，而汗居其首者，以邪之中人，非汗莫解也。吐虽有散意，尚待汗以成厥功。

> 下之有急时,因难汗而始用。此是不论伤寒、瘟疫,而汗之之功,为甚巨矣。瘟疫虽不宜强发其汗,但有时伏邪中溃,欲作汗解,或其人秉赋充盛,阳气冲激,不能顿开者,得取汗之方以接济之,则汗易出,而邪易散矣。兹谨择和平无碍数方以备用。倘瘟疫之轻者,初觉即取而试之,又安知不一汗而解乎。

然后阐述汗方,他提出:姜梨饮,治久汗不出。他还论述:

> 取汗方。……又取汗方苍术。……塞鼻手握出汗方。……葱头粳米粥,治时瘟取汗。……桃枝浴法。……止汗法。瘟病如大汗不止,将发入水盆中,足露于外,宜少盖。用炒麸、糯米粉、龙骨、牡蛎,共为细末。和匀,周身扑之,汗自止,免致亡阳之患。疗瘟神应丹(发瘟汗最速)。壮年人身汗泥,丸绿豆大七粒,姜一片,黄蒿心七个,水一碗煎送。(一说男病用女,女病用男。一说纯用男人。存参。)

他还提出"汗无太速,下无太迟"之说,他提到的针刮、罨之法,无不促邪排毒,且给以开门之便。刘奎于治疗湿瘟时指出:"瘟疫始终不宜发汗,虽兼之中湿,而尚有瘟疫作祟,是又当以瘟疫为重,而中湿为轻,自不宜发汗,当用和解疏利之法,先治其瘟,俟其自然汗出,则湿随其汗,而与瘟并解矣"。①

(3)刘奎创立"瘟疫六经治法"

刘奎在《松峰说疫》"治疫病最宜变通论"中所言:"惟至于疫,变化莫测,为症多端,如神龙不可方物。临证施治者,最不宜忽也。"

太阳经:头痛热渴。元霜丹治太阳头项痛,腰脊强,发热作渴。身痛脉紧烦躁无汗。烦热燥渴。白虎加元麦汤治太阳经罢,烦热燥渴。人参白虎加元麦汤治太阳经罢,气虚烦渴。

阳明经:目痛鼻干。素雪丹治阳明身热目痛,鼻干不卧,胸烦口渴。目痛鼻干呕吐泄利。浮萍葛根汤治阳明经证,目痛鼻干,烦渴不卧。浮萍葛根芍药汤治阳明经泄泻。浮萍葛根半夏汤治阳明经呕吐。阳明腑证:汗出潮热谵语腹满便秘。调胃承气加芍药地黄汤。小承气加芍药地黄汤。大承气

---

①刘奎著、李顺保校注:《松峰说疫》,学苑出版社 2003 年版。

加芍药地黄汤。

少阳经:胁痛耳聋。红雨丹治少阳胸胁疼,耳聋,口苦咽干。目眩耳聋口苦咽干胸痛胁痞呕吐泄利。小柴胡加花粉芍药汤治少阳经目眩耳聋,口苦咽干,胸痛。大柴胡加元参地黄汤治少阳经传阳明胃腑,呕吐泄利。三阳传胃。白英丹治阳明腑病,谵语腹满,潮热作渴。三阳传胃发斑。

太阴经:腹满嗌干。黄酥丹治太阴腹满嗌干,发热作渴。

少阴经:干燥发渴。紫玉丹治少阴口燥舌干,发热作渴。

厥阴经:烦满囊缩。苍霖丹治厥阴烦满囊缩,发热作渴。厥阴发斑。

八、清代著名儒医綦沣

綦沣(1760—1840 年),字汇东,山东利津县綦家夹河村人,清乾隆五十七年(1792 年)中壬子科举人,嘉庆元年(1796 年)钦赐翰林院检讨,国子监学正。著名医家和医生。

綦沣成长于优越的家庭环境中,他的祖父綦长龄为康熙庚子岁贡生。其父綦守恒以教书为业,在当地有一定名声。綦沣幼承家教,自幼好学,童年就学于私塾,特别嗜好儒学,12 岁读完“四书”。綦沣成年后,一度创办私塾,以身试教,不计较“束脩”(旧时教师待遇)为邻里服务。在办学中本着“学以致用”的原则,传授实用知识。在塾学管理中,以礼仪为本,制定了《学规十二则》,并严格考试制度。他的这一系列措施,在县学中施行,得到省学政官员的嘉许。后被赐为国子监学正之职,掌行府县学规。

綦沣青年时期锐意攻取学术,博览群书,对儒学经典著作和史学方面的正史、杂史等作了较系统的研究,志在充实儒家经典著作,为士人、教师解除阐释儒书的困难。他著有《四书会解》、《周礼辑要》行世。《周礼辑要》中对古代的典章制度、名物等均作了精辟注解,为儒学经典著作增加了新的内容,因而享名士人,被晋升为翰林院“检讨”之职。

綦沣后半生不甘仕途,他在致力儒学的同时,尝试由儒学而转入医学,并立志“不为良相,当为良医”。他刻苦钻研医术,勇于实践,阅读大量医学著作,博采各家之长,最终成就了他的医学之道。在中医理论方面,他治学本着“穷其理以致其知,躬身以践其实”的精神,在儒学、医学上造诣颇深,特别是对内科、妇科病症,通过实践论证了三焦辩证、六经分证、舍证从脉、舍脉从证的原则。“三焦辩证”中“三焦”所属脏腑的病理变化和临床表现，标志着瘟病发展过程的不同阶段。它是根据《内经》关于三焦所属部位的概念，大体将人体躯干所隶属的脏器划分为上、中、下三个部分。从咽喉至胸膈属上焦；脘腹属中焦；下腹及二阴属下焦。六经辨证，始见于《伤寒论》，是东汉医学家张仲景在《素问·热论》等篇的基础上，结合伤寒病证的传变特点所创立的一种论治外感病的辨证方法。它以六经（太阳经、阳明经、少阳经、太阴经、少阴经、厥阴经）为纲，将外感病演变过程中所表现的各种证候，总结归纳为三阳病（太阳病、阳明病、少阳病）、三阴病（太阴病、少阴病、厥阴病）六类，分别从邪正盛衰、病变部位、病势进退及其相互传变等方面阐述外感病各阶段的病变特点。

綦沣在临床经验方面尤其丰富，他擅长内科、妇科，对医治疑难病症和痘疹、瘟疫有独到之处。綦沣形成一套行之有效的医道医术用于诊断病人，对望、闻、问、切四诊尤为精确。綦沣在施治过程中，灵活依据病情和病人的特点，不拘一格，在医疗实践中广泛收集古今医案、验方及民间土方、单方、偏方，博采众长，融会贯通，师古而不泥古，学习不照搬，从不拘泥一方一药，不局限于一家一说，而是着力于扶正祛邪，达到药到病除。特别是他对痘疹瘟疫病症有深入研究，积累了丰富的中医中药治疗经验。他提出一系列的辩证施治原则，例如标本缓急、同病异治、异病同治、上病下取、下病上取等等，通过长期的临床实践，不断丰富和发展自己的医学成果，从而形成了自己独特的诊疗方法，很多疑难杂症在他手里一一破解。清代儿童痘疹每年死亡率很高，是群众最大的忧患。綦沣对痘疹科的研究特别认真，其医术也特别高超。有一次，某人的次子生了痘疹，请綦沣诊治，綦沣也同时针刺其长子。家人感到奇怪，他说：“痘疹是传染病，你长子已经有传染症候了，必须先针出淤血，顺利地出痘。”隔了三日，果如綦沣所说的那样，其长子、次子均顺利出痘而愈。由于他长期行医乡里，以善治各类痘疹瘟疫病症、疑难病症而闻名，临床治愈率甚高。因此，各地慕名前来求医者络绎不绝，声名远播，患者盈门。

綦沣不但有高超的医术，而且有高尚的医德。他看病很认真，有耐心，为人热情。每逢痘疹时疫流行，出诊恒历数十村。对登门就诊的病人，都是不分贫富贵贱，有求必应，认真治疗，不吃病家酒饭，深孚众望。在施治方面，多用小"方"，土单验方；所用药物，资源充足，价格低廉，疗效甚佳。

綦沣著有《医宗辑要》一书。该书是他众采各家之长，又结合他自己行医多年经验的总结，集中阐发他自己的医学理论见解。全书共13卷，约30万字。书中，临床验方富有特点。其中，记载病例500多个，包括内、外、妇、儿、瘟疫、痘疹等科；列处方2000多个，验方、便方、自定方200多个。该书既有传统的中医理论，又有自己的独到见解，是一部内容丰富、论述精湛的临床参考书，是祖国医学的宝贵遗产。綦沣撰《四书会解》27卷，济南市图书馆藏清嘉庆五年还醇堂刻本。

綦沣还注重中医学理论的传播与发展。据《利津县志》载，綦沣《医宗辑要》曰"医肝炎有专攻"。綦沣的曾孙綦汝浚（綦五先生），旧《利津县续志》曾有记载曰："汝浚医痘疹一科，得诸祖传，每逢痘疹流行，求诊者户限为穿，全活甚多。"现该书的手抄本散存其家，视为宝贵遗产。綦沣把自己的医术传给了扈秉庚的祖父，祖父又传给了扈秉庚的父亲，扈秉庚除承袭父亲的医术外，又结合现代中医理论进一步发展，形成了自己独特的一套理论。他把人体看做一个整体，讲求唯物辩证，注重"身体阴阳平衡"，心、肝、脾、肺、肾对应金、木、水、火、土，春、夏、秋、冬按季节不同因病施治。如春季治肝病应尽力避开"木"，少用"酸药"，多用"甜药"，与西医"头疼治头，脚疼治脚"截然不同。他自行配制的"泻水散"、"乌核汤"、"白疾丸"都是专治肝炎的"灵丹妙药"，服用时多有讲究。

总之，綦沣一生好学，在儒学和医学方面建树颇多。在医德方面堪为楷模，匡世济人，淡泊名利，为后人敬仰。綦沣于清道光二十年（1840年）病故于家乡綦家夹河。据当地群众说，新中国成立初期，利津县人民政府为了纪念他的高贵品质，曾在他的墓前树立墓碑为志其功德，今已无迹可寻。

九、蔡玉珂及其《外科辑要》

（一）蔡玉珂简介

蔡玉珂（1830—1923年）又名蔡玉恪，字敬林。山东省潍坊市潍县（今坊子区）车留庄乡于家庄人。蔡玉珂长期受家庭熏陶，早年任村塾教师，后迷上了中国传统中医，从而选择了从医之路。他对传统中医学书籍刻苦钻研，达到了如痴如醉的地步，经过自学和刻苦攻关，擅治疮疡，在治愈疑难病患者或抢救急重症患者后，声名鹊起，远近闻名，成为一方名医。

蔡玉珂医德高尚，惠及八方。当时的医疗水平比较落后，他决定尽自己的力量，为老百姓看病、治病。他诊病不分官宦士绅、平民百姓，一律平等对待，平时更能恤贫，对年纪大、行动不方便的老人，他总是送药上门，有时几天看不到哪位老人，他就专门去家里看看，询问情况。每天来找他看病的人从早到晚排成了长队，而蔡玉珂也正好抓住了这一难得的临床实践机会，积极为患者治疗，这为他以后的教学工作积累了丰富的经验。

他治学严谨，潜心钻研，勇于创新，理论基础扎实，临床经验丰富，学术造诣深厚，尤其擅长外科。遗有《外科辑要》4 卷，重视搜集民间验方，所撰《遐抄内外经验良方》，载方 324 个，多数来自民间。据《潍县》志载：1885 年，潍县有一人生疮，经多方治疗无效，后就诊于蔡玉珂，他诊后挥笔一方，嘱病人单服黄芪四钱，离去。患者服后焦躁难忍，一夜未眠，清晨派人找到他家。他说："黄芪主提气，单服必然难受，我急回，是怕见病人烦躁而难过。请回去转告，不久便好。"几天后，那人果然痊愈。又载：段尔庄有一外号"二犟筋"的壮年，某年，此人嘴角处生疮，实为"锁口疔"，但二犟筋未予重视。一日早，过蔡玉珂门，蔡望而止其行，谓："汝口角所生者为'锁口疔'，其疮毒甚，宜速速用药医治，否则必殃及性命！"二犟筋听罢，以为此系医家耸人听闻之谈，"医之好治不病以为功"，遂不予理睬，径直而去。蔡玉珂见状，摇头自言曰："此人性情过倔，今不听我言，毒性发时，治之必晚，医家无力回天矣！"当日下午，有目击者称：二犟筋外出，不知何故，死于归途。蔡玉珂闻言，叹息良久。

还有，邻村有一人生毒疮，因误诊引起高烧，被蔡玉珂确诊为"疔毒走黄"，他急忙配好一剂药，告诉病人："你病虽重，只要速服此药，就可转危为安，迟则生命危险。"病人回家途中疔毒发作，跌倒路边，忙将药生吞，不一会儿，浑身冒汗，昏睡过去，待醒来时，感到全身轻松了许多，急忙返回蔡家。蔡玉珂复诊后说："你的病已好转，再给你一付药，放心回家去。"病人回家服药，不久身体便康复了。

另有，潍邑中有一女，丁姓，前后阴之间生疮，位置之故，羞于诊治。然不几日，其疼难耐，昼夜呻吟。家父延玉珂往诊。蔡玉珂诊视之后，知此疮为"穿裆"，患者不堪其苦。遂用外涂内服相结合之法施治。外涂者，"移山倒海散”;内服则用“七神汤”。两日后,其疮移于大腿处,望诊较前方便。继让其服用透托之方药,不久治愈。

(二)蔡玉珂的医学贡献

蔡玉珂坚持“辨证施治”的临床操作思路。他精研《医宗金鉴》,运用传统的中医临床思维方式和辨证施治的方法。例如,在疮疡治疗中,常根据疮疡所生部位,辨其属何经络,各经用药如下:太阳经:上羌活,下黄柏;阳明经:上白芷、升麻,下石膏;少阳经:上柴胡,下青皮;太阴经:上桔梗,下白芍;厥阴经:上柴胡,下青皮;少阴经:上独活,下知母。这样,根据疮疡发生在人体上下部位的不同,在内治方药中加用引经药物,促使药力直达病所,为传统用药经验之一。再例如,对于前人已记载的痈疽症,蔡玉珂从实际出发,在所编《外科辑要》中对痈疽症的治疗,从头至膝、胫、足部诸症,均依《医宗金鉴》要旨,又有独到创新。还有,对于颧疡、颧疽、颧疔三症,传统医学对其早有记载,古医籍中病症的记载与本病的主要临床表现十分相似。《医宗金鉴》谓:“颧疡颧疽渐瘤形,风热积热小肠经,疡起锨红浮肿痛,疽紫漫硬木麻疼。”“颧疔初起粟米形,证由阳明火毒生,坚硬顶凹根深固,寒热交作麻痒疼。”可见中医学对其病因、病机、临床表现已有一定的认识。《外科辑要》论证:“三症俱生颧骨,肿高溃速,阳分症也,是为颧疡;若漫肿坚硬,阴分症也,是为颧疽。疡症初期,宜用仙方活命饮,疽症初宜内疏黄连汤。如坚硬似疔,麻痒疼痛,是为颧疔,初宜蟾酥或菊叶汤、黄连解毒饮、夺命丹之类,外敷菊花叶,按疔治之。”这里论述了“颧疡”、“颧疽”与“颧疔”皆生颧骨之间。初小渐大如榴,红肿易溃,毒轻根浅曰“颧疡”,治宜清热解毒,消肿止痛,宜内服仙方活命饮。本病多由风热而生,发于阳分。若色紫漫肿坚硬,难溃难愈,毒甚根深,曰“颧疽”,治宜清热通结,内服内疏黄连汤。本病多由积热而生,发于阴分。若初起如粟米色黄,次如赤豆,顶凹坚硬,按似疔头,麻痒疼痛,名曰“颧疔”,治初宜蟾酥丸,次服黄连消毒饮。外治法同疔疮。本病多因胃经积火成毒而生。若形似疔疮,一至数枚,生于颊车骨间,名曰“面发毒”,由阳明风热上攻而成。既有症、有方,又有鉴别,便于临床应用,被视为医者临床治疗的规范。

在《外科辑要》中阳和汤用于内科病:“治阴毒白疽,平塌色黯,不肿不痈者,及脱疽、流注、鹤膝、横疲、骨槽、乳岩、痒瘫、失荣、石疽,一切阴症,兼治寒凝疼痛。"《外科辑要》中有疮疡随经用药,这是疮疡的内治法则之一。对于锁口症名,《外科辑要》指疮口不敛,周围坚硬。多因疮疡溃后感受风热湿毒,或处用药物不当,或犯饮食禁忌所致。宜用银针挑破疮口四周,以木耳焙研极细末,麻油调敷。

蔡玉珂古稀之年,仍探求钻研,锲而不舍,80 岁高龄时编撰《内外经验良方》,较完整地总结了自己一生的临床经验,既有大量独特验方,也有人生实践的奋斗经历和成功经验的分析和感悟。晚年乡谥"蔡恪老人"。终年 93 岁。噩耗传出,登门奠者络绎不绝,致停柩百日方葬。民众赠"积善余度"巨匾一块,上附丈高大屏 12 幅,记载他一生事迹,两边镶嵌着"医国医民同医义,寿国寿人亦寿身"的对联。

十、孔继涵及其对数学与地理学的贡献

(一) 孔继涵简介

孔继涵(1739—1783 年),字体生,一字荭孟,号荭谷,自号树木闲者,别号南州,自称昌平山人。山东曲阜人,孔子第 69 世孙,正一品荫生孔传钲之子,为清代著名校勘学家和著作家。

孔继涵生于清高宗乾隆四年,自幼住在孔府,享受优裕的生活,接受良好的教育,学识渊博。其大父孔毓圻,袭封衍圣公,外祖父熊赐履,康熙间大学士,父孔传钲,一品荫生。乾隆二十五年(1760 年)孔继涵乡试成举人,乾隆三十六年(1771 年)中进士。官户部河南清吏司主事,兼理军需局事,充《日下旧闻》纂修官,诰授朝议大夫。他一生交游甚广,与安徽休宁学者戴东原、济南学士周永年(1730—1791 年,字书昌,一字书愚,号林汲山人。清代济南历城人,翰林院庶吉士、文渊阁校理)、桐城文人姚鼐(1731—1815 年,字姬传,清代桐城人。一字梦谷,室名惜抱轩,四库全书馆充纂修官)、扬州名士罗聘(1733—1799 年,清代画家。字遁夫,号两峰。"扬州八怪"中最年轻者)、扬州校勘学家卢文弨(字召弓,号矶渔,又号抱经,官至侍读学士)等人交往至深,互相切磋,学识日益渊博。他兴趣广泛,于天文、地志、经学、字义、算数之书无不博览,且喜收藏书籍,家有藏书十数万卷。孔继涵在京为官 6 年,乾隆四十二年 (1777 年),为奉养慈母而请求卸官回籍。次年,在县城东北购一所宋代

所建“聚芳园”宅，其中尤以“微波榭”建筑形式最可观。孔继涵专心著书，雅志稽古，藏书数十万卷。他通经史、诗文，深钻研“三礼”，与戴震友善。所刊《微波榭丛书》7种及搜梓《算经十书》，世称善本，为世所称。自著有《红榈书屋集》2卷、词4卷，及《春秋世族谱》、《左国蒙求》、《水经释地》、《国语解订讹》、《释数同度记》等十余种，均入《清史列传》并传于世。

孔继涵正当奋发有为之年，突染重病，卒于乾隆四十八年（1783年）十二月十八日，葬于孔林东北隅，年45岁。翁方纲墓志铭对他一生作了评价，其中载有“雅志稽古，于天文、地志、经学、字义、算术之学，无不博宗。官京师七年，退食之暇，则与朋友讲析疑义，考证异同，凡所钞校者数千百帙，集汉唐以来金石刻千余种。……遇藏书家罕传之本，必校勘付锓，以广其传。”孔继涵的藏书有一部分流传到孔昭焕（孔子第71代世孙）的手里。

孔继涵生平事迹见《清史列传》卷六八、翁方纲《户部河南司主事孔君墓志铭》。

孔继涵一生的学术活动一是他撰写了文学和科技方面的若干著作，因此可以称得上是著作家。著有《春秋世族谱》、《春秋地名人名同名录》、《春秋闰例日食例》、《红榈书屋集》等。孔继涵自撰的书籍后人刻印成集，曰《微波榭遗书》。著作有《考工车度记补》、《杜氏考工记解》、《勾股粟米法释数》、《同度记》各1卷，《红榈书屋诗集》4卷，《文集》2卷，《斲冰词》3卷，《水经释地》8卷。

《陶庐杂录》卷四载有：“曲阜孔诵孟微波榭所刻《戴氏东原遗书》。《毛郑诗考正》四卷，《续天文略》三卷，《杲溪诗经补注》二卷，《孟子字义疏证》三卷，《原善》三卷，《声韵考》四卷，《考工记图》二卷，《方言疏证》十三卷，《水地记》一卷，《声类表》七卷，《原象》一卷，《戴氏文集》十卷，《水经注》四十卷。凡十三种。又刻《算经十书》，而附以戴震《九章算术补图》一卷，《策算》一卷，《句股割圜记》三卷。”

“又刻古书八种，《五经文字》一卷，《九经字样》一卷，《国语补音》三卷，《孟子赵氏注》十四卷，《孟子音义》二卷，《春秋金锁匙》一卷，《春秋长历》一卷，《春秋地名》一卷。”

《陶庐杂录》卷四载：“《微波榭遗书》。《水经释地》六卷，《同度记》一卷，《杂体文稿》七卷，《红榈书屋诗集》四卷，《斲冰词》二卷。共五种。诵

漯水　淮水
涞水　斤員水
禹貢山水澤地所在

水經釋地卷一　曲阜　孔繼涵　誧孟
河水
崑崙墟在西北去嵩高五萬里地之中也其高萬一千里
河水出其東北陬
戴氏水地記曰河源以南唐吐蕃今西藏之境古崑崙國在焉積石以東北今青海之境古析支在焉而漢通大宛西域踰葱嶺而西古渠搜在焉三地大小諸國通稱西戎槃於雍州
屈從其東南流入於渤海又出海外南至積石山下有石

孔继涵《水经释地》卷一书影

孟太史博古好事，不愧孔氏家风。版刻极佳，惜楮墨未尽善耳。北方工料不及南方，职是故耶。”

《水经释地》6卷是孔继涵在自然科学方面的代表作，是其最突出的贡献，实开水经地名研究之先河，具有重要的价值和特殊意义，其最大成就在于系统地解决了《水经》中各水所过地名的沿革以及与清代地名的对照，对于研究《水经》地名沿革有突出意义。该书对后人进一步学习、研究和考证提供了极为便利的条件和系统详尽的资料，同时在关于长江正源的论述中，也有其独到的见解。

此外，他的地理著作还有《春秋地名考》等，现已失传。总之，孔继涵出身名门望族，又居高官，享厚禄，但他却将自己的一生献身于科技事业，并作出了较大贡献，在我国科技发展史上占有一席之地。

（二）《算经十书》孔氏所校刻微波榭本及评述

孔继涵学术活动的另一个重要方面是他善考证，好金石，集唐以来金石刻千余种，钞校汇刊罕存之本，校勘印行了一批有价值的书籍。归家之后，左图右史，搜集遗文坠简，为之一一整齐补缀。其家藏书甚富，所手钞、手校者数千百帙。他不但自己藏书，还校刊了一批典籍。在校刻刊行古代典籍方面有独到之处，尤其在整理出版《戴氏遗书》方面贡献殊异，成为清代校勘学家。

孔氏所校刻的书籍汇集总称为《微波榭丛书》，其内容多为文史类，属自然科学的主要是《算经十书》。《算经十书》通常都是按广义来理解，是指上述汉唐千余年间陆续出现的十部算书。孔继涵是戴震的儿女亲家，1773年孔继涵以戴震的校订本为主，将十部算经刻入《微波榭丛书》之中，题名为《算经十书》。这是《算经十书》名称的首次出现。《算经十书》计有《周髀算经》、《九章算术》、《海岛算经》、《孙子算经》、《五曹算经》、《夏侯阳算经》、《张邱建算经》、《五经算术》，《缉古算经》、《数术记遗》，并将戴震的《策算》、《勾股割圜记》作为附录。为此，有人提出，《算经十书》按狭义的理解，是专指孔刻《微波榭丛书》之一的书名。

孔氏所校刻的微波榭本《算经十书》，其中《九章算术》9卷采用戴震的校定本。戴震校正的文字，也有大量的错校和漏校，有一些地方，他师心自用，把原本不错的文字改掉，后来的读者很容易被他蒙蔽而引起误会。所以作为一个善本书看，微波榭本的参考价值是远不如武英殿本的。微波榭本《九章算术》卷九的最后一页上题称“大清乾隆三十八年癸巳秋阙里孔氏依汲古阁影宋刻本重雕”，书的底本和刻书年代都有问题，显然是不足征信的。孔继涵刻微波榭本《算经十书》刻工精美，印数多，其后不断被翻刻、影印、排印，流传很广，影响相当大，此后依据微波榭本翻刻的《九章算术》有常熟屈曾发的重刻本、南昌梅启照的《算经十书》本和商务印书馆的万有文库本、四部丛刊本等等，这对于推动清代中叶中国传统数学的整理、发掘和研究起了积极的作用。尽管其中不乏一些错误甚至出现一些不必要的混乱，但孔氏对中国传统数学的发展是有一定贡献的。

关于《算经十书》的形成及流传，数学史家郭书春先生有专门的考证与研究。在《算经十书》中，关于《九章算术》的校勘研究和讨论者最多。《九章算术》被认为是中国传统数学最重要的经典著作。辽宁教育出版社于1990年出版了郭书春先生的汇校《九章算术》（学术界通常称为汇校本）。近年来，郭先生又进行了增补，由辽宁教育出版社和台湾九章出版社联合出版了增补版。这次增补保持了初版的原貌，坚持了初版的绝大多数校勘，纠正了其中个别的错校及印错的字，补充了若干新的版本资料，特别是屈刻本、孔刻本，以及20世纪90年代出版的几个新的版本的资料，是目前关于《九章算术》的校勘研究的经典之作。郭书春先生的重要阐述，其中就包括对孔继涵刻微波榭本的评价①：

对《九章算术》的校勘，起码可以追溯到李淳风、杨辉。然而，全面的校勘则是从戴震(一七二四——一七七七)开始的。……戴震辑录、整理《九章算术》的贡献极其重大，他也提出了若干正确的校勘。有了他的工作，我们今天才能看到全本的《九章算术》，并且基本上可以卒读。然而，他的工作存在着严重失误。……戴震在屈刻本、孔刻本中进行了许多修辞加工，这在校勘学上是不容许的。还有，戴震在屈刻本和孔刻本中将自己在《大典》辑录校勘本中提出的大多数校勘不出校勘记而冒充原文。……戴震在屈刻本、孔刻本中的工作进一步造成了《九章算术》的版本混乱。不过，将孔刻本冒充汲古阁本的重雕本，并将雕书时间提前到乾隆三十八年(一七七三年)，大约是孔继涵所为，戴震未必知晓。

对于孔继涵刻的《算经十书》本，南秉吉在1858年完成的著作《测量图解》序文之中有：

古者用矩之术，可以寻坠绪于万一者，惟九章重差一书，而算经十书以《海岛算经》为九章重差，孔继涵以为九章勾股篇末有望远度高测深七术，或析之曰“九章重差”。今勾股篇末原有望远等八术，而《海岛算经》自为一卷，则重差之目未详孰是，盖勾股篇末诸术固九章重差，而刘徽因其术引伸触长，遂造《海岛算经》也欤。然其术则望远诸术亦只是勾股，非重差也。旧图已缺，戴东原之补图、李淳风之注释尚不能阐其理，而语之详未足为发之资矣。

翁方纲有《送孔荭谷农部请养归曲阜》诗云：“敏捷钞书手，优闲奉母身。归当仍壮岁，行及小阳春。日下编初藏，章丘笥更新。牙签精点勘，勿笑北方人。”自注曰：“朱竹垞云，李中麓所储书签帙，点勘甚精，北方学者，能得斯趣，殆无多人。今荭谷钞藏之富，已过中麓矣。”孔宪彝《对岳楼诗续录》卷二有《微波榭诗》句云：“退为老园林，遗书满前榭。”

①郭书春：《汇校〈九章算术〉增补版前言》，辽宁教育出版社、台湾九章出版社2003年版。

此外,在数学上,孔继涵还著有《勾股粟米法释数》等数学著作。粟米法来源于《九章算术》第二章,这是以比例算法(称为“今有术”)为核心,各种粮食换算的数学方法,也包括相关的一些其他问题和方法,并提出了勾股数问题的通解公式。

(三)《水经释地》中的地理学

我国古代,对地理方面的学问,一直是放在历史学的范围之内的。清代学家们对地理学也十分重视,孔继涵等对《水经注》的研究,以及康熙、乾隆时期测绘的地图,都对史学研究作出了重要的贡献。

孔继涵著《水经释地》,大约成书于乾隆四十七年(1782 年)。据孔继涵手稿跨缝上他自己所记述的时间,撰此书当始于乾隆癸巳年(三十八年,1773 年),终于乾隆四十七年(1782 年),前后用了近十年的时间。

《水经释地》全书共分 8 卷,卷一为(黄)河水系及其上游各支流。研究黄河河道变迁,于黄河的治理开发至关重要。如洮河是黄河上游大支流,源于青海省蒙古族自治县西倾山东麓;卷二主要涉及黄河中下游左侧各支流,大部分位于今山西省境内。其中《水经注·瓠子河注》中记载:瓠河又左经雷泽西北,其泽薮在大成阳县故城西北十一余里。瓠子河在我国历史上是很有名的一条河流,并且是历史上中华大地唯一的一条以瓠子命名的河流。雷泽湖畔瓠子河边是华胥氏生活繁衍的地方,这条河对原始农业发挥了重要作用。这一地区就是千年古县鄄城。渭河在陕西省中部,是黄河最大的支流。卷三包括两部分:一是黄河中下游右侧各支流,二是分布于今河北省的海河流域各支流及滦河、辽宁大小辽水与分布于今朝鲜的浿水;滦河是河北省的第二大流域,通常还包括冀东沿海直接入海的诸多小河。滦河流域的北界是辽河流域,南部与海河流域为邻,西出坝上高原,东流注入渤海。《水经注》曰“浿水出南海龙川县西,经浿阳南,右注溱水”。卷四为今山东省及苏北境内的济、沂等十一水。卷五为淮河水系各支流,如洪河、颍河、西淝河、涡河、北淝河、濉河等支流十多条较大的支流及小支流。淮河位于长江与黄河两条大河之间,是中国中部一条重要的河流。淮河干流自西向东,经河南省南部、安徽省中部,在江苏省中部注入洪泽湖,经洪泽湖调蓄后,主流经入江水道至扬州三江营注入长江。卷六和卷七主要介绍长江水系,这里好像一棵枝叶繁茂的参天大树，干支交错，枝枝相连，布满整个流域。其中，卷六为长江上游支流及中下游左侧支流黔江、延江，跨中国贵州省北部和重庆市东南部。包括地理水势特点，如这里礁石、险滩多。流域内山峦起伏，石灰岩地层分布广泛，多溶洞、伏流。卷七为长江右侧即江南各支流。在长江下游的主要支流中，水量大是长江支流的一个重要特点。如雅砻江、岷江、嘉陵江、乌江、沅江、湘江、汉江和赣江等8条支流，青弋江和黄浦江虽较为有名，但其长度和水量都不大。卷八则为珠江流域各支流及云贵高原上各河流。珠江指广州至东江口的河段，后以之通称该水系，是汛期最长的河流。珠江流域在我国境内跨越云南、贵州、广西、广东、湖南和江西等省（区），为我国第三大河。珠江流域呈扇状辐合，各水系则呈树枝状分布。整个流域形如歪斜的折扇，而三角洲则像扇上散开的垂丝簇，分成许多大小河汊东流入海。由西江、北江、东江及珠江三角洲诸河等四个水系所组成。一般以西江为主干流，珠江流域洪水特征是峰高、量大、历时长。入注珠江三角洲的主要河流有流溪河、潭江、深圳河等十多条。在各卷所取水道上，孔氏虽全录《水经注》各水，但重新排列了顺序，采取了以水系分布地区分卷次的方法。在体例上，以经文为脉络，每条后另起行注释该地的沿革情况及地名变迁。《水经释地》条举《水经》，而专释其所载地名，辨证古籍，而实指其今为何地，自为读《水经》者所不可少。

十一、薛凤祚与中西数学的会通

（一）薛凤祚简介

薛凤祚（1599—1680年），字仪甫，号寄斋，山东益都金岭镇（今属淄博市）人，明末清初著名的天文学家、数学家。主张学以致用，西为中用，是中国历史上向西方学习的先驱者之一。《清史稿·畴人传》把他列为首位，称他“不愧为一代畴人之功首”。

薛凤祚生于明万历二十七年，即1599年，天资聪慧，少承家学。祖父薛岗，明朝万历元年举人，一生放浪形迹，拒官未仕。伯父薛近齐是贡生，“好义睦文”。父薛近洙，明朝万历进士，官至中书舍人，为官清正，因不满魏忠贤擅权，辞官回乡。薛凤祚从父辈中接受儒家教育，熟读“五经四书”。明熹宗天启年间，他远游保定府定兴县，从师于理学大师鹿善继（1575—1636

年,字伯顺,鹿正之子,号乾岳,晚年自号江村渔隐,谥号"忠节",晚明王学的重要人物,万历癸丑进士,历任户部主事、兵部主事、员外郎、郎中、宝尚寺卿、太常寺少卿等官职)、孙奇峰(1584—1675年,即名儒孙夏峰,名奇逢,字启泰,号钟元,直隶容城人,在清初诸儒中最为老辈)学"陆王"之学,并中秀才补廪生。他精理学,通易经,有《圣学心传》一书问世。大概受父辈影响,年轻的薛凤祚对读经入仕不感兴趣,后来,他向往实学,跟历算家魏文魁学中国传统的天文历法,但明末历争,魏文魁气度过于狭隘,薛凤祚离去,继而又就教于意大利耶稣会传教士罗雅谷(1593出生于米兰,天启二年来华,曾与徐光启、汤若望、龙华民和邓玉函共事,协助改革中国历法,编修《崇祯历书》。1638年逝世于北京);清初又去南京投师泰西天文学名士波兰教士穆尼阁(1611—1656年,1646年来华,为第一个在中国传播哥白尼《天体运行论》者)、德国教士汤若望(1591—1666年,字道未,1618年前往中国传教,1630年经徐光启推荐,奉召第二次来到北京,接替刚刚去世的传教士邓玉函任职历局,协助徐光启编修《崇祯历书》,并受明朝朝廷命令制造火炮,完成了测算日食和月食的《交食说》,后被御封为钦天监监正,官居一品)学习西方科学。他集众师之长,尽得西方历学之精要,终于成为学贯中西,以历算知名海内的天文学家。薛凤祚协同穆尼阁翻译了西方天文历算等方面的著述,他会通中西,广采众家历算之说,注重实际观测,利用简陋的设备在天文、数学等领域取得了较高的成就。

梅文鼎于康熙十四年(1675年)在南京通过回族学者马德称了解到薛凤祚的工作,以及他曾问学于穆尼阁的旧事,后来又从友人家抄得薛凤祚的《历学会通》,对其学识非常佩服,本来他是想亲往山东拜师学习的,但是听说薛凤祚是穆尼阁的弟子,担心从此同洋人沾边而落下个数典忘祖的恶名,因此终未成行。

薛凤祚卒于清康熙十九年,即1680年,享年82岁。葬于今金岭镇西北7里许铁山附近,其墓尚在。薛凤祚去世之后,其友人在1702年将《历学会通》和《气化迁流》合二为一,出版了所谓的《薛氏遗书》,而后者在1702年之后到清末至少又经历过一次版本的修订。现存《历学会通》和《薛氏遗书》的所有版本都是根据同一套印版印刷的,只不过前后有过对印版的调整、修补和改动。

薛凤祚学识广博,天文、数学、地理、水利、兵法、医药、乐律无不通晓。特别是他在天文历法和数学方面,学贯中西,为西方科学在中国的传播和发展作出了重要的贡献,这一点也为他在天文历算界赢得了较高的地位。清康熙时号称为“清朝算学第一”的梅文鼎就尊他的学问为青州之学(清代时淄川属青州县,明清时习以乡籍称呼,故又称为薛青州)。梅文鼎在垂青于王锡阐的同时,也敬重薛凤祚,并将他与王锡阐并誉为“南王北薛”。梅文鼎说:“近代知中西历法而有特解者,南则王寅旭(锡阐)、杨子宣,北则薛仪甫,特当为之表率。”

梅文鼎《寄方位白》五首中有一首也是有关薛凤祚的:

天经写语各为工,今古诸家妙会通。
此事能兼推宿学,伊人难老在山东。
数资图谱乘除省,法授新西思议穷。
几欲遗书相讨论,凭君为我一参同。

诗末注道:“青州薛仪甫先生著《天学会通》,发中西两家之覆。”①可见梅文鼎对薛凤祚这位“耆宿”非常敬重。

(二)《历学会通》中的天文数学成就

薛凤祚主要以其天文方面的工作而闻名于世,他还把主要精力投入对中西星占学的会通研究之中,完成了《气化迁流》一书。薛凤祚主张学以致用,集众师之长,经过30余年的学习和研究,著述浩繁,将其一生研究成果汇集为《天学会通》80卷,刊行于世。他生前有十余种著作刊行,除汉译穆尼阁所著《天步真原》、《历学会通》外,还有《东马图考》、《天学会通》、《比例对数表》、《甲遁贞授秘辑》、《乾象类古》、《两河清汇考》、《圣学新传》等。另外,他的《对数比例》、《求岁时》、《太阳太阴诸行法原》、《交食法源》等著述,使用价值很大。他的《太阴太阳诸行法原》、《求岁时》两书,对太阳、地球、月亮的运行规律,黄道、赤道的夹角,都作了深入的研究和详尽的阐述。这些著述涉及数学、物理、水利、医药、地理等方面。

---

①同诗之三末注道:“穆先生尼阁,位白师,其新西法为《崇祯历书》所未及。”

1.《历学会通》中的天文成就

波兰教士穆尼阁介绍用对数解球面三角形的方法，穆尼阁去世后，薛凤祚据其所学，编成《历学会通》，把中法西法融会贯通起来。共3集41种56卷，于1664年出版。该书是我国学者独立完成的影响很大的介绍西方天文学的著作。

《历学会通》内容涉及天文、数学、医药、物理、水利、火器等，主要是介绍天文学和数学。其中天文历法占有相当大的比重。书中既翻译介绍了欧洲天文学和阿拉伯天文学，也有中国传统的方法，力求将中、西、回各法融会贯通。薛凤祚综合整理介绍了中、西、回(阿拉伯)天文学，他以其掌握的中西天文学知识所作的历法，在《历学会通》中占有重要地位。《历学会通》收有5种历法，其中旧中法即为元代《授时历》和明代《大统历》；新中法是学自魏文魁的东局历法；西域回回历即元、明时与《授时历》、《大统历》并用的《回回历》；今西法选要选自《崇祯历书》；新西法选要系学自穆尼阁的《天步真原》。

(1)《天步真原》

《天步真原》是穆尼阁与薛凤祚1653年合作编译的一套著作，是清初出版的最重要的西学著作之一，该书也是薛氏编写《历学会通·正集》天文学部分的主要依据。《四库全书总目提要》卷一〇六《子部一六天文算法类》载有《天步真原》一卷(浙江汪启淑家藏本)：

> 国朝薛凤祚所译西洋穆尼阁法也。凤祚有《圣学心传》，已著录。顺治中，穆尼阁寄寓江宁，喜与人谈算术，而不招人入耶稣会，在彼教中号为笃实君子。凤祚初从魏文魁游，主持旧法，后见穆尼阁，始改从西学，尽传其术。因译其所说为此书。其法专推日月交食，中间绘弧三角图三。一则有北极出地，有日距赤道，有时刻而求高弧；一则有日距天顶有正午黄道，有黄道与子午圈相交之角，而求黄道高弧交角；一则有黄道高弧交角，有高下差而求东西南北二差。末绘日食食分一图。凤祚译是书时，新法初行，又中西文字辗转相通，故词旨未能尽畅。梅文鼎尝订证其书，称其法与崇祯《新法历书》有同有异，其似异而同者，布算之图，对数之表，与历书迥别，然得数无二。惟黄道春分二差则根数

大异,非测候无以断其是非。然其书在未修《数理精蕴》之前,录而存之,犹可以见步天之术由疏入密之渐也。

《天步真原》与《崇祯历书》一起被科技史前辈严敦杰先生称为明清之际西方天文学知识的两大来源。《天步真原》是继《崇祯历书》之后出版的又一部系统介绍欧洲天文学的中文著作,在明清中西科学交流史上占有十分重要的地位。石云里教授从天文学角度对薛凤祚的学术贡献做了深入、细致的解读。石教授指出,薛凤祚在翻译《天步真原》时,曾经对原著做过重要改动,即把书中宇宙模型的日地关系加以颠倒,掩盖了原著中明确使用的哥白尼日心说。尽管如此,薛凤祚在清初对学术研究和引进西学所做的努力仍是超前而伟大的,甚至可以称之为"一个人的科学复兴"。薛凤祚在引进属于近代科学范畴的对数和哥白尼学说,以及将西方的六十进制转换成中国的十进制等方面,都作出了具有独创性的贡献。石教授还指出:薛凤祚对于星占学的研究兴趣以及研究成果是当时学界学术研究的重要组成部分,研究古人应把古人还原到原来的语境中去,不能以今人的学术标准评判古人。

《天步真原》一书可看做16、17世纪时期来华耶稣会教士们在中国传教的副产品,被认为是西方生辰星占学第三次进入中国的标志。①

(2)《天学会通》

薛凤祚自著《天学会通》1卷,有黑格抄本藏原南京国学图书馆。《天学会通》"亦言推算交食之法,将中西法融合为一"。徐海松先生研究指出,《历学会通》其中之一部《天学会通》是专门解说推算交食之法的,并且采用简捷、精密的"表算之例"推算。但该书对西法有一个重要的变动,是"以西法六十分通为百分",即采纳中国传统历法《授时历》的百分划分法取代西法的六十分制。

---

①参见 http://www.sina.com.cn《星占学的历史线索》。在六朝隋唐时期,伴随佛教传入的西方生辰星占学(有时杂以印度、中亚等地方色彩)在中国曾一度广泛流行,几至家喻户晓。这一浪潮到宋代消退,不久就销声匿迹了。西方的生辰星占学第二次到达中国是蒙古人的疯狂征服及其横跨欧、亚之大帝国建立的结果。主要表现为元朝御用天学机构中接纳了一些伊斯兰星占学内容——这种星占学的根源仍可追溯到希腊—巴比伦。本次西方生辰星占学第三次进入中国,星占学本不是罗马教会大力讲求的学问,而且此时已是近代科学革命在欧洲开始、现代意义上的天文学独立登上历史舞台的时代,所以即使在醉心于耶稣会传来的各种西方学术的那部分中国士大夫中,西方的生辰星占学也未曾受到多少重视。这次传入的影响甚至比第二次还要小。

徐海松先生在《黄宗羲与西学》中进一步研究指出，薛氏《天学会通》是黄宗羲《西历假如》的主要参考资料之一。黄宗羲在《西历假如》“交食”部分明确提示说：“以上据海岱薛凤祚本，著其所查表名及数目舛错，为之更定，使人人可知，无藏头露尾之习。”①“因此黄宗羲的西方历算学知识实际上渊源于入华耶稣会士”②。黄宗羲在吸收《天学会通》的同时，也对该书内容有个别订正之处，如“求太阳实会度”条，薛氏注为双女宫，梨洲（黄宗羲别号“梨洲老人”）注谓“当在人马宫，此必有误。今姑依薛本”③。

2.《历学会通》中的数学成就

薛凤祚对中西方的天文历算进行会通研究，是中国引进对数的第一人。《历学会通》十分系统、详尽地介绍了欧洲天体运动的计算方法，并充分利用了传入不久的对数这一有效的数学方法。薛凤祚在天文理论的研究中，采用了当时较为先进的“第谷体系”（第谷·布拉赫，1546—1601年，丹麦天文学家）。为此，他首先引进了欧洲的数学尖端——对数和三角函数对数，并将西方的六十进位制改成十进位制，重新编制三角函数对数表。《比例对数表》、《比例四线新表》和《三角算法》是《历学会通》中传自穆尼阁的主要数学内容。

《比例对数表》（1653年写成）、《比例四线新表》是介绍英国数学家纳皮尔和布里格斯发明增修的对数的，对数的发明是计算方法的一次重要革命。书中第一次在中国介绍了对数和对数表，称真数为“原数”，对数为“比例数”。其中《比例对数表》介绍了1至20000的6位常用对数表；《比例四线新表》三角函数（正弦、余弦、正切、余切）的6位对数表。书中把“对数”称为“比例数”或“假数”，并简单解释了把乘除运算化为加减运算的道理。著名科学史家李约瑟称其书是“中国最早的对数表及其讨论。”

《三角算法》中讲的平面三角法和球面三角法都比《崇祯历书》更为完备。如平面三角中包含有正弦定理、余弦定理、正切定理和半角定理等，且多是运用三角函数的对数进行计算。在《崇祯历书》介绍的球面三角的基础上，除正弦、余弦定理外，增加半角公式、半弧公式、达朗贝尔公式和纳皮

---

①梅文鼎：《勿庵历算书目·天学会通》。
②徐海松：《清初士人与西学》，东方出版社2000年版，第297页。
③徐海松先生据影印文渊阁《四库全书》本《天学会通》查对。

尔公式等。方中通所著《数度衍》对对数理论进行解释,对数的传入十分重要,它在历法计算中立即就得到应用。

此外,《历学会通》内容还涉及医药、物理、水利、火器等科学知识。《两河清汇考》以及《车马图考》等都是物理、水利、地理等方面的著述,说明薛凤祚的学术研究十分广泛,在水利、医学、力学与机械制造、军事和占验等诸多领域也有贡献。

总之,薛凤祚是一位为中国科技发展作出了杰出贡献的科学家。薛凤祚以一介布衣,其著作有 4 部被收入《四库全书》,7 部被《清史稿·艺文志》著录。薛凤祚是中国历史上率先向西方科学学习的先驱者,对中国自然科学的发展具有开创之功,并对后世有很大的影响,是齐鲁文化的结晶,是山东人的骄傲,更是淄博、临淄之光荣。

十二、孔广森及其数学成就

(一)孔广森简介

孔广森(1753—1786 年),字众仲,又字伪约,一字抝约,号羿轩。山东曲阜人,孔子第 68 代衍圣公孙传铎之孙。清代著名的经学家、音韵学家和数学家。孔广森出身高贵,少年得志,拜学者戴震、姚鼐为师,为“三礼”及“公羊春秋”之学,深受教益,经史训故,沉览妙解,兼及六书九数,靡不贯通。乾隆三十三年(1768 年),他 17 岁乡试中举,19 岁(1771 年)中进士,随后被选入翰林院,官至翰林院检讨,敕授文林郎(文阶七品)。广森性情恬淡,轻视名利,始终不愿攀龙附凤,投靠权势,将其精力全部放在研讨学问和著述上。三年后,辞官归养,筑仪郑堂,潜心在家读书著述。卒年仅 34 岁。孔广森博闻广识,对诸子百家均有涉猎,兼通数学,尤其在经史、音韵、数学方面有突出成就。短短一生中,给后人留下论著多部。对此,《清史稿》本传中载他“经史、小学,沉览妙解。所学在公羊春秋,尝以左氏旧学湮于征南,谷梁本义汨于武子。王祖游谓何休志通公羊,往往为公羊疚病。其余啖助、赵匡之徒,又横生义例,无当于经,唯赵汸最为近正。何氏体大思精,然不无承讹率臆。于是旁通诸家,兼采左、谷,择善而从。著春秋公羊通义十一卷,序一卷。凡诸经籍义有可通于公羊者,多著录之。”可见,他所撰《春秋公羊通义》,不专主今文经学,采集汉晋以来注释《春秋》之书,兼取《左传》、《谷梁传》，凡是经义“通于公羊”的，均予著录。因此，孔广森被有的学者视为清代第一位公羊学著述的人物，但他的《公羊春秋通义》与何休的公羊学存在较大的差异，主要之异就在于孔广森否定何休的王鲁说，自立三科九旨，没有对公羊学微言的阐发，只有公羊书法、大义的发明，从而使孔广森的经学著作虽以公羊命名，却对清代公羊学的发展没有实质性的推进。然而，孔广森的经学还是有其新内容，并具有一定的历史意义。①

孔广森对经学研究甚深，他是清代今文经学的先驱者之一。他从戴震学古文经学，从庄存与学今文经学，于两家之学能取长补短，使之相得益彰。他的《春秋公羊通义》既发挥公羊学的微言大义，又运用古文经学精擅的考据学，校订文字，审音释义，特别是利用《左传》、《谷梁传》厘正史实，纠正公羊学家何休《春秋公羊解诂》的错误，对清代公羊学的复兴发展作出了积极的贡献。② 他的经史著作除《春秋公羊通义》以外，还有《大戴礼记补注》14卷(《丛书集成初编》，中华书局 1985 年版)、《礼学卮言》6 卷、《经学卮言》6卷等。又著有《诗声类》12 卷(清嘉庆羿轩刊本)。

《经学卮言》是孔广森的代表作之一。卮言为自然随意之言，一说为支离破碎之言，语出《庄子·寓言》：“卮言日出，和以天倪。”成玄英疏：“卮，酒器也。解释日出，犹日新也。天倪，自然之分也。和，合也。”孔广森《经学卮言》中的“卮言”是用以谦称自己的著作。上海鸿宝斋版《经学卮言》(清光绪十七年，1891 年)曰：“言问善人之道，则非问何如而可以为善人，乃问善人当何道以自处也。故子告以善人所行之道，当效前言往行，以成其德。譬诸入室，必践陈除堂户之迹，而后循循然至也。盖有不践迹而自入于室者，唯圣人能之。尧舜禅而禹继，唐虞让而殷周诛是也。亦有践迹而终不入于室者，七十子之学孔子是也。若善人上不及圣，而又非中贤以下所及，故苟践迹，斯必入于室；若其不践迹，则亦不能入室耳。”孔广森《经学卮言》另有广东学海堂版，清道光九年(1829 年)。孔广森阐释经学，并注重训诂。《大戴礼记补注》：“庶人之孝，夫子以士之孝告子夏，故示以色难，明非士之达于学术者未能几此也。”对于“馂”，陈氏古训解《论语》云：“《内则》曰：‘父母在，朝夕恒食子妇佐馂，既食恒馂。’注：‘每食馂而尽之，末有原也。’

---

①黄开国：《孔广森与何休的经学之异》，《齐鲁学刊》2006 年第 2 期。

②陆振岳：《孔广森的公羊学》，《孔子研究》1987 年第 4 期。

正义:‘每食无所有余而再设也。’是馂有食余勿复进之意,故或者亦以为孝。”段氏《说文注》与陈略同。又云:“《论语》《鲁》‘馂’《古》‘馔’,此则古文叚‘馔’为‘馂’。”孔广森《经学卮言》曰:“读当以‘食先生馔’为句,言有燕饮酒,则食长者之余也。有酒、有事文相偶。有事,弟子服其劳,勤也。有酒,食先生馔,恭也。勤且恭,可以为弟矣,孝则未备也。”二义皆从郑为说,于义甚曲。

孔广森的《诗声类》古音研究之作,分古韵为18部,明确提出阴阳对转之说,主张东、冬分部,对古韵学有所发明。如其序言:基于唐韵,阶于汉魏,跻稽于二雅三颂十五国之风而绎之而审之而条分之而类聚之……书中研究了《诗经》的押韵用字。书中不仅仅考证这些字的韵部类别,也考察这些字在上古的读音,为其中一些字注上古音。文章考察了《诗声类》注音字的范围、注音所用的术语以及方法,认为《诗声类》注音有超越前人之处,同时由于时代和材料的限制而有不足之处(陈雪竹《〈诗声类〉注音考》)。

孔广森善文学、工骈文,为清八大骈文家之一(另7人分别是:袁枚、邵齐焘、刘星炜、吴锡麒、曾燠、洪亮吉、孔星衍)。他有骈文集《羿轩骈俪文》3卷,《清史稿》本传中载“骈体兼有汉、魏、六朝、初唐之胜,江都汪中读之,叹为绝手”。其著作汇辑成《仪郑堂文集》60卷和《仪郑堂诗稿》1卷。包括《春秋公羊通义》、《大戴礼记补注》、《经学卮言》、《骈骊文》、《少广正负术内外篇》等在内的《仪郑堂文集》,由翁方纲作总序。其经史著作博采汉晋以来的有关注疏,翔实宏博,成为一代范本。他曾在屡次抄家中将孔继汾所著的《孔氏家仪》残卷保存下来,但在200年之后的“文革”中又被毁于一炬。

乾隆四十九年(1784年),其父孔继汾被族人讦讼,获罪西戍塞外,孔广森为救其父,到处求情、借贷,带病奔走于江淮、河洛之间,“称贷四方”(《清代朴学大师列传·孔广森》)。乾隆五十一年(1786年),孔继汾贫病交加,客死他乡,孔广森悲恸欲绝,哀毁过度,不久也离开了人世。孔广森子孔昭虔(1775年—1835年),字元敬,嘉庆六年(1801年)进士,任翰林院编修,官至贵州布政使。善隶书,工吟咏,于古音学颇有研究,曾著《古韵》、《词韵》。

（二）孔广森的数学成就

在数学方面，孔广森对中国传统数学的研究很有兴趣，他继承了戴震的“勾股定理”之说，对其中的一些原理作了详尽的阐发。比如，他对古代数学中解“方田”、“粟米”、“差分”、“少广”、“商功”、“均输”、“方程”、“勾股”、“赢不足”等原理颇为精通，著有《少广正负术内外篇》6卷。

《少广正负术内外篇》是专门讨论高次方程的解法及其应用的专著，是孔广森精心学习中国传统数学名著，特别是对中国古代的“开方术”有深入研究的结果。该书是专门研究商次方程的解法和应用的专著，对整理和发展中国传统数学作出了一定的贡献。本书内篇3卷主要讨论高次方程的解法，包括3次、4次、5次及6次的开方方法，求任意高次方程正根的方法是全书的中心内容。他的计算按一个固定的格式进行，比较有规律，便于机械化操作。外篇3卷的主要内容是利用高次方程来解决一些几何方面的应用题，包括“割圆弧矢”、“新设三角法”、“勾股难题”、“斛方补问”等，在解决实际问题中比较注重代数方法，把实际问题设法归纳成一个方程求解，比较注重推理过程和解题过程的一般化，这都是一种进步。

许义夫撰文《孔广森关于高次方程的应用》，主要探讨了孔广森在高次方程应用方面所取得的成就。① 孔广森于算数方面也有探索研究，将秦氏方斜求圆术及算经商功章求方亭术引申推衍，广秦氏得四术补斛方得二十五问，对整理和发展中国传统数学作出了一定的贡献。

此外，孔广森对《测圆海镜》进行了研究。《测圆海镜》由中国金、元时期数学家李冶所著，成书于1248年。全书共有12卷，170问。这是中国古代论述容圆的一部专著，也是天元术的代表作。自孔广森的老师戴震以来，形成研究和校勘中国古代数学名著的高潮。戴震借用西洋新法评述各家学术、考订流变，或与古人辩难，立论自较清楚，亦有所创见。在数学方面，戴震对古典算书作了认真的整理和校勘工作，先后从《永乐大典》中辑出《周髀》、《九章》、《海岛》、《五曹》等9部算经，以及收集到了影宋版《张丘建算经》、《数术记遗》，校勘后一并收入《四库全书》，使许多古算经失而复得，为中国古代数学的存亡续绝作出了杰出的贡献。《测圆海镜》、《四元玉鉴》、

①许义夫:《孔广森关于高次方程的应用》,《自然科学史研究》1989年第2期 。

《杨辉算法》等数学名著又陆续被发现整理，自此掀起了乾嘉时期研究中国古代数学的高潮。孔广森对李冶《测圆海镜》的批校27条，内容丰富，有些证明非常简单，确有独到之处。尽管他过早去世和受时代的局限性，数学成就不是那么大，有些方面甚至还达不到宋元时期的数学水平，但他的工作对中国古典数学的复兴起了承前启后的作用，其功绩是不可磨灭的。

（三）孔广森对音韵的研究

孔广森对音韵学很有研究，编著《诗声类》共13卷，研究了《诗经》的押韵用字。在清代文字音韵之学由经学的附庸而成为专门之学的过程中，顾炎武亦有开其端之功。他的《音学五书》关于古韵的考辨和分部，直接引发了后来学者深入研究的兴趣。如江永的《古韵标准》分古韵为13部，段玉裁的《六书音韵表》分为17部。① 戴震曾采用阴阳入三分法，并且使主元音相同的阴声韵、阳声韵和入声韵相配称为一类，定古韵9类25部。孔广森将老师戴震的"阴阳相配"理论发展开来，对声韵学中的"东"、"冬"提出了要分部的主张，分古韵18部，即将古韵分为阳声、阴声各9部，比段玉裁增加1个冬部。孔广森不认为上古有入声韵，他把入声韵看做是阴声韵并与真正的阴声韵归作一类，所以他将这种对转规律叫做阴阳对转。阴阳对转是汉语语音发展演变的一条重要规律。即阴声韵在一定时期会变成阳声韵，阳声韵在一定时期也会变成阴声韵。例如：三[san]－仨[sa]，两[liag]－俩[lia]。这是阳声失去鼻音尾韵变为阴声，阴声加上鼻音尾韵变为阳声。

书中不仅仅考证这些字的韵部类别，孔氏还认为古韵有本韵、通韵、转韵之分。他在《诗声类·卷一》中说："此九部者（指阴、阳各九部），各以阴阳相配而可以对转。……分阴分阳，九部之大纲，转阳转阴，五方之殊音。"即把戴震的"阴"、"阳"两个字沿用，定出九阴九阳18部来，并且说它们都可以对转：

阳声　原 丁 辰 阳 东 冬 侵 蒸 谈

阴声　歌 支 脂 鱼 侯 幽 宵 之 合

①王俊义：《顾炎武与清代考据学》，《贵州社会科学》1997年第2期。

《诗声类》也考察这些字在上古的读音，为其中一些字注上古音。

除了孔广森分18部之外，王念孙进而分为21部，直到黄侃分为28部，日益精进，由疏而密，但都是在顾炎武奠定的基础上的发展变化。① 上古韵部经过顾(炎武)、江(永)、段(玉裁)、戴(震)、孔(广森)、王(念孙)、江(有诰)7家的研究，基本上已成定局。

①王俊义:《顾炎武与清代考据学》,《贵州社会科学》1997年第2期。

下　编

山东近现代科学技术史

第六章 山东近代科学技术(1840—1911年)

晚清时期(1840—1911年),是中国近代科学技术艰难起步和奠基的时期。自1840年鸦片战争后,中国沦为半殖民地半封建社会,西方现代轻工科技相继传入山东,山东也从此进入了近代科学技术历史时期。在封建势力盘剥下的农民和手工业者,又受到外国资本主义的经济侵略。洋货在山东的倾销,使大量手工业者和小商贩破产失业。农民日趋贫困,自然经济逐渐瓦解。

随着资本主义在中国的产生和发展,山东也出现了近代工业。1876年,山东巡抚丁宝桢在济南泺口创立山东机器局,从英国购进机器设备,从事军工生产,成为山东军工、机械、化工等近代工程科技先驱。除此之外,还有铜元局、教养总局、工艺局等若干个官办手工业工厂。这几家工厂性质都是官办的,民族工业并没有像样的发展。

随着西方科学技术传入山东,不仅使山东原有传统的以手工业为主的轻工业生产技术发生了变革,而且兴起了若干新的轻工产业。肥皂、火柴、卷烟、钟表、自行车、啤酒、葡萄酒、罐头等轻工产品相继问世,生产技术和工艺也由部分手工操作逐步向机械生产过渡。在山东的其他地区如枣庄、淄川、平度等地从事煤、铅、金等矿业生产,技术设备和规模都有了一定的提高;在烟台,张裕酿酒公司、缫丝厂、蛋粉厂等轻工业相继投产。此外还设立新式学校培养科技人才,建立科研机构开展科学研究,使近代科学技术逐步运用于工农业生产,在某些领域替代了传统技术。但是,这一时期由于外强入侵,军阀混战,经济凋敝,科学技术进步受到严重阻碍。直到新中国成立前,全省科学技术事业发展仍然缓慢。

一、山东近代农业科学技术的发展

由于外国资本主义的经济掠夺，农业基础遭到严重破坏，近代山东经济形成畸形发展的局面。近代山东农村，封建土地所有制仍然顽固地保存着，土地集中的现象普遍存在。

晚清时期，山东开始近代农业科学技术试验研究和推广工作。1903 年成立济南农桑总会，主要推行农桑树艺的改良。1903 年山东巡抚周馥奏请清政府获准，集官商股银 1.5 万两，在济南城东七里堡迤北购地 500 余亩，建房 50 余间，创办山东农事试验场，并在济南千佛山、燕子山、马鞍山设林业试验场，开展省内外用材林及果树、桑树优良树种的引种试验。该场隶属山东农工商务局，由湖北籍候补知县谭奎翰、候选县丞汪懋钧任董事，聘请日本人谷井恭吉为农桑教习，主要从事气象、土壤、肥料、作物品种和五谷蔬果栽培、耕耩锄割等方法的试验研究，引进日本、美国作物良种、农机具器和化肥数十种予以考察试用。这是山东省第一个科研机构，开全省近代农业科学研究之先河。随后，青岛德华特别高等学堂设立李村农场，进行农业技术的改良和试验研究。此时，还引进了美棉良种及其种植技术。美棉的引进和推广始于光绪后期，在华东几省中以山东成绩最佳，棉花产量显著提高。到宣统年间，鲁西北和冀南各府县织棉区已全部改种美棉。通过对农、林、果、畜等的引进推广，化肥、农药和新式农具的试验示范，打破了依赖传统技术的封锢状态。

1912 年后，山东民间兴起了举办实业的热潮。吸收西方先进的科学技术，改良落后的传统农业。农业科技试验、研究机构增多，研究内容扩大。到 1931 年，山东共建立省、市、县农事试验场 58 处，占全国总数的 10.5%，居全国第三位。

民国时期，山东选育推广应用了棉花、花生、烟草、水果等良种，使棉花、花生、水果产量居全国之首。齐鲁大学选育成的小麦良种齐大 195，比一般品种增产 25%，是山东历史上首先育成的优良粮食作物品种，推广后，深得农民欢迎。山东解放区成立的农业试验所研究成功小麦黑穗病的防治技术，使这种严重危害小麦生长的病害得到了有效的控制。

伴随着废科举、兴实业的浪潮，山东还设立了一批农业学堂及附近设有农科的新式学堂。1901年成立的山东大学堂,设有农科。光绪三十二年(1906年)济南农桑总会以试验场房基地酌建讲堂、号舍,以已开之山为土壤森林学基地,筹款聘请日本教习,定名为济南农林学堂。农林试验场划归学堂兼管,以为学生实习地之用。次年,巡抚吴廷斌奏准,济南农林学堂改名为山东高等农业学堂。因初办无高等合格证,先设中等农、林、蚕三科,三年毕业,升入高等。1913年又改名为山东公立农业专门学校。1906年设立的山东高等农业学堂的办学宗旨是:"授高等农业学艺,使将来能理公私农务产业,亦可充各农业学堂之教员、管理员。"①到清朝末年,初等、中等、高等农业教育体系已在山东初露端倪。清末新政时期,山东还有组织地引种和推广外国农作物良种,除山东农事实验场曾引种美国的豆麦、蔬果及日本的水稻、马铃薯等良种用作试验改良外,省农务局还多次引进美种棉花和美种花生,推广种植,此举为山东后来成为棉花大省和花生大省奠定了基础。此外,湖桑的引种,化肥的试用,新式农用机器的采用,以及公私机构进行的植树造林,开办垦殖公司,也都在不同程度上推进了晚清山东农业现代化的进程。②

1913年,教育部颁发的《大学规程》,规定农科大学分设四门(相当于四个学部),即农学、农艺化学、林学和兽医学,并且规定了每个学门所应开设的科目课程。例如,"农学门"本科在四年中所开设的课程为:地质学、农艺物理学、气象学、植物生理学、动物生理学、法学通论、经济学、农学总论、土壤学、农业土木学、农学机械学、植物病理学、肥料学、作物学、园艺学、畜产学、养蚕学、家畜饲养论、酪农论、农产制造学、昆虫学、害虫学、细菌学、生理化学、农政学、农业经济学、殖民学、植物学实验、动物学实验、农艺化学实验、农学实验、农业经济实习、农场实习、林学通论、兽医学通论、水产学通论等,共36门课程。与清末以日本农科大学课程为基础所规定的课程比较,这时期中国农科大学所开课程增加了9门,逐渐形成了具有中国本土特色的农业教学课程体系。

①张洪生:《晚清山东高等教育概览》,《山东史志资料》1993年第3期。
②李平生:《论晚清山东经济现代化》,《文史哲》2002年第6期。

二、山东近代工业技术的兴起

（一）山东近代的棉纺织业

清朝末年，西方文化随着他们的坚船利炮一同进入国门，一些西方商人看中了中国的廉价劳动力和精湛的绣花技艺，在中国沿海农村制作欧式绣品，回国销售。一种名为"抽纱"的工艺由此传入我国。在经受外国纺织品尤其是外国棉纱的冲击后，传统耕、纺、织三者结合的经济体系开始分离。

在甲午战争前，洋布取代土布，耕与织分离的过程也已开始。但是由于机器织布的劳动生产率与土布的对比，远不如机纱与土纱的对比那么悬殊，又由于土布织户采用洋纱织布来抵抗洋布，所以洋布排挤土布的过程还远不如洋纱排挤土纱那样显著。①

作为农业和家庭手工业相结合的主体——手工棉纺织业，不仅没有衰落，甚至还有所发展。因为就在进口洋纱以其低廉的售价不断地破坏着中国农村的手工棉纺业的同时，利用洋纱纺织土布的手工棉织业却因此逐渐繁兴起来，而且由于洋纱的充足供应克服了中国手织业发展过程中一直存在的手纺产量供不应求的障碍，从而为手织业的充分发展提供了良好的条件。土布生产不只是为了满足织布者自身的需要，而且通过行商、布店等远销到外地市场。家庭纺织业的发展，对增加农民家庭收入、改善家庭生活有重要意义。一切公赋、经岁开支，多取于布、棉。从19世纪70年代开始，中国的土布出口量即出现了逐年上升的趋势，到90年代前期，其出口量值已达88528担、320多万关两，分别是20年前的22倍和16倍之多。② 在鲁西北，织布业一向发达的齐东，织布收入"终岁且以数十万计"③。用土纱织成的棉线布和洋线织成的洋线布，大量"远售京津诸处"④。与之毗邻的高宛，用洋线织成的小布，则"皆向周村贩运，由彼处漂房漂制白净，再贩他处"⑤。黄河北岸的惠民，"土布为大宗，陆运则由车发往泰安、潍县、穆陵关等处销行，亦赴天津，芦台、平谷等处销售。水运则由海丰县埕子口即大沽河口装

①《中国近现代史》课程组：《中国近现代史教案》（三），2005年8月修订。
②严中平：《中国棉纺织史稿》，科学出版社1955年版，第97页。
③嘉庆《齐东县续志》周以勋《布市记》。
④光绪《齐东县乡土志》（1910年）《商务》。
⑤光绪《高宛县乡土志》（1906年抄本）《物产》。

船渡海,赴东三省销行"[①]。地处黄河之滨的蒲台,"土布由各处商人至本境购买,每岁销行十万匹"[②]。齐河出产的大布,由"山西布庄客商陆运北口外,岁销约万金"[③]。在阳信,"热河、平谷等处商客拨兴银两,行店代为收买,陆运发至热河、平谷等处,交本行销售"[④]。活跃于土布产区的包买商不但向织布农民收购土布,而且还经常向他们提供棉纱原料。

在鲁西和鲁西南,农村家庭织布业中的商品生产因素也有较大发展,例如恩县出产的土布,由"布客将买运往奉天、山西二处出售"[⑤]。20世纪初,冠县年产土布多达30余万匹,其中外销量约占3/5。而武城出产的土布"由水路运销天津",约占土布生产总额的1/5。[⑥] 农民购纱织布出卖,直接依靠的市场是乡村集市,但是,通过集市与集散市场日益密切的联系,通过集市布贩与包买商的联系,农民织成的土布已步出集市狭小的天地,进入到更为广阔的商品流通领域。[⑦]

1895年,英国传教士、北爱尔兰人詹姆士·马茂兰(James·Mamullan)在烟台设立了教会手工学校,自此,一种被称为"爱尔兰花边"的西方抽纱工艺在鲁绣之乡流传开来。抽纱,就是按照花纹图案的需要,在布料上抽去一定的经、纬纱,形成网格状,然后,再通过编、勒、雕、绣等工艺手段,形成图案。这是我国传统绣花所不具有的工艺。

由于资本主义的先进的机器生产,使纺纱工人的劳动生产率大大提高。据有关资料估计,一个机纺工人的出纱能力相当于一个手纺工人出纱能力的80倍,而一个机织工人的出布能力只相当于一个手织工人出布能力的4倍。[⑧] 因此,洋纱的价格比土纱要低得多。光绪十三年(1887年)在山东牛庄,土纱每包(300斤)售价银87两,而洋纱只售57两,[⑨]相差如此悬殊,土纱自然难与洋纱竞争。自咸丰末年以后,传统的手纺织业陷入困境,土布更难成为洋布的对手。劳乃宣编撰的山东《阳信县志》记载:"粗布为普通衣

---

①光绪《惠民县乡土志》(1906年)《商务》。
②光绪《蒲白县乡土志》(抄本)《实业》。
③光绪《齐河县乡土志》(光绪末石印本)《商务》。
④光绪《阳信县乡土志》(抄本)《商务》。
⑤光绪《恩县乡土志》(1908年)《物产》、《商务》。
⑥光绪《武城县乡土志略》(抄本)《商务》。
⑦孙祚民:《山东通史》(下卷),山东人民出版社1992年版,第614—615页。
⑧严中平:《中国棉纺织史稿》,科学出版社1955年版,第81页。
⑨严中华:《中国棉纺织史稿》,科学出版社1955年版,第77页。

料,自受洋布抵制,虽仍往省东、京东运售而销售行市不如昔日远甚。”山东德县“自洋布畅销以来,农妇之纺织亦为罕见之事。农村除耕种之外无副业之补助”。桓台县“旧为妇女纺线,织为粗布、小布。粗布销本地,小布销外境。自洋线、洋布兴,此业遂归淘汰,民生益困”。民国时期的山东《陵县县志》中有如下记载:“清之中叶出产之白粗布最多。当时滋博店、神头镇、凤凰店各街有布店七座,资本雄厚,购买白粗布运销辽沈,全县收入颇有可观。……迄机器纺纱(俗呼洋布)输入内地,白粗布销路顿行滞涩,渐至断绝。全县手工业无形破产,农民经济影响甚巨”。光绪年间编纂的《山东通志》在论及该省土布、土纱生产时说:“(山东)比户皆纺织。前由章邱、昌邑、蒲台、齐东各县商人分运附近诸省。自洋布、洋线入口而此业大衰。”

在洋纱跌价的情况下,沿海和通商口岸邻近的城市手工棉纺织业者均用洋纱代替土纱织布,接着,洋纱逐渐畅销内地。山东的纺工放弃纺车后转而以编制草帽为生。

从棉纱来说,各地农民大批停止纺纱,改用廉价的洋纱从事织布。到20世纪初,山东各地用洋纱织土布的现象已十分普遍,在乡镇市场上,农民成为最大的棉纱购买者。手工织布原料对市场的依赖,使手工纺织业突破了自给体系的壁垒,向商品化生产迈出了第一步。20世纪30年代,各类抽纱商行在山东半岛大量出现。据资料记载,到1936年,烟台周边各县专门从事抽纱绣花的商号、工厂有150多家,其产品占烟台出口总数的50%以上。

(二)山东新兴手工业部门的崛起

1. 山东的手工绸丝业

丝织业也是一项重要的乡村手产业,近代乡村丝织业的货物有桑丝绸、柞丝绸和人造丝,集中于烟台附近的栖霞、昌邑、宁海等地。烟台作为柞丝生产中心,清末出现了一批手工矿丝局。临朐、青州、周村作为桑蚕业的生产和集散中心,年产生丝达30万斤以上。在丝织方面,1880年开工的织机,烟台有200台,附件的昌邑、宁海、栖霞共有750台,青州有10台,共计年产丝绸六七千匹。① 自 20 世纪初开始,手工业生产陆续从国外引进了一些效率较高的工具,如铁轮织布机、提花机、轧花机、弹花机等。在丝织业中,新式脚踏纩车比手摇纩车效率既高,质量又好,铁轮平纹织机的生产率是木机的 4—8 倍,而新式提花机在提花楼上安装有按照显花程序编制的打孔纸板,可以自动提综织出提花图案,与旧式提花织机相比,既免去了提花工,又可以减少提花差错,从而使劳动生产率和质量都得以提高。据 19 世纪 80 年代初的调查,昌邑有织机 500 架、宁海有织机 100 架,栖霞有织机 150 架。1919 年前后,山东省周村镇的个体织户(以织柞丝绸和人造丝为主),每年收益均为 270 余两白银,按那时的物价水平,可购置小麦 160 余担,相等于 100 多亩地的产量。周村到了清末时,缫丝、丝织开始用机器生产,年产丝绸、麻葛等百万余匹,漂染业亦相当繁盛。1931 年时,产绸 300 万匹,销往全国各大城市及南洋群岛等地。近代著名棉手织区山东省的潍县(今潍坊)在棉纺织业中所用的铁轮织布机,只用了 10 年左右的时间就全部淘汰了旧式木机,二三十年代这里的织布收进是每匹 1 元左右,如以一户一年织 150 匹计,收进 150 元。潍县在近代农业生产水平比较高,经济作物种植较多,但当地人多地少,每个农户年平均农业总产值在 100—170 元之间,净收入自然更少,织布业收入与农业相比,也处于较为重要的地位。② 山东周村的柞丝绸机坊,利用附近农村妇女从事络丝工作,是典型的包买制。蓬莱抽纱刺绣已有 80 多年的历史,既继承了民族刺绣的传统风格,又吸取了西方花边装饰的优点,花边图案的造型和表现手法丰富多彩,图案以牡丹、梅花等花卉为主。

山东抽纱刺绣品

2. 山东花边业和发网业

花边业是近代山东农村中较有影响的手工业之一。从业工作力均为女

---

①彭泽益:《中国近代手工业史资料》(第 2 卷),中华书局 1962 年版,第 86 页。
②胶济公路治理局编:《胶济公路经济调查登记分编》,1936 年版。

子,尤以十几岁的女孩为主。1895 年,马茂兰夫妇创办花边女子学校,收容生活无着落的贫苦女子入学,学习编织花边技术,学成后将花边技术推广到农村。烟台花边业的发展,在山东同行业中占绝对优势,资本和产值均在 90% 以上,是山东花边的主要生产加工基地。花边出口因此成为烟台的一大重要出口产业。"历年以来,借此艺为生活之妇女,即烟台一埠已以千计"①。

发网业于 1894 年左右由传教士传入,在烟台兴起,1909 年已成为山东家庭之常业。德国租借胶澳后,一些德国商人见在山东经营发网业有利可图,便在胶济铁路沿线村镇传授编织方法,利用农村妇女儿童"就地制网",然后运回德国发售,"获利甚宏"。由于 1914 年政府豁免发网出口税,也由于国际市场对发网的需要进一步扩大,发网业得到了进一步发展,发网制造区域普及到全省 41 县。清宣统年间,发网业以烟台为中心,在胶东牟平、文登、荣城、威海、福山等地广为发展。据有关资料反映,烟台资本额占全省同行业资本总额的 75.16%。1917 年烟台出口发网价值达 145.30 万海关两。② 据统计,1915 年烟台出口花边值达 293230 海关两,1921 年达 873885 海关两,至 1937 年高达 1726562(国币)元。③

花边、发网业在最兴盛时,日收进都曾高达 1 元。1919 年,山东省农村从事花边业的妇女,每人每日约可得工资 0.3—0.5 元不等,而同一年山东省各种行业中,工资最高的金银器业工人日工资也不过 0.5 元,工资水平最低的只有 0.18 元,且不供伙食。④ 花边女工的收进明显高出于多数工厂和作坊工人的收进。花边业最低工资的记录是 20 世纪 30 年代初的山东省招远县,当时,招远花边女工中等技术水平者大约每日可收入 0.1 元。发网业最低工资更低一些,山东省益都县 20 世纪 30 年代初发网女工日工资还不到 0.08 元。尽管如此,若一年工作 300 天,也可以有二三十元的收入。考虑到山东半岛当时男性农业长工的年工资也只不过 30 元上下,花边、发网业的收入也就不算很低了。⑤

---

①彭泽益:《中国近代手工业史资料》(第 2 卷),中华书局 1962 年版,第 409 页。
②何炳贤:《中国实业志·山东省》"辛部",实业部国际贸易局 1934 年版,第 120 页。
③《近代山东沿海通商口岸贸易统计资料》,第 150—154 页续表 73—75。
④从翰香:《近代冀鲁豫乡村》,第 414 页。
⑤《农村工业在近世中国乡村经济中的历史作用》。

花边业和发网业,其原料靠进口,产品又全供出口,所以这两业的生产基本上都采用包买制。这一类生产根本不存在自给性,无论它们在农民家庭经济中的作用是大是小,它们都是完全为着市场而生产的。花边业和发网业中,花边庄和发网庄通常附设有雇佣几十个工人的作坊,从事产品的整理、修补、分类、包装等,花边庄的作坊还负责新花样的设计并织造样品。采用这种生产方式的包买主已不仅是商人,而且成了工场主,商业资本的一部分进入生产领域,转化成了产业资本。在这样的包买主支配下的农村家庭工业完全可以说是资本主义的家庭劳动。① 发网业和花边业是适应国际市场的需求而发展的,发网业起初完全控制在洋行手里,“嗣后华商见其有利可图,纷纷独自组织行家,不复再经洋行之手”②。

3. 山东草辫业

山东草辫业肇始于1862年左右,起初仅局限于烟台一地,到20世纪70年代,逐渐发展到登、莱、青三府的广大乡村。山东沙河一带农民则“以编制草帽辫为主业”。这样的生产很难说是自给自足的自然经济。山东省的观城,妇女编织草帽辫收进日值1元,技巧最好的妇女一天可挣1.5元,这种收进水平是农业工作无论如何也无法取得的。在这一产区,据说有不少人靠编织草帽辫而发财。③ 草辫业是用专门播种的细麦作为草帽辫原料。④ 其他草帽辫产区虽少见这样的原料专门生产,但为了获得优质草帽辫原料而牺牲小麦产量的事情则比较多见。山东省的花边业和草帽辫业也曾吸引不少纺纱女工改行。劳动力在不同部门之间的这种流动,正如前文所说的不同产品之间的替代一样,标志着农村手工业的发展,体现了农民副业生产的机会增多。到了清末,草辫业已成为“山东省北部和中部大部分地区人民收入的主要来源之一”⑤。在19世纪末20世纪初,山东草帽辫产区出现了专门的麦草商,他们在夏收时,向农民收购麦秆,雇工将麦秆截断、分级、加工后卖给草帽辫商人和织草辫的农民,说明在这个行业中也出现了

---

①史建云:《关于近代中国农村家庭工业的几个问题》,《走向近代世界的中国——中国社会科学院近代史研究所建所40周年学术讨论会论文集》,1990年。

②何炳贤:《中国实业志·山东省》“辛部”,实业部国际贸易局1934年版,第119页。

③史建云:《乡村产业在晚世我国乡村经济中的历史作用》,《我国政治史剖析》1996年第1期。

④《革命日报》,1946年5月24日。

⑤安作璋:《山东通史·近代卷》(下册),山东人民出版社1994年版,第439页。

手工业生产与原料生产的分离。山东草帽辫业中也有商人用预支货款的方式,取得小农的手工业产品,并使他们经常负债。①

(三) 民办、官商合办、中外合办的新的轻工产业

随着民间投资热情的喷发,山东出现了一批民办、官商合办、中外合办的近代企业,主要涉及缫丝、卷烟、纺织、火柴、电灯、玻璃、陶瓷、造纸、酿酒等行业,其中最有代表性的是烟台张裕酿酒公司,清光绪二十年(1894 年),经清政府北洋大臣直隶总督批准,广东籍华侨张弼士(即张振勋)在烟台创办张裕葡萄酿酒公司,该公司所产红葡萄酒销于国内各大商埠和南洋国家。到 1908 年,“该公司现有葡萄园千亩”,“数年来所酿之酒贮于窖内,品极醇厚。计窖内所贮之无汽红、白酒二十余种,计红酒二十万高达,白酒十五万高达,经深于品酒之人尝试,称为佳酿”②。十几年以后,张裕成为中国第一酿酒厂,“张裕金奖白兰地”驰名天下。

此外,还有烟台宝时造钟厂和青岛英德啤酒厂等。同期,还仿造出榨油机、自行车,研制出新式纺织机、连纺机车、机器磨等产品,还发展了公路与汽车、铁路与机车车辆、近代海港与机动船舶等技术,修建了胶济铁路和津浦铁路山东段,青岛造船所造出亚洲最大的 16000 吨浮船坞等。③

清光绪三年(1877 年),德国哈根洋行在烟台创办丝厂,初用手摇机,有织机 200 台。1882 年改为中法合办。因经营亏损,1866 年由清政府东海关道盛宣怀以白银 2 万两收买,1889 年始用蒸汽机生产。1905 年在博山开办陶瓷工艺传习所,研究改进博山陶瓷,这是山东在工业方面创办最早的职业研究机构。同年,济南成立工艺传习所,是山东最早的工业学校雏形。1908 年成立的山东理化仪器制造所,是中国仿造理化仪器的鼻祖。1909 年中德合办青岛特别高等学堂,其中工艺科分建筑、机械电气制造、采矿与冶金三门,是山东最早的正规的传授近代工程科学技术的学校。

20 世纪上半叶,山东一直处于内忧外患的状态,洋货充斥市场,民族工

---

①史建云:《关于近代中国农村家庭工业的几个问题》,《走向近代世界的中国——中国社会科学院近代史研究所建所 40 周年学术讨论会论文集》,1990 年。

②汪敬虞:《中国近代工业史资料》第 2 辑(下册),科学出版社 1957 年版,第 998—1001 页。

③山东省地方史志编纂委员会编:《山东省志 · 科学技术志》,山东人民出版社 1996 年版,第 177 页。

业受到排斥，直到新中国成立前，山东轻工业萎靡不振，现代轻工科技仍处于落后状态。

三、山东近代民族资本主义企业的发展

山东近代民族资本主义企业从起步到发展经历了一个曲折漫长的过程。山东的近代民族工业创始于清朝末年。1875 年，山东巡抚丁宝桢建机器局于济南城北郑家庄，主要生产火药、子弹、炮弹等，并制造少量枪炮。这是山东民族工业之始，也成为山东近代官办工业的首创。自 1872 年美商在烟台设立蛋粉厂后，还相继设立纩丝厂、修建胶济铁路和青岛港，开办电灯房等企业。山东真正意义上的民族工业发展，还是在 1904 年开埠以后到抗日战争前的这段时间，尤其是 20 世纪 20 ~ 30 年代，山东近代民族资本主义企业呈现出前所未有的兴盛局面。

（一）山东近代民族资本主义企业产生的背景

1840 年爆发了鸦片战争，从此清王朝统治的封建社会开始解体，列强多次向中国发动侵略战争，迫使清王朝签订了割地、赔款等不平等条约，财政收入每况愈下，国力衰竭，政权摇摇欲坠。

山东地理位置重要，是近代列强激烈争夺的地方，曾被英、德、日等国占据角逐。列强对山东的侵略始于第二次鸦片战争，在 1858 年签订的《天津条约》中，烟台被列为通商口岸，被迫开放，成为近代山东第一个对外开放的城市。此后，国外大批商人、传教士等到山东内地活动。传教士发展教徒，建立教堂，教会势力在山东异常猖獗，国外商人控制山东的物产，推销产品，无所不用其极。在“列强瓜分中国的狂潮”中，德国于 1898 年强租胶州湾，把山东作为其势力范围，英国还强租威海卫。到 1905 年前后，清政府宣布济南、周村、潍县等为商埠，利用这些政治经济特权，外国列强大肆掠夺山东的农副产品和矿产资源。1914 年日本侵入后，先是继承了德国在山东的权益，控制了山东的路矿资源，后来在全面侵华期间，推行以战养战政策，疯狂掠取山东资源。

出现以上这种现象的原因主要是：

第一，中国在甲午中日战争中的失败，促使半殖民地化速度进一步加

快,民族危机愈益深重,山东深受其害。

第二,在此以后,帝国主义国家掀起了瓜分中国的狂潮,纷纷在中国划分他们的势力范围,抢占租借地。山东首当其冲,遭受的损害极其严重。

第三,外国教会势力不断在全国渗透和扩张,在山东地区异常猖獗,到19世纪末,外国教会势力在全国建立了无数大大小小的据点,仅山东省就有1200余个。这一时期,在山东境内就有英、德、法、俄、比、荷、瑞、奥匈、美等10国31个教派的56名外籍神甫。先后建起教堂304座,教众82600多人。

第四,列强采取了经济封锁的侵略政策,使山东的民族工业受到了极大破坏,农民、手工业者大批破产,人民的生活不断恶化,严重破坏了山东的经济秩序。

山东人民为了反抗帝国主义及其走狗的统治,进行了不屈不挠的英勇斗争。“义和团,起山东,不到三月遍地红,孩童个个拿起刀,保国逞英雄。”破产的农民、手工业者成为义和团的主体力量;而面对日本的侵略,在“甲午中日战争”中进行了英勇悲壮的“威海卫之战”。这些都成为山东人民不屈不挠打击外来侵略的见证。“山东问题”是中国的主权问题,中国人民经过不懈的努力和艰苦的斗争,最终收回了山东主权,结束了山东的屈辱历史。

(二)清末“新政”与山东实业经济的发展

20世纪初,清政府在振兴实业方面采取了一系列措施,实施“新政”,振兴农工商务,鼓励发展实业,对我国民族资本主义工业的发展起了一定的作用。1902年2月清政府谕令“特派大臣,专办商务”,并责成各省督抚认真兴办农工要务,初步确定“振兴工商”的大计。1903年,清政府设立农工商部,各地成立农工商局。1903年9月7日,清廷降谕设立商部,把商部在中央行政体制中置于仅次于外务部而列于其他各部之前的地位。商部——农工商部作为清末政府管理全国实业而设的中央机构,1903年10月,商部奏准在各省设立商务局,作为省级振兴工商的机构,商务局的负责人称为总办,一般由道员级的官员充任。为了进一步完善组织,1904年11月,商部奏定《议派各省商务议员章程》。该章程规定:商务议员由各省督抚于候补道府中择其公正廉明、熟悉商务者报请商部委任。其任务为考察农、工、路、矿,鼓励设立公司,提倡推广商会,调解商务诉讼,保护出洋归国华商。商务议员通常由商务局总办兼任,同时接受商部和地方督抚的双重领导,实际上是一种行政官吏。1903年11月,商部奏定《矿政调查局章程》。其中规定:在各省成立矿政调查局,各局的总理、协理由商部委任,作为商部矿务议员,担负勘察各省矿产,招徕矿商开采,禁止私挖私卖,限制外人开矿,以及设立化验处、分析室以化验矿石等责。

在振兴实业的口号下,山东官府先后成立了各种实业机构,采取了一些有利于农工商务发展的措施。山东巡抚袁树勋,从当地"选派学生赴英、美、德各国游学,专习工艺实业"①。总体而言,通过兴办实业达到富强已成为山东政府日益明确的目标。1901年10月袁世凯奏准在济南创设山东大学堂,当年招生300人,唐绍仪任校长,美国人赫士任总教习。此系山东最早的官立大学。1901年,为抵制德国在山东的经济利益,巡抚袁世凯奏设商务局,并拟定《试办商务局暂时章程》,鼓励创设公司,扩充商业,振兴工艺,兴办商务学堂及成立商会。其章程规定,凡"有裨商务,能兴巨利而著明效者",资本不足,官府可酌筹金给予资助;"凡创设公司,扩充商业,振兴工艺,借以开通风气,利益民生",确有成效者,将"分别给奖,以为通商惠工者劝"。另外,章程还规定保护工商人士学习西法工艺制造各种日用产品;鼓励商人兴建商务学堂、出国考察商务、刊印商务报刊、宣传中外商情及关涉商务一切事宜;调查全省物产以利贸易出口和成立商会等各项内容。②这表明山东和全国一样,不再把商务视为末业,已经认识到了工商业在国计民生中的价值与地位。1902年,商务局改为农工商务局,仍以"振兴实业为宗旨"③,统一管理全省的商务、栽种、蚕桑、垦殖、工艺等各项委业。同时,该局内另设有物产调查所,负责对各类资源分类调查注册,作为兴办各种实业的依据。④ 1904年该局派员分赴各州县调查物产,遵照清政府商部的统一规定而分类登录,共分植物、动物、工产、矿产四类,计有27门,并录下列

---

①《清实录山东史料选》(下册),齐鲁书社1984年版,第2001页。
②孙祚民:《山东通史》(上卷),山东人民出版社1992年版,第642页。
③宣统《山东财政说明书》之《岁出部·实业费》。
④孙祚民:《山东通史》(上卷),山东人民出版社1992年版,第643页。

条目:①种类及产地。②价值及厘税。③销路及运路。④产额及比较。[①] 1902 年袁世凯在德州征地 850 亩,建立德州北洋机器制造局(简称德州机器局),生产武器弹药(1912 年改名为陆军部德县兵工厂)。1904 年 5 月 1 日,袁世凯、周馥奏请开济南、潍县、周村为商埠。15 日,外务部奏请照准。同年,胶济铁路建成通车。开为商埠被获准后,遂于济南成立商璋总局,周村、潍县各设分局,"专以保护商务之利权"。[②]

济南农桑总会。清末新政时期,改良蚕丝业的机构开始出现于各地。1901 年,经升任抚臣袁世凯奏设农工商务局,提倡各项实业事宜。前抚臣周馥在山东巡抚任内,积极推行新式教育,奖励工业发展;在济南设树艺公司,把荒地数百顷分给百姓栽种树木,以兴民利;尤注重农业,通饬各属设立农桑会,并于省垣置农林试验场,青州建蚕桑学堂,兖州建农业学堂,均已奏谘在案。1904 年,山东设立了农桑总会,由山东巡抚周馥主持创办。这是一个集农林教育与研究、农林改良于一体的官助民办机构。为便于开展农林改良和试验,同年,由济南农桑总会创办了山东农事试验场,内设蚕科,场址在济南城东圩子门外七里堡,创办人为候补知县谭奎翰和候选县丞汪懋钧,聘日籍农工商教习谷井恭吉任技术指导。设立农业学堂,培养农业专门人才;设立农事实验场,从事农业改良与推广工作,有计划地引进优良品种,试验农业机器,使用化肥、研究土壤,等等。至 1906 年,试验场在七里堡和全福庄两村附近陆续购地 500 亩,从事粮食作物的栽培改良试验,并建房舍 50 余间。另外,还辟有桑园 130 亩,聘日本人川上精一为技术指导,进行桑树及其他果树的栽培试验。随后设立了分会,省抚院还督令泰安、兖州、沂州、曹州、济宁等府设立农桑分会,"凡属可兴之利,可植之物,均令试种考验","农桑树艺,一律兴办"[③]。到 1909 年,全省农桑会已有 60 余所。

山东益都青州中等蚕桑学堂,成立于 1903 年 6 月,其前身是青州旌贤书院,这是山东省第一所中等实业蚕桑学校,1909 年改为"青州府中等农业学堂",成为山东省创办的第一所中等农业教育学校。学堂以朱钟琪为总

---

①张玉法:《中国现代化的区域研究:山东省(1860—1916)》,台湾"中央研究院"近代史研究所 1982 年版,第 474—475 页。

②宣统《山东财政说明书》之《岁出部·民政费》。

③《东华录》,光绪三十年十二月。

办,益都县县令李祖年为监督,聘杭州蚕学馆优秀毕业生充当教习。虽然该学堂第一届只招收到10名学生,但其设备完善,教育教学十分正规。经几年的试办,颇有成效,“经日本农学士谷井恭吉前往考试,极为称许”。1908年,该学堂的毕业生补习后升入山东高等农业学堂。

兖州初级农业学堂,成立于1904年3月,是由兖、沂、济、曹农桑总会委在籍翰林院编修孔祥霖创办的,每年经费白银5000两。由于师资不足,该学堂初办时仅开设了农科和蚕科两科。

1905年夏,袁世凯以武卫右军先锋队为基础,编成北洋常备军第五镇,驻济南、潍县,统制官为吴长纯。不久改称陆军第五镇,仍驻原防,直属陆军部管辖(1912年9月,改称中央陆军第五师)。1905年,为抵制德国在山东矿务利益的扩张,“以振兴华矿”,始建矿政调查局,专门负责对全省矿藏进行调查,并经理官办矿务,同时协助办理民办矿务。经过几年努力,至1905年,举凡农、工、商、矿各业均先后成立了专门的管理机构及民间团体组织。

在手工业方面,山东于1900年创办了第一所地方官办手工工场——教养局,以解决由于人口增长过快,许多农业劳动力成为游民的问题。“专教贫民工业者,学作粗工”,此后,济南陆续设立“济南工艺传习所”、“济南习艺所”、“济南劝工所”、“历城自新所”、“历城习艺所”等官营手工工场。发轫于济南的这项事业,经清末历任巡抚的推广,迅速扩展到了全国各地。另设工艺一局,考求各项精巧工作,如范金冶铁织绣雕嵌之类,以外全省工艺模范。① 从1902年起,山东工艺局“专以传授工艺,改良土货为宗旨”。到1910年,山东官办工艺局所共计114个。②

1907年10月,农工商部正式奏准颁布《农会简明章程》23条,规定各省必须设立农务总会,于府厅州县酌设分会,其余乡镇村落次第酌设分所,并详细说明了农会的宗旨、组织、会员条件及任务。章程规定,总会地方须设农业学堂和农事试验场,分会、分所地方应设农事半日学堂和农事演说场,以选就农业人才,推广农学知识。此外,还规定了有关农会会董数额、会董资格、经费来源及开支等。③ 该章程的颁布,大大促进了各地农会的兴

---

①彭泽益:《中国近代手工业史资料》(第2卷),中华书局1962年版,第534页。
②彭泽益:《中国近代手工业史资料》(第2卷),中华书局1962年版,第538页。
③苏州市档案馆藏:《苏州商会档案》第73卷,转引自朱英:《晚清经济政策与改革措施》。

办,得到了广大士绅的积极响应,全国各地的农会组织相继成立起来。至光绪三十三年,山东成立的农务总、分会计有24个。①

山东劝业道。山东省商务总局后改称农工商务局,1908年又改归劝业道。1908年以后,各省陆续设置,掌全省农工商业及交通事务。署内分六科办事,各有科长、科员等。所属有劝业公所。清政府规定各省劝业道"归本省督抚统属,管理全省农、工、商、矿及各项交通事务"②。农业方面的事务包括农田、屯垦、森林、渔业、树艺、蚕桑及农会、农事试验场等事项,各厅、州、县设劝业员一人,受劝业道及地方官指挥监督,掌理该厅、州、县实业及交通事宜。随着山东经济的发展和各种实业机构、工商组织的兴办,为了便于管理和统筹安排,山东巡抚吴廷斌于1908年奏准设立山东劝业道,萧应椿任道员,任内极力提倡实业,并设法挽回利权。曾捐钱三千缗,倡办农务总会。据山东劝业道萧应椿奏称:"济南省城自奏设商务总局后,饬令商人公举总董、分董,仿上海商业公议办法,设立商会公所,朔望会集,讲求利病,汇册上闻。"山东劝业道是全国最先设立的省级劝业机构之一,为山东最高实业管理机构,兴办当地实业,其职责是掌管全省农、工、商、矿等。因此,除了农工商务局、垦务局、湖田局、矿政调查局等实业机构外,下设劝业公所,公所内设总务、农务、商务、工艺、矿物、邮传等科,推广与改良蚕丝业是其主要管辖范围之一,也兴办过一些农事试验场或类似于试验场一类的机构。

1913年泰安县在泰城设劝业所,其他县也先后成立此类机构,管理本县实业。同年泰安县有烧酒锅炉109座、漕池442个,产量在山东省名列前茅;有砖瓦窑24处,年产砖瓦153万块,主要产地为范镇、祝阳、徂徕、北集坡等地。

淄博是山东近代陶瓷工业的发源地。近代淄博民间陶瓷以生产模印和彩绘陶瓷为主。也生产青花,利用当地土法调制的一种略带蓝味的釉下青花料,石质感强,釉稠不透明,烧成后有时发蓝有时发灰白和发黑发暗,但也沉稳朴实大方的美感。民国时期的红绿彩是乡村民俗艺术显著特征的典范。1904年,石金元在博山北岭村创办"义祥窑厂",杨佃福在山头创办"福

①王奎:《商部(农工商部)与清末农业改良》,《中国农史》2006年第3期。
②刘锦藻编:《清朝续文献通考》卷三七〇,上海商务印书馆1955年版。

同德窑厂”。1905 年,山东省工艺传习所总办黄华委古董商王子久于博山下河街设立“博山工艺传习所”,研究改良博山陶瓷。这是山东第一个官办窑厂。时间不长,但意义深远,带动了当地制瓷工艺的提高。自此又先后开办日华窑业工厂、山东省立模范窑业厂,研制并开始用机械生产日用陶瓷、建筑陶瓷、化工陶瓷、电磁之属等。此时,淄博陶瓷“出品细光亮,几与江西货埒”。1906 年,博山县成立商会,窑行、炉行为分会。1909 年,山头窑匠侯兆良试成茶色、燎绿、燎蓝颜色釉。1910 年,陶瓷艺人陈希龄在博山工艺传习所研制成功茶叶末釉,使失传数百年的这一历史名釉恢复生产。除此之外,白釉产品质量不断提高,加之外国洋蓝青料的引入,博山窑生产的青花瓷显示出鲜明的地方特色和人文色彩。清末民国时期博山窑生产的绿料瓶,用料纯正,色调古雅,是其中的精品代表。1911 年,博山工艺传习所研究白瓷、烤花,出品尚佳,后因受颜料所限未能推广。1914 年第一次世界大战爆发后,日本由渡部逸次郎于 1916 年在博山火车站以北白虎山下,建立日华窑业工厂,聘用日本专业技术人员,雇用当地陶工制造陶管及耐火砖。1918 年 12 月 10 日,日本人大隈信常等约同华人林长民、王光敏出资收买该厂,以中日合办的方式(实为日人所控制)成立日华山东窑业株式会社。除生产硬质陶管、耐火砖、普通粘土砖、高低压电瓷外,还经营煤矿采掘与贩卖、骸煤制造、电灯电力供给及运输各业。与之同时,日商还建有“三益公司”,生产陶管、耐火砖、耐火粘土、石灰及其他陶瓷等。1918 年以后,博山五龙村开始建筑陶管、耐火材料的生产。在“洋瓷”充斥、陶瓷业萎靡不振的情况下,一些政府官员和实业界人士也积极主张革除生产旧习,采用科学方法生产新式瓷器,以开拓市场,与舶来品抗衡。

绿料瓶(清末民国,用料纯正,色调古雅,山东博山窑生产)

（三）山东民族资本主义工业的发展

山东早在甲午战争以前就出现了一批民间资本兴办的近代工业，只是数量有限，规模狭小。第二次鸦片战争后，清政府开始推行“自强求富”的洋务运动。这时，奕䜣、曾国藩、李鸿章等为代表的洋务派官僚在各地开办了一批近代企业。山东地方官僚也相继兴办了一批军工企业和民用企业。其中，山东机器局和天津电报局济宁分局是近代企业在山东的发端，其产品供应沿海军队，对加强山东边防起了一定的作用。在洋务运动的刺激下，近代民族资本主义企业出现了，主要是峄县中兴煤矿、招远金矿局、烟台张裕葡萄酿酒公司、桓台的苗氏家族企业等。山东民族资本主义企业的曲折经历是近代中国民族资本主义命运的缩影。

民国初期，山东资本主义工业或手工业经济的兴起，虽然存在资金不足、技术水平低下和市场不统一、不稳定等诸多不利因素，但设厂数目、投资规模和生产能力都比辛亥革命以前有了飞速发展，主要有棉纺织业、火柴业、丝业、玻璃业、煤矿业等。这就促进了山东地区自然经济向商品经济的转化，为改变社会落后面貌提供了有利条件。这些行业到 20 世纪 20 年代都有了长足的发展，其他如酿酒、印刷、制糖、制革、食品罐头、制盐、制碱、铁器等行业也都有不同程度的发展。到 1913 年，山东共有民族工业 991 家，职工 34536 名。据统计，1919 年注册的工厂共有 471 家，其中山东 31 家。①

1. 山东机器制造局的创立

山东机器局正式创立于 1875 年，由山东巡抚丁宝桢创办。这是“洋务运动”直接开启了中国军事工业近代化的进程的结果。考虑到当时清朝部队开始大规模使用洋枪，但是弹药却仍需大规模向西方列强采购，这样一来不仅耗资巨大，而且战时无法保障充足又稳定的弹药来源。时任山东巡抚的丁宝桢为开办机器局制造军火，几次与直隶总督兼北洋大臣李鸿章协商关于设立山东机器制造局的问题。丁宝桢虽然计划考虑已久，但未找到适当的主管局务人员。1872 年，曾奏请调广东温子绍到山东，温未到职；1874 年奏请调道员张荫桓筹划建局，亦未成事；1875 年 5 月，调江南制造局徐建寅到山东。为进一步筹划建好山东机器制造局，1875 年 8 月，张荫桓等人

---

①杨铨：《五十年来之中国工业》，《申报》馆 1923 年版，第 8 页。

受丁宝桢委派到天津机器局实地考察学习,并将相关事宜再次上书总理衙门,受到清政府的重视。李鸿章开始推举上海制造局技术人员徐建寅来山东协助丁宝桢筹划建局事宜。当年11月8日,清政府正式批准成立山东机器制造局,选定在济南泺口以东一段"高亢"地带征地300亩建厂,从1875年底开始试产。这是山东第一家官办近代军工企业。山东机器局1877年初正式开工制造。自此之后,山东近代军事工业从无到有,逐渐迈向辉煌。山东机器局投产后,初期以火药为主,造铅丸和铜帽等产品,并能仿造马梯尼新枪。丁宝桢在创办机器局中,"不使外洋一人夹杂其中",机器设备虽购自外国,生产方式亦吸取洋法,但不使用洋匠,而依靠徐建寅等一批中国技术人员,自行设计厂房、安装机器和组织生产。1880年,山东机器局开始制造铅丸、铜帽,年产60万—70万粒。1883年添造部分枪弹机器,1884年起,陆续出品林明敦、哈其开斯、毛瑟等后膛枪弹。1888年至1896年,还出品后膛炮弹。至1895年中日战争爆发时,山东巡抚李秉衡奏述山东机器局"加增匠役,昼夜不停工作",枪弹月产10万粒以上。经过历次扩建,到1897年,山东机器局已经先后建起洋式大枪厂、枪子大厂、轧铜大厂和工匠住房等80余间,并在他处另建火药库20余座,工厂规模比最初扩充了三分之二。1912年8月,山东机器局奉命改称山东兵工厂。1914年6月15日,山东全省第一次物品展览会在济南商埠公园开幕,山东兵工厂有七九枪弹标本、自制机器炉、洋式马灯、指挥战刀等38种产品参展,结果获最优等金牌奖两块,优秀银牌奖六块。

2. 天津电报局济宁分局的设立

在民用企业方面,李鸿章创办的天津电报局济宁分局是洋务运动时期著名的民用企业。天津电报局于1881年成立,初为津沪电报总局,后改为分局。1879年,李鸿章出于军事上的需要,在天津鱼雷学堂教习贝德斯的协助下,以天津直隶总督行署(今金钢桥北)为起点,经天津机器局东局及紫竹林招商局,至大沽炮台和北塘兵营之间架设电线,试通军报,是为天津第一条有线电报线路。1880年,李鸿章在天津设立电报总局,派盛宣怀为总办;并在天津设立电报学堂,聘请丹麦人博尔森和克利钦生为教师,委托大北电报公司向国外订购电信器材,以白银17.87万两又开办从天津经山东线路,1881年1月9日全线通信。1881年4月,从上海、天津两端同时开工，至12月24日，全长3075华里的津沪电报线路全线竣工。1881年12月28日正式开放营业，收发公私电报，全线在紫竹林、大沽口、清江浦、济宁、镇江、苏州、上海七处设立了电报分局。这是中国自主建设的第一条长途公众电报线路。

3. 峄县中兴煤矿

中兴煤矿公司是旧中国最大的私营采煤企业，矿区在山东枣庄，是我国第一家民族资产阶级股份企业，也是中国华商自办的最大煤矿。鸦片战争以后，中国陆续产生了一些近代工业，煤炭作为工业的原料，需求量不断增加。此时的枣庄煤田经过数百年的开采，浅部的煤炭已经很少了。枣庄的地主、富商对深井开采力不从心。1875年，北洋大臣、直隶总督李鸿章和两江总督沈保贞上书光绪帝，力陈开采煤铁的重要性。光绪皇帝亲自批复："开采煤铁事宜，着照李鸿章、沈保贞所请。"1878年春天，李鸿章派山东东明知县米协麟、候补知县戴华藻到枣庄筹集商股银2万两，在三合庄租地盖厂房，招募工人，制作机器，创办了由官僚、富商和地主合资的"山东峄县中兴矿局"。总部设在天津，管理层设在枣庄，最初有工人数百人。

1880年，李鸿章招商试办。初为土窑，1895年遭水淹封闭。1896年春，因山东巡抚李秉衡禁采，中兴矿停办。甲午战争以后，帝国主义列强瓜分中国。1897年，德国强迫清政府签订《胶澳租界条约》、《山东煤矿章程》，取得了山东境内铁路修筑权及其沿线30公里内的矿山开采权。1899年春，兖沂曹济兵备道张莲芬（山东盐运使）与内阁侍读学士直隶全省矿务督办张翼议定，自津至峄并招集德股，成立"商办山东峄县华德中兴煤矿股份有限公司"。张莲芬任华总办，德璀琳任洋总办。为限制洋人权力，张莲芬规定：公司的管理皆由华总办主持。议集资本200万元，华股占60%，德股占40%。后德股未招到，全赖华股维持。1908年，又以德国人"洋股"一直没能到位为由，经清政府批准，中兴公司注销"华德"字样，取消洋总办，改为纯华资经营的"商办山东峄县中兴煤矿股份有限公司"（简称中兴公司），实行总理制，推举张莲芬为总理，完全由华资经营，但仍给予德璀琳可与华股同样分利的股份47000元。该公司为私营煤矿中成立最早、经营效果较佳的一个企业，隶属清政府路矿大臣和山东矿政调查局管辖。民国元年（1912年），《中兴公司章程》正式施行，其中说明："本公司总矿在峄县城北枣庄。"至此,枣庄才开始逐渐出名。同年,中兴公司自修枣铁通车。1913年第一大井建成投产,开始用机器采煤,同年建成发电厂。北洋官僚徐世昌、黎元洪、朱启钤等都曾以私人名义,经营山东中兴煤矿,获取巨额利润。据统计,1914年中兴煤矿账面盈利与资本比例为9.1%,1918年上升为46.4%,1920年达到69.2%。①

1915年,山东省公署接管清末设立的泰兖矿政局,管理煤矿开采。中兴煤矿到20世纪30年代,已发展成为中国第三大煤矿,仅次于日资的抚顺煤矿和中英合资的开滦煤矿。1938年3月,日军占领枣庄。1940年,中兴煤矿股份有限公司改为中兴矿业所,由日本三井株式会社经营。矿业所设总务部、矿务部及陶庄采炭所。1943年至1945年,复称"中兴炭矿股份有限公司",但矿权仍为日本人独操。1945年至1948年,由于资金短缺,加之无机械开采设备,中兴公司遭到战争破坏,试开了3座小井之后,终因排不干积水不能采煤而停止。

4. 招远金矿局

招远开采黄金的历史悠久,早在春秋时期,管仲所作的《管子·地数》篇中就有"上有丹砂,下有黄金"的文字记载。又据《宋史·食货志》载:"天圣中(1023—1032年)登莱采金岁益数千两。"1023—1031年,招远民间采金"金穴千百处","岁益数千两"。宋朝时,这里是闻名遐迩的皇家金矿,宋真宗曾派大臣潘美专赴招远的玲珑督办开矿,此后,历朝历代的黄金开采在这里绵绵不绝,清末进入盛期。1840年鸦片战争后,解除金银封禁政策,这可能是清王朝寻求增加财源摆脱困境、恢复国力的途径之一。金、银封禁政策解除后,采用"官办"、"官督商办"、"官商合办"的经营形式,允许自由开采。资金来源主要是集资,在一定程度上促进了黄金生产的发展。据《矿冶》载:"乾隆时(1736—1795年)全国黄金最高年产量为2000两。"当时,山东黄金生产地域有汶上、栖霞、招远、莱阳、莒州等。其中,玲珑金矿"金穴千百处","岁益数千两"的富庶让淘金者们依然趋之若鹜。1882年,广东商人郭德礼来玲珑开办采金工。三年后,曾任山东五府(济南、东昌、泰安、武定、临清)道台的李宗岱,在清廷支持下,挤走了郭德礼,派人来玲珑探

①严中平:《中国近代经济史统计资料选辑》,第155页。

矿。1887 年，李宗岱创办招远金矿局，开采玲珑金矿，以李宗岱为督办，陆续将平度、宁海旧矿从美国购置的桩杵和其他机器运来招远，并聘请美国技师，雇用工匠，开矿洞。招远金矿局后发展为中国最大的民族黄金企业，盛期有工人 3000 余名，年产黄金 7000 余两。光绪十四年(1888 年)，《矿冶》载全国黄金产量达 432000 两，占当时世界黄金产量的 7%，居世界第五位。1894 年，山东巡抚李秉衡以"矿夫聚集，易与屯威海之日军发生龃龉"和"该矿办无成效"为由，将招远金矿局查封。1897 年 5 月，山东巡抚解除招远金矿局封禁，李宗岱之子李家恺(字道元)继承玲珑矿权，恢复采金。

1962 年 7 月，山东省冶金工业厅根据省人委(62)鲁计字第 304 号"关于调整部分企业隶属关系的通知"，将招远县建华、胜华两金矿合并，组建了国营"招远金矿"，归山东省冶金工业厅领导(8 月冶金厅合并重工业厅)。开始党委、矿部驻灵山，后迁移到玲珑，位于招远县城东北 15 公里。辖灵山、九曲两分矿，矿部距灵山分矿 26 公里，距九曲分矿 7.5 公里，其间有公路联结。全矿占地面积 128 平方公里。1965 年 3 月 29 日，招远金矿归冶金部中国黄金矿业公司直接领导。1969 年 7 月 1 日，下放归山东省冶金工业局管理。1970 年 1 月，省冶金工业局又将招远金矿下放到烟台地区重工业局管理。1979 年冶金工业部黄金管理局又将招远金矿收归部属企业。

5. 青岛祥利窑厂

1913 年，民族资本家刘明卿在青岛开办了祥利窑厂，开始生产机制砖瓦。有工人 141 人，职员 7 人，窑面积 90 亩，该厂是山东省民族工业最早的机制砖瓦厂。近代楼房的兴建，促进了青岛采石业的发展，同时也开始了水泥的生产。1922—1924 年，复合永、谦盛合、泰记、玉昌、公兴义等 9 家窑厂相继设立，共建有土窑 30 余座，30 年代后，又有大砖瓦厂相继建成，如，福兴窑厂(1931 年)、和丰窑厂(1932 年)、永盛和窑厂(1932 年)、双合盛窑厂(1933 年)、利合窑厂(1934 年)、三盛窑厂(1935 年)等，青岛市的砖瓦业进入兴盛期。日本第二次侵占时期，日商在青设立窑业组合，对民族建材企业强行霸占、破坏或予以控制，强制砖瓦产品实行统一价格、统一销售和调配。1943 年，日本人以武力相挟，在南墅建立天津耐火材料株式会社南墅矿山，开采矿石运往日本。南京国民政府第二次统治时期，民营砖瓦厂大部分停产歇业，石材业惨淡经营。

青岛解放后,建材业迅速恢复,石墨、砖瓦、石材、石灰很快投入生产。建材生产形成了国营、地方国营、私营企业共同发展的局面。青岛砖瓦业生产跃居全国领先行列。

6. 烟台张裕葡萄酿酒公司

烟台张裕葡萄酿酒公司创办于1892年,是中国第一个现代发酵工业企业,创始人是著名华侨实业家张弼士(1841—1916年)。1891年,张弼士应时任登莱青兵备道兼东海关监督盛宣怀之邀到烟台考察,决定在烟台投资建立葡萄酒公司。1892年,张弼士申办葡萄酒公司,并先后投资300万两白银在烟台创办了"烟台张裕酿酒公司",中国葡萄酒工业化序幕由此拉开。1894年,北洋大臣直隶总督府批准开办。1895年8月4日,再以公司名义专折向清廷上奏,由李鸿章、王文韶二大臣奏明,清廷发给开办准照。至此,张裕公司正式奉旨开办。《奏办烟台张裕酿酒有限公司章程》载明:本公司奉旨准予专利15年,凡奉天、直隶、山东三省地方,无论华洋商民,不准在15年限内另有他人仿造,以免篡夺。光绪皇帝的师傅翁同龢应张弼士之请,题写了"张裕酿酒公司"的匾额。公司选择烟台近海处购地61亩,建造酿酒厂区,又在烟台南郊购地930亩,在东郊购地285亩,辟建葡萄种植园。百余年来,张裕历尽沧桑,从小到大,由弱到强,目前已发展成为中国乃至亚洲最大的葡萄酒生产经营企业,拥有葡萄酒、白兰地、起泡酒和保健酒等四大主品系列近百个品种。1915年,张裕葡萄酒在巴拿马万国博览会上夺得4枚金奖,一举成名。孙中山先生为张裕题词"品重醴泉",以鼓励实业兴邦之志;康有为、张学良等各界名流也为民族品牌的兴旺而骄傲;1987年,因为张裕,中国烟台被国际葡萄·葡萄酒组织命名为亚洲唯一的"国际葡萄·葡萄酒城"。"张裕"商标被国家工商总局认定为全国驰名商标。

7. 桓台苗氏家族企业

苗氏是山东桓台商业市镇索城一个富裕的土地所有者家族,曾在当地从事谷物买卖、榨油等行当,并开过中药铺。一个家族的商业传承,汇聚了各色人等的力量源泉。苗氏家族在清朝咸丰年间分为6支,长支与次支的第二代人先后在济南兴办工商业,逐渐形成了苗氏民族资本集团。因他们出自两支,故有"大苗家"、"小苗家"之说。所谓"大苗",是苗世厚(德卿)、苗杏村(世远)、苗兰亭(苗世厚次子);“小苗”则是苗星垣(世德)和苗海南(世循)兄弟,皆来自于桓台索镇。和当年的荣氏家族类似,苗氏家族创造了他们的辉煌,他们在济南创办企业凡50余年,既有合作又有竞争,既各立门户又有共同利益。

苗家的创业者中有留洋的,所以他们把西方文化中很先进的东西包括经营理念和技术引入到商业文化之中,突出特点是首次发展了现代工商业,许多济南的面粉、纺织是苗氏家族发展起来的。

桓台苗氏家族是19世纪末到20世纪中期的商业巨族,在全国各地拥有粮食流通、纺织和面粉产业,在山东是有相当政治影响力的商界巨子。有了苗星垣的长远打算和投入,才造就了苗海南,使他成了济南第一位从海外留学归来的民族工业家。新中国成立后,苗氏代表人物苗海南又成了一名“红色资本家”,成了毛泽东生日宴会的座上客,一度出任山东省副省长。此后,苗氏连续几代在政治上都有所作为,至今影响犹存。

8. 济南鲁丰纱厂

1915年,在原山东实业司司长潘复的倡议下,由山东巡按使蔡儒楷、泰武将军靳云鹏等人开始筹办鲁丰纱厂,通令全省107县招股集资,共募得资金40余万元。其中以郯城县集资最多。1919年9月,鲁丰纱厂建成投产。该厂系由靳云鹏、潘复等人投资设立的合股公司,原定资本260万元,实收185万元,有纱锭2.8万枚,年产棉纱1.6万余包。由于主要股东大都是军政两界人士,不谙商道,靠最初的集资款经营了十余年后,即陷入难以周转之困境。这座纱厂规模宏大,工人众多。最初是官民合股,后被“大苗家”买下全部资产,成为独资企业,但随即又被日本人强占。

9. 振业火柴厂

振业火柴厂的创办人是农民出身的丛良弼,少时精明勤勉,后为烟台贸易商人,曾被派往日本贩运火柴。他深为中国工业落后、大量资金外流而痛心。他从贩运日本火柴活动中萌发了投资设厂的想法,回国后,于1913年以实收10万元的股金开办了济南第一家火柴厂(振业火柴有限公司)。这是创建在山东省的第一家民族资本开办的火柴厂。产品一经面市,销路畅通,迅速占领了津浦、陇海沿线的广大市场。1919年,他在济宁设立第一分厂。1928年,华北火柴公司在利津路(现青岛火柴厂址)筹建,翌年正式投产。这是民族资本在青岛市创办的第二家火柴企业。产品除行销国内市场外,还供出口。三个厂总投资额已达百万元,企业经营规模居国内各火柴厂之冠。经与其他国内火柴生产厂家共同努力,丛良弼和其他民族火柴企业结束了日本、瑞典火柴垄断中国火柴市场的局面。1931年振业全盛时期,三厂总资本达100万元,工人1000余人,为当时全国同行业之最。到1933年,全国有75家火柴厂。其中,山东有26家,青岛则有10家之多,另外还有4家日本火柴厂。山东火柴厂家数约占全国的$\frac{1}{3}$,火柴产量也接近$\frac{1}{3}$。青岛的火柴产量则占全省的$\frac{2}{3}$以上,约占全国产量的$\frac{1}{4}$左右。这就是"中华全国火柴联营社"在青岛建立分社而只在济南建立支社的原因。1936年,"振业"生产受挫停业。"七七"事变后,日军侵占青岛,曾多次邀丛良弼出任青岛市市长、商会会长等职,均遭拒绝。丛良弼作为著名的民族资本家,在日本火柴业垄断山东的时候,开办振业火柴厂,苦心经营,大长民族工业的志气。

10. 青岛华新纱厂

青岛华新纱厂是近代青岛民族纺织工业的代表,建成于1918年,创办人为周志俊。为了与美国美兴公司洽商订购设备,周志俊的父亲选他担任自己的翻译。从此,引导他走上了经营民族工商业的道路。周志俊与父亲共同经营着青岛华新纱厂。1925年华新纱厂出现巨额亏损后,周志俊临危受命,执掌了华新纱厂经营大权。华新纱厂在日商纱厂的重重包围之中,以一敌九、孤军奋斗,相持近20年,不但未至倾覆,反有欣欣向荣之势。抗日战争前夕,青岛华新纱厂在周家父子的苦心经营下,拥有4.4万纱锭、8000线锭、500台布机的规模,成为纺织印染全能厂。

以上在职官吏投资兴办的企业中,多因资金雄厚,生产量大,进而形成了某些行业生产和销售的垄断地位。例如,1914年至1928年山东新设民族资本纺织工厂31家,其中青岛华新纱厂(1919年创办)和济南鲁丰纱厂资本总额为455万元,纱锭6万余枚,占全省纺织业总资本的90%以上。

11. 博山玻璃公司

1904年4月29日,周馥批准创建博山玻璃公司,道员顾恩远创办官商合办博山玻璃公司。山东商务局拨银5万两为官股,招商股10万两,专利10年。1905年春,开始建厂房、熔炉,1906年10月投产。在博山下河(今博山消防队附近)兴办工艺传习所,以改良制瓷工艺技术,改观博山瓷器粗俗之貌,促进当地窑业复兴。清廷允许该公司的产品只纳正税,沿途概免重征,并免出口税。该所建立后,经过试验恢复了失传多年的茶叶末釉。在白瓷、彩绘、烤花及陈设品的生产方面也取得一定成效。由于该所经营管理腐败,连年亏损,最后以倒闭而告终。陶瓷业经此熏陶濡染,则有新的转机,1918年博山地区已恢复发展的窑场达60余家。

12. 山东渔业公司

1906年4月,清政府山东巡抚杨士骧选派孙锡纯为山东渔业代表,由烟台乘船抵上海,随中国渔业代表团赴意大利米兰参加国际博览会渔业分会,并赴美国考察渔业。本月,原礼部左侍郎王锡蕃在烟台创办山东渔业公司,资本4万两(内官股1万两,商股3万两),属官商合一的渔业机构。

13. 兰陵美酒及其他糖酒业

1914年,在"山东第一次物品展览会"上,兰陵美酒、兰陵郁金香分别获得"优等奖银牌"和"最优等褒奖金牌"。1915年,在美国旧金山召开的"巴拿马万国博览会"上,兰陵美酒荣获金质奖章,开创中国酒获国际大奖之先河,使这一传统名酒名播海外,誉满神州,跻身于国家名酒之列。新加坡《南洋商报》曾载文说:"兰陵美酒酒质醇厚,适合各界男女饮用。"1916年,在"首届中华国货展览会"上,兰陵美酒又获二等奖。1948年11月兰陵解放后,在兰陵古镇东醴源私人酒店基础上,联合8家私人大酒店和30余家私人作坊组建了山东兰陵美酒厂。此外,900多年前,即墨老酒远销日本和南洋群岛诸国。1908年,以德人为主,集股30万元,在青岛建啤酒厂,每年输出3万加仑,时为国内规模最大的啤酒厂。民国四年《山东通志》记载,齐鲁烧酒"以安丘景芝为最盛,醇香如醴,名驰远近"。1919年由袁良、钱赏延等集资设立北京溥益实业公司,在山东设制糖厂和酒精厂,利用甜菜做原料,用双碳酸法制白糖,日产糖可达50吨,用糖密发酵法制酒精,每日可生产96%的酒精7000余磅。

除以上山东新兴的工业和手工业以外,榨油工业印染、食品加工等也有较快发展。例如,中国新式榨油工业,华北以青岛为中心。山东出产花生,青岛是花生油生产的中心。

新式工业大多集中在沿海和通商口岸等城市,内地的新式工业很少。1904年5月1日,袁世凯、周馥奏请开济南、潍县、周村为商埠。15日,外务部奏请照准。1906年1月10日,举行开埠典礼。6月4日,清廷改胶州为直隶州;改登莱青道为登莱青胶道。

(四) 山东近代职业研究机构与工业试验所

晚清时期,山东工艺传习所总办黄华在博山设立河下窑业公司,聘用专门人才研究改良陶瓷,制出白色、茶色瓶碗和电瓷壳等产品,质量不亚于西方。这是山东在工业方面创办最早的职业研究机构。山东理化仪器制造所仿制的电学、力学、光学、声学仪器,曾在南洋劝业会上获得优奖。冀鲁针制厂创办人尹致中发明了连三速度制针机,获实业部一等奖。此外,一些工厂还仿制成刨床、铣床、钻床、镟床、蒸汽机、内燃机、发电机等产品,试制成功新式面粉机、抽水机、印刷机、弹花机、轧花机、纺纱机、织布机等产品。民间仿造成榨油机、自行车,研制成新式织机、连纺机车等产品。此间,山东陆续产生了印染、纩丝、制皂、造纸、采煤、采金等近代工业。

山东省立工业试验所在济南创办,成立于1919年,隶属山东省实业厅。该所以3.4万元开办,主要从事化工、染织、机械土木和窑业等方面的试验、研究工作和科研成果的鉴定、推广工作。设有化学、染织、机械土木和窑业四科,购置化学分析、机织、染色、钢铁、水泥、锅炉、倒焰式窑等近代机械设备和测试仪器,从事各科试验研究工作。

1937年2月,山东省立工业试验所所长宋枢宸研制成功毛管式"爱国油灯",可用植物油替代"洋油"(煤油),极宜推广。省政府拨款2万元交实业公司办厂制造,推行各县乡村采用。此外,还成功利用化学原料生产烟幕弹、手电筒、干电池等,并面向社会,为厂矿企业进行矿石、金属、药品、脂肪、酒类及各种原材料的分析鉴定等有偿服务。

此外,济南振业火柴公司试制成功硫化磷火柴,代表品牌是"蜘蛛牌",获专利权5年,行销山东。振业公司生产的硫化磷火柴,取代华北、东北各地生产的黄磷火柴,在科学技术上是一个重要进步。

四、山东近代商业资本家:宋传典、张廷阁、苗海南

山东近代出过三个"商业政治家":宋传典、张廷阁和苗海南。1923年,青州大商人宋传典竞选山东第三届议长成功,成为山东历史上第一位商人出身的议长,是"商而优则仕"的典型。

(一)宋传典

宋传典(1875—1930年),买卖资本家,原名宋华忠,字徽五,益都县(今山东青州市)五里镇宋旺庄人。在他很小的时候,就经常跟随父亲宋光旭从他们居住的偏远山村推炊饼到县城卖。1887年,英国基督教浸礼会传教士库寿宁在青州创办广德书院。因其父被招为厨师兼校役,聪明伶俐的宋华忠也深受库寿宁夫妇喜爱,因而受库寿宁的资助,就读于广德书院,并改名为传典,取"传播耶稣经典"之意,并由库妻教授英文。宋传典天资聪颖,学习刻苦,接受了更多更全面的西方文化。1898年毕业后,留校任英文教习并兼课海岱书院。所译《化学详要》,一时为益都各校争读。

1900年义和团运动爆发,广德书院停办,宋传典随库寿宁去烟台躲避,《辛丑条约》签订后返回青州。同年,意大利传教士库尔德谋划,宋传典等人集资,在城里设立栏杆房,开始花边生产。从意大利进口原料和图样,由库尔德夫人传授技艺。后库寿宁夫妇也以救济贫困教友为名,组织花边生产,将成品寄回英国谋利。1905年,清廷废科举兴学堂,他任县立高等小学堂校长兼官立青州中学堂英文教习及县教育会会长。后担任青州守善中学董事长、济南齐鲁大学董事等名誉职。1908年,开办"宋传典公司",独立经营,直接与英国商人交易。宋传典把花边生产放到广大农村,传授技艺,发放原料和进行销售,盈利很大。后又在南门里设"德昌花边庄",花边生产不断扩大,销路从英国、意大利逐步扩大到整个西欧和南美地区。宋传典除经营花边外,还经营棉花、花生、核桃等土产品的出口和自行车、呢绒、棉布等工业品的进口。后来,又打开美国市场,从事发网生产,规模越来越大。1914年,第一次世界大战爆发,英商受阻,他转靠美商,与美国国际贸易公司及纽约赫氏洋行等建立联系,美商沙富曾亲来益都调查,对他十分信任。后因受大战影响,销路大减,到战争中期已无利可图。

1917年,宋传典把主要生产转向发网,从国外进口,转发四乡,由农村各户编结。他继续兼营土产出口和洋货进口,后又研究加工染发,把黑发变成红、黄、白等色,获得成功。1919年,宋传典成立“德昌花边社”,建楼房两幢85间,平房100余间,购民宅13处作为生产车间,当时在厂工人达2300人。宋传典还在临朐、昌乐、寿光、即墨、潍县、青岛、烟台、河北安平等地设立分支机构,组织广大农村妇女从事花边、发网生产,号称10万织花女。第一次世界大战爆发后,中国花边在欧美的销路锐减,发网在欧洲备受妇女欢迎。他放弃花边,改营发网,增设“德昌缫丝厂”,创办“德昌肥皂公司”、“德茂棉花栈”等。宋传典接受儿子宋棐卿的主意,将德昌发网庄改组为德昌洋行,专做进出口生意:出口花生、发网、核桃、地毯、草帽辫等;进口五金、电料、汽车、自行车、布匹、呢绒等。至1920年,德昌洋行已在济南、青岛、潍县、烟台、天津、上海等地设立了分行或分号,还设了一个地毯厂、一个火柴厂和一个肥皂厂,资本总额达100多万元,成为青州首富,也是山东为数不多的巨富之一。

宋传典成为巨富之后,又涉足政界,谋求做官。

宋传典还涉足教育界,先后担任过青州守善中学董事长和齐鲁大学董事。1923年任省议长后,倡办私立青岛大学,后并兼任校长。1928年初,北伐军进抵山东后,奉系败逃,学校停办,学生按大学结业处理,被国立青岛大学接收。

宋传典去世后,山东省主席韩复榘将查封的资产发还给宋传典长子宋棐卿。宋棐卿后来定居天津,创办了闻名国内外的天津东亚毛纺厂以及其他企业,成为工商业巨子。

宋传典对青州的最大贡献,就是使花边、发网产品成为青州地方的知名品牌。“青州府花边”一直是青州的传统出口产品,被称为“抽纱之王”。

(二)张廷阁

张廷阁(1875—1954年),爱国实业家,字凤亭。1875年10月4日生于山东掖县(今莱州市)石柱栏村。因家贫,仅读过几年私塾。后父亲去世,被迫辍学务农,母亲赵氏靠卖火烧养活张廷阁等四个孩子。中日甲午战争之后,日本侵入山东半岛,战乱、掠夺使老百姓困苦不堪。青年时期,他闯关东到海参崴一家莱庄学生意，很快熟悉业务，并学会一口地道的俄国话。再加上他思维敏捷，有经商的头脑才干，颇得同乡“双合盛”杂货店老板郝升堂的赏识。后郝升堂多次以诚相邀，并委以货店执事（副经理）掌管业务，此举为张廷阁施展才干提供了广阔的天地。清光绪末年，张廷阁分析日俄战争的时局，大量囤积货物，然后高价抛售，从中获取暴利。后在海参崴租地建房，扩大经营范围，在莫斯科、大阪、横滨、香港、新加坡等地派驻专人开拓业务，也同英、德等国厂家签订长期订货合同，“双合盛”逐渐成为资金充足的大型百货商店，张廷阁成为当地商界首富。

辛亥革命后，民族资本主义工商业得到了迅速发展，“富国利民”、“实业救国”等口号使张廷阁深受鼓舞。张廷阁爱国为先，崇尚“实业救国”，他积极劝说其他股东抽资回国，为发展中国的民族工业而奔波。从 1912 年起，他开始实施陆续将“双合盛”资产抽调回哈尔滨兴办实业的设想。首先，他回国考虑集资办厂事宜，并先后去北京、天津、张家口等地，实地考察工商，为开办实业做了充分的准备，逐渐建立了庞大的商业版图。1914 年，张廷阁收买了瑞士人开办的啤酒汽水厂，改建为北京双合盛五星啤酒厂（简称北京五星啤酒厂）。啤酒在中国是舶来品，是鸦片战争后大批的洋人来华而传入的。当时，啤酒全靠进口，价格昂贵。张廷阁看准了这个市场，决定开办中国人自己的啤酒厂。“双合盛五星啤酒”不仅很快行销内地，而且还在香港、澳门及东南亚各地打开了销路，产品供不应求。1915 年，他在哈尔滨用 50 万日本金元收买了俄商经营的制粉厂，办起了双合盛制粉厂。1916 年，又在哈尔滨买下双城堡制粉厂，并迁总账房至该城，管理“双合盛”一切事务，他任总经理。1919 年，建哈尔滨双合盛制油厂。至此，他将资金全部抽调回国。其间，张廷阁三次从德国、瑞士进口动力机、洗麦机和干燥机等先进设备，提高面粉质量，成为哈尔滨制粉业中机器设备最先进的一家。

1920 年，他投资 100 万现大洋，并从德国聘请专业皮革加工技师，引进设备在松花江边兴建了一座大型制革厂。1922 年，制革厂正式开工生产，这是哈尔滨民族资本大规模投资皮革工业的开始。当时，双合盛皮革厂是国内最先进的制革厂之一。此后，与别人合资在沈阳开设了“奉天航业公司”等多家企业。1925 年，“双合盛股份无限公司”在哈尔滨市成立，张廷阁任总经理。不久,通过他的悉心经营,该公司成为东北著名的企业之一。

张廷阁不仅是一个优秀企业家,经过他的努力经营,他的企业成为哈尔滨民族工商业中资本雄厚、实力强大的企业集团,而且他还是一位爱国爱民的热心公益事业的富有正义感的民族资本家。“五卅惨案”发生后,他为上海工人捐赠现款和面粉。1927年,张廷阁又开办了兴记航业公司。至1930年,“双合盛股份无限公司”总资本达247万元。在1929年,五星啤酒荣获“巴拿马博展会金奖”。1931年,张廷阁又捐赠钱款和面粉支持马占山抗日。1945年,张廷阁将解放军迎进了哈尔滨,当时上万名战士们就住在了“双合盛”的厂房内。当时战士们的军服由于常年征战已破烂不堪,为了支持解放全中国的战斗,张廷阁拿出了自己的全部家底——800万元。1945年日本投降后,他是当时哈尔滨的商界领袖,最后当上了哈尔滨的代市长。1945年9月,在李兆麟将军等支持下,张廷阁出任哈尔滨市政府市长,同时参加了市政参议会。1946年1月,国民政府接收了哈尔滨市,张辞去市长职务。4月,民主联军解放哈尔滨,他同各界知名人士联名呈请民主联军“迅速进驻市内,以维治安,而慰民望,不胜迫切待命之至”。他积极出资为人民解放军制作军服,这是他在历史转变的关键时刻又一次利国利民的开明行动。新中国成立后,张廷阁积极投身于祖国的建设事业。1951年,张廷阁代表公司捐献了1架飞机支援抗美援朝,还积极支持公司参加公私合营,在工商界起了带头作用。

1954年1月24日,双合盛制粉厂失火,张廷阁一病不起。不久,张廷阁病逝于哈尔滨,享年79岁。

(三)苗海南

苗海南(1904—1966年),原名世循,字海南,山东新城(今桓台县)索镇人,近代山东知名民族工商实业家,也是济南第一个海外留学归来的本土资本家。苗海南9岁入私塾,因兄苗世德在济南经商有道,家境条件逐渐优越,13岁入索镇高等小学,毕业后考入山东省立第一中学,1924年考入南通纺织学院,开始学习纺织技术,1928年顺利毕业。同年赴英国留学,考入英国皇家第六纺织学院(即英国曼彻斯特纺织学院)工程科学习,并在纺织机械厂实习。毕业后,他又用一年多的时间遍访英国各大纺织中心,参观考察纺织业的生产经营情况，学习经验，掌握了大量的管理和技术知识，为日后回国建厂打下了深厚的基础。1932 年春回国，先到青岛的华新纱厂实习了半年。其间，他在日本人开办的纱厂里物色了 20 余名技术工人。在族兄苗杏村、胞兄苗星垣的帮助下，6 月在济南共同创办成通纱厂，他任经理兼总工程师。苗海南专心实业，精通管理，尊重人才。他精选的技术人才来到成通纱厂以后，均被委以重任，成为各道工序的技术骨干。苗海南还用“聘贤”二字为产品注册了商标，以彰显人才的重要性。经过艰苦创业，企业不断发展壮大，到公私合营前，成通纱厂已拥有 3 万纱锭、214 台织布机、2432 名职工。苗海南和二兄苗世德曾创办或参与经营过包括面粉、纺纱、铁工等在内的多家企业，除在济南外，还在西安、宝鸡、南京、淄博等地办有工厂。1935 年后，为实现苗氏企业进军西北的“大西北计划”，他与胞兄苗星垣筹资 100 万元，创办成丰面粉厂西安分厂，8 个月建成投产，其速度为海内人士折服。1937 年春，他们在西安建立成通纱厂分厂。1937 年冬，济南沦陷，日军以“合办”为名，行掠夺之实，济南成通纱厂遭到严重破坏，大西北计划宣告破产。

1938 年日军进占成通，设在济南的成通纱厂、成丰面粉厂先后被日本侵略军“军管”，日方并强迫苗海南与其合资。1940 年，苗氏兄弟又在南京创办普丰面粉厂，但不久即被日本商人强行霸占。1941 年成通纱厂与日商丰田纱厂合营，苗海南任中方常务董事。到 1944 年，又被日军强征军用，直到日军无条件投降，才收回自营。抗日战争胜利后，成通纱厂、成丰面粉厂归还苗氏。苗海南从日商手中将迭遭破坏的成通纱厂以 70 万元法币收回自营，相继担任成通纱厂经理兼总工程师、济南纺织业工会理事长、市商会常务理事。他还办起职工食堂、澡堂；创办职工子弟小学，并亲自担任校长。解放战争期间，作为民族工商业者的苗海南拥护和响应我党对工商业者的政策，毅然放弃了携款去台湾的打算，留在济南迎接解放与企业的新生。

1948 年济南解放后，苗海南主持的成通纱厂首先开机生产，他仍任成通纱厂经理。他响应人民政府的号召，大力发展生产，支援解放战争和国家建设。1949 年一次认购国家“胜利折实公债”15 万份。1951 年，他代表成通纱厂捐资购买战斗机两架，相当于旧人民币 15 亿元，有力地支援了中国人民抗美援朝的伟大事业。1954 年 1 月,他认购 80 亿元(旧人民币)公债,成通纱厂成为我国第一批公私合营企业。成丰面粉厂在新中国成立后也先经过了“公私合营”,而后成了国有企业。20 世纪 80 年代以后,改名为“济南粮食加工厂”,生产的方便面曾经远销东北和西北,盛极一时。1963 年 9 月,苗海南、张伯芝、靳汉卿等人集资 5 万元开办济南市民办中医学校。

苗海南是山东著名民族工商业者,他以自己独特的经历和人格魅力备受各方尊敬。苗海南曾任华东军政委员会委员,华东行政委员会委员,山东省人民政府副主席,民建第二届中央委员,民建山东省工作委员会主任委员,山东省副省长,政协山东省第一、二、三届委员会副主席,全国工商联执委会常委,山东省工商联第一至四届主任委员等职。苗海南是第二至四届全国政协委员,并当选为山东省一至三届人大代表。毛主席称赞他“是有用的人”。

“文革”中,苗海南受到打击和迫害,于 1966 年 10 月 3 日病逝于青岛。1978 年 7 月 18 日,中共山东省委、省政府在济南市英雄山主持召开了苗海南追悼大会。1979 年 7 月 18 日,山东省委、省政府及省政协在济南市英雄山为苗海南举行了骨灰安放仪式,对他做出了客观的评价,公正地评价了苗海南一生。

五、山东近代自然科学的研究与发展

1876 年,美国传教士狄考文(Calvin Wilson Mateer)在 1864 年成立登州蒙养学堂的基础上创办登州文会馆。登州文会馆被认为是中国历史上第一所现代意义上的大学。登州文会馆在成为大学以后所设的课程除儒家经典及神学外,在西方科学方面,计有“地理、数学、物理、化学、生理学、天文学、地质学等课程,另外还有测量学和航行学”,培养学生,传播科学技术知识。这是山东最早传播近代科学技术的机构。文会馆西学部分开设的这些科学课程在当时中国的学校中处于领先地位。该馆在有自己的毕业生之前,都是由狄考文夫妇亲自教学。狄考文讲授笔算数学和理化,狄妻教音乐和地理。没有课本,他们便自行编写。狄考文和教师邹立文合作,将西方的数学书翻译成中文出版,行销全国各地。化学、物理、天文学等需要仪器设备,为此逐渐建起了一个工作间(当时称为“制造所”,袁世凯随宋庆驻防登州时,在这里训练了很高造诣的技师)，狄考文亲自训练工人，制作出了最精美合用的仪器设备，开办了蒸汽和电力工厂。

随着西方科学技术的传入和高等教育的创立，20 世纪初，山东开始了现代自然科学的研究活动。科学研究活动主要集中在齐鲁大学、山东大学各科系，有的还设立了科研机构，主要进行生物、物理、化学和数学等方面的研究，并取得了一批重要成果。

（一）山东近代天文与测绘技术研究

1. 登州文会馆的天文学科

山东的近现代天文学研究，早期发展较好，其中许多研究科目在国内具有开创意义。1864 年美国传教士狄考文在登州创办的文会馆设有天文学科。天文教育在文会馆时期已初具规模。文会馆实为一个不分院系的书院，实行通才教育，所有学生兼学文、理、天文诸科。

耶穌降世一千八百九十八年
天文揭要
登郡文會館譔
光緒二十四年戊戌第五次印
上海美華書館鉛板

《天文揭要》书影

据 1891 年所印课程表，与天文学有关的课程，第三年有“测绘学”，第六年有“天文揭要”。该书可算中国具有开拓性的天文学教科书。该校以中文授课，教科书自编。天文教科书有美国教习赫士(W. M. Hayes)编译的《天文揭要》和《天文初阶》两本。《天文揭要》内容包括：论地、论天文器、论蒙气差、论日、论诸曜小动、论月、论月蚀、论日蚀等十部分。文会馆已具备当时首屈一指的天文观测设备，建有观星台，台内装置有狄考文 1879 年休假回美时劝募到的一架口径 25 厘米的反射望远镜。

另外，在其他书院也有与天文学有关的课程和人才培养。例如，1869 年丁宝桢创办的趵突泉畔的尚志书院(原是“金线书院”)招收各府州县儒生来院讲习，兼收愿学天文、地理、算术者。该堂曾刊刻《十三经注疏》、《石徂徕先生集》、王渔洋诗文著作等书籍，称尚志堂版，在国内享有盛誉。丁宝桢还创办了近代山东最早的官书局——山东书局。该局最著名的刻本

《十三经读本》则是由丁宝桢亲自参与校勘的。

2. 齐鲁大学中的天算系

1901 年,山东大学堂成立,有天文学课程。按学堂课程规定,天文学为艺类中的 8 科之一。正斋修业期限为 4 年。山东大学堂的创办推动了全国新式教育的发展。

齐鲁大学成立后开始分系。天文算学系是齐鲁大学有名的科系。天算系最初只有两位教员:一位是系主任王锡恩,另一名教员是登州文会馆毕业生。

王锡恩(1872—1932 年),字泽溥,又作泽普。山东益都县(今青州市)东王车村(今属朱良镇)人,一生致力于天文学和数学的研究,造诣很深。1893 年毕业于登州文会馆,后获齐鲁大学理科硕士学位,是法国天文学会会员。1901 年,被聘为山东高等学堂数理教习,后被设在潍县的广文学堂聘为数理教习。1917 年,王锡恩任齐鲁大学天文算学系教授兼主任,是当时在该校任系主任的唯一的中国人。天文学方面的著作有《实用天文学》、《普通天文学》等书,影响也很大。晚年创立了绘图日食新算法,受到国际天文学和数学界的重视。国际天文学会接纳他为会员,并授予数理硕士学位。

齐鲁大学天文台除原有的那架口径 25 厘米的反射望远镜外,又添置了一架折射望远镜。总的来说,天文学已在中国近代教育中占有了一席之地。不过当时天文教育的范围非常有限,学生也极少。

3. 青岛观象台

青岛观象台是近代远东三大观象台之一,该台在 20 世纪 20 年代和 30 年代初所开展的天文工作可谓我国近代天文观测研究之先导,在近代中国气象、海洋科学发展史上占有很重要的地位。青岛观象台创办于 1898 年,初为德国所建,其业务以气象为主,兼作天文、地磁、地震工作,从此开始了山东近现代天文学的观测研究工作。1904 年 3 月 28 日,青岛观象台建成天文测量室,4 月 1 日开始现代天文测量工作,使用口径 4 厘米、焦距 25.5 厘米折轴式子午仪观测恒星中天,以求算时间。“穹台窥象”即是观象台用天文望远镜观看天象之意,是昔日青岛八景之一。1905 年,气象天测所迁址于水道山(今观象山)。自 1909 年起,该所增设地震、地磁、赤道仪、子午仪等仪器设备，开始进行地震、地磁、潮汐观测和地形测量工作。1911 年，气象天测所更名为皇家青岛观象台。1914 年第一次世界大战爆发后，日本帝国主义取代德国侵占青岛，皇家青岛观象台为日本所据有，改名为青岛测候所。1922 年青岛回归后，由气象学家蒋丙然、天文学家高平子二位先生于 1924 年代表中国政府正式接管，命名为“青岛观象台”。1925 年 2 月 15 日，是青岛观象台的第一个接收纪念日。先前，在台内设立“天文磁力”和“气象地震”两科，分别由高平子和蒋丙然任科长。1928 年又增设海洋科，当时青岛台成为中国自己拥有的业务最广泛的多学科综合台。从此，开创了中国近代的天文事业，并且与上海徐家汇观象台、香港观象台并称为“远东三大观象台”。

青岛观象台

青岛观象台圆顶室基石

青岛观象台开拓了气象、天文、海洋、地磁、地震等多学科研究，为我国近代天文事业的奠基作出了重要贡献。青岛台在天体测量方面成绩卓著，开展了测时授时工作，并以无线电、电音授时取代日人的午炮授时以提高授时准确性。青岛台自 1925 年起还开展了中国为时最早、持续时间最长的太阳黑子的系统观测和研究工作，用盖氏赤道仪投影描绘太阳黑子和光斑，还曾积极开展日月食观测、天象预报和编历工作。青岛观象台曾参加第一、二次万国经度测量工作，为中国天文事业作出了重要贡献。第一次是 1926 年，青岛观象台作为中国唯一代表参加了第一届万国经度联测并取得好成绩，万国经度测量委员会主席弗利专函嘉许，“所测经度成绩优良，概为各国所钦佩”。“经天纬地”是为纪念 1926 年青岛观象台参加了第一届万国经度联测而设立的。第二次是 1933 年，青岛观象台再次应邀参加第二届万国经度测量。这两次国际经度联测工作，是我国天文界参加国际合作的起步。1931 年小行星“爱神星”大冲时,该台特约研究员、山东大学物理系教授李珩(1898—1989 年)曾负责主持参加该星的国际联测,以确定太阳的视差。1938 年初,青岛台再度被日本占领,中国职员全部撤出,直至 1945 年抗战胜利后回归中国。1946 年后逐渐恢复测时授时以及太阳黑子的观测工作。1949 年,为人民海军接管。

4. 山东地方测绘职官与机构的设立

造送地图的制度促进了地方测绘职官与机构的设立。为了造送地图,各地需要设立相应的机构或职官,即在各省衙、郡守、县令属下设立测绘部门或职官。古籍中多次提到各个地方造送地图由“有司”负责。古代,设官分职,各有专司,故对有关官吏通称为“有司”。这说明各地确实有测绘专职人员。1889 年后,多数省陆续在布政使司设立了舆图局(馆)。1903 年到 1911 年,十多个省的训练新军的督练公所设立了测绘科(局)。各地的测绘机构组织推动了地方的测绘活动。1905 年,清政府在山东督练公所测绘科的基础上成立山东测绘局。1907 年,比例尺为 1∶25000 地形图开始在山东历史上第一次测绘。至 1911 年全部完成,成图 1579 幅。

(二)山东近代医学科学研究

鸦片战争后,西方医学传入山东。1851 年,山东文登人吕体复在家乡开设牛痘局。欧美各国教会来山东开设医院,加速了西方医学的传播。

山东教会医院和西医学教育发展更为迅速。1860 年,法国传教士在烟台创办法国天主教堂施医院(烟台山医院的前身),这是山东建院最早的规模性西医医院之一,标志着西方医学和医疗器械开始传入山东。“其性质纯以爱人为本”,“医院宗旨专事救治一般贫病平民,不收诊费,每年施诊男女达两万余人”,“一切书药概不收资”。接着,英国内地会于 1879 年至 1890 开办的体仁医院、美国长老会于 1914 年开办的毓璜顶医院,同在烟台开设。毓璜顶医院是我国北方享有盛名的新型医院,是“当时烟台唯一一所科室齐全、设备完善的现代化医院,直至 20 世纪 30—40 年代,仍然是烟台市和胶东最大和最先进的医院”①。1866 年英国基督教会在朱寨子建立

①《烟台市民族宗教志》,第 229—230 页。

医院——“施医院”，从此，西医传入乐陵，后经几次焚毁和修复。西方各国教会南下西进，教会医院遂向全省各地蔓延。1878 年，美国基督教长老会在济南租赁民房，创办文士医院。1890 年在东关华美街（现兴华街）扩建为华美医院，男女分诊。从此，山东中药、西药并行发展。从 1885 年开始，英国基督教武成献（James Russell Watson）和夫人爱格妮丝（Agnes）在青州开办青州广德医院和青州医学堂；美国医学博士聂会东（James Boyd Neal, M. D.）联合美国长老会在登州（今蓬莱县）文会馆开设医科，1883 到登州，续办医院，兼办药房，并培养了 6 名学生。蓬莱长老会医院在聂会东主持期间，“日渐发达”。1890 年，聂会东来济南创办华美医院附设医学堂，并负责美国长老会在济南的医疗事业，后出任齐鲁大学医学院院长，1919 年任齐鲁大学校长，1922 年因病返回美国。1892 年，王宗周在烟台开办山东大药房，是山东第一家西药房。临清人张巽臣，来济南开办卫生镶牙馆，首树省人诊所之帜。1903 年成立博医会，由美国医师聂会东联合济南中外医界人士创办，这是山东建立最早的科技医学会。

1904 年，德国在淄川洪山镇建立煤矿医院，称洪山医院。1914 年 8 月，日本取代德国改洪山医院为淄川炭矿医院，至 1945 年 8 月，随日军投降告终。英国在威海卫建立大英民医院，并于刘公岛、温泉汤各设分院，主要为英国侨民治病。1905 年，英国圣公会在平阴县东关开办广仁医院。到 20 世纪初，在乐陵、德州、济南、济宁、青岛、淄博、潍县、临沂等地相继建起了教会医院。至 1911 年，美、英、法、德等国教会医院遍布山东 23 个府县，达 30 余处。人员一般从 2 人到 20 余人不等，多以门诊为主，少数设有病房。其中较大的有黄县怀麟医院、平度县怀阿医院等。大型教会医院一般分门诊、病房，设内、外、妇、儿等临床科室和 X 光、化验、药房、手术、治疗、制剂等辅助科室；病床二三十张至百余张；医护人员三五十人至百余人，多外籍人为主。1911 年，齐鲁大学医学院在济南成立，西方来华著名医学家云集于此，山东成为传播西方医学的基地。

受西方医学的影响，官方开始兴办医疗和医学教育事业。1900 年，山东省抚部院署在济南成立中西医院，是以中医为主、中西医结合的综合性医院，山东医学开始进入中西两大医学体系分庭抗争而又相互渗透的时期。1903 年，山东省立专门医学堂在济南开办，招收预科班 60 人。预科 2 年，毕业升入正科,正科3年。1906年,山东省中西医院附设讲堂和医学堂。讲堂讲授西医学,医学堂教习中医学,收生十余名,且中西医疗正在理论研究、教育教学、医疗机构等领域中下大气力加以推行。

晚清,山东无独立的卫生行政管理机构。省城济南也仅于巡警总局下设一清道队。1910年冬,东北三省发生了大规模的鼠疫,病因不明,死亡率极高,并迅速蔓延于关内直隶、山东等省。抚部院在济南设立临时防疫公所,专在省城一带切实防范,附近各府州县遇有疫情,即由临时防疫局派医生前往处理,设法消弭。并要求所属防疫专局严加处理。

民国建立前,山东省广大农村乃至州府省城三千万居民的看病吃药,仍然依靠中医。中医以传统的坐堂悬壶、摇铃走方形式,为人们祛除病痛。人们相信切脉汤丸灵验,一般并不求助西医洋药。韩复榘主政山东后,立刻紧锣密鼓地实行他的治鲁方针,还增设了一所医学专科学校。

(三)山东近代数学研究

山东的近代数学研究与教育,早期也存在于教会与学堂之中。例如,登州文会馆在成为大学以后,所设课程除儒家经典及神学外,数学是开设的西方科学课程之一。这时期的数学包括代数、几何学、三角和微积分。这些科学课程在当时中国的学校中处于领先地位。

为适应数学教育的需要,在缺乏新课本的时期,编译了不少欧美教科书。教会学堂的教材,多是传教士根据西方原著的蓝本,参照中国的实际编写而成的,使人易于接受。狄考文编著的数学理化等教科书在当时教育界起过很大的作用。其中与数学有关的,有狄考文夫妇编写的《笔算数学》。据介绍,《笔算数学》是狄考文在登州文会馆用于备斋阶段(小学水平)的数学教科书,于1892年在上海美华书馆出版,分为上、中、下3卷,共24章、2876个问题。该书以西方算术知识为主,编排体例大致以定义、定理、例题、习题为序,这种编排体例基本奠定了中国自编算术课本的样板,流传广泛,影响较大,1892—1910年间,刊印30余次。除《笔算数学》外、还有狄考文编的《代数备旨》(1891)、《形学备旨》(几何,1859)、《测绘全书》、《微积分题》等。此外,还有《代数学》(1859)、《八线备旨》(1893)、《代形合参》(1893)、《代微积拾级》(1859)等。这些用文言文编译的线装书,数学符号与排版形式与西方数学书的惯例大不相同，都是以从右向左为序，竖行上下为文。用天干地支及天、地、人、物代替 26 个英文字母。分别用彳、禾作为微分、积分符号。继狄考文任监督（校长）的赫士（美国长老会传教士）编有《对数表》等。这些教材都公开出版，被当时许多书院所采用，各校教员也用来作为教学参考。

1901 年，山东大学堂成立，有算学课程。按学堂课程规定：算学为艺类中的 8 科之一。正斋修业期限为 4 年。在修业期限为 2 年的备斋里，也学习算术等各种浅近之学。1904 年颁布《奏定中学堂章程》中学实科者，算学为其中的主修课程。1909 年 10 月 25 日，青岛特别高等专门学堂开学。该校设预备科和高等科。数学是预备科中开设的主要课程。

在这时期的数学教材中，也记录了数学知识和思想方法的传播。例如，阿拉伯数码在中国的最早引进，就是由狄考文和教师邹立文合作写的数学教材开始的。李俨编的《中国数学史》记载了这段史实。

（四）山东近代化学、物理学研究

1876 年，美国传教士狄考文在登州创办的文会馆，设物理学、化学和分析化学课，正式开始了近代化学、物理学在山东的传播。

1901 年，山东大学堂成立，有化学课程。按学堂课程规定：化学、测量学为艺类中的学科课程。正斋修业期限为 4 年。另外还有地质学、格物学、生物学、译学等科。1926 年设立应用化学分科。格致科（即理科）设有化学门，工科设有应用化学门，农科设有农艺化学门，各门设有相应的化学课程。1904 年颁布《奏定中学堂章程》，按照《章程》规定，中学堂学制 5 年，开设物理及化学等共 12 门课程。学实科者以外国语、算学、物理、化学、博物为主课。1903 年 10 月，山东师范学堂成立，这是山东正规师范教育的开始。学制 3 年，称长期班。1905 年 11 月，长期班改为完全科，学制 4 年，同时，从完全科中考选部分学生组成优级师范生班，分文、理两科，理科班侧重物理、化学。1910 年，山东师范学堂初级师范学生陆续毕业，学堂改称山东优级师范学堂，将学科分为四类，其中第三类以算学、物理、化学为主。

1909 年，青岛特别高等学堂在预备科中开设物理、工艺化学、电气化学等课程,工艺科分为建筑学、机械电气工学和采矿冶金学等专业。1912年济南中等工业学堂设立应用化学科,是山东大学化学学科近代最早的历史。

19 世纪 90 年代,在中国已经有多种译自欧美的著名教科书问世。山东登州文会馆的几种物理学教科书有重要影响,对中国尤其是现代教育贡献颇多。登州文会馆曾先后出版了赫士和我国学者共同译述的《声学揭要》(1 卷,1893 年)、《热学揭要》(1 卷,1897 年)、《光学揭要》(2 卷,1898年),它们都是译自(法)迦诺(A. Ganot,1840—1887 年)的《初等物理学》的英译本第 14 版。但对于原书中难度较大的章节,中文译本中作了删减。这三种物理学书籍与该馆翻译出版的其他学科的书籍一样,有一定的影响。其中,《声学揭要》由美国教士赫士口译,朱葆琛笔述,周文源校订,书中主要内容来自法国 Adolph Ganot 所著《初等物理学》的英译本。本书中,除介绍了声学基本原理外,还论及乐音和乐器发声原理等内容,这是现代音乐声学理论首次引入中国。当时国内知识界对西方光学理论的新发现非常重视。如德国著名科学家伦琴(Wilhelm Konrad Roentgen,1845—1923 年)1895 年 12 月发表了《关于一种新射线》的论文,叙述了 X 射线这一划时代的发现,1896 年 1 月公开宣布,在世界上引起了强烈的反响。《光学揭要》初版于 1894 年,与田大里《光学》相比,对某些问题的讨论更加深入。书中介绍的光学仪器种类很多,所附原理图和外形图也相当准确、直观。书中的人名术语中英对照表、章节后面的练习题和对一些重要定律的推导等内容,都反映了该书作为教材所具有的特色。1897 年印行第 2 版,末尾增加“然根光”,介绍了 1895 年伦琴发现 X 射线的事迹和 X 射线的一些性质、用途,并简述了阴极射线管的结构。再版《光学揭要》印行于 1898 年。书中末尾附文有 5 节的内容涉及对 X 光的发现、特性及用途的介绍。其中,“光学附”部分出现了“X 线”的字样,这是目前已知的国内首见的“X 线”用例,是X 射线理论知识在中国最早的记载。

1904 年晚清颁布《奏定学堂章程》(又称“癸卯学制”),学制中将物理学纳入了中学教学科目,并规定在中学第四学年开设物理课,每周 4 学时。自此,物理学正式进入中学课程,这是中国近代物理教育的开端。1904 年,张之洞主持制定的《奏定学堂章程》(《癸卯学制》)诞生了,这是中国近代第一个付诸实施的学制，它规定了各级各类学校的学科分类和课程设置，为科学教育的实施提供了统一标准和制度保障，标志着中国教育早期现代化的开始。《癸卯学制》以法令形式正式引入西方近代的学术分类标准，学制颁布以后，大、中学校的教学科目之中都有物理学，这也是物理学以法定形式第一次被系统地列入。《癸卯学制》颁布后，商务印书馆等出版社陆续印行了各类教科书及教学参考书，并形成了一套较为完整的教材系统，分类渐趋细致，推动了学术转型和科学教育的发展。

随后，根据大纲的内容和不同的教学要求，译编了各级学校和不同专业的物理教材，同时对物理教学中的物理实验教学，包括仪器设备和教学要求等，也作了一些原则性的规定。《癸卯学制》中规定学习物理的目的在于："讲理化之义，在使知物质自然之形象并其运用变化之法则，及与人生之关系，以备他日讲求农工商实业及理财之源。"可见当时的教育目的是实用性的，与当时盛行的"中体西用"观点相一致。

第七章　山东现代科学技术的奠基与发展(1912—1949 年)

本书中讨论的山东现代科学技术,从时间上来说是指民国时期(1912—1949 年新中国成立前),主要包括北洋政府时期(1912—1926 年)、南京政府时期(1927—1937 年)、战乱时期(1938—1949 年新中国成立前)三个阶段。随着民国时期的实业热潮的兴起和西方科学技术在山东的不断引入,山东的现代科学技术也在艰难曲折中发展,在改进传统生产技术、初步构建现代工业体系、科学技术的本土化发展以及科学研究活动与学术机构的建设等方面,都进行了不断的探索,先后建立了农事、水产、棉花、工业气象等试验或观测场(所),为后期山东科学技术的发展奠定了重要基础。第一次世界大战期间及战后初期,欧美帝国主义忙于战争,放松了对中国的经济侵略,山东民族工业曾一度得到发展。至 20 世纪 30 年代,达到历史上的最高水平。轻纺、机械、化工、煤炭、电力等工业达到相当规模,而且机械化水平也相当高。这一时期的工业科技,围绕机械、化工、染织等方面进行了研究、鉴定和推广。试制成功的硫化磷火柴获得了专利权。研究成功的酒精生产新工艺,达到国际水平。在仿制机床的基础上,试制成功新式面粉机、抽水机、印刷机、弹花机、轧花机、织布机等新产品。1937 年"七七"事变之后,山东成为日本帝国主义的侵占区。侵略者力图使侵占区经济殖民地化,成为日本经济的附庸。他们重点掠夺山东的"二白二黑",即食盐、棉花和煤、铁。对战火余存的工业,他们采取"军事管理"、"中日合办"等手段加以夺取,迫使大部分民营工业陷于绝境。抗日战争和解放战争期间,在坚持抗战的解放区,尽管战争频繁,敌人封锁,缺乏资金,毫无外援,不具备建立大型近代工业的条件，但是在党的领导下，按照“集中领导，分散经营”的原则进行了经济建设，最初工业生产以小型为主，大量地经营纺织、造纸、印刷、医药、机械等部门。在抗战后期，山东等几个主要的解放区建立了炼铁、制造三酸、石油开采冶炼、采煤等重工业部门，山东解放区建立了工业、医药等科研机构和工厂，利用当地原料，研制军需民用产品，对打破敌人封锁、支援军民起了重要作用。至解放前夕，山东国民党统治区的经济已全面崩溃，科技事业停滞，生产技术落后。

全省解放后，国有经济得到了迅速恢复和发展。从 1945 年起，解放区军政部就没收了烟台、淄博等地的日伪矿山、企业；解放战争中，先后接管和没收了潍坊、兖州、徐州、济南、青岛等城市的官僚资本经营的银行、铁路、邮政、船舶、码头、仓库、工厂、商店等较大企业，仅 1949 年就接管了 82 个官僚资本企业，再加上新中国成立前后建立的国营、集体企业，国有经济有了相当的基础，并控制了本省的经济命脉。

1949 年中华人民共和国成立以后，科学技术进入大发展时期，取得了空前巨大的成就，但也经历了曲折的发展历程。新中国成立初，随着国民经济的恢复和发展，群众性技术革新蓬勃兴起，与此同时，设立了一些新兴学科，建立了一批科研机构，陆续开展了多种领域的自然资源调查和基础技术的研究工作。1949 年全省初步建立国有经济基础。1949 年全省社会总产值 32. 23 亿元（以下凡未加括注者，均已换算为新人民币），工业总产值 9. 15 亿元，其中，国有工业产值占 50. 3%；农业总产值 20. 07 亿元。国民收入 18. 57 亿元；财政总收入 7. 63 亿元；粮食产量 870 万吨，棉花 8. 1 万吨，油料总产量 55. 6 万吨，钢产量 0. 01 万吨，钢材0. 06万吨，原煤 169. 1 万吨。

一、山东现代农、林业和水利科学技术

（一）山东现代农业科学技术

在清代晚期开始启动科学技术近代化的过程中，无论是启蒙思想家还是政府的达官要员，都主张学习日本的经验和做法。20 世纪初，清政府设立农事机构，开办农业学堂，开始农作物的选种和栽培技术试验。当时成立的农政机构、农业试验场、农林学堂等，基本上都是日本的翻版。农业科技推广了棉花、花生、烟草、水果等良种及其栽培技术，使这些农作物产量在当

时居全国之首。民国时期,国民政府又先后设立棉业试验场、烟草改良场、区农场、省农业实验所、大专院校农事试验场等,进一步开展农作物的选种育种和栽培技术的研究。

1930年9月,韩复榘任山东省政府主席,他以巩固在山东的统治、建立自己的独立王国为目的,在政治、军事、经济、文化上实行一系列具有一定特色的政策和措施。梁漱溟借助韩复榘的政权势力,在山东进行"乡村建设运动"。1931年山东省政府设立"山东乡村建设研究院";1933年春,山东乡村建设研究院划定邹平和菏泽两县为实验区,1935年7月又划济宁、菏泽、郓城、曹县、单县、巨野、鱼台、东平、汶上、金乡、嘉祥、鄄城、定陶、成武等鲁西14县为乡村建设实验区,"乡村建设研究院"在全区14个县推行邹平和菏泽县的做法,进行社会改造。

韩复榘主鲁期间,围绕农业生产曾采取了一些措施:第一,派员调查各地农业状况,编制报告,以备参考。第二,设立试验场,推广农业技术和优良品种。1935年筹设了四区农场,第一区设于历城,以小麦育种为主;第二区设于惠民,以大豆育种为主;第三区设于莒县,以高粱育种为主,第四区设于莱阳,以果树育种为主。并设立了专业性试验场。如济南西郊农事试验场,内分农艺、园艺、农艺化学及病虫害学四部。① 1929年4月,成立青岛特别市农林事务所农事试验场。1930年的编制分农艺、园艺、畜牧3股。

1937年"七七"事变之后,日本帝国主义侵占山东,由于遭到经济掠夺,近代山东农业受到严重摧残。据1945年12月的不完全统计(缺当时未解放地区、鲁中、鲁南新解放区、部队机关的数字),8年抗战期间的损失,掠走牲畜10797921头、粮食2356972斤、农具2542844件。山东地区小麦等11种作物耕种面积1941年比战前减少16%,小麦、玉米、水稻、棉花、烟草均减产50%以上,农业遭到极大破坏,农村手工业进一步衰落,整个经济濒于崩溃。1937年底,日本侵占山东后,原有的农场工作基本停顿。1938年,日伪设立华北农事试验场济南、青岛支场,1939年开办济宁、惠民、临清、临淄、齐东农事试验场。1940年开办莱阳、莒县、张店农场,从事农作物引种和示范工作。1945年8月,国民政府接收了青岛,支场恢复为青岛市农林

①孙祚民:《山东通史》(下卷),山东人民出版社1992年版,第726—727页。

事务所农事试验场。还有，梁漱溟等曾创办《乡村建设》杂志和“山东乡村建设研究院”，并在山东邹平、菏泽、莱阳等地进行试验，创办合作社和“乡农学校”，以“乡学”、“村学”取代原有的行政机构，实行乡村“自治”、“自卫”。但是，当时的中国社会依然是半殖民地半封建社会，政局动荡，封建势力还很强大，中国还没有摆脱外国的控制，小农经济依然占主导地位，科技教育落后。

解放区方面。1943年在乳山县兴山建立的胶东农业实验场，1946年在莒南县建立的山东省农业实验所（1948年迁济南，1950年改称山东省农业科学研究所），以及后来建立的莱阳胶东农业试验场，莒县鲁中南农业试验场，惠民渤海农业试验场和山东省坊子农业试验场，都作了农作物的品种比较和栽培技术试验，集中力量从事农业生产的示范推广工作。到1949年初，山东共有农业试验场12个，示范农场85个，林场18个，蚕场10个，苗圃36个。他们搜集各种优良品种进行比较研究，发现了小麦和棉花新品种。农作物品种资源是选育农作物良种的物质基础。1903年以来，山东先后进行了各种作物施肥种类与数量，种子处理与用量，播种时期、浇水时间、浇水方法及浇水量，稀密植，间作套种，营养物质吸收、运输与分配，微量元素，原子能示踪等高产栽培技术研究，并系统总结群众经验。从1903年到新中国成立前，各农场、棉场先后作过小麦、玉米、甘薯、大豆、棉花、花生、烟草等品种资源的搜集，进行适应性、抗病虫性、抗旱性、抗涝性、丰产性、杂交配合力、品质等研究。①

山东粮食作物和经济作物良种选育工作，先后采用引种鉴定、系统选种、杂交育种和新技术育种等方法。山东选育推广了棉花、花生、烟草、水果等优良品种。例如，山东自1906年开始，就对小麦品种进行选育。1931年，齐鲁大学农场选育的“齐大195”小麦，被称为山东第一个粮食作物良种。这种小麦耐旱、耐瘠力强，抗秆黑粉病，比一般农家品种增产10%左右。② 1942年，文登县农民于青绶夫妇从当地红秃头田中选单穗育成的扁穗，耐条锈及秆锈病。20世纪初到50年代，主要是引种鉴定和系统选种。

---

①山东省地方史志编纂委员会编：《山东省志·科学技术志》，山东人民出版社1996年版，第24页。

②同上，第25页。

1947 年璜县农民仲维芳从小粒半芒中选单株育成的黄县大粒半芒,多花多实,抗条锈及叶锈病,60 年代初期全省种植 470 万亩。①

在病虫害防治方面做了很多探索,例如,对于小麦黑穗病,俗称黑疸、乌麦、腥乌麦等,是小麦的重要病害之一。小麦黑穗病有网腥黑穗病和光腥黑穗病两种。小麦黑穗病南、北麦区均有分布,光腥黑穗病以北方麦区较多。山东解放区农业试验所经实验发现,浸种和早播可消除小麦黑穗病,从而成功研究出了小麦黑穗病防治技术,使该病得到有效控制。而对水稻种子处理,采用种子播种前用温水或药剂处理,来防治水稻干尖线虫病,是简单而有效的方法。他们还制造出各种杀虫剂,有效地杀死微生物、虫卵,达到杀虫的目的,并发现和推广生物杀虫法、化学药品灭蟑法和触杀灭蟑法,在各地产生了很大效用。

解放战争时期,解放区开展了减租、减息运动、土改运动、建立互助组、合作社,山东实行土地改革最普遍的方式是清算、献田。1946 年下半年到 1947 年初,山东解放区的土改工作取得了很大的成绩。胶东区的土改使占原有耕地 24% 的百余万亩土地转到农民手中。东海 7 个县得地农民达 10 万户。滨海区获地 67 万亩。鲁中获地 40 万亩,占原有地的 8%。鲁南获地 61.7 万余亩,占原有地的 8%。渤海区获地 214.85 余万亩,占原有地的 8.6%。② 南海老解放区得地户占农村总户数的 50% 以上。渤海全区 2 万多村庄,有 2/3 进行了土改,其余村庄也开始进行土改,有 200 余万人口获得土地。③ 棉花种植成绩很大,1946 年滨海每亩棉田增产 15 斤,比上年增产 1 倍,莒南县种棉达 5 万亩。解放区经过几年的生产运动,使农业生产有了一定程度的恢复。

在解放战争时期,中国共产党领导下的解放区已十分重视动物疫病的防治工作。如早在 1942 年,毛泽东主席就指出:“牲畜的最大敌人是病多与草缺,不解决这两个问题,发展是不可能的。”山东省抗日民主政府还十分重视牲畜的繁殖和兽疫的防治,为保护人民群众的利益,积极研制动物疾病

---

①山东省地方史志编纂委员会编:《山东省志 · 科学技术志》,山东人民出版社 1996 年版,第 25 页。

②《山东革命历史档案资料选编》第 17 辑,第 239 页。

③《大众日报》,1947 年 4 月 20 日。

的疫苗和抗血清,开展动物重大疫病的防治。1945 年,山东省抗日民主政府创办了山东省农业干部培训班(此为青州农业专科学校的前身),课程设置有作物栽培、病虫害防治等。至 1948 年 3 月,共培养农业干部、合作干部 1200 余人,为解放区的农业发展作出了贡献。各地先后设立种畜站 69 处,推动牲畜繁殖。据不完全统计,到 1949 年 3 月,全省有大牲畜 2303550 头,以驴、牛为大宗。仅 1948 年秋收后,各地就添增耕畜 145628 头。全省实有耕畜可在 30 万头以上。省府颁布《保护与奖励繁殖牲畜暂行办法》,发放养畜贷款,减少养畜户的公粮公草负担。据 15 个县统计,养猪数目已超过战前。渤海贷豆子 700 多万斤、豆饼 100 多万斤、北海币 10 亿元,作为肥料贷款,推动群众积肥。①

1949 年 9 月 8 日,据《大众日报》报道:为了帮助农民种麦防虫,山东省政府由沪运到大宗农药;鲁中南推进总社购运土产,自津沪换回社员秋种用品。蝼蛄是山东农作物主要虫害之一,不少地区春种秋种,因蝼蛄为害,补种两三次还纳不住苗。山东省实业厅为在秋种中帮助群众药杀蝼蛄保护麦苗,特派人员赴上海购买砒酸粉、砒酸钙等杀虫药。

新中国建立前后,山东农业科学技术工作进入了一个新的发展阶段。1949 年 8 月,胶东区在新区和恢复区中进行土地改革,由农会分配没收地主富农的土地,调动了广大农民的土改积极性。至年底,在全区 19757 个村庄中,实行土改的有 18430 个,有 27.5 万人分得土地 24.9 万亩。

从农学研究与成果推广应用方面,1913 年 6 月,山东高等农业学堂易名为山东公立农业专门学校,设农业、林业、蚕业三个专业。除基础课外,有动物学、植物学、矿物学、植物实验等专业课。

1926 年,山东公立农业专门学校并入重组的山东大学,成立山东大学农学院。1946 年 2 月国立山东大学在青岛复校时,农学院是当时 5 个学院之一,下设农艺学系、园艺学系、水产系。1949 年 6 月,又增设植物病虫害系。1947 年 9 月,山东省立农学院成立并招生,院址在原山东高等农业学堂旧址,设农、林、园艺 3 个系。自 1948 年 10 月,先后有 3 所农业学院(校)并入山东省立农学院,它们是:山东省立济南农业职业学校

①孙祚民:《山东通史》(下卷),山东人民出版社 1992 年版,第 911 页。

(1939 年建立,1948 年 10 月并入)、青州农业专科学校(1948 年 12 月并入)、黄河水利专科学校(1948 年 11 月成立,1949 年 11 月并入)。合并后的山东省立农学院,下设水利系、森林系、农艺系、农化系、园艺系及 1 个专科部。1950 年院址由桑园迁至洪家楼(即山东大学老校区),同年 10 月更名为山东农学院。

(二) 山东现代林业科学技术

辛亥革命后,南京成立临时政府,设实业部,主管农、工、商各业。三个月后,袁世凯窃取了临时大总统职位,将实业部分设为农林、工商二部。农林部下设总务厅和农务、垦牧、山林、水产四司。1913 年 12 月 24 日,农林部与工商部合并为农商部,内设三司一局。北洋政府成立后,一面接管前清遗留下来的农事试验机构,同时又创设新的机构。中央方面,北洋政府接管前清农工商部农事试验场,改称中央农事试验场,直属农商部,其中就在山东长清设立林业试验场,是当时国内重要的林业试验场之一。1915 年 4 月,农商部在长清县五峰山、崮山一带创设第二林业试验场(一说 1913 年设,后改称实业部山东模范林场),并在历城县柳埠设立林场苗圃,从事营圃育苗、植树造林有关的各项试验研究。同年春,济南模范森林局从省城南部山区的分水岭再次迁局址于柳埠镇,在柳埠村东的白虎山前之涌泉庵收庙地 25 亩,辟建为苗圃;并划白虎山、青龙山、凤凰山、桃花山(一说为桃尖山)和灵鹫山为林场,利用当地水源充足、环境适宜之自然条件,从事科学营圃选种育苗和人工造林。北洋政府农商部直辖的农业机关,重要的有 1916 年 1 月 3 日设立的林务处。

20 世纪初至抗日战争前夕,国内园艺界人士曾来山东调查,其中胡昌炽、吴耕民、曾勉、孙云蔚、唐荃生等,先后在国内外杂志上发表过山东果树生产、资源、栽培等调查报告。抗日战争期间,日本远山正瑛、寺见广雄等也曾对山东果树作过调查。

1913 年,山东省实业厅建立森林局,实业厅下设各种直属单位,进行农林垦牧等业务;并设国营林场、苗圃以及林业公会、林业合作社、林业股份公司等群众造林组织,开展林业科学技术活动。

据 1923 年调查,山东省实业厅下辖 9 个直属单位,属于农业试验的 1

个:济南农事试验场;属于林务的2个:济南森林局与青州(益都)森林局。森林局的设立客观上为山东各地的林业发展创造了条件。以泰安为例,1918年2月泰安县刘玉珠在下梭领办东兴林业公司林场,至1925年共植杂树13.4万株。1919年,兖州镇守使张培荣创办泰山长寿桥林场;泰城杨茂泰等在泰山西麓创办泰安林业公司林场;农商部在泰山盘道东葛条沟创办农商部第二林业实验场。1922年泰山森林种苗交换所成立,经营国内外苗木种子,每年出售树种2—2.5万公斤。1923年,泰山中部创办栏住山林场,徂徕山东(今属新泰地)创办金鸡山林场、西峪林场,徂徕山南麓朴里一带(今属新泰地)创办松棚林场,安驾庄一带(今属肥城)创办琵琶山林场。1939年,山东实业厅在泰山凌汉峰下办泰沂模范森林局第一林场。至1925年,栽树26万株,以柏树为多,柞、刺槐、榆、柳次之。后又在泰山傲徕峰办第二林场。同年,山东省第一林务局在泰山北麓药乡一带创办药乡林场,面积7000余亩。

1941年,解放区山东省战时工作委员会规定,县以上政府均建立经济委员会,下设农林组,研究农林技术。1944年胶东行署在农村工作指示中,要求各地"研究、试验、介绍各种树种及造林方法"。1946年,滨海区行政专员公署成立造林指导所,指导群众造林、护林。1948年,山东省实业工作会议上提出:国营林场应着重造林试验,研究森林经营与利用。同年9月山东省莒县农业试验场确定国营林场、苗圃,应以示范为目的,发动和引导群众育苗造林。

20世纪20—40年代,山东省立第一农事试验场、山东省立农业实验所、设在莱阳的山东省立第四区农场、设在益都的山东省立蚕业试验场、烟台蚕丝学校等,都分别在果树、蔬菜、蚕业方面作了试验。

新中国成立后,山东的林业科学技术进入一个新的阶段,相继建立健全了园艺科研机构。新中国成立初期,山东省果树科技工作主要是总结群众经验和果树资源调查。新中国成立后,青岛市园林局、泰山林场、昆嵛山林场等,从日本、北美和欧洲引种,取得了很好的效果。20世纪50年代中后期开始研究高产栽培技术、育苗技术、大小年结果、早期丰产技术;也开展了果树生物学、花芽分化、光合作用等应用基础研究。

(三) 山东现代水利科学技术

民国时期(1912—1949年),除黄河修防外,还疏浚了徒骇、马颊、万福、洙水诸河以及山东运河,兴建了小清河五柳闸船闸工程。“七七事变”后,由于日军入侵,水利建设受到严重破坏。

1919年,黄河洛口水文站建立,后又在卫运河、沂、沭、小清河诸水系布设了一些水文站。1937年日本入侵,水文资料残缺散失。

1932年春,经山东省建设厅批准,重修东平境内的戴村坝。由运河工程局局长兼工程师孔令溶监理。同时期,山东省建设厅派技术人员协助地方大修大汶口漫水桥,补充石板,将桥孔调整为3.8米,桥面加宽至3米,桥况大为改善。

山东民主政府为保护农田,增加产量,还大兴水利。各级政府号召人民打井浇地,共修复旧井、打新井76890眼;修堤疏浚等水利工程使472万亩土地受益,全省共灭荒1065849亩。1948年,仅水利一项,就能使每亩农田平均增产50斤,全省增产粮食可达13亿斤。民主政府还领导人民修治运河、小清河、胶莱河、潍河,救出土地近4300万亩。1948年秋汛,全省22万人投入抢险斗争,加高加固堤防,排除堤坝大小险情1465处,抢修大堤漏洞210个,战胜三次洪峰,保护了人民生命财产的安全。①

新中国成立前夕,1946年由省政府实业厅组成水利队。同年,山东解放区先后成立了“渤海区修治黄河工程总指挥部”和山东省河务局,先后组织群众以工代赈疏河、培堤、护险、防洪、排涝。1948年秋,解放区开始了“导沭整沂”工程。1949年3月,省水利局成立,统筹全省水利事业。

1948年11月成立黄河水利专科学校,设本科、速成班和初级班三种,课程有制图、测量、力学等,校址在济南黄河防汛处,后迁至杆石桥附近的育英中学,校长由黄河河务局副局长钱正英兼任。1949年11月,该校并入山东省立农学院。

新中国成立后,山东水利科学技术进入一个新的阶段,进行了水文测报、水文计算、水文实验和水文区划等。

---

①孙祚民:《山东通史》(下卷),山东人民出版社1992年版,第911页。

二、山东现代工程科学技术的进步

民国时期，近代工程科学技术继续发展，又出现了近代纺织、制革、染料、罐头、制糖、精盐、洋烛、橡胶等工业，开办了长途电话和无线广播电台。特别是1919年，在济南创立山东省立工业试验所(一说1918年创立)，资本3.4万元，设有化学、染织、机械土木和窑业四科，从事各项试验研究工作。这是全省第一个工业科研机构。此外，一些工厂还仿制成刨床、铣床、钻床、镟床、蒸汽机、内燃机、发电机等产品，试制成功新式面粉机、抽水机、印刷机、弹花机、轧花机、纺纱机、织布机等产品。

第一次世界大战期间，我国北方民族资本也趁机在山东等地，兴办了一批矿山、建材、纺织与食品等近代工矿企业。如临城(旧称薛城)、淄博、坊子与枣庄的煤矿，济南与烟台等地的轻工业等。同时，日本在强占青岛并将其势力范围扩张到山东之后，除大量发展青岛纺织业使其逐步成为规模仅次于上海的第二大棉纺织工业中心外，还在胶济铁路沿线建起了一些矿山、企业。日本逐步占领华北地区后，又大规模开采棉、盐、煤、铁等资源，新建和扩建煤矿、铁矿和盐碱化工等企业，同时大力打压和兼并我国的民族工业。

20世纪30年代，山东工业发展达到了20世纪上半期的最高水平。据1933年统计，山东工业(包括工厂工业、作坊工业)共10624家(不包括外资企业)，其中食品工业3826家、纺织工业3282家、日用品工业1092家、化学工业900家、五金机械工业293家、其他1201家，资本总额达43152637元，生产总值达111256087元。① 解放之初，山东的重工业主要集中在胶济铁路沿线青岛、潍坊、淄博、济南四城市。四市的工业产值占全省工业总产值的77%，青岛市独占一半。重工业以矿产业、电力工业基础较好。

抗日战争和解放战争期间，山东解放区先后创办了东海工业研究室和胶东工业研究室等科研机构，利用当地原料，采用土法研制出硫酸和火碱等产品，解决了军火等工业的原料，打破了敌人的封锁，对保证军需民用起了重要作用。胶东军区电器厂研制成空气电池，超过了日本同类产品水平。

---

①《中国实业志·山东省》“辛部”，第1—6页。

(一) 山东现代矿产业

山东是一个矿产资源十分丰富的省份,从贵重的黄金、金刚石,到稀有的铝、锑,到发展工业必需的铁、煤炭,均有蕴藏。特别是淄博、枣庄的煤矿储量丰富,质地优良。清末勘测资料表明,“山东省于中国二十二行省之中,以最富矿物闻”。民国初年,山东已开采的矿藏有煤、铁、金等 13 种,分散于全省各州县共计 259 处。随后,呈请矿业开采的企业不断增加,1930 年为 36 处,1931 年 129 处,1932 年 60 处,1933 年 130 处,1934 年 174 处,1935 年 146 处。作为主要矿产的煤炭,其经营厂家和产量逐年增加。到 20 世纪 30 年代初,全省已有民营煤矿 35 家,资本总额 11538 万元。1932 年煤炭总产量为 200 万吨,1933 年达到 365 万吨。规模最大的中兴煤矿资本总额占全省煤矿总资本的$\frac{1}{2}$,1936 年煤产量达到 170 万吨。①

1915 年 9 月山东省矿业传习所在济南建立。次年,该所分别改为省立矿业专门学校。

自第一次世界大战开始,山东的矿产资源遭到严重破坏和掠夺。以淄博煤炭为例,1914 年,日本帝国主义趁第一次世界大战德国战败之机,攫取淄博矿业特权,霸占淄川煤矿,实行军事管理,直接经营。1916 年秋,大批日商涌入淄博矿区,以博山矿区为重点进行经济活动。1923 年后,日商对淄博煤矿侵略由军管直营、经济渗透为主要方式,转而以合办为主要方式。1923 年中日合办鲁大矿业股份有限公司成立,接管淄川煤矿、金岭铁矿和坊子煤矿。1924 年 7 月,中日合办博东煤矿公司成立,经营日商东和公司租采的黑山矿区,名为“合办”,实际煤矿经营权全为日商把持。1937 年“七七”事变后,日本侵略军以军事侵略和经济侵略相结合的方式,进一步加强对淄博煤炭的掠夺。山东金岭镇铁矿依照光绪二十四年《胶澳条约》及宣统二年收回山东矿权的合同,应归德华矿务公司开采,但需由中德合资开设炼厂。青岛战后,日本人继续试采,并修造铁路,据说有年采 20 万吨输出日本的计划。枣庄煤矿也是如此,枣庄煤矿至 1936 年,年产煤达 182 万吨,创中兴公司开办以来最高产量。到解放之初,已被日、蒋彻底破坏,仅有一口

①孙祚民:《山东通史》(下卷),山东人民出版社 1992 年版,第 724 页。

井出炭。在泰安,1915 年,山东省公署接管清末设立的泰兖矿政局,管理煤矿开采。1919 年,在新泰县泉沟开办鸿泰煤矿公司。1933 年在此基础上建为信义煤矿公司。至 1938 年 5 月被迫停产。

据统计,自 1938 年至 1945 年,日军共从淄川炭矿掠夺煤炭 7610087 吨,约占淄博矿区总产量的 39.76%。淄川广大军民和矿工在共产党的领导下,对日本帝国主义的殖民统治进行了各种形式的打击,使其掠夺计划破产,部分地保护了淄川的矿产资源。如 1943 年和 1944 年实际分别掠夺 130 万吨和 132 万吨,只分别完成了原计划的 65% 和 44%。

对于山东金矿的开采,德国侵占胶澳修建胶济铁路时,曾拟在牟平县金牛山金翅岭大规模开采金矿,开拓沿脉水平巷道。山东省自己采用现代化设备和手段,组织勘探队伍,准备大规模开采是 20 世纪 30 年代初,国民党在山东的统治确立后、韩复榘主鲁时期,由"山东省营金矿工程处"组织实施的。1935 年省府又设立了采金局,以建设厅长张鸿烈兼任局长,组织管理开采招远及沂水等地金矿。1936 年 7 月裁撤了采金局,另成立了"山东省营金矿管理委员会",对金矿开采严加控制。1936 年 12 月 22 日,又将全省所有金矿区一律划归省营,由"山东省营金矿管理委员会"分区兴办经营。1936 年冬,在黄县龙口黄山馆附近发现断裂带上地面风化软线,产金极好。此外,从 1934 年到 1937,山东金矿探查及开采中还有一些重要发现。如发现平度旧店附近有三个露头矿点,含金成分极高;发现牟平金牛山、招远县金翅岭含金石英脉矿;发现栖霞唐山砂金矿床,等等。

新中国成立前,在帝国主义、封建主义和官僚资本主义的压迫下,山东的矿产工业发展缓慢。仍以淄博煤矿为例,抗日战争胜利后,1945 年 8 月,人民政府接管了日伪经营的淄川、悦升、博大等煤矿,分别成立淄川(后称洪山)、西河、新博煤矿。由于国民党反动派发动内战,淄博矿区三次(博山四次)被国民党军队占领,遭受到严重的洗劫和破坏。到解放前夕,三大煤矿 50 余座矿井几乎均被淹没,机械设备大部分被毁和散失。民营煤矿仅有华东、大成、东方、瑞成、振业等 5 家部分矿井维持生产。整个矿区百孔千疮,断垣残壁,一片荒凉景象。

解放战争期间,山东省煤矿的生产恢复,以淄博、西河煤矿为重点,着手收集器材,修理机器,重建厂房,排出积水,招集职工复工生产。至 1949 年

1 月,各煤矿恢复土炭井 25 座,新建井 5 座,6 月开工井数上升为 92 井。至同年 5 月份,产量达到了 7036 吨,是解放前的 250%,恢复到战前日产量的 71%,同年底可超过战前产量。合计公私矿产量较解放前增加 460%。①

新中国成立前后,山东矿区开始全面恢复建设工作,地煤矿、铁矿、盐矿、金矿等矿业开发活动均有所发展。1948 年,山东金岭铁矿建立,这是一个井下开采、选矿、炼铁联合的国有大型企业。山东掖县的滑石矿也已恢复生产。此外,一些油田、金矿、铜矿、铁矿生产也在恢复,产量也在增长。1949 年周恩来总理召见中兴煤矿经理黎重光,指示“煤矿事业应走社会主义道路”,促进了煤矿业的发展,产量不断提高。新中国成立后,淄博矿区也开始全面恢复建设。1950 年 4 月,洪山、西河、新博等国营煤矿相继开展了民主改革。

(二) 山东现代陶瓷工业

山东现代陶瓷工业的发展以淄博为典型代表,一直到 20 世纪 50 年代,淄博是北方地区重要的民用陶瓷生产基地。博山瓷器具有鲜明的地域个性和人文色彩。1919 年山东省工业试验所成立后,博山瓷器生产工艺受到格外重视。1931 年 4 月山东省实业厅经数年筹备,拨款 3.4 万元,在博山建起山东省模范窑业厂。采用机械设备和新式倒焰窑试产透明细瓷,为山东陶瓷工业历史上之创举。从此,山东卫生陶瓷也开始在这里生产,时称卫生器,品种仅面盆、皂盒数种。博山瓷器的生产也大大影响了山头、北岭等地窑厂,产品质量亦渐见改进,民窑生产出现转机。1932 年,淄川县业陶者有 28 家,年产缸、碗等 28.2 万件,总值 5.7 万元。至 1933 年,博山年产陶瓷 146 万件,产值 21.4 万元,占全省 65%。1934 年 7 月,国民党博山县党部监视成立窑业公会,设于博山。本县境内窑之家为会员。是月,山东省立模范窑业厂改名为“山东省窑业试验厂”。

1937 年 12 月日军占领淄川,博山陶瓷生产全部停顿。1938 年夏,博山日用陶瓷生产开始局部复工。日本侵略者成立所谓“六合公司”对外包揽陶瓷订货。在李家窑、北岭强占民窑,直接经营陶瓷生产。下半年,山东省

---

①山东分局调研室编:《山东工矿交通金融贸易概况》。

实业厅将“山东省窑业试验厂”拍卖给日本人成立的“名古屋碍子株式会社”，后改名为博山窑业股份有限公司，并附设“大野制陶所”。是年套五盆在山头“双合窑厂”试验成功。1941 年，博山新开工的窑厂 20 家产量较上年增加 20%。1942 年，日商长古川在博山公平庄钱家林南强占民地建“长古川窑厂”投产。产品为日式瓷器，专供日本“侨民”购用。1945 年日本侵略者投降后，淄博又陷入国民党反动派发动的全面内战之中，大批窑厂、作坊倒闭，工人流散四方，陶瓷生产时断时续。1943 年，博山一带有 1/3 窑场歇业，有窑工离乡背井去唐山、枣庄一带谋生。到 1948 年 3 月，山头、福山、北岭、五龙、渭头河 5 个陶瓷产地，幸存的窑厂、作坊仅有 78 户、工人 1387 人。

1948 年 3 月，淄博获得最后解放。解放军收复淄博后，陶瓷工业从此走向新生，景明窑厂复工，更名为鲁中磁窑厂（1949 年又更名为山东窑业厂，今山东耐火材料厂前身），建立了淄博第一个国营陶瓷企业，恢复细瓷及部分电瓷和耐火材料的生产。4 月，景明窑厂改称“鲁丰磁窑厂”。10 月，鼎丰窑厂租于国营红星电池厂（原属山东电器厂，后改为山东电池厂）。1948 年政府即拨支北海币 2 亿元、粮食 5 万斤，交给颜山铁厂、电石厂、瓷厂、玻璃厂等十余家工厂，作为预支工资。为解决财政经济的困难，进一步扩大国营生产，1949 年始，淄博专署和各县机关团体，分别在淄川县渭头河、博山县北岭、山头、五龙、福山等地租典窑业主的窑炉设备，组织生产。

1949 年临沂、枣庄等地窑场陆续恢复生产。淄博、烟台等地陶瓷工人成立工会组织。

（三）山东现代冶金技术

民国时期，山东的冶金技术基本停留在古代的水平上，未建立一座高炉。到了近代，山东冶金技术的发展仍然是步履蹒跚。到 1949 年，山东冶金业仅存一矿（金岭铁矿）两厂（山东铝厂、山东耐火材料厂），设备生产能力只有电炉钢（铸钢）231 吨、钢材 634 吨、铁矿石 10.45 万吨、粘土耐火砖 3494 吨。新中国成立以前，山东冶金采矿工具基本上是耙子、簸箕、木柄镐，全靠手工劳动。

新中国成立后，山东的冶金工业和冶金科技才逐步发展。20 世纪 50—

60 年代,建立了第一批重点钢铁企业,包括济南钢铁厂、济南铁厂、张店钢铁厂、青岛钢厂等,开始实现半机械化和机械化作业。

(四)山东现代丝织业科学技术

1. 山东现代纺纱业

1915 年,由原山东实业司司长潘复倡议,经山东巡按使蔡儒楷联合靳云鹏、庄乐峰等军阀发起,通令各县知事以公款认股和劝商民入股,共筹资 120 万元(其中含全省 107 县股金 40 万元。次年续股 60 万元,共集 180 多万元),在济南北郊林家桥津浦铁路东购地 230 余亩,购进英国 1.6 万枚纱锭等成套机器设备,开始筹建鲁丰纱厂。1919 年 9 月建成投产,工人 2200 余人,分为前纱(清花、梳棉、清棉、制粗纱条等)和后纱(细纱,摇纱、打包等),所用全部成套机器均购自英国赫直林登厂,拥有蒸汽机动力 800 马力(784.8 千瓦)、纱锭 1.6 万枚。1922 年扩建二场,使细纱锭增至 2.8 万枚,年产棉纱达 560 万件。这是在省城济南创建的拥有近代生产技术设备的第一家纺织企业,首开济南纺织工业采用西方近代机械设备之先河。[①] 20 世纪 30 年代,济南成通、仁丰、成大纱厂相继开业,加上青岛华新纱厂共有 4 家华商机械纺纱工厂,资本总额 756 万元。1933 年成通、华新、鲁丰(后合并为成大纱厂)3 家纱厂共生产棉纱 70823 担,比 1932 年增加 83%。[②]

山东人在省外建立的纺织业也不乏其人,闻名全国。例如,宋棐卿(1898—1956 年),山东益都人,中学时就读于益都的教会中学;毕业后,考取了齐鲁大学;1916 年 18 岁时,转入北京的“燕京大学”。1918 年,宋棐卿不待大学毕业,即转学美国;1921 年,学成回国,协助其父经营批发商号。1931 年,宋棐卿倡建“东亚毛纺织股份有限公司”,刻意实业救国,强化现代经营手段,一年时间,公司资本已扩大到 50 万元,年产毛线 75 万磅,年营业额 150 万元,名噪天津,跻身于大实业家行列。为了称雄东亚,在工业界一展抱负,宋棐卿决定进口设备并采用澳洲毛条,以纺出高质量的毛线。“九一八”事变以后,中国人民抗日情绪高涨,各界群众纷纷抵制日货。当时的

---

①张宗田:《近现代济南科技大事记》,《济南文史》电子版,2008 年第 3 期。
②《中国实业志·山东省》“辛部”,第 16 页。

洋货绒线以英国的“蜜蜂牌”为主，而日本的“麻雀牌”也充斥着国内市场。面对中国市场上洋货充斥的现状，宋棐卿决心创造国内生产的国货名牌，与洋货竞争。他将东亚毛纺厂的制品注册为“抵羊”牌，是取“抵制洋货”之意，目的就是要赶走“麻雀”和“蜜蜂”。时任实业部长的孔祥熙，对国货“抵羊”毛线予以免税。获得免税后，宋棐卿在宣传上大力投入，广造舆论，使“抵羊”毛线家喻户晓，全国闻名，销路大增。1934 年，他聘请齐鲁大学化学系主任王启承任公司化学部主任兼技师，加强对毛质的化验和染色的分析，大力革新技术，改良产品。还创办《方舟月刊》，大量介绍手织毛衣的技术和各种图案，以利开拓毛线市场。

1935 年由于“麦棉借款”和“币制改革”的影响，纱价上涨，纱厂获利甚厚，各厂纷纷增加资金，添置设备，提高产量，出现了民初以来第二次投资高峰。济南成大、成通、仁丰纱厂先后增加资金 55 万元、75 万元、94.2 万元，成通纱厂增加纱锭 4800 枚，仁丰纱厂增加布机 260 台。但是，占据山东纺纱业垄断地位的仍为日本在青岛开办的 9 家纱厂。

丝织业也是一项重要的农村工业。20 世纪 30 年代初，山东周村镇的个体织户平均每年收益为 420 余元，按当时的物价水平，可购买小麦 80 余担，相当于 50 亩地的产量，而同时期山东全省平均农户耕地只有 18 亩多，大部分小农实际占有土地面积还达不到这一水平。

1943 年，民主政府提出扶助群众生产、建立自由市场、争取棉布自给的方针后，纺织手工业的发展进入了新的阶段。

轻工业中的纺织工业是本省占绝对优势的工业部门，青岛是全国最大的棉纺工业中心之一，拥有全省 5/6 以上的纱锭设备，青岛中纺机器运转率至 1949 年底，比接收时增加 21%。

济南解放后，纺织日产量很快超过蒋占时期的最高产量，有的项目超过日本经营时期的产量。济南成大纱厂 1949 年 8 月棉布产量比国统期提高 137%—140%，济南的面粉工业生产能力居全国第三位，是全国六大面粉工业城市之一。

2. 山东现代发网业和花边业

第一次世界大战前后，烟台花边厂有 50 多家，至第二次世界大战前夕，烟台花边厂发展到 110 家,①胶东以此谋生的妇女约达数十万人。发网业在 20 世纪二三十年代也达到鼎盛时期,1923 年出口额高达 2904973 海关两,远销欧美等 30 多个国家和地区。② 至 20 世纪 30 年代,发网业已基本为华商所掌握。花边业的发展与发网业差不多,所不同的是,以仁德洋行为首的外商势力始终没有放弃此项经营。民国初年,不少华商开始投资花边业,大有风起云涌之势。发网业和花边业的发展催生了烟台早期的民族资本主义工商业,花边和发网收购基本上由中国商人设立的行庄承担,它们的出现无疑是烟台社会经济的一大进步。总之,发网和花边出口冲破封建自然经济的闭塞性,充分利用了山东的劳动力资源,既赚取了外汇又引进了新技术,组织、培养了管理人才,带动了烟台手工工业和民族资本主义的发展。③

3. 山东现代柞丝绸业

山东柞丝绸业原来依靠山东半岛和辽东半岛的柞蚕养殖业提供原料,日本侵占东北后,掠夺辽东半岛的柞蚕和柞蚕丝直接运往日本加工,并在欧美市场上与中国柞丝绸展开竞争,使山东柞丝绸业内失原料,外失市场,因而走向衰落。

抗日战争的爆发并没有立刻影响到花边业。据说,1936—1940 年为山东花边业出口最兴盛时期,但这是由于中国花边主要出口欧洲和美国,战争初期英美在中国尚有相当势力,因而花边业还能保持战前状态,1941 年太平洋战争爆发后,英美在华的经济及政治力量均受到沉重打击,加以海上交通断绝,花边生产也和其他手工业一样陷于停顿。④

日本第二次侵占时期,日本资本卷土重来。殖民当局和日本经济势力携手,对山东民族工商业和手工业进行疯狂地摧残、并吞、强买、强行合办,大批民族工商业户歇业、倒闭。以青岛为例,1939 年,中国人在青岛开办的工厂,30 人以上者有 35 个,30 人以下者有 290 个;手工业户有 705 个,总共

---

①中国航海史研究会编:《烟台港史(古、近代部分)》,人民交通出版社 1988 年版,第 177 页表 6－3－9。

②交通部烟台管理局编:《近代山东沿海通商口岸贸易统计资料》,对外贸易教育出版社 1986 年版,第 152 页续表 74。

③滕松梅:《基督教会对近代烟台经济、文化的影响》,《史学月刊》2007 年第 11 期。

④彭泽益:《中国近代手工业史资料》第 4 卷,第 126—127 页。

有1030个,比战前的1794个减少了764个。特别是太平洋战争爆发后,殖民当局加紧了对战争所需物资的搜刮,致使工业特别是手工业所需的原材料奇缺。同时,由于交通中断,所产货物滞销。1943年,青岛市手工业工场、作坊歇业、停产的达30%。

新中国建立后,山东工程科学技术进入大发展时期,加强了轻工科技,并相继发展了塑料、家电、日用机械、日用化工等现代新兴工业。各主要轻工行业均先后建立了专业科研机构,实行专业研究与群众技术革新相结合,传统产品与新兴工业产品并举,轻工业科技面貌发生了根本性变化。其他如食品、卷烟、榨油、造纸、橡胶、肥皂等轻工业都有相当发展,逐步达到自给有余。济南化工生产较日伪时期月产量提高22%,较国民党统治时期提高36%。

1949年9月11日,山东省政府在省府大礼堂召集各行署主任、专员、市长,与济南工商界举行联席会议,座谈城乡交流、公私交流、发展生产等问题。济南工商界代表张东木(染织业),苗海南(纺织业),尚兰亭(榨油业),辛铸九(绸布业),杨竹庵、俞冠五(面粉业),艾鲁川、王子明(颜料业),高会轩(生铁业),李世福、孟舒文(机器业),王耕先(织布业),王子桢(火柴业),武斌如(烟卷业),管晓峰(医院业),张品三(国药业),曲星九(粮业),叶明儒(汽车业),侯丹峰(藤竹业),王蝶生(茶叶业),张吉奄(出货业),孙伯隆(货栈业),董子安(代理业),刘竹斋(市商会)及渤海行署主任王卓如,鲁中南行署主任李乐平,昌潍、新海连各专员,济南、徐州、潍坊、济宁各市长,省府各厅、部、行局长等48人出席会议。会议由康生主席、郭子化副主席主持。济南市工商界代表踊跃发言,具体介绍了本行业产销情况,并积极提出建议。

1949年10月,山东省人民政府生产部、工矿部根据国民经济恢复和发展任务,分别制定了《1950年生产计划大纲》、《1950年生产建设纲要》,这两个计划纲要规定了1950年生产建设的基本方针、任务和保证任务完成的措施。生产部《1950年生产计划大纲》确定的主要生产任务是:棉纱25.5万件、棉布328.8万匹、面粉310万袋、植物油2575.3万斤。工矿部《1950年生产建设纲要》制定的主要计划任务是:全年生产煤炭450万吨—500万吨、铁矿石50万吨、生铁4000吨—7000吨、钢铸品500吨—800吨、发电

3.45 亿度、黄金 5 万两—7 万两、浓硫酸 1500 吨—2000 吨。

1949 年 9 月 13 日,原华东财经办事处的工商部、工矿部划归山东省政府领导,改称山东省人民政府工商部、工矿部。

三、山东现代新兴工业技术的发展

(一) 山东现代机器制造业

山东机器制造及机器修理,亦为山东省新兴工业之一,以济南、青岛、烟台三埠为盛。1875 年,山东巡抚丁宝桢从英国购进动力机械和金属加工机器,在济南创办山东机械局,开始以机器代替手工生产。主要生产枪炮、子弹,并自制设备,还以硫磺、硝酸钾、木炭为原料制造黑火药,仿造出当时很先进的枪支。到 1892 年,火药年产量 5000 余公斤。到 1901 年还能制造机器、锅炉、电灯、电池等,是山东军工、机械、化工等近代工程科技先驱。1915 年 10 月,山东兵工厂制造电灯汽机 1 部,生产七九子弹 24.6 万粒。辛亥革命后,民族工业兴起,开始仿制蒸汽机、柴油机、皮带机床、磨面机、轧花机、印刷机、织袜机等机械产品。民国初年,济南、青岛、烟台三地工业勃兴,机器修理及零件制造需要益多,各种机器厂应时而生。1919 年,山东公立工业专门学校毕业生王奉琮、卜庆生等联络同学及教职员,在济南趵突泉南侧开办齐鲁铁工厂(一说 1921 年 8 月成立),资本 4 万元,工人 80 余名,专门为工厂制造机器,并研究改良方法。

1920—1927 年间,先后有多家机器厂成立,生产织布机及灌田机、弹花机、柴油发动机等。① 近代以来,山东在上海及周边地区的影响下,利用自身的优势,现代工业逐步发展起来。到了抗日战争前,形成了以纺织印染业为支柱的产业,带动机器制造业及其他现代工商业的工业化发展态势。当时机器行业多为仅有一两部车床的小型金属加工厂,主要从事修配业务,少数工厂可以制造机器。1927 年后,山东机器工业在已有的基础上,取得了更大的发展。机床、柴油机、轧花机等已批量生产。但到了 1931 年后,列强各国转嫁经济危机又引发了全国的经济恐慌,棉纺织、缫丝和丝织、面粉、卷烟、火柴、橡胶等工业陷入困境,工厂纷纷倒闭,或无力添置和更新设备,机

---

①徐建生:《抗战前中国机械工业的发展与萎缩》,《中国经济史研究》2008 年第 4 期。

械工业的主要产品市场顿时惨淡。同时农业衰退,农村破产,一度稍有起色的内燃机和农用机器变得无人问津,由此导致民族机械工业的全面萎缩,山东的机械工业也蒙受了重要损失。

另据徐建生先生研究①,1933年,济南有机器厂11家,青岛42家,烟台7家,威海卫、博山、高密、临清、夏津等处10家,共计69家,其中38家是1927—1933年建立的,占总数的55.1%。69家机器厂以制造机器为主兼事修理者14家,专门修理者55家。另外还有19家机器厂分别专产或主产织布机(13家)、织袜机(3家)和轧花机(3家)。这类工厂也多建于1927年后(其中14家设立于1927—1933年)。织布机制造厂绝大部分集中在织布业中心潍县(13家织布机厂中,11家位于潍县)。至1933年,山东全省共有大小各类机器厂、铁工厂155家:青岛55家,济南26家,烟台11家,威海卫10家,潍县14家,其他地区39家。资本总额254.7万元,职工5824人。产品除织布机、织袜机、轧花机外,主要有锅炉、柴油机、水泵、造胰机、印刷机、面粉机、挂面机、榨油机、自行车、各种车床及机器配件等。产品除供本省外,还部分销往河北、江苏、山西、河南等地。② 机械工厂的性质主要是专营机械修理,不能自制机械,只做机件的修配。这种厂规模最小,但在本类中占大多数。如1933年山东全省69家机械工厂中,以制造机器为主而兼事修理者14家,专营修理而无力制造整件机器者55家,占总数的79.7%。③ 1936年,机械工业逐渐复苏,但各城市和地区的复苏程度不尽相同。统计资料显示,山东青岛的工厂数由1933年的45家增加到55家,资本由1933年的896万元增加到1557万元,出品价值也由13500万元增加到15000万元。济南的工厂数由1933年的14家增加到33家,资本由1933年的445万元增加到1555万元,出品价值也由2310万元增加到14526万元。④ 另外,影响较大的山东机器局在辛亥革命后,先后更名为山东兵工厂、济南新城兵工厂,产品仍以军火为主,1929—1937年更名为济南兵工

---

①徐建生:《抗战前中国机械工业的发展与萎缩》,《中国经济史研究》2008年第4期。

②《中国实业志·山东省》第6册,第636—664页。各类工厂数额、资本、设立年期分别据有关一览表、统计表综合计算。

③实业部国际贸易局编纂:《中国实业志·山东省》第6册,第637页。

④全国经济委员会:《机械工业报告书》,1936年,第39—40页附表;顾毓瑔:《三十年来中国之机械工业》,见中国工程师学会编:《三十年来中国工程》,1946年,第7—8页。

厂,日本占领时则称新中华火药厂,1945—1948 年为国民党军管的四十四工厂第五制造所。

潍县华丰机器厂能够成批生产狄塞尔式柴油机和发电机,资金达到 40 万元,成为华北较大的机器制造厂。① 为扩大经营范围,于 1928 年在黄县设分厂,1929 年,又开始制造弹花机、轧花机,销售对象也是本省各产棉区,职工人数增至 200 余人,机器设备虽有增加,但多系旧式皮带车床。1937 年"七七事变"后生产停顿,日寇侵入潍县后占领了该厂,并将机器设备、原材料等 200 余吨分装 9 车厢运走。日寇还强令华丰与其合资,按当时华丰资产估计约至 100 余万元,但仅作价 50 余万元作为中方投资,日方出资 50 万元复工生产。1941 年日方为战中需要,借口在潍不安全,将一、二分厂迁往济南,建成兵工厂,潍坊仅留数十间宿舍和工厂区围墙,该厂经营 20 年之久竟成一片废墟。新中国成立后,人民政府组织群众恢复生产,成立工会。当时资金总额为 153300 元,职工 30 余人,各种旧式车床 7 台,厂房 240 平方米,产品仍以弹花机、轧棉机为主,再加一些其他零星生产。1949 年 8 月济南工业局第四机器厂(现济南机床一厂)试制成功国内第一台 5 英尺马达车床,当年生产 30 台。

抗日战争期间,民族工业遭到沉重打击,机械科技停滞不前。到 1949 年,机械产品仅有 120 多种低水平产品。多数工厂仅有几台皮带机床或一座猪嘴化铁炉、几盘红炉,全省有 380 多名机械工程技术人员,只能从事一般产品的仿制。

(二) 山东现代电力工业

1898 年,德商在今青岛市河南路、天津路交叉路口建立简易房,装 2 台 50 马力(共 75 千瓦)柴油引擎发电机发电,此为山东电业之肇始。1900 年,德国在今青岛市广州路 3 号建青岛电灯厂。1901 年 9 月 18 日德国人在坊子始建第一眼煤井——坊子竖坑,并安装发电机发电,供井上照明。此为境内用电之始。1903 年青岛电灯厂改为德国驻青岛官厅办,装 170 千伏安、136 千瓦蒸气引擎发电机 2 台,发电能力 272 千瓦,是山东省第一电厂。

①孙祚民:《山东通史》(下卷),山东人民出版社 1992 年版,第 723 页。

1909年,增装2台发电能力400千瓦的汽轮发电机组,建立淄川炭矿所洪山电气厂,总容量825千瓦,是当时山东最大的发电厂。1905年,山东沂水县人、原山东机器局总办刘恩柱(又名刘思驻,字福航,精通机械制造的企业家)在济南市院后街(今曲水亭街25号)开办济南电灯公司(初名济南电灯房,设于院后街),装2台德国西门子公司制造42千瓦的发电机发电,是山东省第一个民营电气事业。1908年扩充济南电灯公司,1909年迁到顺河街65号建新厂,即今山东省工展馆,作价60万元,均分给刘恩柱的儿子刘筱航和二女儿,由刘筱航和二女婿庄式如为主要股东,并招新股40万元,将公司改名为"济南电气股份有限公司",自任董事长,庄式如任经理,聘德国人斯密特·哈姆任工程师。后添置发电机组2台,使山东第一家民族资本电力企业生产规模进一步扩大。

到1911年末,山东省电气事业7处,装机总容量2815.7千瓦。其中,官办、民营3处,总容量562千瓦,占全省装机总容量的20%,最大单机容量410千瓦。①

1912年至1937年抗日战争前夕是山东电业发展较快的时期。此一时期,山东省的电力主要被日本人控制,民族资本经营的电业装机容量在全省装机容量中占的比例较少。1914年,日军接管了德国人办的青岛电灯厂,次年改为青岛发电所。1915年,张店火车站将小型煤油发电机与直流发电机相对接,共装成4台发电机,供车站照明。此乃张店用电照明之始。1923年,日商铃木格三郎在张店开办铃木丝厂(厂址在今山东新华医疗器械厂处)。厂内附设发电所,除供本厂用电外,还供张店居民和周村、王村、洪山等地用电。1923年中日共同投资建成了胶澳电气股份有限公司,发电设备容量不断扩充。至1937年7月,青岛有8处自备电力,装机容量达2.616万千瓦。

1919年,济南电灯公司改为济南电气股份有限公司。1934年12月,更名为济南电气公司,至济南解放前夕装机总容量达8120千瓦。日本侵占淄博后,接管了淄川炭矿所洪山电气厂。1923年更名为鲁大公司发电所,至

---

①《山东电力工业志》,山东友谊出版社1996年版,第2页。

抗日战争前夕,装机总容量达7250千瓦。随后,一些小型民营电气事业在山东相继建成,如烟台、枣庄、济宁、泰安、菏泽、聊城、潍坊、临沂、威海等,至解放前夕,山东省共有电气事业55处,装机总容量达10.618万千瓦,最大的电厂是青岛四方发电所,装机总容量达3.5万千瓦。

20世纪30年代电业主要分布在商品经济发达的城镇,大多数电厂主要供给城市照明用电。1935年全省共有发电厂22家,资本510.9万元,全年发电670.4万度,电费收入为386.7万元。① 电气业也得到恢复。日本侵略者投降后的三年中,共损失15000千瓦的设备。1937至1949年新中国成立前夕,由于战争等原因,山东电业遭到严重的破坏,一度发展缓慢。一些大的发电所如鲁大公司、博东公司和济南电气公司等都被爆破,损坏严重。随着日本进一步入侵山东,日本财团先后吞占和垄断了胶济、津浦等铁路沿线城市的电业,成立了青岛、济南、芝罘3个支店,修复了被破坏的设备,同时在神头、南定、洪山、坊子、楼德、德县、平原等地新建了发电厂(所),至1945年8月日本侵略者投降前夕,山东有电业36处,总容量14.417万千瓦。

1945年8月,随着日本帝国主义的投降,国民政府接管了山东各地的电业。淄博、烟台、枣庄、楼德、华丰等处电业遭到了内战的严重破坏。例如,日本人从淄博矿区撤出后,随后国民党和地方官僚资本家便抢先插手,占有了淄博矿区各煤矿。一直到1948年3月期间,淄博煤矿共遭受了国民党的三次大的洗劫,洪山、西河等煤矿的厂房、地面建筑破烂不堪,机器设备大部被运走或毁坏,矿井多数被淹。洪山煤矿运煤专用铁路、电车路、洗煤机、抽水机和发电设备多数被破坏。1948年3月,淄川解放,淄博矿区所有煤矿收归国有,开始了恢复和重建。民主政府共接管较大电厂11处,在材料和技术人员十分缺乏的情况下,修复神头、洪山、坊子几部大电机和部分发电厂。至1949年9月份,各电厂发电量均增加3倍以上。重工业的发电设备,也从战前的17%提高到56%,②保证了工业用电。至1949年末,山东省装机总容量为12.9774万千瓦,最高电压为33千伏。最大的电厂仍为青岛四方发电所。

---

①《山东省情》,第71页。

②山东分局调研室编:《山东工矿交通金融贸易概况》。

1949年6月山东全境解放，人民政府先后接管了山东电业，新中国建立后，在中国共产党和人民政府的领导下，山东电力工业得到了全面恢复和迅速崛起。

（三）山东现代火柴业

山东地处沿海，制造火柴所需原料由青岛进口转运各地，取给方便；加之制造火柴的设备简单，厂方通过漏税等方法获取高额利润，因而使山东火柴业发展迅速。济南惨案后，随着抵制日货、提倡国货运动的广泛开展，日本火柴销路大减，民族火柴业得到发展。1914年成立的济南振业火柴公司，此为山东民族资本火柴工业之嚆矢，资本50万元，规模宏大，机器、技师均聘自日本，雇佣工人达千名，出品“蜘蛛牌”硫化磷火柴，行销山东全省。随后，胶东的增益火柴公司、鸿泰火柴公司，青州的东益火柴公司相继成立。① 振业火柴公司起步高，发展快，于1919年在济宁设立了第一分厂，1928年济南振业火柴公司在青岛设立第二分厂，并带动了济南火柴业的发展。这时，振业的资本已由原来的10万元增至100万元。至20世纪40年代后期，济南已建起火柴厂20余家，成为当时全国的火柴生产中心。由于进口火柴数量锐减，火柴市场出现了供不应求的现象，利之所在，趋之若鹜，新的火柴厂便应运而生。例如，青岛先后又有华北、鲁东、华鲁、信昌、明华、兴业、华盛、华兴、振东、洪泰等厂创办开工。济南、即墨、潍县、龙口、日照、临清、菏泽等地也开设了一批新厂。到1933年，全省火柴厂达34家，成为全国火柴行业最为集中的省份之一。② 而李平生先生研究认为：“截至1933年，山东共有火柴工厂31家，其中华资工厂27家，日资工厂4家；华厂资本合计130万元，日厂资本合计100万元；华厂职员共347人，日厂28人；华厂工人5121人，日厂工人855人；华厂全年出产合计25.4万箱，日厂出产8.4万箱；日商4厂全在青岛，华商27厂则分布在青岛、济南、即墨、潍县、济宁、烟台、临清、益都、胶县、龙口及威海卫等处。华商火柴业与日商的竞争，成为当时挽回利权的一个典型。”③ 另据王超凡先生考查分析，到

①③李平生：《山东老字号纵横谈》，选自《山东老字号》，山东文艺出版社2004年版。
②《中国民族火柴工业》，第39页。

1933年,全国便有75家火柴厂。其中,山东有26家,青岛则有10家之多,另外还有4家日本火柴厂。山东火柴厂家数约占全国的1/3,火柴产量也接近1/3。青岛的火柴产量则占全省的2/3以上,约占全国产量的1/4左右。[①] 同时,王超凡还认为,青岛振业火柴厂经过三年筹建,于1928年正式开工,拥有排梗机25台。其生产设备比山东、青岛两家日本火柴厂还齐全。青岛振业火柴厂的主要机器都由济南总厂承做。虽然排梗机的质量较进口的尚有逊色,但这种立志自强不依赖进口的精神还是非常可贵的。当时青岛振业的日产量可达80大箱,火柴价格每大箱42元。[②]

1934年以后因税率大幅度提高,火柴业开始出现萎缩。1948年济南解放后,在"公私合营"运动中,有7家私营火柴厂并入振业火柴公司,定名为"公私合营振业火柴厂"。

(四) 山东现代制烟业

山东制烟业分为卷烟、薰烟,以济南、青岛、潍县和即墨为代表。

济南的制烟业。济南东裕隆烟草公司于1928年由于耀西创办。他投资1万元,购置了大型卷烟机3部,招收工人,开始生产机制卷烟。1929年,烟草公司正式生产"嘉禾"牌卷烟,结束了济南只有手工卷烟的历史。据1930年1月《济南市政月刊》2卷1期《济南市工厂调查表》刊载:1929年"东裕隆烟草公司投资总额2万元,月出70箱,生产'嘉禾'牌等5种卷烟,月需烟叶1300磅。工人:男35人、女45人,每月平均工资24元,每日工作8小时"。这是东裕隆烟草公司生产情况的最早记载。1931年制烟3600箱,价值52.2万元。[③] 在历史上,东裕隆分为"北洋东裕隆烟草公司"和"华北东裕隆烟草公司"两个时期。"北洋"时期的东裕隆,共有"嘉禾"、"斗鸡"、"进德会"、"华北"和"大明湖"5个牌子的卷烟,分为10支装和50支装两种规格。虽然品牌较多,但产量却不高,月产仅70箱。

1933年,北洋东裕隆烟草公司更名为"华北东裕隆烟草公司"。当时公司的一楼装有切烟机、烘烟机,并设手工抽梗工序;二楼装有两台卷烟机;三

---

①②王超凡:《青岛火柴工业发展史略》,参见《青岛市情资料库》。
③《科学的山东》,1935年6月,第89页。

楼为手工包装工序。抽梗和包装工序最多时有计件临时工240余人,全部是女工。1934年,华北东裕隆烟草公司的投资数额、工人总数和卷烟产量均为济南同期民营烟厂之首。“华北”时期的东裕隆,主要生产“大明湖”和“斗鸡”两种牌子的卷烟,其中“大明湖”牌又分为加烟精和不加烟精两种。虽然品牌减少了,但产量却增加了5倍多,月产卷烟近400箱。据《中国实业志》记载:“东裕隆烟草公司生产的卷烟销往省内济宁、滕县、兖州、泰安、潍县、青州等地。”1933年以后,在华英美烟草公司对中国的民营烟草工业开始全面挤压。东裕隆在1939年被日本人收购。济南解放后,人民政府接收了东裕隆,更名为“济南烟厂”。1950年,烟厂迁至黄台,更名为“济南黄台烟厂”。另外,后来在济南建的几个厂是:1931年在经六路101号创办的铭昌烟厂,经理刘子元,生产裕国、四民、自行车、又一新牌卷烟;1933年在经三路纬二路99号创办的鲁安烟草公司,经理王子宾,生产鲁安、四方、趵突泉、孔林、三贤、月台牌卷烟。还有1934年张步卿创办的华通烟厂和张平孚创办的成安烟厂。1939年,日本华北东亚烟草株式会社强行购买东裕隆烟草公司、鲁安烟草公司和铭昌烟厂,于1940年成立东亚烟草公司济南工场,经理为日本人增田,职工140人,生产“金枪”牌等卷烟,日产量30箱。

青岛的制烟业。1919年,英美烟草公司为把二十里堡复烤厂的烟叶及时运往上海、天津等地,在青岛商河路设驻青办事处,承接转运烟叶的工作,负责人为艾布斯。1923年,英美烟草公司在青岛商河路办事处院内建800平方米的临时厂房一幢,安装卷烟机13台,工人300余名,月产卷烟50箱,有“老刀”、“红印”等牌号,这是颐中烟草公司青岛厂之肇始。1924年建成厂房13幢,仓栈14幢,面积共为23348平方米。1925年迁至孟庄路7号新址,边安装设备边生产。1926年5月,56台卷烟机全部安装好,其中52台投入生产,4台留作备用,日产量约200余箱。产品牌号有“红印”、“哈德门”、“红锡包”、“大前门”、“三炮台”等。生产的大前门牌,畅销全国各地市场。1928年,战警堂在青岛小港一路创设“山东烟草公司”,生产硬纸盒装100支卷烟,牌号有“老虎”、“福寿”、“泰山”等。1929年8月,大英烟草股份有限公司工人在台东顺兴路18号成立“大英烟公司工会筹备委员会”。由于负责人锐意经营,生产日益发展,1936年达到了鼎盛时期。1938年9月,日伪华北烟草统制公司在青岛成立,专门负责华北烟草的买卖、库存及运输。1942 年 12 月,太平洋战争爆发,颐中烟草股份有限公司青岛分公司被日本军管,改名为“大日本军管理颐中公司青岛事务所”,生产军用香烟。1945 年,日本宣布无条件投降,英商二次经营颐中公司,恢复原名。1949 年 11 月,颐中烟草公司成立工会。

青岛第一家民资卷烟厂是 1927 年创立的“鹤丰烟草公司”卷烟厂。民国十七年十月出版《胶澳志》卷五《食货志业佐证》。其中有关于鹤丰烟草公司的如下记载:烟叶本为山东大宗出产,而吸烟之量继长增高,流毒更有甚于鸦片,青岛进口纸烟估价每年七八百万两,十之八九属南洋英美两公司制造,而英美烟盖又设分厂于本埠,较之南洋以及日商之米星南信山东烟草均设有分厂于潍县、青州、坊子等处。收买烟叶装运出口,英美恒占之三之二余,亦各有承揽以至小商难于插足本埠,虽有出口数百万两之烟叶,而无第二家之烟厂与之抗衡。近年仅有华商鹤丰烟草公司创立于台西镇。由于亏本和烟叶问题,1930 年 3 月该厂不得不迁址于当时的潍县二十里堡车站边。一些资料上都写道,1928 年 9 月由战警堂创立的“山东烟草公司卷烟厂”是青岛第一家民资卷烟厂,以至于在《青岛市志・轻工业志》写道“这是在青岛开办的第一个民族资本卷烟生产厂”,实为误传。

除了鹤丰烟草公司外,青岛还有崂山烟厂。1931 年,崂山烟厂在青岛台东三路 95 号创办,生产崂山牌香烟,经理崔岱东。其他华商还先后建起 11 个小型烟厂。由于卷烟生产的发展,青岛由进口变为开始出口。1937 年,华商烟业商号 8 个;日商烟业企业 22 个,资本额 1.82 亿日元。日本第二次侵占青岛时期,朝鲜商人借日本势力,收买山东烟厂后与日商合办,改名华北烟草公司。英商怡大英烟厂被日军接管,改组更名为颐中烟草公司。1939 年,崔笃生收买崂山烟厂,更名中国崂山烟草股份有限公司。1941 年,日伪“烟草组合”开设东亚烟公司,这就是青岛当时的四大烟厂。另外还有山东烟厂、大陆烟厂、华北烟厂等。这些烟厂有的是民族资本家开办的,有的则属“敌产”。20 世纪 50 年代,这些烟厂陆续合并为青岛卷烟二厂。

除了济南和青岛外,山东其他地方也有制烟业的记录。1914 年,在为赴巴拿马万国博览会预选而举办的山东第一次物品展览会上,兖州商办琴记雪茄烟厂生产的“琴记”牌雪茄烟和济宁裕华烟卷公司生产的“桃”牌雪茄、“葫芦头”牌雪茄烟获最优等金牌奖。1915 年,英美烟草公司在潍县坊子建烘烤房和收烟场，并安装简易复烤机。潍县还拥有家庭烟工厂；即墨有泰东烟草工厂。当时民族卷烟工业规模较小，年产量总额不及英国在青岛创办的大英烟厂。薰烟业随着烟草种植面积的扩大逐步发展。1922 年至 1933 年潍县南乡烤烟屋增加 2 万座，总数达到 4.5 万座。益都到 20 世纪 30 年代也有 4000 座烤烟屋。

1941 年太平洋战争爆发，日本军部接管了颐中烟草公司，改为军管。1941 年 12 月，设大日本军管理颐中公司青岛事务。1942 年 10 月，八路军一一五师（山东军区）保卫部侦察工作组自筹资金在莒南横沟村创办利华烟草公司，生产“鸡”牌卷烟。同年 10 月 23 日，日本正式向英国移交颐中烟草公司。到了 1945 年 11 月，国民党接收人员卜明甫接收东亚烟草公司济南工场，组成山东第一烟草公司济南烟厂，经理为孔裕庭，职工 400 余人。

1946 年 4 月，冀南区工商管理总局派周益民去大名组建义和烟厂。9 月，烟厂北迁临清。冀南区四专署所属南宫联华烟厂也迁往临清，并入义和烟厂。同年 6 月，中国共产党华东局决定在临朐县成立华东烟草公司，隶属华东工商部。同时，由于国民党军队进攻解放区，利华烟草公司将人员、设备分成两部分，一部分留在大店，一部分去界湖镇，分别为利华烟草公司一、二分厂。新四军一师合作社所办的新达烟草公司由苏中迁至山东滨海区，并入利华烟草公司，为该公司三分厂。新四军第二师的新群烟草公司由淮南迁到山东，年底到达沂南。

1948 年 3 月，驻山东临清的四家烟厂以义和烟厂为主进行合并，定名为冀南新华烟厂，生产“七一”牌卷烟。5 月，华东工商部派金光等人接管二十里堡复烤厂和坊子南洋兄弟烟草公司烤烟厂。10 月份修复开工。同年 5 月，利华烟草公司与新四军北迁在惠民区的新群烟草公司、山东滨海的建华进步烟草公司到青州城合并组成利华烟草公司，由军队转交地方，隶属华东工商部，于 8 月 1 日开机生产。利华烟草公司即青州卷烟厂的前身。

1948 年 8 月，国民党统治区汉口烟草公司技师王祥到二十里堡复烤厂供职。9 月，鲁中、鲁南区迁到惠民的各卷烟厂与渤海区地方各烟厂到惠民县省屯村合并组成兴鲁烟草公司，后迁往德州为德州卷烟厂。9 月 24 日，济南解放。解放军接管第一造烟厂，移交华东工商部，改名为济南卷烟厂，余凤龙任经理。1949 年 1 月 14 日，山东省烟酒产销管理局在青州成立，2

月迁至济南。2月,山东省烟草公司成立,经理为张曰义,下辖青州、沙河、济南、德州、徐州5家烟厂,同时撤销利华烟草公司。① 在走上社会主义道路以后,山东卷烟生产经过恢复、发展和对私营烟厂的改造,卷烟产量稳步增长。

(五) 山东现代肥皂业

1914年4月宁阳县商会成立,入会商号120多家。5月,泰安商人张聚五等集资2.4万元大洋,在济南后营坊建立兴华造胰厂。这是山东省民族资本兴办的第一家肥皂厂。1928年兴华造胰厂迁至迎仙桥里,添置20马力电动机器,扩大生产。后又从德国聘请技师,并进口半机械化香皂三轮机1台,开始生产香皂,主要生产祥云、立光牌肥皂及五福、三仙、玫瑰牌香皂,产品销往全国。职工33人,生产旺季加临时工百余人,年产值达17万元。20世纪30年代,济南肥皂业发展很快,除兴华外,较大的肥皂厂如源丰、泰华、福华等厂相继开工,逐渐发展至30余户,设有机器与动力设备,年产香皂约20万打,粗皂10万箱。20世纪30年代后期,日军侵入济南,除对原料进行控制外,还大量倾销日本肥皂,使济南民族肥皂业陷入萧条倒闭状态。1939年,日本人梅业田中以20万元低价强购兴华造胰厂,更名为华北第一工业制药株式会社济南工厂。此后,日本人强占附近地面,扩建厂房,添置大量机器设备,将工厂由民用转为军用,提炼甘油,制造炸药,生产的肥皂、洗毛碱、机械油、蜡烛专供军需。日本侵略者投降后,由国民党政府接管,生产极不正常,解放前夕处于倒闭状态。1948年济南解放,兴华造胰厂由华东财办生产供应部接管,后改名为济南实业公司化工总厂。

(六) 山东现代精盐生产

山东精盐生产是山东盐业发展史上的重要阶段。宋志东先生考察了民国时期山东盐业生产管理状况后研究认为②:精盐生产是山东盐业近代化的重要标志,而精盐管理则成为山东盐政近代化的重要标志之一。民国时

①参见《山东省烟草行业大事记》,摘自东方烟草报社:《山东烟草通览》,《山东视窗》第84期。
②宋志东:《民国时期山东盐业生产管理研究》,《盐业史研究》2008年第1期。

期,政局变动频繁,随着精盐事业在国内的相继兴办,山东年产盐一般800万担左右,多时1191万担,少时359万担。1913年,袁世凯善后大借款后,山东设盐务稽核分所,盐务实际操于洋人之手;民国前期,因盐税不断加重,山东各地不断发生烧盐局、抢盐场、杀盐警的事件。1915年设立的天津久大盐业公司为我国首家精盐公司,它利用长芦丰富的盐业资源,在北洋政府的保护下,具有半官营性质,生产日趋兴旺。山东、辽宁、浙江等省相继兴办精盐事业。兴办精盐事业在于"抵制外盐之输入,而对于普通食盐色质亦经迭次调查化验"①。山东有烟台通益精盐公司和青岛永裕精盐公司二家。1919年12月,烟台通益精盐公司核准设立。1921年5月,通益公司正式投产,年设计生产能力40万担,但是多产不足额。1922至1929年,通益公司平均每年的产额为17.6万余担②。1923年9月,青岛永裕精盐公司核准设立,为天津久大盐业公司的附属公司。③ 1925年2月,永裕公司正式投产,年设计产额为150万担。然而,永裕公司生产能力与市场需求不符,因此实际产量并不大,1925至1928年平均每年产量为9.7万担。④ 抗日战争时期,日军占领盐场,设盐业株式会社,大量掠夺原盐,运往日本,对盐场造成极大破坏。而共产党领导下的抗日根据地,把食盐作为对敌斗争的重要战略物资之一,积极扶持盐的生产经营。抗日战争胜利时,山东解放区已拥有垦沾、寿北等8个盐区。到1949年初,除青岛尚未解放外,全省盐务实现了统一管理。

(七)山东现代榨油业

油坊业也是山东的重要行业之一。山东榨油业在清中叶以后有较大的发展,一个明显的标志就是传统的大豆输出在此时开始转为以豆油、豆饼输出为主。同时随着花生的引种和推广,传统的榨油业又增加了新原料,花生油很快成为大宗商品之一。⑤ 鸿昌油坊是周村开办较早的油坊,为长山县

---

①盐务署、盐务稽核总所编:《中国盐政实录》第一辑,沈云龙主编:《近代中国史料丛刊·三编》第88辑,台北文海出版社影印1999年版,第39页。

②田秋野、周维亮编著:《中华盐业史》,台湾商务印书馆1979年版,第357页。

③赵敏玉:《华北食盐资源》,《盐务月报》1946年第5卷第12期,第58页。

④田秋野、周维亮编著:《中华盐业史》,台湾商务印书馆1979年版,第358页。

⑤许檀:《明清时期山东商品经济的发展》,中国社会科学出版社1998年版,第103—105页。

乐礼庄张氏于清初创建。振兴油坊是桓台县扈氏在嘉庆初年创办的,位于祠堂北街,占地数亩,雇工十余人,主要榨制豆油、花生油、香油等,是一家规模较大的油坊。① 在道光四年重修关帝庙的集资中,我们已看到振兴油店以及益聚、义盛等油店的捐款;咸丰二年《创建魁星阁记》碑中有谦吉、三聚、合盛、元吉、三益等油店的捐款;光绪初年周村重修大王庙时,参与集资的油店油坊数量更多。这一时期使用电力机械的新式油厂不断出现,但占主导地位的仍是手工业旧式作坊。新式油厂多设于交通便利的地区,全省有 20 余家。较大的手工业作坊 30 年代初期全省约有近 2000 家,当时山东花生油产量居全国第一位,豆油居第二位。1932 年莱阳、蓬莱、栖霞、招远、胶县、高密、临朐、莱芜、泰安、德县等 10 县调查,花生油年产量达 4200 万斤。豆油产量以乐陵县为最高,1933 年达到 258.5 万斤,全省产量约 26555203 斤,价值约 400 万元。② 所产油类相当部分供外贸出口。

1927 年,位于商埠经二路纬六路的东裕隆机器榨油厂歇业,于耀西购买了榨油厂的房产和全部设备,打算恢复生产。次年,大豆和花生价格突然上涨,榨油已无利可图。于耀西遂将榨油设备拆除封存。

(八)山东现代造纸业

光绪三十二年,在铜元局旧址改建泺源造纸厂(后为山东造纸东厂),开创山东省近代造纸工业之先河。手工造纸产品主要有桑皮纸、草纸、三折纸等。1933 年统计,青城、泰安、蒙阴、临朐、沂水、阳信、莱芜、惠民 8 县年产桑皮纸 25411 件,价值 43.7 万元;惠民、沂水、泰安、宁阳、章丘、商河 6 县年产草纸 77.4 万刀,价值 61900 余元;宁阳、长山两县年产三折纸 9000 件,价值 99000 元。③ 当时济南华兴造纸厂是省内唯一的机械造纸工厂,年产各类纸张 53 万公斤,价值 20 万元,产品行销华北 5 省。

(九)山东现代粉丝加工业

20 世纪 30 年代,龙口有大小粉庄 50 余家,专营粉丝出口,生意十分兴

---

①郭济生:《周村老字号》,青海人民出版社 2004 年版,第 124 页。
②《中国实业志·山东省》"辛部",第 189 页。
③《中国实业志·山东省》"辛部",第 548 页。

隆,为龙口诸业之最。近年来,随着生产工艺的改进和机械化程度的提高,龙口粉丝的产量和质量均有显著提高。近代,粉丝变成一种重要输出货物,凡生产输出粉丝的地域,收益一般都比其他地域高。如山东省有一度以烟台为核心的粉丝输诞生产基地,在这个基地的黄县,制粉农户获利至多者年可得洋1000元,在招远县资本最高时,一户粉坊利润竟可高达3000元。①

(十)山东现代面粉加工业

1915年,济南第一家大型机器面粉厂——丰年面粉厂在铜元局前街(一说在济南西关东流水)设立。日产面粉200包,随后又有惠丰、茂新、华庆、民安、成丰等厂相继建成。1918年4月,江苏无锡荣氏资本在济南陈家楼开办茂新面粉厂,资本50万元,工人近百名。次年7月改为济南面粉有限公司,引进西方制粉机器设备进行生产。穆伯仁在济南商埠三里庄创办惠丰面粉厂,资本30万元,购进西方制粉机器设备进行生产,平均日产面粉3800袋。当年11月,注册为惠丰面粉公司,增资达50万元。8月,私营有年公司在济南东流水开业,资本2000元,工人10余人,专产机制挂面,质优畅销。同年,山东寿光人张采丞与冷镇邦于1913年创办的兴顺福机器磨面公司,经扩股增资30万元组成了"济南华庆面粉股份有限公司",开始着手另行选址筹建。购置美制"脑达克"复式钢辊磨和英制蒸汽发动机数部等设备,1921年8月落成安装投产,年产面粉达75000吨。1937年春又增资9万元,资本总额达40万元。日军侵占济南后曾被迫"中日合办"②。到1928年,济南的面粉厂最高年产达1000万包,行销全省及北京、天津、河南、苏北等地。济南各面粉厂所用小麦,多通过胶济铁路、小清河、黄河运进。在麦收前,济南各面粉厂在省内外的小麦集散地都设有收购点。

四、山东现代化学工业科学技术

20世纪20年代,随着近代化工科技的初步兴起,山东的燃料、橡胶加工、油漆和电石、烧碱等化工生产开始有所发展。1924年停业的山东省立

①史建云:《乡村产业在晚世我国乡村经济中的历史作用》,《我国政治史剖析》1996年第1期。
②张宗田:《近现代济南科技大事记》,《济南文史》电子版,2008年第3期。

工业试验所,后经整顿恢复,在以前主要从事化工、染织、机械、土木和窑业等方面的试验、研究工作和科研成果的鉴定、推广工作的基础上,添置仪器设备,1929年后开始面向社会开展化学分析和有关检测等有偿技术服务。

但在战乱和洋货的冲击下,化工科技和生产的发展都很艰难。20世纪40年代初,胶东抗日根据地东海工业研究室和农化研究室,为支援战争打破敌人封锁,在极困难的条件下,以土法为主研制和生产了纯碱、烧碱、硫酸、硝酸、硫磺、丙酮、农药、甘油、电木粉等化工产品,解决了解放区军民急需,同时培养锻炼了一批有高度政治思想觉悟的优秀化工科技人才,而在国民党政府统治区,化工企业80%以上处于被迫停业状态。到1949年,全省化工科技人员只有78人,占职工总数的1.37%,主要化工产品产量为硫酸237吨、烧碱368吨、农药26吨、染料242吨、轮胎1.05万条、运输带0.28万平方米、胶管1.19万米、胶鞋108.31万双,工艺技术落后,产品以仿制为主,自己研制开发很少。①

新中国成立后,山东化学工业科学技术得到迅速发展。1949年,华东工矿部在博山成立了化学总厂实验室(1952年改称山东省工业厅实验室),主要从事工矿原料分析、无烟火药试验和化工新产品开发。1949—1957年,全省试制和开发生产出有机氯农药、无机盐、染料和轮胎等数十种,其中有填补省内和国内空白的新产品,有的产品开始出口。

19世纪40年代,开始出现使用钢筋混凝土技术,成为山东近代建筑技术与建筑材料之嚆矢。20世纪初,已有玻璃制造技术。20年代初,开始兴办水泥生产技术。

新中国成立后,山东建筑科学技术进入新的发展时期,先后成立了建筑设计、规划和研究机构,开展了工业建筑、公用建筑及民用建筑的勘察、测绘、设计和施工等方面的技术研究与开发工作,建材生产领域也进行了技术更新与改造。

(一)山东现代橡胶业

20世纪30年代,山东省民族工商业者开始兴办橡胶制品、油漆和电石

---

①山东省科学技术委员会编:《山东省科学技术志》,山东大学出版社1990年版,第355页。

企业。1928 年、1930 年，日本商人分别投资 5 万日元，在青岛开设了青岛胶皮工厂和大裕胶皮工厂，生产胶鞋和鞋底。1931 年，民族工商业者创办隆裕胶皮工厂，产品亦为胶鞋和鞋底。民族资本福字胶皮工厂也于同年建立。抗日战争胜利后，日资胶皮工厂被南京国民政府派出机关接管。1938 年，青岛胶皮工厂与泰安胶皮工厂合并，成立共和护谟株式会社胶皮工厂。1941 年，日本横滨护谟、东洋纺织和丰田纺织联合吞并山东胶皮工厂。1944 年，日本护谟株式会社太阳胶鞋场并入，成立青岛胶皮工业株式会社青岛工厂，资本由 200 万日元增至 1100 万日元，成为日资在中国开办的最大的橡胶制品工厂，内外胎年生产能力均为 12 万条。是年，汽车轮胎外胎产量达到 1. 30 万条，内胎产量 1. 28 万条，分别占华北地区总产量的 50%—70% 和 30%—60% 。[①] 山东胶皮工厂因遭破坏，接管后被拆毁；大裕胶皮工厂 1946 年被联勤总部青岛被服厂接管，成为军需工厂。共和护谟株式会社青岛胶皮工厂以 43171. 1 万元（法币）售于民族工商业者，易名大元橡胶厂。1947 年 4 月 1 日正式开工。

（二）山东现代烧碱业

1933 年，青岛市民族工商业者集资开办了山东省首家电石生产厂——德泰工厂。其主要设备大多从日本购进，包括 9 台 200 千伏安单项变压器等，另有几台小型电石生产炉，所产电石主要供矿山照明及金属焊接或切割等使用。产品商标为“三星”牌，年产量达 9000 箱，约 2. 4 万吨左右。1946 年德泰工厂因原料短缺而倒闭。进入 20 世纪 40 年代，民族工商业者又开办烧碱业，在济南、青岛等地相继建立了近 20 家烧碱厂，均采用苛化法，以手工操作，大锅熬制。1943 年 1 月，民族工商业者创立了青岛制碱厂等苛化法烧碱厂，为手工业工场，生产技术落后，采用人工操作，大锅熬制，生产规模也很小。1944 年，日本在青岛设立的上海纺织株式会社和德山曹达（曹达，日语，即烧碱）工厂，共同投资 65787 万元（伪币）。20 世纪 40 年代初期，随着青岛市纺织工业的发展，烧碱生产开始兴起，先后出现了多家小型苛化法烧碱厂，均为工场手工业。无机盐生产亦有所发展，增加了八九种

---

①《青岛市志 · 化学工业志》，第五篇《橡胶制品工业》。

产品,青岛国华原料厂和中和化工厂是当时国内仅有的硫酸钡生产厂家。1945年1月,青岛延年化学厂建成投产。1946年春,青岛广益化学工业厂(青岛红旗化工厂前身)建立。1947年7月,中国纺织建设股份有限公司青岛分公司利用日本曹达工厂遗留的电解设备,建成青岛第一化工厂(青岛化工厂前身),9月投产。上述化工厂均为电解法烧碱厂,联产漂白粉、盐酸等氯产品,青岛市氯碱工业初步形成。

抗日战争和解放战争时期,胶东、鲁中南、渤海等抗日根据地(后称解放区),利用当地资源,自力更生,艰苦奋斗,逐步建立和发展了主要为军事工业和军民生活服务的化学工业。山东解放区先后创办了东海工业研究室和胶东工业研究室等科研机构,利用当地原料,采用土法研制出硫酸和火碱等产品,解决了军火等工业的原料,打破了敌人的封锁,对保证军需民用起了重要作用。胶东军区电器厂研制成空气电池,超过了日本同类产品水平,填补了中国化学电源的空白。

(三)山东现代漂染工业

山东漂染业主要分布在济南、青岛、潍县3地。在当时的济南,印染、纺织业非常发达,其中,最有名的分别是:利民染厂、宏聚合染厂、中兴诚染厂、东元盛染厂。1919年,邹升三在济南创立了济南裕兴颜料厂(济南裕兴化工厂前身)。此后,济南的天丰、华丰等颜(染)料厂亦相继建立。1921年冬,济南裕兴颜料厂改组为“济南裕兴颜料股份有限公司”,于耀西参股其中,担任了董事长兼总经理。1933年济南利民染厂开工,资金为8万元,当年又增资8万元;1933年,东元盛在北园边家庄建新厂,这时已经是设备齐全的机器染厂了。东元盛生产“爱莲生香”牌红布,装潢和色光基本相仿,但价格便宜,销路很好。1934年东元盛染织厂更换机器,采用机械染织;1936年德和永染厂、中兴诚染厂先后开工投产。机械漂染利润较高,销路甚广。济南利民染厂日产各种色布1200匹,每月获利三四万元,产品除畅销本市外,还行销徐州、宿县、洛阳、开封、西安和京津等地区。① 济南裕兴颜料厂1930年产硫化青膏700吨,1936年达到1400吨,增产一倍。济南先

①孙祚民:《山东通史》(下卷),山东人民出版社1992年版,第721页。

后还有恒如意(1929年)、振华(1931年)、华丰(1932年)、天丰(1934年)颜料工厂创办。

(四)山东现代颜料工业

19世纪末20世纪初,随着帝国主义的入侵,德国、日本商人相继在青岛开设商行,经销合成染料。青岛商人邹升三、王敬亭等人在济南北郊五柳闸创办山东裕兴颜料厂(今裕兴化工厂前身),注册资本10万元。翌年12月注册为中国裕兴颜料公司。该厂借鉴吸收日本的生产技术,以泥状硫化青工艺流程试制成功"生生"牌煮青颜料,质优畅销,可与洋货抗衡,遂成为国产名牌,该厂由此成为中国硫化青颜料的最早生产厂家。① 1919年9月,青岛民族资本"福顺泰"洋杂货店经理杨子生投资2万银元,创办了国内首家化学染料厂——青岛维新化学工艺社(青岛染料厂前身),素有"民族染料第一家"之称。第一次世界大战后,输入的染料急剧减少,民族染料工业开始发展起来。北洋政府统治和南京国民政府第一次统治青岛时期,华商化工企业49个,资本总额66.25万元。李平生先生研究认为,截至1933年,山东共有5家化学颜料厂,它们最早设立于1920年,最晚设立于1931年,分布在济南、青岛、潍县3地,共有资本43万元,职工241人。厂内使用机器制造者,只有济南的裕兴颜料股份有限公司和青岛的中国颜料公司2家而已,其余均用手工。②

至1934年,青岛市染料生产厂家(作坊)达十余家。其产品主要是煮青(硫化染料),1931年产量达到3400箱(每箱50公斤),广销鲁、豫、苏、冀、晋、陕等地。作为染料主要原料的硫化碱亦随之而兴,济南、青岛各有数家工厂生产。

日本第二次侵占青岛时期,维新化学工艺社、中国颜料公司等被日商强行收买。日本殖民者垄断了染料生产、原料来源和市场,排挤、打击民族染料企业,迫使它们迅速倒闭。1940年后虽有华德颜料公司、协成颜料厂、复兴颜料厂、益新颜料厂等民族染料厂先后恢复或创立,但多系前店后厂的小

---

①张宗田:《近现代济南科技大事记》,《济南文史》电子版,2008年第3期。
②李平生:《山东老字号纵横谈》,载《山东老字号》,山东文艺出版社2004年版。

型手工业作坊,1944 年民族工商业者投资 100 万元(伪币),建立崂山颜料化学工厂,设备尚称完善,厂址宽敞,开工不到一年,便被日商借口为日本海军生产军需品,仅以 50 万元(伪币)"购买"。在中国民族染料工业的废墟之上,日资控制的维新株式会社和中国颜料厂得以较大发展,成为对华经济掠夺的有力工具。1949 年 6 月青岛解放前,该厂因生产停滞而两度遣散员工,只剩下 78 人。1949 年 6 月青岛解放,青岛维新化学厂收归国有,仅以 3 个月的时间,即全部恢复了硫化青、蓝、黄及硫化碱生产,当年生产硫化染料 207 吨。国民经济恢复时期,农村对煮青染料的需求量大幅度增长,从而促进了青岛市染料工业的发展和再度繁荣。

山东潍县最早生产化学颜料的是裕鲁颜料有限公司,简称裕鲁公司。1923 年,张荆芳、丛良弼等创办潍县裕鲁颜料股份有限公司,厂房建在火车站下炉坊街。次年 6 月正式投产,该公司资金 10 万元,职工 65 人。① 化学颜料销路良好,获利较丰,促进了产量的提高。尔后又建有功大化学厂、中兴化学厂等。机器印染工业,最早的是于均生等集资建的大华染厂,厂址在潍县东关后门街东首。后张执符等集资 12 万元在大马路(和平路)购地 60 余亩,建潍县信丰染印股份有限公司厂房。尔后有太兴染厂、新生染厂、火柴厂、猪鬃厂、卷烟厂、木工作坊等多门类的工业建筑相继建成。

张德民先生研究认为,化学颜料清代末年即传入我国。由于日本军国主义强占青岛,国人奋起抵制日货,便改为经营国产颜料。潍县陆续开办了许多家经营此等颜料的商店。到解放前后就有了大小颜料商号 20 多家,主要分布在城里和东关。如在北坝崖街由张鲁川开设的同和祥号,经营国内外多种颜料,还有福聚成颜料店等等。随着化学颜料的普及,旧式染坊逐渐被现代化的印染厂所代替。只有偏远农村尚有用土法染布的染坊。潍县的染厂一时发展到了七八家,较大型的如大华染织工厂、信丰染印公司等等,这些现代化的工厂都是染宽幅的机制布,产量多,质量要求高,因此所需颜料量大,尽管他们许多时候是从外埠直接进颜料或原料,但购买当地商店或工厂生产的颜料也很多,因而更加促进了潍县颜料业的发展。有的印染厂还兼营颜料商店,成为地道的颜料行业。到抗战前裕鲁公司已发展到员工

---

①《中国实业卷·山东省》"辛部",第 628 页。

100多人，硫化青膏——一种普通的染料产品年产2万多箱，盈利10万元，资产总值达56万元，成为潍县当时首屈一指的大企业。公司成立之初，只生产“蓬莱阁牌”和“万年青牌”硫化青膏，1923年6月正式投产，当时年产量仅有60吨。到1935年时，公司生产发展迅速，年产量达到2000吨。抗日战争以及此后的解放战争，使社会生产力遭到了极大破坏。原料供应不足和资金周转困难，导致裕鲁公司生产日趋萎缩，产量逐年下降，企业几近濒临倒闭的境地。到全国解放前夕，裕鲁公司全部资产仅剩3万元余元，产量降到历史最低，工人也逃失殆尽。

1949年新中国成立后，在中国共产党和人民政府的领导与关怀下，裕鲁公司部分工人被招回，生产开始逐渐恢复，并在克服了1950年美国的经济封锁后，依靠自行制造原料，在短短的三年时间内，使产量恢复到1930年至1931年间的水平。各颜料商店的利润成倍增加，生产颜料的厂家也出现了前所未有的景象。

（五）山东现代发酵及糖酒生产技术

山东溥益糖厂研究成功“甜菜糖蜜特殊处理发酵生产酒精新工艺”，达到国际水平，受到德国专家林德曼和日本专家堀宗一的高度评价。这一技术的发明者是陈驹声。陈驹声（1899—1992年），工业微生物学家，在酒精生产技术上，超出聘来的外国专家，并对改进中国传统酿造技术和建立近代工业微生物新体系作出了贡献。陈驹声出生于福建省闽侯县。1922—1927年任山东溥益糖厂酒精厂工程师。他1922年大学毕业后，到山东黄台溥益糖厂酒精厂任副技师，当时全国生产酒精的工厂寥寥无几，且大部分是由外国人经办或把持技术。溥益糖厂酒精厂是完全由中国人出资兴办的企业，最初主持酒精发酵技术是日本人渡边。渡边对于谷类发酵颇有些经验，但是如何以甜菜糖蜜生产酒精，他也没有做过，因而在使用甜菜糖蜜酿造酒精时，屡试屡败。陈驹声悉心研究发酵困难的原因，发现所用的甜菜糖蜜中含有多量的硝酸钠，而该糖蜜贮藏在露天地坑内，风吹日晒已经三年，糖蜜被细菌污染，尤其酪酸菌，将糖分解为酪酸和二分子氢。此氢可将硝酸还原为氧化氮，氧化氮遇空气成为褐色恶臭的二氧化氮，从醪中逸出，产生的一氧化氮存留醪中，阻碍酒精发酵，常使发酵中途停止。找出原因后，陈驹声采取措施,对糖蜜进行预处理,结果每百斤糖蜜可出酒精 24 斤,发酵效率为 85%,达到预期效果。① 陈驹声在山东溥益糖厂酒精厂工作期间,利用业余时间广泛搜集文献,结合本人实地考察笔记,将先进的发酵及制糖技术,写成一部《世界各国之糖业》,1928 年由上海商务印书馆出版。他在生产、教育和科研方面都做出了成绩,被誉为"中国近代工业微生物学奠基人和开拓者"。

(六)山东现代油漆业

油漆现名涂料。过去所谓的油漆业指经营生漆熟油的商户。20 世纪 30 年代左右,化学制漆由五金号划出,始有专营化学漆的店户,中外商品兼营。1932—1933 年,济南、青岛各建有一家油漆公司,济南油漆厂创建于 1949 年,该厂是化学工业部油漆生产定点厂、山东省涂料重点生产厂家。

(七)山东现代制革业

济南最为发达,青岛、临清、潍县、烟台、泰安、临沂、即墨等地也均有制革厂,招远、曲阜、宁阳等地设有制革作坊。1934 年统计济南胶东、恒兴永、华东、科学等 4 家制革厂年产皮革 11000 张,省内销售。

五、山东现代医药科学技术的奠基与发展

(一)山东现代医药科学技术的沿革

清末,伴随着侵华战争的发生及清廷的腐败无能,教会势力逐渐向内地渗透,并开办了许多医院。抗日战争爆发前夕,美、英、法、德、瑞典、意大利、加拿大等国教会在山东开办的医院、诊所星罗棋布,慈善团体和私立医院、诊所全省有千余处,中医药堂铺万余家,省立医院 1 处,县立医院 20 余处。这些医院及医校的建立在进行殖民文化教育的同时,也为近代的济南及山东带来了西方先进的医学知识,对自然科学知识的传播起到了一定的促进作用。

---

①《中国近代工业微生物学奠基人和开拓者——陈驹声》,《中国科学技术专家传略·理学编·化学卷》,2001 年版。

1. 山东高等医校(医学院)

山东医校屈指可数,有高等医校3所、中等医校8所,但教学质量较高。

1890年,美长老会在济南创建了华美医院医校,这期间,英国基督教浸礼会也分别在青州和邹平设立了医学堂。济南共和医院建立于1908年,是当时中国国内最新型、最宽大、设备最好的医院。该院作为“共和医道学堂”的实习基地,由聂会东在今南新街创办,分内、外两科,设药房、化验室,美籍医生徐伟廉任化验室主任,为齐鲁大学医学院和附属医院的建立奠定了基础。1914年,济南共和医院开始在东双龙街扩建养病楼和宿舍,并附设省内最早的X光室。1916年,北京协和医院的部分师生并入共和大学医科。1917年,美、英、加拿大三国的基督教会为便于传教,遂将潍县的广文学堂和青州共和神道学堂迁入济南,与济南共和医道学堂合并,正式定名为齐鲁大学。此后,外国教会医士团体中国博医会将南京金陵大学医科、汉口大同医学堂的部分师生并入该校,与山东基督教共和大学医科共同组建齐鲁大学医科,聂会东任科长。原共和医院改称为齐鲁大学医科附设医院,简称齐鲁医院,巴慕德任院长。齐鲁大学医学院附属医院居全省之首,病床150张,院务科室5个,临床科室8个,医技科室5个,200毫安X机一台,另有显微镜、万能手术台等设备。齐鲁大学教学采用西方教育模式,办学质量优良,校长、系所主任及教授大部分由外国传教士担任,加上科系齐全,设备先进著称,毕业生学历为国外所公认。其医学院护士学校,授课按中华护士协会规定的课程进行。1924年,加拿大政府准予齐鲁大学立案,批准齐鲁大学具有学位授予权;同时,医科毕业生被授予由加拿大政府批准的“医学博士”学位。1925年,齐鲁大学医科更名为齐鲁大学医学院。

1916年山东医学讲习所更名为山东省立医学校,奉北洋政府命令,取消中医课程。校长田丙午在给山东巡抚使公署呈文中居然提出,“《本草》、《素问》为数千年之遗言陈迹”,“持此难与新世界相争逐,只会瞠乎人后”。山东省中医界成立山东省中医药总会,力倡国医,以争存身立足之地。1920年山东省立医学校更名为山东省立医学专门学校。省立医学专科学校附属医院设有9个临床科室。县立医院一般规模较小,设备简陋。慈善团体、私立医院,大者有病床50余张、40余人,分内、外、妇产等科;小者10余人,设备缺乏,勉从其事。至于诊所,一二人即可开业,十数人堪称规模。山东省立医学专科学校在 1936 年全国医药院校学生总集训中,总平均成绩名列第二。山东省立医学专科学校创建于 1932 年 8 月,另设附属医院,学制 5 年(后改 4 年)。1937 年 7 月 7 日,日本发动侵华战争,医学专科学校部分学生直接参加了抗日战争,附属医院被国民党政府改编为“军政部第十重伤医院”。1948 年 8 月 18 日,由南京政府改名为山东省立医学院。

华东白求恩医学院始建于 1944 年,前身是 1944 年 10 月新四军在淮南新浦镇创办的军医学校。1945 年 5 月在抗日根据地安徽省天长县开学,办学目的是为了适应战争需要,直接服务于新四军和华东野战军转战南北,为军队培养大批高层次医务人员。1947 年 1 月,根据华东野战军司令员陈毅的指示,军医学校改名为“华东白求恩医学院”,目的是为了纪念参加中国抗日战争光荣殉职的加拿大著名外科专家、优秀的共产党员——诺尔曼·白求恩。1948 年 10 月,医学院由益都迁进济南,驻经五路纬九路,从此有了固定校址;11 月,山东省立医学院由趵突泉前街迁来与华东白求恩医学院合并,定名“华东白求恩医学院”,由华东军区卫生部副部长宫乃泉兼任院长。

齐鲁大学医学院、山东省立医学院和华东白求恩医学院合并组成山东医科大学。1948 年济南解放后,山东省立医学院并入华东白求恩医学院;1950 年华东白求恩医学院改名为山东医学院;1952 年全国高等学校院系调整,齐鲁大学医学院与山东医学院合并,定名为山东医学院。

此外,还有济南私立国医专科学校,创办于 1934 年,郝芸杉积极主动联合当时济南中医药界著名人士张汉臣、张研岑、张品三等人,倡导筹办国医专科学校。1935 年 9 月,“私立山东国医专科学校”正式开学。校址设在济南市舜井街舜庙后院。1937 年卢沟桥事变,日本大举侵略中国,山东国医专科学校也不例外,组织师生成立了救护队。该校学员担负起抗日伤病员的救护和治疗工作。其中不少人已成为解放区的医疗骨干。同年 11 月济南沦陷,学校被迫停办。私立山东国医专科学校自开办以来,前后仅存两年,所招收的两届学生虽因中途停办而均未毕业,但培养了一批中医专业人才。

2. 山东中医学及机构的创办

1923 年,荆中允著《先圣遗范》一书,由烟台福裕东书局刊印。内容为作者对《伤寒论》的注解并加个人心得,理论联系实际,通俗易懂,是一部研究张仲景著作颇有价值的参考书。民国时期，山东气功学研究在国内处于领先地位。1933 年，山东青岛崂山道人玄中子朱文彬编写《大成道乡修真全集》，集古代气功百家之经典妙诀，从筑基人手至金液大还丹的过程、方法、火候等尽述无遗，为当时气功之集锦。

1926 年，冯宪章在潍坊开办山东省第一家医药工业企业惠东制药厂。日本侵占山东后，严重摧残了山东的医药卫生及其科技事业。在极其困难的情况下，解放区胶东行署牙前县(部分区域属今乳山县)，临近抗日战争胜利前夕，诞生了山东省最早的医药工业科研机构新华药厂研究室。1949 年 9 月，该研究室主任董永芳研制成功鞣酸蛋白，并改进了酊、水剂渗透滤生产技术，获解放军胶东军区卫生部“制药英雄”称号。

1929 年，山东省中医药总会王嵩堂、赵明佛等与 15 省市中医药界代表，要求南京国民政府取消废止旧医的提案。但是，山东省政府仍将全省中医学校一律改称中医传习所，视为非正规教育机构。

1931 年，山东省医学会成立，又称中华医学会山东省分会，是依法成立的医学科学技术工作者和医学管理工作者的学术性、公益性的法人社团，是发展山东省医学科学技术事业的重要社会力量。

3. 抗日战争爆发期间的山东医药事业遭到严重摧残

20 世纪 30 年代以后，特别是抗日战争爆发期间，日本在山东也设有多处医院、诊所 19 处。1938 年，日本入侵后，使山东医药事业遭到严重摧残，山东人民处在水深火热之中，对此文献中有不少记述。比如《山东省卫生志》的记载是：

> 1937 年底，日本侵略军占领济南，山东省立医科学校、齐鲁大学医学院南迁，山东省私立国医学校被迫停办。济南麻风医院、潍县乐道医院被日本侵略军改作关押美、英籍教会人员的集中营。齐鲁医院与济南市立医院被强行合并，改为日本陆军医院。济南青岛两地同仁会医院，也改编为日军诊疗班。日本侵略军所到之处，教会医院或因人员被捕、逃散而关闭，或因救护抗战人员而遭焚烧劫掠；官办、私立、慈善团体医院、诊所，或流亡迁徙，或被封闭，或随抗日游击队参加抗日战争；中医药堂铺，大都闩门锁户，以避劫难。山东省的医疗卫生事业，为侵

略者摧残殆尽。

而关于山东省抗日根据地的医药和卫生事业,在异常艰难困苦的环境中,得到维持、补充和发展,较好地完成了救死扶伤的艰巨任务,为战区伤员和人民作出了重要贡献。1938 年 5 月,白备伍(1909. 11. 26—1986. 6. 13)赴山东抗日根据地,先后任八路军山东纵队卫生部部长,八路军第一一五师暨山东军区卫生部部长,领导创办战地医院,开办药厂,自制战场救护器材。1939 年 1 月,八路军山东纵队成立卫生部,建立部队卫生行政和医疗机构。山东新华制药厂创建于抗战中的 1943 年,由当时的华东地区胶东军区卫生部在山东省胶东牙前县(部分区域属今牟平县)后垂柳村成立制药厂,当时是我八路军渤海军分区的一个后勤药厂,自制各种药品和医疗器械。1944 年 12 月,组建了新华药厂研究室(今山东新华制药厂研究所),这是山东最早的医药生产科研机构。设有中心试验室、制药部、器械部、酒精分厂和经营部。鲁中、鲁南、胶东、滨海、渤海 5 个军区均设立起卫生处,建立起后方医院或直属卫生所。一一五师医训队与山东纵队卫生教导队合并成立山东军区卫生学校。5 个军区也各自成立医训队,建立制药厂。

由于日本侵略者的横行烧杀,造成山东不少地区发生霍乱和多种传染病大区域连年流行。例如济南在天桥、黄台等处,常有疫毙的流浪者暴尸街头。据《山东省卫生志》的记载,1938—1945 年,山东省死于疟疾、脑膜炎、回归热、结核病、黑热病、霍乱等传染病的人数,达 72 万余。

4. 抗战后山东医学的逐渐恢复

1945 年 8 月山东省政府成立时设山东省卫生总局,下设 4 个科及 1 个巡回医疗大队。1948 年 3 月在卫生总局基础上成立山东省政府卫生厅,同年 4 月随省政府迁入济南。抗日战争胜利后,白备伍任山东省人民政府卫生总局局长、新四军兼山东军区卫生部副部长、华东军区卫生部副部长。在淮海战役中,白备伍任前方卫生部部长,组织指挥战场医疗救护工作。1949 年 4 月白备伍任山东军区卫生部部长,后兼任山东省人民政府卫生厅厅长、山东医学院院长。

抗日战争胜利后,一批流亡外省的医院和医学院校陆续返回山东,一些新的医学院也开始改建与改组。山东省立医院奉命接收济南日军诊疗班。

1946年10月,山东省立医学专科学校迁回济南。1948年8月18日,由南京政府改名为山东省立医学院,王宝楹担任院长。国民党青岛市政府接收青岛日军诊疗班,作为国立山东大学附属医院。青岛大学医学院(创建于1946年)称为"国立山东大学医学院"。1948年9月24日,济南解放,山东省立医学院并入华东白求恩医学院。省立医院床位增加到257张,卫生技术人员175人,能做截肢、动脉瘤切除等高难手术。劫后余存的教会医院,修葺开诊。中药堂铺渐次营业。1948年济南解放前夕,齐鲁大学主要负责人带领部分师生迁往福州。9月,济南解放后留济师生相继入学开课。1949年江南解放,南迁福州师生返回济南,由张汇泉任医学院院长。另外一些高级护士学校也相继改建或成立,如1946—1948年,潍县基督教医院附设高级护士学校,1948—1949年,附设护士学校(未定正式名称)。

1946年,新四军卫生部制药所在山东沂水建立了实验室,从事麻醉药品的研究和试生产,1947年并入山东新华制药厂研究室。随后,华中制药厂和制药所(华东军区卫生部1943年创办)也并入山东新华制药厂,改名为"华东新华制药厂"。新华制药厂制造的大部分药物供应华东部队,1948年5月至1949年4月的一年中,制成各种药物14784箱,共重241.4吨。其后由军工生产转向民用,为发展山东医药卫生事业打下了基础。1948年10月迁到张店,初步形成了能进行无机和有机药物化学合成的、从科技情报到分析测试的医药生产科研机构。

1946年,国民党山东省卫生处成立,筹建各级卫生行政机构。国民党统治区有县市立卫生院27处,私立医院98处,诊疗所87处,教会医院28处。山东解放区有医院64处,共有床位3260张,医生171人,护士376人。渤海医院规模最大,病床250张,能处理一般内外科疾病。这时期,山东胶东军区卫生部编著的《实用内科诊断学》于1949年9月初版,此书为大兵团军医所用,版本少见,内有众多大张插图,有重要参考价值。

1947年,国民党反动派调集大军向山东解放区发动重点进攻,各解放区医院转移鲁北。山东省卫生总局并入华东军区卫生部。1946年1月,华东军区卫生部接管广德医院和护校,组织了42级学员参加了中华护士学会的毕业会考,并新招收了一批学员。1947年7月,华东军区卫生部转移到黄河北。8月5日国民党第八军占领青州城,血腥屠杀人民,医院停诊,护校被迫停课,学生休学。1948 年 3 月 21 日,潍县、青州全境解放。中共中央华东局领导机关进驻青州境内。6 月,华东军区卫生部直接领导的华东白求恩医学院从海阳、日照迁至青州驻在冯家庄一带。在地下党组织的协助下,将广德医院护校的 70 名学员新招收到华东白求恩医学院。

1949 年 3 月,山东省卫生总局改为山东省人民政府卫生厅。4 月由益都迁至济南。由此,山东省卫生事业进入恢复发展和社会主义改造时期。华东白求恩医学院移交山东省人民政府领导,改称山东省立医学院。新中国成立前夕,霍乱、天花、麻疹、白喉、黑热病等流行严重。为防控疾病,1949 年 3 月,山东省成立了医疗防疫大队,着手建立疫情报告制度。1949 年建立济宁市立人民医院,隶属于济宁人民政府;1949 年 9 月建立山东省聊城市人民医院,是一所集医疗、教学、科研、预防和保健于一体的三级综合性医院。

1949 年山东农业大学设动物医学专业。1949 年 7 月,昌潍地委迁驻广德医院,专署直属医院接管广德医院。经整编后定名为“山东省立医院益都分院”,归山东省卫生厅直接领导。

(二) 新中国成立前后,山东中、西医学科学的发展

新中国成立前,山东医学科学走过了西方医学传播普及和中西医学对峙而又互相渗透的历程。这期间,西医已经形成了人体解剖学、组织学、胚胎学、生理学、病理解剖学、病理生理学、生物化学、微生物学、药理学、物理学、化学、流行病学、卫生学等主要学科。

民国时期,当局曾一度排斥中医,医术发展受到一定影响。1913 年始于省会警察厅内设卫生科,为山东省专门卫生行政管理机构。教会医院继清末势头,发展更加迅猛。西医遂反客为主,而中医则遭受歧视压抑,步履维艰。

20 世纪 30 年代,山东医界的有识之士提出中西参证、兼取并用的观点,并付诸实践。省立医学专科学校校长尹莘农提出,纳国医于科学之规辙。1934 年,沾化县中医崔级三曾提出过医家施治应当中西会通的观点。但北洋军阀和国民党政府都采取歧视压抑中医的政策,致使山东中医药发展艰辛,滞缓了中西医学渗透结合的步伐。临沂中医刘惠民在沂水县创办

乡村医药研究所，融会中西医学，用于诊治和授徒。1934 年，郝云衫联合省内中医名流，在济南创办山东私立国医专科学校；国民第三路军中医官丁雨琴等举办山东国医学社。为争取合法地位，济南、烟台、济宁等地先后成立中医公会，以联络团结中医同仁，弘扬国医，以进求存。但是，南京国民政府再度颁布整顿中医药界通令，旨在取消中医。山东省中医药界公推郝云衫为代表再赴南京请愿，迫使南京政府收回成命。

西医临床医学自 19 世纪 40 年代传入山东后，发展比较顺利。但是，只有新中国成立后才真正进入蓬勃发展的阶段。中西医结合，是临床医学发展的显著特点。新中国成立后，中医临床医学重新焕发了青春，内科、外科、妇科、儿科等学科在继承祖国宝贵医学遗产的基础上，都有新的发展。中西医两大医学体系互相学习、互相借鉴，使临床医学呈现出一个崭新的局面，已取得了丰硕的成果。例如，运用推拿和颠簸疗法治疗小肠扭转、肠梗阻，运用中西医药物配合治疗血栓闭塞性脉管炎，运用脉象仪、气功红外信息仪，辨别脉象，治疗高血压、心脏病，运用针刺麻醉配合手术治疗等等，这些中西医结合的科技成果，进一步丰富了祖国的医学宝库。

新中国成立后，山东医学科学技术沿着中西医结合的方向，进入防、治、研相结合，以应用研究为主，辅以基础理论研究的阶段。新中国成立后，中医内科借鉴和吸收了西医的现代医疗技术，又有了新的发展。西医内科则由原来综合性的学科发展为若干专业，包括消化、呼吸、心血管、血液病、内分泌、神经、康复、精神病等，医疗技术有了长足的进步，而且得到了广泛的普及。新中国成立后，根据人民医疗卫生事业发展的需要，各地还相继建立了中、西药和医疗器械生产企业和科研机构，医药和医疗器械生产技术发展迅速。

（三）山东现代医学名家

周颂声（1879—1964 年），字歌庭，医学博士，生理学家，山东安丘县黄旗堡镇逄王村人。幼年勤奋好学，清末中秀才。后就读于济南高等学堂。1903 年公费留学日本，在东京宏文学院大学预科攻读日文及现代高中课程，1907 年升入金泽医学院。1911 年毕业，获医学学士学位。回国后与几位留日归国同学创办了北京医学专门学校，他任校长，并教授生理学。1919

年被派赴德国柏林洪堡大学研究生理学,获德国医学博士学位。20世纪20年代初,再次留学日本,在东京帝国大学研究生理学,获日本医学博士学位。20世纪30年代初回到济南,创办了山东省立医学专门学校。后历任北平医学专门学校教授、校长,山东省立医学专门学校校长,北平大学医学院生理学主任、教授,北京协和医院生理学名誉教授等职。著述有医学院教材《生理学》、《体格及体力检查法》及中、日、德文医学论文多篇。

刘惠民(1900—1977年),原名成恩、德惠。著名中医,山东沂水县黄山铺乡胡家庄人。自幼酷爱医学。1925年毕业于上海中西医药专门学校,后行医。曾任八路军鲁中二支队医务主任、山东省沂水县参议员。1931年"九一八"事变后,在沂水县西部山区办起了"沂水县乡村医药研究所"及"中国医药研究社",招收学员36人,自编教材,亲自授课,以"培植是项专业人才,供国家多急需"。抗日战争爆发后,于1938年参加八路军,为适应战争需要,尽量将中药汤剂改制为片剂和药丸,并亲自制作模具和教药剂人员制药。至新中国成立前夕,先后制出疟疾灵、金黄散、救急散、救急水、牛黄丸等成品药近百种,为发展根据地和解放区的医药事业作出了贡献。刘惠民一生著述较多,主要有《伤科学读本》、《中西混合解剖生理学概要》、《中西药物学概要》、《中西诊断学概要》、《战地临时医院组织概要》、《麻疹和肺炎的防治》及《刘惠民医案》等。新中国成立后,历任山东省卫生厅副厅长兼山东省中医医院院长、山东省中医药研究所所长、山东中医学院院长、山东省中医学会理事长。

高宗岳(1886—1947年),字仲岱,山东泰安东武村(市郊区汶口镇附近)人。自幼受父(名医高淑濂)熏陶,酷爱医学。曾就读于上海东亚医科大学,毕业后回乡行医。国民党山东省政府曾颁一等奖予以表彰。他在药物学上深有造诣,所著除《泰山药物志》外,还有《云亭山馆七年》、《孔府传道编》等书。《泰山药物志》8卷,是专门研究介绍泰山一带所出产的中草药的著作。作者数十年潜心研究泰山药物,经常实地考察,并遍访山僧药农,参照诸家本草和泰山志乘,搜集泰山药物60余种,通产药物500余味,整理纂成此书,书中对中药的生长、习性、形态及分布、品种、质地、性能、鉴别等内容记载颇详,特别对泰山特产的药物,有较深入的研究,确能"发前人所未发,以扬泰山之精华"。1939年,《泰山药物志》出版。

高仲书(1906—1970年),山东省临沂市郯城县马头镇人,山东省著名中医。自幼随父学医,得其家传。后在上海名医陆渊雷开办的中医函授学校学习两年。高仲书系统学习中国传统的医学著作,特别是对张仲景《伤寒论》等有精深研究,他结合自己的临床经验,善用经方,长于内科。高仲书不仅医学理论深厚,医治水平高,而且医德高尚。1941年任本县医药救国会会长,在马头组织8名中、西医生成立地方医院,通过募捐集资置办药品为八路军伤病员治疗,并通过社会募捐筹集资金置办药品,为抗日军民治病。1946年任郯城县医药联合会会长。后到山东省中医研究所工作,曾任山东医学院讲师、山东医学院附属医院中医部副主任。被山东省卫生厅定为名老中医。著有《伤寒论讲义》、《伤寒类方述意》、《伤寒新解》等。曾任郯城县第一、二、三届人民代表大会代表和县人民委员会委员,济南市第五、六届人民代表大会代表。

张灿玾(1928—)山东中医药大学主任医师、教授。山东省荣成市滕家镇下回头村人。出身中医世家,1943年从祖父与父亲学医,1949年1月起从事中医临床工作,为山东省名中医药专家。张灿玾医道深厚,精通中医又通晓文史哲理,对中医文献的整理研究辨证独到,成就昭彰。临床医疗疗效显著。主编《黄帝内经素问校释》、《针灸甲乙经校释》、《针灸甲乙经校注》、《黄帝内经素问语释》、《黄帝内经文献研究》等,主校《六因条辨》、《素问吴注》、《松峰说疫》、《经穴解》、《小儿药证直诀》、《石室秘录》等多部古典医籍。积极组织和参与在全国范围内的中医古籍整理研究与管理工作,为祖国医学的流世传承及指导临床作出了不凡的贡献,被誉为"国医大师"。

六、山东现代物理学研究的奠基与发展

20世纪20年代,随着高等教育的创立和发展,山东开始了近现代物理学的研究。在山东现代物理学研究的奠基与发展的重要时期,涌现出了一批知名专家学者、教授,他们大都活跃在当时的山东高等院校,其中不少是高校的领导和物理系的主任,在他们的组织和领导之下,山东的现代物理学研究迈出了坚实的步伐。

1917年,英、美基督教在济南创办的齐鲁大学理学院设物理系。国立

山东大学物理学系创建于 1929 年,当时由丁西林、任之恭、郭贻诚等创办。物理系先后由蒋德寿、王恒守、方光圻、潘祖武任主任。丁西林、蒋德寿、王淦昌、宿星北、杨肇廉、郭贻诚、王普、周北屏、杨有樊等人曾在此任教。首任系主任的蒋德寿教授是留学英国的物理学家、英国曼彻斯特的工学院硕士。1933 年,山东大学在青岛较为稳定的环境里,有大批的高水平的师资力量,进入迅速发展阶段。但是,当时国难当头,教育经费严重不足,教学设备非常匮乏,为了提高教学质量,教师们亲自带领学生克服困难,自制各种教学仪器。光学和电子学,分别由何增禄、李珩、任之恭和王淦昌等负责开设。近代物理实验设备除了大部分从德国订购外,有不少简单的部件,例如光电管、计数管等都由王淦昌先生带领技术员、助教和高年级学生一起动手制造。在王淦昌先生的亲自带领和努力下,两年左右的时间,山东大学就建立并充实了近代物理实验室。至 1936 年,山东大学已陆续建成科学馆、化学馆、水力实验室等等,并增添了一些必需的教学设备。

王淦昌(1907—1998 年)是杰出的科学家、中国"两弹一星"著名核物理学家、中国核科学的奠基人和开拓者之一。1929 年清华大学物理系毕业,1930 至 1933 年在德国柏林大学学习,获博士学位,1934 年 4 月回国,是年 7 月至 1936 年 10 月在山东大学物理系任教,后到浙江大学物理系任教授,还担任过系主任,1950 年 4 月到中国科学院近代物理研究所任研究员,培养了几代物理学人才。在山大两年多的教学中,王教授运用循循善诱的启发式的教学方法,讲课时深入浅出,简洁明了,鼓励学生提出问题,并自己去解决问题。由于王淦昌先生讲课灵活,深受学生喜爱。1941 年,他独具卓见地提出了验证中微子存在的实验方案并为实验所证实,他提出的探测中微子的建议为证实中微子的存在作出了贡献。他领导建立了云南落雪山高山宇宙线实验室。他领导的研究小组发现了反西格马负超子。王淦昌参与并领导了我国核武器的研制和发展。作为中国惯性约束核聚变研究的奠基者,也是世界上最早提出激光核聚变的科学家之一,他一直指导惯性约束核聚变的研究,积极促成建立了高功率激光物理联合实验室,他积极指导原子能研究所开展电子束泵浦氟化氢激光器等的基础研究。因为他取得了多项令世界瞩目的科学成就,成为中国科学院资深院士、"两弹一星功勋奖章"获得者,为后来者树立了崇高的榜样。

丁西林(1893—1974 年),一名燮林,字巽甫,是国际著名的物理学家,同时又是我国著名的戏剧家。一人兼领文理,皆有成绩。丁西林留学英国学的是物理学,但同时喜欢文学、戏剧、音乐。在物理学方面,1917 年开始以热电子发射实验验证麦克斯韦速度分析率试验,获得成功,1930 年出了测定引力常效 9 的绝对值方法。他设计新的可逆摆测量重力加速度值;研究不同空气压力对摩擦起电的影响及电网络行列式的一般性质;同时,丁西林还对中国传统乐器——笛进行了改进。国立青岛大学改组为山东大学以后,赵太侔出任校长,广聘教授。丁西林 1935 年来青岛,任山东大学物理系教授。丁西林在山东大学的教材《物理学》由商务印书馆出版。1937 年抗日战争爆发,丁西林离开了青岛去了大后方。1945 年抗日战争胜利后,山东大学在青岛筹备复校,丁西林为理学院院长。丁西林聘李先正为数学系主任,郭贻诚为物理系主任,刘椽为化学系主任,童第周为生物系主任,曾呈奎为植物系主任。丁西林主持下的山东大学理学院人才荟萃,在国立大学中可称一流。

1930 年建立的国立青岛大学(1932 年更名为国立山东大学)也设物理系,在教学的同时,开展研究工作,取得一些成果。中国物理学会在 1932 年成立时,设立有学报委员会和物理教学委员会。1933 年又设立了物理学名词审查委员会。杨肇燫等 7 人为物理学名词审查委员会委员,并任主任委员。1934 年,微波波谱研究先驱、山东大学物理系任之恭在中国物理学会第三届年会上,发表了"多极辐射及其在原子内的选择律"论文。1935 年 9 月,中国物理学会第四次年会在山东大学召开。到会 30 余人,宣读论文 42 篇。至此次年会,会员人数 197 人,选举叶企荪为会长,梅贻琦为副会长。会议还决定聘请法国物理学家法布里(C · Fabry)为中国物理学会会员。山东大学物理系王淦昌、许振儒、李珩(1898—1989 年)、王恒守等在会上发表了 5 篇高水平的论文。

任之恭(1906—1995 年),华裔中国物理学家。中国现代电子学研究领域的一位先驱和奠基人。1906 年 10 月 2 日生于山西省沁源县。1926 年毕业于清华学校,同年赴美留学。1928 年获麻省理工学院电机学士学位,1929 年获宾夕法尼亚大学无线电硕士学位,1931 年获哈佛大学物理哲学博士学位。1930—1933 年先后任哈佛大学物理学助教、讲师。1933 年回国后,任山东大学物理学教授。后应聘到清华大学担任物理学和电机工程学教授等。他先后发表50多部(篇)论著和论文,且多发表在国外学术刊物上。其主要著作有《微波量子物理学》、《近代物理学中的重大发展专题报告集》等。

杨肇燫(1874—1974年),自幼聪明好学,博览群书,有丰厚的文学功底。早年毕业于上海高等学堂,后考入北京清华学校,以优异的成绩考取庚款留学。杨肇燫先就读于麻省理工学院,毕业时授物理学士学位。曾考入哈佛大学,钻研高能物理,获硕士学位。回国后,曾任青岛大学教务长。杨肇燫曾翻译美国人 Max Abraham 的《电学理论》;日本帝国主义投降后,山东大学复校,杨肇燫任工学院院长,下设土木工程学系、机械工程学系、电机工程学系。1949年6月2日青岛解放,山东大学成立校务委员会,由丁西林任主任,工学院院长杨肇燫及赵纪彬为副主任,1950年杨肇燫代理校务委员会主任,丁履德任工学院院长。后任中国高能物理研究所研究员、中国科学出版社副社长兼副总编辑。编审翻译了世界科学名著多部。对我国的科学翻译工作作出了较大的贡献。

王恒守(1902—1981年),字咏声,斜桥人。中央大学数学系毕业后,留学美国哈佛大学研究生院,专攻理论物理。1932年秋回国,历任山东大学物理系系主任,是山东大学教学科研的主干力量,也为山东大学的进一步发展奠定了人才基础。后任南开大学、广西大学、中央大学、南京大学物理系系主任、研究部主任、教授等职。新中国成立后,任复旦大学物理系二级教授兼教研室主任。他长期主持"数学物理方法"课程,不断修正讲义内容,改进教学方法,著译有《力学之部》、《从相对论到量子论》、《原子能辐射原理和防避法》、《波浪发电的原理设计》等。

抗日战争期间,山东的物理学学术活动陷于停顿。战后至新中国成立前一段时间,山东大学物理系在极端困难的条件下,坚持自己动手建设实验室,开展科学研究活动。抗日战争期间,杨肇燫等物理学家也进行了审订物理学名词的许多工作。日本帝国主义投降后,山东大学复校,在北平、南京、上海、西安、成都、重庆、济南、青岛等地招生,共录取本科生518人。工学院由杨肇燫任院长,下设土木工程学系(系主任许继曾)、机械工程学系(系主任丁履德)、电机工程学系(系主任樊翕)。1949年6月2日青岛解放,山东大学成立校务委员会，由丁西林任主任，工学院院长杨肇燫及赵纪彬为副主任，1950 年杨肇燫代理校务委员会主任，丁履德任工学院院长。

郭贻诚教授(1948—1958 年)，早年留学美国，获加利福尼亚工学院研究院的理学博士学位。他专长理论力学、电磁学等的研究，著有《微磁(化)理论》、《铁磁学》等论著。郭贻诚教授 1946 年以后，任山东大学物理系教授、物理系主任。后任理学院院长(1950—1952 年)、副教务长(1952—1966 年)，1959 年以后任物理系磁学教研室主任。

山东大学物理系主任王普教授，毕业于德国柏林大学研究院，获理学博士学位，曾在美国参加核分裂(原子弹)的初期研究工作，出版有《核物理学入门》、《铀镭与国防》等论著，是当时我国少数的核物理学专家之一。1946 年，山大在青岛复校。王普重返山大任物理系主任和代教务长。他积极延聘教授，推动学术讨论，使物理系在当时成为山大实力最强、活力最大的一个系。积极组织和指导科学研究工作。当时，他提出曾在美国各大学研究过并已取得一定成果的两项课题，作为主要研究方向：一是利用原子核乳胶研究宇宙射线中的不稳定粒子；二是利用闪烁谱仪研究 X 射线谱和各种材料对它的吸收。这些选题，在当时我国高校中是切实可行的。他为山大物理系购置了设备，组织了人员，建立了乳胶实验室，为山东大学核乳胶实验室的创建与高能物理研究以及研究生培养打下了良好的基础，作出了重要的贡献。

新中国成立后，山东的物理学研究获得较快发展。研究活动主要集中在山东大学、山东工学院(1984 年更名为山东工业大学)、山东海洋学院、曲阜师范学院、山东师范学院、国家海洋局一所、省激光研究所、机电部济南铸锻所等高等学校和科研单位。30 多年来，取得了一批重要研究成果。

在现代物理学领域的科学研究中，山东也涌现出了一批赶超世界水平的知名专家学者、教授，他们为国家的现代物理学发展、空间技术、核技术、“两弹一星”事业作出了杰出的贡献，成为齐鲁儿女的骄傲和自豪。以下是其中的代表。

丁肇中(1936—)美籍华裔物理学家。祖籍中国山东省日照市，1936 年出生于美国密西根州安阿堡(Ann Arbor)，中学时代是在台湾度过的。1956 年丁肇中入美国密执安大学学习，1960 年获硕士学位，1962 年获博士学位。曾在瑞士欧洲核子中心工作一年。1964年起在美国哥伦比亚大学工作。1967年起任麻省理工学院物理学系教授。丁肇中是美国科学院院士、实验物理学家,研究方向是高能实验粒子物理学,他所领导的实验组先后在几个国际实验中心工作。1967年起任美国麻省理工学院物理系教授,1977年当选为美国科学院院士。1976年,他独立地发现一种称为"J"的新粒子,这种粒子是不带电的,而且寿命比近些年来相继发现的新粒子长1000倍——尽管在常人看来它也极其"短命",只能活0.00000000000000000001秒。但这是一种新的重光子,丁肇中把它命名为"J"粒子。与其同时,美国科学家里克特领导的小组也发现了新粒子也是重光子,寿命同样很长,里克特小组把它命名为"ψ"粒子。由于这种粒子是丁肇中和里克特各自彼此独立发现的,因此1976年度的诺贝尔物理学奖就由丁肇中与里克特共同分享。丁肇中还被美国政府授予洛仑兹奖,1988年被意大利政府授予特卡斯佩里科学奖。他在日内瓦建造了世界上能量最大的正负电子对撞机;他领导的实验组是世界上最大的高能物理实验室。1994年当选为首批中国科学院外籍院士。他曾被密歇根大学(1978)、香港中文大学(1987)、意大利波洛格那大学(1988)和哥伦比亚大学(1990)授予名誉博士学位。1996年获中国国际科学技术合作奖。

刘振兴(1929—　),中科院院士、空间物理学家。1929年9月14日生于山东昌乐。1955年毕业于南京大学气象系。1957年被录取为中国科学院地球物理所副博士研究生,导师为原地球物理所赵九章院士,1961年获中国科学院地球物理研究所副博士学位。刘振兴是中国科学院空间科学与应用研究中心研究员,我国地球空间双星探测计划(简称"双星计划")首席科学家,长期从事近地层大气物理、高空大气物理、行星际物理和磁层物理研究,在地球辐射带理论、太阳风湍流结构、木星磁层磁盘模式、极光区粒子加速机理、磁层亚暴过程和磁层磁场重联理论研究方面作出了一些重要的新结果。他在国内外学术刊物上发表论文120余篇,合作编著书6部。他先后获全国科学大会奖、国家自然科学奖三等奖、二等奖、何梁何利"科学与技术进步奖"地球科学奖等。刘振兴院士在国际上也享有盛誉,分别获法国图鲁兹市(欧空空间城市)市长勋章、国际空间研究委员会(COS PAR)和印度空间研究组织联合颁发的2000 Vikram Sarabhai奖、欧空局局长签署的"对欧空局 Cluster II 作出突出贡献"证书。现担任的主要社会工作有中国 Cluster 数据和研究中心主任、中国科学院出版委员会委员、中国科学院科学期刊研究会副理事长等,欧空局 Cluster 科学数据系统指导委员会委员、国际地磁和高空物理(IAGA)中国委员会主席等职,欧洲空间局 Cluster 科学系统指导委员会委员、国际地磁和高空物理协会(LAGA)中国委员会主席,等等。

卢鹤绂(1914—1997 年),字合夫,祖籍山东省掖县(今山东省莱州市)。世界一流的原子核物理学家,也是中国核能的先驱。卢鹤绂从小热衷于钻研理工科学。1936 年 6 月毕业于北平燕京大学理学院物理系。1939 年在美国明尼苏达大学研究院获科学硕士学位,1941 年获哲学博士学位。1941 年回国,先后在中山大学、广西大学、浙江大学任教授。后任复旦大学教授、上海原子核所副所长及一室主任,被选为中国科学院数学物理学部委员。早在 1937 年,卢鹤绂就制成了一台 180 度聚焦型质谱仪,研究热盐离子源的发射性能。发现热离子发射的同位素效应,发明了时间积分法,并在世界上首次精确测定了锂 7、锂 6 的丰度比为 12. 29,被国际采用近半个世纪。卢鹤绂的硕士论文"热盐离子的质谱仪研究"和实验的成功,被国际公认是一种创举。在已有工作的基础上,卢鹤绂提出了扇状磁场对入射带电粒子有聚焦作用的普适原理,并据此设计制造了一台新型 60 度聚焦的高强度质谱仪,一举攻克了当时的世界难题。1941 年他以题为"新型高强度质谱仪及在分离硼同位素上的应用"的论文获得哲学博士学位。1942 年,卢鹤绂预言不久的将来人类将大规模利用原子能,随后又提出一种估算原子弹以及原子堆临界大小的简易方法。1947 年,卢鹤绂第一个在美国物理杂志上发表了题为"关于原子弹的物理学"的文章,因此被誉为"世界上第一个揭露原子弹秘密的人"、"中国核能之父"。卢鹤绂一生的成就尤以"卢鹤绂不可逆方程"闻名于世。"卢鹤绂不可逆方程"为理论物理界所大力推崇,被列入德国物理百科全书《物理大全》中。卢鹤绂胸怀祖国,他在 1941 年获明尼苏达大学博士学位后即回国,历任多所名校教授,还兼任中国科学院上海原子核研究所副所长、上海物理学会理事长、中国科学院院士。卢鹤绂教授教书育人,先后开设了电磁学、量子力学、理论物理、热力学、统计物理学、中子物理学及加速器原理等课程,为国家培养了一大批优秀科技人才。

葛庭燧(1913—2000 年),山东蓬莱人。中国科学院资深院士,中国科学院固体物理所所长、名誉所长、研究员。金属物理学家。早年在家乡和北京等地求学,1928 年进入北京师范大学理预科学习,1937 年毕业于清华大学,获理学学士学位。1940 年获燕京大学理学硕士学位,后任西南联合大学(昆明)物理系教员。1941 年赴美,就读于美国加利福尼亚大学伯克利分校。1943 年获物理学博士学位。获物理学博士学位后,应邀到麻省工学院工作,参与美国曼哈顿计划中有关原子弹及远程雷达的研究,获美国国防研究委员会颁发的奖状和奖章。二战结束后,又应邀到芝加哥大学金属研究所从事基础研究,任副研究员。1949 年回国,任清华大学教授和中国科学院应用物理研究所研究员。葛庭燧毕生致力于金属物理学的发展,在固体内耗、晶体缺陷和金属力学性质研究上成就卓著,是国际上滞弹性内耗研究领域的创始人之一。他创造性地发明了被国际科学界命名为“葛氏摆”的内耗测量装置,并成功地利用该装置首次发现了晶界内耗峰—葛氏峰,奠定了非线性滞弹性理论的实验基础。他首先发现了点缺陷与位错交互作用以及位错与晶界交互作用引起的非线性滞弹性内耗峰。他本人也因其杰出的科学成就先后获得了内耗与超声衰减领域的最高国际奖—甄纳奖,桥口隆吉材料科学奖,何梁何利“科技进步”奖,美国金属、矿物、材料(TMS)学会的梅尔奖。

郭永怀(1909—1968 年),山东省荣成人。著名力学家、应用数学家、空气动力学家,中国科学院学部委员。我国原子弹、氢弹研制过程中杰出的领导者和组织者之一。1909 年 4 月 4 日出生于山东省荣成市。1931 年 7 月,郭永怀预科班毕业转入本科学习,选择了物理学专业。两年后,他来到北京大学,在光学专家饶毓泰教授门下继续深造。1935 年 7 月,郭永怀北京大学物理系毕业,留在饶毓泰教授身边,做助教和研究生。1940 年赴加拿大多伦多大学应用数学系学习并获硕士学位。1941 年 5 月,郭永怀来到了当时著名的国际空气动力学的研究中心——美国西岸加州理工学院古根海姆航空实验室继续深造,在航空大师冯・卡门教授的指导下开展研究工作。经过 4 年艰苦探索,郭永怀于 1945 年完成了有关跨声速流不连续解的出色论文,获得了博士学位。此后,郭永怀留在加州理工学院继续学术研究。郭永怀是我国著名力学家、应用数学家，是我国近代力学事业的奠基人之一。在跨声速流和奇异摄动理论（PLK 方法）方面的成就为国际公认。早在1945 年，他和钱学森经过拼搏努力，不久就合作拿出了震惊世界的重要数论论文，首次提出了上临界马赫数概念，并得到了实验证实，为解决跨声速飞行问题奠定了坚实的理论基础。此后，郭永怀应聘参加了美国数学学会，并被加州理工学院特聘为研究员。不久，他便成为康乃尔大学航空研究院的三个著名攻关课题主持人之一。1949 年，郭永怀为解决跨声速气体动力学的一个难题，探索开创了一种计算简便、实用性强的数学方法——奇异摄动理论，在许多学科中得到了广泛的应用。正是因为在跨声速流与应用数学方面所取得的两项重大成果，郭永怀由此驰名世界。1956 年 10 月回国后与钱学森、钱伟长一起投身于刚组建的力学研究所从事科技领导工作。不久，郭永怀受命出任研究所常务副所长。1957 年任中国力学学会副理事长，同年聘为中国科学院数学物理学化学部学部委员。后研制核武器的二机部九局成立，郭永怀成为负责核武器研制、生产整个过程的研究设计院——九院（中国工程物理研究院的前身）的负责人，开始了“两弹”研制工作。他倡导我国高速空气动力学、电磁流体力学和爆炸力学等新兴学科的研究；担负国防科学研究的业务领导工作，为发展我国的“两弹一星”事业作出了重要贡献。

七、山东现代化学研究的奠基与发展

在中国，生物化学成为一门独立学科，较国外迟 20 年至 30 年。从 20 世纪 20 年代起，1926 年省立山东大学设立应用化学分科。除省立山东大学外，齐鲁大学设有生物化学系，并结合教学开展了化学研究工作。这是当时中国境内少数的几所大学医学院设有的生物化学系，一段时间内尚无生物化学专业教学和科研机构。1929 年，山东大学将校址定在风景幽雅的青岛，1930 年设立化学系并于当年招生，首任系主任为汤腾汉博士。1930 年建系时只有主任 1 名、助教 1 名。到 1933 年，专任化学教授就达到 6 人（汤腾汉、傅鹰、胡金刚、陈之霖、邵德辉、刘遵宪），使化学系整体科研、教学水平有了很大提高，并为今后的发展奠定了坚实的基础，也形成了化学系延揽人才、共求发展的良好传统。1931 年，《山东大学化学系试验室报告》创刊，这是当时国内专载化学和化工方面研究论文的几种重要学术刊物之一,质量颇高,在化学刊物中占有较重要的地位。1936年的化学系课程中,化学实验的总教学学分就达27学分,同时要求学生研修“实验室研究初步”和“实验室研究及论文指导”,合计16学分。

在山东现代化学研究的奠基与发展的重要时期,涌现出了一批知名专家学者、教授。他们当中,既有山东籍的,也有虽不是山东籍但却在齐鲁大地上辛勤耕耘的代表,他们共同为中国的化学研究和发展作出了突出贡献。

吴克明(1898—1977年),知名化学专家。字承敏,山东青州人,1919年齐鲁大学毕业后于1920年春至1922年冬留校在化学系任教。1929年,由铭贤学校资助,他前往苏联、波兰、瑞士、德、奥、意、英、法各国参观,并到美国欧柏林大学研究院学习化学,获硕士学位,曾发明三种镉之磷酸盐。1931年归国后继任铭贤学校教员兼训导主任。1937年,抗日战斗爆发,这年秋冬他在国民党中央研究院药物研究所任研究员兼化学组主任,从事中药提炼的研究和防毒设备的设计。1938年后任太谷铭贤学院院长。1944年春至1945年夏,他又应聘到重庆国民党中央财政部盐务总局任技术专员,从事研究解决抗日后方食盐不足的困难。1945年秋出任齐大校长(1945—1949),主持了齐大复校迁回济南的工作。

杨德斋(1900—1972年),山东教育界知名人士,胶南东南崖村人,1918年8月赴日本东京高等预备学校就读。1920年赴美求学。1928年6月毕业于美国北加罗林大学研究院,获博士学位。回国后任齐鲁大学化学系主任兼教授。1947年8月起先后任齐鲁大学总务长、校长(1949—1952)。1948年济南解放前夕,在极少数人的操纵下,齐大曾将部分人员和教学物资南迁,医学院被迁往福州。济南解放后,齐大经过短时间的修整,杨德斋留守济南,由原总务长代理校长,组织重新开课,南迁的师生也相继返校。

汤腾汉(1900—1988年),药物化学家。祖籍福建龙溪(今龙海),生于印度尼西亚。1926年毕业于德国柏林大学药学院,获国家颁发的药师证书。1929年获德国柏林大学理科博士学位。1930—1935年任山东大学教授,兼任化学系主任。1935—1936年任北洋大学工学院教授。1936—1938年任山东大学教授,兼任理学院院长。20世纪40年代致力于中草药剂及化学试剂的研制和化学药学的教学与科学研究工作。主编有《化学试剂及其标准》等,汤腾汉的科研工作立足于化学理论与实际应用相结合,例如,他从山东各地收集20多种酒曲,经过分析比较,找到一种高效酵母,应用于生产,其效力接近于当时德国有名的菌种。他的一篇论文《制造骨胶之研究》曾获1937年中国工业化学征文一等奖。汤腾汉教书育人,培养了几代药学专门人才。他在山东大学首次开设无机化学讨论、有机化学讨论、药物化学等一、二年级的重要基础课程。他讲课深入浅出,旁征博引,联系实际,深受欢迎。汤腾汉很重视培养学生的实验操作技能。他主持山东大学化学系工作时,想方设法建立化学实验室,向学生整天开放,每个学生都有固定的实验桌,做实验非常方便。

薛愚(1894—1988年),药物学家、化学家。1920年中学毕业,以资助上大学的形式考取了齐鲁大学理学院化学系。1925年以优异成绩毕业。后受聘于清华大学。1930年赴法国深造,1933年获巴黎大学理学博士学位后回国,决心投身于化学教育事业。1940年,他创建了已迁至成都的齐鲁大学药学系,任齐鲁大学教授兼化学系、药学系主任,领导全系的工作,聘请蒋明谦、李炳鲁、顾文霞、傅鹰、费青等教授;制订教学计划,规定课程设置,并亲自讲授药物化学及药剂学;还向教育部医学教育委员会争取到不少贵重仪器、药品等;同时聘请郑启栋高级工程师负责药厂工作,扩大、健全药厂作为学生的实习基地,为学生理论联系实际创造了良好条件,致使基础薄弱的药学系教师阵容不断加强,仪器设备不断扩充完善,教学质量日益提高。1945年,任国立药学专科学校教授、校长等职。他按照自己的设想办学,一生从事药学教育,提出药学教育——"三三"制观点,编著我国第一部医药院校专用教材《医用有机化学》,主编《中国药学史料》,培养了大批中国的药学人才。他还从事大量天然药物化学研究工作。他对中国的药学建设与发展作出了突出的贡献,是我国药学教育事业的奠基者之一。

傅鹰(1902—1979年),物理化学家和化学教育家,中国胶体科学的主要奠基人。1919年入燕京大学化学系学习,1922年公费赴美国留学,6年以后,在密执安(Michigan)大学研究院获得科学博士学位。傅鹰献身科学和教育事业长达半个多世纪,对发展表面化学基础理论和培养化学人才作出了贡献。他以学识渊博、治学严谨著称。傅鹰教授写的《普通化学》讲义,影响了不少化学学子,他主张"编写教材,一不要为名,二不是逐利,唯为教学和他人参考之用”。他倡导在高等院校开展科学研究,创建了我国胶体化学第一个教研室,并培养了第一批研究生。在他的学生中,就有邓从豪(原山东大学校长,著名量子化学家)、周绍民、程炳耀、黄保欣(香港立法委员,经济委员会主任)等杰出人才。

刘遵宪教授,毕业于清华学堂(清华大学前身),成绩优异,公费留美,获麻省理工学院化学博士学位,在理论化学、胶体化学方面有独特的成就,是当时中国三大理论化学权威之一。曾任齐鲁大学理学院院长兼化学系主任。使化学系整体科研、教学水平有了很大提高,并为今后的发展奠定了坚实的基础。在胶体化学、结晶化学、量子化学和电化学等研究领域形成鲜明特色。

王启承教授,曾任齐鲁大学化学系主任,留学英国,1934年,在实业救国精神的感召下,辞职赴津,受聘于东亚毛纺织股份有限公司,担任东亚化学部主任。他到东亚后,对原料、水质、染色等进行科学化验,并不断改进了拣毛、洗毛、纺毛、染色等各道工序,大大提高了“抵羊”牌毛线的质量,原材料的消耗也大大降低。个别型号产品还超过了洋品牌,成为有竞争能力的产品。

抗日战争以前,山东大学化学系在汤腾汉带领下,对动植物药物的成分进行研究,取得一些成果。1936年化学系开设了“定量分析”、“国防化学”、“工业化学”、“油脂化学”、“食物化学”、“毒物化学”、“军医师须知”等。另外,老师和学生还经常进行社会调查,通过对山东省青岛市的自然地理、资源、工农业生产、科学技术进行调查,编印了《科学的青岛》、《科学的山东》等,还在《化学系赠刊》上发表学生调查、实习报告等。

1937年3月,毕业于山大化学系并留该系做助教的勾福长,以《制造骨胶之研究》一文,荣获严特约纪念工业化学征文第一名(本届征文仅取两名)。郭质良分别获得1937年严特约纪念工业化学奖与中华文化教育基金会特种科学奖。同年,郭质良以《山东酒曲之研究(三)》及《中国化学工程》等论文,荣获中华文化教育基金委员会本届特种科学奖。

抗日战争爆发后,在艰苦的条件下,齐鲁大学薛愚等对植物草药和刘遵宪对物理化学中若干课题坚持科学研究,但由于战火纷飞,学校几经变迁,专业人员流失,百业凋敝,化学事业亦难以发展。

1945 年抗日战争胜利后，山东大学在青岛筹备复校，丁西林为理学院院长。丁西林聘刘椽为化学系主任，他治学严谨，求贤赏识人才。1948 年夏因为支持学生的爱国民主运动被中正大学解职，邓从豪决定到校址在青岛的山东大学刘椽教授身边工作。这期间的化学研究与教学跨入了一个新台阶。

齐鲁大学校门

新中国成立初期，阎长泰等一批化学家毅然从国外回到山东，在以邓从豪为代表的化学家领导下，新的一代化学工作者迅速成长，给山东的化学事业带来了勃勃生机。

邓从豪(1920—1998 年)，中外化学界赫赫有名的量子化学家、理论化学家和教育家，中国科学院院士。江西临川人。1920 年 10 月生。自幼生活清贫，父母靠卖田供他读书。小学时，一位姓徐的数学老师教学很好，使他在小学时就很喜欢数学。在中学时，受中学化学老师邹时琪先生的影响，数学、化学和物理都是他喜欢的课程。1945 年毕业于厦门大学化学系。受教于傅鹰教授，后到南昌中正大学化学系任教。因支持学生“反内战、反迫害、反饥饿”民主运动，1947 年被学校当局解聘，尽管当局后来迫于压力收回成命，但这促成了他北上山东大学任教。1948 年 9 月，应聘来到青岛山东大学，在化学系任教。1949—1951 年，自修量子力学与量子化学，开始研究化学键问题。从此他在齐鲁大地奉献了毕生精力和智慧。后任山东大学副校长、校长等职。他长期从事量子化学和分子反应动力学的理论研究和教育工作，学术造诣极为精深。在配位场理论、分子轨道理论、分子反应动力学理论和电子相关理论等研究领域取得了一系列突出成就。他是新中国高层次理论化学领域“八大员”之一，在国内外学术刊物发表论文 240 余篇，出版学术专著及教材 5 部，其科学价值及对学科发展的贡献为国际国内同行所公认，被誉为“当代中国化学大师”。

在现代化学领域的科学研究中，山东也涌现出了一批敢超世界水平的知名专家学者、教授，如阎长泰、孙承谔、焦书科等等，他们都为国家的化学研究和发展作出了杰出的贡献，成为齐鲁儿女的骄傲。

阎长泰(1917—　),化学教育家与分析化学家。1917 年 11 月 2 日生于山东省利津县。1936—1937 年在北平燕京大学学习。1941 年在成都华西大学化学系学习,获理学学士学位。1946 年在成都华西大学化学系任教。1947 入山东大学化学系任教。1948—1950 年在英国利兹大学学习,获理学硕士学位。后一直在山东大学化学系任副教授、化学系任系主任、山东大学任教务处处长等职。阎长泰早年开展了制革、胶原化学、蛋白质化学和阿胶、狗骨胶的成分分析方面的研究,所发表的学术论文在国内学术界引起了反响,是制革化学基础研究的良好开端。他在用电化学、原子吸收等方法测定有机物方面也做过研究;在环境污染的检测问题方面,有重要学术影响。他所著《有机分析基础》一书,是国内第一部较全面扼要地介绍有机分析各方面的著作,它既保留了必要的经典化学部分,又着重介绍了波谱学和各种色谱分离、成分分析等近年来发展起来的新技术。阎长泰在主持山东大学化学系工作的较长时期内,使该系有了较大发展,包括化学系、应用化学系、理论化学教研室、胶体和表面化学研究所和化工厂在内的化学学院得到长足进展,量子化学、胶体化学、电化学、有机硅和晶体材料研究等一大批新兴学科和专业,都是在他亲自组织领导下建立和发展起来的。其中,量子化学和晶体材料研究多年来一直处于国内领先水平。

孙承谔(1911—1991 年),原籍山东济南。物理化学家和化学教育家。主要从事化学动力学的研究工作,是中国早期从事化学动力学研究的先驱之一。1911 年 3 月 11 日出生于山东省济南市。1923—1929 年在清华学校学习。1929—1931 年在美国威斯康涅大学化学系学习,获理学学士学位。1931—1933 年美国威斯康涅大学化学系学习,获博士学位。论文题目为"固体中偶极转动的实验研究"。结业后旋即被普林斯顿大学聘为研究助理,从事化学反应过渡态理论的研究。孙承谔于 1934 年在过渡态理论创始人之一、著名化学家艾林的指导下,用手摇计算机进行了大量艰苦的计算工作,1935 年与艾林及 H. 格希诺维茨(Gershinowitz)共同发表了著名的论文《均相原子反应的绝对速率》,文中提出了 $A + B + C \rightarrow AD + C$ 及 $AB \rightarrow A + B$ 反应速率常数的过渡态理论的计算公式,所公布的研究成果"$H_2 + H \longrightarrow H + H_2$ 反应的势能面"被誉为化学领域近百年来的重大成就之一。孙承谔在物理化学的研究范围很广,在化学动力学领域内,早在 20 世纪 30 年代就开始从事前沿方面的研究工作。所研究的动力学体系不仅有气相,还有液相;不仅有均相,还有复相;不仅涉及基础理论,而且有密切联系实际的工作。他对我国化学动力学理论及实用研究队伍的形成所做的努力,已经取得了丰硕成果。后为适应我国石油化学工业发展的需要,开始进行催化反应动力学的研究工作,卓有成效。新中国成立前曾长期担任北京大学化学系主任;新中国成立后,孙承谔于1951年任北京大学理学院代理院长。院系调整后,从1952年起一直担任北京大学化学系系主任,直至"文化大革命"。孙承谔一生主要从事物理化学尤其是化学动力学领域的科研和教学工作,其内容涉及偶极矩测定、活化能计算、过渡态理论、电负性、溶剂效应和催化动力学等方面。为了推动我国化学动力学的科研和教学工作,孙承谔还组织翻译了《化学动力学与历程》一书,为国家培养了一批优秀的化学动力学人才。

焦书科(1929—),化学教育家、高分子化学家。1929年5月19日出生于山东省临邑县焦家楼村。1953年8月毕业于南开大学化学系。1953—1956年12月为北京大学化学系高分子化学研究生。1957—1960年9月在北京大学化学系任教。1992年至今任北京化工大学材料科学与工程学院教授,被聘为山东大学、山东建材学院、青岛化工学院、沈阳化工学院兼职教授,当选为中国合成橡胶工业协会理事、中国国际人才开发中心高科技专家委员会化学工程部副主任。焦书科长期从事高分子科学与材料的教学和科研工作,为中国培养了大批化工科技人才,对发展中国的合成橡胶、涂料工业和功能材料作出了贡献。

八、山东现代生物学研究的兴起

山东的近现代生物学研究始于20世纪初,1901年山东大学堂(山东大学前身)创办时,就开设过生物学方面的课程。1917年,齐鲁大学生物学系和医学院的张奎、孟庆华等开展寄生虫病学研究,在国内有一定影响。山东大学病原生物学研究所由著名的张奎教授创建。张奎教授与金大雄、孟庆华、秦西灿教授以及美籍 Winfield 教授等一起在医学原虫和昆虫领域做了大量研究工作,为学科发展奠定了坚实的基础。

1930年,私立青岛大学(后改为国立山东大学)成立时正式设置生物学系。一大批国内外著名学者如曾省、刘咸、林绍文、张玺、高哲生、童第周、李嘉泳、曾呈奎、郑柏林、方宗熙、邹源琳、薛廷耀、李冠国等先后在此任教。中科院院士、著名实验胚胎学家童第周教授,中科院院士、著名海洋生物学家曾呈奎教授以及著名微生物学家王祖农教授都先后担任过系主任,他们以其先进的学术思想和卓越的贡献促进了山东大学生物学科的发展,并使山东大学生物学科享誉海内外。

1931 年,山东大学成立生物学会,是国内最早的生物科学群众团体之一。1934 年成立的山东大学海滨生物研究所、1935 年北平研究院动物研究所在烟台成立的渤海之滨生物研究所以及北京师范大学在烟台设立的海洋生物调研机构,陆续开展起海洋生物研究。生物系关于海洋水产之设备,均是国内大学所少有。当时国内许多著名生物学家,如动物学家刘成、沈嘉瑞、寿振黄、刘承钊,植物学家李良庆,微生物学家于复新、冯蓝洲、黄翠芬等,都先后来山东工作,使山东的生物学研究处于当时国内领先水平。抗日战争期间,研究工作受到严重破坏,战后又有所发展。抗日战争直到新中国成立前,研究机构几经变动,研究工作遭受挫折,进展甚微。到建国前,取得的研究成果多集中在区系分类方面。

山东大学曾省(1899—1968 年)教授,是著名的寄生虫学专家、生物防治最早的倡导者和实行者,并在农业教育和研究上卓有成就。1928 年,公费留学法国里昂大学,获生物学博士学位,嗣后在瑞士暖狭登大学任研究员。1932 年,曾省途经莫斯科回国,被聘任为青岛大学生物系主任兼教授,并开展海洋生物的研究工作。1934 年,前往济南筹建农学院,并任院长。研究鸟类和鱼类寄生虫,发现若干新种,并在欧洲刊物上发表文章;研究水稻主要害虫,著有《螟虫》一书;研究长江流域蚊类,著有论文。曾省教授在小麦吸浆虫防治研究上有较深的造诣,所著《小麦吸浆虫》一书,是国内外关于该虫最完整和系统研究的专著,具有昆虫学理论价值。同时他还积极倡导生物防治,奠定了我国生物防治的学术基础。

山东大学童第周(1902—1979 年)教授,胚胎学和发育生物学家,是中国科学院学部委员(院士)、教育家、中国实验胚胎学研究的创始人之一。是比利时比京大学动物学博士、著名的组织胚胎学专家。1946—1948 年任山东大学教授，后任山东大学副校长。他在海洋科学的主要贡献之一，是关于文昌鱼发育的实验研究，证明了文昌鱼在从无脊椎动物进化为脊椎动物过程中的重要地位；他的关于海鞘的研究，证明了其胚胎发育中有些组织器官具有可塑性，纠正了过去一些学者认为其发育属于严格镶嵌型的见解；他在鱼类早期发育的实验研究中，还证明了鱼卵受精后原生质向动物极流动，其组织中心在受精后不久即被建立。同时，他指出这一现象可能在脊椎动物的发育中具有普遍意义。童第周后曾任中国科学院海洋研究所首任所长、中国海洋湖沼学会副理事长、中国科学院生物学部主任、中国科学院副院长、山东大学动物系主任兼教授等职。

山东大学刘咸教授是英国皇家学会生物学博士，在国际上也负有声誉。民国十七年，刘咸考取江西省公费留学生，去英国牛津大学攻读人类学，先后获得人类学和民族学硕士学位。归国后，历任山东大学、暨南大学、上海大学、复旦大学教授。他研究古人类学和猿猴学，造诣很深。1930 年和 1931 年，刘咸分别出席葡萄牙国际人类学会议、国际人类及史前考古学会议等，在国际人类及史前考古学会议上展览了中国有关人类学、考古学研究著作多种，颇得世界各国学者的重视，“尤以北平地质调查所，杨钟健、裴文中二氏有关‘北京人’之著作，最为赞许”。刘咸提交的《猡猡经典文稿之研究》、《苗族芦笙之研究》两文在巴黎《人文杂志》上予以刊载。刘咸教授还在国内率先开展了中国早期的体质人类学研究，并培养了众多优秀的体质人类学家。1937 年，刘咸根据体质特征将中国人分为三种类型，即华北人（主要分布在黄河流域）、华中人（分布在长江流域）和华南人（分布在珠江流域、福建、海南和台湾）。刘咸还进行过海南岛黎族的体质研究。1934 年春赴海南岛，对 303 个黎族个体进行观察和测试，得出黎族来源多元化的认识。也曾在台湾进行人类学调查，系统收集了高山族民俗文物，后来建成了中国大陆规模最大、质量最高的高山族民俗珍品博物馆。

新中国成立后，山东省的生物学研究获得迅速发展，创立和兴起了生态发育生物学、海洋生物学、微生物工程学和生物技术等新兴学科，有的领域在国内形成优势。从事研究工作的主要有：山东大学、山东师范学院、山东海洋学院、山东医学院、青岛医学院、中科院海洋研究所、山东海产养殖研究所、山东海洋水产研究所、省淡水水产研究所、省食品发酵研究所、省生物研究所、省医科院等高等学校和科研单位。

中科院著名动物学家张致一教授,中科院院士、著名细胞生物学家庄孝惠教授都是山东大学生物学系早期的毕业生,成为齐鲁儿女的骄傲。

中科院院士张致一(1914—1990 年),山东泗水县泉林镇马家村人。中国科学院生物学部委员(院士),国际比较内分泌学会理事,著名动物学家、胚胎学家、生殖生物学家、生理学家。青少年时代曾就读于山东省济南市私立育英初级中学及省立高中。1940 年毕业于武汉大学生物系,先后在中央大学医学院解剖系和同济大学生物系任助教、中国生理心理研究所任助理研究员。1947 年 1 月赴美,先后获美国 lowa 大学硕士及博士学位,并任该校动物系副教授。这期间,他主要以两栖类为材料从事比较内分泌学的理论研究并获得重大突破。1957 年毅然率全家绕道回国,到青岛中国科学院海洋研究所任副研究员。长期致力于揭示高等动物的生殖规律及其调控机制,在胚胎学、内分泌学和生殖生物学基础研究领域都有很多创造性的成就。首次通过激素使南非蟾蜍由雄性转变为雌性,产生单性(全部为雄性)后代,同时又用生殖腺移植技术获得了由雌性转变为雄性的动物。最早发现两栖类胚胎下丘脑原基摘除后产生永不变态而具有四肢的白色蝌蚪。首次证明神经组织在发育过程中对垂体功能分化的调控。首次证实脊索动物文昌鱼的哈氏窝为脊椎动物垂体的前身,并具有合成促性腺激素和调节性激素的功能。在排卵机理研究中提出了孕激素可直接诱导排卵的学说等等。张致一院士不仅在性别决定、比较内分泌、排卵机制、生殖内分泌系统的进化以及胚泡着床机理等方面取得了创新的成果,并以此指导临床与生产实践,为治疗不育、控制人口、拯救濒危物种和畜产品与鱼类的增产作出了重要的贡献。同时他还建立了一支学科比较齐全的生殖生物学研究队伍,开拓了中国哺乳类动物生殖生物学的新领域。

庄孝惠(1913—1995 年),中科院院士,实验胚胎学家、细胞生物学家,1913 年 9 月 23 日出生于山东省莒南县。1931—1935 年在山东大学生物系学习,获学士学位。1935—1936 年任山东大学生物系助教。1936—1942 年在德国慕尼黑大学动物系学习,1939 年获哲学博士学位。1942—1946 年任德国富莱堡大学动物系助教,1945 年升任讲师。1946—1950 年任北京大学动物系教授,兼动物系主任和医预科主任。他在胚胎发育中细胞和组织的分化、诱导因子的分析、反应系统的变化以及两栖类胚胎刺激传导的能力及细胞间通讯、信息传递途径在个体发育和系统发生中的演变等研究方向，都取得了开创性的成果。他创立的用活体染色和移植等方法完成神经胚后段的预定命运图的绘制，精确地标明出躯干后段和尾部体节的位置。这一图谱至今仍为许多胚胎学教科书所采用。他在胚胎学研究上的重大发现掀起了20世纪40—50年代国际上探索诱导物质的热潮。在培养科学人才、发展同国外的学术交流、组织推动中国实验胚胎学和细胞生物学的发展等方面作出了重要的贡献。1980年当选为中国科学院院士（学部委员）。

从山东大学走出的学子们，有不少在祖国的水产科技产业、海洋学的发展作出了突出的贡献，雷霁霖就是其中的代表之一。

雷霁霖（1935— ），中国工程院院士，是我国著名的海水鱼类养殖专家。1935年5月生于福建省宁化县，畲族。1954—1958年就读于山东大学（时在青岛，为中国海洋大学前身）生物系动物专业，向童第周等著名生物学家学习胚胎学。1958年毕业于山东大学，获学士学位。以后一直在中国水产科学院黄海水产研究所工作。他对22种中外海水经济鱼类的胚胎学、繁殖生物学、实验生态学和增养殖学等方面进行了广泛、系统而又深入的研究，取得了一系列开创性成果，其中8种已实现产业化，为我国海水鱼类增养殖理论的建立和生产实践打下了坚实的基础。雷霁霖是我国海水鱼类增养殖学科带头人、工厂化育苗和养殖产业化的主要奠基人，他以亲身实践丰富了鱼类养殖学理论，引导了海水鱼类养殖向工业化方向发展，开启工业化养殖革命。特别是在大菱鲆引种和育苗方面，堪称是我国海洋科技工作者自主创新的典范。他相继提出了“深井海水育苗”、“北苗南养”、“南北接力”、“海陆接力”等方案，成功开创了“温室大棚＋深井海水”的工厂化养殖新模式。多宝鱼的养殖成功，结束了北方冬天不能养鱼的历史，并继而实现了产业化推进，取得了重要的社会和经济效益，雷霁霖也因此被称为“中国多宝鱼之父”。雷霁霖对我国的水产科技和产业发展作出了重大贡献，是享受国务院特殊津贴的生物学家。2005年，雷霁霖当选为中国工程院院士。

九、山东现代地理与地质学研究的兴起

19 世纪 40 年代前,地学尚未成为一门科学,仅是地学知识和地学资料不断开拓积累的时期。鸦片战争后,中国开始沦为半封建、半殖民地社会,为列强对外侵略服务的一些地理学者,如德国地质学家李希霍芬(F. V. Richthofen)、美国地质学家维里士(B. Willis)、布莱克韦尔德(B. Willis & E. Blackwelder)和日本的富田达等,先后来到山东进行地质、矿产、海港的调查和搜集资料等考察活动。

1913 年开始制印鲁西北地区、潍县以东山东半岛地形图,至 1921 年出版了 1148 幅。地图在技术上采用先测天文经纬度,再以三角法测山川、集镇的方法,通过丈量距离,运用测斜仪照准法测量碎部,测站位置多以磁针定向。高程采用济南南营假定标高 50 米起算。图廓为 36 ×46 厘米。该图虽然精度较差,但它是山东有史以来第一次在全省测绘大比例尺地形图,以后在山东境内分别绘制了 1∶50000、1∶100000 等比例尺地形图,这些地形图的绘制从技术与方法上都是以此缩制的,使用长达近半个世纪,可见其影响之深。例如,1915 年,山东陆军测量局以 1∶25000 比例尺地形图缩制成 1∶100000 比例尺地形图,至 1917 年,完成全省 161 幅。而在 1918 年,山东陆军测量局开始对清末测制的 1∶25000 比例尺地形图进行修正,缩制成 1∶50000 比例尺地形图。至 1921 年,调查、修正、缩制了济南至济宁及胶济铁路沿线 136 幅。

从 1932 年起,在鲁南、鲁北及烟台、威海沿海地区 1∶50000 比例尺地形图也是用同样的方法相继完成,到 1937 年,全省共计 431 幅。同时,山东省 1∶50000地形图印刷出版。在测绘中,运用了几何水准测量、测角图根锁和小平板仪测绘地形、地物的技术,尤其是首次在全省地图上测绘了等高线,在技术上是一个重大进步。几何水准测量,是用水准仪和水准尺测定地面上两点间高差的方法。在地面两点间安置水准仪,观测竖立在两点上的水准标尺,按尺上读数推算两点间的高差。通常由水准原点或任一已知高程点出发,沿选定的水准路线逐站测定各点的高程。根据测区的大小、城市规划和施工测量的要求,布设不同等级的城市平面控制网,以供地形测图和施工放样使用。直接供地形测图使用的控制点,称为图根控制点,简称图根

点。测定图根点位置的工作,称为图根控制测量。图根点的密度包括高级点,取决于测图比例尺和地物、地貌的复杂程度。图根锁(网)点的平均边长一般不超过相应比例尺图根点的平均点距。平板仪测量是用平板仪或其他替代仪器,按图解法加密图根控制点和测绘地形图的方法和过程,包括平板仪图根控制测量和碎部测量。等高线是地形图的重要元素,指的是地形图上高程相等的各点所连成的闭合曲线。等高线法的优点在于它能正确地表示各点的海拔高度和相邻两点的坡度,也能反映出流水侵蚀作用的方向和地貌的特征。如在地图上,斜坡的坡型是以等高线间隔的不同疏密组合形式来表示的,因而,等高线法被推广应用在野外测量工作上。

李希特霍芬是近代德国著名的地质学家、地理学家和中国地学研究专家,他很早就对中国予以关注,前后收集了大量关于中国地质、地理、矿产资源、政治经济关系和风土人情的资料,写作并发表了大量考察报告。李希霍芬于1869年3月踏上齐鲁大地,开始了3个月的实地勘测,经郯城、沂州(今临沂)、泰安、济南、章丘、博山、潍县(今潍坊市),于4月28日到达芝罘。李希霍芬在穿越路线的基础上,将随手的记录内容整理出来,考察山东的地质构造、煤田分布等,这次旅行对山东及其附近考察均甚详细,对煤矿尤为注意,记述甚多。第一次确认黄土是风积物,在他看来,山东半岛以西的广大腹地,宛如一条飘逸的黑绸带,上面缀满乌黑闪亮的煤和铁。沿坊子、博山一路西行,形成年代相近的煤层连绵不断,博山城"是我迄今看到的工业最发达的一座城市"。他提出胶州湾是东亚最好的良港,他在1870年就向德国政府密报说,欲图远东势力之发达,非占胶州湾不可。李希霍芬推动了山东的地理考察活动,带来了西方新的地学思想,使山东的地学由传统的编纂与描述为主,转向重视野外考察与分析各地理要素间的因果关系、探讨成果、建立科学的近代地理学阶段,使地学研究更趋精细、深入,从而加速了地学的发展。在李希霍芬完成山东考察16年后,第一张以近代科学测绘技术绘制的山东地图——《山东东部地图》,出现在包括了第一张中国地图、第一张中国地形图、第一张中国地质图的《中国地图集》中。它的比例尺为1:750000,对山东东部的地质地貌及矿产、农产资源等分布情况进行了细致的图例、图解。图中青岛地区标注了胶州湾、崂山、浮山所等地名。另外,1869年李希霍芬对泰山地质也进行了考察,成为现代自然科学意义上的泰山研究之始。1872年返回德国后,李希特霍芬继续其研究工作,写作并发表了一系列关于中国的著作。1882年,以李希霍芬的《中国》一书为标志,开创了以全省性研究与论述的山东面貌的近代地理学科学研究之先河。

美国地质学家维里士和布莱克韦尔德在鲁中南山地进行地层古生物的调查研究。1903年10月,维里士(庞培勒的学生)等人组队考察泰山、崮山,之后又去考察了中国其他地区,此次旅行,目的明确,实际工作时间不过5个多月,但成绩显著,回去整理出版了《在中国的考察》(Research in China)3卷4册,并以《山东的地文》为专题,论述山东地貌的基本特征。维里士在其著述中对地层进行划分,认为泰山一带变质岩以火成变质为主夹部分变沉积岩,将之命名为“泰山杂岩”。“泰山杂岩”研究报告在1907年就发表了。泰山是名闻中外的太古宙“泰山杂岩”的命名地。相比于“泰山杂岩”,山东中南部奥陶系灰岩为“济南石灰岩”,泰山北侧的张夏崮山的馒头山(济南南部长清县境内,当地有古称满寿山者,状若馒头,且涉谐音,故又俗称馒头山,其山岩被称为馒头页岩)地层剖面是世界上少有的标准寒武纪地层剖面,是研究地球生命起源及演化的第一手资料。“寒武系馒头页岩”还包括炒米店灰岩等。

20世纪上半叶,北京高等师范学堂和中外地质学家陆续来泰山进行考察研究,中国地质学家孙云铸、冯景兰、王植对张夏、泰安一带寒武系及泰山岩浆旋回等进行了辨识与划分。孙云铸是北京大学地质系教授,1923年他对“泰山杂岩”进行过深入研究,从此泰山杂岩成为举世闻名的太古代系标准地层出露分布区。1924年,孙云铸受北京地质调查所委派,在泰山一带进行地质调查,著《中国北部寒武纪动物化石》一书。这是国内地质学家撰写的第一部古生物学专著。1936年,冯景兰、王植第一次提出泰山岩浆旋回的划分,并指出变沉积岩的存在。1941年冯景兰发表《山东泰山泰山杂岩体的进一步划分》,受到广泛关注。此外,日本学者富田达等人对泰山地质作过路线考察,并撰有论文。1941年和1943年富田达先后对历城桃科铜镍矿和泰山地质进行路线观察,他在《泰山变成史》一文中提出泰山地区前震旦纪可分为泰山期和桃科期两个岩浆旋回。这些内容奠定了地质研究在泰山自然科学研究中的领先地位。1932年泰山极顶始建测候所,开展高山气象观测,在中国气象学史上居显著席次。而“醉心石”是一种举世罕见的泰山地学景观,醉心石学名称做“辉绿玢岩涡柱构造”,是许多呈东西向、大小不一横卧在谷底的圆柱体。这些圆柱体的横剖面中心有石核,围着石核向外圈张裂。这种奇特的岩石形态早就引起了古人的注意与兴趣,汉代学者枚乘称它为“泰山之溜穿石”,俗称黑石埠,为环状节理辉绿玢岩,国内外罕见。更有人在一石柱断截面上刻下了“醉心”二字,这正是古人对泰山奇石鬼斧神工而发的感慨。经过近年科学家的研究,认为它是在特定的地质条件下,地壳深部岩浆随着地壳运动、破裂、上涌、侵入,经冷凝而成的岩体,它形成于距今 11 亿—13 亿年的中元古代。那一时期,泰山地区受到北东—南西向的强烈挤压隆起之后,出现了南北向断裂构造,于是导致了深部岩浆沿断裂带的侵位活动。泰山“醉心石”作为地质构造学上的特殊现象,曾被列为国家自然科学基金研究项目,研究成果受到了国内外同行的高度评价。

山东省的地质构造,内外知名地质学者多有著述。这一时期,山东在地质学和自然地理方面的研究进展较为明显,如谭锡畴(1892—1952)、黄汲清通过考察对山东地质构造特征及构造单元划分的研究。

1900 年,法国 E. 奥格在其著作《地槽和大陆块》中,明确地把地槽和地台统一起来,作为地壳上的两个基本构造单元。自此以后,地槽和地台理论就作为相互联系的不可分割的完整学说形成和发展起来,称为地槽地台说,简称“槽台说”。槽台说形成后,从 19 世纪末至近代,在大地构造学说中一直占统治地位。传统的槽台说认为山东属华北地台或中朝准地台。黄汲清先生进一步发展了多旋回槽台观点,将山东大地构造划分为鲁西断隆、华北断坳、胶辽台隆三个大地构造单元(二级);李四光先生创立的地质力学理论,对山东省地质构造研究有较深刻影响。黄汲清对二叠纪地层、腕足类化石的研究都取得了重大成绩。

由中国学者独立进行古生物学研究工作应始于 1923 年。在这一年,地质学家、古植物学家周赞衡(1893—1967 年)在《地质汇报》第 5 号(中文下册 8—31)发表论文《山东之白垩纪植物化石》,①这是我国学者在古植物方面最早的著作。该文首次依据植物化石确定了中国有白垩系地层的存在,

---

①Chow,TC. ,A preliminary note on some younger Mesozoic plants from Shangtung. Bull. Geol. Survey of China, 1923(5):136 - 141.

并进一步认为蒙阴组属早白垩世,王氏组属晚白垩世,受到地质界和生物学界的重视。周赞衡也成为我国研究古植物学的第一位学者。1928 年,秉志再次研究莱阳盆地昆虫化石,发表了《中国白垩纪之昆虫》。

1923 年,著名地质学家谭锡畴对山东中生代地层作了详细的调查,有重要发现。例如,山东莱阳是中国最早发现的含有丰富的晚白垩世恐龙及恐龙蛋化石产地,也是世界发现恐龙化石最早而又最丰富的地区之一。山东莱阳盆地中生代地层及古生物研究始于本世纪 20 年代初期,最早由谭锡畴在本区进行化石采集和地质研究,于 1923 年建立了莱阳层、青山层和王氏系,时代定为白垩纪,发表了《山东莱芜和蒙阴谷地的后古生代建造》。①与此同时,葛利普、乌德瓦德(A. S. Woodward)、周赞衡、赵亚曾等分别对昆虫、鱼类、腹足类、双壳类和植物进行了研究,并发表了重要著作,为该区的地层划分和古生物研究奠定了基础。1923 年,谭锡畴就曾在莱阳的将军顶一带发现比较完整的谭氏龙。1929 年,维曼为纪念首先在莱阳找到鸭嘴龙的谭锡畴而命名"中国谭氏龙"。以后王恒升、周明镇、杨钟健等在这里采集过化石,其研究结果已在著名刊物上发表。新中国成立后,山东省广大地质工作者对这一地区又作了进一步的研究。

王恒升也在此进行过化石采集和地质调查工作,1930 年发表了《山东东部地质》等专题论文。② 20 世纪 30 年代,王恒升对山东金刚石做过地质调查和矿物研究工作。早在 19 世纪初,就有外国人在山东郯城地区购买金刚石的记载,约在 19 世纪中叶,山东沂河、沭河中下游临沂、郯城等县境内均发现了金刚石。

周明镇(1918—1996 年)院士是我国古哺乳动物学奠基人,他对山东地质有深入研究,代表作有《山东莱阳化石蛋壳的微细构造》和《山东莱阳白垩纪后期龟类化石》,还有《山东郯城及蒙阴第四纪象化石》、《山东始新世原始貘形类》、《山东新泰中始新世化石哺乳类新材料》、《西北及山东中生代淡水软体动物化石》等。

这一时期,对山东地质和地理学研究作出重要成就的还有以下几位科学家:

---

①《地质学报》1923 年第 2 期,第 29—34 页。
②《地质学报》1930 年第 9 期,第 79—92 页。

杨钟健(1897—1979 年),杰出的地质古生物学家,地层学家、第四纪地质学家、地质教育家,中国古脊椎动物学的奠基人。他对山东中、新生代古生物化石进行了深入的研究,包括关于山东益都、昌乐和临朐地区的新生代地质,以形态学的方法对山东莱阳等地层中的蛋化石进行了研究。杨钟健教授还是山旺化石的最早研究者。山旺化石产地,位于临朐县城东北 22 公里处的山旺村东,是国家重点自然保护区;因地下蕴藏着大量形成于 1800 万年以前的稀世珍宝古生物化石而驰名中外,被称为"古生物化石的宝库"。1935 年 5 月,他来山旺进行考察,发现了树叶、花、昆虫、蝌蚪、鱼、蛙化石,这是我国科学家对山旺古生物化石的首次考察。1936 年 6 月,杨钟健发表了山旺地层古生物的第一篇论文,从而揭开了"万卷书"的第一页。1937 年杨钟健再次来山旺,最早采到并研究了山旺组中的哺乳动物化石。至 1940 年,根据他提供的化石和资料,许多国家和众多的作者都分别撰写过山旺化石或硅藻土的论文,进一步记述和修订了山旺的哺乳动物化石。新中国成立初期,杨钟健等主要进行了脊椎动物化石的发掘工作。

邹豹君(1906—1993 年),美国华裔地理学教授。邹豹君教授是我国地理学界的一位前辈,长期从事教学工作。邹豹君对山东自然个性的表现、地文演变及地形发育与区划等进行了研究。他的《山东省农产区域之初步研究》和《山东省地文的演进》(1949 年)反映了我国地理学已初步发展到现代地理学水平。1941 年,邹豹君首次专论山东地貌的形成,并提出第一个山东地貌区划,1948 年再论山东地貌的发育史。

叶良辅(1894—1949 年),是我国早期的地质学家、岩石学家,我国地学界德高望重的教育家。1913 年叶良辅考入工商部地质研究所学习地质,1916 年毕业后,进入农商部地质调查所,任调查员。1920 年留学美国,在哥伦比亚大学获理学硕士学位,1922 年回国,1932 年叶良辅与喻德渊合著了《山东海岸变迁之初步观察及青岛一带火成岩之研究》,发表于《国立中央研究院 19 年度报告》。该文以岩性为基础,研究地貌。叶良辅在研究工作中,从不迷信专家和洋人。他指出胶州湾与青岛一带地貌之构成主要受花岗岩、火山岩的岩性影响,并就唐县期侵蚀面的研究,否定了日本学者所谓海岸上升的论点。

鹫峰地震台是我国第一个地震台,其仪器设备、管理水平及记录质量均达到世界一流水平,所出版的《地震专报》亦受到国际同行的重视。1937年,山东菏泽地震,李善邦和贾连亨考察后认为震因是地层错动。

但山东近代地学的理论基础较薄弱,学科结构残缺,未形成完整的科学体系,在地学思想方面受西方地理环境决定论的影响较大。

1946 年经李四光推荐,何作霖到山东大学(在青岛)筹建地矿系,任系主任、教授,直到 1952 年为止。

何作霖(1900—1967 年),中国科学院院士,矿物学家、岩石学家、地质教育学家,是中国近代矿物学和岩石学奠基人之一。1926 年毕业于北京大学地质系。1938 年赴奥地利学习岩石结构学,获地理学博士学位。1940 年获奥地利茵城大学岩石矿物系博士学位。他是中国最早的光性矿物学家,最早把西方的光性矿物研究方法与技术介绍和应用到中国。他长期致力于光性矿物学的研究和教学,他的《光性矿物学》是重要的教材。他发现并研究了白云鄂博铁矿中的稀土矿物,为开发中国稀土资源作出了重大贡献。他在镁质及耐火材料平炉底砖的技术和理论方面有独特的研究成果,并应用于鞍钢的生产建设,取得了重要的经济效益和社会价值。他还是中国岩组学的开拓者。在世界上最早开展 X 射线岩组学研究,在 X 射线结晶学、稀有元素矿物学、晶体光学和岩石学等各方面有极深的造诣,并发明了 X 射线岩组学照相机。代表作《赤平极射投影在地质学中的应用》享誉国内外。

新中国成立后,山东地学研究进入了以综合化、科学化、人文化、应用化为基本发展趋势的现代地学阶段,取得了丰硕的成果。同时,地质学教育事业获得了新生。

无论是战火纷飞的战争年代,还是新中国成立后的和平发展时期,都有山东籍的地理学家为国家现代地理与地质学的发展作出过重要的贡献,出生于泰安的王曰伦是山东地质学家的突出代表。

王曰伦(1903—1981 年),中国科学院院士,区域地质学家、地层学家,我国前寒武纪地质学的开拓者和奠基人之一。1903 年 1 月 23 日出生于山东泰安。他六七岁时即被送入私塾学习,辛亥革命后,随叔父到泰安县城一所小学读书。1916 年下半年考入泰安县省立第三中学。中学毕业后,因为家庭经济状况不佳,没有余力供他上大学,因此,王曰伦被迫中断学业。但由于他自幼聪明,学业优秀,在乡中享有一定名声,所以,有几家较富裕的乡亲自愿为他出旅费和学费帮他上学,加上同学从中周旋,他才得以赴北京考大学。

王曰伦早年随丁文江考察西南地质,对该区寒武、志留、石炭等纪地层学做过奠基性工作。对我国前寒武纪地质研究的主要贡献是:初步确立西南地区早寒武世地层层序和震旦系的分界;1937 年,发现了黔东震旦系冰碛层,为地层对比找到可靠依据。他对我国北方前寒武纪地层有过深入研究,20 世纪 40 年代他领导西北地质矿产调查,成绩卓著。他提出"五台系"的新层序,指出南、北方"震旦系"的上下关系,初步奠定了五台山区早前寒武纪构造地层基础。他提出邯邢式铁矿的海相火山成矿学说,并倡导花岗岩的喷出成因理论,具有重要意义。他还对东部第四纪冰川做过重要工作。20 世纪 50 年代初,王曰伦改正和厘定了五台山区变质地层的层序。与贾兰坡共同发现了周口店猿人产地第四纪冰川遗迹,后提出南、北方震旦地层应为上下关系,又一次推进了中国前寒武纪地层研究进程。1980 年当选为中国科学院院士(学部委员)。

十、山东现代海洋技术的兴起

山东半岛三面环海,海洋开发利用历史悠久。在龙口、蓬莱、烟台、青岛、日照等地发现的许多远古人类遗迹中,有新石器时代人类留下的贝壳堆,其中有牡蛎、毛蚶、海螺等贝壳,还有多种海鱼(鳓、鲷、鲮、鲅等)的骨和鳞,说明早在原始社会,当地即已开发利用浅海和滩涂海洋生物资源。山东沿海居民由于历代开发鱼盐之利和发展航海贸易,早已成为中国北方沿海最发达的地区。据西汉《世本》记载,4000 多年前,已能"煮海为盐"。到春秋时代的齐国,仍把海水制盐业视为"富国之本"。1784 年,郝懿行(栖霞人)著《记海错》,共记述山东沿海习见鱼类及无脊椎动物 42 种。

20 世纪初,山东开始进行海洋的科学观测、调查和海洋生物研究,在全国处于领先地位。青岛观象台 1911 年把潮汐观测列为主要业务之一,为此专门编算青岛港潮汐表。1922 年开展山东若干近岸海域调查。1928 年建青岛观象台海洋科,当时青岛台成为中国自己拥有的业务最广泛的多学科综合台,是中国第一个海洋水文气象和生物观测研究机构。海洋科主办刊物是《海洋半年刊》。从1929年1月起,每月在胶州湾进行一次海洋观测。1925—1933年,青岛观象台等5个单位参加了万国经度联测,获得高精度的天文大地联测数据,受到万国联测组织的高度评价。

20世纪30年代初,创建于青岛的山东大学生物系,设立海洋生物学课程,成为我国海洋生物学教育的发祥地之一。1930年,蔡元培等来青岛发起筹建水族馆(即现青岛海产博物馆的前身)。从1931年1月开工建设,1932年2月建成。青岛水族馆当时是东亚最好的海洋生物展览馆,并成为青岛海滨的标志性建筑。水族馆建成后,与青岛观象台联合开展海洋学研究。1935年4月,太平洋科学协会中国分会成立,蔡元培和中央研究总干事丁文江先生又建议在青岛设立海洋生物研究室,由青岛观象台及山东大学负责筹建和主持,并代为筹措年度经费。除选择青岛水族馆东侧空地为所址外,所有建筑费及设备费均由有关机关补助,其不足即由青岛市府补充。于1936年12月始竣工,并成立董事会,由沈成章先生任董事长,建筑仿宫殿式,极其美观,内部设备悉依照近代海洋生物研究所之成规。青岛海洋生物研究室后来成为太平洋科学协会中国分会四个著名海洋生物研究机构之一。

当时的青岛是我国北方海洋生物研究的中心。从20世纪30年代初开始,国立北平研究院动物研究所先后对山东沿海的海产动物进行多次调查,研究提出了一系列报告和论文;1935—1936年组建张玺任领队的胶州湾海产动物采集团,出版调查报告4期3卷。1935年6—12月,中央研究院动植物研究所组织了渤海和山东半岛沿海的海洋物理、化学要素和海洋生物调查,由伍献文、王家楫、唐世凤负责,考察内容包括海洋物理、海产生物和渔业,于1937年出版了专题考察报告。由于重视实地考察,因而对海洋生物分类、形态的研究取得了一些成果。其中,海洋动物的研究以海洋鱼类、海洋甲壳动物和海洋软体动物为主。

这时期有几位研究山东海洋生物和地质的优秀专家学者代表。例如:

李庆远教授,在岩石、矿物、矿床、地质构造、海洋地质等领域做了大量工作,特别是对山东海岸线的类型问题、中外地质及地理学有重要研究。他的《中国沿岸三千三百三十八岛屿面积的初步计算》①、《中国海岸线之升

①《地理学报》1935年第4期,第93—175页。

沉问题》①都涉及山东沿海半岛地质和海岸地形结构特征分析及其有关计算问题。例如，早在 1903—1904 年，美国地质学者维理士(Baily Wills)来中国考察时，即发现山东半岛某些地区有沉降现象。李庆远在其《中国海岸线的升沉问题》一文中，总结中外学者的考察结果，主张我国海岸线在最近地质时代有普遍下降趋势，于是“普遍下降”说又一度盛行。

黄秉维(1913—2000 年)，著名地理学家。1934—1935 年获洛克菲勒文教基金会奖学金，在北平地质调查所研究山东海岸。德国著名学者李希霍芬在考察中国后所提出的中国南方海岸为下沉型、北方海岸为上升型的论述，被视为权威，中外科学家一直信而不疑。当时，年轻的黄秉维根据自己的考察与多方面的对比，对这位世界级的权威提出了挑战。为了进一步论证自己的观点，黄秉维两赴山东，对荣成附近的日照沿岸几道平行的沙洲、芝罘岛上小型的穿山峡等都作了严密的观察记录，最后断定山东海岸不是上升而是沉溺型的。1934 年冬，他先后写出《山东海岸地形初步研究报告》和《山东海岸地形研究》，第一次提出了山东海岸下沉的证据，修正了李希霍芬关于中国长江以北海岸属上升性质的论点。当《中山大学自然科学季刊》发表黄秉维的第一次考察报告时，《大公报》刊出洪思齐教授的书评，嘉勉之情、赞赏之意溢于笔端。1935 年年初，黄秉维参加中国地质学会年会，发表有关我国海岸地貌问题的意见。会后应丁文江之邀参加《中国地理》编撰工作，1935 年上半年在北平地质调查所继续考察山东石岛至日照海岸，完成海岸研究。

1946 年，山东大学在青岛创办了水产学系和海洋研究所。山东大学水产系由著名科学家曾呈奎、朱树屏于 1946 年筹设和创设。在水产系成立了渔捞、养殖、加工 3 个专业组，还争取到实习调查船。戴立生、王以康、王贻观等多位教授和讲师康迪安、辛学毅等先后到水产系任教。后经不断发展，为发展我国的水产及海洋药物等事业作出了突出贡献。

朱树屏(1907—1976 年)，号叔平，字锦亭，山东省昌邑县北孟乡人。世界著名海洋生态学家、海洋化学家、浮游生物学家和水产学家、著名教育家，中国水产学、湖沼学和浮游生物学的奠基者和开拓者之一，中国第一个大学

①《地理学报》1934 年第 2 卷第 2 期，第 2 页。

本科水产学系的创建者、第一任系主任。1907 年 4 月 1 日生于山东省昌邑县北孟乡朱家庄子村一个贫民家庭。6 岁时为外祖父收养,就读于外祖父任教的小学,毕业后考入县立乙种蚕业学校,后又升入山东省立第四师范学校,全部公费上学。1933 年暑期,他作为优秀学生代表得到中华海产生物学会资助,赴厦门研究海产生物。这是他一生从事研究工作的开端。1934 年毕业后,考入中央研究院动植物研究所任助理研究员,主要从事浮游生物研究。1938 年 9 月,朱树屏考取中英庚款公费留英。留英期间,朱树屏先后就读于伦敦大学、剑桥大学。1941 年底获哲学博士学位。历任英国普利茅海洋研究所、英国淡水生物研究所研究员,英国淡水生物学会水产化学部、浮游生物部二部主任。此间,培养了多位来自英、美、德等国的博士生。朱树屏的研究工作受到英国淡水、海洋生物学界与科学界的尊重。1942 年以来,多次获得英国海产生物学协会雷兰克斯特研究奖位。1946 年 1 月,暂应聘到美国伍兹霍尔(woods Hole)海洋研究所任高级研究员、藻类研究室主任,仍从事浮游生物的研究。1946 年 3 月,山东大学海洋学院水产系筹备工作开始启动。1946 年 10 月山东大学复校招生,水产系首届录取 53 名新生,暂由曾呈奎代理水产系主任。1946 年 12 月朱树屏谢绝伍兹霍尔海洋研究所的一再挽留,毅然回国,相继任云南大学教授、中央研究院动物所研究员,同时投身于云南各大湖的调查。1947 年 7 月,朱树屏出任山东大学水产系主任。他自编教材,亲自教授海洋学、浮游生物学、应用湖沼学,还亲自带领学生出海采集实习,培养学生现场调查能力。他以极大的热情培育了中国首批大学本科水产专业人才,为创建水产系作出了不可磨灭的贡献,使当时全国唯一的 4 年制本科水产学系初具规模。

朱树屏的主要成就有以下几个方面:一是以创新的方法研究了浮游植物的微细结构,为浮游植物形态学及分类学研究作出了重要贡献。其中以对裸藻(Euglena)的研究最为深入,首次阐明有的裸藻有星状色素体,并指出具多个颗粒状色素体且无蛋白核者是裸藻中进化最高级者;并更正了前人对藻体微细结构观察的错误,从而依进化顺序整理了裸藻的分类系统,将 41 种裸藻重新订正为 16 种。二是对浮游植物实验生态学的创造性研究。20 世纪 40 年代初,朱树屏经过钻研,用纯化学试剂配制了同天然水成分近似的培养液,即通称的“朱氏人工淡水”、“朱氏人工海水”。“朱氏培养液”

是至今国际上仍广泛应用的经典标准配方;“朱氏人工海水”为国际首创,是世界人工海水研究史上的里程碑,至今在国际20多种人工海水中位列首席。这两篇均获国际权威的英国海洋生物协会“雷兰克斯特研究奖(Ray LankeSter Investigat OrShip)”。在世界海洋学领域,他是第一位并且是唯一一位以其姓命名成果的中国海洋科学家。由于他的杰出贡献,他被誉为“世界浮游植物实验生态学领域的先驱”。三是在海洋化学与湖沼学方面的系统研究。朱树屏是我国较有系统地研究海洋化学问题的先驱,在我国湖沼学研究领域,朱树屏也进行了多项具开拓性的卓有成效的研究,成为中国湖沼学、海洋化学的奠基者和开拓者。四是在我国渔场海洋学、水产资源学研究领域做了大量开拓性的工作,为海带、紫菜人工育苗与养殖作出了关键性贡献。朱树屏先生1932年以来的各类论著、文章66篇,包括至今仍在国际学术界被广泛应用的、被誉为经典和里程碑的“朱氏培养液”和“朱氏人工海水”的经典论著,包括有关海洋生态学、海洋化学、海洋渔业环境学、浮游生物学、浮游植物实验生态及分类学、水产学、湖沼学等领域的重要论著,还有部分科普文章等,都一并收录于《朱树屏文集》(上、下卷)。

曾呈奎(1909—2005年),中国科学院院士、第三世界科学院院士、世界著名海洋生物学家。曾呈奎是我国海洋科学的主要开拓者之一、我国海藻学研究的奠基人之一、我国海藻化学工业的开拓者之一、中国科学院海洋研究所的创建者之一。1909年6月18日生于福建省厦门市。1931年毕业于厦门大学,先后在厦门大学、山东大学和岭南大学任教。1940年赴美进修,1942年获博士学位,1943—1946年为美国斯克里普斯海洋研究所副研究员。曾呈奎于1947年回国,历任山东大学教授、系主任,山东大学海洋研究所副所长,中国科学院海洋研究所及其前身海洋生物研究室、所研究员兼副所长、所长。他领军中国海带人工养殖,产量由零一跃成为世界第一;他推动藻、虾、贝三次水产养殖浪潮,使中国成为世界上第一个和唯一水产养殖产量超过水产捕捞产量的国家;他在海藻分类区系领域的研究硕果累累,奠定了中国海藻分类学在国际学术界的地位;他提出的光合生物进化系统理论,丰富和发展了进化论。曾呈奎在紫菜、海带人工栽培生物学研究,倡导海洋水产生产农牧化等方面,取得了重大的奠基性和原创性成果,为我国乃至世界海洋科学事业的发展作出了杰出贡献。被山东省委、省政府授予

“杰出贡献科学家”荣誉称号;获山东省首次设立的最高科学技术奖。

张玺(1897—1967 年),字尔玉,河北平乡人,现代著名的海洋生物学家、湖沼学家、贝类学家,是我国后鳃类研究的奠基人,为我国海洋科学的创建和发展作出了重要贡献。1922 年,张玺获准公费去法国留学,在里昂大学学习农业,后又从事后鳃类软体动物的研究,1931 年获法国国家博士学位。他与生物学家贝时璋、林镕、朱洗等发起创建了中国生物学会。1932 年回国,张玺到北平研究院动物研究所从事海洋动物研究。他先后到一些沿海地区进行调查,还应聘担任了山东大学教授,讲授海洋学、海洋生物学和贝类学等课程,为培养海洋科学人才贡献了力量。1935 年,张玺领导由北平研究院和青岛市政府联合组织的胶州湾海洋动物采集团,对胶州湾的各类动物及海洋环境作了全面调查。这是我国第一次对海洋生物进行调查和研究,事后发表的调研报告和论文,是研究我国北部沿海动物的早期重要文献。如这次调查对 45 种软体动物作了全面考察,这次调查还首次发现了“黄马柱头虫”和首次在北方海域发现了文昌鱼。1946 年,张玺在对我国各海区动物全面研究的基础上发表了《中国海洋动物之进展》一文,在我国海洋研究史上具有重要意义。新中国成立后,张玺与童第周、曾呈奎等一起筹建中国科学院水生生物研究所青岛海洋生物研究室,后扩为中科院海洋研究所,张玺担任副所长。张玺曾任中国海洋湖沼学会理事长、青岛市科协副主席等职。他编著的《贝类学纲要》为我国第一部贝类学专著。

1949 年 10 月,原农林部中央水产试验所由上海迁至青岛,由朱树屏任所长,即今中国水产科学研究院黄海水产研究所。此后,名称及隶属关系几经变更,1982 年 10 月改称中国水产科学研究院黄海水产研究所。该所主要研究黄海、渤海渔业资源状况,解决渔业生产中的关键性技术问题。

新中国成立后,山东的海洋科学技术事业得到较快发展,逐步形成了一支结构比较合理、基础较为厚实的科研和教学队伍。

1950 年 8 月 1 日,中科院水生生物研究所青岛海洋生物研究室在莱阳路 28 号正式成立,童第周任主任,曾呈奎、张玺任副主任,全室共 28 人,标志着新中国海洋科学研究工作的开始。1954 年青岛海洋生物研究室改为直属中国科学院的独立研究室。1959 年中科院以“海洋研究工作在国防和国家经济建设上均有重大意义”,将青岛海洋生物研究室扩建为全国性的海洋研究机构,正式定名为中国科学院海洋研究所,成为中国规模最大的多学科海洋研究机构。

1949 年 12 月,山东省人民政府将烟台进出口管理局改组为山东省国外贸易局烟台局,烟台海关受其领导。

参考文献

[1]（汉）许慎:《说文解字》,中华书局 1987 年版。

[2]（汉）班固:《汉书》,中华书局 1962 年版。

[3]（唐）魏征等撰:《隋书》,中华书局 1973 年版。

[4]郭书春汇校:《九章算术》,辽宁教育出版社 1990 年版。

[5]（南宋）秦九韶:《数书九章》,宜稼堂丛书本,载郭书春主编:《中国科学技术典籍通汇·数学卷》第一册,河南教育出版社 1993 年版。

[6]中国社科院哲学研究所中国哲学史研究室主编:《中国哲学史资料选辑·先秦之部》,中华书局,1984 年版。

[7]（晋）司马彪:《后汉书·律历志中》,中华书局 1965 年版。

[8]（唐）房玄龄等:《晋书·律历志中》,中华书局 1974 年版。

[9]（西汉）《氾胜之书》,载石声汉:《氾胜之书今释》,科学出版社 1956 年版。

[10]（北魏）贾思勰:《齐民要术》卷一《种谷第三》,载《文渊阁四库全书》第 730 册。

[11]（北魏）贾思勰:《齐民要术·自序》,载《文渊阁四库全书》第 730 册。

[12]（宋）钱乙:《小儿药证直诀》,人民卫生出版社 1955 年版。

[13]（宋）钱乙:《小儿药证直诀类证释义》,贵州人民出版社 1984 年版。

[14]张玉萍、包来发:《〈小儿药证直诀〉校注语译》,上海中医药大学出版社 1999 年版。

[15]白寿彝:《中国通史》,上海人民出版社 1999 年版。

[16]安作璋:《中国古代史史料学》,福建人民出版社 1998 年版。

[17]安作璋:《中国史简编》,山东教育出版社 2003 年版。
[18]王克奇、王钧林主编:《山东通史·先秦卷》,山东人民出版社 2009 年版。
[19]赵凯球、马新主编:《山东通史·魏晋南北朝卷》,山东人民出版社 1994 年版。
[20]高凤林主编:《山东通史·隋唐五代卷》,山东人民出版社 1994 年版。
[21]赵继颜主编:《山东通史·宋元卷》,山东人民出版社 1994 年版。
[22]朱亚非主编:《山东通史·明清卷》,山东人民出版社 1994 年版。
[23]李宏生、宋青蓝主编:《山东通史·近代卷》,山东人民出版社 1995 年版。
[24]安作璋:《山东通史·现代卷》(上、下),人民出版社 2009 年版。
[25]孙祚民:《山东通史》(上、下卷),山东人民出版社 1992 年版。
[26]李俨、杜石然:《中国古代数学简史》,中华书局 1964 年版。
[27]郭墨兰:《齐鲁文化》,华艺出版社 1997 年版。
[28]安作璋:《山东通史·魏晋南北朝卷》,山东人民出版社 1992 年版。
[29]许义夫、张殿良、郭书春:《山东古代科学家》,山东教育出版社 1992 年版。
[30]俞樾:《墨子间诂·序》,《墨子间诂》卷首,中华书局 1956 年版。
[31]李约瑟:《中国科学技术史》(第三卷),科学出版社,1978 年版。
[32]李约瑟:《中国科学技术史》(第一卷第一分册),科学出版社,1975 年版。
[33]李约瑟:《中国科学技术史》(第二分册),科学出版社 1978 年版。
[34]钱宝琮:《从春秋到明末的历法沿革》,《钱宝琮科学史论文选集》,科学出版社 1983 年版。
[35]陈美东:《论我国古代年、月长度的测定》,《科技史文集》第 12 辑,上海科学技术出版社 1983 年版。
[36]陈美东:《刘洪的生平、天文学成就和思想》,《自然科学史研究》1986 年第 5 期。
[37]杨文儒、李宝华:《中国历代名医评价》,陕西科学技术出版社 1980 年版。

[38]曾时新:《名医治疗录》,广东科学技术出版社 1981 年版。

[39]李经伟、李志安:《中国古代医学史略》,河北科学技术出版社 1990 年版。

[40]裘沛然:《历代名医家学说》,上海科学技术出版社 1984 年版。

[41]山东大学、淄博矿务局编:《淄博煤矿史》,山东大学出版社 1985 年版。

[42]曾雄生、傅海伦、徐凤先:《中国科技史》,文津出版社 1998 年版。

[43]董光璧:《中国现代物理学史》,山东教育出版社 2009 年版。

[44]刘岱:《中国文化新论·科技篇·格物与成器》,生活·读书·新知三联书店 1992 年版。

[45]郭书春、刘钝校点:《算经十书》(一、二),辽宁教育出版社 1998 年版。

[46]傅海伦:《传统文化与数学机械化》,科学出版社 2003 年版。

后　记

山东古代科学技术是中国古代科学技术的重要组成部分，内容可谓博大精深。中国科学技术以传统的农、医、天、算最为突出，而山东古代科学家在这四大门基础学科中都有重要贡献。本书体例的安排首先按历史发展时期划分为山东古代科学技术史和山东近现代科学技术史（1840—1949 年）两编，共七大章。其中，山东古代科学技术史又分为先秦时期的山东科学技术、秦汉时期的山东科学技术、魏晋南北朝时期的山东科学技术、隋唐宋元时期的山东科学技术和明清时期的山东科学技术五个阶段，共五章。每一章基本上又按中国传统的农、医、天、算顺序安排各节内容。农学是构成我国科学技术的基础学科。农耕、蚕桑是中国农业经济的基础。山东具有重视农业、发展经济的有利条件，山东也是古代中国经济发达的地区之一。在我国古代的四大著名农书中，其中有三部都是出自于山东人之手，可见山东农学和农业技术之发达。因此，本书中关于山东农学和农业生产技术方面的论述占有很大的篇幅。其次是山东的中医药学和中医技术也十分发达，山东医学名家辈出。因此，在本书中涉及山东医药学的资料、医疗技术以及山东名医的论述也占有相当大的篇幅。

山东古代天文学走着相对独立发展的道路，从甘德对早期天文学的奠基，到刘洪对古代历法体系的构建，再到何承天对天文历法的重要贡献，山东古代天文学在漫长的历史发展中形成了自己的特色和优势。数学作为反映齐鲁地区文化、科技发达的一个侧面，在两汉、魏、晋期间也居全国前列，山东古代数学家在中国筹算数学体系发展的三个重要阶段中都占有举足轻重的地位。而古代天文学与数学联系密切，在很长一段历史时期二者甚至是不分的,被称为“天算”。尽管有人提出,约公元前 1 世纪成书的我国最重要的数学经典——《九章算术》为齐人所作,其根据似不充分,然而《九章算术》中提到的具体地名,就有齐蜀。研究此著的学者刘洪、郑玄、徐岳、王粲、刘徽都是齐鲁地区人。可以说,自汉末到晋初近一个世纪的时间,齐鲁地区形成了以这些学者和数学家为骨干的数学研究中心。刘洪不但是天文学家,而且是东汉末年杰出的数学家,是中华珠算的发明者,被誉为一代“算圣”。特别是魏晋时期的刘徽,经专家考证为山东邹平县人,他全面论证了《九章算术》的公式、解法,提出了若干重要的数学概念、判断和命题,通过“析理以辞、解体用图”,建立起数学知识的有机联系。刘徽的《九章算术注》奠定了中国古代数学的理论基础,他也被誉为“古代世界数学泰斗”。到了宋元时期,中国古代数学达到最高潮,而著名的南宋数学家秦九韶,自述是齐鲁人,即为宋元数学的主要代表人物之一。他的《数书九章》是中世纪世界数学著作中最重要的一部,在世界数学史上占有崇高的地位。著名科学史家萨顿(G. Sarton)曾称颂秦九韶是“他那个民族,他那个时代,甚至所有时代中国最伟大的数学家之一”。此外,其他时代的山东天算家也不少,并取得了不少成就。但限于本书篇幅,笔者还考虑将来有机会再专论《山东天算史》,因此,该部分内容在本书中做了大量删节。这不仅涉及本书各章节中已列出的山东算学名著和山东算家,还涉及《管子》、《考工记》、《墨经》等著作中的天算知识。此外,在山东现代科学技术史(1912—1949年)中也未论及山东的现代天文学和数学的奠基与发展。特此说明。

山东古代科学技术除了在以上传统的四大基础学科中取得突出成就外,在其他领域的造诣也毫不逊色。本书还重点论述了山东在纺织、桑蚕、冶炼、盐、铁、采矿、陶瓷、机械制造、建筑、雕刻、绘画、手工艺术、酿酒、军事技术等方面的传统科学技术。除此之外,随着山东科学技术的发展和社会的进步,本书还论述了不同历史阶段形成和发展起来的新技术,如漆器制造、采煤、造纸、印刷、船舶制造、铁路以及山东近代民族资本主义工业等。此外,在第二编山东近现代阶段科学技术史中,本书还重点关注了山东近现代自然科学的形成、发展与研究,如物理、化学、生物、地理与地质、海洋学,以及山东现代工程科学技术、新兴工业技术、林业和水利科学技术等方面的成就,以充分展现齐鲁人民的智慧和才能。

综上所述，山东古代人民和科学家在漫漫历史长河中，特别是在先秦、魏晋到宋元期间，为中国传统的科学技术在世界上长期居于领先地位作出了重要贡献。在当今举国改革开放、以经济建设为中心、大力倡导“科学技术是第一生产力”的重要时期，在进一步深入贯彻落实科学发展观，积极构建社会主义和谐社会，不断探索促进全面发展、协调发展和可持续发展的新形势下，弘扬齐鲁文化和古代山东人民的科学技术成就，具有重要的现实意义和深远的历史意义。其不仅可以开阔人们的视野，丰富人们的科学知识，激发人们爱祖国、爱山东的热忱，同时还可以通过总结科学技术发展的历史经验教训，给现今科学管理和科学研究工作以借鉴。尤其是通过探讨山东科学家的科技思想、成长道路，学习他们探求科学真理、勇于攀登科学高峰的高尚品德和崇高精神，激发全省人民继承和发扬古代山东科学技术的优良传统，为实施“科技兴鲁”和“人才强鲁”战略，为实现山东和全国的社会主义现代化建设新跨越发展作出积极的贡献。

《山东科学技术史》涉及学科门类多，笔者不可能通晓所有学科，再加之资料和时间所限，笔者深感撰写和整理中的困难。尽管在遇到不懂的知识时，也请教了不少专家和学者，但书中的错误和疏漏在所难免，在此表示诚挚的歉意。对于书中的不当和错误之处，希望各位专家、学者不吝指教。

笔者在写作过程中，曾参阅了不少同行专家、学者的研究成果，也吸收和借鉴了许多不同学科专家和老师的学术观点，听取了许多前辈老师的意见和建议，在此一并表示衷心的感谢！笔者要特别感谢安作璋先生！笔者与安先生两家住得很近，饭后散步时常相遇，就趁机请教安先生许多问题。先生亲切和蔼，每每聆听先生教诲，都使笔者受益匪浅。笔者还要感谢朱亚非先生，他不仅给我提供了这次写作的机会，而且每当我遇到困难时，他总是给我许多鼓励和帮助，使我有勇气继续写下去。参与本书编写的人员有我的爱人袁广玲，还有我的博士生张文宇。我的研究生李丛、原晓萍、徐步达、桑艳红、陈国平帮我收集了大量的资料。此外，我的教育硕士崔丽平、孙雪钰、李焱、张明、樊德国、郑晓伟、陈立、李学信、刘强、边静静、徐冬梅、刘国强、周艳霞、孙静、焦敬芬、王秀琴、栾卉凡、王铭奇也帮我校对了书稿，对他们也一并表示感谢！

最后我还要感谢山东人民出版社的领导们的精心策划和组织，感谢王海玲、崔萌等编辑同志的辛勤工作,使本书得以顺利出版。

傅海伦

2011 年 6 月于山东师范大学